湖北省土地质量地球化学调查成果丛书
湖北省公益学术著作出版专项资金资助
“湖北省长江经济带耕地质量地球化学评价”项目资助
“湖北省土地质量生态地球化学评价与监测预警关键技术研究”项目资助

湖北省土壤地球化学背景值数据手册

HUBEI SHENG TURANG DIQIU HUAXUE BEIJINGZHI SHUJU SHOUCE

项剑桥　赵　敏　杨　军　李春诚　等著

中国地质大学出版社
ZHONGGUO DIZHI DAXUE CHUBANSHE

内容提要

本书是基于2014—2020年"湖北省1∶5万土地质量地球化学调查"项目和1999—2018年"湖北省1∶25万多目标区域地球化学调查"项目数据资料,按照湖北省全域、不同土壤类型、不同土地利用类型、不同地质背景、不同成土母质、不同地形地貌、不同行政市(州)、不同行政县(市、区)单元及不同元素类型来统计原始数据算术平均值、算术标准差、几何平均值、几何标准差、变异系数等土壤元素地球化学参数,通过剔除特高值、特低值并进行正态检验后确定不同单元的土壤地球化学背景值。

本书分两章,即第一章数据来源与统计方法、第二章不同统计单元土壤地球化学参数。本书可为自然资源、生态环境、农业农村、卫生健康等行业部门提供土壤基础信息,为地质学、土壤学、生态学、环境学和农学等学术研究提供背景值数据资料。

图书在版编目(CIP)数据

湖北省土壤地球化学背景值数据手册/项剑桥等著.—武汉:中国地质大学出版社,2023.6
(湖北省土地质量地球化学调查成果丛书)
ISBN 978-7-5625-5598-8

Ⅰ.①湖… Ⅱ.①项… Ⅲ.①土壤地球化学-背景值-湖北-手册 Ⅳ.①S153-62

中国国家版本馆CIP数据核字(2023)第100359号

湖北省土壤地球化学背景值数据手册		项剑桥 赵 敏 杨 军 李春诚 等著
责任编辑:唐然坤	选题策划:唐然坤	责任校对:李焕杰
出版发行:中国地质大学出版社(武汉市洪山区鲁磨路388号)		邮编:430074
电 话:(027)67883511	传 真:(027)67883580	E-mail:cbb@cug.edu.cn
经 销:全国新华书店		http://cugp.cug.edu.cn
开本:880毫米×1 230毫米 1/16	字数:634千字	印张:20
版次:2023年6月第1版		印次:2023年6月第1次印刷
印刷:武汉精一佳印刷有限公司		
ISBN 978-7-5625-5598-8		定价:258.00元

如有印装质量问题请与印刷厂联系调换

《湖北省土壤地球化学背景值数据手册》编委会

指导委员会

主　　任：胡道银

副主任：李　光　杨明银　马　元

委　　员：焦　阳　操胜利　孙仁先　蔡志勇　谭文专

　　　　　胡远清　胥　兵

编辑委员会

主　　编：项剑桥

副主编：赵　敏　杨　军　李春诚

编　　委：辛　莉　李红军　杨良哲　梅　琼　郑金龙

　　　　　徐春燕　孙　奥　邹　辉　夏　伟　吴殷琪

　　　　　潘可亮　段碧辉　熊玉祥　王　芳　王天一

　　　　　潘　飞　袁知洋　万　翔　郑雄伟

序

土地质量地球化学调查是一项服务于自然资源管理、农业经济发展，保障粮食安全的基础性地质调查工作，也是一项利国利民的基本国情调查工作。湖北省地质局紧紧围绕“服务自然资源管理、生态文明建设和地方经济发展”的目标，开展了土地质量地球化学调查工作。1999 年，在中国地质调查局的支持下，湖北省启动了“湖北省 1∶25 万多目标区域地球化学调查”项目。2014 年开始，在湖北省国土资源厅（现湖北省自然资源厅）和地方政府的支持下，湖北省先后实施了“湖北省‘金土地’工程——高标准基本农田地球化学调查”项目（简称“金土地”工程）、“恩施州全域土地质量地球化学评价暨土壤硒资源普查”项目（简称恩施硒资源普查工程）和“洪湖市全域土地质量地球化学评价暨地方特色农业硒资源调查”项目（简称洪湖硒资源普查工程），获得了一批高精度地球化学调查数据，以及一系列具有原创性、适用性的研究成果。湖北省土地质量地球化学调查成果在践行“绿水青山就是金山银山”理念、推进人与自然和谐共生发展、坚守生态和粮食安全底线等方面得到了广泛应用与高度评价。

在深入调查和研究的基础上，湖北省土地质量地球化学调查项目成员和编撰专家进一步总结、凝练，系统集成了“湖北省土地质量地球化学调查成果丛书”，包括《湖北省土壤地球化学背景值数据手册》和《湖北省土地质量地球化学评价与研究》两个分册。著者以高度的责任感，利用海量的土壤分析数据，坚持需求和问题导向，孜孜以求、勇于探索，力求做到资料翔实、内容丰富、质量精湛、成果实用。

《湖北省土壤地球化学背景值数据手册》基于 2014—2020 年“湖北省 1∶5 万土地质量地球化学调查”项目和 1999—2018 年“湖北省 1∶25 万多目标区域地球化学调查”项目数据资料，按照湖北省全域、不同土壤类型、不同土地利用类型、不同地质背景、不同成土母质、不同地形地貌、不同行政市（州）、不同行政县（市、区）单元等统计土壤元素地球化学参数，经正态分布检验后确定了不同单元的背景值。该手册可为自然资源、生态环境、农业农村、卫生健康等行业部门提供土壤基础信息，为地质学、土壤学、生态学、环境学和农学等学术研究提供背景值资料。

《湖北省土地质量地球化学评价与研究》总结了湖北省土地质量地球化学调查工作开展以来，特别是湖北省“金土地”工程实施以来的各项评价、研究和应用成果，全面评价了调查区的耕地质量、生态环境和富硒资源现状，提出了开发利用、保护修复建议，可作为耕地管理、生态环境保护修复以及特色农业开发等方面工作者规划部署和进行实践工作的依据，同时结合土地质量调查实践取得的经验，提出了调查技术优化方案，取得了许多新认识，是一项理论与实践紧密结合的宝贵成果。

“湖北省土地质量地球化学调查成果丛书”的出版为推动湖北省努力建设全国构建新发展格局先行区提供了更加丰富的“地质底图”，为努力推进土地质量地球化学调查工作更好地服务自然资源管理和生态文明建设提供了参考。

我衷心祝贺该丛书的出版，并向为这项工作付出艰苦努力的地质科技工作者，向关心、支持这项工作的各有关方面的工作人员致以崇高敬意和衷心感谢！

湖北省地质局党委书记、局长

胡道银

2023 年 4 月

前　言

湖北省是全国最早开展土地质量地球化学调查的省份之一,且调查成果在耕地管护、优质富硒土壤资源利用和生态文明建设中得到了广泛的应用。1999 年,在中国地质调查局的支持下,湖北省启动 1∶25 万多目标区域地球化学调查,至 2018 年完成调查面积 11.126 万 km^2。1∶5 万土地质量地球化学调查始于 2014 年湖北省部署的"金土地"工程,至 2020 年 12 月底完成调查工作。现在,基于 1∶25 万和 1∶5 万两种尺度的土地质量地球化学调查数据形成的《湖北省土壤地球化学背景值数据手册》,将进一步为自然资源、生态环境、农业农村、卫生健康等行业部门提供土壤元素含量基础信息,为地质学、土壤学、生态学、环境学和农学等学术研究提供数据资料。

背景值研究是地球科学领域和环境科学领域一项重要的基础性工作。背景值问题最早起源于 20 世纪初美国地球化学家克拉克(Frank Wigglesworth Clark,1847—1931)关于地壳元素平均含量的研究,即地壳丰度值。随后,苏联费尔斯曼、挪威戈尔德施米特、苏联维诺格拉多夫、美国泰勒(Hugh P. Taylor)、波德尔·瓦尔特(Arie Polder Vaart)等诸多西方学者及我国学者黎彤等相继进行了探索,在研究方法、元素/指标种类及测试精度等方面不断取得新进展,使元素/指标丰度值逐渐接近真实的地壳平均值。这项研究揭示了地球物质的一系列重要地球化学特征和行为规律,证实了地壳、地球与太阳系天体物质的演化关系。相对于全球背景值研究,区域级背景值研究更能显示地壳元素背景值研究的层次性、级次性及相对性特征。当前,背景值已成为地球化学勘查与找矿、环境质量标准确定与环境评价、环境监测与管理、地方病研究与防治等方面不可或缺的基础资料和依据。

土壤地球化学背景值是通过采集土壤样品,进行高精度分析,统计土壤中元素/指标(正文统一用指标表示)的背景含量。土壤圈作为地球关键带的核心要素,是地球表层系统最为活跃的圈层,土壤过程控制着地球关键带中物质、能量和信息的流动与转化,在粮食生产、水分保持、过滤污染物、减缓气候变化和保护生物多样性等方面发挥着重要功能。在 20 世纪 60 年代人类面对日益突出的环境问题时,欧美地区国家进行过较大规模的土壤背景值调查,发布了一系列土壤背景值数据。中国于 20 世纪 70—80 年代开展了由国家规划及农业、环保等部门参加的土壤背景值调查工作,陆续发布了土壤背景值数据。2020 年出版的《中国土壤地球化学参数》是迄今为止较为系统的、全面的土壤地球化学参数,采用 1999—2012 年期间"全国 1∶25 万多目标区域地球化学调查"项目取得的数据资料,收集不同指标数据达 2550 万个,实现了大数据的综合集成研究与分类统计应用。

《湖北省土壤地球化学背景值数据手册》是在"湖北省 1∶25 万多目标区域地球化学调查"项目和"湖北省 1∶5 万土地质量地球化学调查"项目数据基础上形成的,为《湖北省土地质量地球化学调查成果丛书》的"数据分册"。该手册统计了湖北省全域、不同土壤类型、不同土地利用类型、不同地质背景、不同成土母质、不同地形地貌、不同行政市(州)、不同行政县(市、区)单元及不同元素类型的土壤元素地球化学相关参数和背景值,主要包括指标的样本数、算术平均值、算术标准差、几何平均值、几何标准差、变异系数、中位值、最小值、累积频率分位值(0.5%、2.5%、25%、75%、97.5%、99.5%)、最大值、偏度系数(偏度)、峰度系数(峰度)和背景值。本手册可为国土空间保护利用、土地的生态管护和生态保护评价,以及土壤相关领域学术研究提供基础的土壤元素地球化学数据。

"湖北省 1∶25 万多目标区域地球化学调查"(农业地质调查)工作覆盖江汉平原、长江和汉江沿江经济带及恩施地区等主要农业生产种植区。调查范围遍及武汉、黄石、黄冈、咸宁、孝感、荆州、荆门、随州、襄阳、宜昌、恩施、十堰 12 个地区 50 余个县(市),主要对土壤中 Se 等 54 种元素(指标)进行了精确测定。截至 2018 年,共完成调查面积 11.126 万 km^2,占全省国土面积的 59.85%,采集土壤样品 14 万余件,测试表层土壤与深层土壤组合样品约 3.5 万件,测试元素(指标)数据总量达 189 万个。本手册引用其表层土壤样品 30 种指标数据 85 万个。

"湖北省 1∶5 万土地质量地球化学调查"工作从 2014 年开始,先后实施了三大工程,即"金土地"工程、恩施硒资源普查工程、洪湖硒资源普查工程。截至 2020 年,共完成 26 个县(市、区)230 个乡(镇)的土地质量生态地球化学调查工作,调查面积 45 326km^2,占全省国土面积的 24.38%,采集土壤、灌溉水、大气沉降、专项生物样本 29.3 万余件,获得样品分析数据 759 万余个。本手册引用其中的土壤数据达 667 万多个。

《湖北省土壤地球化学背景值数据手册》的出版得到了湖北省自然资源厅和湖北省地质局的资助,由湖北省地质局组织实施,由湖北省地质科学研究院(湖北省富硒产业研究院)统筹编写。野外调查工作由湖北省地质科学研究院、湖北省地质调查院、湖北省地质局地球物理勘探大队、湖北省地质局第一地质大队、湖北省地质局第二地质大队、湖北省地质局第三地质大队、湖北省地质局第四地质大队、湖北省地质局第六地质大队、湖北省地质局第八地质大队完成,样品分析由湖北省地质实验测试中心、湖北省地质局第六地质大队完成。实际参与整个项目实施工作的各类技术人员有近千人。本手册的编写还得到了湖北省地质局、湖北省自然资源厅相关领导和专家的指导与支持。

《湖北省土壤地球化学背景值数据手册》是湖北省地球化学领域首次完成的系统土壤背景值研究资料,具有里程碑式的学术意义。它凝聚了湖北省广大地质、地球化学和土壤学调查研究及样品测试分析等工作者的辛劳与智慧,展现了地质工作者严谨的科学精神和崇高的事业心与责任心。它将有力地推动地球化学与农学技术融合,为自然资源保护和生态环境安全提供保障,为湖北省生态文明建设做出应有的贡献。

编委会
2023 年 4 月

目 录

1 数据来源与统计方法 ··· (1)
  1.1 数据来源与质量 ··· (2)
  1.2 数据处理与统计分析 ··· (5)

2 不同统计单元土壤地球化学参数 ··· (9)
  2.1 全省土壤地球化学参数 ·· (10)
  2.2 不同土壤类型土壤地球化学参数 ·· (12)
  2.3 不同土地利用类型土壤地球化学参数 ··· (25)
  2.4 不同地质背景土壤地球化学参数 ·· (33)
  2.5 不同成土母质土壤地球化学参数 ·· (55)
  2.6 不同地形地貌土壤地球化学参数 ·· (64)
  2.7 不同行政市(州)土壤地球化学参数 ·· (70)
  2.8 不同行政县(市、区)土壤地球化学参数 ··· (87)
  2.9 不同元素土壤地球化学参数 ·· (155)

1 数据来源与统计方法

1.1 数据来源与质量

1.1.1 数据来源

本手册原始数据来源于"湖北省1∶25万多目标区域地球化学调查"和"湖北省1∶5万土地质量地球化学调查"。调查范围及调查工作程度见图1.1.1。

1.1.2 样品采集与加工技术方法

1.1.2.1 1∶25万多目标区域地球化学调查

(1)样品采集：表层土壤样品采样密度为1个点/km^2，采样深度为0~20cm，样品采集兼顾均匀性与合理性，以便最大限度地控制调查面积。为保证采样物质的代表性，采集样品时在采样点周围100m范围内选3~5个点多点采集、等量组合。样品采集时自地表向下至20cm处用工兵铲采集土壤柱状样品，采样时去除根系、土壤团块等物质。

(2)样品加工：样品加工在野外驻地进行。采集的土壤样品原始质量大于1000g。样品在野外进行自然阴干，干燥后过0.84mm(20目)尼龙筛。样品充分混匀后，缩分500g样品装瓶长期保存；另一部分样品按照4km^{2}大格组合，等量混合均匀送实验室进行分析测试，组合样品质量大于200g。

野外样品采集、运输、加工、组合、包装过程均严格采取防污染措施。

1.1.2.2 1∶5万土地质量地球化学调查

(1)样点布置：按土地利用图斑布置采样点，在兼顾均匀性原则的基础上，耕地、园地、草地及富硒潜力区、生态脆弱区适当加密，一般地区采样密度为4~8个点/km^2，重点区域采样密度为9~16个点/km^2。

(2)样品采集：依据采样应用程序及地物地貌到达设计点所在位置，实地观测样点周围的土地利用及地形地貌、农作物种植情况，在100m范围内合理地确定采样位置，确保避开道路、沟渠，选择土地利用类型占主体的土地利用单元作为采样对象。采用"S"形或"X"形，在20~50m范围内选择5个点组合采样。采样时先用铁铲挖好采样坑，然后用竹铲削除与铁铲接触的土壤，后用竹铲垂直采集地表以下0~20cm的土壤柱，土壤柱厚×宽×长为2.5cm×2.5cm×20cm。在采样过程中，将土块捏碎，同时弃去动物残留体、植物根系、砾石、肥料团块等杂物。每个样品采集后，均需在袋子上标记样品编号，同时在样品袋内放入写有样品编号的牛皮纸条。样品采集完后，清除采样工具上的泥土，再用于下个样品采集。果园区采样深度为0~60cm，其他土壤样品采样深度均为0~20cm。

(3)样品加工：土壤样品均应当天进行清理并核对样品编号的正确性，无误后将样品悬挂在样品架自然风干，并防止雨淋、酸碱等气体和灰尘污染。风干后的样品剔除其他所有非土物质后过2mm(10目)孔径筛，未过筛的土粒重新碾压过筛，直至全部样品通过2mm(10目)孔径的尼龙筛为止。过筛后土壤样品称重后混匀，一部分样品送实验室分析，用纸袋盛装；副样(质量不低于300g)装入聚酯塑料瓶，送样品库保存。

1.1.3 样品分析测试与质量控制

1.1.3.1 1∶25万多目标区域地球化学调查

土壤样品分析测试由具有国家级资质认证的湖北省地质实验测试中心、安徽省地质实验研究所等测试单位承担。分析过程中严格执行《多目标区域地球化学调查规范(1∶250 000)》(DZ/T 0258—2014)、《生态地球化学评价样品分析技术要求(试行)》(DD 2005-03)等相关技术标准。

样品分析需以X射线荧光光谱法(XRF)和电感耦合等离子体质谱法(ICP-MS)等为主体，辅以粉末发射光谱法(ES)、原子荧光光谱法(AFS)等多种分析方法，经过12种国家土壤一级标准物质(GSS1~GSS12)

注：地理底图引自"鄂S(2022)005号"《湖北省地图》。

图 1.1.1 湖北省土地质量地球化学调查工作程度图

的分析，方法的检出限、精密度和准确度都能满足或优于《多目标区域地球化学调查规范(1∶250 000)》(DZ/T 0258—2014)要求，分析配套方案合理。本次土壤样品中不同指标分析方法及检出限详见表1.1.1。

表1.1.1 1∶25万多目标区域地球化学调查土壤样品不同指标分析方法及检出限

指标	符号	分析方法	单位	检出限	指标	符号	分析方法	单位	检出限
砷	As	AFS	mg/kg	0.2	铅	Pb	XRF	mg/kg	2
硼	B	ES	mg/kg	1	硫	S	VOL	mg/kg	50
镉	Cd	ICP-MS	mg/kg	0.02	硒	Se	AFS	mg/kg	0.01
氯	Cl	XRF	mg/kg	20	锶	Sr	XRF	mg/kg	4
钴	Co	ICP-MS	mg/kg	0.1	钒	V	XRF	mg/kg	4
铬	Cr	XRF	mg/kg	3	锌	Zn	XRF	mg/kg	3
铜	Cu	ICP-MS	mg/kg	0.5	二氧化硅	SiO_2	XRF	%	0.1
氟	F	ISE	mg/kg	30	三氧化二铝	Al_2O_3	XRF	%	0.05
锗	Ge	ICP-MS	mg/kg	0.1	全三氧化二铁	TFe_2O_3	XRF	%	0.05
汞	Hg	AFS	mg/kg	0.000 3	氧化镁	MgO	XRF	%	0.05
碘	I	COL	mg/kg	0.2	氧化钙	CaO	XRF	%	0.05
锰	Mn	XRF	mg/kg	8	氧化钠	Na_2O	XRF	%	0.05
钼	Mo	POL	mg/kg	0.2	氧化钾	K_2O	XRF	%	0.05
氮	N	VOL	mg/kg	20	有机碳	Corg	VOL	%	0.02
镍	Ni	ICP-MS	mg/kg	0.4	pH	pH	ISE		0.01
磷	P	XRF	mg/kg	8					

注：ISE为离子选择性电极；COL为催化分光光度计法；POL为催化极谱法；VOL为容量法。

1.1.3.2 1∶5万土地质量地球化学调查

土壤样品测试均由具有国家级资质认证的湖北省地质实验测试中心和湖北省地质局第六地质大队实验室承担。样品分析准确度和精密度等质量要求按中国地质调查局《多目标区域地球化学调查规范(1∶250 000)》(DZ/T 0258—2014)、《生态地球化学评价样品分析技术要求(试行)》(DD 2005-03)、《地质矿产实验室测试质量管理规范》(DZ/T 0130—2006)，以及中国地质调查局地质调查技术标准《土地质量地球化学评估技术要求(试行)》(DD 2008-06)等相关技术标准和规定执行。

为确保土壤样品分析质量，根据不同分析方法的质量水平，本次选择分析方法配套基本方案以X射线荧光光谱法(XRF)、电感耦合等离子体原子发射光谱法(ICP-OES)和电感耦合等离子体质谱法(ICP-MS)为主体，辅以其他分析方法，各指标的检出限均能满足规范要求。土壤样品分析方法及检出限见表1.1.2。各指标的报出率为100%，插入12种国家一级土壤标准物质(GSS1～GSS12)，分别统计各指标合格率，要求均为100%。监控样分析的对数算术标准偏差合格率绝大多数都达到了100%，每组监控样的标准差均满足规范要求，重复性检验和异常点抽查合格率满足规范要求。

表1.1.2 1∶5万土地质量地球化学调查土壤样品不同指标分析方法及其检出限

指标	符号	分析方法	单位	检出限	指标	符号	分析方法	单位	检出限
砷	As	AFS	mg/kg	0.2	铅	Pb	ICP-MS	mg/kg	0.2
硼	B	ICP-MS	mg/kg	0.8	硫	S	XRF	mg/kg	15
镉	Cd	ICP-MS	mg/kg	0.02	硒	Se	AFS	mg/kg	0.01
氯	Cl	XRF	mg/kg	5	锶	Sr	ICP-OES	mg/kg	2
钴	Co	ICP-MS	mg/kg	0.1	钒	V	ICP-OES	mg/kg	2
铬	Cr	XRF	mg/kg	1.5	锌	Zn	ICP-MS	mg/kg	1
铜	Cu	ICP-MS	mg/kg	0.1	二氧化硅	SiO_2	XRF	%	0.05
氟	F	ISE	mg/kg	30	三氧化二铝	Al_2O_3	XRF	%	0.03
锗	Ge	ICP-MS	mg/kg	0.05	全三氧化二铁	TFe_2O_3	XRF	%	0.02

续表1.1.2

指标	符号	分析方法	单位	检出限	指标	符号	分析方法	单位	检出限
汞	Hg	AFS	mg/kg	0.000 5	氧化镁	MgO	ICP-OES	%	0.02
碘	I	ICP-MS	mg/kg	0.2	氧化钙	CaO	ICP-OES	%	0.02
锰	Mn	ICP-OES	mg/kg	5	氧化钠	Na_2O	ICP-OES	%	0.02
钼	Mo	ICP-MS	mg/kg	0.15	氧化钾	K_2O	XRF	%	0.03
氮	N	VOL	mg/kg	15	有机碳	Corg	VOL	%	0.02
镍	Ni	ICP-OES	mg/kg	0.2	pH	pH	ISE		0.01
磷	P	XRF	mg/kg	5					

1.1.4 数据量

采集土壤样品总量为242 948件。其中,1∶5万土地质量地球化学土壤样品为215 356件,数据量为6 676 036个;1∶25万多目标区域地球化学土壤样品为27 592件,数据量为855 352个。

1.2 数据处理与统计分析

在对土壤表层数据计量单位、属性、坐标等全面核对和检查的基础上,进行统计单元划分、异常值甄别与参数统计等各项工作。

1.2.1 统计单元划分

土壤元素地球化学参数统计按照土壤类型单元、土地利用类型单元、地质背景单元、成土母质单元、地形地貌单元、行政区划单元和各单元中单指标含量进行分类,统计各指标的地球化学特征值。

(1)土壤类型单元:划分到土类,包括红壤、黄壤、黄棕壤、黄褐土、棕壤、暗棕壤、石灰土、紫色土、石质土、砂姜黑土、草甸土、潮土、沼泽土、水稻土14种土类。

(2)土地利用类型单元:严格按照第三次全国国土调查成果统计,包括耕地、园地、林地、草地、建设用地、水域、未利用地。

(3)地质背景单元:基本上按系为单元划分,包括第四系、新近系、古近系、白垩系、侏罗系、三叠系、二叠系、石炭系、泥盆系、志留系、奥陶系、寒武系、震旦系、南华系、青白口系—震旦系、青白口系、中元古界、滹沱系—太古宇,以及侵入岩、脉岩、变质岩共21个单元。

(4)成土母质单元:按照岩石风化物进行划分,分为第四系沉积物、碎屑岩风化物、碎屑岩风化物(黑色岩系)、碳酸盐岩风化物、碳酸盐岩风化物(黑色岩系)、变质岩风化物、硅质岩风化物、火山岩风化物、侵入岩风化物。

(5)地形地貌单元:湖北省地貌类型多样,既有地势平坦的江汉平原,也有连绵起伏的丘陵岗地,还有层峦叠嶂的广大山区,以及适宜养殖的广阔水域,根据景观及地形特点划分为平原、洪湖湖区、丘陵低山、中山、高山。

(6)行政区划单元:分为一级、二级两个级别统计。一级为市(州)评价区,共16个,包含武汉市、襄阳市、宜昌市、黄石市、十堰市、荆州市、荆门市、鄂州市、孝感市、黄冈市、咸宁市、随州市、恩施土家族苗族自治州(简称恩施州)、仙桃市、天门市、潜江市。二级为县(市、区)评价区,考虑到鄂州市面积较小且主要为城镇区,仙桃市、天门市和潜江市为省直管市,故这4个市不再细分二级评价区。同时将部分市(州)建成区合并统计,其中武汉市区包含江岸区、江汉区、硚口区、汉阳区、武昌区、青山区、洪山区,襄阳市区包含襄城区、樊城区、襄州区,十堰市区包含张湾区、茅箭区,宜昌市区包含夷陵区、西陵区、伍家岗区、点军区、猇亭区,荆州市区包含荆州区、沙市区,荆门市区包含东宝区、掇刀区,黄石市区包含黄石港区、西塞山区、下陆区、铁山区,共67个二级统计单元。

说明:①二级统计单元中,除屈家岭管理区未测试Sr、竹溪县未测试V外,其他二级统计单元均测试了31项指标;②在不同土壤类型统计单元中,由于实际工作中砂姜黑土(6件样品)和石质土(5件样品)统计量太少,未在全省土壤地球化学参数计算中进行统计,故不同土壤类型样本数合计比全省统计少11件;③在不同成土母质统计单元中,硅质岩风化物仅1件样品,故未统计。

1.2.2 统计参数及计算方法

选取样本数(N)、算术平均值($\overline{X}$)、算术标准差(S)、几何平均值(X_g)、几何标准差(S_g)、变异系数(CV)、中位值(X_{me})、最小值(X_{min})、最大值(X_{max})、累积频率分位值($X_{0.5\%}$、$X_{2.5\%}$、$X_{25\%}$、$X_{75\%}$、$X_{97.5\%}$和$X_{99.5\%}$)、偏度系数(β_s)、峰度系数(β_k)、背景值(X')等多项参数进行分单元统计。

(1)样本数N是指参与地球化学参数统计的样品数量。

(2)算术平均值在统计数据中用$\overline{X}$表示,公式为:

$$\overline{X} = \frac{1}{N}\sum_{i=1}^{N} X_i \tag{1-1}$$

(3)几何平均值在统计数据中用X_g表示,公式为:

$$X_g = \sqrt[N]{\prod_{i=1}^{N} X_i} = \exp\left(\frac{1}{N}\sum_{i=1}^{N}\ln X_i\right) \tag{1-2}$$

(4)算术标准差在统计数据中用S表示,公式为:

$$S = \sqrt{\frac{\sum_{i=1}^{N}(X_i - \overline{X})^2}{N}} \tag{1-3}$$

(5)几何标准偏差在统计数据中用S_g表示,公式为:

$$S_g = \exp\left(\sqrt{\frac{\sum_{i=1}^{N}(\ln X_i - \ln X_g)^2}{N}}\right) \tag{1-4}$$

(6)变异系数在统计数据中用CV表示(注意:由于本手册数据量大且不同统计参数小数点保留位数不同,为了便于数据的引用查阅,表中变异系数均按实际小数表示),公式为:

$$CV = \frac{S}{\overline{X}} \times 100\% \tag{1-5}$$

(7)中位值是将统计数据排序后,位于中间的数值,用X_{me}表示。当样本数为奇数时,中位数为第$(N+1)/2$位数的值;当样本数为偶数时,中位数为第$N/2$位与第$1+N/2$位数的平均值。

(8)最小值为统计数据中数值最小的值,用X_{min}表示。

(9)最大值为统计数据中数值最大的值,用X_{max}表示。

(10)累积频率分位值为数据排序后,累积频率分别为0.5%、2.5%、25%、75%、97.5%和99.5%所对应的数值,在数据表中依次用$X_{0.5\%}$、$X_{2.5\%}$、$X_{25\%}$、$X_{75\%}$、$X_{97.5\%}$和$X_{99.5\%}$表示。

(11)偏度系数(简称偏度)是对分布偏斜方向和程度的一种度量,总体分布的偏斜程度可用总体参数偏度系数β_s来衡量。当β_s等于零时,表示一组数据分布完全对称;当β_s为正值时,表示一组数据分布为正偏态或者右偏态;反之,当β_s为负值时,表示一组数据分布为负偏态或者左偏态。不论正、负哪种偏态,偏态系数的绝对值越大表示偏斜程度越大;反之,偏斜程度越小。β_s计算公式表述如下:

$$\beta_s = \frac{1}{NS^3}\sum(X_i - \overline{X})^3 \tag{1-6}$$

(12)峰度系数(简称峰度)是表征概率密度分布曲线在平均值处峰值高低的特征数。峰度是分布集中于均值附近的形状。如果某分布与标准正态分布比较,其形状更瘦更高,则称为尖峰分布;反之,比正态分布更矮更胖,则称为平峰分布,又称厚尾分布。峰度的高低用总体参数峰度系数β_k来衡量。由于标准正态分布的峰度系数为3,因此当某一分布的峰度系数β_k大于3时,称其为尖峰分布;当某一分布的峰度系数β_k小于3时,称其为平峰分布。β_k计算公式表述如下:

$$\beta_k = \frac{1}{NS^4}\sum(X_i - \overline{X})^3 \tag{1-7}$$

(13)背景值 X' 又称土壤本底值。本手册中的背景值是指湖北省 1∶25 万多目标区域地球化学调查和 1∶5 万土地质量地球化学调查区范围内,表层土壤各指标含量经正态检验后的平均值或中位值,用以反映表生环境下土壤地球化学背景的量值。依据《数据的统计处理和解释 正态性检验》(GB/T 4882—2001),对数据频率分布形态进行正态检验。当统计数据服从正态分布时,用算术平均值代表背景值;当统计数据服从对数正态分布时,用几何平均值代表背景值。当统计数据不服从正态分布或对数正态分布时,按照"算术平均值加减 3 倍算术标准差"进行剔除。经反复剔除后服从正态分布或对数正态分布时,用算术平均值或几何平均值代表土壤背景值;经反复剔除后仍不服从正态分布或对数正态分布,当呈现偏态分布时,以算术平均值代表土壤背景值;当呈现双峰或多峰分布时,以中位值或算术平均值代表土壤背景值。

特别说明:本手册中样品数单位为"个";变异系数、偏度系数、峰度系数 3 项均无量纲,统一保留 2 位小数(个别数据较小按需要保留小数位数);其他参数算术平均值、算术标准差、几何平均值、几何标准差、中位值、最小值、不同累积频率分位值、最大值、背景值的单位均与相应指标检出限单位一致,特别指出最小值中个别数据较小,故按需要保留小数位数,pH 无量纲,同时不同指标的小数保留位数不同。

2 不同统计单元土壤地球化学参数

2.1 全省土壤地球化学参数

表 2.1.1　全省表层土壤地球化学参数表

2 不同统计单元土壤地球化学参数

2.1 全省土壤地球化学参数

表 2.1.1 全省表层土壤地球化学参数表

表 2.1.1 全省表层土壤地球化学参数表

指标	单位	样本数	算术平均值	算术标准差	几何平均值	几何标准差	变异系数	中位值	最小值	累积频率分位值						最大值	偏度系数	峰度系数	背景值
		N	$\bar{X}$	S	X_g	S_g	CV	X_{me}	X_{min}	$X_{0.5\%}$	$X_{2.5\%}$	$X_{25\%}$	$X_{75\%}$	$X_{97.5\%}$	$X_{99.5\%}$	X_{max}	β_s	β_k	X'
As	mg/kg	242 947	12.7	9.1	11.4	1.6	0.72	12.2	0.1	2.3	3.7	8.8	15.6	24.3	37.2	1 463.5	53.48	6 007.05	12.2
B	mg/kg	241 832	68	36	62	2	0.54	62	1	10	25	53	73	147	272	1314	6.72	88.99	62
Cd	mg/kg	242 948	0.44	1.07	0.31	1.96	2.42	0.32	0.003	0.07	0.10	0.20	0.43	1.61	5.13	108.00	28.97	1 576.87	0.31
Cl	mg/kg	235 331	69	48	62	2	0.69	59	5	26	32	47	78	162	282	5774	22.92	1 939.65	62
Co	mg/kg	235 042	17.5	5.1	16.9	1.3	0.29	17.1	1.0	6.0	9.2	14.4	20.0	28.1	37.0	227.0	2.78	47.65	17.3
Cr	mg/kg	242 948	87	33	83	1	0.38	84	1	32	52	74	94	134	249	2470	12.74	397.55	84
Cu	mg/kg	242 948	32.9	27.3	30.8	1.4	0.83	30.0	2.3	11.6	16.8	25.1	37.7	60.5	98.2	10 170.0	223.84	79 736.57	31.2
F	mg/kg	242 948	799	585	711	2	0.73	677	2	295	371	548	842	2071	4683	19 566	6.48	66.91	681
Ge	mg/kg	242 948	1.48	0.20	1.46	1.15	0.14	1.47	0.20	0.89	1.09	1.36	1.59	1.88	2.10	9.81	1.24	32.27	1.47
Hg	μg/kg	242 948	88.2	301.2	70.9	1.8	3.41	69.0	2.0	17.0	24.6	48.3	102.0	220.0	463.0	87 645.0	169.24	39 958.76	74.9
I	mg/kg	235 330	2.4	3.5	1.8	2.0	1.46	1.7	0.02	0.4	0.6	1.1	3.0	8.1	11.3	1 390.0	267.89	106 393.59	1.9
Mn	mg/kg	235 042	824	446	722	2	0.54	763	18	136	211	561	1000	1837	2586	34230	4.58	170.61	784
Mo	mg/kg	242 948	1.66	4.78	1.05	2.01	2.89	0.95	0.04	0.32	0.40	0.70	1.31	7.94	26.01	664.00	33.43	2 830.19	0.94
N	mg/kg	242 947	1668	671	1544	1	0.40	1582	43	395	640	1234	1995	3217	4309	31 510	1.98	24.92	1615
Ni	mg/kg	242 948	38.9	17.4	36.7	1.4	0.45	36.6	0.3	12.3	19.3	30.3	44.5	66.9	121.1	2 461.2	18.32	1 712.58	37.3
P	mg/kg	242 948	793	517	723	2	0.65	739	59	219	308	564	928	1609	2477	71 716	29.57	2 378.27	745
Pb	mg/kg	242 948	31.0	27.7	29.7	1.3	0.89	30.0	2.2	15.1	18.3	25.9	33.9	48.1	76.7	7 837.8	148.84	33 922.15	29.8
S	mg/kg	235 042	292	253	259	2	0.87	256	1	74	107	195	342	647	1164	48 860	61.43	9 005.87	267
Se	mg/kg	242 899	0.50	0.99	0.37	1.86	1.96	0.34	0.01	0.10	0.15	0.25	0.47	1.84	5.65	86.59	21.92	976.47	0.34
Sr	mg/kg	165 507	101	67	89	2	0.66	89	10	29	38	64	123	225	479	2782	6.69	106.88	93
V	mg/kg	136 533	118	59	113	1	0.50	110	12	48	70	98	127	206	428	3825	14.21	412.62	112
Zn	mg/kg	242 899	93	77	88	1	0.82	90	2	38	47	74	107	151	239	18 120	128.76	23 705.94	90
SiO_2	%	234 993	65.18	6.01	64.89	1.10	0.09	65.24	2.63	45.95	54.61	61.40	68.93	76.76	81.00	90.99	−0.48	3.18	65.30
Al_2O_3	%	206 026	13.88	2.22	13.69	1.19	0.16	13.95	2.80	7.30	9.23	12.45	15.40	17.96	19.22	25.70	−0.23	0.41	13.91
TFe_2O_3	%	242 899	5.81	1.36	5.65	1.27	0.23	5.70	0.48	2.60	3.48	4.92	6.58	8.41	11.10	28.45	1.13	7.16	5.75
MgO	%	242 899	1.76	1.12	1.55	1.63	0.64	1.62	0.15	0.47	0.62	1.09	2.16	3.99	8.80	21.73	4.87	41.22	1.61
CaO	%	242 899	1.23	1.38	0.80	2.56	1.12	0.73	0.01	0.09	0.13	0.42	1.73	4.18	7.77	49.41	5.73	82.73	1.06
Na_2O	%	234 993	0.90	0.61	0.70	2.08	0.68	0.76	0.02	0.12	0.17	0.39	1.24	2.21	2.97	5.50	1.05	1.09	0.87
K_2O	%	242 948	2.41	0.62	2.33	1.32	0.25	2.42	0.08	0.88	1.24	1.98	2.83	3.68	4.19	8.20	0.21	0.66	2.40
Corg	%	242 898	1.62	0.77	1.46	1.60	0.48	1.50	0.01	0.29	0.52	1.12	1.96	3.47	4.82	21.60	2.10	13.83	1.54
pH		242 945						6.53	0.70	4.25	4.53	5.49	7.84	8.28	8.42	10.59			

2.2 不同土壤类型土壤地球化学参数

表 2.2.1　红壤表层土壤地球化学参数表
表 2.2.2　黄壤表层土壤地球化学参数表
表 2.2.3　黄棕壤表层土壤地球化学参数表
表 2.2.4　黄褐土表层土壤地球化学参数表
表 2.2.5　棕壤表层土壤地球化学参数表
表 2.2.6　暗棕壤表层土壤地球化学参数表
表 2.2.7　石灰土表层土壤地球化学参数表
表 2.2.8　紫色土表层土壤地球化学参数表
表 2.2.9　草甸土表层土壤地球化学参数表
表 2.2.10　潮土表层土壤地球化学参数表
表 2.2.11　沼泽土表层土壤地球化学参数表
表 2.2.12　水稻土表层土壤地球化学参数表

表 2.2.1 红壤表层土壤地球化学参数表

指标	单位	样本数	算术平均值	算术标准差	几何平均值	几何标准差	变异系数	中位值	最小值	累积频率分位值						最大值	偏度系数	峰度系数	背景值
		N	$\bar{X}$	S	X_g	S_g	CV	X_{me}	X_{min}	$X_{0.5\%}$	$X_{2.5\%}$	$X_{25\%}$	$X_{75\%}$	$X_{97.5\%}$	$X_{99.5\%}$	X_{max}	β_s	β_k	X'
As	mg/kg	3783	13.3	35.6	9.9	2.0	2.68	11.1	0.5	1.3	2.0	7.5	14.1	32.6	82.7	1 463.5	29.89	1 022.37	10.6
B	mg/kg	3783	68	32	57	2	0.48	68	2	4	7	56	81	139	201	371	1.14	6.61	66
Cd	mg/kg	3783	0.36	0.64	0.26	2.03	1.76	0.23	0.03	0.06	0.09	0.16	0.36	1.49	3.14	21.10	15.39	382.68	0.24
Cl	mg/kg	3783	58	25	54	1	0.44	52	9	23	30	42	65	122	181	493	3.63	32.83	53
Co	mg/kg	3783	16.5	5.6	15.5	1.5	0.34	16.4	1.0	2.5	5.8	14.0	18.8	26.1	34.6	137.4	4.87	86.25	16.4
Cr	mg/kg	3783	81	33	77	1	0.41	81	8	17	28	71	90	136	235	1066	10.10	237.79	80
Cu	mg/kg	3783	34.6	68.6	28.8	1.6	1.98	27.1	3.0	6.5	12.7	23.9	33.4	80.2	329.7	2 926.0	26.52	946.78	27.8
F	mg/kg	3783	622	465	553	2	0.75	508	153	229	294	426	660	1602	3348	8809	7.02	76.57	526
Ge	mg/kg	3783	1.50	0.23	1.48	1.17	0.15	1.52	0.50	0.89	1.02	1.38	1.65	1.87	2.10	5.54	1.38	26.44	1.50
Hg	μg/kg	3783	105.6	490.5	76.9	1.7	4.64	76.0	7.0	17.0	27.0	57.0	102.0	229.0	622.0	20 662.0	33.52	1 225.41	77.3
I	mg/kg	3783	1.9	1.3	1.6	1.8	0.68	1.6	0.2	0.4	0.6	1.0	2.5	5.4	7.0	23.6	2.72	22.39	1.8
Mn	mg/kg	3783	722	603	607	2	0.83	620	51	120	187	421	892	1667	2869	14 729	9.44	155.78	660
Mo	mg/kg	3783	1.37	2.99	0.99	1.83	2.18	0.90	0.12	0.30	0.40	0.71	1.22	4.61	18.90	69.93	13.57	237.93	0.92
N	mg/kg	3783	1352	448	1278	1	0.33	1320	86	298	592	1080	1570	2305	3061	7270	1.67	12.39	1323
Ni	mg/kg	3783	31.6	14.8	29.2	1.5	0.47	29.6	2.8	5.7	10.9	24.9	35.8	60.2	97.9	316.0	5.81	79.98	30.0
P	mg/kg	3783	664	745	602	1	1.12	592	78	191	289	478	756	1305	1952	39 040	39.81	1 942.06	616
Pb	mg/kg	3783	35.7	54.7	31.9	1.4	1.53	31.1	8.4	14.1	18.5	27.8	35.0	67.2	212.4	2 675.0	33.11	1 469.81	30.9
S	mg/kg	3783	288	248	255	2	0.86	251	39	70	115	206	311	630	1682	5577	11.00	169.39	253
Se	mg/kg	3783	0.43	0.60	0.34	1.79	1.39	0.30	0.05	0.11	0.14	0.25	0.42	1.45	3.19	20.28	15.75	405.35	0.30
Sr	mg/kg	3458	112	128	82	2	1.15	65	16	31	39	54	97	516	760	1412	3.49	15.00	63
V	mg/kg	2568	103	41	98	1	0.40	101	17	24	39	89	113	155	269	1250	11.81	280.29	101
Zn	mg/kg	3783	86	52	80	1	0.61	79	2	20	42	68	93	154	352	1590	13.85	313.23	80
SiO_2	%	3783	69.06	6.19	68.78	1.10	0.09	69.59	33.99	51.58	56.29	65.55	73.15	81.03	85.55	90.45	−0.33	0.81	69.12
Al_2O_3	%	2665	13.53	2.35	13.31	1.20	0.17	13.44	5.03	6.81	8.61	11.95	15.19	17.83	19.92	25.70	0.04	0.83	13.53
TFe_2O_3	%	3783	5.27	1.30	5.07	1.35	0.25	5.22	0.48	1.09	2.49	4.57	5.98	7.84	9.38	13.92	0.17	2.75	5.30
MgO	%	3783	1.20	0.95	1.00	1.72	0.79	0.88	0.17	0.28	0.43	0.70	1.37	3.66	7.07	11.24	4.13	26.11	1.03
CaO	%	3783	0.89	1.45	0.50	2.64	1.63	0.41	0.01	0.05	0.10	0.26	0.87	4.30	9.83	24.99	6.19	62.56	0.37
Na_2O	%	3783	0.61	0.66	0.43	2.15	1.08	0.37	0.05	0.09	0.14	0.26	0.59	2.77	3.21	4.10	2.40	5.17	0.36
K_2O	%	3783	2.11	0.58	2.03	1.32	0.28	1.95	0.27	0.75	1.17	1.73	2.44	3.51	4.00	5.24	0.86	1.13	2.08
Corg	%	3783	1.31	0.48	1.22	1.52	0.37	1.28	0.02	0.17	0.49	1.01	1.54	2.38	3.20	5.23	1.20	5.18	1.27
pH		3783						5.81	3.81	4.29	4.57	5.25	6.90	8.19	8.35	8.81			

表 2.2.2　黄壤表层土壤地球化学参数表

指标	单位	样本数	算术平均值	算术标准差	几何平均值	几何标准差	变异系数	中位值	最小值	累积频率分位值						最大值	偏度系数	峰度系数	背景值
		N	$\overline{X}$	S	X_g	S_g	CV	X_{me}	X_{min}	$X_{0.5\%}$	$X_{2.5\%}$	$X_{25\%}$	$X_{75\%}$	$X_{97.5\%}$	$X_{99.5\%}$	X_{max}	β_s	β_k	X'
As	mg/kg	17 857	11.3	7.8	9.6	1.8	0.69	10.4	0.3	1.9	2.9	6.5	14.6	26.1	40.0	311.0	10.53	307.61	10.7
B	mg/kg	17 857	81	49	74	2	0.61	73	2	13	31	64	84	186	404	1095	6.47	67.86	72
Cd	mg/kg	17 857	0.65	2.02	0.38	2.21	3.13	0.35	0.02	0.07	0.11	0.23	0.52	2.87	9.86	74.56	17.48	404.99	0.34
Cl	mg/kg	17 488	51	24	48	1	0.48	46	14	23	28	39	55	99	177	835	8.59	160.15	47
Co	mg/kg	17 488	17.1	5.8	16.1	1.4	0.34	16.8	1.0	3.2	6.5	13.8	20.1	29.0	34.7	227.0	3.59	108.42	16.9
Cr	mg/kg	17 857	87	42	83	1	0.48	82	10	22	47	74	92	155	301	1494	12.27	276.87	82
Cu	mg/kg	17 857	30.5	14.9	28.5	1.4	0.49	28.2	4.2	8.3	14.0	23.6	33.9	63.4	87.7	969.0	19.17	1 013.95	28.3
F	mg/kg	17 857	944	815	806	2	0.86	730	188	285	390	613	956	3285	6058	19 449	5.44	46.36	746
Ge	mg/kg	17 857	1.51	0.24	1.49	1.18	0.16	1.52	0.43	0.81	1.01	1.37	1.67	1.97	2.16	3.68	0.04	1.83	1.51
Hg	μg/kg	17 857	110.3	142.4	93.8	1.7	1.29	96.0	4.0	19.1	31.0	69.0	127.9	268.7	500.3	13 067.5	51.60	4 150.27	97.6
I	mg/kg	17 488	2.6	2.0	2.0	2.1	0.74	2.3	0.02	0.3	0.5	1.1	3.6	7.6	10.8	19.7	1.70	5.16	2.4
Mn	mg/kg	17 488	824	595	638	2	0.72	706	45	101	148	360	1126	2327	3172	9605	1.85	8.16	758
Mo	mg/kg	17 857	2.12	5.84	1.17	2.33	2.76	1.04	0.17	0.29	0.35	0.67	1.61	11.66	35.51	159.27	13.09	240.98	1.03
N	mg/kg	17 857	1620	570	1525	1	0.35	1548	76	360	696	1266	1890	2908	3953	7610	1.60	7.99	1576
Ni	mg/kg	17 857	37.6	19.0	34.9	1.4	0.50	35.4	4.2	7.7	16.7	29.1	41.7	73.6	139.0	584.3	8.36	146.38	35.2
P	mg/kg	17 857	699	326	642	2	0.47	644	75	169	274	500	836	1410	1924	12 760	5.84	139.89	668
Pb	mg/kg	17 857	34.0	17.0	32.4	1.3	0.50	32.2	6.4	14.1	18.7	28.2	36.7	61.1	90.3	978.0	25.12	1 150.82	32.1
S	mg/kg	17 488	269	189	242	2	0.70	241	2	70	102	190	309	586	886	11 311	20.66	896.38	247
Se	mg/kg	17 857	0.76	1.77	0.52	2.00	2.32	0.47	0.03	0.11	0.19	0.34	0.70	3.09	9.51	86.59	20.82	688.33	0.48
Sr	mg/kg	13 622	65	48	58	2	0.74	54	16	25	31	45	69	168	345	1755	9.13	179.39	55
V	mg/kg	11 841	117	63	109	1	0.54	108	12	30	57	96	122	240	488	1898	9.25	151.36	108
Zn	mg/kg	17 857	96	165	90	1	1.73	92	11	28	48	79	104	146	239	18 120	89.49	8 920.77	92
SiO_2	%	17 488	68.66	5.53	68.43	1.09	0.08	68.34	22.99	53.29	58.17	65.28	71.96	80.44	83.92	90.99	−0.04	1.71	68.70
Al_2O_3	%	17 185	13.58	2.47	13.33	1.22	0.18	13.89	3.76	6.63	8.00	12.05	15.37	17.70	19.10	22.80	−0.47	0.11	13.60
TFe_2O_3	%	17 857	5.33	1.25	5.17	1.31	0.23	5.35	0.71	1.46	2.82	4.60	6.09	7.78	8.93	13.99	0.03	1.54	5.34
MgO	%	17 857	1.61	1.44	1.35	1.68	0.90	1.30	0.18	0.42	0.59	0.98	1.69	5.86	11.00	21.73	5.12	34.96	1.29
CaO	%	17 857	0.56	1.17	0.33	2.38	2.10	0.31	0.01	0.06	0.08	0.18	0.51	3.05	7.51	33.23	10.12	162.14	0.32
Na_2O	%	17 488	0.34	0.25	0.29	1.62	0.75	0.28	0.04	0.10	0.13	0.21	0.39	0.83	1.67	4.31	6.85	76.30	0.30
K_2O	%	17 857	2.49	0.80	2.34	1.44	0.32	2.50	0.33	0.74	0.99	1.90	3.08	3.92	4.32	6.80	−0.01	−0.45	2.48
Corg	%	17 857	1.50	0.64	1.38	1.53	0.42	1.40	0.02	0.27	0.55	1.10	1.77	2.98	4.14	11.95	2.18	15.13	1.43
pH		17 857						5.42	3.36	4.07	4.33	4.93	6.44	8.13	8.33	9.13			

表 2.2.3 黄棕壤表层土壤地球化学参数表

指标	单位	样本数 N	算术平均值 $\bar{X}$	算术标准差 S	几何平均值 X_g	几何标准差 S_g	变异系数 CV	中位值 X_{me}	最小值 X_{min}	累积频率分位值						最大值 X_{max}	偏度系数 β_s	峰度系数 β_k	背景值 X'
										$X_{0.5\%}$	$X_{2.5\%}$	$X_{25\%}$	$X_{75\%}$	$X_{97.5\%}$	$X_{99.5\%}$				
As	mg/kg	69 302	14.0	11.0	12.3	1.7	0.78	13.6	0.4	2.3	3.6	9.4	17.0	27.6	47.8	1 096.6	35.84	2 688.98	13.3
B	mg/kg	68 674	76	47	67	2	0.62	69	1	9	20	58	82	185	358	1314	5.76	59.28	68
Cd	mg/kg	69 303	0.58	1.36	0.36	2.24	2.35	0.34	0.003	0.06	0.10	0.22	0.51	2.72	7.94	108.00	19.14	816.34	0.34
Cl	mg/kg	67 865	57	33	53	1	0.58	50	6	24	30	42	63	120	217	1710	11.27	291.29	52
Co	mg/kg	67 724	19.0	6.2	18.1	1.4	0.33	18.4	1.0	5.7	8.7	15.4	21.9	31.1	46.5	214.6	2.89	39.97	18.5
Cr	mg/kg	69 303	92	44	87	1	0.48	87	1	28	49	78	96	176	346	2470	11.33	289.59	86
Cu	mg/kg	69 303	33.3	19.2	30.6	1.5	0.58	29.4	2.3	11.0	16.0	24.7	36.2	74.8	134.1	790.5	8.81	175.77	29.8
F	mg/kg	69 303	967	818	816	2	0.85	754	55	285	376	586	1032	3405	6003	19 566	4.71	32.41	778
Ge	mg/kg	69 303	1.50	0.24	1.48	1.18	0.16	1.50	0.20	0.80	1.01	1.37	1.63	1.96	2.24	8.46	0.97	18.77	1.50
Hg	μg/kg	69 303	112.3	397.3	87.9	1.8	3.54	95.1	6.3	17.6	25.0	62.0	125.5	268.4	617.4	61 100.0	94.11	11 724.37	94.1
I	mg/kg	67 864	3.3	2.3	2.6	2.1	0.69	3.0	0.1	0.4	0.6	1.5	4.4	8.9	12.0	43.2	1.42	4.36	3.1
Mn	mg/kg	67 724	980	563	826	2	0.57	936	18	120	190	591	1290	2135	2979	34 230	5.03	202.35	946
Mo	mg/kg	69 303	2.43	6.93	1.32	2.35	2.86	1.10	0.10	0.31	0.41	0.78	1.73	14.34	37.85	664.00	28.75	1 965.99	1.07
N	mg/kg	69 303	1766	690	1647	1	0.39	1675	72	451	717	1337	2070	3366	4755	14 005	1.96	10.86	1701
Ni	mg/kg	69 303	40.4	24.2	37.3	1.4	0.60	36.7	0.3	11.0	18.9	30.9	43.7	89.0	170.0	2 461.2	21.24	1 574.45	36.7
P	mg/kg	69 303	796	655	708	2	0.82	711	73	204	281	535	934	1736	2891	71 716	32.65	2 485.24	733
Pb	mg/kg	69 303	33.8	43.8	31.9	1.3	1.30	32.0	2.2	12.6	18.7	28.1	36.1	54.4	99.5	7 837.8	117.45	18 085.43	31.9
S	mg/kg	67 724	298	356	264	2	1.19	261	9	76	111	204	338	658	1217	48 860	71.35	7 907.83	269
Se	mg/kg	69 303	0.68	1.34	0.45	2.08	1.97	0.42	0.01	0.11	0.15	0.28	0.63	3.17	8.25	73.45	14.07	382.00	0.43
Sr	mg/kg	44 673	86	76	73	2	0.88	68	10	26	34	54	89	273	569	2354	6.47	75.06	69
V	mg/kg	40 606	127	82	118	1	0.64	114	15	49	68	101	129	295	582	3825	11.91	271.25	113
Zn	mg/kg	69 303	99	105	93	1	1.05	93	2	44	54	78	108	182	323	14 169	85.66	9 668.18	92
SiO$_2$	%	67 724	66.24	5.93	65.95	1.10	0.09	66.37	11.91	43.67	53.28	63.24	69.67	77.57	81.96	89.81	−0.83	4.34	66.52
Al$_2$O$_3$	%	63 435	13.85	2.26	13.65	1.19	0.16	14.00	3.54	7.20	8.80	12.50	15.37	17.90	19.90	24.50	−0.29	0.74	13.87
TFe$_2$O$_3$	%	69 303	5.92	1.53	5.75	1.28	0.26	5.79	0.77	2.62	3.45	5.04	6.57	9.60	13.06	28.45	1.99	12.28	5.76
MgO	%	69 303	1.74	1.48	1.46	1.69	0.85	1.37	0.16	0.46	0.62	1.07	1.80	6.12	10.96	21.10	4.60	28.68	1.37
CaO	%	69 303	0.75	1.31	0.48	2.26	1.75	0.46	0.01	0.09	0.12	0.29	0.70	3.69	8.34	49.41	9.43	154.43	0.45
Na$_2$O	%	67 724	0.58	0.53	0.46	1.90	0.91	0.43	0.03	0.11	0.16	0.30	0.64	2.34	3.28	5.50	3.12	11.96	0.44
K$_2$O	%	69 303	2.39	0.73	2.27	1.39	0.31	2.33	0.16	0.76	1.06	1.91	2.85	3.93	4.46	7.94	0.39	0.43	2.38
Corg	%	69 303	1.71	0.80	1.56	1.56	0.46	1.60	0.02	0.30	0.58	1.24	2.02	3.54	5.32	21.60	2.73	22.20	1.63
pH		69 302						5.69	2.36	4.17	4.41	5.08	6.58	8.10	8.28	9.58			

表 2.2.4　黄褐土表层土壤地球化学参数表

指标	单位	样本数	算术平均值	算术标准差	几何平均值	几何标准差	变异系数	中位值	最小值	累积频率分位值						最大值	偏度系数	峰度系数	背景值
		N	$\bar{X}$	S	X_g	S_g	CV	X_{me}	X_{min}	$X_{0.5\%}$	$X_{2.5\%}$	$X_{25\%}$	$X_{75\%}$	$X_{97.5\%}$	$X_{99.5\%}$	X_{max}	β_s	β_k	X'
As	mg/kg	1428	12.7	4.8	11.9	1.4	0.38	12.7	1.9	2.9	4.2	10.4	14.6	20.5	32.2	78.5	4.14	45.89	12.3
B	mg/kg	1428	62	16	60	1	0.26	60	9	18	38	54	67	94	160	191	2.80	17.66	61
Cd	mg/kg	1428	0.22	0.27	0.18	1.69	1.22	0.16	0.05	0.06	0.09	0.14	0.21	0.74	2.03	4.56	7.96	86.48	0.16
Cl	mg/kg	1428	67	40	61	1	0.61	58	27	30	33	47	73	150	305	852	7.55	111.69	59
Co	mg/kg	1428	16.2	4.1	15.8	1.3	0.25	15.7	5.7	8.2	10.3	13.9	17.6	26.8	34.3	51.5	2.21	10.81	15.7
Cr	mg/kg	1428	82	17	81	1	0.21	80	28	52	60	75	86	111	180	306	5.51	53.28	80
Cu	mg/kg	1428	28.3	6.8	27.8	1.2	0.24	27.2	12.6	17.2	20.9	25.2	29.8	43.5	62.2	159.7	7.01	105.99	27.3
F	mg/kg	1428	610	355	578	1	0.58	551	221	339	398	506	615	1087	2753	7330	11.91	192.70	554
Ge	mg/kg	1428	1.43	0.19	1.42	1.15	0.13	1.43	0.82	0.93	1.05	1.31	1.55	1.83	1.93	2.09	0.07	0.17	1.43
Hg	μg/kg	1428	151.3	2 333.1	55.8	2.1	15.42	48.0	11.0	17.0	22.0	35.0	75.0	300.0	1 625.0	87 645.0	37.03	1 388.78	51.5
I	mg/kg	1428	2.3	1.3	2.0	1.7	0.58	2.1	0.2	0.4	0.6	1.4	2.7	5.8	8.2	14.9	2.38	11.33	2.1
Mn	mg/kg	1428	759	324	699	2	0.43	738	69	111	212	624	864	1479	2375	3873	3.01	20.60	720
Mo	mg/kg	1428	1.02	2.47	0.70	1.80	2.43	0.61	0.22	0.32	0.37	0.52	0.76	4.51	17.76	51.64	11.59	176.77	0.61
N	mg/kg	1428	1443	474	1369	1	0.33	1394	134	341	676	1143	1652	2549	3549	4943	1.43	5.71	1402
Ni	mg/kg	1428	36.9	8.9	36.0	1.2	0.24	36.4	13.6	19.0	22.5	32.5	39.7	53.7	81.5	126.4	3.23	21.92	35.9
P	mg/kg	1428	655	508	607	1	0.78	600	165	221	284	508	716	1219	1725	16 159	22.00	632.59	608
Pb	mg/kg	1428	29.8	6.3	29.3	1.2	0.21	28.9	11.1	16.9	21.9	26.9	31.3	42.3	65.7	121.0	5.20	54.13	29.0
S	mg/kg	1428	239	188	219	1	0.79	215	29	83	113	173	270	461	606	5674	20.16	540.21	224
Se	mg/kg	1428	0.32	0.56	0.25	1.72	1.74	0.21	0.07	0.09	0.13	0.18	0.29	0.92	3.43	11.08	12.32	190.22	0.21
Sr	mg/kg	1274	100	37	95	1	0.37	101	26	31	42	90	109	181	274	715	5.50	71.58	96
V	mg/kg	1191	108	41	104	1	0.38	100	51	69	77	93	109	173	384	639	7.14	68.34	100
Zn	mg/kg	1428	74	19	72	1	0.26	69	40	42	51	62	81	121	156	213	1.98	6.98	73
SiO_2	%	1428	65.81	3.91	65.69	1.06	0.06	65.31	43.76	50.53	59.44	63.77	67.39	75.28	79.34	85.47	0.29	4.42	65.57
Al_2O_3	%	1428	14.18	1.58	14.08	1.13	0.11	14.30	6.95	8.30	10.22	13.46	15.10	16.92	17.98	19.47	−0.86	2.38	14.30
TFe_2O_3	%	1428	5.55	0.97	5.47	1.18	0.18	5.53	2.49	3.03	3.68	5.07	5.97	7.48	9.51	18.48	2.59	27.60	5.49
MgO	%	1428	1.34	0.57	1.27	1.33	0.42	1.25	0.54	0.59	0.74	1.10	1.42	2.39	4.99	9.58	6.64	71.65	1.25
CaO	%	1428	0.94	0.66	0.77	2.01	0.71	0.89	0.07	0.08	0.13	0.73	1.04	2.60	5.10	7.50	3.91	25.79	0.83
Na_2O	%	1428	1.00	0.40	0.89	1.70	0.40	1.11	0.13	0.18	0.25	0.76	1.24	1.62	2.35	4.26	0.15	3.41	0.99
K_2O	%	1428	2.28	0.53	2.22	1.25	0.23	2.18	0.78	0.97	1.37	2.00	2.38	3.82	4.10	4.46	1.34	2.84	2.16
Corg	%	1428	1.37	0.54	1.27	1.49	0.40	1.29	0.13	0.24	0.55	1.04	1.60	2.63	3.85	5.08	1.60	5.62	1.32
pH		1427						6.46	3.78	4.12	4.52	5.78	7.13	8.07	8.26	8.37			

表 2.2.5 棕壤表层土壤地球化学参数表

指标	单位	样本数 N	算术平均值 $\bar{X}$	算术标准差 S	几何平均值 X_g	几何标准差 S_g	变异系数 CV	中位值 X_{me}	最小值 X_{min}	累积频率分位值 $X_{0.5\%}$	$X_{2.5\%}$	$X_{25\%}$	$X_{75\%}$	$X_{97.5\%}$	$X_{99.5\%}$	最大值 X_{max}	偏度系数 β_s	峰度系数 β_k	背景值 X'
As	mg/kg	8885	17.3	4.2	16.7	1.3	0.24	17.2	1.4	4.3	8.6	14.9	19.7	25.2	30.0	78.8	0.75	11.83	17.3
B	mg/kg	8885	69	18	67	1	0.27	67	2	28	42	59	76	108	147	640	5.34	119.29	67
Cd	mg/kg	8885	0.93	2.18	0.57	2.19	2.35	0.49	0.05	0.11	0.17	0.36	0.75	4.69	11.99	99.35	17.79	578.71	0.48
Cl	mg/kg	8152	53	26	51	1	0.49	49	7	24	30	42	59	91	142	1231	18.04	626.35	51
Co	mg/kg	8152	21.2	5.0	20.6	1.3	0.23	21.6	2.4	7.8	11.6	17.7	24.6	30.2	35.2	80.6	0.30	4.04	21.2
Cr	mg/kg	8885	107	50	102	1	0.47	97	19	65	76	90	107	219	419	1100	8.06	99.08	97
Cu	mg/kg	8885	36.8	13.9	34.8	1.4	0.38	34.4	5.6	14.6	19.2	28.0	42.0	71.9	95.9	286.3	2.60	19.51	35.0
F	mg/kg	8885	1171	744	1046	2	0.64	1040	247	403	513	776	1331	3145	5786	10 245	4.57	31.29	1036
Ge	mg/kg	8885	1.51	0.21	1.50	1.16	0.14	1.52	0.50	0.85	1.06	1.39	1.63	1.92	2.20	3.48	0.11	3.33	1.51
Hg	μg/kg	8885	141.7	93.3	133.0	1.4	0.66	130.0	14.0	40.0	74.5	110.0	156.2	270.0	452.1	6 941.2	44.89	3 186.58	132.4
I	mg/kg	8152	6.8	2.8	6.2	1.6	0.41	6.6	0.2	0.6	1.9	4.8	8.5	12.9	15.3	31.1	0.58	1.05	6.7
Mn	mg/kg	8152	1264	427	1184	1	0.34	1265	63	205	407	1020	1497	2095	2539	8315	1.52	18.73	1250
Mo	mg/kg	8885	4.07	10.46	2.03	2.53	2.57	1.48	0.29	0.43	0.72	1.10	2.68	27.00	60.14	370.25	12.97	296.30	1.41
N	mg/kg	8885	2319	825	2188	1	0.36	2204	132	685	1043	1808	2678	4214	5642	12 626	1.88	10.61	2250
Ni	mg/kg	8885	46.4	21.0	43.9	1.4	0.45	42.6	8.1	20.0	27.5	36.9	49.4	96.1	167.0	495.6	6.72	86.11	42.5
P	mg/kg	8885	1046	418	968	2	0.40	996	141	247	373	775	1274	1962	2398	12 443	3.00	63.16	1028
Pb	mg/kg	8885	35.8	8.0	35.3	1.2	0.22	35.3	15.0	20.3	25.0	32.4	38.6	48.3	57.1	454.5	20.09	933.95	35.5
S	mg/kg	8152	389	214	356	2	0.55	352	1	99	164	283	449	798	1262	7043	9.44	202.81	363
Se	mg/kg	8885	1.13	1.60	0.80	2.04	1.42	0.71	0.05	0.18	0.26	0.51	1.09	5.07	10.14	47.11	8.54	138.96	0.71
Sr	mg/kg	5000	85	49	80	1	0.57	77	23	38	46	65	93	156	321	1219	9.91	154.74	79
V	mg/kg	5572	148	93	137	1	0.63	127	31	78	94	116	144	362	688	2402	9.29	152.36	127
Zn	mg/kg	8885	112	33	109	1	0.29	109	19	60	75	97	121	172	261	1446	11.98	371.78	108
SiO_2	%	8152	64.11	4.15	63.97	1.07	0.06	63.93	37.90	54.06	56.91	61.28	66.72	72.94	76.87	84.67	0.17	1.42	64.06
Al_2O_3	%	8129	14.40	1.91	14.26	1.15	0.13	14.60	4.10	8.23	10.02	13.34	15.70	17.59	18.70	22.47	-0.62	1.14	14.47
TFe_2O_3	%	8885	6.61	1.12	6.51	1.20	0.17	6.68	1.26	3.44	4.37	5.91	7.30	8.62	9.67	23.11	0.52	8.59	6.61
MgO	%	8885	1.90	1.36	1.69	1.52	0.71	1.62	0.22	0.66	0.91	1.35	1.94	6.08	10.57	19.20	5.02	32.50	1.60
CaO	%	8885	0.54	0.64	0.45	1.68	1.18	0.45	0.04	0.11	0.18	0.33	0.60	1.39	3.86	18.70	13.43	261.18	0.46
Na_2O	%	8152	0.50	0.16	0.48	1.40	0.32	0.50	0.05	0.15	0.22	0.39	0.60	0.83	0.98	2.10	1.11	6.59	0.50
K_2O	%	8885	2.32	0.57	2.24	1.30	0.25	2.32	0.34	0.93	1.25	1.93	2.68	3.50	4.02	4.92	0.22	0.35	2.31
Corg	%	8885	2.23	0.96	2.05	1.52	0.43	2.05	0.08	0.46	0.84	1.65	2.64	4.56	6.50	17.27	2.26	14.55	2.12
pH		8885						5.43	3.50	4.18	4.41	4.94	6.15	7.83	8.16	8.47			

表 2.2.6 暗棕壤表层土壤地球化学参数表

指标	单位	样本数	算术平均值	算术标准差	几何平均值	几何标准差	变异系数	中位值	最小值	累积频率分位值						最大值	偏度系数	峰度系数	背景值
		N	$\bar{X}$	S	X_g	S_g	CV	X_{me}	X_{min}	$X_{0.5\%}$	$X_{2.5\%}$	$X_{25\%}$	$X_{75\%}$	$X_{97.5\%}$	$X_{99.5\%}$	X_{max}	β_s	β_k	X'
As	mg/kg	478	13.2	5.1	11.9	1.6	0.38	14.1	1.8	2.5	3.8	9.2	16.2	22.8	25.0	31.6	−0.10	−0.21	13.1
B	mg/kg	478	78	29	74	1	0.37	73	9	17	39	65	82	161	246	341	3.76	22.97	73
Cd	mg/kg	478	0.56	0.88	0.39	1.98	1.57	0.37	0.06	0.07	0.13	0.28	0.48	2.89	7.25	9.73	6.35	49.16	0.35
Cl	mg/kg	478	52	21	50	1	0.41	48	24	26	31	42	57	91	117	392	9.06	136.39	48
Co	mg/kg	478	19.3	5.2	18.6	1.3	0.27	18.9	6.7	7.0	9.2	15.3	23.5	29.5	32.5	33.8	0.16	−0.43	19.3
Cr	mg/kg	478	90	25	87	1	0.28	86	50	51	63	78	94	149	261	340	4.93	36.62	85
Cu	mg/kg	478	34.1	14.0	32.1	1.4	0.41	31.3	13.5	17.4	18.7	26.0	37.3	76.7	106.5	112.0	2.63	9.36	31.0
F	mg/kg	478	1037	895	892	2	0.86	829	380	433	472	672	1074	4006	6851	8045	4.90	27.63	849
Ge	mg/kg	478	1.55	0.22	1.53	1.18	0.15	1.56	0.49	0.60	1.02	1.42	1.69	1.94	2.04	2.78	−0.44	3.66	1.56
Hg	μg/kg	478	98.2	55.4	87.8	1.6	0.56	91.0	15.0	20.6	28.0	72.0	110.0	191.9	420.0	620.0	3.93	25.78	91.6
I	mg/kg	478	3.1	1.9	2.5	2.1	0.60	3.2	0.1	0.4	0.5	1.3	4.2	7.0	9.4	12.1	0.71	1.01	3.0
Mn	mg/kg	478	1030	546	853	2	0.53	1051	89	91	198	555	1413	2020	2715	3062	0.29	−0.29	1019
Mo	mg/kg	478	2.03	4.30	1.19	2.22	2.12	1.03	0.25	0.29	0.39	0.81	1.40	13.90	34.06	48.00	6.62	53.38	0.99
N	mg/kg	478	1705	657	1616	1	0.39	1598	407	622	820	1367	1859	3063	5409	8585	3.83	29.84	1625
Ni	mg/kg	478	39.9	15.7	38.1	1.3	0.39	37.1	19.4	21.0	24.3	32.1	42.6	77.1	147.8	203.0	4.73	35.15	36.9
P	mg/kg	478	746	290	701	1	0.39	697	209	231	364	565	849	1449	1996	2895	2.30	10.75	712
Pb	mg/kg	478	33.3	8.6	32.6	1.2	0.26	32.7	14.1	14.7	19.6	29.4	35.8	47.5	78.6	147.7	5.79	69.25	32.7
S	mg/kg	478	247	121	226	2	0.49	217	8	41	111	182	278	534	726	1565	3.85	31.43	224
Se	mg/kg	478	0.76	0.95	0.57	1.92	1.26	0.51	0.07	0.16	0.19	0.41	0.70	3.19	7.72	10.17	5.42	37.66	0.52
Sr	mg/kg	280	78	67	69	1	0.86	67	30	30	35	56	83	129	686	787	7.90	72.59	69
V	mg/kg	444	129	70	121	1	0.55	114	66	75	83	104	128	287	686	789	6.14	46.84	114
Zn	mg/kg	478	97	23	95	1	0.24	94	53	58	63	84	107	152	201	302	3.02	19.51	94
SiO_2	%	478	67.22	3.96	67.11	1.06	0.06	67.28	51.64	52.75	58.44	64.80	69.84	74.71	79.58	81.65	−0.26	1.38	67.23
Al_2O_3	%	478	14.02	1.99	13.86	1.17	0.14	14.07	4.66	7.57	8.95	12.94	15.40	17.50	18.72	21.52	−0.54	1.70	14.11
TFe_2O_3	%	478	5.83	1.09	5.73	1.21	0.19	5.89	2.74	2.87	3.82	5.09	6.42	7.89	9.21	13.21	0.73	4.27	5.81
MgO	%	478	1.75	1.63	1.48	1.63	0.93	1.39	0.41	0.53	0.75	1.11	1.75	7.84	11.80	15.10	4.83	27.07	1.40
CaO	%	478	0.63	1.08	0.41	2.17	1.71	0.40	0.08	0.10	0.12	0.26	0.60	3.03	7.76	13.76	6.93	62.17	0.40
Na_2O	%	478	0.43	0.20	0.40	1.47	0.46	0.40	0.10	0.12	0.20	0.32	0.48	1.01	1.42	2.17	2.92	15.57	0.39
K_2O	%	478	2.51	0.72	2.39	1.38	0.29	2.35	0.24	0.60	1.12	2.05	2.98	3.92	4.37	4.45	0.25	−0.09	2.51
Corg	%	478	1.50	0.56	1.41	1.44	0.37	1.41	0.23	0.40	0.64	1.17	1.70	2.99	3.54	4.39	1.27	2.79	1.44
pH		478						5.51	4.17	4.18	4.38	4.96	6.47	8.10	8.30	8.41			

表 2.2.7 石灰土表层土壤地球化学参数表

指标	单位	样本数 N	算术平均值 $\overline{X}$	算术标准差 S	几何平均值 X_g	几何标准差 S_g	变异系数 CV	中位值 X_{me}	最小值 X_{min}	累积频率分位值 $X_{0.5\%}$	$X_{2.5\%}$	$X_{25\%}$	$X_{75\%}$	$X_{97.5\%}$	$X_{99.5\%}$	最大值 X_{max}	偏度系数 β_s	峰度系数 β_k	背景值 X'
As	mg/kg	9394	16.5	10.1	15.1	1.5	0.61	15.5	0.1	3.4	5.3	12.7	18.9	32.2	55.1	374.0	16.43	507.52	15.6
B	mg/kg	9320	88	59	77	2	0.66	73	4	13	31	60	96	233	417	1168	4.47	37.63	76
Cd	mg/kg	9394	0.54	1.12	0.37	1.99	2.07	0.34	0.04	0.08	0.13	0.25	0.48	2.47	6.48	49.46	17.38	535.39	0.34
Cl	mg/kg	8932	58	33	53	1	0.57	51	16	24	30	43	62	124	240	1032	8.17	138.20	52
Co	mg/kg	8893	19.1	4.6	18.6	1.3	0.24	18.5	3.6	8.2	11.7	16.5	21.2	28.6	34.1	142.1	3.66	71.51	18.9
Cr	mg/kg	9394	92	34	89	1	0.37	88	10	42	62	80	97	145	264	1504	14.32	426.00	88
Cu	mg/kg	9394	36.2	21.3	34.0	1.4	0.59	33.1	6.1	12.6	18.7	28.3	39.8	68.0	100.7	977.1	21.23	775.68	33.8
F	mg/kg	9394	1032	609	926	2	0.59	894	101	332	457	694	1168	2602	4523	8257	3.82	23.83	909
Ge	mg/kg	9394	1.46	0.24	1.44	1.17	0.16	1.47	0.22	0.76	1.01	1.35	1.58	1.84	2.06	9.81	7.47	252.52	1.46
Hg	μg/kg	9394	98.1	344.9	76.9	1.8	3.52	78.0	7.0	18.0	27.0	55.4	101.0	250.0	650.0	24 600.0	57.39	3 724.38	77.8
I	mg/kg	8932	2.8	1.4	2.4	1.7	0.50	2.7	0.1	0.5	0.7	1.8	3.5	6.2	8.3	16.9	1.36	4.87	2.7
Mn	mg/kg	8893	963	464	868	2	0.48	921	51	192	279	689	1172	1894	3115	7590	2.99	25.29	924
Mo	mg/kg	9394	2.19	4.73	1.36	2.14	2.16	1.12	0.11	0.38	0.52	0.87	1.66	11.95	27.03	193.53	14.48	393.42	1.08
N	mg/kg	9394	1852	736	1729	1	0.40	1733	95	507	808	1400	2152	3586	5149	14 974	2.48	19.04	1773
Ni	mg/kg	9394	44.0	16.9	41.8	1.4	0.38	41.1	6.5	19.1	24.4	34.5	49.7	79.6	132.8	368.6	4.27	39.72	42.0
P	mg/kg	9394	815	1015	686	2	1.25	662	137	218	289	518	856	2003	6381	30 370	14.15	282.23	674
Pb	mg/kg	9394	33.3	19.5	32.0	1.3	0.59	32.2	6.4	13.0	20.3	28.9	35.5	48.4	86.9	1 090.0	30.12	1 312.96	32.1
S	mg/kg	8893	281	208	254	2	0.74	252	37	79	111	201	317	601	1008	7962	16.67	474.21	256
Se	mg/kg	9394	0.52	0.97	0.36	1.95	1.86	0.31	0.04	0.10	0.14	0.24	0.45	2.31	6.32	26.40	11.22	192.39	0.31
Sr	mg/kg	6043	82	65	74	1	0.79	72	14	28	37	59	88	192	421	2782	16.56	535.14	73
V	mg/kg	4376	125	54	119	1	0.44	115	22	69	85	104	130	235	435	1078	8.26	104.01	115
Zn	mg/kg	9394	99	44	95	1	0.44	94	22	47	59	82	107	169	301	2141	18.48	674.32	93
SiO$_2$	%	8893	63.35	7.05	62.91	1.13	0.11	63.69	9.73	36.01	49.00	59.17	68.14	75.50	80.63	87.94	−0.78	3.05	63.67
Al$_2$O$_3$	%	8289	14.34	2.45	14.11	1.20	0.17	14.40	3.80	6.80	9.05	12.78	15.96	18.92	20.47	23.78	−0.27	0.65	14.39
TFe$_2$O$_3$	%	9394	6.20	1.29	6.07	1.23	0.21	6.10	1.43	2.99	3.95	5.39	6.90	9.00	11.16	18.44	0.87	3.66	6.14
MgO	%	9394	1.94	1.54	1.63	1.70	0.80	1.53	0.18	0.52	0.70	1.17	2.06	6.44	11.12	17.67	3.91	20.64	1.53
CaO	%	9394	1.76	2.74	1.00	2.60	1.56	0.84	0.04	0.14	0.22	0.53	1.61	9.61	17.01	38.86	4.52	30.03	0.78
Na$_2$O	%	8893	0.50	0.28	0.44	1.63	0.57	0.45	0.05	0.11	0.17	0.32	0.60	1.17	1.88	4.68	3.53	28.23	0.46
K$_2$O	%	9394	2.49	0.64	2.40	1.33	0.26	2.48	0.18	0.80	1.20	2.10	2.84	3.89	4.65	6.01	0.40	1.65	2.47
Corg	%	9394	1.73	0.87	1.57	1.56	0.50	1.59	0.08	0.35	0.61	1.24	2.02	3.75	6.42	18.04	3.48	28.97	1.62
pH		9394						7.11	3.56	4.42	4.80	6.08	7.93	8.32	8.46	9.08			

表 2.2.8　紫色土表层土壤地球化学参数表

指标	单位	样本数	算术平均值	算术标准差	几何平均值	几何标准差	变异系数	中位值	最小值	累积频率分位值						最大值	偏度系数	峰度系数	背景值
		N	$\overline{X}$	S	X_g	S_g	CV	X_{me}	X_{min}	$X_{0.5\%}$	$X_{2.5\%}$	$X_{25\%}$	$X_{75\%}$	$X_{97.5\%}$	$X_{99.5\%}$	X_{max}	β_s	β_k	X'
As	mg/kg	6755	8.8	5.3	7.5	1.8	0.60	7.7	1.0	2.1	2.7	4.7	11.9	20.7	28.6	62.6	1.62	6.24	8.5
B	mg/kg	6748	85	49	72	2	0.58	67	10	17	27	45	122	186	237	661	1.42	6.46	83
Cd	mg/kg	6755	0.26	0.18	0.23	1.58	0.70	0.23	0.03	0.07	0.10	0.18	0.30	0.58	1.02	6.95	12.14	324.68	0.24
Cl	mg/kg	6504	62	28	59	1	0.44	56	21	30	35	47	71	117	194	718	7.08	109.72	59
Co	mg/kg	6504	16.2	4.0	15.7	1.3	0.25	16.2	1.8	5.4	8.8	14.2	18.1	24.5	31.5	94.8	2.23	30.05	16.0
Cr	mg/kg	6755	75	14	74	1	0.18	75	13	32	47	68	82	100	119	264	0.91	12.33	75
Cu	mg/kg	6755	27.6	19.0	25.3	1.5	0.69	25.4	4.0	8.6	12.1	21.0	30.0	54.7	115.8	680.3	16.02	431.83	25.3
F	mg/kg	6755	755	386	687	2	0.51	644	176	272	348	522	854	1793	2524	6661	2.87	17.20	667
Ge	mg/kg	6755	1.47	0.17	1.46	1.13	0.12	1.47	0.65	0.98	1.13	1.36	1.57	1.79	1.95	2.48	0.01	1.62	1.47
Hg	μg/kg	6755	57.7	59.0	47.6	1.8	1.02	46.2	5.0	12.8	17.0	32.4	66.9	149.0	365.0	2 514.2	15.50	499.06	49.6
I	mg/kg	6504	1.6	1.2	1.2	1.9	0.79	1.2	0.1	0.3	0.4	0.8	1.9	5.1	7.7	10.9	2.54	8.95	1.3
Mn	mg/kg	6504	670	307	605	2	0.46	640	91	149	211	466	810	1423	1767	4665	1.70	9.60	640
Mo	mg/kg	6755	0.84	0.94	0.71	1.67	1.12	0.68	0.17	0.26	0.30	0.51	0.92	2.30	5.65	44.11	19.41	716.63	0.70
N	mg/kg	6755	1342	494	1248	1	0.37	1292	52	292	493	1019	1627	2430	2913	6975	0.88	3.80	1325
Ni	mg/kg	6755	33.1	9.8	32.1	1.3	0.30	32.8	4.3	12.2	18.8	28.9	36.5	48.8	67.3	370.3	10.60	284.22	32.6
P	mg/kg	6755	587	251	545	1	0.43	546	64	182	257	432	686	1179	1601	6587	3.77	55.64	558
Pb	mg/kg	6755	28.6	10.8	27.7	1.3	0.38	27.4	7.7	15.2	18.3	24.3	30.8	44.0	68.3	426.1	17.62	549.40	27.6
S	mg/kg	6504	229	151	201	2	0.66	202	12	52	74	145	286	494	714	5010	10.20	239.79	217
Se	mg/kg	6755	0.30	0.26	0.25	1.75	0.87	0.24	0.03	0.06	0.08	0.18	0.35	0.80	1.52	10.00	12.07	346.49	0.25
Sr	mg/kg	3896	82	37	76	1	0.45	76	16	30	38	59	92	183	261	610	2.74	17.01	75
V	mg/kg	4603	104	23	101	1	0.22	104	18	38	60	90	118	146	182	430	0.95	11.52	103
Zn	mg/kg	6755	83	22	81	1	0.27	83	11	37	50	72	92	118	169	834	9.15	255.42	82
SiO_2	%	6504	65.89	4.68	65.72	1.08	0.07	66.01	33.26	50.19	55.69	63.48	68.56	74.88	79.97	88.18	−0.39	3.01	65.97
Al_2O_3	%	6321	14.25	1.71	14.15	1.14	0.12	14.40	5.37	8.91	10.56	13.23	15.40	17.20	18.20	22.00	−0.48	1.00	14.29
TFe_2O_3	%	6755	5.50	1.00	5.40	1.22	0.18	5.53	0.93	2.26	3.42	4.95	6.08	7.29	8.59	13.81	0.14	4.17	5.51
MgO	%	6755	1.85	0.89	1.68	1.54	0.48	1.69	0.30	0.53	0.78	1.25	2.21	4.10	5.61	14.56	2.58	17.56	1.74
CaO	%	6755	1.00	1.52	0.61	2.45	1.52	0.58	0.03	0.09	0.13	0.34	0.94	5.54	10.28	20.66	4.93	33.54	0.57
Na_2O	%	6504	0.81	0.58	0.63	2.06	0.71	0.59	0.09	0.13	0.18	0.35	1.15	2.17	2.61	3.97	1.12	0.82	0.78
K_2O	%	6755	2.50	0.56	2.44	1.25	0.22	2.46	0.70	1.32	1.59	2.08	2.85	3.77	4.26	5.78	0.57	0.58	2.48
Corg	%	6755	1.26	0.55	1.13	1.62	0.44	1.18	0.03	0.17	0.38	0.87	1.57	2.51	3.15	5.65	0.97	2.50	1.23
pH		6755						6.21	3.43	4.20	4.47	5.28	7.50	8.32	8.52	9.12			

表 2.2.9 草甸土表层土壤地球化学参数表

指标	单位	样本数 N	算术平均值 $\bar{X}$	算术标准差 S	几何平均值 X_g	几何标准差 S_g	变异系数 CV	中位值 X_{me}	最小值 X_{min}	累积频率分位值 $X_{0.5\%}$	$X_{2.5\%}$	$X_{25\%}$	$X_{75\%}$	$X_{97.5\%}$	$X_{99.5\%}$	最大值 X_{max}	偏度系数 β_s	峰度系数 β_k	背景值 X'
As	mg/kg	554	14.7	3.8	14.2	1.3	0.26	14.8	4.8	5.9	6.8	12.2	17.1	22.2	24.2	27.1	0.04	0.04	14.7
B	mg/kg	554	59	12	58	1	0.20	58	21	30	38	51	66	81	94	119	0.67	2.55	58
Cd	mg/kg	554	0.45	0.34	0.40	1.58	0.76	0.37	0.11	0.12	0.16	0.30	0.50	1.06	1.88	6.08	9.32	141.00	0.39
Cl	mg/kg	551	60	27	57	1	0.45	55	5	24	31	47	66	117	202	381	5.53	50.52	56
Co	mg/kg	551	19.0	4.4	18.5	1.3	0.23	18.6	7.9	8.2	12.0	15.8	21.6	27.9	33.0	41.8	0.65	1.34	18.9
Cr	mg/kg	554	92	23	91	1	0.25	92	58	60	65	82	100	121	136	516	11.64	214.67	91
Cu	mg/kg	554	37.6	11.3	36.0	1.3	0.30	36.1	17.3	18.3	20.3	29.4	43.7	63.6	74.7	113.3	1.15	3.71	36.9
F	mg/kg	554	896	538	808	2	0.60	744	321	357	465	605	1021	1958	4135	5057	4.04	22.77	809
Ge	mg/kg	554	1.51	0.16	1.50	1.11	0.11	1.50	0.93	1.00	1.21	1.40	1.61	1.80	1.89	2.09	−0.07	0.31	1.51
Hg	μg/kg	554	104.6	57.4	90.1	1.7	0.55	94.0	20.0	30.0	35.0	56.0	140.0	230.0	282.6	410.0	1.05	1.65	102.2
I	mg/kg	551	4.3	3.9	2.7	2.6	0.91	2.1	0.4	0.4	0.6	1.2	7.1	13.4	15.2	16.6	0.99	−0.13	4.3
Mn	mg/kg	551	981	312	932	1	0.32	933	126	334	459	773	1137	1673	2096	2236	0.86	1.45	965
Mo	mg/kg	554	1.66	2.56	1.26	1.76	1.54	1.16	0.41	0.47	0.62	0.92	1.44	6.22	21.70	26.84	6.86	53.06	1.14
N	mg/kg	554	1960	1053	1700	2	0.54	1744	400	437	629	1133	2640	4471	5258	6665	1.00	0.86	1904
Ni	mg/kg	554	42.5	11.0	41.3	1.3	0.26	41.2	20.5	21.1	25.9	35.4	48.6	61.4	73.1	171.0	3.11	33.11	42.0
P	mg/kg	554	898	359	839	1	0.40	781	210	324	482	653	1035	1791	2114	2588	1.49	2.51	871
Pb	mg/kg	554	32.8	7.5	31.9	1.3	0.23	32.9	16.4	17.2	20.5	27.8	37.1	49.0	60.2	70.5	0.82	2.39	32.2
S	mg/kg	551	323	205	277	2	0.64	265	90	92	112	181	418	792	1306	2082	2.64	13.46	298
Se	mg/kg	554	0.60	0.93	0.48	1.77	1.55	0.43	0.15	0.19	0.21	0.30	0.70	1.61	2.61	19.90	16.75	339.94	0.49
Sr	mg/kg	407	112	40	106	1	0.35	108	44	53	59	85	134	183	210	500	2.62	21.83	111
V	mg/kg	192	144	47	139	1	0.33	134	85	85	94	123	147	253	361	558	4.72	34.11	133
Zn	mg/kg	554	107	21	105	1	0.20	106	59	63	71	93	119	146	174	289	1.83	12.16	106
SiO$_2$	%	551	62.10	3.69	61.99	1.06	0.06	62.11	47.90	53.01	54.75	59.65	64.40	69.44	73.00	75.45	0.08	0.65	62.02
Al$_2$O$_3$	%	304	14.85	1.73	14.74	1.13	0.12	15.20	9.32	9.74	10.54	14.00	16.04	17.50	18.48	18.74	−0.75	0.46	14.89
TFe$_2$O$_3$	%	554	6.56	1.07	6.47	1.18	0.16	6.63	2.69	4.33	4.55	5.77	7.40	8.41	9.18	9.67	−0.11	−0.33	6.57
MgO	%	554	2.08	0.95	1.95	1.39	0.46	2.06	0.62	0.80	1.02	1.71	2.27	3.34	7.98	10.48	4.92	34.10	1.96
CaO	%	554	1.51	1.31	1.01	2.55	0.87	1.20	0.13	0.15	0.20	0.43	2.25	5.00	5.72	9.27	1.46	2.89	1.33
Na$_2$O	%	551	0.96	0.51	0.83	1.75	0.53	0.85	0.16	0.20	0.31	0.52	1.40	2.04	2.13	2.20	0.56	−0.91	0.96
K$_2$O	%	554	2.45	0.42	2.41	1.21	0.17	2.47	1.14	1.19	1.45	2.23	2.76	3.16	3.30	3.61	−0.54	0.36	2.46
Corg	%	554	1.99	1.33	1.65	1.84	0.67	1.60	0.39	0.40	0.52	1.05	2.50	5.46	7.31	9.10	1.63	3.11	1.79
pH		554						7.41	4.10	4.13	4.38	5.29	8.12	8.34	8.44	8.76			

表 2.2.10 潮土表层土壤地球化学参数表

指标	单位	样本数	算术平均值	算术标准差	几何平均值	几何标准差	变异系数	中位值	最小值	累积频率分位值						最大值	偏度系数	峰度系数	背景值
		N	$\overline{X}$	S	X_g	S_g	CV	X_{me}	X_{min}	$X_{0.5\%}$	$X_{2.5\%}$	$X_{25\%}$	$X_{75\%}$	$X_{97.5\%}$	$X_{99.5\%}$	X_{max}	β_s	β_k	X'
As	mg/kg	45 774	11.3	4.3	10.7	1.4	0.38	10.9	1.5	4.6	5.6	8.4	13.8	19.1	23.1	397.0	17.34	1 445.87	11.2
B	mg/kg	45 726	55	11	54	1	0.19	55	4	24	33	50	62	76	84	402	1.48	44.08	56
Cd	mg/kg	45 774	0.35	0.13	0.33	1.44	0.36	0.34	0.03	0.08	0.12	0.28	0.41	0.56	0.78	4.98	6.79	186.85	0.34
Cl	mg/kg	43 305	85	72	76	2	0.85	71	20	34	41	58	92	209	381	5774	29.06	1 881.88	73
Co	mg/kg	43 305	16.6	3.4	16.2	1.2	0.21	16.3	5.1	9.8	11.4	14.0	18.9	22.6	26.4	118.7	2.46	44.22	16.5
Cr	mg/kg	45 774	82	16	80	1	0.20	81	21	47	54	70	93	112	121	508	1.36	24.90	82
Cu	mg/kg	45 774	34.1	18.3	32.7	1.3	0.54	33.1	8.6	15.2	18.6	27.0	40.3	51.9	60.8	3 019.2	106.29	16 405.80	33.7
F	mg/kg	45 774	666	145	653	1	0.22	659	57	341	427	574	756	923	1027	12 384	12.57	959.10	664
Ge	mg/kg	45 774	1.45	0.15	1.45	1.11	0.10	1.44	0.36	1.09	1.18	1.36	1.54	1.77	1.89	2.97	0.35	1.40	1.45
Hg	μg/kg	45 774	57.9	71.2	51.3	1.5	1.23	51.0	8.0	16.4	22.7	40.3	63.6	126.0	270.0	6 702.6	41.62	2 832.71	51.5
I	mg/kg	43 305	1.5	0.7	1.4	1.5	0.49	1.4	0.2	0.4	0.6	1.1	1.8	3.6	5.4	13.3	3.12	20.17	1.4
Mn	mg/kg	43 305	795	172	777	1	0.22	780	87	379	520	673	903	1126	1337	4174	1.44	14.29	790
Mo	mg/kg	45 774	1.03	0.46	0.98	1.36	0.45	0.98	0.23	0.43	0.52	0.81	1.21	1.66	2.19	43.03	24.36	1 647.87	1.01
N	mg/kg	45 774	1354	505	1262	1	0.37	1304	58	318	535	1020	1622	2523	3173	11 163	1.24	8.52	1324
Ni	mg/kg	45 774	39.1	10.1	37.9	1.3	0.26	38.1	7.8	19.2	23.6	31.4	46.2	58.2	62.3	372.8	2.18	55.70	39.1
P	mg/kg	45 774	909	302	871	1	0.33	872	59	269	480	754	1010	1582	2280	17 807	6.82	240.55	877
Pb	mg/kg	45 774	26.5	8.6	25.8	1.2	0.33	25.8	7.3	16.0	17.4	22.1	29.8	38.4	52.3	520.5	22.27	1 012.76	26.0
S	mg/kg	43 305	228	143	209	1	0.63	205	7	69	98	167	256	484	793	9819	18.84	892.94	209
Se	mg/kg	45 725	0.34	0.12	0.33	1.34	0.34	0.34	0.05	0.12	0.17	0.28	0.40	0.52	0.66	10.80	19.75	1 492.01	0.34
Sr	mg/kg	34 409	135	33	131	1	0.25	132	10	62	78	113	152	212	244	678	1.10	6.05	133
V	mg/kg	19 531	116	25	114	1	0.22	112	35	67	83	101	129	160	171	1135	11.48	384.52	116
Zn	mg/kg	45 725	95	27	93	1	0.28	94	23	46	57	80	110	133	155	1580	16.80	814.97	95
SiO_2	%	43 256	62.57	4.36	62.40	1.08	0.07	62.53	2.63	53.28	55.48	59.52	65.38	71.12	74.85	85.86	−0.61	7.36	62.55
Al_2O_3	%	31 274	13.78	2.01	13.63	1.16	0.15	13.66	4.30	9.20	10.16	12.33	15.18	17.79	18.69	23.28	0.16	−0.21	13.78
TFe_2O_3	%	45 725	5.81	1.15	5.69	1.22	0.20	5.68	1.31	3.51	4.00	4.89	6.65	8.04	8.45	18.00	0.45	1.04	5.80
MgO	%	45 725	2.12	0.42	2.06	1.28	0.20	2.16	0.27	0.67	0.91	1.96	2.39	2.71	2.95	7.85	−0.78	7.24	2.19
CaO	%	45 725	2.25	1.02	2.03	1.62	0.45	2.21	0.07	0.36	0.55	1.61	2.75	4.51	5.87	43.54	5.91	193.77	2.17
Na_2O	%	43 256	1.50	0.46	1.42	1.43	0.31	1.51	0.07	0.38	0.66	1.14	1.88	2.23	2.38	4.00	−0.09	−0.52	1.50
K_2O	%	45 774	2.59	0.38	2.56	1.17	0.15	2.62	0.42	1.55	1.82	2.33	2.89	3.22	3.34	8.08	−0.27	0.79	2.60
Corg	%	45 725	1.25	0.54	1.14	1.55	0.44	1.16	0.05	0.26	0.44	0.90	1.50	2.59	3.36	8.97	1.49	5.81	1.20
pH		45 774						7.98	2.73	4.77	5.36	7.74	8.13	8.36	8.50	9.59			

表 2.2.11 沼泽土表层土壤地球化学参数表

指标	单位	样本数 N	算术平均值 $\bar{X}$	算术标准差 S	几何平均值 X_g	几何标准差 S_g	变异系数 CV	中位值 X_{me}	最小值 X_{min}	累积频率分位值 $X_{0.5\%}$	$X_{2.5\%}$	$X_{25\%}$	$X_{75\%}$	$X_{97.5\%}$	$X_{99.5\%}$	最大值 X_{max}	偏度系数 β_s	峰度系数 β_k	背景值 X'
As	mg/kg	392	14.7	3.9	14.1	1.3	0.27	14.8	3.2	4.8	6.4	12.2	17.3	22.8	25.4	27.9	0.06	0.49	14.6
B	mg/kg	392	58	14	56	1	0.24	55	34	35	39	48	63	90	123	129	1.79	5.11	56
Cd	mg/kg	392	0.59	0.87	0.42	1.89	1.48	0.38	0.06	0.10	0.18	0.30	0.49	3.25	6.51	7.57	5.23	31.36	0.38
Cl	mg/kg	392	63	38	57	1	0.60	53	25	27	35	45	68	140	286	498	5.99	54.22	56
Co	mg/kg	392	19.5	4.1	19.0	1.2	0.21	19.2	8.6	8.8	11.6	17.3	20.7	29.1	32.7	35.8	0.79	1.72	19.3
Cr	mg/kg	392	108	42	103	1	0.39	100	58	60	70	90	110	262	353	422	4.19	21.33	99
Cu	mg/kg	392	43.1	11.8	41.4	1.3	0.27	44.0	15.0	16.8	20.0	35.9	49.7	69.8	83.9	87.1	0.27	1.04	42.7
F	mg/kg	392	803	235	776	1	0.29	756	457	476	494	677	854	1474	1817	1898	2.11	5.75	748
Ge	mg/kg	392	1.51	0.18	1.50	1.13	0.12	1.52	1.09	1.10	1.14	1.38	1.63	1.81	2.03	2.28	0.24	0.80	1.50
Hg	μg/kg	392	98.0	59.6	84.7	1.7	0.61	75.0	31.0	31.2	38.3	57.0	119.6	254.0	344.4	357.2	1.71	3.12	92.1
I	mg/kg	392	3.8	3.3	2.6	2.3	0.87	2.1	0.3	0.4	0.7	1.3	5.9	11.8	13.2	13.8	1.22	0.42	3.7
Mn	mg/kg	392	943	408	873	1	0.43	868	213	264	446	670	1074	1894	2152	4562	2.49	15.46	900
Mo	mg/kg	392	2.88	6.49	1.44	2.33	2.25	1.15	0.37	0.43	0.62	0.97	1.44	26.51	42.04	48.37	4.55	22.25	1.14
N	mg/kg	392	2472	1146	2201	2	0.46	2361	557	655	781	1527	3219	4831	5228	7179	0.57	−0.09	2451
Ni	mg/kg	392	50.7	15.5	48.7	1.3	0.31	49.8	20.0	21.0	24.4	42.8	56.0	100.0	118.1	141.6	2.08	8.73	48.2
P	mg/kg	392	859	360	799	1	0.42	730	216	270	454	624	994	1828	2216	2353	1.55	2.29	796
Pb	mg/kg	392	33.0	5.8	32.4	1.2	0.18	32.5	11.4	16.8	21.1	29.1	36.9	43.6	49.1	52.0	0.01	0.38	33.0
S	mg/kg	392	526	404	419	2	0.77	389	77	99	126	269	613	1635	2204	2449	2.00	4.43	401
Se	mg/kg	392	0.81	1.18	0.56	2.04	1.46	0.47	0.14	0.15	0.22	0.37	0.72	4.73	7.51	12.02	4.83	29.89	0.50
Sr	mg/kg	387	93	23	90	1	0.25	93	45	46	52	76	106	146	165	202	0.68	1.71	91
V	mg/kg	47	297	504	180	2	1.70	147	96	96	96	137	159	1933	1934	1934	3.07	7.75	145
Zn	mg/kg	392	115	22	113	1	0.19	113	64	65	77	102	127	168	193	238	1.12	3.98	113
SiO_2	%	392	59.67	4.21	59.53	1.07	0.07	59.05	49.41	50.89	52.28	56.78	62.49	67.93	70.64	72.01	0.32	−0.35	59.67
Al_2O_3	%	197	15.63	1.50	15.56	1.10	0.10	15.90	11.29	11.29	12.44	14.55	16.71	18.18	18.65	18.78	−0.45	−0.20	15.63
TFe_2O_3	%	392	7.29	1.05	7.21	1.16	0.14	7.34	4.34	4.37	5.15	6.63	8.02	9.08	9.81	11.77	−0.13	0.55	7.27
MgO	%	392	1.92	0.45	1.86	1.30	0.23	2.06	0.59	0.92	1.02	1.55	2.26	2.54	2.67	2.76	−0.62	−0.69	1.92
CaO	%	392	1.27	0.78	1.01	2.10	0.61	1.24	0.05	0.15	0.21	0.59	1.64	3.11	3.69	4.18	0.82	0.64	1.24
Na_2O	%	392	0.80	0.38	0.72	1.62	0.47	0.74	0.18	0.23	0.25	0.51	1.00	1.76	2.02	2.11	0.96	0.86	0.78
K_2O	%	392	2.73	0.41	2.70	1.17	0.15	2.78	1.60	1.61	1.88	2.52	2.99	3.58	3.93	4.32	−0.16	0.92	2.72
Corg	%	392	2.47	1.35	2.12	1.76	0.55	2.18	0.50	0.51	0.69	1.44	3.23	5.72	6.74	7.31	0.99	0.63	2.10
pH		392						7.30	3.71	4.09	4.54	6.14	7.73	8.22	8.29	8.34			

表 2.2.12 水稻土表层土壤地球化学参数表

指标	单位	样本数 N	算术平均值 $\bar{X}$	算术标准差 S	几何平均值 X_g	几何标准差 S_g	变异系数 CV	中位值 X_{me}	最小值 X_{min}	累积频率分位值							最大值 X_{max}	偏度系数 β_s	峰度系数 β_k	背景值 X'
										$X_{0.5\%}$	$X_{2.5\%}$	$X_{25\%}$	$X_{75\%}$	$X_{97.5\%}$	$X_{99.5\%}$				
As	mg/kg	78 334	12.0	5.0	11.1	1.5	0.42	11.8	0.1	2.4	4.1	9.1	14.5	20.8	28.8	342.2	9.55	445.59	11.8
B	mg/kg	77 976	61	21	58	1	0.35	59	2	11	26	52	66	106	164	924	6.27	119.43	59
Cd	mg/kg	78 334	0.29	0.29	0.24	1.70	1.02	0.25	0.01	0.06	0.09	0.16	0.36	0.59	1.30	28.11	32.00	2 084.45	0.26
Cl	mg/kg	76 442	80	45	73	1	0.57	71	19	31	37	56	91	175	291	1697	8.00	151.75	73
Co	mg/kg	76 333	16.5	4.2	16.0	1.3	0.25	16.4	1.5	6.5	9.1	13.9	18.9	24.5	32.8	90.5	1.49	11.96	16.3
Cr	mg/kg	78 334	82	21	80	1	0.25	81	7	35	51	71	92	115	150	1592	9.66	447.71	82
Cu	mg/kg	78 334	31.9	14.3	30.4	1.3	0.45	29.3	3.7	13.1	18.0	24.9	37.7	52.9	71.2	2 343.0	61.41	9 057.24	31.2
F	mg/kg	78 334	639	273	607	1	0.43	602	2	296	354	491	741	1095	1801	13 793	10.75	305.02	614
Ge	mg/kg	78 334	1.46	0.17	1.45	1.13	0.12	1.45	0.28	1.01	1.14	1.35	1.57	1.82	1.98	5.66	0.66	7.73	1.46
Hg	μg/kg	78 334	72.6	74.3	63.2	1.6	1.02	61.9	4.0	18.9	26.0	48.0	81.0	174.3	340.0	5 459.0	24.20	1 060.42	63.5
I	mg/kg	76 442	1.6	5.1	1.3	1.6	3.28	1.3	0.04	0.4	0.5	1.0	1.8	3.9	5.6	1 390.0	263.74	71 774.16	1.4
Mn	mg/kg	76 333	657	283	599	2	0.43	654	47	159	221	460	819	1201	1682	14 584	3.33	94.83	642
Mo	mg/kg	78 334	0.98	1.50	0.83	1.61	1.53	0.78	0.04	0.32	0.39	0.62	1.05	2.62	7.22	163.21	40.74	3 052.24	0.82
N	mg/kg	78 333	1722	646	1605	1	0.38	1659	43	428	673	1290	2070	3185	3992	31 510	2.23	61.30	1684
Ni	mg/kg	78 334	37.0	12.3	35.2	1.4	0.33	35.3	2.7	13.3	18.4	28.8	44.2	59.3	77.2	436.6	2.82	42.29	36.6
P	mg/kg	78 334	739	405	685	1	0.55	695	65	241	324	544	863	1418	2219	44 093	26.22	2 028.96	701
Pb	mg/kg	78 334	29.8	17.1	29.0	1.2	0.58	29.4	5.5	16.2	19.2	26.2	32.3	41.5	61.6	3 648.5	135.24	26 524.40	29.1
S	mg/kg	76 333	324	204	289	2	0.63	294	10	79	115	219	381	705	1282	9940	10.14	271.27	299
Se	mg/kg	78 334	0.33	0.32	0.29	1.50	0.98	0.28	0.01	0.10	0.14	0.23	0.37	0.69	1.49	25.00	30.69	1 628.72	0.29
Sr	mg/kg	52 051	106	63	97	1	0.59	94	10	37	47	79	119	225	475	2391	8.35	153.25	97
V	mg/kg	45 552	110	31	107	1	0.28	105	19	53	70	93	124	164	213	2115	11.19	524.27	109
Zn	mg/kg	78 334	85	34	80	1	0.41	81	13	37	43	62	104	135	177	2546	18.95	1 148.66	83
SiO$_2$	%	76 333	65.04	6.39	64.70	1.11	0.10	65.20	13.23	44.10	54.55	60.53	69.48	76.50	79.44	89.05	−0.60	2.79	65.21
Al$_2$O$_3$	%	66 310	13.87	2.25	13.68	1.19	0.16	13.89	2.80	7.52	9.50	12.34	15.44	18.09	18.90	25.05	−0.14	0.06	13.90
TFe$_2$O$_3$	%	78 334	5.72	1.33	5.57	1.27	0.23	5.61	0.66	2.69	3.40	4.81	6.55	8.28	10.26	18.08	0.64	1.99	5.68
MgO	%	78 334	1.58	0.77	1.41	1.62	0.49	1.52	0.15	0.46	0.57	0.93	2.14	2.72	4.09	17.38	2.49	27.04	1.55
CaO	%	78 334	1.28	1.09	0.98	2.09	0.85	0.97	0.03	0.12	0.22	0.58	1.68	3.77	6.12	39.63	4.70	71.24	1.15
Na$_2$O	%	76 333	1.06	0.51	0.94	1.71	0.48	1.00	0.02	0.16	0.24	0.76	1.29	2.21	2.92	5.25	0.98	2.01	1.03
K$_2$O	%	78 334	2.32	0.54	2.26	1.27	0.23	2.31	0.08	1.15	1.43	1.87	2.75	3.27	3.79	8.20	0.21	−0.11	2.32
Corg	%	78 333	1.74	0.77	1.58	1.58	0.44	1.64	0.01	0.33	0.57	1.22	2.11	3.62	4.62	12.34	1.30	4.33	1.68
pH		78 333						6.78	0.70	4.48	4.86	5.89	7.83	8.28	8.41	10.59			

2.3 不同土地利用类型土壤地球化学参数

表 2.3.1　耕地表层土壤地球化学参数表
表 2.3.2　园地表层土壤地球化学参数表
表 2.3.3　林地表层土壤地球化学参数表
表 2.3.4　草地表层土壤地球化学参数表
表 2.3.5　建设用地表层土壤地球化学参数表
表 2.3.6　水域表层土壤地球化学参数表
表 2.3.7　未利用地表层土壤地球化学参数表

表 2.3.1 耕地表层土壤地球化学参数表

指标	单位	样本数	算术平均值	算术标准差	几何平均值	几何标准差	变异系数	中位值	最小值	累积频率分位值						最大值	偏度系数	峰度系数	背景值
		N	$\overline{X}$	S	X_g	S_g	CV	X_{me}	X_{min}	$X_{0.5\%}$	$X_{2.5\%}$	$X_{25\%}$	$X_{75\%}$	$X_{97.5\%}$	$X_{99.5\%}$	X_{max}	β_s	β_k	X'
As	mg/kg	191 941	12.6	6.3	11.5	1.6	0.50	12.3	0.3	2.5	4.0	9.0	15.5	23.2	31.5	862.0	23.97	2 236.68	12.3
B	mg/kg	191 494	68	36	63	1	0.53	62	2	13	30	53	72	148	273	1314	7.04	96.04	62
Cd	mg/kg	191 941	0.43	1.02	0.31	1.93	2.35	0.32	0.01	0.07	0.10	0.20	0.43	1.49	4.74	99.35	27.18	1 315.72	0.31
Cl	mg/kg	186 042	72	48	65	2	0.67	62	6	28	34	49	82	170	297	5774	17.12	1 229.46	65
Co	mg/kg	185 864	17.4	4.7	16.9	1.3	0.27	17.0	1.0	6.8	9.7	14.4	19.9	27.6	33.8	227.0	1.94	32.43	17.2
Cr	mg/kg	191 941	86	30	83	1	0.35	83	8	39	54	73	94	127	227	2470	13.29	478.15	83
Cu	mg/kg	191 941	32.2	14.4	30.6	1.4	0.45	29.8	3.0	12.8	17.5	25.1	37.2	56.7	85.4	3 019.2	53.55	9 803.99	31.1
F	mg/kg	191 941	789	568	705	2	0.72	671	2	307	375	545	832	2003	4571	13 793	6.43	62.37	674
Ge	mg/kg	191 941	1.47	0.19	1.46	1.14	0.13	1.46	0.20	0.92	1.10	1.35	1.58	1.85	2.06	8.46	0.91	17.65	1.47
Hg	μg/kg	191 941	85.5	238.0	69.9	1.7	2.79	67.9	4.0	18.0	25.0	48.0	100.0	210.0	420.0	61 100.0	151.68	32 129.06	73.6
I	mg/kg	186 041	2.3	1.9	1.8	2.0	0.83	1.6	0.04	0.4	0.6	1.1	2.9	7.8	10.7	43.2	2.27	7.76	1.9
Mn	mg/kg	185 864	820	418	724	2	0.51	760	18	153	221	566	991	1805	2481	9761	1.97	12.99	784
Mo	mg/kg	191 941	1.56	4.19	1.03	1.94	2.69	0.94	0.04	0.32	0.41	0.70	1.28	6.92	24.05	370.25	22.19	968.96	0.93
N	mg/kg	191 940	1656	625	1545	1	0.38	1582	43	431	667	1245	1980	3065	3923	31 510	1.98	35.92	1615
Ni	mg/kg	191 941	38.2	14.5	36.4	1.4	0.38	36.2	0.4	14.4	20.2	30.1	43.9	62.5	108.1	575.1	6.17	105.62	37.0
P	mg/kg	191 941	804	468	741	1	0.58	758	59	246	338	585	938	1562	2302	39 040	21.88	1 120.11	762
Pb	mg/kg	191 941	30.6	19.4	29.5	1.3	0.63	29.8	5.5	16.0	18.6	25.8	33.6	46.3	70.8	5 234.0	140.45	31 948.44	29.6
S	mg/kg	185 864	289	186	261	2	0.65	259	1	76	111	198	343	611	961	36 202	46.21	7 651.51	270
Se	mg/kg	191 897	0.48	0.90	0.36	1.82	1.88	0.33	0.01	0.10	0.15	0.25	0.45	1.75	5.39	72.10	20.53	840.93	0.33
Sr	mg/kg	125 055	103	60	93	2	0.58	93	10	32	40	69	126	212	412	2782	7.18	141.97	97
V	mg/kg	108 953	117	55	112	1	0.47	110	15	54	72	97	126	194	408	3825	15.28	520.00	111
Zn	mg/kg	191 897	91	79	87	1	0.87	89	2	39	47	72	106	143	208	18 120	145.66	26 652.84	89
SiO_2	%	185 820	65.41	5.77	65.14	1.10	0.09	65.37	2.63	49.17	55.52	61.66	69.05	76.61	80.55	90.99	−0.40	3.09	65.48
Al_2O_3	%	162 771	13.76	2.17	13.58	1.18	0.16	13.80	2.80	7.40	9.30	12.35	15.28	17.79	18.87	25.05	−0.23	0.27	13.79
TFe_2O_3	%	191 897	5.75	1.26	5.61	1.25	0.22	5.66	0.48	2.74	3.54	4.90	6.52	8.17	9.95	28.45	0.72	3.75	5.71
MgO	%	191 897	1.74	1.06	1.54	1.62	0.61	1.64	0.15	0.48	0.62	1.08	2.16	3.66	8.32	20.02	4.83	42.29	1.61
CaO	%	191 897	1.24	1.24	0.85	2.43	1.00	0.76	0.01	0.11	0.16	0.45	1.80	3.85	6.59	43.54	4.68	65.54	1.12
Na_2O	%	185 820	0.93	0.59	0.75	2.02	0.63	0.85	0.02	0.14	0.19	0.42	1.30	2.17	2.69	5.50	0.78	0.14	0.92
K_2O	%	191 941	2.39	0.59	2.32	1.30	0.25	2.40	0.17	0.93	1.28	1.97	2.80	3.58	4.09	8.08	0.19	0.57	2.39
Corg	%	191 896	1.61	0.71	1.46	1.57	0.44	1.51	0.01	0.34	0.55	1.13	1.96	3.33	4.33	21.60	1.60	9.72	1.55
pH		191 939						6.62	2.35	4.34	4.60	5.57	7.88	8.28	8.40	10.59			

表 2.3.2 园地表层土壤地球化学参数表

指标	单位	样本数 N	算术平均值 $\bar{X}$	算术标准差 S	几何平均值 X_g	几何标准差 S_g	变异系数 CV	中位值 X_{me}	最小值 X_{min}	累积频率分位值 $X_{0.5\%}$	$X_{2.5\%}$	$X_{25\%}$	$X_{75\%}$	$X_{97.5\%}$	$X_{99.5\%}$	最大值 X_{max}	偏度系数 β_s	峰度系数 β_k	背景值 X'
As	mg/kg	14 179	11.4	9.1	9.7	1.8	0.80	10.3	1.0	2.2	3.0	6.6	14.6	25.8	43.1	484.0	17.74	705.71	10.6
B	mg/kg	14 031	78	42	71	2	0.53	72	1	11	26	61	85	163	308	916	5.49	56.57	72
Cd	mg/kg	14 180	0.41	0.79	0.30	1.99	1.91	0.28	0.02	0.07	0.09	0.19	0.42	1.56	4.32	40.50	21.33	769.85	0.29
Cl	mg/kg	13 557	53	24	50	1	0.45	49	15	25	31	42	58	100	161	835	10.11	223.89	50
Co	mg/kg	13 549	17.0	6.1	16.0	1.4	0.36	16.5	1.0	4.0	6.5	13.4	19.8	30.4	41.9	97.5	1.66	10.30	16.6
Cr	mg/kg	14 180	86	31	83	1	0.36	83	10	27	49	75	92	140	242	1066	9.79	188.64	83
Cu	mg/kg	14 180	30.9	16.4	28.7	1.4	0.53	28.5	2.3	9.2	13.9	23.7	34.4	63.3	97.9	903.4	16.89	700.47	28.8
F	mg/kg	14 180	887	788	759	2	0.89	702	149	275	372	579	883	3073	6075	19 449	6.11	58.96	706
Ge	mg/kg	14 180	1.53	0.24	1.51	1.18	0.16	1.55	0.35	0.80	1.01	1.40	1.68	1.99	2.24	3.79	0.04	2.77	1.54
Hg	μg/kg	14 180	100.2	120.8	82.1	1.8	1.21	85.4	8.6	17.5	25.0	56.2	120.0	253.9	540.0	7 737.0	28.52	1 428.41	87.9
I	mg/kg	13 557	2.7	2.2	2.0	2.2	0.81	2.0	0.02	0.3	0.5	1.1	3.7	8.4	12.1	23.6	1.89	5.32	2.4
Mn	mg/kg	13 549	746	565	577	2	0.76	640	45	82	131	325	990	2135	3019	14 584	3.23	38.67	676
Mo	mg/kg	14 180	1.92	4.15	1.13	2.28	2.16	0.96	0.18	0.30	0.37	0.67	1.46	11.46	24.10	159.27	11.86	260.87	0.93
N	mg/kg	14 180	1702	654	1584	1	0.38	1620	101	439	673	1265	2039	3211	4397	8959	1.34	5.01	1656
Ni	mg/kg	14 180	37.3	16.8	35.1	1.4	0.45	35.4	0.3	9.8	17.5	29.5	41.9	69.3	120.7	584.3	8.35	158.60	35.4
P	mg/kg	14 180	738	562	656	2	0.76	652	82	195	270	494	857	1641	2771	18 559	14.57	364.28	673
Pb	mg/kg	14 180	32.0	12.4	30.7	1.3	0.39	30.8	2.3	13.6	17.8	26.9	35.1	53.5	81.8	523.0	12.82	362.51	30.7
S	mg/kg	13 549	271	211	243	2	0.78	242	9	73	103	187	315	570	1086	14 788	28.46	1 704.13	250
Se	mg/kg	14 180	0.67	1.14	0.49	1.94	1.71	0.45	0.01	0.12	0.17	0.32	0.69	2.28	6.84	52.61	17.13	533.85	0.48
Sr	mg/kg	9413	61	37	56	1	0.61	53	13	22	29	44	66	160	258	858	5.95	70.84	53
V	mg/kg	7716	121	65	113	1	0.54	113	19	34	59	100	127	242	454	1898	10.47	181.65	112
Zn	mg/kg	14 180	93	32	90	1	0.34	91	2	34	49	77	105	158	213	1089	6.83	137.19	90
SiO_2	%	13 549	67.33	6.01	67.04	1.10	0.09	67.13	21.65	45.92	54.87	64.18	70.74	79.44	83.60	89.04	−0.70	4.70	67.53
Al_2O_3	%	12 879	14.06	2.43	13.83	1.21	0.17	14.40	3.76	6.72	8.33	12.62	15.78	17.97	19.80	24.10	−0.58	0.58	14.11
TFe_2O_3	%	14 180	5.61	1.54	5.41	1.31	0.27	5.51	0.83	1.90	2.99	4.74	6.29	9.40	12.35	18.28	1.47	6.31	5.46
MgO	%	14 180	1.67	1.42	1.41	1.68	0.85	1.39	0.20	0.43	0.59	1.01	1.85	5.48	11.13	21.10	5.29	38.71	1.39
CaO	%	14 180	0.52	1.15	0.30	2.40	2.19	0.26	0.01	0.06	0.08	0.16	0.45	2.76	7.20	26.84	9.99	146.86	0.27
Na_2O	%	13 549	0.45	0.42	0.35	1.87	0.94	0.32	0.06	0.10	0.13	0.23	0.48	1.85	2.68	4.94	3.64	17.78	0.33
K_2O	%	14 180	2.49	0.81	2.34	1.45	0.32	2.46	0.08	0.69	1.00	1.90	3.07	4.02	4.40	6.34	0.11	−0.40	2.49
Corg	%	14 180	1.60	0.75	1.45	1.59	0.47	1.48	0.06	0.32	0.53	1.11	1.95	3.40	4.69	9.69	1.78	7.88	1.53
pH		14 179						5.13	3.42	3.89	4.15	4.70	5.92	8.12	8.35	8.70			

表 2.3.3 林地表层土壤地球化学参数表

指标	单位	样本数 N	算术平均值 $\bar{X}$	算术标准差 S	几何平均值 X_g	几何标准差 S_g	变异系数 CV	中位值 X_{me}	最小值 X_{min}	累积频率分位值 $X_{0.5\%}$	$X_{2.5\%}$	$X_{25\%}$	$X_{75\%}$	$X_{97.5\%}$	$X_{99.5\%}$	最大值 X_{max}	偏度系数 β_s	峰度系数 β_k	背景值 X'
As	mg/kg	20 390	14.0	18.3	11.5	1.9	1.30	12.7	0.1	1.5	2.6	8.1	16.6	34.9	72.7	1 463.5	42.58	2 827.64	12.4
B	mg/kg	20 077	63	37	54	2	0.59	62	2	5	10	46	74	137	268	772	4.60	49.09	59
Cd	mg/kg	20 390	0.59	1.69	0.34	2.37	2.85	0.31	0.02	0.06	0.08	0.19	0.50	3.04	9.05	108.00	23.43	1 036.25	0.31
Cl	mg/kg	19 593	56	31	52	1	0.56	50	5	23	28	41	62	120	207	1832	13.90	588.43	51
Co	mg/kg	19 490	18.5	7.3	17.3	1.5	0.39	17.8	1.0	4.3	6.9	14.8	21.2	34.5	52.9	214.6	3.58	47.54	17.7
Cr	mg/kg	20 390	92	57	84	1	0.62	85	1	19	32	75	97	203	422	2051	9.47	171.70	83
Cu	mg/kg	20 390	35.6	27.4	31.5	1.6	0.77	30.3	2.6	9.3	13.6	24.9	38.3	95.8	176.0	1 064.0	9.46	183.16	30.8
F	mg/kg	20 390	850	634	737	2	0.75	697	55	244	330	535	960	2360	4648	19 566	5.88	72.93	735
Ge	mg/kg	20 390	1.47	0.25	1.45	1.18	0.17	1.47	0.22	0.79	1.00	1.33	1.61	1.92	2.18	9.81	3.67	106.96	1.47
Hg	μg/kg	20 390	100.5	326.8	73.6	2.0	3.25	73.3	2.0	15.0	21.6	45.1	117.0	280.0	671.2	26 821.2	60.36	4 377.98	79.9
I	mg/kg	19 593	3.1	2.4	2.4	2.1	0.78	2.4	0.1	0.4	0.6	1.4	3.9	9.7	13.4	27.0	1.96	5.50	2.6
Mn	mg/kg	19 490	909	593	793	2	0.65	830	40	140	240	596	1122	1988	3164	34 230	13.78	586.30	856
Mo	mg/kg	20 390	2.53	9.20	1.26	2.44	3.64	1.02	0.15	0.29	0.40	0.73	1.62	15.54	41.10	664.00	34.43	2 031.69	0.99
N	mg/kg	20 390	1778	919	1581	2	0.52	1612	61	333	568	1183	2132	4157	5850	12 626	2.00	7.87	1654
Ni	mg/kg	20 390	43.2	34.8	38.0	1.6	0.81	38.1	1.0	7.7	12.9	30.9	47.1	107.6	216.8	2 461.2	21.79	1 217.69	37.9
P	mg/kg	20 390	748	855	635	2	1.14	637	75	169	225	454	870	1938	3271	71 716	40.32	2 783.25	653
Pb	mg/kg	20 390	33.8	70.9	30.5	1.4	2.10	30.8	2.2	10.5	16.2	25.7	35.3	59.3	132.9	7 837.8	77.31	7 679.88	30.3
S	mg/kg	19 490	293	541	248	2	1.84	246	20	71	99	184	326	656	1531	48 860	54.46	4 140.05	253
Se	mg/kg	20 389	0.61	1.42	0.39	2.13	2.32	0.34	0.04	0.10	0.13	0.24	0.55	2.78	8.06	73.45	16.85	517.18	0.36
Sr	mg/kg	17 874	108	109	85	2	1.01	75	13	26	36	58	109	442	729	2354	4.76	38.10	77
V	mg/kg	10 799	122	76	112	1	0.63	111	15	35	52	97	127	266	529	1882	9.82	162.48	109
Zn	mg/kg	20 389	105	86	95	1	0.82	94	10	37	51	77	111	229	508	3401	15.70	389.25	93
SiO₂	%	19 489	63.72	7.05	63.27	1.13	0.11	64.37	9.73	35.95	47.91	60.20	67.90	76.10	81.58	89.81	−0.98	3.89	64.12
Al₂O₃	%	17 487	14.26	2.27	14.07	1.19	0.16	14.31	4.20	7.21	9.37	12.98	15.63	18.80	21.13	25.70	−0.13	1.33	14.29
TFe₂O₃	%	20 389	6.12	1.81	5.88	1.33	0.30	5.91	0.82	2.22	3.15	5.11	6.83	11.00	14.25	27.88	1.61	6.31	5.89
MgO	%	20 389	1.85	1.47	1.55	1.73	0.79	1.48	0.16	0.41	0.58	1.11	2.05	6.04	10.27	19.44	4.10	24.94	1.51
CaO	%	20 389	1.36	2.10	0.79	2.68	1.54	0.71	0.01	0.08	0.14	0.41	1.42	6.79	13.84	39.63	5.56	49.23	0.71
Na₂O	%	19 489	0.84	0.81	0.58	2.29	0.96	0.51	0.03	0.09	0.14	0.32	0.98	3.09	3.82	5.25	1.80	2.73	0.48
K₂O	%	20 390	2.40	0.70	2.30	1.37	0.29	2.37	0.18	0.72	1.10	1.94	2.81	3.87	4.64	8.20	0.48	1.35	2.38
Corg	%	20 389	1.77	1.14	1.51	1.77	0.64	1.53	0.03	0.21	0.44	1.12	2.07	4.89	7.39	18.04	2.88	15.48	1.57
pH		20 390						6.30	3.44	4.39	4.65	5.49	7.34	8.25	8.43	9.08			

表 2.3.4 草地表层土壤地球化学参数表

指标	单位	mW 样本数	算术平均值	算术标准差	几何平均值	几何标准差	变异系数	中位值	最小值	累积频率分位值						最大值	偏度系数	峰度系数	背景值
		N	$\bar{X}$	S	X_g	S_g	CV	X_{me}	X_{min}	$X_{0.5\%}$	$X_{2.5\%}$	$X_{25\%}$	$X_{75\%}$	$X_{97.5\%}$	$X_{99.5\%}$	X_{max}	β_s	β_k	X'
As	mg/kg	1947	14.7	7.6	12.6	1.8	0.52	14.9	1.5	2.1	3.2	9.1	19.4	29.2	44.6	90.6	1.33	7.83	14.3
B	mg/kg	1947	73	38	66	2	0.53	68	4	14	21	57	81	176	241	702	4.46	47.14	66
Cd	mg/kg	1947	0.53	1.27	0.34	2.18	2.37	0.33	0.03	0.05	0.09	0.21	0.49	2.06	7.62	25.92	12.64	207.44	0.33
Cl	mg/kg	1933	58	42	54	1	0.73	53	16	25	30	44	67	100	142	1697	30.38	1 167.24	55
Co	mg/kg	1933	18.2	5.6	17.3	1.4	0.31	18.0	2.6	4.5	7.1	14.8	21.4	30.2	35.5	53.6	0.51	2.06	18.1
Cr	mg/kg	1947	90	33	86	1	0.37	88	17	31	43	77	98	142	263	638	6.65	78.89	87
Cu	mg/kg	1947	31.6	12.8	29.4	1.5	0.40	29.9	5.6	8.1	11.6	24.1	36.8	62.5	87.9	135.2	1.96	8.98	30.2
F	mg/kg	1947	888	671	765	2	0.76	737	176	250	328	559	989	2653	4974	8402	4.62	30.36	755
Ge	mg/kg	1947	1.48	0.22	1.47	1.16	0.15	1.48	0.72	0.88	1.04	1.35	1.61	1.92	2.12	2.79	0.24	1.89	1.48
Hg	μg/kg	1947	103.5	123.5	83.9	1.9	1.19	91.8	9.0	15.8	22.3	53.8	133.8	240.0	346.0	4 513.8	24.81	851.09	95.8
I	mg/kg	1933	4.2	3.3	2.9	2.5	0.78	3.3	0.2	0.3	0.4	1.4	6.2	12.1	14.2	16.8	0.98	0.28	4.1
Mn	mg/kg	1933	937	513	791	2	0.55	881	61	106	174	579	1220	2192	2802	3526	1.01	1.84	898
Mo	mg/kg	1947	2.12	5.56	1.17	2.28	2.63	1.06	0.17	0.28	0.34	0.73	1.53	11.76	43.18	106.10	9.35	115.56	1.04
N	mg/kg	1947	1801	860	1597	2	0.48	1713	119	255	437	1256	2232	3796	4978	9263	1.42	5.87	1741
Ni	mg/kg	1947	40.1	16.2	37.5	1.4	0.40	38.4	5.7	10.0	15.0	31.8	45.9	71.7	112.6	227.3	3.45	26.75	38.5
P	mg/kg	1947	653	331	582	2	0.51	583	129	178	219	429	798	1498	2087	2737	1.61	4.06	615
Pb	mg/kg	1947	33.7	11.4	32.4	1.3	0.34	33.0	6.5	14.5	18.1	27.8	37.6	53.8	75.8	313.0	8.66	191.39	32.7
S	mg/kg	1933	292	293	248	2	1.00	257	33	49	75	190	334	635	1050	7181	14.30	278.14	266
Se	mg/kg	1947	0.68	2.24	0.43	2.16	3.31	0.40	0.02	0.06	0.10	0.27	0.66	2.36	9.43	86.59	30.16	1 123.03	0.45
Sr	mg/kg	1438	78	57	70	2	0.74	68	16	28	34	56	82	201	329	1052	8.22	104.15	67
V	mg/kg	1170	122	65	114	1	0.53	115	36	38	55	98	131	262	504	1052	6.99	73.60	113
Zn	mg/kg	1947	99	124	93	1	1.25	95	18	31	47	80	110	156	239	5407	40.06	1 707.66	94
SiO_2	%	1933	64.60	6.12	64.30	1.10	0.09	64.45	21.86	46.70	53.63	60.93	68.09	77.85	83.46	89.14	0.004	2.58	64.50
Al_2O_3	%	1895	14.60	2.38	14.39	1.20	0.16	14.84	5.17	7.05	9.00	13.31	16.04	18.87	21.06	22.14	−0.48	0.87	14.66
TFe_2O_3	%	1947	6.04	1.40	5.86	1.29	0.23	6.09	1.12	1.88	3.15	5.17	6.84	8.75	10.37	15.39	0.21	2.32	6.04
MgO	%	1947	1.70	1.19	1.48	1.64	0.70	1.48	0.23	0.35	0.56	1.13	1.87	5.13	8.47	13.94	4.30	26.50	1.45
CaO	%	1947	0.89	1.66	0.53	2.46	1.87	0.49	0.04	0.07	0.11	0.30	0.86	4.71	8.99	31.48	8.76	114.64	0.51
Na_2O	%	1933	0.60	0.51	0.48	1.92	0.85	0.46	0.06	0.09	0.14	0.32	0.64	2.18	3.07	3.52	2.62	7.74	0.45
K_2O	%	1947	2.48	0.70	2.37	1.36	0.28	2.46	0.58	0.81	1.13	2.02	2.90	3.95	4.47	5.46	0.24	0.30	2.47
Corg	%	1947	1.72	0.94	1.48	1.82	0.55	1.60	0.10	0.18	0.30	1.12	2.15	3.89	5.50	10.66	1.92	10.14	1.64
pH		1947						5.87	3.77	4.26	4.50	5.18	7.09	8.26	8.48	8.84			

表 2.3.5　建设用地表层土壤地球化学参数表

指标	单位	样本数	算术平均值	算术标准差	几何平均值	几何标准差	变异系数	中位值	最小值	累积频率分位值						最大值	偏度系数	峰度系数	背景值
		N	$\bar{X}$	S	X_g	S_g	CV	X_{me}	X_{min}	$X_{0.5\%}$	$X_{2.5\%}$	$X_{25\%}$	$X_{75\%}$	$X_{97.5\%}$	$X_{99.5\%}$	X_{max}	β_s	β_k	X'
As	mg/kg	2492	14.6	38.1	11.5	1.7	2.61	11.7	0.3	1.6	4.0	9.0	14.8	32.5	70.7	1 001.2	22.02	518.03	11.6
B	mg/kg	2492	61	36	56	2	0.59	58	4	7	16	50	67	128	314	596	7.64	85.74	58
Cd	mg/kg	2492	0.43	1.85	0.30	1.96	4.28	0.31	0.02	0.05	0.08	0.20	0.41	1.49	3.21	88.70	44.10	2 097.62	0.30
Cl	mg/kg	2486	80	137	67	2	1.72	65	18	23	30	50	84	188	452	5774	31.32	1 235.04	66
Co	mg/kg	2486	16.8	5.1	16.1	1.4	0.30	16.3	1.8	3.2	8.6	14.1	18.8	26.7	40.3	73.0	2.80	22.65	16.5
Cr	mg/kg	2492	84	29	80	1	0.35	81	7	19	44	72	92	134	236	680	6.99	101.38	81
Cu	mg/kg	2492	43.2	214.9	33.4	1.6	4.97	32.4	3.8	7.0	15.8	26.8	40.2	81.9	258.2	10 170.0	42.84	1 989.57	33.2
F	mg/kg	2492	697	459	631	1	0.66	613	164	260	336	503	733	1744	3265	8685	6.82	74.64	605
Ge	mg/kg	2492	1.48	0.19	1.47	1.15	0.13	1.48	0.29	0.83	1.10	1.37	1.60	1.84	2.03	3.48	0.19	6.78	1.48
Hg	μg/kg	2492	130.0	612.0	78.4	2.1	4.71	72.0	8.9	16.0	22.0	49.6	112.0	400.0	1 539.0	20 662.0	26.14	763.26	75.5
I	mg/kg	2486	2.0	1.5	1.6	1.7	0.75	1.6	0.2	0.3	0.6	1.2	2.2	5.6	10.8	15.7	3.78	21.93	1.6
Mn	mg/kg	2486	793	326	737	1	0.41	755	76	159	283	621	903	1572	2201	5039	3.11	26.96	753
Mo	mg/kg	2492	1.50	3.88	1.04	1.83	2.58	0.97	0.11	0.30	0.44	0.75	1.26	5.37	24.20	120.32	16.76	406.02	0.96
N	mg/kg	2492	1382	644	1233	2	0.47	1301	52	169	357	976	1700	2912	3910	6607	1.38	4.87	1328
Ni	mg/kg	2492	37.6	15.0	35.3	1.4	0.40	35.8	4.1	6.8	16.9	29.4	42.8	71.6	113.1	230.9	3.89	32.57	35.9
P	mg/kg	2492	892	506	787	2	0.57	810	88	163	248	597	1047	2094	3607	8072	3.43	26.43	816
Pb	mg/kg	2492	34.5	44.6	30.7	1.4	1.29	29.8	5.4	12.6	17.9	25.4	34.5	72.0	230.1	1 717.0	24.69	841.78	29.4
S	mg/kg	2486	315	487	248	2	1.54	249	12	39	71	181	334	872	2426	12 483	14.82	285.36	252
Se	mg/kg	2492	0.44	1.02	0.33	1.82	2.29	0.32	0.03	0.07	0.11	0.24	0.42	1.37	4.18	35.87	23.32	704.95	0.32
Sr	mg/kg	1844	132	82	117	2	0.62	120	18	34	50	88	151	333	671	969	4.12	25.37	119
V	mg/kg	1879	114	56	109	1	0.49	109	12	32	65	96	125	165	339	1610	15.69	361.99	110
Zn	mg/kg	2492	101	74	93	1	0.73	94	9	25	48	77	111	194	409	2180	15.52	354.69	93
SiO_2	%	2486	64.17	6.12	63.84	1.11	0.10	63.90	15.02	44.91	53.83	60.38	67.66	76.25	81.54	87.13	−0.56	5.62	64.25
Al_2O_3	%	2216	13.86	2.11	13.69	1.18	0.15	13.80	3.54	6.89	9.39	12.60	15.13	17.95	19.90	23.00	−0.12	1.79	13.89
TFe_2O_3	%	2492	5.67	1.30	5.51	1.30	0.23	5.60	0.71	1.23	3.37	4.87	6.41	8.22	10.29	15.28	0.49	3.63	5.66
MgO	%	2492	1.73	0.88	1.56	1.59	0.51	1.77	0.19	0.35	0.62	1.10	2.17	3.19	5.97	14.67	4.13	42.01	1.65
CaO	%	2492	2.05	2.53	1.42	2.41	1.23	1.67	0.06	0.12	0.24	0.74	2.65	5.72	16.07	49.41	8.96	123.35	1.75
Na_2O	%	2486	1.06	0.63	0.85	2.09	0.59	0.98	0.03	0.08	0.15	0.56	1.45	2.49	3.21	3.69	0.76	0.57	1.03
K_2O	%	2492	2.36	0.50	2.31	1.26	0.21	2.37	0.51	0.89	1.38	2.03	2.70	3.29	3.81	6.15	0.16	1.82	2.36
Corg	%	2492	1.36	0.72	1.16	1.87	0.53	1.28	0.02	0.09	0.21	0.91	1.71	2.90	3.85	10.05	2.02	14.14	1.31
pH		2492						7.72	3.65	4.54	5.01	6.73	8.05	8.41	8.68	8.99			

表 2.3.6　水域表层土壤地球化学参数表

指标	单位	样本数	算术平均值	算术标准差	几何平均值	几何标准差	变异系数	中位值	最小值	累积频率分位值						最大值	偏度系数	峰度系数	背景值
		N	$\bar{X}$	S	X_g	S_g	CV	X_{me}	X_{min}	$X_{0.5\%}$	$X_{2.5\%}$	$X_{25\%}$	$X_{75\%}$	$X_{97.5\%}$	$X_{99.5\%}$	X_{max}	β_s	β_k	X'
As	mg/kg	8499	13.7	7.2	12.8	1.4	0.53	13.2	0.5	3.5	6.1	10.7	15.8	23.2	38.7	185.0	12.18	243.80	13.2
B	mg/kg	8313	58	14	56	1	0.24	57	2	15	33	50	65	83	109	321	2.27	30.02	58
Cd	mg/kg	8499	0.33	0.27	0.30	1.58	0.83	0.32	0.01	0.06	0.10	0.25	0.38	0.66	0.98	18.18	40.76	2 430.88	0.31
Cl	mg/kg	8303	63	31	60	1	0.48	58	9	28	35	49	70	117	188	1221	14.08	406.28	59
Co	mg/kg	8303	18.2	5.0	17.7	1.3	0.28	18.5	2.0	7.2	10.9	16.0	20.3	23.5	28.6	171.0	12.14	291.82	18.1
Cr	mg/kg	8499	93	20	91	1	0.21	95	11	37	57	83	105	120	136	444	3.41	52.72	93
Cu	mg/kg	8499	40.9	21.2	39.0	1.4	0.52	41.0	6.0	14.8	20.7	32.4	47.7	63.0	77.2	1 440.0	38.96	2 372.68	40.2
F	mg/kg	8499	715	202	690	1	0.28	724	165	293	380	591	830	1043	1263	5033	4.42	79.78	709
Ge	mg/kg	8499	1.53	0.18	1.52	1.13	0.12	1.52	0.64	1.06	1.20	1.40	1.64	1.88	2.11	2.87	0.30	1.40	1.52
Hg	μg/kg	8499	81.5	954.1	62.2	1.6	11.71	61.0	4.0	17.0	26.0	49.0	78.0	147.0	437.0	87 645.0	91.00	8 350.79	62.8
I	mg/kg	8303	1.6	0.8	1.5	1.6	0.51	1.5	0.2	0.4	0.6	1.1	2.0	3.7	5.7	12.2	2.54	14.26	1.5
Mn	mg/kg	8303	802	322	758	1	0.40	787	66	195	339	652	925	1282	1749	10 630	9.07	192.33	783
Mo	mg/kg	8499	1.08	0.74	0.99	1.46	0.68	0.98	0.17	0.37	0.49	0.79	1.22	2.10	4.32	26.81	13.64	315.47	1.00
N	mg/kg	8499	1735	891	1522	2	0.51	1550	100	270	473	1120	2173	3940	4900	8450	1.21	2.18	1664
Ni	mg/kg	8499	44.8	11.6	43.2	1.3	0.26	46.1	6.1	15.2	22.7	36.4	53.9	61.6	66.3	316.0	1.29	34.63	44.8
P	mg/kg	8499	809	405	745	1	0.50	722	128	246	356	596	904	1795	2774	10 605	5.31	73.05	734
Pb	mg/kg	8499	31.2	11.9	30.3	1.3	0.38	30.5	8.3	15.7	19.1	26.9	34.2	46.3	64.8	520.5	19.33	645.78	30.3
S	mg/kg	8303	406	398	308	2	0.98	281	27	66	97	190	462	1440	2624	6398	3.98	26.63	296
Se	mg/kg	8495	0.36	0.22	0.33	1.51	0.60	0.34	0.02	0.10	0.14	0.26	0.42	0.72	1.35	7.05	11.76	280.19	0.34
Sr	mg/kg	6875	112	40	106	1	0.36	105	10	43	56	91	125	192	312	864	4.66	52.91	107
V	mg/kg	3837	128	65	124	1	0.51	126	24	63	78	105	147	174	227	1934	22.13	607.15	126
Zn	mg/kg	8495	103	33	100	1	0.32	107	24	42	52	87	120	143	174	1580	17.63	724.98	103
SiO_2	%	8299	60.48	5.29	60.25	1.09	0.09	59.33	21.99	50.38	52.99	56.59	63.61	73.07	76.37	84.75	0.71	0.86	60.37
Al_2O_3	%	5630	15.13	2.19	14.96	1.17	0.15	15.30	4.60	9.00	10.68	13.56	16.86	18.68	19.19	21.08	−0.39	−0.25	15.16
TFe_2O_3	%	8495	6.66	1.45	6.51	1.24	0.22	6.78	1.94	3.36	4.12	5.71	7.61	8.73	10.06	27.97	2.71	37.95	6.63
MgO	%	8495	2.04	0.62	1.92	1.46	0.30	2.17	0.19	0.54	0.70	1.82	2.42	2.91	3.32	9.90	0.38	11.47	2.03
CaO	%	8495	1.92	1.48	1.53	2.01	0.77	1.53	0.04	0.14	0.31	1.09	2.32	5.90	7.46	41.90	4.95	83.70	1.60
Na_2O	%	8299	1.04	0.46	0.95	1.58	0.44	0.95	0.07	0.20	0.33	0.74	1.27	2.10	2.74	4.39	1.26	3.35	1.02
K_2O	%	8499	2.64	0.46	2.60	1.22	0.17	2.73	0.51	1.30	1.62	2.38	2.98	3.34	3.53	4.98	−0.73	0.32	2.65
Corg	%	8495	1.62	0.94	1.38	1.79	0.58	1.41	0.05	0.19	0.39	1.00	1.99	4.05	5.61	10.10	1.70	4.74	1.49
pH		8499						7.74	0.70	4.51	5.20	6.97	8.05	8.36	8.54	9.12			

表 2.3.7　未利用地表层土壤地球化学参数表

指标	单位	mW 样本数	算术平均值	算术标准差	几何平均值	几何标准差	变异系数	中位值	最小值	累积频率分位值						最大值	偏度系数	峰度系数	背景值
		N	$\bar{X}$	S	X_g	S_g	CV	X_{me}	X_{min}	$X_{0.5\%}$	$X_{2.5\%}$	$X_{25\%}$	$X_{75\%}$	$X_{97.5\%}$	$X_{99.5\%}$	X_{max}	β_s	β_k	X'
As	mg/kg	3499	11.8	7.3	10.1	1.8	0.61	10.7	1.2	2.2	3.1	6.6	15.5	27.0	41.1	100.6	2.83	20.96	11.2
B	mg/kg	3478	71	41	64	2	0.58	68	2	9	20	58	77	138	305	771	7.94	98.77	66
Cd	mg/kg	3499	0.45	0.68	0.32	2.09	1.51	0.29	0.003	0.07	0.10	0.19	0.45	1.82	4.64	16.00	8.80	128.08	0.30
Cl	mg/kg	3417	51	23	48	1	0.45	46	16	24	28	39	55	102	172	498	5.86	70.24	47
Co	mg/kg	3417	18.1	6.1	17.2	1.4	0.34	17.5	3.3	5.0	8.2	14.7	20.6	30.6	47.1	109.7	2.88	25.40	17.6
Cr	mg/kg	3499	91	38	86	1	0.42	85	12	29	50	76	98	165	277	943	9.28	162.78	86
Cu	mg/kg	3499	33.4	17.2	30.6	1.5	0.52	29.4	7.3	10.9	15.5	24.5	36.5	80.1	129.1	219.6	3.57	20.22	30.0
F	mg/kg	3499	912	792	785	2	0.87	716	162	324	420	610	878	3280	5956	11 379	5.37	37.69	717
Ge	mg/kg	3499	1.58	0.25	1.56	1.19	0.16	1.60	0.49	0.80	1.04	1.43	1.74	2.02	2.29	3.76	0.03	3.16	1.58
Hg	μg/kg	3499	96.6	135.6	76.2	1.9	1.40	76.0	8.2	14.0	21.7	49.0	120.0	260.0	470.1	6 450.0	30.89	1 390.18	84.1
I	mg/kg	3417	3.0	2.7	2.1	2.4	0.89	2.0	0.04	0.3	0.4	1.1	4.2	10.5	13.9	19.7	1.76	3.69	2.6
Mn	mg/kg	3417	884	572	715	2	0.65	782	49	99	156	487	1147	2288	3141	5134	1.58	4.69	830
Mo	mg/kg	3499	2.08	4.79	1.17	2.39	2.30	1.04	0.25	0.29	0.35	0.64	1.68	11.00	32.60	101.00	10.02	142.24	1.01
N	mg/kg	3499	1544	639	1423	2	0.41	1441	89	272	557	1153	1821	3115	4162	9408	1.80	10.01	1477
Ni	mg/kg	3499	41.3	17.8	38.6	1.4	0.43	38.5	5.3	10.7	19.1	32.5	45.6	87.6	138.9	245.8	3.87	26.61	38.5
P	mg/kg	3499	666	538	585	2	0.81	573	82	169	246	436	760	1607	2724	17 883	14.49	379.86	591
Pb	mg/kg	3499	33.1	26.8	31.0	1.4	0.81	31.1	6.3	12.2	16.6	27.1	35.6	55.9	103.0	978.0	25.38	811.00	31.0
S	mg/kg	3417	245	190	211	2	0.78	206	2	56	84	151	287	587	1245	3755	7.80	105.00	218
Se	mg/kg	3499	0.61	1.26	0.43	1.96	2.07	0.39	0.05	0.10	0.15	0.28	0.58	2.39	8.62	32.80	13.45	248.13	0.41
Sr	mg/kg	3008	76	68	65	2	0.90	59	14	26	35	48	82	195	484	1755	9.87	164.90	62
V	mg/kg	2179	131	98	119	1	0.75	113	34	40	70	100	128	332	782	2021	9.15	123.32	112
Zn	mg/kg	3499	102	58	97	1	0.57	96	27	39	55	84	110	178	351	2335	20.15	666.64	96
SiO_2	%	3417	65.62	6.48	65.27	1.11	0.10	65.73	24.30	41.42	52.09	62.27	69.17	78.65	83.39	87.87	−0.66	4.20	65.79
Al_2O_3	%	3148	14.35	2.56	14.09	1.22	0.18	14.70	4.66	6.57	8.35	12.94	15.97	19.00	21.70	23.40	−0.44	1.05	14.38
TFe_2O_3	%	3499	5.95	1.54	5.77	1.28	0.26	5.82	1.54	2.50	3.50	5.07	6.63	9.59	13.37	17.86	1.75	8.31	5.81
MgO	%	3499	1.87	1.48	1.61	1.65	0.79	1.61	0.20	0.46	0.62	1.22	2.05	6.04	11.29	21.73	5.19	38.75	1.57
CaO	%	3499	0.82	1.50	0.41	2.99	1.83	0.38	0.01	0.04	0.07	0.18	0.73	4.32	10.04	30.41	6.55	72.82	0.34
Na_2O	%	3417	0.59	0.52	0.44	2.09	0.88	0.41	0.04	0.09	0.13	0.26	0.73	2.04	2.82	4.42	2.37	7.86	0.45
K_2O	%	3499	2.66	0.80	2.51	1.43	0.30	2.68	0.24	0.71	1.03	2.14	3.21	4.14	4.45	7.13	−0.10	−0.004 5	2.65
Corg	%	3499	1.46	0.78	1.28	1.67	0.53	1.30	0.10	0.19	0.42	0.97	1.76	3.41	5.14	8.95	2.22	9.97	1.35
pH		3499						5.71	3.71	4.37	4.58	5.12	6.80	8.25	8.49	8.76			

2.4 不同地质背景土壤地球化学参数

表 2.4.1　第四系表层土壤地球化学参数表
表 2.4.2　新近系表层土壤地球化学参数表
表 2.4.3　古近系表层土壤地球化学参数表
表 2.4.4　白垩系表层土壤地球化学参数表
表 2.4.5　侏罗系表层土壤地球化学参数表
表 2.4.6　三叠系表层土壤地球化学参数表
表 2.4.7　二叠系表层土壤地球化学参数表
表 2.4.8　石炭系表层土壤地球化学参数表
表 2.4.9　泥盆系表层土壤地球化学参数表
表 2.4.10　志留系表层土壤地球化学参数表
表 2.4.11　奥陶系表层土壤地球化学参数表
表 2.4.12　寒武系表层土壤地球化学参数表
表 2.4.13　震旦系表层土壤地球化学参数表
表 2.4.14　南华系表层土壤地球化学参数表
表 2.4.15　青白口系—震旦系表层土壤地球化学参数表
表 2.4.16　青白口系表层土壤地球化学参数表
表 2.4.17　中元古界表层土壤地球化学参数表
表 2.4.18　滹沱系—太古宇表层土壤地球化学参数表
表 2.4.19　侵入岩表层土壤地球化学参数表
表 2.4.20　脉岩表层土壤地球化学参数表
表 2.4.21　变质岩表层土壤地球化学参数表

表 2.4.1 第四系表层土壤地球化学参数表

指标	单位	样本数	算术平均值	算术标准差	几何平均值	几何标准差	变异系数	中位值	最小值	累积频率分位值						最大值	偏度系数	峰度系数	背景值
		N	$\overline{X}$	S	X_g	S_g	CV	X_{me}	X_{min}	$X_{0.5\%}$	$X_{2.5\%}$	$X_{25\%}$	$X_{75\%}$	$X_{97.5\%}$	$X_{99.5\%}$	X_{max}	β_s	β_k	X'
As	mg/kg	108 245	12.0	7.4	11.3	1.4	0.61	11.7	0.3	4.5	5.8	9.1	14.4	19.8	25.7	1 001.2	73.09	8 645.32	11.8
B	mg/kg	108 105	58	12	57	1	0.20	57	1	24	35	51	64	81	99	390	1.69	26.19	57
Cd	mg/kg	108 245	0.31	0.39	0.28	1.62	1.26	0.31	0.003	0.06	0.10	0.20	0.39	0.55	0.77	88.70	170.89	35 671.14	0.30
Cl	mg/kg	104 524	83	59	75	1	0.71	72	12	32	39	58	92	192	340	5774	24.68	1 801.00	74
Co	mg/kg	104 524	16.5	3.8	16.1	1.2	0.23	16.4	2.1	8.0	10.2	14.0	18.9	22.9	28.3	171.0	4.19	104.48	16.4
Cr	mg/kg	108 245	83	17	81	1	0.21	81	11	47	55	71	93	113	124	665	3.12	67.94	82
Cu	mg/kg	108 245	33.1	34.2	31.7	1.3	1.03	31.2	6.3	15.8	19.0	25.6	39.6	52.1	63.0	10 170.0	248.67	72 222.29	32.7
F	mg/kg	108 245	640	184	620	1	0.29	629	47	316	372	525	745	935	1094	13 793	15.56	939.20	635
Ge	mg/kg	108 245	1.46	0.16	1.45	1.11	0.11	1.45	0.36	1.06	1.17	1.35	1.55	1.79	1.92	3.37	0.35	1.14	1.45
Hg	μg/kg	108 245	67.1	291.8	57.5	1.6	4.35	56.0	8.0	18.0	24.7	44.0	72.7	150.0	320.0	87 645.0	255.98	75 313.37	57.5
I	mg/kg	104 524	1.6	0.8	1.4	1.6	0.51	1.4	0.1	0.5	0.6	1.1	1.8	3.8	5.2	18.5	2.50	13.85	1.4
Mn	mg/kg	104 524	734	249	694	1	0.34	734	72	209	269	606	872	1160	1493	14 729	5.76	210.51	725
Mo	mg/kg	108 245	0.95	0.71	0.88	1.44	0.75	0.88	0.17	0.36	0.44	0.69	1.12	1.65	2.51	120.00	64.03	8 376.84	0.91
N	mg/kg	108 244	1538	609	1424	2	0.40	1465	43	361	586	1133	1851	2942	3763	31 510	2.26	59.42	1498
Ni	mg/kg	108 245	38.1	10.9	36.6	1.3	0.29	36.8	6.2	16.3	20.5	29.9	45.8	58.5	62.9	455.7	2.00	46.37	38.0
P	mg/kg	108 245	819	366	771	1	0.45	792	79	259	365	641	943	1478	2218	44 093	24.30	2 135.01	787
Pb	mg/kg	108 245	28.3	10.1	27.6	1.2	0.36	28.2	6.8	16.4	18.1	24.3	31.4	39.5	53.3	1 717.0	57.61	7 788.54	27.8
S	mg/kg	104 524	281	194	250	2	0.69	243	7	74	106	186	334	628	1174	12 483	12.73	441.99	258
Se	mg/kg	108 196	0.32	0.18	0.31	1.39	0.54	0.31	0.04	0.12	0.16	0.25	0.38	0.54	0.77	29.20	56.24	7 447.29	0.31
Sr	mg/kg	78 913	118	40	112	1	0.34	113	10	46	58	91	138	202	253	1565	3.07	48.15	115
V	mg/kg	55 697	113	30	110	1	0.26	108	25	65	75	96	128	162	174	1934	19.37	1 063.15	112
Zn	mg/kg	108 196	89	29	85	1	0.33	89	19	38	44	69	108	133	153	2180	10.44	526.58	88
SiO_2	%	104 475	63.91	5.92	63.62	1.10	0.09	63.57	2.63	50.63	54.98	59.71	67.59	75.75	78.39	86.61	−0.35	3.36	64.03
Al_2O_3	%	82 910	13.79	2.23	13.61	1.18	0.16	13.70	4.10	8.00	9.70	12.20	15.40	18.03	18.80	25.05	−0.001 3	−0.17	13.82
TFe_2O_3	%	108 196	5.78	1.24	5.65	1.24	0.22	5.66	1.01	3.04	3.68	4.85	6.67	8.12	8.70	27.97	0.79	7.40	5.77
MgO	%	108 196	1.81	0.65	1.66	1.57	0.36	2.02	0.19	0.47	0.60	1.20	2.29	2.67	2.89	10.34	−0.36	0.94	1.81
CaO	%	108 196	1.74	1.09	1.42	1.97	0.63	1.59	0.01	0.19	0.36	0.88	2.40	4.09	5.64	43.54	3.66	88.55	1.67
Na_2O	%	104 475	1.27	0.48	1.17	1.56	0.38	1.19	0.04	0.19	0.38	0.93	1.62	2.19	2.36	4.26	0.32	−0.21	1.27
K_2O	%	108 245	2.43	0.49	2.37	1.24	0.20	2.49	0.08	1.29	1.50	2.04	2.82	3.19	3.33	8.08	−0.28	−0.52	2.43
Corg	%	108 196	1.48	0.68	1.34	1.60	0.46	1.37	0.03	0.28	0.49	1.02	1.83	3.15	4.11	10.32	1.37	4.29	1.42
pH		108 245						7.76	0.70	4.65	5.10	6.55	8.05	8.33	8.46	10.59			

表 2.4.2 新近系表层土壤地球化学参数表

指标	单位	样本数 N	算术平均值 $\bar{X}$	算术标准差 S	几何平均值 X_g	几何标准差 S_g	变异系数 CV	中位值 X_{me}	最小值 X_{min}	累积频率分位值 $X_{0.5\%}$	$X_{2.5\%}$	$X_{25\%}$	$X_{75\%}$	$X_{97.5\%}$	$X_{99.5\%}$	最大值 X_{max}	偏度系数 β_s	峰度系数 β_k	背景值 X'
As	mg/kg	151	14.5	2.7	14.3	1.2	0.18	14.5	7.8	7.8	9.7	12.8	16.0	19.2	21.6	27.3	0.69	2.89	14.4
B	mg/kg	151	57	7	56	1	0.12	56	36	36	39	54	61	69	70	70	−0.47	0.59	57
Cd	mg/kg	151	0.18	0.09	0.16	1.51	0.50	0.16	0.05	0.05	0.07	0.13	0.20	0.42	0.60	0.63	2.53	8.81	0.16
Cl	mg/kg	151	76	41	69	2	0.55	69	30	30	35	51	89	176	244	380	3.79	21.82	70
Co	mg/kg	151	18.3	3.9	17.9	1.2	0.21	17.9	10.3	10.3	13.0	15.9	19.8	25.9	27.1	48.4	3.25	23.26	18.1
Cr	mg/kg	151	82	9	81	1	0.11	83	50	50	65	76	88	97	100	109	−0.41	0.82	82
Cu	mg/kg	151	28.2	2.6	28.1	1.1	0.09	28.3	21.4	21.4	22.6	26.5	29.8	32.9	35.4	37.8	0.17	0.91	28.2
F	mg/kg	151	599	99	590	1	0.17	612	352	352	406	530	673	767	784	909	−0.27	−0.10	597
Ge	mg/kg	151	1.48	0.11	1.48	1.08	0.08	1.49	1.05	1.05	1.20	1.43	1.55	1.70	1.71	1.81	−0.69	1.79	1.49
Hg	μg/kg	151	49.9	24.9	45.0	1.6	0.50	44.0	16.0	16.0	20.0	33.0	58.0	110.0	149.0	169.0	1.86	5.02	45.3
I	mg/kg	151	2.3	1.3	2.0	1.7	0.57	2.0	0.8	0.8	0.9	1.4	2.8	6.3	7.2	7.5	1.58	2.73	2.0
Mn	mg/kg	151	731	344	683	1	0.47	702	276	276	362	562	844	1118	1319	4029	5.92	55.78	709
Mo	mg/kg	151	0.83	0.43	0.77	1.39	0.52	0.71	0.45	0.45	0.51	0.63	0.83	1.79	3.12	4.14	4.61	28.23	0.71
N	mg/kg	151	1479	450	1411	1	0.30	1428	583	583	713	1176	1726	2484	2787	2874	0.56	0.35	1461
Ni	mg/kg	151	37.6	5.7	37.2	1.2	0.15	37.9	21.7	21.7	26.5	34.1	41.2	46.1	50.5	64.9	0.36	3.04	37.4
P	mg/kg	151	601	204	567	1	0.34	580	211	211	251	454	707	1013	1200	1397	0.71	1.00	591
Pb	mg/kg	151	30.1	4.3	29.9	1.1	0.14	29.8	19.0	19.0	23.0	28.2	31.9	37.4	39.9	65.5	3.57	28.84	29.8
S	mg/kg	151	259	116	235	2	0.45	226	76	76	92	176	323	520	556	717	0.97	0.99	256
Se	mg/kg	151	0.24	0.07	0.23	1.34	0.31	0.24	0.08	0.08	0.10	0.21	0.26	0.36	0.64	0.69	2.35	12.92	0.24
Sr	mg/kg	69	99	30	97	1	0.30	94	67	67	77	85	103	138	312	312	5.45	37.18	94
V	mg/kg	151	105	11	105	1	0.10	105	71	71	82	99	111	131	140	148	0.35	2.45	105
Zn	mg/kg	151	69	11	69	1	0.16	68	44	44	51	63	73	88	105	144	2.26	12.56	69
SiO$_2$	%	151	64.34	4.06	64.21	1.07	0.06	64.38	47.46	47.46	53.74	62.83	66.55	71.17	74.46	76.01	−1.02	3.76	64.78
Al$_2$O$_3$	%	151	14.47	1.36	14.41	1.10	0.09	14.70	10.44	10.44	10.80	13.63	15.28	17.00	17.30	17.50	−0.50	0.54	14.47
TFe$_2$O$_3$	%	151	5.88	0.70	5.83	1.14	0.12	5.96	3.42	3.42	4.23	5.40	6.36	7.01	7.25	7.30	−0.66	0.93	5.92
MgO	%	151	1.27	0.35	1.23	1.29	0.27	1.23	0.58	0.58	0.75	1.11	1.36	2.18	2.67	2.86	1.78	5.59	1.19
CaO	%	151	1.43	2.33	0.94	2.03	1.62	0.78	0.40	0.40	0.46	0.64	0.96	8.30	12.83	16.83	4.28	19.97	0.75
Na$_2$O	%	151	0.84	0.20	0.81	1.35	0.23	0.88	0.14	0.14	0.34	0.74	0.98	1.15	1.16	1.49	−0.66	1.34	0.85
K$_2$O	%	151	2.13	0.22	2.11	1.11	0.11	2.14	1.53	1.53	1.62	2.01	2.27	2.57	2.78	2.93	−0.03	1.14	2.12
Corg	%	151	1.43	0.52	1.34	1.47	0.36	1.39	0.46	0.46	0.52	1.10	1.73	2.53	2.88	3.28	0.61	0.62	1.42
pH		151						6.47	4.62	4.62	4.84	5.82	7.09	8.08	8.33	8.39			

表 2.4.3　古近系表层土壤地球化学参数表

指标	单位	样本数	算术平均值	算术标准差	几何平均值	几何标准差	变异系数	中位值	最小值	累积频率分位值						最大值	偏度系数	峰度系数	背景值
		N	$\overline{X}$	S	X_g	S_g	CV	X_{me}	X_{min}	$X_{0.5\%}$	$X_{2.5\%}$	$X_{25\%}$	$X_{75\%}$	$X_{97.5\%}$	$X_{99.5\%}$	X_{max}	β_s	β_k	X'
As	mg/kg	1436	11.4	5.1	10.5	1.5	0.44	10.9	1.6	2.9	4.0	8.5	13.4	21.7	42.8	51.2	2.78	15.92	11.4
B	mg/kg	1333	52	15	49	1	0.28	53	5	11	21	43	62	78	92	157	0.13	2.69	52
Cd	mg/kg	1436	0.21	0.15	0.19	1.60	0.72	0.17	0.03	0.07	0.09	0.14	0.24	0.56	0.89	2.52	6.14	68.58	0.21
Cl	mg/kg	1409	57	27	54	1	0.47	52	23	27	31	43	63	109	206	566	7.28	106.68	57
Co	mg/kg	1409	15.8	3.9	15.3	1.3	0.25	15.7	4.2	5.8	8.1	13.7	17.7	24.1	31.6	36.5	0.71	2.99	15.8
Cr	mg/kg	1436	72	17	71	1	0.23	72	18	31	41	65	80	102	138	273	2.84	28.96	72
Cu	mg/kg	1436	26.9	8.1	25.8	1.3	0.30	26.0	6.9	9.6	13.9	22.6	30.0	44.5	59.2	125.0	2.50	20.21	26.9
F	mg/kg	1436	560	221	527	1	0.40	516	186	233	285	437	615	1172	1570	2268	2.39	8.91	506
Ge	mg/kg	1436	1.47	0.18	1.46	1.13	0.12	1.47	0.75	1.00	1.11	1.36	1.57	1.82	1.92	2.55	0.08	1.23	1.47
Hg	μg/kg	1436	63.4	87.2	51.5	1.7	1.38	48.0	4.0	13.0	22.0	36.0	68.8	169.0	515.0	2 243.0	15.15	316.93	52.1
I	mg/kg	1409	1.6	0.8	1.4	1.6	0.54	1.4	0.3	0.5	0.7	1.0	1.9	3.6	5.8	8.4	2.54	11.81	1.6
Mn	mg/kg	1409	621	225	582	1	0.36	606	52	136	251	480	750	1040	1380	3887	2.62	31.90	604
Mo	mg/kg	1436	1.31	2.53	0.85	1.99	1.93	0.72	0.28	0.35	0.41	0.58	0.94	7.68	16.69	45.82	7.71	88.85	0.72
N	mg/kg	1436	1431	546	1350	1	0.38	1337	200	383	711	1123	1610	2707	4306	6675	2.63	14.01	1352
Ni	mg/kg	1436	33.6	13.6	31.3	1.5	0.40	32.0	5.5	9.2	12.9	26.2	37.6	67.9	100.4	136.6	2.04	8.23	33.6
P	mg/kg	1436	640	260	603	1	0.41	588	178	244	313	496	725	1240	1912	3793	3.65	28.00	606
Pb	mg/kg	1436	28.5	5.4	28.1	1.2	0.19	28.1	10.7	16.6	20.0	25.8	30.3	39.1	54.1	93.9	3.45	28.73	28.5
S	mg/kg	1409	255	98	239	1	0.38	237	32	77	116	192	296	492	644	914	1.79	6.51	255
Se	mg/kg	1436	0.25	0.17	0.23	1.47	0.68	0.21	0.07	0.11	0.14	0.18	0.26	0.65	1.04	2.91	7.31	83.98	0.25
Sr	mg/kg	1436	103	53	93	2	0.51	87	21	29	40	74	116	250	355	469	2.43	8.82	93
V	mg/kg	1174	96	23	94	1	0.24	96	33	45	59	85	106	142	201	316	2.37	17.17	96
Zn	mg/kg	1436	72	25	69	1	0.34	67	26	32	39	57	82	127	165	398	2.95	25.14	72
SiO_2	%	1409	66.37	4.50	66.21	1.07	0.07	66.73	49.43	51.90	55.99	63.80	69.14	74.58	76.64	85.83	−0.36	1.08	66.37
Al_2O_3	%	1257	13.52	1.38	13.45	1.11	0.10	13.56	8.90	9.88	10.78	12.61	14.40	16.06	17.47	20.97	0.13	1.11	13.52
TFe_2O_3	%	1436	5.20	1.04	5.10	1.23	0.20	5.21	2.14	2.49	3.16	4.59	5.76	7.54	8.63	10.44	0.43	1.57	5.20
MgO	%	1436	1.23	0.46	1.15	1.42	0.38	1.14	0.30	0.44	0.60	0.91	1.45	2.34	3.06	5.53	1.66	6.96	1.23
CaO	%	1436	1.14	1.11	0.90	1.86	0.97	0.81	0.06	0.19	0.33	0.61	1.20	4.19	7.84	11.58	4.20	24.14	0.82
Na_2O	%	1409	1.09	0.58	0.93	1.82	0.53	0.98	0.07	0.13	0.22	0.70	1.40	2.49	3.02	3.46	0.93	0.92	1.09
K_2O	%	1436	2.25	0.48	2.20	1.21	0.21	2.16	0.99	1.42	1.59	1.95	2.40	3.44	4.65	5.26	2.00	6.89	2.25
Corg	%	1436	1.40	0.63	1.30	1.44	0.45	1.30	0.24	0.41	0.61	1.06	1.61	2.62	5.28	9.01	4.21	32.56	1.40
pH		1436						6.53	4.03	4.57	5.02	5.89	7.35	8.15	8.26	8.41			

表 2.4.4　白垩系表层土壤地球化学参数表

指标	单位	样本数 N	算术平均值 $\bar{X}$	算术标准差 S	几何平均值 X_g	几何标准差 S_g	变异系数 CV	中位值 X_{me}	最小值 X_{min}	累积频率分位值						最大值 X_{max}	偏度系数 β_s	峰度系数 β_k	背景值 X'
										$X_{0.5\%}$	$X_{2.5\%}$	$X_{25\%}$	$X_{75\%}$	$X_{97.5\%}$	$X_{99.5\%}$				
As	mg/kg	11 433	12.1	6.0	10.9	1.6	0.49	12.0	0.3	1.6	3.0	9.1	14.6	21.7	38.3	191.9	7.25	158.17	11.6
B	mg/kg	11 293	56	19	53	1	0.33	57	4	11	19	48	63	84	130	648	6.01	134.77	55
Cd	mg/kg	11 433	0.24	0.29	0.19	1.76	1.22	0.18	0.03	0.06	0.07	0.14	0.25	0.74	1.74	10.70	14.90	392.16	0.18
Cl	mg/kg	11 187	76	45	69	2	0.59	66	15	29	36	51	87	177	312	892	5.48	57.75	69
Co	mg/kg	11 187	16.3	5.4	15.2	1.5	0.33	16.3	1.0	2.6	4.5	13.8	18.8	26.9	36.5	85.3	1.17	10.23	16.0
Cr	mg/kg	11 433	75	19	72	1	0.25	77	8	17	31	68	84	104	135	407	1.72	27.27	76
Cu	mg/kg	11 433	27.3	13.2	25.7	1.4	0.48	26.3	3.0	6.4	10.5	23.4	29.4	49.7	80.7	680.3	19.15	777.32	26.1
F	mg/kg	11 433	589	240	561	1	0.41	554	55	240	315	476	646	1063	1643	7852	8.32	154.50	557
Ge	mg/kg	11 433	1.43	0.18	1.42	1.13	0.12	1.44	0.43	0.93	1.06	1.34	1.53	1.78	2.00	3.76	0.45	6.04	1.43
Hg	μg/kg	11 433	60.9	63.6	49.7	1.8	1.04	48.0	5.0	12.4	17.0	33.1	70.0	176.1	380.0	2 514.2	13.89	400.94	51.3
I	mg/kg	11 187	1.8	1.3	1.5	1.8	0.68	1.5	0.1	0.4	0.5	1.0	2.3	4.8	6.3	43.2	5.08	118.12	1.7
Mn	mg/kg	11 187	637	319	563	2	0.50	609	40	117	173	404	816	1331	1798	7712	2.33	28.75	618
Mo	mg/kg	11 433	1.12	1.66	0.88	1.74	1.48	0.77	0.12	0.32	0.42	0.65	1.00	4.64	9.67	56.80	13.23	293.56	0.77
N	mg/kg	11 433	1491	576	1374	2	0.39	1443	52	294	518	1077	1863	2662	3191	11 554	1.06	9.84	1472
Ni	mg/kg	11 433	33.8	12.9	31.7	1.5	0.38	33.3	3.0	5.9	11.0	28.2	38.4	57.3	96.7	370.3	5.25	82.23	32.9
P	mg/kg	11 433	571	291	523	2	0.51	523	64	147	226	411	672	1174	1782	8694	6.85	129.54	539
Pb	mg/kg	11 433	28.4	6.5	27.8	1.2	0.23	28.8	5.9	13.4	16.9	25.3	31.2	39.2	54.7	159.0	3.63	51.11	28.1
S	mg/kg	11 187	269	155	240	2	0.58	243	12	69	90	174	337	557	823	6600	9.79	306.07	257
Se	mg/kg	11 433	0.31	0.40	0.26	1.62	1.28	0.24	0.03	0.09	0.13	0.20	0.29	0.99	2.31	14.00	14.85	351.63	0.24
Sr	mg/kg	5353	84	33	79	1	0.40	80	19	32	42	67	94	154	248	716	4.84	53.12	80
V	mg/kg	7212	101	37	96	1	0.36	101	12	23	34	90	111	177	293	741	4.76	51.99	100
Zn	mg/kg	11 433	74	33	69	1	0.45	68	10	21	34	60	80	141	239	1089	8.50	166.62	69
SiO_2	%	11 187	67.52	5.59	67.27	1.09	0.08	67.13	16.77	50.46	56.86	64.32	70.48	80.74	84.98	90.45	−0.09	4.46	67.33
Al_2O_3	%	9878	13.35	2.05	13.18	1.18	0.15	13.50	2.80	6.97	8.68	12.10	14.70	17.10	18.28	22.57	−0.42	0.82	13.40
TFe_2O_3	%	11 433	5.30	1.30	5.10	1.36	0.25	5.42	0.64	1.11	1.94	4.76	5.99	7.55	10.09	16.16	−0.05	4.63	5.39
MgO	%	11 433	1.26	0.61	1.17	1.47	0.48	1.14	0.17	0.32	0.53	0.94	1.44	2.56	3.92	15.82	6.03	90.90	1.18
CaO	%	11 433	0.96	1.25	0.70	2.02	1.30	0.63	0.04	0.10	0.19	0.49	0.86	4.42	8.35	22.57	5.77	49.74	0.61
Na_2O	%	11 187	0.88	0.41	0.78	1.75	0.47	0.87	0.03	0.11	0.17	0.65	1.06	1.97	2.44	4.03	1.05	3.16	0.84
K_2O	%	11 433	2.11	0.41	2.07	1.22	0.20	2.04	0.36	1.03	1.39	1.86	2.30	3.13	3.63	4.98	0.91	2.68	2.08
Corg	%	11 432	1.72	0.87	1.50	1.76	0.50	1.63	0.02	0.19	0.43	1.08	2.18	3.72	4.74	8.77	0.98	1.99	1.68
pH		11 433						6.28	3.99	4.42	4.70	5.58	7.14	8.26	8.47	9.14			

表 2.4.5 侏罗系表层土壤地球化学参数表

指标	单位	样本数 N	算术平均值 $\bar{X}$	算术标准差 S	几何平均值 X_g	几何标准差 S_g	变异系数 CV	中位值 X_{me}	最小值 X_{min}	累积频率分位值 $X_{0.5\%}$	$X_{2.5\%}$	$X_{25\%}$	$X_{75\%}$	$X_{97.5\%}$	$X_{99.5\%}$	最大值 X_{max}	偏度系数 β_s	峰度系数 β_k	背景值 X'
As	mg/kg	4284	6.1	4.1	5.2	1.7	0.67	4.8	0.5	1.5	2.2	3.6	7.3	16.3	22.4	83.5	4.02	43.97	5.4
B	mg/kg	4284	45	16	43	1	0.35	41	11	16	22	34	54	78	97	208	1.42	5.85	44
Cd	mg/kg	4284	0.25	0.11	0.23	1.53	0.45	0.23	0.03	0.06	0.10	0.18	0.30	0.53	0.74	1.27	1.78	6.37	0.24
Cl	mg/kg	4259	64	20	62	1	0.31	63	24	28	35	50	77	104	144	254	1.59	8.64	63
Co	mg/kg	4259	13.9	3.2	13.6	1.3	0.23	13.9	2.8	5.7	8.0	12.1	15.6	20.3	25.7	40.3	0.91	5.49	13.8
Cr	mg/kg	4284	70	14	69	1	0.20	70	25	35	45	62	78	101	118	182	0.74	3.54	70
Cu	mg/kg	4284	23.5	7.4	22.4	1.4	0.31	23.3	4.6	7.4	10.4	19.5	27.0	39.2	53.8	104.0	1.57	10.51	23.0
F	mg/kg	4284	502	120	488	1	0.24	492	144	238	289	423	572	760	912	1431	0.89	3.45	497
Ge	mg/kg	4284	1.40	0.17	1.39	1.13	0.12	1.39	0.66	0.97	1.08	1.29	1.50	1.75	1.89	2.56	0.40	1.49	1.40
Hg	μg/kg	4284	63.7	56.3	52.5	1.8	0.88	54.2	7.0	12.1	17.0	33.4	80.6	159.5	270.0	1481.1	11.06	225.02	57.9
I	mg/kg	4259	1.3	1.6	0.9	2.2	1.25	0.8	0.1	0.2	0.3	0.5	1.3	6.3	11.2	15.3	3.92	19.08	0.8
Mn	mg/kg	4259	540	233	489	2	0.43	529	52	103	163	383	666	1064	1481	2352	1.08	3.59	525
Mo	mg/kg	4284	0.59	0.38	0.52	1.58	0.64	0.48	0.12	0.23	0.26	0.38	0.69	1.41	2.29	9.26	5.84	83.48	0.53
N	mg/kg	4284	1314	678	1160	2	0.52	1175	59	246	390	836	1666	2879	3474	14 005	2.46	29.60	1277
Ni	mg/kg	4284	30.7	6.7	29.9	1.3	0.22	30.4	8.5	13.8	17.9	26.4	34.8	44.5	51.5	74.2	0.39	1.43	30.5
P	mg/kg	4284	604	308	546	2	0.51	534	107	171	239	414	703	1421	2209	3055	2.37	9.00	551
Pb	mg/kg	4284	26.8	8.0	26.3	1.2	0.30	26.0	10.2	16.1	19.1	23.6	28.8	37.1	52.6	332.9	18.39	590.60	26.3
S	mg/kg	4259	250	581	204	2	2.32	209	31	45	61	141	301	594	915	36 202	56.08	3 453.20	223
Se	mg/kg	4284	0.26	0.20	0.21	1.93	0.78	0.19	0.02	0.05	0.07	0.13	0.33	0.81	1.12	2.80	2.65	13.59	0.22
Sr	mg/kg	1607	103	50	93	2	0.48	89	24	37	44	66	129	219	283	450	1.51	3.78	100
V	mg/kg	4193	92	20	90	1	0.22	90	36	47	58	80	101	141	160	231	0.91	2.20	91
Zn	mg/kg	4284	82	19	80	1	0.23	81	19	39	47	70	92	120	146	384	1.87	21.56	81
SiO_2	%	4259	66.45	3.79	66.34	1.06	0.06	66.11	29.43	55.26	59.88	64.07	68.61	74.64	78.34	83.51	0.01	3.66	66.41
Al_2O_3	%	4234	14.79	1.52	14.71	1.11	0.10	14.90	7.60	9.98	11.30	14.00	15.80	17.55	18.60	20.20	−0.50	1.07	14.84
TFe_2O_3	%	4284	4.95	0.96	4.85	1.23	0.19	4.96	1.17	2.16	2.96	4.39	5.50	6.73	8.17	12.22	0.47	3.99	4.94
MgO	%	4284	1.44	0.52	1.34	1.47	0.36	1.39	0.28	0.40	0.56	1.06	1.80	2.49	2.84	4.89	0.59	1.06	1.43
CaO	%	4284	0.70	0.81	0.51	2.06	1.16	0.51	0.04	0.11	0.15	0.31	0.81	2.93	5.92	11.70	5.17	37.46	0.54
Na_2O	%	4259	1.03	0.59	0.85	1.92	0.57	0.97	0.07	0.14	0.24	0.51	1.43	2.23	2.79	3.97	0.65	0.19	1.02
K_2O	%	4284	2.43	0.48	2.38	1.24	0.20	2.46	0.63	1.19	1.45	2.11	2.75	3.35	3.70	4.59	−0.09	0.11	2.43
Corg	%	4284	1.29	0.78	1.10	1.80	0.61	1.16	0.03	0.16	0.30	0.77	1.63	3.01	4.03	21.60	5.20	108.99	1.23
pH		4284						5.34	2.36	4.22	4.41	4.93	6.13	8.27	8.49	9.12			

表 2.4.6　三叠系表层土壤地球化学参数表

指标	单位	样本数	算术平均值	算术标准差	几何平均值	几何标准差	变异系数	中位值	最小值	累积频率分位值						最大值	偏度系数	峰度系数	背景值
		N	$\bar{X}$	S	X_g	S_g	CV	X_{me}	X_{min}	$X_{0.5\%}$	$X_{2.5\%}$	$X_{25\%}$	$X_{75\%}$	$X_{97.5\%}$	$X_{99.5\%}$	X_{max}	β_s	β_k	X'
As	mg/kg	43 820	15.4	5.8	14.2	1.6	0.37	15.6	0.5	3.0	4.1	12.7	18.4	25.5	32.1	267.7	3.35	104.34	15.2
B	mg/kg	43 820	96	47	89	1	0.49	83	3	36	51	70	109	204	342	1168	4.26	39.52	89
Cd	mg/kg	43 820	0.55	1.34	0.40	1.86	2.42	0.38	0.03	0.10	0.14	0.29	0.50	1.97	7.06	99.35	24.43	1 067.28	0.38
Cl	mg/kg	42 667	55	27	52	1	0.49	50	10	27	32	43	61	103	177	1231	11.76	291.41	52
Co	mg/kg	42 665	20.4	4.7	19.8	1.3	0.23	19.9	1.0	7.7	12.0	17.2	23.5	29.6	33.7	95.8	0.51	3.73	20.3
Cr	mg/kg	43 820	91	27	89	1	0.30	89	10	49	65	81	97	125	206	2051	21.32	1 029.57	89
Cu	mg/kg	43 820	33.7	23.6	31.7	1.4	0.70	31.3	4.1	11.2	16.3	26.0	38.1	63.3	88.7	2 926.0	67.85	7 325.96	32.0
F	mg/kg	43 820	1001	427	934	1	0.43	927	101	369	482	729	1173	1956	2872	8830	3.41	30.44	955
Ge	mg/kg	43 820	1.52	0.18	1.51	1.13	0.12	1.51	0.28	0.99	1.18	1.41	1.62	1.87	2.08	4.78	0.66	8.84	1.51
Hg	μg/kg	43 820	104.6	194.9	92.7	1.6	1.86	99.9	6.5	20.9	30.5	76.0	120.0	200.0	350.0	32 900.0	121.47	18 960.08	97.4
I	mg/kg	42 667	3.9	2.3	3.1	2.0	0.61	3.5	0.2	0.5	0.7	2.2	4.9	9.7	12.2	19.5	1.13	1.74	3.7
Mn	mg/kg	42 665	1109	468	990	2	0.42	1138	45	162	254	784	1406	2004	2498	9605	0.61	6.08	1099
Mo	mg/kg	43 820	1.86	5.03	1.22	1.94	2.71	1.10	0.10	0.37	0.47	0.87	1.44	8.59	30.48	370.25	21.79	958.06	1.08
N	mg/kg	43 820	1746	603	1656	1	0.35	1660	72	604	872	1365	2017	3143	4264	14 974	2.23	17.12	1690
Ni	mg/kg	43 820	38.6	13.6	37.0	1.3	0.35	36.4	2.8	17.0	22.8	31.2	43.3	65.0	103.2	495.6	5.98	93.76	37.2
P	mg/kg	43 820	770	309	716	1	0.40	722	73	232	328	562	921	1495	1897	13 779	3.05	77.47	746
Pb	mg/kg	43 820	34.4	25.6	33.5	1.2	0.74	33.7	6.1	17.6	22.0	30.5	37.1	47.2	69.1	3 648.5	97.68	12 091.32	33.6
S	mg/kg	42 665	289	161	265	1	0.56	261	12	84	122	210	329	612	964	7962	12.42	423.49	267
Se	mg/kg	43 820	0.62	1.12	0.46	1.88	1.81	0.43	0.04	0.12	0.17	0.31	0.63	2.20	5.91	86.59	28.65	1 546.52	0.45
Sr	mg/kg	24 090	80	46	74	1	0.58	72	18	34	42	60	88	152	283	2782	17.58	708.22	74
V	mg/kg	31 602	121	48	117	1	0.40	116	21	59	82	105	129	178	350	2814	20.16	777.25	117
Zn	mg/kg	43 820	97	90	94	1	0.93	93	2	49	62	83	106	141	197	14 169	128.05	18 463.22	94
SiO_2	%	42 665	65.90	5.19	65.69	1.09	0.08	66.09	13.23	49.85	55.67	62.68	69.30	75.52	79.89	90.99	−0.44	2.63	65.98
Al_2O_3	%	41 774	14.06	1.89	13.93	1.15	0.13	14.04	4.40	8.66	10.37	12.81	15.30	17.73	19.37	24.32	0.01	0.74	14.07
TFe_2O_3	%	43 820	6.10	1.12	5.99	1.22	0.18	6.07	0.48	2.79	4.00	5.37	6.81	8.32	9.28	15.28	0.08	1.11	6.11
MgO	%	43 820	1.60	0.84	1.45	1.51	0.52	1.43	0.17	0.52	0.70	1.11	1.83	3.70	5.65	16.50	3.98	34.23	1.45
CaO	%	43 820	0.81	1.50	0.54	2.10	1.86	0.49	0.03	0.11	0.16	0.35	0.72	4.00	10.57	40.09	9.20	127.52	0.49
Na_2O	%	42 665	0.43	0.17	0.40	1.50	0.40	0.40	0.03	0.13	0.17	0.30	0.54	0.80	0.97	2.63	1.08	4.05	0.43
K_2O	%	43 820	2.50	0.56	2.44	1.26	0.22	2.46	0.27	1.03	1.46	2.14	2.83	3.71	4.24	6.17	0.38	1.03	2.49
Corg	%	43 820	1.64	0.67	1.52	1.47	0.41	1.54	0.02	0.42	0.69	1.23	1.91	3.19	4.54	18.04	2.82	25.57	1.57
pH		43 819						6.02	3.43	4.26	4.52	5.30	7.00	8.19	8.35	9.13			

表 2.4.7　二叠系表层土壤地球化学参数表

指标	单位	样本数	算术平均值	算术标准差	几何平均值	几何标准差	变异系数	中位值	最小值	累积频率分位值						最大值	偏度系数	峰度系数	背景值
		N	$\bar{X}$	S	X_g	S_g	CV	X_{me}	X_{min}	$X_{0.5\%}$	$X_{2.5\%}$	$X_{25\%}$	$X_{75\%}$	$X_{97.5\%}$	$X_{99.5\%}$	X_{max}	β_s	β_k	X'
As	mg/kg	16 951	14.3	5.7	13.5	1.4	0.40	13.8	1.6	4.1	6.4	11.2	16.7	23.5	33.2	244.9	11.11	364.23	13.9
B	mg/kg	16 951	65	19	63	1	0.29	64	2	23	34	55	73	102	134	771	6.93	196.73	64
Cd	mg/kg	16 951	1.33	2.63	0.76	2.53	1.97	0.68	0.04	0.10	0.16	0.41	1.28	6.48	17.95	58.96	9.05	120.66	0.72
Cl	mg/kg	16 111	54	32	50	1	0.59	49	5	21	28	40	61	103	190	1710	16.78	606.17	50
Co	mg/kg	16 070	17.9	5.4	17.2	1.3	0.30	17.4	2.0	6.8	9.2	14.6	20.8	28.4	35.1	227.0	5.03	148.73	17.7
Cr	mg/kg	16 951	115	70	106	1	0.61	97	7	55	67	86	119	288	519	1592	6.50	71.21	98
Cu	mg/kg	16 951	35.2	20.3	31.8	1.5	0.58	29.7	4.8	13.4	16.2	23.4	41.4	81.3	110.9	969.0	10.84	385.35	32.1
F	mg/kg	16 951	1319	1308	998	2	0.99	847	223	344	412	617	1342	5530	7730	13 659	2.90	9.86	848
Ge	mg/kg	16 951	1.37	0.28	1.34	1.23	0.20	1.36	0.27	0.68	0.85	1.19	1.53	1.91	2.27	4.41	0.70	4.48	1.36
Hg	μg/kg	16 951	148.7	100.2	134.1	1.6	0.67	137.8	12.3	29.8	48.2	108.2	170.0	320.0	540.0	6 941.2	25.26	1 419.38	137.7
I	mg/kg	16 111	4.3	2.7	3.5	2.0	0.62	3.7	0.2	0.5	0.8	2.4	5.6	10.9	13.7	19.5	1.15	1.57	4.0
Mn	mg/kg	16 070	980	541	839	2	0.55	961	49	135	191	636	1246	2023	3136	15 615	3.42	51.93	944
Mo	mg/kg	16 951	5.67	11.40	2.88	2.75	2.01	2.24	0.27	0.48	0.69	1.39	5.09	32.50	76.19	316.00	7.95	109.28	2.21
N	mg/kg	16 951	2041	842	1893	1	0.41	1893	123	568	865	1500	2403	4094	5781	12 626	1.93	8.55	1947
Ni	mg/kg	16 951	47.1	29.3	42.2	1.5	0.62	39.5	4.2	17.9	21.6	32.0	51.8	122.0	200.0	584.3	4.91	47.09	40.4
P	mg/kg	16 951	833	380	755	2	0.46	771	59	192	276	577	1019	1721	2216	8072	1.87	14.53	803
Pb	mg/kg	16 951	34.6	81.6	32.0	1.3	2.36	31.8	5.4	18.0	21.2	28.1	35.5	50.4	104.5	7 837.8	72.27	6 077.61	31.7
S	mg/kg	16 070	371	258	327	2	0.69	318	1	85	142	244	424	922	1692	7094	7.60	119.07	330
Se	mg/kg	16 951	1.52	2.41	0.94	2.38	1.59	0.80	0.08	0.18	0.25	0.52	1.47	7.67	15.38	64.20	7.02	91.06	0.79
Sr	mg/kg	11 695	85	73	74	2	0.86	68	20	31	39	57	85	261	538	1755	7.11	81.02	68
V	mg/kg	9166	172	126	150	2	0.74	133	31	71	83	111	178	517	864	2402	5.09	45.71	134
Zn	mg/kg	16 951	105	167	98	1	1.59	96	15	47	57	81	115	196	286	18 120	89.74	8 981.92	97
SiO_2	%	16 070	69.88	6.20	69.60	1.10	0.09	69.73	14.10	52.38	58.24	65.75	74.10	81.81	84.72	89.81	−0.23	1.43	69.98
Al_2O_3	%	15 138	12.14	2.73	11.82	1.26	0.22	12.10	3.54	6.10	7.21	10.10	14.07	17.43	19.60	24.18	0.19	−0.18	12.10
TFe_2O_3	%	16 951	5.45	1.36	5.28	1.29	0.25	5.36	0.77	2.55	3.16	4.51	6.28	8.22	9.70	28.45	0.99	7.35	5.40
MgO	%	16 951	2.18	2.50	1.52	2.13	1.14	1.28	0.22	0.44	0.54	0.92	1.96	10.23	14.11	21.73	2.83	8.82	1.19
CaO	%	16 951	0.64	1.28	0.43	2.04	2.01	0.40	0.01	0.09	0.14	0.28	0.60	2.76	8.30	49.41	13.44	297.39	0.41
Na_2O	%	16 070	0.35	0.16	0.32	1.54	0.45	0.32	0.02	0.10	0.14	0.23	0.44	0.72	0.90	1.86	1.30	3.94	0.34
K_2O	%	16 951	1.76	0.60	1.66	1.41	0.34	1.67	0.19	0.63	0.83	1.32	2.11	3.11	3.73	6.80	0.79	0.98	1.73
Corg	%	16 951	1.97	0.89	1.79	1.56	0.45	1.82	0.08	0.35	0.69	1.40	2.32	4.11	5.72	17.27	2.12	12.79	1.87
pH		16 951						5.49	3.50	4.17	4.41	4.98	6.39	8.07	8.26	9.58			

表 2.4.8 石炭系表层土壤地球化学参数表

指标	单位	样本数 N	算术平均值 $\bar{X}$	算术标准差 S	几何平均值 X_g	几何标准差 S_g	变异系数 CV	中位值 X_{me}	最小值 X_{min}	累积频率分位值 $X_{0.5\%}$	$X_{2.5\%}$	$X_{25\%}$	$X_{75\%}$	$X_{97.5\%}$	$X_{99.5\%}$	最大值 X_{max}	偏度系数 β_s	峰度系数 β_k	背景值 X'
As	mg/kg	1097	13.6	5.4	12.7	1.4	0.40	13.0	1.7	3.7	6.1	10.4	15.6	25.4	38.5	78.7	4.01	37.24	13.0
B	mg/kg	1097	64	18	62	1	0.27	65	12	21	31	55	73	93	114	321	3.38	45.32	64
Cd	mg/kg	1097	0.74	0.88	0.53	2.12	1.19	0.49	0.06	0.09	0.13	0.32	0.82	2.71	5.77	11.21	5.87	51.40	0.54
Cl	mg/kg	1014	49	20	47	1	0.40	46	7	21	27	38	56	91	133	324	4.32	43.52	47
Co	mg/kg	1013	16.8	3.8	16.4	1.3	0.22	16.6	2.8	6.7	9.8	14.5	18.9	25.3	29.2	34.7	0.44	1.43	16.7
Cr	mg/kg	1097	93	27	90	1	0.29	89	12	43	61	80	99	154	248	389	4.09	30.01	89
Cu	mg/kg	1097	29.1	16.8	27.3	1.4	0.58	26.4	7.6	11.3	16.3	22.3	32.1	54.8	102.9	374.8	11.15	191.59	27.0
F	mg/kg	1097	1258	1205	964	2	0.96	810	165	322	396	595	1370	4663	7552	11 526	3.13	13.33	799
Ge	mg/kg	1097	1.39	0.27	1.37	1.21	0.19	1.41	0.43	0.68	0.90	1.24	1.54	1.82	2.03	5.54	3.29	52.33	1.39
Hg	μg/kg	1097	153.0	825.6	111.3	1.7	5.40	114.9	12.0	24.1	36.1	88.0	140.0	281.0	610.0	26 821.2	31.06	997.40	114.1
I	mg/kg	1014	3.8	2.4	3.1	1.9	0.63	3.3	0.3	0.4	0.7	2.1	4.8	10.0	12.8	16.8	1.43	2.87	3.5
Mn	mg/kg	1013	874	388	780	2	0.44	876	102	145	199	614	1100	1669	2189	4443	1.15	7.41	854
Mo	mg/kg	1097	2.22	3.26	1.63	1.94	1.47	1.47	0.32	0.43	0.58	1.07	2.17	8.99	21.80	59.30	8.83	114.40	1.51
N	mg/kg	1097	2002	796	1860	1	0.40	1915	223	489	744	1510	2356	3747	6101	6720	1.75	6.91	1925
Ni	mg/kg	1097	37.9	14.9	36.0	1.4	0.39	34.8	6.1	12.6	21.5	29.6	41.9	74.0	112.0	194.4	3.78	26.34	35.5
P	mg/kg	1097	802	372	726	2	0.46	743	136	178	253	557	974	1649	2163	3908	1.74	7.39	772
Pb	mg/kg	1097	32.9	12.6	31.8	1.3	0.38	31.5	11.3	15.4	21.2	28.1	35.1	48.6	82.1	243.7	10.02	140.01	31.6
S	mg/kg	1013	357	227	321	2	0.64	314	59	89	146	248	405	789	1366	3552	6.95	80.70	324
Se	mg/kg	1097	0.75	1.09	0.60	1.82	1.44	0.57	0.12	0.14	0.21	0.41	0.81	2.32	5.52	28.80	17.04	409.32	0.58
Sr	mg/kg	831	80	41	74	1	0.52	71	27	32	43	61	84	181	336	556	5.29	42.56	71
V	mg/kg	599	124	61	118	1	0.49	113	49	60	78	100	129	240	463	1015	7.82	90.26	113
Zn	mg/kg	1097	93	26	90	1	0.29	90	28	41	55	79	101	145	212	458	4.31	44.54	90
SiO$_2$	%	1013	67.65	5.81	67.39	1.09	0.09	68.01	34.12	45.78	54.67	64.22	71.22	78.13	81.55	87.94	−0.71	2.62	67.95
Al$_2$O$_3$	%	931	13.12	2.51	12.87	1.22	0.19	13.13	4.88	6.53	8.00	11.54	14.67	18.26	20.29	21.14	0.05	0.39	13.10
TFe$_2$O$_3$	%	1097	5.51	1.24	5.37	1.26	0.22	5.44	0.95	2.45	3.34	4.65	6.25	8.32	9.10	11.52	0.50	1.27	5.49
MgO	%	1097	2.36	2.33	1.75	2.03	0.99	1.43	0.27	0.47	0.64	1.06	2.57	9.30	14.29	16.95	2.69	8.76	1.42
CaO	%	1097	0.86	1.58	0.55	2.18	1.83	0.48	0.11	0.12	0.17	0.33	0.74	4.88	11.61	21.53	7.01	65.03	0.47
Na$_2$O	%	1013	0.38	0.16	0.35	1.49	0.43	0.35	0.05	0.11	0.17	0.27	0.45	0.76	1.11	1.74	2.14	10.11	0.36
K$_2$O	%	1097	1.94	0.59	1.85	1.37	0.30	1.90	0.40	0.55	0.92	1.56	2.22	3.20	4.37	4.72	0.79	1.85	1.91
Corg	%	1097	2.06	1.02	1.85	1.62	0.49	1.91	0.17	0.22	0.55	1.46	2.43	4.28	7.71	10.38	2.46	12.27	1.95
pH		1097						5.80	4.06	4.24	4.46	5.16	6.87	8.14	8.32	8.74			

表 2.4.9 泥盆系表层土壤地球化学参数表

指标	单位	样本数 N	算术平均值 $\bar{X}$	算术标准差 S	几何平均值 X_g	几何标准差 S_g	变异系数 CV	中位值 X_{me}	最小值 X_{min}	累积频率分位值 $X_{0.5\%}$	$X_{2.5\%}$	$X_{25\%}$	$X_{75\%}$	$X_{97.5\%}$	$X_{99.5\%}$	最大值 X_{max}	偏度系数 β_s	峰度系数 β_k	背景值 X'
As	mg/kg	2447	12.3	4.4	11.6	1.4	0.36	12.0	1.7	3.2	5.2	9.4	14.7	21.1	30.4	57.6	1.66	10.72	12.1
B	mg/kg	2447	65	16	63	1	0.25	66	9	17	31	57	75	93	114	304	1.31	20.78	65
Cd	mg/kg	2447	0.55	0.68	0.40	2.07	1.23	0.38	0.04	0.07	0.11	0.25	0.60	2.06	3.98	15.25	8.50	130.06	0.41
Cl	mg/kg	2285	54	25	51	1	0.46	50	8	24	29	42	60	104	186	502	7.18	96.86	51
Co	mg/kg	2277	15.7	5.1	15.0	1.4	0.32	15.6	2.0	3.8	7.6	12.6	18.3	26.2	32.1	116.0	3.84	66.41	15.5
Cr	mg/kg	2447	88	24	85	1	0.27	85	13	39	56	77	94	136	235	432	4.43	41.59	85
Cu	mg/kg	2447	26.2	9.1	25.0	1.3	0.35	24.6	5.1	10.5	15.0	20.7	29.2	50.3	73.2	124.5	2.86	16.52	25.0
F	mg/kg	2447	1253	1420	873	2	1.13	664	147	280	356	538	1154	5510	7929	11 056	2.69	7.98	615
Ge	mg/kg	2447	1.41	0.25	1.38	1.21	0.18	1.43	0.35	0.62	0.88	1.26	1.57	1.84	2.10	3.68	0.04	3.66	1.41
Hg	μg/kg	2447	123.1	71.9	110.5	1.6	0.58	112.5	9.0	24.3	36.0	86.0	147.0	250.0	372.0	1 490.0	7.90	122.26	116.5
I	mg/kg	2285	4.0	3.0	3.0	2.2	0.76	3.3	0.1	0.4	0.6	1.6	5.4	12.1	14.7	21.9	1.39	2.11	3.6
Mn	mg/kg	2277	770	466	634	2	0.61	740	81	123	159	409	1049	1642	2676	5529	2.09	14.38	746
Mo	mg/kg	2447	1.55	2.02	1.23	1.76	1.30	1.17	0.29	0.37	0.48	0.87	1.57	5.09	10.84	42.47	9.81	137.93	1.19
N	mg/kg	2447	2044	832	1895	1	0.41	1913	104	410	882	1526	2387	4106	5504	10 501	2.00	9.74	1943
Ni	mg/kg	2447	33.5	12.3	31.9	1.4	0.37	32.3	4.5	11.1	16.9	27.1	37.4	59.6	106.5	192.7	3.91	31.12	32.1
P	mg/kg	2447	838	389	757	2	0.46	766	129	181	265	572	1028	1771	2190	4374	1.51	6.04	810
Pb	mg/kg	2447	32.4	8.4	31.5	1.2	0.26	31.5	9.0	15.8	20.6	28.0	35.5	48.9	71.5	162.7	4.46	46.91	31.5
S	mg/kg	2277	349	177	316	2	0.51	314	8	90	137	241	421	715	1026	2838	3.87	38.47	332
Se	mg/kg	2447	0.66	0.57	0.56	1.72	0.86	0.56	0.09	0.16	0.20	0.40	0.74	1.83	3.93	11.00	7.43	93.39	0.56
Sr	mg/kg	1562	73	33	68	1	0.45	66	26	31	39	56	80	149	244	525	4.93	42.84	66
V	mg/kg	1207	112	41	108	1	0.36	107	36	48	66	94	120	194	384	623	5.34	44.90	106
Zn	mg/kg	2447	88	22	86	1	0.25	88	22	34	51	76	99	129	174	489	3.30	47.37	87
SiO$_2$	%	2277	67.97	5.48	67.75	1.09	0.08	67.65	32.76	51.21	57.34	64.42	71.60	78.94	83.15	89.14	−0.05	1.20	68.02
Al$_2$O$_3$	%	2144	13.22	2.69	12.93	1.25	0.20	13.46	4.31	5.90	7.78	11.34	15.10	18.16	19.76	22.80	−0.22	−0.05	13.26
TFe$_2$O$_3$	%	2447	5.30	1.34	5.12	1.31	0.25	5.27	0.85	1.99	2.87	4.40	6.13	7.94	9.39	13.99	0.67	3.38	5.26
MgO	%	2447	2.39	2.75	1.61	2.22	1.15	1.29	0.30	0.38	0.53	0.96	2.18	10.31	15.05	21.10	2.59	7.36	1.18
CaO	%	2447	0.56	1.15	0.38	2.06	2.05	0.34	0.08	0.09	0.12	0.23	0.52	2.45	6.97	31.77	13.42	275.22	0.35
Na$_2$O	%	2277	0.36	0.17	0.33	1.51	0.49	0.32	0.07	0.11	0.15	0.25	0.42	0.83	1.20	1.99	2.72	13.88	0.33
K$_2$O	%	2447	1.93	0.63	1.83	1.41	0.33	1.88	0.24	0.63	0.88	1.49	2.30	3.38	3.78	5.55	0.62	0.63	1.92
Corg	%	2447	2.18	1.14	1.95	1.61	0.52	1.94	0.08	0.33	0.75	1.50	2.62	5.04	7.71	15.19	2.83	16.74	2.01
pH		2447						5.29	3.70	4.17	4.35	4.86	6.15	8.08	8.30	8.88			

表 2.4.10　志留系表层土壤地球化学参数表

指标	单位	样本数	算术平均值	算术标准差	几何平均值	几何标准差	变异系数	中位值	最小值	累积频率分位值						最大值	偏度系数	峰度系数	背景值
		N	$\bar{X}$	S	X_g	S_g	CV	X_{me}	X_{min}	$X_{0.5\%}$	$X_{2.5\%}$	$X_{25\%}$	$X_{75\%}$	$X_{97.5\%}$	$X_{99.5\%}$	X_{max}	β_s	β_k	X'
As	mg/kg	20 610	9.9	12.0	8.7	1.6	1.21	8.9	0.1	2.2	3.0	6.4	12.3	20.0	31.5	1 463.5	88.77	10 501.84	9.4
B	mg/kg	20 610	68	16	66	1	0.23	68	2	14	37	62	75	92	111	523	5.26	126.04	69
Cd	mg/kg	20 610	0.32	0.71	0.24	1.88	2.19	0.23	0.03	0.06	0.08	0.16	0.34	1.08	2.68	61.84	45.41	3 306.26	0.24
Cl	mg/kg	20 288	56	29	52	1	0.52	49	15	24	29	41	63	118	185	986	8.07	157.72	52
Co	mg/kg	20 051	17.1	4.8	16.5	1.3	0.28	16.7	1.0	6.3	9.5	14.4	19.1	27.0	39.7	93.0	2.64	21.26	16.7
Cr	mg/kg	20 610	85	26	83	1	0.31	82	1	46	60	75	90	115	220	773	10.91	185.20	82
Cu	mg/kg	20 610	30.8	14.0	29.5	1.3	0.46	28.9	5.6	14.7	18.6	25.6	33.1	54.2	102.6	660.1	15.49	488.97	29.1
F	mg/kg	20 610	714	479	658	1	0.67	634	211	343	410	548	734	1596	4109	8820	7.70	79.19	631
Ge	mg/kg	20 610	1.57	0.21	1.56	1.15	0.13	1.57	0.34	0.98	1.16	1.44	1.71	1.98	2.16	3.26	0.07	1.63	1.57
Hg	μg/kg	20 610	86.1	117.6	73.2	1.7	1.37	73.4	9.0	21.0	27.0	53.0	100.0	198.8	360.0	8 629.0	38.36	2 144.22	76.6
I	mg/kg	20 287	2.4	10.0	1.7	2.2	4.16	1.6	0.04	0.3	0.5	1.0	3.0	8.2	12.2	1 390.0	133.18	18 543.97	1.9
Mn	mg/kg	20 051	691	455	572	2	0.66	621	47	125	176	350	926	1652	2604	15 806	4.05	76.13	651
Mo	mg/kg	20 610	1.15	2.20	0.83	1.89	1.91	0.74	0.22	0.30	0.35	0.56	1.06	4.89	12.28	107.10	18.04	575.49	0.76
N	mg/kg	20 610	1829	642	1723	1	0.35	1756	124	529	823	1396	2163	3303	4274	8998	1.26	4.80	1787
Ni	mg/kg	20 610	38.2	21.9	36.7	1.3	0.57	37.1	1.2	16.2	22.4	32.2	41.8	57.6	111.2	2 461.2	68.44	7 344.96	36.8
P	mg/kg	20 610	703	361	638	2	0.51	624	89	213	282	480	832	1578	2220	15 050	5.26	132.78	654
Pb	mg/kg	20 610	32.2	19.2	31.3	1.2	0.60	31.1	6.6	15.3	21.5	28.4	34.3	47.3	67.3	1 721.0	62.74	4 825.78	31.3
S	mg/kg	20 051	290	161	259	2	0.56	264	2	73	102	194	349	631	990	6139	6.78	156.67	273
Se	mg/kg	20 610	0.44	0.51	0.36	1.71	1.17	0.34	0.06	0.13	0.17	0.24	0.49	1.21	2.64	20.35	17.59	512.30	0.36
Sr	mg/kg	13 915	63	49	57	1	0.78	54	13	25	33	46	65	140	398	1422	10.18	159.26	55
V	mg/kg	11 702	112	29	109	1	0.26	109	16	65	78	99	119	158	281	985	7.82	131.67	108
Zn	mg/kg	20 610	94	111	89	1	1.19	92	15	46	55	76	105	139	204	11 721	85.55	8 241.82	90
SiO_2	%	20 051	66.80	4.51	66.64	1.07	0.07	66.75	31.29	48.40	57.24	64.50	69.26	75.51	79.13	88.92	−0.76	4.86	67.00
Al_2O_3	%	19 650	14.51	1.90	14.37	1.15	0.13	14.70	4.22	8.40	10.34	13.43	15.74	17.70	20.18	23.78	−0.37	1.52	14.53
TFe_2O_3	%	20 610	5.62	1.14	5.52	1.22	0.20	5.61	0.80	2.85	3.61	4.98	6.19	7.58	11.43	23.11	1.93	15.02	5.56
MgO	%	20 610	1.53	1.00	1.38	1.51	0.65	1.37	0.21	0.47	0.65	1.09	1.70	3.75	8.35	17.32	5.74	47.20	1.37
CaO	%	20 610	0.52	1.05	0.32	2.29	2.02	0.31	0.01	0.06	0.09	0.18	0.51	2.54	7.63	34.20	10.39	177.61	0.33
Na_2O	%	20 051	0.48	0.30	0.41	1.73	0.63	0.41	0.04	0.10	0.15	0.27	0.62	1.03	2.06	4.47	3.29	23.65	0.45
K_2O	%	20 610	2.66	0.69	2.57	1.32	0.26	2.65	0.34	1.02	1.39	2.13	3.19	3.91	4.20	7.94	0.03	−0.43	2.66
Corg	%	20 610	1.87	0.90	1.68	1.61	0.48	1.71	0.06	0.34	0.62	1.27	2.25	4.03	5.53	12.39	1.74	6.97	1.78
pH		20 608						5.35	3.36	4.13	4.36	4.93	6.08	8.01	8.27	8.83			

表 2.4.11　奥陶系表层土壤地球化学参数表

指标	单位	样本数	算术平均值	算术标准差	几何平均值	几何标准差	变异系数	中位值	最小值	累积频率分位值						最大值	偏度系数	峰度系数	背景值
		N	$\bar{X}$	S	X_g	S_g	CV	X_{me}	X_{min}	$X_{0.5\%}$	$X_{2.5\%}$	$X_{25\%}$	$X_{75\%}$	$X_{97.5\%}$	$X_{99.5\%}$	X_{max}	β_s	β_k	X'
As	mg/kg	11 150	12.5	14.3	10.1	1.9	1.14	10.1	1.0	2.1	2.9	6.5	16.0	32.5	53.5	898.5	28.50	1 476.08	11.2
B	mg/kg	11 151	73	20	71	1	0.28	72	4	21	47	65	80	100	159	665	8.50	157.43	73
Cd	mg/kg	11 151	0.43	0.78	0.32	1.90	1.81	0.30	0.02	0.07	0.11	0.22	0.43	1.68	5.00	22.19	11.85	198.49	0.31
Cl	mg/kg	10 931	50	22	47	1	0.44	46	17	25	29	40	54	93	165	605	7.50	111.03	47
Co	mg/kg	10 931	18.2	6.3	17.1	1.4	0.35	17.7	1.8	5.4	7.7	14.1	21.7	30.9	43.5	97.5	1.44	8.57	17.9
Cr	mg/kg	11 151	89	48	86	1	0.54	84	10	55	64	77	91	136	383	2470	19.02	646.74	84
Cu	mg/kg	11 151	32.8	14.0	31.2	1.3	0.43	30.4	2.3	15.3	18.6	26.3	35.4	64.4	97.7	442.8	9.24	192.56	30.5
F	mg/kg	11 151	823	477	776	1	0.58	751	164	422	495	665	857	1515	3457	19 566	15.71	471.38	752
Ge	mg/kg	11 151	1.59	0.22	1.57	1.15	0.14	1.61	0.40	0.94	1.14	1.46	1.72	1.98	2.21	3.28	−0.02	2.06	1.59
Hg	μg/kg	11 151	104.7	123.3	91.0	1.6	1.18	93.0	9.0	23.0	33.0	70.0	120.0	236.3	530.0	8 550.0	37.61	2 210.70	93.2
I	mg/kg	10 931	2.7	2.2	2.0	2.3	0.81	2.1	0.02	0.3	0.5	1.0	3.7	8.2	11.8	18.1	1.65	3.83	2.4
Mn	mg/kg	10 931	950	834	639	3	0.88	667	18	72	109	297	1372	2923	3873	7926	1.53	3.39	898
Mo	mg/kg	11 151	2.55	8.23	1.37	2.50	3.23	1.16	0.11	0.31	0.38	0.73	1.99	14.05	32.67	664.00	49.68	3 781.63	1.11
N	mg/kg	11 151	1873	602	1785	1	0.32	1803	101	662	928	1481	2170	3224	4199	9700	1.57	8.17	1831
Ni	mg/kg	11 151	42.4	18.2	40.4	1.3	0.43	40.1	4.1	18.9	23.8	34.7	45.9	75.5	151.0	396.6	7.37	92.51	40.0
P	mg/kg	11 151	736	330	678	1	0.45	667	116	243	318	523	865	1533	2156	7348	2.78	24.63	697
Pb	mg/kg	11 151	37.4	18.4	35.6	1.3	0.49	34.0	2.3	15.6	23.1	29.9	41.1	69.2	93.5	926.0	22.85	976.60	35.1
S	mg/kg	10 931	292	375	260	2	1.29	257	31	83	113	200	336	608	957	31 456	57.27	4 459.11	268
Se	mg/kg	11 151	0.63	1.25	0.46	1.85	1.99	0.42	0.04	0.14	0.19	0.32	0.59	2.34	7.46	52.61	17.31	496.22	0.43
Sr	mg/kg	7352	53	52	47	1	0.99	44	16	21	27	38	53	122	383	2354	16.83	557.80	45
V	mg/kg	6094	132	101	122	1	0.77	115	34	68	81	104	130	322	684	3825	14.60	380.63	115
Zn	mg/kg	11 151	104	85	100	1	0.82	101	2	50	62	89	112	149	220	5533	51.86	3 110.72	100
SiO_2	%	10 931	65.56	5.06	65.35	1.08	0.08	65.60	23.75	46.27	55.66	62.75	68.54	75.44	79.16	86.35	−0.52	3.32	65.70
Al_2O_3	%	10 743	15.13	2.02	14.98	1.15	0.13	15.37	5.53	8.50	10.51	13.97	16.50	18.68	19.80	23.78	−0.58	0.97	15.20
TFe_2O_3	%	11 151	5.85	1.30	5.71	1.25	0.22	5.80	0.77	2.94	3.54	5.03	6.54	8.43	11.11	27.88	1.35	11.19	5.78
MgO	%	11 151	1.54	0.77	1.44	1.41	0.50	1.43	0.18	0.58	0.76	1.17	1.73	2.98	6.47	14.79	5.83	55.74	1.44
CaO	%	11 151	0.49	1.05	0.29	2.32	2.12	0.26	0.01	0.06	0.08	0.16	0.46	2.67	6.48	33.73	10.92	202.03	0.29
Na_2O	%	10 931	0.40	0.24	0.35	1.64	0.59	0.35	0.04	0.10	0.14	0.25	0.49	0.89	1.78	3.04	3.35	21.36	0.37
K_2O	%	11 151	2.97	0.75	2.86	1.34	0.25	3.00	0.46	0.92	1.34	2.49	3.53	4.25	4.72	8.20	−0.22	0.36	2.97
Corg	%	11 151	1.73	0.72	1.60	1.50	0.42	1.62	0.04	0.41	0.67	1.26	2.05	3.48	4.92	8.04	1.78	7.22	1.65
pH		11 151						5.22	3.42	3.95	4.20	4.78	6.05	8.04	8.27	9.01			

表 2.4.12 寒武系表层土壤地球化学参数表

指标	单位	样本数	算术平均值	算术标准差	几何平均值	几何标准差	变异系数	中位值	最小值	累积频率分位值						最大值	偏度系数	峰度系数	背景值
		N	$\bar{X}$	S	X_g	S_g	CV	X_{me}	X_{min}	$X_{0.5\%}$	$X_{2.5\%}$	$X_{25\%}$	$X_{75\%}$	$X_{97.5\%}$	$X_{99.5\%}$	X_{max}	β_s	β_k	X'
As	mg/kg	9043	17.8	17.1	15.4	1.7	0.96	15.9	1.1	3.4	4.9	11.7	20.7	42.4	78.4	1 096.6	31.94	1 808.98	16.0
B	mg/kg	8816	107	107	81	2	1.00	69	2	9	25	58	95	432	644	1314	3.19	13.42	66
Cd	mg/kg	9043	0.58	1.56	0.39	1.99	2.71	0.37	0.05	0.09	0.13	0.26	0.52	2.44	6.71	108.00	39.57	2 508.22	0.37
Cl	mg/kg	8528	65	38	59	1	0.59	54	18	29	34	45	70	158	267	782	5.42	54.77	56
Co	mg/kg	8528	18.6	5.8	17.9	1.3	0.31	17.8	2.0	8.1	10.9	15.7	20.2	31.4	52.3	97.7	3.60	25.23	17.8
Cr	mg/kg	9043	89	39	85	1	0.44	82	12	45	58	75	92	170	339	943	7.99	100.72	82
Cu	mg/kg	9043	36.1	28.5	32.1	1.5	0.79	30.0	5.9	15.1	18.5	25.0	37.0	106.0	204.4	903.4	8.98	156.66	30.2
F	mg/kg	9043	1317	1076	1080	2	0.82	933	240	412	497	729	1405	4515	6587	13 100	3.05	13.23	942
Ge	mg/kg	9043	1.52	0.29	1.49	1.20	0.19	1.49	0.44	0.87	1.06	1.33	1.66	2.13	2.51	6.16	2.36	24.19	1.50
Hg	μg/kg	9043	171.8	957.2	104.2	2.1	5.57	102.8	7.0	21.4	30.2	65.5	147.8	510.0	1 900.0	61 100.0	44.08	2 431.94	103.1
I	mg/kg	8528	3.3	2.5	2.5	2.2	0.75	2.7	0.2	0.4	0.6	1.4	4.5	9.3	12.6	27.0	1.61	4.88	3.1
Mn	mg/kg	8528	942	538	800	2	0.57	866	49	161	219	553	1230	2155	3067	7129	1.61	7.02	905
Mo	mg/kg	9043	3.04	8.58	1.78	2.29	2.82	1.43	0.21	0.46	0.60	1.03	2.44	16.13	37.26	555.84	34.99	1 998.39	1.39
N	mg/kg	9043	1814	709	1693	1	0.39	1696	104	524	775	1360	2139	3491	4889	8981	1.78	7.67	1747
Ni	mg/kg	9043	44.6	30.0	40.6	1.5	0.67	38.2	4.5	18.5	23.3	32.0	47.5	110.0	195.2	993.5	10.18	210.78	38.7
P	mg/kg	9043	908	913	783	2	1.01	783	132	206	280	585	1033	2109	4202	39 040	19.71	617.15	799
Pb	mg/kg	9043	38.2	35.6	34.2	1.5	0.93	33.0	6.4	12.0	18.2	27.2	40.7	88.3	216.0	1 776.6	20.46	759.21	33.4
S	mg/kg	8528	326	398	281	2	1.22	274	53	91	121	213	356	742	2284	14 788	18.56	500.56	282
Se	mg/kg	9043	0.63	1.50	0.46	1.84	2.38	0.43	0.02	0.13	0.19	0.32	0.57	2.27	6.73	73.45	23.14	820.73	0.43
Sr	mg/kg	7531	80	73	69	2	0.91	63	19	28	35	51	85	257	522	1976	8.14	121.92	65
V	mg/kg	2532	139	136	122	2	0.97	110	27	65	80	100	127	396	1020	2021	8.22	84.63	109
Zn	mg/kg	9043	114	92	103	1	0.80	98	22	46	56	82	119	277	620	2765	12.05	242.92	98
SiO_2	%	8528	63.63	6.90	63.19	1.13	0.11	64.53	16.80	29.57	47.73	60.46	67.95	74.26	77.86	87.93	−1.58	5.93	64.26
Al_2O_3	%	7420	13.95	2.05	13.79	1.17	0.15	13.90	4.50	7.92	10.04	12.60	15.27	18.00	19.80	23.70	0.04	0.99	13.96
TFe_2O_3	%	9043	6.10	1.55	5.94	1.26	0.25	5.87	0.93	3.18	3.92	5.20	6.65	10.18	13.97	18.92	2.11	8.60	5.89
MgO	%	9043	2.22	1.51	1.91	1.68	0.68	1.74	0.22	0.65	0.83	1.32	2.62	6.17	10.30	18.97	3.33	18.97	1.91
CaO	%	9043	1.21	2.01	0.66	2.66	1.66	0.54	0.04	0.11	0.16	0.33	1.06	6.79	13.34	30.41	4.96	37.47	0.53
Na_2O	%	8528	0.53	0.43	0.42	1.91	0.81	0.37	0.06	0.11	0.15	0.26	0.65	1.70	2.56	5.00	2.56	9.89	0.44
K_2O	%	9043	2.66	0.75	2.55	1.34	0.28	2.58	0.34	0.87	1.34	2.17	3.07	4.39	5.26	7.13	0.70	1.58	2.62
Corg	%	9043	1.73	0.86	1.56	1.58	0.50	1.59	0.05	0.31	0.58	1.23	2.02	3.77	6.11	13.20	2.90	17.81	1.61
pH		9043						6.30	3.07	4.33	4.54	5.43	7.38	8.20	8.33	8.69			

表 2.4.13 震旦系表层土壤地球化学参数表

指标	单位	样本数 N	算术平均值 $\bar{X}$	算术标准差 S	几何平均值 X_g	几何标准差 S_g	变异系数 CV	中位值 X_{me}	最小值 X_{min}	累积频率分位值 $X_{0.5\%}$	$X_{2.5\%}$	$X_{25\%}$	$X_{75\%}$	$X_{97.5\%}$	$X_{99.5\%}$	最大值 X_{max}	偏度系数 β_s	峰度系数 β_k	背景值 X'
As	mg/kg	3237	15.5	18.6	12.6	1.8	1.20	13.0	0.6	1.4	3.8	9.2	17.6	39.0	78.3	484.0	14.22	273.50	13.2
B	mg/kg	2731	52	20	47	2	0.39	52	2	7	14	38	64	93	119	186	0.47	1.28	51
Cd	mg/kg	3237	0.51	1.09	0.31	2.28	2.12	0.25	0.05	0.07	0.10	0.19	0.42	2.98	6.55	28.30	10.85	193.00	0.25
Cl	mg/kg	3131	63	35	57	1	0.55	54	15	23	30	45	69	138	258	612	5.28	49.09	56
Co	mg/kg	3131	20.0	7.8	18.8	1.4	0.39	18.9	1.8	3.7	8.3	15.7	23.9	34.3	44.0	214.6	6.70	145.28	19.6
Cr	mg/kg	3237	89	33	85	1	0.37	85	1	28	46	77	95	156	244	774	7.79	122.26	85
Cu	mg/kg	3237	41.6	28.3	37.7	1.5	0.68	37.3	5.2	12.7	18.6	29.9	44.1	98.9	205.9	575.9	8.21	105.38	36.5
F	mg/kg	3237	983	615	868	2	0.63	865	135	244	349	638	1137	2821	4251	8194	3.80	23.13	856
Ge	mg/kg	3237	1.50	0.32	1.47	1.27	0.21	1.51	0.22	0.58	0.85	1.30	1.70	2.18	2.35	2.87	−0.07	0.68	1.51
Hg	μg/kg	3237	104.5	356.0	74.9	1.9	3.41	68.0	13.0	19.0	27.1	49.4	100.0	400.0	910.0	19180.9	47.79	2549.58	74.1
I	mg/kg	3131	2.2	1.7	1.7	2.0	0.81	1.7	0.3	0.5	0.6	0.9	2.8	7.1	11.0	17.4	2.59	10.20	1.8
Mn	mg/kg	3131	747	798	622	2	1.07	676	51	89	177	426	932	1694	3268	34230	26.05	1021.30	685
Mo	mg/kg	3237	2.22	5.63	1.25	2.35	2.54	0.96	0.15	0.35	0.44	0.69	1.94	11.18	31.89	175.10	14.96	348.09	0.98
N	mg/kg	3237	2290	1006	2091	2	0.44	2128	273	534	842	1598	2799	4638	6100	11045	1.50	5.44	2146
Ni	mg/kg	3237	47.4	26.1	43.5	1.5	0.55	43.8	1.0	12.5	20.9	35.6	51.2	103.6	206.1	431.5	5.72	54.22	43.0
P	mg/kg	3237	1353	1652	1031	2	1.22	990	105	218	321	681	1446	4925	11791	27290	7.28	77.61	1018
Pb	mg/kg	3237	33.2	29.8	28.8	1.6	0.90	28.0	2.2	9.4	13.9	22.1	33.5	97.0	221.7	530.2	7.66	83.79	27.1
S	mg/kg	3131	376	1016	308	2	2.70	305	52	86	124	232	397	815	1810	48860	38.96	1745.42	310
Se	mg/kg	3237	0.57	1.07	0.40	1.98	1.89	0.34	0.01	0.11	0.15	0.26	0.54	2.24	6.91	29.70	13.02	256.02	0.36
Sr	mg/kg	2603	92	79	78	2	0.86	73	14	24	33	58	95	310	572	1242	5.40	43.52	73
V	mg/kg	177	190	219	145	2	1.15	117	22	22	65	105	162	840	1332	1742	4.20	20.92	114
Zn	mg/kg	3237	134	95	118	2	0.71	119	10	40	54	83	157	353	592	2141	6.97	95.49	119
SiO_2	%	3131	59.92	7.54	59.37	1.15	0.13	60.21	9.73	31.53	43.48	55.34	64.94	73.02	76.31	86.38	−0.79	2.89	60.28
Al_2O_3	%	1435	13.14	2.73	12.80	1.28	0.21	13.40	3.50	4.70	6.40	11.80	14.92	17.77	19.62	21.60	−0.66	0.86	13.23
TFe_2O_3	%	3237	7.53	2.25	7.20	1.36	0.30	6.97	1.28	2.77	3.96	5.86	9.27	12.03	13.44	16.19	0.47	−0.36	7.51
MgO	%	3237	2.54	2.19	2.02	1.88	0.86	1.94	0.37	0.58	0.77	1.27	2.88	9.50	13.79	19.44	3.02	11.63	1.95
CaO	%	3237	1.79	2.66	1.02	2.70	1.48	0.91	0.03	0.08	0.15	0.56	1.65	10.47	16.65	27.82	3.88	19.59	0.84
Na_2O	%	3131	0.77	0.48	0.63	1.91	0.62	0.64	0.06	0.09	0.16	0.42	1.02	1.87	2.50	4.45	1.38	3.46	0.74
K_2O	%	3237	2.14	0.59	2.06	1.35	0.28	2.07	0.17	0.55	1.02	1.81	2.39	3.54	4.47	6.54	1.03	4.10	2.10
Corg	%	3237	1.95	1.08	1.75	1.58	0.55	1.77	0.12	0.41	0.66	1.37	2.20	4.50	8.23	14.52	3.60	23.03	1.42
pH		3237						6.60	3.64	4.19	4.55	5.64	7.71	8.27	8.39	8.52			

表 2.4.14 南华系表层土壤地球化学参数表

指标	单位	样本数	算术平均值	算术标准差	几何平均值	几何标准差	变异系数	中位值	最小值	累积频率分位值						最大值	偏度系数	峰度系数	背景值
		N	$\bar{X}$	S	X_g	S_g	CV	X_{me}	X_{min}	$X_{0.5\%}$	$X_{2.5\%}$	$X_{25\%}$	$X_{75\%}$	$X_{97.5\%}$	$X_{99.5\%}$	X_{max}	β_s	β_k	X'
As	mg/kg	2316	9.1	7.4	7.7	1.7	0.82	7.5	1.1	1.6	2.6	5.7	10.3	23.5	46.5	142.7	7.47	92.78	7.9
B	mg/kg	2316	32	16	28	2	0.51	29	2	7	9	21	39	75	86	167	1.32	3.23	31
Cd	mg/kg	2316	0.27	0.80	0.19	1.73	2.96	0.18	0.03	0.06	0.09	0.15	0.22	0.83	4.01	23.30	19.65	478.05	0.18
Cl	mg/kg	2312	57	50	52	1	0.87	50	15	21	27	40	63	126	209	1488	17.57	426.17	51
Co	mg/kg	2312	17.4	8.4	15.7	1.6	0.49	15.4	3.1	4.9	6.6	11.6	20.8	38.6	51.3	81.5	1.82	5.72	16.3
Cr	mg/kg	2316	71	41	64	2	0.58	63	10	17	28	48	83	164	271	943	6.19	96.80	65
Cu	mg/kg	2316	32.2	23.2	27.8	1.6	0.72	25.8	6.0	10.1	12.6	20.3	35.0	98.0	159.7	261.0	3.86	21.22	26.3
F	mg/kg	2316	487	283	458	1	0.58	451	2	183	237	392	528	916	1483	10 742	21.70	749.32	455
Ge	mg/kg	2316	1.46	0.24	1.45	1.15	0.17	1.45	0.73	0.97	1.10	1.34	1.57	1.84	2.11	8.46	10.63	295.98	1.45
Hg	μg/kg	2316	57.2	57.5	46.2	1.8	1.00	43.3	7.0	13.0	17.7	32.0	60.4	195.0	413.9	897.3	5.91	51.37	44.4
I	mg/kg	2312	1.2	0.8	1.0	1.7	0.63	1.0	0.1	0.2	0.4	0.8	1.4	3.2	4.8	9.0	3.42	21.61	1.1
Mn	mg/kg	2312	770	366	713	1	0.47	723	139	238	334	557	905	1482	2139	8760	6.62	112.78	736
Mo	mg/kg	2316	1.27	3.80	0.78	2.02	2.99	0.67	0.04	0.22	0.32	0.53	0.93	5.82	18.08	97.13	15.83	323.13	0.67
N	mg/kg	2316	1210	453	1137	1	0.37	1178	100	334	506	952	1400	2251	3121	6814	2.72	21.05	1164
Ni	mg/kg	2316	33.5	25.4	28.5	1.7	0.76	27.6	5.0	7.6	11.0	20.0	39.4	90.6	209.2	317.5	4.73	34.46	29.3
P	mg/kg	2316	760	1628	635	2	2.14	600	128	223	305	475	786	2028	3569	71 716	36.73	1 568.00	612
Pb	mg/kg	2316	24.7	11.2	23.6	1.3	0.45	23.6	5.7	9.6	13.9	20.4	27.0	41.8	60.4	307.4	12.65	256.51	23.6
S	mg/kg	2312	238	200	214	2	0.84	215	32	73	97	167	271	444	1083	5398	14.88	309.05	219
Se	mg/kg	2316	0.30	0.73	0.22	1.75	2.38	0.19	0.02	0.08	0.12	0.16	0.24	1.20	4.67	16.32	13.28	221.82	0.19
Sr	mg/kg	2313	137	63	126	2	0.46	122	30	38	58	96	164	289	392	777	2.23	11.21	130
V	mg/kg	2153	115	71	104	2	0.61	99	24	39	51	78	130	269	447	1391	6.93	96.80	104
Zn	mg/kg	2316	89	51	84	1	0.57	79	34	42	51	69	96	176	380	951	8.92	115.80	81
SiO_2	%	2312	62.51	6.06	62.19	1.11	0.10	63.36	23.15	43.39	48.79	59.51	66.33	72.80	76.11	83.28	−0.75	1.44	62.70
Al_2O_3	%	2312	14.40	1.41	14.34	1.10	0.10	14.32	8.08	9.99	12.05	13.52	15.13	17.41	19.50	24.40	0.60	3.65	14.38
TFe_2O_3	%	2316	5.98	2.15	5.66	1.38	0.36	5.46	1.68	2.47	3.33	4.54	6.78	11.71	14.52	17.86	1.61	3.58	5.68
MgO	%	2316	1.57	0.90	1.41	1.55	0.57	1.35	0.28	0.48	0.68	1.04	1.87	3.49	6.10	13.86	4.45	39.56	1.44
CaO	%	2316	1.65	1.37	1.30	1.98	0.83	1.24	0.07	0.22	0.38	0.79	2.07	4.86	7.40	28.09	4.95	66.97	1.44
Na_2O	%	2312	2.08	0.72	1.92	1.55	0.35	2.11	0.13	0.33	0.57	1.64	2.56	3.44	3.90	4.45	−0.10	−0.06	2.07
K_2O	%	2316	2.20	0.59	2.12	1.32	0.27	2.16	0.36	0.70	1.11	1.84	2.51	3.44	4.61	5.76	0.85	3.63	2.17
Corg	%	2316	1.19	0.49	1.10	1.51	0.41	1.16	0.10	0.23	0.40	0.89	1.42	2.19	3.38	6.75	2.70	20.99	1.15
pH		2316						6.05	3.44	4.60	4.90	5.61	6.66	7.99	8.27	8.51			

表 2.4.15 青白口系—震旦系表层土壤地球化学参数表

指标	单位	样本数 N	算术平均值 $\bar{X}$	算术标准差 S	几何平均值 X_g	几何标准差 S_g	变异系数 CV	中位值 X_{me}	最小值 X_{min}	累积频率分位值 $X_{0.5\%}$	$X_{2.5\%}$	$X_{25\%}$	$X_{75\%}$	$X_{97.5\%}$	$X_{99.5\%}$	最大值 X_{max}	偏度系数 β_s	峰度系数 β_k	背景值 X'
As	mg/kg	308	5.1	2.5	4.6	1.6	0.49	4.6	1.4	1.5	1.9	3.3	6.2	10.8	13.3	21.2	1.76	6.18	4.9
B	mg/kg	308	26	12	23	2	0.46	24	6	6	9	18	31	51	67	104	1.73	7.60	25
Cd	mg/kg	308	0.18	0.11	0.16	1.42	0.66	0.16	0.05	0.06	0.09	0.13	0.20	0.31	0.58	1.83	10.32	142.09	0.16
Cl	mg/kg	308	50	25	46	1	0.50	47	20	20	22	35	58	112	137	299	4.11	31.41	46
Co	mg/kg	308	12.7	4.6	11.9	1.4	0.36	12.2	3.1	4.1	5.2	9.6	15.1	23.1	27.6	30.4	0.82	1.12	12.4
Cr	mg/kg	308	56	26	52	1	0.46	51	14	18	21	42	64	136	162	184	2.03	5.65	52
Cu	mg/kg	308	24.6	25.0	21.5	1.5	1.01	20.6	6.9	7.6	10.3	17.1	26.3	44.7	108.1	346.2	9.67	111.24	21.6
F	mg/kg	308	410	131	394	1	0.32	383	227	229	245	337	445	776	992	1176	2.12	7.09	387
Ge	mg/kg	308	1.35	0.21	1.33	1.20	0.15	1.36	0.20	0.66	1.00	1.22	1.49	1.70	1.81	1.99	−0.44	2.72	1.35
Hg	μg/kg	308	49.0	31.5	42.3	1.7	0.64	42.0	9.0	10.0	14.9	30.8	56.0	138.0	197.0	237.0	2.79	10.70	42.9
I	mg/kg	308	0.9	0.4	0.9	1.5	0.40	0.9	0.3	0.4	0.4	0.7	1.1	1.9	2.3	2.5	1.36	2.62	0.9
Mn	mg/kg	308	624	295	576	1	0.47	580	171	174	256	455	732	1090	2298	2920	3.82	25.47	601
Mo	mg/kg	308	0.64	0.35	0.58	1.49	0.55	0.56	0.23	0.24	0.29	0.46	0.71	1.42	2.37	3.54	4.18	26.56	0.58
N	mg/kg	308	1048	323	996	1	0.31	1020	200	315	400	840	1215	1700	1917	2680	0.60	1.88	1043
Ni	mg/kg	308	21.9	11.7	19.6	1.6	0.53	19.4	3.3	5.4	7.1	15.3	26.0	51.9	69.8	96.8	2.39	8.93	19.8
P	mg/kg	308	642	365	580	2	0.57	568	135	198	291	435	723	1408	2147	3506	3.84	23.45	570
Pb	mg/kg	308	27.9	11.1	26.5	1.3	0.40	25.4	12.6	15.4	17.3	22.3	29.6	57.3	79.3	107.3	3.41	16.03	25.4
S	mg/kg	308	195	62	185	1	0.32	190	64	64	88	155	230	334	380	505	0.72	1.83	192
Se	mg/kg	308	0.18	0.06	0.17	1.33	0.34	0.17	0.08	0.08	0.11	0.14	0.21	0.34	0.39	0.60	2.63	12.59	0.17
Sr	mg/kg	308	160	85	143	2	0.53	150	34	38	53	105	191	355	577	750	2.51	11.52	149
V	mg/kg	308	86	26	82	1	0.30	84	28	29	40	70	101	141	165	193	0.65	1.24	85
Zn	mg/kg	308	74	23	72	1	0.31	71	35	38	46	62	82	120	183	292	3.98	30.51	71
SiO$_2$	%	308	65.38	4.48	65.22	1.07	0.07	65.53	51.43	52.79	56.21	62.65	67.93	74.70	76.08	76.57	−0.13	0.29	65.42
Al$_2$O$_3$	%	308	13.55	1.11	13.50	1.09	0.08	13.52	9.75	10.97	11.26	12.86	14.13	16.30	16.92	17.43	0.40	1.39	13.47
TFe$_2$O$_3$	%	308	4.60	1.11	4.47	1.28	0.24	4.50	2.09	2.29	2.62	3.83	5.27	7.08	7.64	8.51	0.52	0.38	4.57
MgO	%	308	1.28	0.64	1.16	1.54	0.50	1.09	0.35	0.47	0.56	0.87	1.49	3.21	3.85	4.48	1.88	4.36	1.15
CaO	%	308	1.43	1.03	1.16	1.93	0.72	1.21	0.14	0.17	0.28	0.75	1.78	3.87	5.34	8.05	2.44	9.90	1.09
Na$_2$O	%	308	2.46	0.72	2.32	1.49	0.29	2.53	0.21	0.27	0.77	2.09	2.89	3.71	3.93	4.34	−0.52	0.63	2.48
K$_2$O	%	308	2.25	0.59	2.18	1.28	0.26	2.19	0.91	1.15	1.35	1.84	2.51	3.68	4.28	5.48	1.30	3.68	2.21
Corg	%	308	1.12	0.42	1.05	1.45	0.38	1.08	0.21	0.26	0.41	0.90	1.29	1.98	2.57	4.80	2.52	18.58	1.10
pH		308						5.72	4.80	4.80	4.97	5.40	6.23	7.47	7.78	8.12			

表 2.4.16　青白口系表层土壤地球化学参数表

指标	单位	样本数	算术平均值	算术标准差	几何平均值	几何标准差	变异系数	中位值	最小值	累积频率分位值						最大值	偏度系数	峰度系数	背景值
		N	$\bar{X}$	S	X_g	S_g	CV	X_{me}	X_{min}	$X_{0.5\%}$	$X_{2.5\%}$	$X_{25\%}$	$X_{75\%}$	$X_{97.5\%}$	$X_{99.5\%}$	X_{max}	β_s	β_k	X'
As	mg/kg	3132	11.4	6.5	10.0	1.7	0.57	10.7	1.4	2.5	3.4	7.2	14.2	24.1	39.9	152.1	5.08	80.70	10.8
B	mg/kg	3132	47	24	39	2	0.52	48	2	5	9	25	67	93	110	183	0.26	−0.56	47
Cd	mg/kg	3132	0.24	0.34	0.20	1.60	1.45	0.19	0.04	0.06	0.09	0.16	0.24	0.59	1.50	9.00	17.30	371.80	0.20
Cl	mg/kg	3132	59	33	55	1	0.55	53	15	23	30	43	65	132	209	1025	10.45	252.76	54
Co	mg/kg	3132	17.8	7.7	16.1	1.6	0.44	17.4	1.9	4.3	5.9	12.6	21.3	36.9	47.1	66.1	1.14	3.01	17.1
Cr	mg/kg	3132	78	35	72	2	0.44	79	10	16	25	60	91	158	231	554	2.67	22.19	74
Cu	mg/kg	3132	31.2	12.9	28.9	1.5	0.41	28.9	4.1	8.8	12.8	23.6	35.8	63.6	83.5	141.7	1.67	5.68	29.8
F	mg/kg	3132	547	229	511	1	0.42	492	149	226	275	409	617	1160	1580	2500	2.46	10.59	507
Ge	mg/kg	3132	1.47	0.19	1.46	1.14	0.13	1.47	0.71	0.95	1.13	1.36	1.58	1.88	2.13	3.29	0.65	3.77	1.47
Hg	μg/kg	3132	63.0	42.1	55.7	1.6	0.67	54.2	13.0	17.5	23.1	41.5	72.9	152.0	248.0	754.0	6.49	78.66	56.5
I	mg/kg	3132	1.5	1.2	1.2	1.9	0.79	1.0	0.2	0.3	0.4	0.7	1.8	4.5	6.5	10.2	2.10	5.79	1.2
Mn	mg/kg	3132	655	406	576	2	0.62	568	43	184	236	400	821	1532	2112	8623	5.87	87.16	610
Mo	mg/kg	3132	0.94	2.04	0.73	1.81	2.17	0.68	0.18	0.25	0.30	0.48	0.96	3.13	6.50	100.00	37.54	1 778.17	0.70
N	mg/kg	3132	1702	639	1586	1	0.38	1636	159	434	634	1321	2000	3160	4327	6540	1.33	4.90	1647
Ni	mg/kg	3132	32.5	14.6	29.4	1.6	0.45	31.7	0.4	6.4	9.9	23.9	39.1	63.4	94.5	165.8	1.99	11.56	31.3
P	mg/kg	3132	634	407	556	2	0.64	530	99	166	233	409	718	1705	2697	4787	3.65	21.83	547
Pb	mg/kg	3132	26.9	7.6	25.9	1.3	0.28	25.9	4.3	10.4	14.9	21.7	31.3	42.2	58.8	104.6	1.49	7.69	26.4
S	mg/kg	3132	290	210	263	1	0.73	273	64	84	108	211	334	488	1640	5830	12.27	229.37	273
Se	mg/kg	3132	0.28	0.28	0.25	1.44	1.02	0.23	0.07	0.10	0.14	0.21	0.28	0.63	1.30	11.46	23.93	838.30	0.24
Sr	mg/kg	2783	103	65	90	2	0.63	80	11	26	40	65	122	276	399	835	2.99	16.23	89
V	mg/kg	103	147	54	138	1	0.37	132	39	39	72	107	180	263	284	309	0.79	0.13	147
Zn	mg/kg	3132	84	30	81	1	0.36	77	28	46	55	67	93	157	230	645	5.23	64.32	79
SiO_2	%	3132	64.99	6.40	64.65	1.11	0.10	66.35	27.68	43.79	49.09	61.83	69.27	74.46	77.44	81.51	−1.03	1.39	65.40
Al_2O_3	%	2707	14.15	1.90	14.02	1.14	0.13	13.99	6.70	9.62	10.83	12.99	15.13	18.66	21.25	24.20	0.82	2.43	14.02
TFe_2O_3	%	3132	6.08	2.10	5.76	1.38	0.35	5.68	2.16	2.59	3.14	4.71	6.88	11.65	13.56	17.00	1.26	1.94	5.78
MgO	%	3132	1.41	0.77	1.28	1.52	0.54	1.21	0.18	0.52	0.67	0.95	1.65	3.30	4.98	13.59	3.89	33.68	1.28
CaO	%	3132	1.10	1.38	0.79	2.06	1.26	0.68	0.09	0.16	0.26	0.48	1.13	4.19	8.53	22.60	6.04	57.12	0.70
Na_2O	%	3132	1.31	0.99	0.95	2.35	0.75	0.91	0.04	0.10	0.18	0.49	2.10	3.39	4.09	5.50	0.80	−0.28	1.30
K_2O	%	3132	2.15	0.57	2.07	1.35	0.26	2.10	0.18	0.58	0.97	1.87	2.40	3.48	4.23	6.22	0.80	4.45	2.12
Corg	%	3132	1.65	0.71	1.52	1.54	0.43	1.58	0.13	0.30	0.53	1.25	1.95	3.34	5.09	10.51	2.32	14.92	1.58
pH		3132						5.88	3.73	4.40	4.69	5.43	6.56	8.13	8.35	8.93			

表 2.4.17　中元古界表层土壤地球化学参数表

指标	单位	样本数	算术平均值	算术标准差	几何平均值	几何标准差	变异系数	中位值	最小值	累积频率分位值						最大值	偏度系数	峰度系数	背景值
		N	$\bar{X}$	S	X_g	S_g	CV	X_{me}	X_{min}	$X_{0.5\%}$	$X_{2.5\%}$	$X_{25\%}$	$X_{75\%}$	$X_{97.5\%}$	$X_{99.5\%}$	X_{max}	β_s	β_k	X'
As	mg/kg	25	10.7	6.0	8.6	2.1	0.56	9.7	1.5	1.5	1.5	3.9	16.1	19.2	22.8	22.8	0.14	−0.93	10.7
B	mg/kg	25	50	23	42	2	0.46	53	7	7	7	36	63	90	92	92	−0.33	−0.11	50
Cd	mg/kg	25	0.33	0.20	0.28	1.70	0.63	0.24	0.11	0.11	0.11	0.19	0.39	0.65	0.98	0.98	1.76	3.17	0.30
Cl	mg/kg	25	61	33	54	2	0.54	47	29	29	29	36	87	128	156	156	1.41	1.63	61
Co	mg/kg	25	25.9	8.9	24.4	1.4	0.34	26.0	12.2	12.2	12.2	17.4	30.8	42.0	42.7	42.7	0.29	−0.90	25.9
Cr	mg/kg	25	146	137	115	2	0.94	98	42	42	42	81	120	500	585	585	2.47	5.26	98
Cu	mg/kg	25	54.4	23.4	50.0	1.5	0.43	52.0	19.1	19.1	19.1	37.5	61.6	112.3	116.2	116.2	1.22	1.86	54.4
F	mg/kg	25	618	152	601	1	0.25	610	349	349	349	513	683	857	1046	1046	0.75	1.48	618
Ge	mg/kg	25	1.55	0.21	1.53	1.15	0.14	1.53	0.98	0.98	0.98	1.42	1.67	1.89	1.96	1.96	−0.26	1.26	1.55
Hg	μg/kg	25	64.7	36.6	54.7	1.9	0.57	62.0	11.5	11.5	11.5	38.0	74.0	110.0	180.0	180.0	1.25	2.83	59.9
I	mg/kg	25	1.7	0.7	1.6	1.5	0.42	1.6	0.6	0.6	0.6	1.2	2.1	3.1	3.7	3.7	1.11	1.56	1.7
Mn	mg/kg	25	992	314	942	1	0.32	983	440	440	440	733	1200	1455	1789	1789	0.35	0.49	992
Mo	mg/kg	25	1.37	1.67	0.94	2.21	1.22	0.84	0.20	0.20	0.20	0.68	1.19	5.05	7.89	7.89	3.15	10.53	0.92
N	mg/kg	25	1418	501	1319	2	0.35	1353	460	460	460	987	1768	2181	2324	2324	−0.11	−0.86	1418
Ni	mg/kg	25	67.1	50.4	56.7	1.7	0.75	48.1	20.9	20.9	20.9	42.2	58.8	216.6	220.0	220.0	2.43	5.44	50.7
P	mg/kg	25	1042	565	921	2	0.54	748	451	451	451	608	1394	2270	2528	2528	1.23	0.92	1042
Pb	mg/kg	25	23.8	6.5	22.7	1.4	0.28	23.6	6.9	6.9	6.9	20.9	27.6	32.5	37.9	37.9	−0.59	1.43	23.8
S	mg/kg	25	234	72	223	1	0.31	227	113	113	113	182	280	363	367	367	0.23	−0.75	234
Se	mg/kg	25	0.27	0.12	0.25	1.45	0.43	0.24	0.12	0.12	0.12	0.20	0.31	0.46	0.68	0.68	2.07	5.94	0.25
Sr	mg/kg	21	112	71	95	2	0.64	83	40	40	40	58	145	263	282	282	1.36	0.94	112
V	mg/kg	25	168	42	162	1	0.25	168	69	69	69	127	192	230	248	248	−0.42	−0.04	168
Zn	mg/kg	25	109	21	107	1	0.19	108	67	67	67	94	115	146	156	156	0.55	0.09	109
SiO_2	%	25	59.95	5.92	59.67	1.10	0.10	58.80	51.58	51.58	51.58	54.33	63.80	70.39	71.24	71.24	0.42	−0.94	59.95
Al_2O_3	%	25	14.75	1.99	14.62	1.15	0.13	14.97	11.14	11.14	11.14	12.98	16.16	17.75	19.07	19.07	0.13	−0.54	14.75
TFe_2O_3	%	25	7.88	1.83	7.65	1.30	0.23	8.58	4.17	4.17	4.17	6.10	8.97	10.01	10.93	10.93	−0.55	−0.67	7.88
MgO	%	25	2.55	1.34	2.28	1.60	0.53	2.13	1.09	1.09	1.09	1.57	2.96	5.04	6.64	6.64	1.53	2.48	2.38
CaO	%	25	1.95	1.38	1.56	2.00	0.71	1.72	0.46	0.46	0.46	0.84	2.40	3.93	6.32	6.32	1.49	2.79	1.77
Na_2O	%	25	0.98	0.69	0.82	1.78	0.70	0.67	0.36	0.36	0.36	0.53	1.10	2.63	2.81	2.81	1.65	1.80	0.98
K_2O	%	25	2.06	0.53	1.97	1.40	0.26	2.10	0.60	0.60	0.60	1.81	2.35	2.93	3.04	3.04	−0.70	1.48	2.06
Corg	%	25	1.48	0.54	1.38	1.50	0.37	1.50	0.50	0.50	0.50	1.07	1.75	2.31	2.86	2.86	0.41	0.58	1.48
pH		25						6.92	5.30	5.30	5.30	6.12	7.40	7.74	8.00	8.00			

表 2.4.18 滹沱系—太古宇表层土壤地球化学参数表

指标	单位	样本数 N	算术平均值 $\bar{X}$	算术标准差 S	几何平均值 X_g	几何标准差 S_g	变异系数 CV	中位值 X_{me}	最小值 X_{min}	累积频率分位值 $X_{0.5\%}$	$X_{2.5\%}$	$X_{25\%}$	$X_{75\%}$	$X_{97.5\%}$	$X_{99.5\%}$	最大值 X_{max}	偏度系数 β_s	峰度系数 β_k	背景值 X'
As	mg/kg	282	3.1	2.0	2.7	1.6	0.64	2.6	0.6	0.6	1.2	2.0	3.6	6.6	17.6	18.1	4.13	25.70	2.8
B	mg/kg	282	12	8	10	2	0.71	9	2	2	3	6	14	36	51	54	2.53	8.20	10
Cd	mg/kg	282	0.15	0.04	0.15	1.29	0.29	0.14	0.07	0.07	0.09	0.13	0.17	0.24	0.33	0.52	2.80	18.11	0.15
Cl	mg/kg	282	90	37	84	1	0.41	84	20	20	31	67	106	187	274	286	1.63	5.09	86
Co	mg/kg	282	18.3	5.3	17.5	1.4	0.29	18.1	4.7	4.7	7.9	14.7	21.9	28.6	39.0	40.6	0.38	1.17	18.2
Cr	mg/kg	282	84	53	74	2	0.63	74	17	17	28	57	96	192	412	537	4.02	25.95	76
Cu	mg/kg	282	36.8	13.1	34.5	1.4	0.36	35.9	8.7	8.7	15.2	27.8	43.7	68.4	74.4	81.4	0.66	0.50	36.7
F	mg/kg	282	484	119	471	1	0.25	473	251	251	302	403	542	757	1116	1128	1.57	5.73	475
Ge	mg/kg	282	1.21	0.16	1.20	1.14	0.13	1.20	0.58	0.58	0.90	1.11	1.29	1.60	1.65	1.71	0.16	1.40	1.21
Hg	μg/kg	282	51.5	35.1	45.5	1.6	0.68	46.0	6.3	6.3	15.0	36.0	59.0	112.0	222.0	475.0	6.96	76.70	46.1
I	mg/kg	282	0.9	0.3	0.8	1.3	0.30	0.9	0.4	0.4	0.5	0.7	1.0	1.5	2.2	3.2	3.40	24.10	0.8
Mn	mg/kg	282	597	172	572	1	0.29	573	248	248	298	474	710	942	1073	1281	0.54	0.36	594
Mo	mg/kg	282	0.66	0.27	0.62	1.40	0.41	0.61	0.20	0.20	0.35	0.51	0.75	1.26	2.36	2.78	3.19	18.84	0.63
N	mg/kg	282	1142	282	1100	1	0.25	1170	102	102	486	990	1320	1760	1983	2190	−0.13	1.43	1136
Ni	mg/kg	282	35.7	25.5	31.5	1.6	0.71	31.2	7.3	7.3	12.4	24.8	41.6	71.9	214.7	298.0	6.11	52.29	32.4
P	mg/kg	282	854	294	809	1	0.34	805	268	268	445	663	970	1614	1916	2318	1.25	2.59	827
Pb	mg/kg	282	26.1	5.8	25.3	1.3	0.22	25.7	6.4	6.4	14.3	22.3	29.9	38.2	44.5	50.9	0.17	1.56	26.1
S	mg/kg	282	234	74	222	1	0.32	240	43	43	94	190	271	401	440	826	1.82	14.26	230
Se	mg/kg	282	0.17	0.05	0.16	1.28	0.29	0.16	0.07	0.07	0.10	0.14	0.18	0.27	0.44	0.50	2.66	13.11	0.16
Sr	mg/kg	282	436	236	383	2	0.54	393	65	65	124	275	536	1047	1561	1562	1.65	4.33	412
V	mg/kg	282	101	24	98	1	0.24	100	42	42	53	85	117	148	171	191	0.24	0.42	100
Zn	mg/kg	282	78	13	77	1	0.16	77	52	52	57	70	86	109	124	124	0.74	0.82	78
SiO_2	%	282	59.75	3.31	59.66	1.06	0.06	59.34	51.32	51.32	54.47	57.63	61.62	67.00	69.34	69.58	0.53	0.32	59.75
Al_2O_3	%	282	15.42	1.09	15.38	1.07	0.07	15.52	11.78	11.78	12.91	14.87	16.15	17.32	18.64	18.73	−0.50	0.80	15.42
TFe_2O_3	%	282	6.09	1.33	5.93	1.27	0.22	6.08	2.54	2.54	3.23	5.30	6.98	8.49	9.24	9.52	−0.16	−0.03	6.09
MgO	%	282	1.92	0.67	1.81	1.42	0.35	1.85	0.45	0.45	0.79	1.53	2.18	3.50	4.89	5.18	1.34	4.24	1.85
CaO	%	282	2.41	0.71	2.30	1.40	0.30	2.47	0.63	0.63	0.98	1.98	2.80	3.78	4.72	5.44	0.30	1.53	2.37
Na_2O	%	282	2.53	0.59	2.44	1.33	0.24	2.63	0.51	0.51	1.14	2.19	2.90	3.50	3.85	3.91	−0.64	0.47	2.55
K_2O	%	282	2.36	0.47	2.31	1.24	0.20	2.37	0.84	0.84	1.28	2.06	2.67	3.26	3.68	3.99	−0.09	0.75	2.36
Corg	%	282	1.23	0.36	1.16	1.42	0.30	1.25	0.12	0.12	0.45	1.03	1.41	1.97	2.68	3.21	0.62	4.12	1.21
pH		282						5.76	4.72	4.72	5.05	5.43	6.21	7.07	7.91	8.13			

表 2.4.19　侵入岩表层土壤地球化学参数表

指标	单位	样本数	算术平均值	算术标准差	几何平均值	几何标准差	变异系数	中位值	最小值	累积频率分位值						最大值	偏度系数	峰度系数	背景值
		N	$\bar{X}$	S	X_g	S_g	CV	X_{me}	X_{min}	$X_{0.5\%}$	$X_{2.5\%}$	$X_{25\%}$	$X_{75\%}$	$X_{97.5\%}$	$X_{99.5\%}$	X_{max}	β_s	β_k	X'
As	mg/kg	2558	6.6	6.8	4.8	2.1	1.04	4.6	0.1	1.0	1.4	2.7	8.1	21.6	48.0	100.9	4.57	35.76	5.2
B	mg/kg	2558	24	20	18	2	0.80	19	2	3	4	10	32	77	90	132	1.48	2.07	21
Cd	mg/kg	2558	0.24	0.30	0.19	1.72	1.27	0.17	0.04	0.06	0.09	0.14	0.23	0.78	2.27	5.18	9.25	116.42	0.18
Cl	mg/kg	2515	71	36	64	2	0.51	63	15	23	29	47	87	158	239	423	2.41	12.17	66
Co	mg/kg	2515	18.3	11.7	15.4	1.8	0.64	16.0	1.7	3.7	5.1	10.2	21.5	51.4	64.6	102.4	1.85	4.67	15.6
Cr	mg/kg	2558	82	82	64	2	0.99	64	7	12	19	40	93	278	574	1389	5.43	51.32	64
Cu	mg/kg	2558	41.4	58.4	31.1	2.0	1.41	30.3	2.6	7.0	10.0	19.5	44.2	144.8	285.6	1 530.0	13.78	286.78	30.0
F	mg/kg	2558	547	220	515	1	0.40	498	187	245	294	410	619	1090	1471	3330	2.91	18.55	511
Ge	mg/kg	2558	1.32	0.24	1.30	1.19	0.18	1.30	0.63	0.82	0.92	1.15	1.47	1.82	1.96	3.24	0.72	2.48	1.32
Hg	μg/kg	2558	56.6	114.6	45.1	1.8	2.03	44.0	2.0	10.0	16.0	32.0	61.7	153.8	300.0	3 891.0	28.56	933.53	46.0
I	mg/kg	2515	1.2	0.8	1.1	1.6	0.64	1.0	0.3	0.4	0.5	0.8	1.4	3.4	5.2	8.4	3.18	15.24	1.0
Mn	mg/kg	2515	698	430	608	2	0.62	587	125	184	241	433	831	1759	2735	5222	2.94	16.87	625
Mo	mg/kg	2558	1.18	2.60	0.79	1.98	2.21	0.67	0.17	0.24	0.32	0.52	0.99	4.91	16.26	66.31	13.13	242.40	0.68
N	mg/kg	2558	1275	552	1178	1	0.43	1190	160	281	482	950	1470	2539	3673	7161	2.78	18.62	1212
Ni	mg/kg	2558	37.7	38.0	28.2	2.1	1.01	28.0	0.3	5.1	8.0	17.0	43.2	140.7	238.9	580.3	4.55	35.73	28.1
P	mg/kg	2558	861	583	742	2	0.68	716	137	220	299	522	986	2320	4177	6732	3.60	22.19	739
Pb	mg/kg	2558	29.0	22.2	26.4	1.5	0.76	27.5	4.7	7.2	10.6	21.8	32.3	52.0	116.8	564.6	13.85	263.43	26.8
S	mg/kg	2515	237	146	215	2	0.61	220	30	58	90	166	278	488	789	3504	9.50	164.97	221
Se	mg/kg	2558	0.25	0.27	0.21	1.64	1.07	0.19	0.03	0.08	0.11	0.16	0.26	0.80	1.85	6.41	9.96	156.45	0.20
Sr	mg/kg	2465	323	231	251	2	0.72	279	21	42	57	149	441	833	1393	2391	1.95	8.36	304
V	mg/kg	1928	90	38	83	1	0.42	86	15	27	37	64	107	177	235	510	2.35	15.55	86
Zn	mg/kg	2558	91	43	85	1	0.47	79	20	42	51	68	98	197	312	718	3.84	28.89	79
SiO_2	%	2515	60.94	6.62	60.54	1.12	0.11	61.77	33.80	38.99	43.18	57.96	65.40	70.96	73.85	78.90	−1.01	1.52	61.83
Al_2O_3	%	2455	14.75	1.68	14.66	1.12	0.11	14.75	8.79	10.15	11.41	13.71	15.78	17.98	21.08	25.70	0.42	2.64	14.70
TFe_2O_3	%	2558	6.09	2.88	5.52	1.55	0.47	5.57	1.54	1.90	2.51	4.14	6.99	14.35	16.13	19.46	1.46	2.31	5.43
MgO	%	2558	1.84	1.29	1.52	1.82	0.70	1.48	0.16	0.38	0.54	0.99	2.21	5.70	7.55	9.90	2.14	5.87	1.55
CaO	%	2558	2.07	1.57	1.61	2.08	0.76	1.68	0.10	0.21	0.37	1.00	2.63	6.67	8.41	11.84	1.88	4.58	1.75
Na_2O	%	2515	2.26	0.96	1.95	1.90	0.43	2.41	0.08	0.17	0.31	1.63	2.91	4.07	4.45	5.08	−0.29	−0.33	2.26
K_2O	%	2558	2.44	0.74	2.31	1.42	0.30	2.44	0.16	0.59	1.00	1.97	2.93	3.86	4.44	5.61	0.08	0.21	2.44
Corg	%	2558	1.37	0.71	1.24	1.59	0.52	1.25	0.06	0.19	0.45	0.98	1.57	3.17	4.65	10.96	3.64	30.78	1.26
pH		2558						5.84	4.00	4.50	4.91	5.45	6.42	7.92	8.37	9.04			

表 2.4.20 脉岩表层土壤地球化学参数表

指标	单位	样本数 N	算术平均值 $\bar{X}$	算术标准差 S	几何平均值 X_g	几何标准差 S_g	变异系数 CV	中位值 X_{me}	最小值 X_{min}	$X_{0.5\%}$	$X_{2.5\%}$	$X_{25\%}$	$X_{75\%}$	$X_{97.5\%}$	$X_{99.5\%}$	最大值 X_{max}	偏度系数 β_s	峰度系数 β_k	背景值 X'
As	mg/kg	14	5.8	3.7	4.8	2.0	0.63	6.4	1.7	1.7	1.7	2.2	7.9	14.6	14.6	14.6	0.86	0.86	5.8
B	mg/kg	14	28	17	22	2	0.62	26	7	7	7	9	39	58	58	58	0.39	−0.79	28
Cd	mg/kg	14	0.23	0.09	0.22	1.51	0.40	0.22	0.10	0.10	0.10	0.17	0.26	0.40	0.40	0.40	0.63	−0.44	0.23
Cl	mg/kg	14	83	42	72	2	0.51	77	27	27	27	55	116	163	163	163	0.44	−0.67	83
Co	mg/kg	14	16.6	8.8	14.5	1.8	0.53	16.3	5.8	5.8	5.8	8.2	19.4	36.6	36.6	36.6	0.83	0.63	16.6
Cr	mg/kg	14	69	46	58	2	0.67	66	16	16	16	38	83	203	203	203	1.99	5.52	69
Cu	mg/kg	14	46.0	42.9	34.6	2.1	0.93	36.2	10.8	10.8	10.8	19.2	51.2	179.7	179.7	179.7	2.60	7.94	35.7
F	mg/kg	14	541	276	496	1	0.51	468	260	260	260	373	600	1376	1376	1376	2.37	6.68	477
Ge	mg/kg	14	1.47	0.24	1.44	1.20	0.17	1.48	0.93	0.93	0.93	1.37	1.58	1.86	1.86	1.86	−0.34	0.99	1.47
Hg	μg/kg	14	51.9	24.2	45.9	1.7	0.47	56.0	15.9	15.9	15.9	32.0	63.0	100.0	100.0	100.0	0.28	−0.14	51.9
I	mg/kg	14	1.1	0.5	1.0	1.5	0.44	1.0	0.5	0.5	0.5	0.8	1.3	2.3	2.3	2.3	1.32	2.06	1.1
Mn	mg/kg	14	657	358	565	2	0.54	617	198	198	198	356	823	1396	1396	1396	0.71	−0.09	657
Mo	mg/kg	14	0.88	0.53	0.77	1.70	0.60	0.73	0.36	0.36	0.36	0.57	0.96	2.04	2.04	2.04	1.48	1.45	0.88
N	mg/kg	14	1187	503	1108	1	0.42	1060	606	606	606	944	1282	2580	2580	2580	1.75	3.89	1187
Ni	mg/kg	14	27.0	18.5	22.0	1.9	0.69	23.1	7.9	7.9	7.9	12.2	33.8	74.1	74.1	74.1	1.39	1.98	27.0
P	mg/kg	14	849	676	720	2	0.80	712	291	291	291	586	842	3105	3105	3105	3.23	11.44	676
Pb	mg/kg	14	27.5	8.1	26.3	1.4	0.29	26.6	11.7	11.7	11.7	22.7	33.0	42.9	42.9	42.9	0.005	0.19	27.5
S	mg/kg	14	279	155	250	2	0.56	250	125	125	125	178	336	741	741	741	2.20	6.07	279
Se	mg/kg	14	0.22	0.08	0.21	1.41	0.35	0.22	0.12	0.12	0.12	0.18	0.25	0.41	0.41	0.41	0.97	1.77	0.22
Sr	mg/kg	14	270	277	178	3	1.02	174	43	43	43	89	291	981	981	981	1.81	2.84	270
V	mg/kg	14	113	51	101	2	0.45	110	33	33	33	76	158	201	201	201	0.15	−0.82	113
Zn	mg/kg	14	85	27	81	1	0.32	86	48	48	48	67	98	155	155	155	1.01	2.17	85
SiO$_2$	%	14	61.57	7.11	61.17	1.13	0.12	63.46	46.04	46.04	46.04	56.26	67.94	69.35	69.35	69.35	−0.83	−0.07	61.57
Al$_2$O$_3$	%	14	15.20	1.80	15.10	1.13	0.12	14.95	11.33	11.33	11.33	14.02	16.42	18.39	18.39	18.39	−0.29	0.40	15.20
TFe$_2$O$_3$	%	14	5.74	2.26	5.28	1.55	0.39	5.39	2.44	2.44	2.44	4.11	8.09	8.98	8.98	8.98	0.04	−1.30	5.74
MgO	%	14	1.60	1.35	1.25	1.99	0.84	1.14	0.45	0.45	0.45	0.68	1.91	5.44	5.44	5.44	2.09	4.65	1.60
CaO	%	14	1.91	1.61	1.30	2.60	0.84	1.32	0.29	0.29	0.29	0.47	3.28	5.19	5.19	5.19	0.87	−0.43	1.91
Na$_2$O	%	14	1.95	0.97	1.54	2.39	0.50	1.99	0.21	0.21	0.21	1.44	2.70	3.41	3.41	3.41	−0.56	−0.43	1.95
K$_2$O	%	14	2.46	0.61	2.39	1.28	0.25	2.48	1.53	1.53	1.53	1.95	2.67	3.84	3.84	3.84	0.77	0.94	2.46
Corg	%	14	1.24	0.53	1.16	1.44	0.43	1.11	0.67	0.67	0.67	1.03	1.32	2.78	2.78	2.78	2.08	5.22	1.24
pH		14						5.91	4.72	4.72	4.72	5.59	6.80	7.76	7.76	7.76			

表 2.4.21　变质岩表层土壤地球化学参数表

指标	单位	样本数	算术平均值	算术标准差	几何平均值	几何标准差	变异系数	中位值	最小值	累积频率分位值						最大值	偏度系数	峰度系数	背景值
		N	$\overline{X}$	S	X_g	S_g	CV	X_{me}	X_{min}	$X_{0.5\%}$	$X_{2.5\%}$	$X_{25\%}$	$X_{75\%}$	$X_{97.5\%}$	$X_{99.5\%}$	X_{max}	β_s	β_k	X'
As	mg/kg	408	9.7	6.7	8.3	1.7	0.69	8.6	1.5	1.9	2.9	5.8	12.0	20.9	41.1	83.4	5.04	45.22	9.0
B	mg/kg	408	50	25	42	2	0.50	50	2	3	10	28	69	96	117	118	0.20	−0.79	50
Cd	mg/kg	408	0.27	0.31	0.22	1.69	1.16	0.20	0.05	0.07	0.10	0.17	0.26	0.75	1.95	4.32	8.46	93.06	0.20
Cl	mg/kg	258	56	21	53	1	0.38	48	32	32	37	43	61	132	150	191	2.74	10.32	51
Co	mg/kg	258	21.1	10.7	18.5	1.7	0.51	18.5	2.7	2.7	6.6	13.3	27.4	46.6	51.3	51.8	0.84	0.07	21.1
Cr	mg/kg	408	78	36	70	2	0.46	73	16	16	26	52	98	171	215	263	1.15	2.65	75
Cu	mg/kg	408	41.7	24.9	36.0	1.7	0.60	39.8	6.1	7.7	12.4	24.6	48.6	99.2	152.2	236.0	2.47	11.64	38.1
F	mg/kg	408	696	287	648	1	0.41	600	296	298	362	502	782	1374	1525	1874	1.28	0.95	683
Ge	mg/kg	408	1.56	0.21	1.55	1.14	0.13	1.55	0.97	1.05	1.15	1.42	1.70	2.02	2.22	2.25	0.42	0.62	1.55
Hg	μg/kg	408	54.1	69.6	43.6	1.8	1.29	43.5	8.6	12.4	15.6	30.9	60.0	149.6	290.0	1 166.2	11.55	169.75	44.6
I	mg/kg	258	1.3	1.0	1.1	1.8	0.75	1.0	0.3	0.3	0.4	0.7	1.5	4.0	6.9	8.0	3.16	14.79	1.1
Mn	mg/kg	258	911	459	805	2	0.50	830	200	200	267	598	1160	1993	2898	3061	1.37	3.37	871
Mo	mg/kg	408	2.18	3.98	1.39	2.25	1.83	1.23	0.30	0.32	0.39	0.81	2.17	10.25	20.21	63.06	10.01	138.88	1.28
N	mg/kg	408	1657	964	1432	2	0.58	1359	265	475	605	964	1950	3943	4655	6125	1.34	1.36	1631
Ni	mg/kg	408	41.5	25.6	35.5	1.8	0.62	38.6	5.7	6.6	10.7	23.0	53.1	93.7	151.5	302.8	3.37	27.33	39.8
P	mg/kg	408	983	687	783	2	0.70	797	97	99	199	482	1295	2678	3539	4785	1.64	4.02	915
Pb	mg/kg	408	20.9	5.3	20.2	1.3	0.25	20.9	6.3	7.5	10.3	17.6	23.7	30.8	35.1	38.5	0.17	0.28	20.8
S	mg/kg	258	212	102	192	2	0.48	177	73	73	93	135	274	476	543	567	1.14	0.79	207
Se	mg/kg	408	0.51	1.50	0.33	1.92	2.96	0.29	0.09	0.10	0.14	0.22	0.47	1.79	4.41	21.86	12.98	177.22	0.33
Sr	mg/kg	364	118	58	106	2	0.50	108	31	31	45	79	136	262	365	450	1.88	5.51	109
V	mg/kg	214	164	166	134	2	1.01	132	21	21	48	91	192	345	949	2115	8.26	91.78	131
Zn	mg/kg	408	119	42	112	1	0.35	108	60	62	68	86	148	192	325	373	1.50	5.51	117
SiO_2	%	258	60.08	5.85	59.79	1.11	0.10	60.72	44.35	44.35	47.93	56.32	64.73	70.26	71.46	71.74	−0.34	−0.49	60.08
Al_2O_3	%	258	15.60	2.15	15.47	1.14	0.14	15.20	11.60	11.60	12.40	14.10	16.40	21.10	22.80	24.50	1.15	1.58	15.51
TFe_2O_3	%	408	7.81	2.98	7.25	1.48	0.38	7.19	2.60	3.09	3.38	5.16	10.33	13.56	15.83	17.60	0.45	−0.57	7.77
MgO	%	408	1.86	0.68	1.75	1.41	0.37	1.76	0.55	0.68	0.89	1.39	2.16	3.47	4.20	6.01	1.40	4.00	1.82
CaO	%	408	1.18	0.90	0.95	1.88	0.77	0.89	0.18	0.21	0.34	0.63	1.37	3.70	4.93	5.74	2.08	4.72	0.91
Na_2O	%	258	1.73	0.58	1.61	1.49	0.33	1.73	0.29	0.29	0.54	1.31	2.13	2.89	3.16	3.25	0.003 7	−0.25	1.73
K_2O	%	408	2.30	0.69	2.19	1.36	0.30	2.16	0.55	0.82	1.06	1.81	2.75	3.84	4.13	5.72	0.70	1.07	2.29
Corg	%	408	1.20	0.54	1.07	1.63	0.45	1.13	0.14	0.17	0.41	0.75	1.57	2.39	2.75	2.98	0.57	−0.15	1.19
pH		408						5.78	4.40	4.61	4.89	5.41	6.17	7.67	8.07	8.10			

2.5 不同成土母质土壤地球化学参数

表 2.5.1　第四系沉积物表层土壤地球化学参数表
表 2.5.2　碎屑岩风化物表层土壤地球化学参数表
表 2.5.3　碎屑岩风化物(黑色岩系)表层土壤地球化学参数表
表 2.5.4　碳酸盐岩风化物表层土壤地球化学参数表
表 2.5.5　碳酸盐岩风化物(黑色岩系)表层土壤地球化学参数表
表 2.5.6　变质岩风化物表层土壤地球化学参数表
表 2.5.7　火山岩风化物表层土壤地球化学参数表
表 2.5.8　侵入岩风化物表层土壤地球化学参数表

表 2.5.1 第四系沉积物表层土壤地球化学参数表

指标	单位	样本数 N	算术平均值 $\bar{X}$	算术标准差 S	几何平均值 X_g	几何标准差 S_g	变异系数 CV	中位值 X_{me}	最小值 X_{min}	累积频率分位值 $X_{0.5\%}$	$X_{2.5\%}$	$X_{25\%}$	$X_{75\%}$	$X_{97.5\%}$	$X_{99.5\%}$	最大值 X_{max}	偏度系数 β_s	峰度系数 β_k	背景值 X'
As	mg/kg	104 667	12.0	5.6	11.3	1.4	0.47	11.7	0.3	4.6	5.8	9.1	14.4	19.7	25.1	1 001.2	60.93	9 716.29	11.8
B	mg/kg	104 637	57	11	56	1	0.19	57	3	25	36	51	64	79	91	208	0.21	3.34	57
Cd	mg/kg	104 667	0.31	0.31	0.28	1.61	1.01	0.31	0.01	0.07	0.10	0.20	0.39	0.54	0.71	88.70	216.48	60 418.02	0.30
Cl	mg/kg	101 053	84	60	76	1	0.71	72	12	33	40	58	93	194	342	5774	24.77	1 797.42	74
Co	mg/kg	101 053	16.5	3.7	16.1	1.2	0.23	16.3	1.9	8.0	10.2	14.0	18.9	22.7	26.8	171.0	4.12	108.09	16.4
Cr	mg/kg	104 667	82	17	81	1	0.20	81	15	48	55	71	93	113	123	1389	5.77	359.29	82
Cu	mg/kg	104 667	33.3	34.8	31.8	1.3	1.05	31.4	8.2	15.8	19.0	25.7	39.7	52.0	62.2	10 170.0	243.09	69 253.88	32.8
F	mg/kg	104 667	639	173	620	1	0.27	631	55	317	374	529	745	926	1036	13 793	15.73	1 060.92	636
Ge	mg/kg	104 667	1.46	0.16	1.45	1.11	0.11	1.45	0.36	1.07	1.17	1.35	1.55	1.79	1.91	3.37	0.35	1.00	1.45
Hg	μg/kg	104 667	66.0	282.0	57.1	1.6	4.27	56.0	8.0	18.0	24.7	44.0	72.0	147.4	310.0	87 645.0	286.84	88 848.83	57.1
I	mg/kg	101 053	1.6	0.8	1.4	1.5	0.49	1.4	0.1	0.5	0.6	1.1	1.8	3.6	5.0	15.7	2.46	12.96	1.4
Mn	mg/kg	101 053	734	235	696	1	0.32	736	40	212	274	610	870	1134	1416	14 729	4.94	203.73	727
Mo	mg/kg	104 667	0.93	0.43	0.87	1.42	0.46	0.88	0.17	0.36	0.44	0.69	1.12	1.61	2.06	40.31	22.57	1 444.58	0.91
N	mg/kg	104 666	1533	609	1419	2	0.40	1458	43	360	584	1130	1843	2941	3763	31 510	2.30	61.22	1492
Ni	mg/kg	104 667	38.2	10.9	36.7	1.3	0.28	37.0	7.2	16.4	20.5	30.0	46.0	58.5	62.5	580.3	2.40	82.14	38.1
P	mg/kg	104 667	824	364	778	1	0.44	797	79	264	374	649	945	1477	2218	44 093	25.31	2 253.03	792
Pb	mg/kg	104 667	28.2	9.8	27.6	1.2	0.35	28.1	7.3	16.4	18.1	24.2	31.4	39.5	53.1	1 717.0	61.51	8 914.16	27.8
S	mg/kg	101 053	281	194	249	2	0.69	242	7	74	105	186	333	630	1174	12 483	12.79	453.14	257
Se	mg/kg	104 618	0.32	0.12	0.31	1.38	0.38	0.31	0.04	0.12	0.16	0.25	0.38	0.53	0.70	10.80	15.06	843.72	0.32
Sr	mg/kg	76 820	119	39	113	1	0.33	114	10	47	61	92	139	202	249	1565	3.02	49.88	116
V	mg/kg	54 765	113	29	110	1	0.26	108	33	65	75	96	128	161	172	1934	20.61	1 175.37	112
Zn	mg/kg	104 618	89	29	85	1	0.33	89	19	38	44	69	108	133	151	2180	10.66	555.55	89
SiO$_2$	%	101 004	63.76	5.85	63.47	1.10	0.09	63.40	2.63	51.18	55.00	59.63	67.31	75.64	78.30	86.38	−0.35	3.61	63.87
Al$_2$O$_3$	%	80 666	13.83	2.23	13.64	1.18	0.16	13.72	4.24	8.00	9.70	12.25	15.43	18.06	18.80	25.05	−0.02	−0.18	13.85
TFe$_2$O$_3$	%	104 618	5.78	1.23	5.65	1.24	0.21	5.67	1.31	3.04	3.68	4.85	6.68	8.10	8.58	27.97	0.73	7.45	5.78
MgO	%	104 618	1.83	0.64	1.68	1.56	0.35	2.03	0.19	0.47	0.60	1.26	2.30	2.67	2.86	15.58	−0.42	2.34	1.82
CaO	%	104 618	1.77	1.06	1.46	1.93	0.60	1.63	0.01	0.21	0.39	0.96	2.42	4.09	5.56	43.54	3.33	83.06	1.70
Na$_2$O	%	101 004	1.29	0.47	1.19	1.53	0.37	1.20	0.03	0.20	0.44	0.94	1.64	2.19	2.35	4.26	0.34	−0.22	1.29
K$_2$O	%	104 667	2.44	0.48	2.39	1.24	0.20	2.51	0.08	1.31	1.51	2.06	2.83	3.19	3.32	8.08	−0.33	−0.58	2.44
Corg	%	104 618	1.48	0.68	1.33	1.60	0.46	1.36	0.03	0.28	0.48	1.01	1.82	3.16	4.14	10.10	1.39	4.23	1.42
pH		104 667						7.78	0.70	4.70	5.15	6.63	8.06	8.33	8.46	10.59			

表 2.5.2 碎屑岩风化物表层土壤地球化学参数表

指标	单位	样本数	算术平均值	算术标准差	几何平均值	几何标准差	变异系数	中位值	最小值	累积频率分位值						最大值	偏度系数	峰度系数	背景值
		N	$\bar{X}$	S	X_g	S_g	CV	X_{me}	X_{min}	$X_{0.5\%}$	$X_{2.5\%}$	$X_{25\%}$	$X_{75\%}$	$X_{97.5\%}$	$X_{99.5\%}$	X_{max}	β_s	β_k	X'
As	mg/kg	42 689	10.3	7.0	9.0	1.7	0.68	9.9	0.1	1.9	2.8	6.3	13.3	20.6	33.6	484.0	18.07	859.08	9.9
B	mg/kg	42 580	72	37	64	2	0.52	64	2	10	21	52	79	166	208	1095	2.41	22.14	67
Cd	mg/kg	42 690	0.30	0.43	0.23	1.82	1.46	0.22	0.003	0.06	0.08	0.16	0.32	0.97	2.29	28.30	21.99	894.01	0.23
Cl	mg/kg	42 002	63	34	58	1	0.53	56	8	26	32	45	73	134	226	1041	7.03	111.87	58
Co	mg/kg	41 821	16.5	5.2	15.7	1.4	0.32	16.2	1.0	3.5	7.2	13.8	18.6	27.0	40.0	214.6	3.64	73.20	16.1
Cr	mg/kg	42 690	79	22	76	1	0.28	78	1	23	42	70	87	114	179	1100	8.90	256.08	78
Cu	mg/kg	42 690	28.2	14.8	26.3	1.4	0.52	26.5	3.0	8.1	12.3	22.7	30.8	54.1	100.2	969.0	16.40	676.96	26.4
F	mg/kg	42 690	744	578	649	2	0.78	598	47	250	328	491	761	2136	4519	9177	5.47	43.38	596
Ge	mg/kg	42 690	1.48	0.20	1.46	1.15	0.14	1.47	0.35	0.91	1.07	1.36	1.59	1.88	2.08	8.46	1.25	35.83	1.48
Hg	μg/kg	42 690	75.0	156.8	60.8	1.8	2.09	60.0	4.0	14.0	20.0	40.6	89.0	200.0	380.0	26 821.2	123.24	20 142.40	64.6
I	mg/kg	42 002	2.0	1.9	1.5	2.1	0.90	1.4	0.1	0.3	0.4	0.9	2.5	7.3	11.5	43.2	3.07	18.21	1.7
Mn	mg/kg	41 821	662	403	574	2	0.61	620	45	123	177	401	847	1446	2067	34 230	16.20	1 180.94	635
Mo	mg/kg	42 690	1.02	1.50	0.80	1.77	1.47	0.73	0.12	0.27	0.34	0.57	0.99	3.65	9.37	57.50	12.93	266.05	0.74
N	mg/kg	42 690	1597	643	1473	2	0.40	1519	52	342	579	1169	1944	3011	3984	14 005	1.57	10.38	1558
Ni	mg/kg	42 690	33.9	16.7	32.3	1.4	0.49	33.1	1.0	8.1	15.6	28.3	38.1	54.2	89.3	2 461.2	74.20	10 517.72	33.0
P	mg/kg	42 690	642	361	581	2	0.56	570	64	179	255	445	747	1451	2112	15 050	8.89	238.90	591
Pb	mg/kg	42 690	29.7	25.0	28.6	1.3	0.84	29.0	4.3	13.4	17.7	25.5	32.3	44.0	66.6	3 648.5	94.19	11 737.20	28.8
S	mg/kg	41 821	277	240	245	2	0.86	250	2	61	89	180	337	616	956	36 202	82.84	12 108.65	259
Se	mg/kg	42 690	0.37	0.40	0.30	1.79	1.09	0.27	0.02	0.07	0.11	0.21	0.42	1.13	2.30	13.20	11.19	221.10	0.30
Sr	mg/kg	24 622	80	49	71	2	0.62	68	11	28	36	53	88	203	330	1976	6.26	120.15	69
V	mg/kg	27 933	107	37	103	1	0.35	104	12	32	57	92	117	174	299	1020	7.10	109.87	104
Zn	mg/kg	42 690	84	107	79	1	1.28	80	2	30	46	66	95	133	196	18 120	136.87	21 389.78	81
SiO_2	%	41 821	66.81	5.42	66.58	1.09	0.08	66.76	23.15	47.15	55.25	63.97	69.88	77.35	82.77	90.45	−0.56	3.88	66.96
Al_2O_3	%	39 416	14.01	2.05	13.84	1.17	0.15	14.20	2.80	7.61	9.48	12.77	15.40	17.52	19.48	24.40	−0.38	0.96	14.05
TFe_2O_3	%	42 690	5.47	1.31	5.31	1.30	0.24	5.48	0.48	1.54	2.92	4.78	6.13	8.00	11.36	23.11	1.18	8.97	5.43
MgO	%	42 690	1.63	1.19	1.41	1.66	0.73	1.34	0.15	0.40	0.59	1.01	1.87	4.57	8.93	21.10	4.58	33.53	1.40
CaO	%	42 690	0.81	1.31	0.51	2.36	1.61	0.50	0.02	0.08	0.11	0.29	0.76	4.23	8.84	26.31	6.44	61.84	0.48
Na_2O	%	41 821	0.71	0.53	0.56	1.99	0.75	0.55	0.04	0.11	0.16	0.33	0.92	2.16	2.98	5.50	1.96	5.61	0.61
K_2O	%	42 690	2.35	0.64	2.26	1.33	0.27	2.23	0.18	0.87	1.24	1.91	2.74	3.76	4.18	6.02	0.55	0.33	2.34
Corg	%	42 689	1.67	0.85	1.47	1.69	0.51	1.53	0.01	0.24	0.48	1.09	2.06	3.64	5.03	21.60	2.09	15.96	1.59
pH		42 688						5.80	2.36	4.19	4.44	5.15	6.74	8.22	8.42	9.14			

表 2.5.3 碎屑岩风化物(黑色岩系)表层土壤地球化学参数表

指标	单位	样本数 N	算术平均值 $\bar{X}$	算术标准差 S	几何平均值 X_g	几何标准差 S_g	变异系数 CV	中位值 X_{me}	最小值 X_{min}	累积频率分位值 $X_{0.5\%}$	$X_{2.5\%}$	$X_{25\%}$	$X_{75\%}$	$X_{97.5\%}$	$X_{99.5\%}$	最大值 X_{max}	偏度系数 β_s	峰度系数 β_k	背景值 X'
As	mg/kg	3691	12.4	21.3	10.3	1.7	1.72	10.5	1.3	2.3	3.5	7.2	14.6	29.8	45.7	909.5	34.90	1 391.11	10.9
B	mg/kg	3691	71	19	68	1	0.26	72	4	10	22	64	79	101	127	511	3.30	86.18	72
Cd	mg/kg	3691	0.38	0.40	0.32	1.72	1.05	0.32	0.02	0.08	0.11	0.23	0.44	0.98	2.07	12.84	14.36	344.74	0.33
Cl	mg/kg	3384	50	27	47	1	0.53	45	9	23	29	39	54	94	186	706	10.89	196.92	46
Co	mg/kg	3384	19.6	8.5	17.9	1.5	0.43	18.6	2.0	4.2	6.6	14.1	23.6	40.9	53.6	97.5	1.61	6.29	18.7
Cr	mg/kg	3691	95	61	88	1	0.64	85	12	38	64	77	93	231	498	1036	8.20	86.36	84
Cu	mg/kg	3691	34.3	15.1	32.0	1.4	0.44	31.1	5.9	12.7	17.4	26.2	38.2	76.6	108.4	216.2	3.20	18.29	31.6
F	mg/kg	3691	823	608	749	1	0.74	718	251	371	449	635	818	2115	5579	10 546	7.38	70.18	711
Ge	mg/kg	3691	1.59	0.23	1.57	1.16	0.14	1.60	0.61	0.88	1.10	1.46	1.72	2.01	2.33	2.85	0.02	2.25	1.59
Hg	μg/kg	3691	115.3	352.3	96.6	1.6	3.06	98.0	8.3	25.0	38.0	78.0	120.0	220.0	500.0	15 807.0	38.46	1 578.87	98.1
I	mg/kg	3384	3.0	2.7	2.1	2.3	0.89	2.2	0.1	0.4	0.5	1.0	4.2	10.8	14.6	17.1	1.85	4.26	2.6
Mn	mg/kg	3384	1005	888	671	3	0.88	732	49	75	98	329	1419	3029	4095	11 130	1.91	8.60	959
Mo	mg/kg	3691	2.20	2.97	1.46	2.23	1.35	1.22	0.28	0.38	0.48	0.84	2.09	10.59	17.50	57.74	5.35	53.94	1.17
N	mg/kg	3691	1841	584	1751	1	0.32	1779	104	561	856	1477	2147	3112	4035	7791	1.39	7.35	1805
Ni	mg/kg	3691	44.5	25.5	41.0	1.4	0.57	40.5	4.5	13.2	21.7	33.7	48.3	97.1	207.5	396.6	6.42	60.81	40.6
P	mg/kg	3691	719	346	653	2	0.48	634	92	208	287	493	850	1640	2156	3941	1.84	5.94	672
Pb	mg/kg	3691	39.3	19.2	36.7	1.4	0.49	35.0	5.9	10.6	16.9	30.2	44.0	74.6	89.9	696.4	13.19	395.91	37.8
S	mg/kg	3384	301	217	270	2	0.72	265	64	89	119	208	344	625	1276	6600	12.76	285.35	277
Se	mg/kg	3691	0.55	0.59	0.48	1.62	1.07	0.46	0.09	0.14	0.18	0.36	0.61	1.38	2.15	26.80	26.86	1 105.74	0.48
Sr	mg/kg	2804	65	84	50	2	1.29	44	17	22	26	37	56	360	488	1671	6.71	76.74	44
V	mg/kg	1633	121	40	117	1	0.33	116	25	62	79	103	128	202	294	1003	8.92	158.42	115
Zn	mg/kg	3691	101	27	98	1	0.26	101	21	41	57	87	114	149	192	542	4.08	54.67	100
SiO₂	%	3384	65.12	6.45	64.78	1.11	0.10	65.42	37.50	43.24	48.53	61.58	69.34	76.41	80.64	86.48	−0.64	1.41	65.60
Al₂O₃	%	2889	15.11	2.21	14.92	1.18	0.15	15.30	5.18	7.47	9.70	13.90	16.53	18.90	20.25	23.78	−0.70	1.51	15.24
TFe₂O₃	%	3691	6.09	1.77	5.85	1.33	0.29	5.91	0.93	2.46	3.30	5.03	6.90	11.18	13.28	18.44	1.32	3.98	5.87
MgO	%	3691	1.61	1.26	1.40	1.57	0.78	1.33	0.39	0.54	0.70	1.08	1.65	5.05	9.47	15.97	5.01	33.08	1.32
CaO	%	3691	0.60	1.21	0.32	2.53	2.01	0.29	0.03	0.06	0.08	0.17	0.48	4.61	7.88	16.76	5.76	44.52	0.29
Na₂O	%	3384	0.42	0.36	0.34	1.77	0.86	0.33	0.06	0.10	0.13	0.24	0.45	1.67	2.37	3.77	3.69	16.99	0.34
K₂O	%	3691	2.70	0.77	2.57	1.39	0.29	2.72	0.50	0.80	1.09	2.20	3.24	4.11	4.59	5.35	−0.11	−0.23	2.70
Corg	%	3691	1.73	0.74	1.59	1.51	0.43	1.62	0.05	0.37	0.64	1.26	2.03	3.51	5.14	8.20	1.98	8.81	1.65
pH		3691						5.31	3.07	3.98	4.23	4.84	6.16	7.97	8.23	8.81			

表 2.5.4 碳酸盐岩风化物表层土壤地球化学参数表

指标	单位	样本数 N	算术平均值 $\bar{X}$	算术标准差 S	几何平均值 X_g	几何标准差 S_g	变异系数 CV	中位值 X_{me}	最小值 X_{min}	$X_{0.5\%}$	$X_{2.5\%}$	$X_{25\%}$	$X_{75\%}$	$X_{97.5\%}$	$X_{99.5\%}$	最大值 X_{max}	偏度系数 β_s	峰度系数 β_k	背景值 X'
As	mg/kg	50 129	16.8	10.6	15.7	1.5	0.63	16.1	1.1	4.0	6.2	13.4	19.3	29.9	46.1	933.9	41.77	3 099.62	16.1
B	mg/kg	49 215	87	57	78	2	0.66	75	2	17	35	64	90	239	445	1314	5.55	48.02	75
Cd	mg/kg	50 129	0.53	1.02	0.40	1.85	1.92	0.39	0.04	0.09	0.13	0.29	0.52	1.87	5.41	74.56	24.16	1 059.24	0.39
Cl	mg/kg	48 426	56	29	52	1	0.52	50	10	26	32	43	61	116	209	1231	9.01	186.28	51
Co	mg/kg	48 403	20.5	4.8	19.9	1.3	0.24	20.2	1.8	7.2	11.6	17.4	23.6	30.1	35.1	142.1	0.79	11.77	20.5
Cr	mg/kg	50 129	91	26	89	1	0.29	89	7	42	63	81	97	127	206	2051	17.97	877.94	89
Cu	mg/kg	50 129	34.2	14.0	32.5	1.4	0.41	31.7	4.1	15.3	19.5	26.7	38.5	63.2	88.3	903.4	14.02	617.76	32.6
F	mg/kg	50 129	1031	619	933	2	0.60	904	173	380	470	714	1156	2603	4711	19 566	5.49	65.38	924
Ge	mg/kg	50 129	1.51	0.21	1.50	1.15	0.14	1.50	0.22	0.89	1.11	1.39	1.62	1.94	2.19	9.81	2.57	79.57	1.51
Hg	μg/kg	50 129	117.8	402.8	99.7	1.6	3.42	101.3	7.0	24.8	35.6	81.0	125.7	240.0	540.0	61 100.0	96.27	12 171.71	101.4
I	mg/kg	48 426	3.9	2.3	3.2	2.0	0.60	3.6	0.02	0.5	0.7	2.3	5.0	9.6	12.1	27.0	1.09	1.82	3.7
Mn	mg/kg	48 403	1146	532	1011	2	0.46	1153	45	165	253	806	1433	2238	3073	14 584	1.55	16.63	1117
Mo	mg/kg	50 129	1.99	4.93	1.37	1.92	2.48	1.19	0.10	0.42	0.57	0.95	1.63	9.17	25.80	664.00	55.36	6 623.79	1.18
N	mg/kg	50 129	1824	672	1721	1	0.37	1713	72	596	870	1410	2093	3433	4792	14 974	2.26	13.97	1747
Ni	mg/kg	50 129	40.4	14.9	38.5	1.3	0.37	38.1	3.8	17.4	23.4	32.0	45.6	70.3	111.9	575.1	6.49	124.49	38.7
P	mg/kg	50 129	857	742	763	2	0.87	763	121	225	319	589	979	1769	3563	36 248	18.04	535.18	783
Pb	mg/kg	50 129	36.2	20.4	34.7	1.3	0.56	34.4	5.4	16.3	21.0	31.1	38.3	57.8	113.0	1 776.6	29.87	1 674.79	34.4
S	mg/kg	48 403	299	341	273	1	1.14	267	17	97	135	218	336	603	1000	48 860	85.77	10 514.39	275
Se	mg/kg	50 129	0.61	1.02	0.47	1.82	1.68	0.44	0.01	0.14	0.19	0.32	0.62	2.03	5.37	86.59	27.71	1 533.51	0.45
Sr	mg/kg	30 892	81	54	73	1	0.67	71	17	29	37	58	88	179	399	2354	9.62	201.40	72
V	mg/kg	29 243	122	51	118	1	0.42	115	17	68	84	104	129	191	400	2814	16.32	546.09	116
Zn	mg/kg	50 129	103	95	98	1	0.92	96	16	49	61	84	111	172	302	14 169	101.72	13 479.54	97
SiO$_2$	%	48 403	65.30	5.63	65.04	1.10	0.09	65.72	9.73	46.25	53.51	62.03	69.08	74.88	78.56	90.99	−0.83	3.57	65.50
Al$_2$O$_3$	%	44 682	13.97	2.04	13.82	1.16	0.15	13.90	3.50	7.86	10.02	12.69	15.25	18.10	19.81	24.20	0.03	1.07	13.98
TFe$_2$O$_3$	%	50 129	6.24	1.32	6.11	1.23	0.21	6.12	0.77	3.15	4.06	5.37	6.96	9.31	11.32	27.88	0.96	4.01	6.15
MgO	%	50 129	1.62	1.09	1.45	1.54	0.67	1.39	0.27	0.57	0.72	1.10	1.77	4.30	8.43	18.19	5.24	42.42	1.40
CaO	%	50 129	0.88	1.58	0.58	2.14	1.80	0.52	0.03	0.12	0.18	0.36	0.77	4.62	10.91	49.41	8.74	122.93	0.52
Na$_2$O	%	48 403	0.48	0.29	0.42	1.63	0.61	0.42	0.03	0.12	0.17	0.31	0.57	1.21	2.19	4.50	3.64	22.98	0.43
K$_2$O	%	50 129	2.49	0.59	2.42	1.28	0.24	2.43	0.17	1.02	1.46	2.10	2.82	3.82	4.45	8.20	0.68	2.06	2.47
Corg	%	50 129	1.69	0.73	1.57	1.48	0.43	1.59	0.02	0.40	0.68	1.28	1.96	3.36	5.25	18.04	3.25	27.65	1.61
pH		50 128						6.06	3.56	4.28	4.53	5.34	7.01	8.17	8.32	9.05			

表 2.5.5　碳酸盐岩风化物(黑色岩系)表层土壤地球化学参数表

指标	单位	样本数	算术平均值	算术标准差	几何平均值	几何标准差	变异系数	中位值	最小值	累积频率分位值						最大值	偏度系数	峰度系数	背景值
		N	$\bar{X}$	S	X_g	S_g	CV	X_{me}	X_{min}	$X_{0.5\%}$	$X_{2.5\%}$	$X_{25\%}$	$X_{75\%}$	$X_{97.5\%}$	$X_{99.5\%}$	X_{max}	β_s	β_k	X'
As	mg/kg	18 045	14.6	5.8	13.9	1.4	0.40	14.2	0.9	4.8	6.9	11.6	17.0	24.0	34.7	244.9	10.88	327.13	14.3
B	mg/kg	18 045	73	44	67	1	0.60	66	2	23	35	57	76	197	350	807	5.94	51.49	65
Cd	mg/kg	18 045	1.41	2.96	0.77	2.59	2.10	0.67	0.04	0.10	0.16	0.40	1.31	7.42	19.91	99.35	9.93	164.16	0.70
Cl	mg/kg	17 537	55	33	51	1	0.60	49	5	22	29	41	62	108	194	1710	16.08	543.82	51
Co	mg/kg	17 509	18.1	5.4	17.4	1.3	0.30	17.6	2.4	7.1	9.4	14.8	21.1	28.5	35.5	227.0	4.64	135.80	17.9
Cr	mg/kg	18 045	116	75	106	1	0.64	96	10	56	66	85	120	293	533	2470	7.75	119.21	98
Cu	mg/kg	18 045	35.7	19.4	32.2	1.5	0.54	30.0	5.2	13.4	16.3	23.5	42.4	82.7	112.0	729.7	5.60	132.65	32.9
F	mg/kg	18 045	1332	1291	1020	2	0.97	895	200	340	411	632	1377	5461	7781	13 659	3.00	10.90	885
Ge	mg/kg	18 045	1.39	0.29	1.36	1.24	0.21	1.38	0.27	0.68	0.85	1.20	1.56	1.99	2.38	5.66	1.03	7.79	1.38
Hg	μg/kg	18 045	165.8	443.1	139.0	1.6	2.67	140.0	9.5	30.6	51.1	110.0	176.3	360.0	720.0	45 418.5	67.63	6 245.38	139.9
I	mg/kg	17 537	4.3	2.7	3.5	2.0	0.62	3.7	0.2	0.6	0.8	2.5	5.6	11.0	13.8	22.9	1.24	2.19	4.1
Mn	mg/kg	17 509	1007	545	864	2	0.54	983	49	138	197	659	1285	2075	2996	15 615	3.06	45.56	974
Mo	mg/kg	18 045	6.08	12.56	2.97	2.82	2.07	2.27	0.20	0.52	0.73	1.38	5.32	35.62	81.62	370.25	8.17	120.53	2.19
N	mg/kg	18 045	2036	837	1890	1	0.41	1885	100	556	869	1502	2398	4047	5680	12 626	1.96	9.09	1947
Ni	mg/kg	18 045	47.9	29.8	42.8	1.5	0.62	39.7	5.1	18.1	21.9	32.3	52.3	127.0	206.8	584.3	4.46	36.91	40.6
P	mg/kg	18 045	851	547	768	2	0.64	784	59	193	281	587	1032	1751	2294	39 040	30.21	1 849.00	816
Pb	mg/kg	18 045	34.8	79.1	32.2	1.3	2.27	31.9	8.0	17.6	21.0	28.1	35.9	52.8	111.6	7 837.8	74.30	6 450.82	31.8
S	mg/kg	17 509	368	261	324	2	0.71	315	1	84	141	243	419	910	1666	7094	7.87	120.69	327
Se	mg/kg	18 045	1.58	2.58	0.95	2.44	1.63	0.80	0.06	0.17	0.25	0.51	1.53	8.00	15.90	72.10	7.53	108.25	0.79
Sr	mg/kg	12 366	81	67	72	2	0.82	66	20	33	40	56	83	224	481	1755	8.80	128.96	66
V	mg/kg	9699	178	143	154	2	0.80	136	22	70	84	113	182	545	976	3825	6.57	86.83	137
Zn	mg/kg	18 045	104	44	98	1	0.43	97	23	46	56	81	116	201	302	1626	7.79	168.08	98
SiO_2	%	17 509	69.46	6.42	69.15	1.10	0.09	69.21	13.23	51.35	57.85	65.07	73.87	81.81	84.67	89.81	−0.21	1.29	69.56
Al_2O_3	%	16 574	12.37	2.75	12.05	1.26	0.22	12.40	4.10	6.20	7.30	10.30	14.40	17.48	19.56	24.32	0.08	−0.34	12.35
TFe_2O_3	%	18 045	5.50	1.36	5.34	1.28	0.25	5.44	0.86	2.58	3.16	4.56	6.36	8.19	9.74	28.45	0.94	7.09	5.46
MgO	%	18 045	2.13	2.40	1.51	2.08	1.13	1.30	0.22	0.45	0.53	0.93	1.96	9.98	14.15	21.73	3.03	10.39	1.23
CaO	%	18 045	0.65	1.34	0.43	2.04	2.06	0.39	0.05	0.11	0.15	0.28	0.59	2.84	9.46	38.11	11.16	181.28	0.41
Na_2O	%	17 509	0.36	0.19	0.32	1.56	0.52	0.32	0.02	0.11	0.14	0.23	0.44	0.74	1.07	4.68	4.28	53.32	0.34
K_2O	%	18 045	1.83	0.69	1.70	1.45	0.38	1.70	0.19	0.61	0.83	1.33	2.20	3.49	4.33	6.15	1.07	1.85	1.78
Corg	%	18 045	1.94	0.89	1.77	1.56	0.46	1.79	0.03	0.36	0.68	1.39	2.29	4.07	5.66	17.27	2.20	13.56	1.85
pH		18 045						5.51	3.50	4.20	4.42	4.99	6.40	8.08	8.26	9.58			

表 2.5.6 变质岩风化物表层土壤地球化学参数表

指标	单位	样本数 N	算术平均值 $\bar{X}$	算术标准差 S	几何平均值 X_g	几何标准差 S_g	变异系数 CV	中位值 X_{me}	最小值 X_{min}	累积频率分位值 $X_{0.5\%}$	$X_{2.5\%}$	$X_{25\%}$	$X_{75\%}$	$X_{97.5\%}$	$X_{99.5\%}$	最大值 X_{max}	偏度系数 β_s	峰度系数 β_k	背景值 X'
As	mg/kg	21 149	10.3	15.8	8.5	1.8	1.54	8.5	0.6	1.8	2.6	5.9	12.3	25.8	60.2	1 463.5	55.46	4 486.27	9.0
B	mg/kg	21 087	63	23	58	2	0.36	67	1	6	13	56	76	95	124	871	2.56	86.80	63
Cd	mg/kg	21 149	0.38	1.19	0.25	1.98	3.12	0.23	0.02	0.06	0.09	0.17	0.34	1.47	5.54	108.00	42.97	3 332.30	0.24
Cl	mg/kg	20 422	56	34	52	1	0.60	49	14	24	29	41	62	122	200	1488	12.10	323.70	51
Co	mg/kg	20 365	16.8	5.8	16.0	1.4	0.34	16.3	2.0	5.6	7.9	13.6	19.0	30.3	46.0	97.7	2.40	14.36	16.2
Cr	mg/kg	21 149	85	36	81	1	0.42	82	9	26	40	74	90	145	293	859	8.09	106.03	81
Cu	mg/kg	21 149	33.4	23.0	30.6	1.4	0.69	29.6	2.3	12.3	16.6	25.7	34.4	77.4	166.3	660.1	9.65	151.80	29.4
F	mg/kg	21 149	708	428	652	1	0.60	647	118	256	343	536	763	1486	3508	11 056	7.94	100.40	639
Ge	mg/kg	21 149	1.56	0.22	1.54	1.16	0.14	1.56	0.20	0.94	1.11	1.42	1.69	1.97	2.19	6.16	0.63	11.99	1.55
Hg	μg/kg	21 149	85.9	114.0	69.6	1.8	1.33	68.9	6.3	17.0	24.3	49.0	96.2	225.9	648.1	4 918.0	18.43	545.31	71.4
I	mg/kg	20 421	2.0	9.9	1.5	2.1	4.90	1.3	0.04	0.3	0.4	0.8	2.5	6.9	10.7	1 390.0	136.18	19 146.58	1.6
Mn	mg/kg	20 365	650	439	536	2	0.68	579	18	96	149	343	846	1564	2579	15 806	4.52	86.87	611
Mo	mg/kg	21 149	1.88	6.36	1.00	2.37	3.38	0.80	0.04	0.28	0.34	0.57	1.31	10.80	29.07	555.84	39.44	2 891.80	0.78
N	mg/kg	21 149	1796	664	1677	1	0.37	1727	100	490	742	1330	2165	3286	4200	8981	1.14	4.17	1759
Ni	mg/kg	21 149	39.9	25.2	36.6	1.5	0.63	37.5	0.3	10.6	15.9	31.6	43.0	82.2	186.9	993.5	11.49	255.57	36.5
P	mg/kg	21 149	736	414	662	2	0.56	643	89	215	295	497	856	1736	2718	13 846	4.86	72.84	670
Pb	mg/kg	21 149	30.4	9.5	29.5	1.3	0.31	30.0	2.2	11.9	17.4	26.5	33.3	46.7	66.2	443.0	11.32	322.05	29.7
S	mg/kg	20 365	296	279	259	2	0.94	260	12	78	104	191	345	647	1271	12 820	20.44	681.81	269
Se	mg/kg	21 149	0.50	1.14	0.36	1.89	2.30	0.32	0.02	0.11	0.14	0.23	0.50	1.59	5.62	73.45	25.74	1 110.18	0.35
Sr	mg/kg	15 538	85	87	68	2	1.03	59	13	24	31	47	89	304	639	1562	5.58	48.16	61
V	mg/kg	11 274	118	77	111	1	0.65	110	16	47	63	97	123	228	434	2115	14.01	272.66	108
Zn	mg/kg	21 149	100	128	93	1	1.28	92	2	46	56	78	106	173	410	11 721	60.35	4 785.62	91
SiO$_2$	%	20 365	65.53	5.45	65.26	1.10	0.08	66.02	11.91	42.96	52.92	63.30	68.55	74.79	78.55	89.14	−1.54	8.09	65.95
Al$_2$O$_3$	%	19 394	14.61	1.82	14.49	1.14	0.12	14.77	4.68	8.49	10.55	13.58	15.80	17.70	19.30	24.50	−0.51	1.57	14.67
TFe$_2$O$_3$	%	21 149	5.72	1.46	5.56	1.26	0.26	5.60	0.80	2.86	3.52	4.90	6.25	9.53	13.13	18.92	2.12	9.60	5.53
MgO	%	21 149	1.65	1.01	1.48	1.52	0.61	1.44	0.18	0.52	0.72	1.16	1.83	3.96	7.93	20.02	5.32	47.51	1.47
CaO	%	21 149	0.79	1.44	0.41	2.84	1.82	0.38	0.01	0.06	0.09	0.18	0.77	4.18	8.49	34.20	7.49	96.82	0.39
Na$_2$O	%	20 365	0.74	0.72	0.53	2.18	0.97	0.48	0.04	0.11	0.15	0.30	0.78	2.86	3.45	5.25	2.05	3.72	0.46
K$_2$O	%	21 149	2.68	0.74	2.57	1.35	0.27	2.64	0.16	0.86	1.29	2.15	3.23	4.04	4.42	7.94	0.11	−0.06	2.68
Corg	%	21 149	1.78	0.86	1.60	1.60	0.49	1.63	0.08	0.36	0.59	1.21	2.13	3.87	5.41	13.20	1.90	8.49	1.68
pH		21 149						5.46	3.42	4.06	4.30	4.94	6.35	8.11	8.32	8.88			

表 2.5.7 火山岩风化物表层土壤地球化学参数表

指标	单位	样本数 N	算术平均值 $\bar{X}$	算术标准差 S	几何平均值 X_g	几何标准差 S_g	变异系数 CV	中位值 X_{me}	最小值 X_{min}	$X_{0.5\%}$	$X_{2.5\%}$	$X_{25\%}$	$X_{75\%}$	$X_{97.5\%}$	$X_{99.5\%}$	最大值 X_{max}	偏度系数 β_s	峰度系数 β_k	背景值 X'
As	mg/kg	177	10.5	11.0	8.8	1.6	1.05	8.1	3.5	3.5	3.9	6.6	10.9	23.7	97.6	106.6	6.91	54.84	8.5
B	mg/kg	177	34	19	29	2	0.56	29	6	6	7	20	47	78	91	92	0.78	0.08	34
Cd	mg/kg	177	0.55	0.44	0.43	1.96	0.81	0.39	0.11	0.11	0.14	0.26	0.64	1.91	2.18	2.26	1.90	3.39	0.36
Cl	mg/kg	177	57	14	55	1	0.25	54	34	34	37	45	65	88	103	109	0.98	0.95	56
Co	mg/kg	177	25.9	16.3	21.3	1.9	0.63	21.1	4.9	4.9	6.3	12.7	35.3	64.6	83.3	88.7	1.15	1.28	20.9
Cr	mg/kg	177	114	98	87	2	0.86	87	18	18	25	49	135	419	526	639	2.42	7.40	91
Cu	mg/kg	177	57.4	41.0	45.4	2.0	0.71	42.1	12.9	12.9	15.0	25.5	80.0	156.4	204.4	217.8	1.32	1.60	55.0
F	mg/kg	177	791	374	721	2	0.47	726	317	317	335	525	998	1431	2071	3330	2.24	11.38	706
Ge	mg/kg	177	1.53	0.17	1.52	1.12	0.11	1.53	1.10	1.10	1.17	1.42	1.64	1.86	1.88	2.00	-0.06	-0.22	1.53
Hg	μg/kg	177	77.3	58.7	64.4	1.8	0.76	60.8	21.9	21.9	23.8	42.6	85.1	251.9	370.7	403.9	2.86	10.19	61.4
I	mg/kg	177	1.7	0.9	1.6	1.5	0.50	1.5	0.6	0.6	0.8	1.2	2.0	3.3	5.0	8.4	3.46	21.70	1.6
Mn	mg/kg	177	1293	756	1092	2	0.58	1143	243	243	328	718	1704	3328	3462	5222	1.41	3.80	1221
Mo	mg/kg	177	4.88	6.87	2.63	2.87	1.41	2.11	0.36	0.36	0.50	1.12	5.48	21.38	38.65	47.43	3.20	13.17	2.44
N	mg/kg	177	1557	760	1433	1	0.49	1410	378	378	500	1150	1783	3149	5283	7091	3.52	19.85	1438
Ni	mg/kg	177	55.4	41.2	41.9	2.2	0.74	45.5	7.5	7.5	9.8	22.2	77.9	166.2	183.7	220.9	1.32	1.78	50.9
P	mg/kg	177	1154	771	941	2	0.67	909	190	190	319	557	1584	2974	3876	4076	1.26	1.33	1108
Pb	mg/kg	177	29.6	18.2	26.6	1.5	0.62	25.7	11.5	11.5	11.9	20.5	33.8	64.9	148.7	170.3	4.61	29.89	26.7
S	mg/kg	177	301	313	252	2	1.04	243	76	76	105	191	303	829	1799	3504	7.21	66.02	236
Se	mg/kg	177	0.59	0.76	0.41	2.11	1.29	0.34	0.08	0.08	0.16	0.23	0.54	3.49	4.11	6.08	4.15	21.14	0.34
Sr	mg/kg	172	141	89	124	2	0.63	118	45	45	56	86	163	335	598	771	3.33	17.69	125
V	mg/kg	54	100	40	92	1	0.40	91	45	45	45	69	130	193	198	198	0.66	-0.24	100
Zn	mg/kg	177	162	71	147	2	0.44	160	54	54	62	107	197	337	417	459	0.96	1.78	158
SiO$_2$	%	177	57.05	10.32	56.09	1.21	0.18	57.38	35.61	35.61	37.13	49.02	64.10	75.40	76.00	77.21	-0.02	-0.77	57.05
Al$_2$O$_3$	%	177	13.96	1.87	13.84	1.14	0.13	13.95	9.51	9.51	10.48	12.48	15.24	17.52	17.97	18.87	0.10	-0.48	13.96
TFe$_2$O$_3$	%	177	7.98	3.29	7.34	1.52	0.41	7.17	2.82	2.82	3.06	5.65	10.44	15.35	17.41	17.75	0.74	-0.06	7.98
MgO	%	177	2.61	1.81	2.01	2.14	0.69	2.17	0.42	0.42	0.46	1.19	3.69	7.17	8.10	8.53	1.02	0.55	1.98
CaO	%	177	1.56	1.37	1.05	2.50	0.88	0.98	0.13	0.13	0.22	0.48	2.32	5.05	5.97	6.06	1.22	0.88	1.46
Na$_2$O	%	177	1.75	0.95	1.48	1.85	0.54	1.60	0.22	0.22	0.43	0.93	2.44	3.73	4.29	4.37	0.52	-0.58	1.75
K$_2$O	%	177	2.40	0.79	2.26	1.43	0.33	2.33	0.67	0.67	1.04	1.79	3.01	3.83	4.37	4.89	0.27	-0.30	2.38
Corg	%	177	1.67	1.11	1.47	1.64	0.66	1.46	0.20	0.20	0.44	1.13	1.83	4.02	7.05	10.96	4.66	31.86	1.49
pH		177						6.03	4.27	4.27	4.65	5.51	6.56	7.72	7.90	8.20			

表 2.5.8 侵入岩风化物表层土壤地球化学参数表

指标	单位	样本数	算术平均值	算术标准差	几何平均值	几何标准差	变异系数	中位值	最小值	累积频率分位值						最大值	偏度系数	峰度系数	背景值
		N	$\bar{X}$	S	X_g	S_g	CV	X_{me}	X_{min}	$X_{0.5\%}$	$X_{2.5\%}$	$X_{25\%}$	$X_{75\%}$	$X_{97.5\%}$	$X_{99.5\%}$	X_{max}	β_s	β_k	X'
As	mg/kg	2399	6.3	7.5	4.5	2.1	1.20	4.3	0.1	0.9	1.4	2.6	7.6	19.7	52.1	118.0	6.65	68.25	4.9
B	mg/kg	2399	23	17	17	2	0.74	18	2	3	4	10	31	65	80	103	1.21	1.04	22
Cd	mg/kg	2399	0.23	0.30	0.18	1.69	1.33	0.17	0.04	0.06	0.08	0.14	0.23	0.68	1.90	6.68	12.11	196.82	0.17
Cl	mg/kg	2329	74	41	67	2	0.55	66	15	23	29	49	91	168	258	612	3.55	29.04	69
Co	mg/kg	2329	17.5	11.2	14.8	1.8	0.64	15.5	1.7	3.7	5.1	9.9	20.6	49.8	62.6	102.4	1.94	5.27	15.1
Cr	mg/kg	2399	79	75	61	2	0.95	62	7	12	18	39	89	251	512	1079	4.87	38.30	62
Cu	mg/kg	2399	40.9	60.2	30.4	2.0	1.47	29.7	2.6	6.9	9.9	19.1	43.6	145.0	310.6	1 530.0	13.55	272.49	29.5
F	mg/kg	2399	550	328	513	1	0.60	502	2	243	297	415	611	1032	1715	10 742	15.88	423.70	512
Ge	mg/kg	2399	1.30	0.23	1.28	1.19	0.18	1.27	0.63	0.81	0.91	1.14	1.45	1.76	1.92	3.24	0.82	3.20	1.30
Hg	μg/kg	2399	56.2	118.0	44.4	1.8	2.10	43.6	2.0	9.5	15.9	31.0	61.0	158.0	370.0	3 891.0	27.92	887.92	45.4
I	mg/kg	2329	1.2	0.7	1.0	1.6	0.58	1.0	0.3	0.4	0.5	0.8	1.3	2.9	4.6	7.4	3.16	16.12	1.0
Mn	mg/kg	2329	649	329	581	2	0.51	568	125	182	235	427	779	1471	2103	3165	1.74	5.23	597
Mo	mg/kg	2399	1.09	2.33	0.77	1.89	2.14	0.68	0.17	0.23	0.33	0.53	0.95	4.24	13.34	66.31	15.82	354.07	0.69
N	mg/kg	2399	1237	488	1149	1	0.39	1170	160	270	460	944	1426	2430	3421	5438	1.67	6.80	1186
Ni	mg/kg	2399	36.8	37.4	27.5	2.1	1.02	26.9	2.7	5.2	8.0	16.6	41.3	142.8	243.8	429.7	4.15	26.06	27.2
P	mg/kg	2399	941	1693	762	2	1.80	729	137	240	301	531	1006	2607	5410	71 716	32.15	1 293.37	749
Pb	mg/kg	2399	29.2	22.5	26.6	1.5	0.77	27.5	4.7	8.0	10.6	22.4	32.2	52.3	116.8	564.6	13.89	261.14	26.9
S	mg/kg	2329	237	156	214	2	0.66	217	30	55	89	166	275	497	901	3738	9.70	164.91	219
Se	mg/kg	2399	0.25	0.29	0.21	1.65	1.16	0.19	0.03	0.08	0.11	0.15	0.25	0.79	1.98	6.41	10.36	154.68	0.19
Sr	mg/kg	2292	340	232	270	2	0.68	298	29	42	64	164	455	860	1480	2391	1.94	8.45	322
V	mg/kg	1931	90	37	83	1	0.42	86	15	26	37	64	107	173	235	510	2.35	16.02	86
Zn	mg/kg	2399	88	39	83	1	0.44	78	20	40	50	67	97	176	261	718	4.95	53.84	80
SiO_2	%	2329	61.11	6.16	60.77	1.12	0.10	61.84	32.09	39.55	43.76	58.20	65.26	70.29	73.11	78.90	−1.08	1.82	61.88
Al_2O_3	%	2227	14.74	1.62	14.65	1.12	0.11	14.76	8.52	9.90	11.41	13.74	15.74	17.75	19.96	25.70	0.32	3.22	14.72
TFe_2O_3	%	2399	5.93	2.81	5.38	1.54	0.47	5.47	1.54	1.90	2.49	3.98	6.83	14.33	15.76	19.46	1.52	2.60	5.32
MgO	%	2399	1.83	1.35	1.50	1.84	0.74	1.46	0.16	0.35	0.53	0.96	2.19	5.67	8.34	14.04	2.77	12.44	1.53
CaO	%	2399	2.17	1.72	1.69	2.03	0.80	1.74	0.19	0.27	0.41	1.05	2.65	6.91	9.29	28.09	3.16	25.41	1.78
Na_2O	%	2329	2.32	0.89	2.09	1.67	0.38	2.45	0.14	0.26	0.50	1.71	2.91	4.07	4.44	5.08	−0.17	−0.29	2.31
K_2O	%	2399	2.49	0.73	2.37	1.38	0.29	2.46	0.50	0.72	1.07	2.03	2.95	3.91	4.65	5.76	0.21	0.55	2.47
Corg	%	2399	1.34	0.62	1.21	1.58	0.46	1.24	0.06	0.18	0.43	0.97	1.54	2.98	4.26	7.21	2.15	9.45	1.25
pH		2399						5.84	4.36	4.60	4.95	5.46	6.45	7.88	8.39	9.04			

2.6　不同地形地貌土壤地球化学参数

表 2.6.1　平原表层土壤地球化学参数表
表 2.6.2　洪湖湖区表层土壤地球化学参数表
表 2.6.3　丘陵低山表层土壤地球化学参数表
表 2.6.4　中山表层土壤地球化学参数表
表 2.6.5　高山表层土壤地球化学参数表

表 2.6.1　平原表层土壤地球化学参数表

指标	单位	样本数	算术平均值	算术标准差	几何平均值	几何标准差	变异系数	中位值	最小值	累积频率分位值						最大值	偏度系数	峰度系数	背景值
		N	$\bar{X}$	S	X_g	S_g	CV	X_{me}	X_{min}	$X_{0.5\%}$	$X_{2.5\%}$	$X_{25\%}$	$X_{75\%}$	$X_{97.5\%}$	$X_{99.5\%}$	X_{max}	β_s	β_k	X'
As	mg/kg	112 999	12.2	6.6	11.5	1.4	0.54	11.9	0.3	4.8	5.8	9.3	14.5	19.9	25.5	933.9	68.59	8 595.67	11.9
B	mg/kg	112 999	58	11	56	1	0.18	57	4	25	35	52	64	79	91	171	0.17	2.74	58
Cd	mg/kg	112 999	0.30	0.18	0.27	1.65	0.60	0.30	0.01	0.06	0.09	0.18	0.39	0.54	0.73	22.27	33.14	3 246.41	0.29
Cl	mg/kg	109 260	83	59	76	1	0.70	72	9	32	39	58	93	194	342	5774	24.18	1 781.18	74
Co	mg/kg	109 260	16.7	3.9	16.3	1.2	0.24	16.5	2.0	8.2	10.3	14.1	19.0	23.3	30.2	171.0	4.03	92.87	16.5
Cr	mg/kg	112 999	82	16	81	1	0.20	81	11	47	55	71	93	113	124	510	1.58	23.50	82
Cu	mg/kg	112 999	32.6	13.8	31.3	1.3	0.42	30.6	5.3	15.5	18.9	25.6	39.0	51.6	60.8	3 019.2	100.07	20 219.80	32.3
F	mg/kg	112 999	635	183	616	1	0.29	624	2	317	374	522	739	931	1077	13 793	15.20	895.57	631
Ge	mg/kg	112 999	1.46	0.16	1.45	1.11	0.11	1.45	0.36	1.06	1.17	1.35	1.55	1.79	1.91	3.06	0.34	0.94	1.45
Hg	μg/kg	112 999	65.8	287.1	56.1	1.6	4.36	55.0	8.0	17.1	24.0	43.0	71.0	150.0	317.0	87 645.0	257.78	77 016.85	56.3
I	mg/kg	109 260	1.6	0.9	1.5	1.6	0.53	1.4	0.1	0.5	0.6	1.1	1.9	4.1	5.5	13.3	2.30	9.25	1.5
Mn	mg/kg	109 260	731	250	690	1	0.34	733	69	211	269	601	871	1145	1454	14 729	5.76	205.82	722
Mo	mg/kg	112 999	0.94	0.88	0.87	1.43	0.94	0.86	0.17	0.37	0.45	0.68	1.10	1.63	2.47	193.53	117.40	22 440.92	0.90
N	mg/kg	112 998	1538	607	1425	1	0.39	1461	43	368	592	1136	1850	2924	3763	31 510	2.34	59.21	1497
Ni	mg/kg	112 999	38.2	13.2	36.7	1.3	0.34	36.9	3.3	16.5	20.8	30.1	45.5	58.5	63.5	2 461.2	56.59	10 180.48	38.0
P	mg/kg	112 999	801	441	748	1	0.55	776	59	238	331	613	931	1461	2220	71 716	52.78	6 995.75	768
Pb	mg/kg	112 999	28.4	8.1	27.7	1.2	0.29	28.4	7.3	16.4	18.2	24.5	31.5	39.2	51.2	909.0	26.76	1 915.29	28.0
S	mg/kg	109 260	278	183	247	2	0.66	241	7	74	104	185	331	611	1115	9940	11.19	346.08	256
Se	mg/kg	112 950	0.32	0.18	0.30	1.40	0.57	0.30	0.04	0.11	0.15	0.24	0.38	0.53	0.74	25.00	49.06	4 846.27	0.31
Sr	mg/kg	78 139	117	37	112	1	0.32	112	10	48	60	90	138	199	233	1565	2.65	52.13	115
V	mg/kg	62 354	112	28	110	1	0.25	108	22	64	75	96	125	161	174	1934	20.00	1 172.98	112
Zn	mg/kg	112 950	87	28	83	1	0.32	86	16	38	45	66	107	132	148	2180	9.30	528.21	87
SiO_2	%	109 211	63.99	5.81	63.71	1.10	0.09	63.78	2.63	50.78	55.04	59.91	67.59	75.52	78.29	89.14	−0.41	3.60	64.11
Al_2O_3	%	88 494	13.87	2.19	13.69	1.18	0.16	13.80	4.24	8.00	9.82	12.30	15.40	18.02	18.86	24.10	−0.03	−0.08	13.89
TFe_2O_3	%	112 950	5.78	1.22	5.65	1.24	0.21	5.67	1.31	3.04	3.70	4.87	6.63	8.10	8.65	27.97	0.75	7.49	5.77
MgO	%	112 950	1.77	0.65	1.62	1.57	0.37	1.99	0.19	0.51	0.62	1.11	2.28	2.66	2.88	15.58	−0.05	3.68	1.77
CaO	%	112 950	1.68	1.11	1.36	1.98	0.66	1.52	0.01	0.22	0.37	0.77	2.35	4.03	5.64	43.54	4.21	98.91	1.61
Na_2O	%	109 211	1.25	0.48	1.15	1.54	0.38	1.15	0.05	0.24	0.42	0.90	1.60	2.18	2.35	4.45	0.41	−0.30	1.25
K_2O	%	112 999	2.42	0.49	2.36	1.24	0.20	2.47	0.08	1.35	1.53	2.02	2.81	3.20	3.35	8.08	−0.15	−0.46	2.42
Corg	%	112 950	1.53	0.73	1.37	1.61	0.48	1.39	0.05	0.29	0.49	1.03	1.88	3.33	4.37	12.34	1.55	5.72	1.45
pH		112 999						7.70	2.35	4.66	5.07	6.40	8.04	8.32	8.45	10.59			

表 2.6.2　洪湖湖区表层土壤地球化学参数表

指标	单位	样本数	算术平均值	算术标准差	几何平均值	几何标准差	变异系数	中位值	最小值	累积频率分位值						最大值	偏度系数	峰度系数	背景值
		N	$\overline{X}$	S	X_g	S_g	CV	X_{me}	X_{min}	$X_{0.5\%}$	$X_{2.5\%}$	$X_{25\%}$	$X_{75\%}$	$X_{97.5\%}$	$X_{99.5\%}$	X_{max}	β_s	β_k	X'
As	mg/kg	389	11.4	2.9	11.1	1.3	0.25	11.2	2.8	4.4	6.2	9.7	12.7	18.2	21.9	25.8	1.12	3.65	11.2
B	mg/kg	389	61	8	61	1	0.13	61	33	35	45	57	66	73	79	138	2.02	22.51	61
Cd	mg/kg	389	0.30	0.09	0.29	1.33	0.30	0.29	0.12	0.12	0.16	0.25	0.34	0.54	0.61	0.67	1.18	2.13	0.29
Cl	mg/kg	389	63	18	61	1	0.28	59	28	31	40	50	72	107	133	147	1.45	3.04	60
Co	mg/kg	389	17.5	3.0	17.2	1.2	0.17	17.6	8.0	9.8	11.6	15.2	19.7	22.4	23.2	24.5	−0.30	−0.46	17.5
Cr	mg/kg	389	92	15	90	1	0.16	93	49	55	64	80	104	115	120	124	−0.30	−0.69	92
Cu	mg/kg	389	37.5	7.9	36.6	1.2	0.21	37.8	11.5	17.9	23.9	31.1	43.4	50.9	53.8	71.9	0.17	0.24	37.4
F	mg/kg	389	727	119	716	1	0.16	730	332	394	477	647	811	940	984	1023	−0.24	−0.16	728
Ge	mg/kg	389	1.51	0.14	1.50	1.10	0.10	1.51	1.08	1.11	1.22	1.41	1.61	1.79	1.87	1.88	−0.03	−0.12	1.51
Hg	μg/kg	389	62.8	16.7	60.6	1.3	0.27	62.0	18.0	31.0	36.0	51.0	73.0	97.0	120.0	140.0	0.68	1.37	61.9
I	mg/kg	389	1.6	0.9	1.4	1.6	0.56	1.4	0.3	0.4	0.5	1.1	1.9	3.8	5.9	7.9	2.54	10.94	1.5
Mn	mg/kg	389	800	227	771	1	0.28	764	328	356	442	642	921	1301	1474	2096	1.24	3.63	787
Mo	mg/kg	389	0.78	0.20	0.76	1.29	0.25	0.76	0.36	0.36	0.46	0.64	0.91	1.22	1.46	1.56	0.62	0.80	0.77
N	mg/kg	389	1777	866	1582	2	0.49	1592	408	422	562	1177	2274	3750	4696	6210	1.11	1.92	1736
Ni	mg/kg	389	44.8	8.4	43.9	1.2	0.19	45.8	16.1	22.8	28.4	38.4	51.6	57.8	59.4	62.9	−0.36	−0.43	44.8
P	mg/kg	389	779	305	735	1	0.39	688	296	301	465	588	848	1655	2038	2514	2.17	6.20	702
Pb	mg/kg	389	29.6	4.7	29.2	1.2	0.16	29.9	16.4	16.5	20.3	26.0	33.0	37.7	39.4	42.9	−0.21	−0.35	29.6
S	mg/kg	389	482	510	346	2	1.06	346	74	76	92	189	567	1613	3387	4711	3.90	22.31	371
Se	mg/kg	389	0.31	0.12	0.29	1.50	0.38	0.30	0.08	0.09	0.11	0.23	0.37	0.59	0.72	0.83	0.83	1.36	0.30
Sr	mg/kg	224	120	18	119	1	0.15	117	85	85	94	108	129	163	187	194	1.23	2.34	118
V	mg/kg	100	143	20	142	1	0.14	146	80	80	92	130	158	172	178	178	−0.82	0.59	144
Zn	mg/kg	389	99	17	98	1	0.17	101	52	53	65	87	112	126	153	163	−0.03	0.32	99
SiO_2	%	389	59.37	4.47	59.20	1.08	0.08	59.27	45.38	48.03	50.49	56.29	62.98	66.51	68.26	70.11	−0.24	−0.52	59.41
Al_2O_3	%	361	15.01	1.70	14.91	1.12	0.11	15.10	8.90	10.00	11.50	13.80	16.25	18.20	18.50	18.74	−0.27	−0.07	15.06
TFe_2O_3	%	389	6.27	1.11	6.16	1.21	0.18	6.37	2.54	3.52	4.00	5.39	7.18	7.96	8.18	8.31	−0.38	−0.61	6.28
MgO	%	389	2.24	0.36	2.22	1.17	0.16	2.22	1.44	1.45	1.64	1.98	2.48	2.97	3.04	3.11	0.26	−0.52	2.24
CaO	%	389	2.81	1.59	2.44	1.69	0.57	2.55	0.84	0.95	1.04	1.57	3.59	7.07	8.61	11.89	1.72	4.81	2.61
Na_2O	%	389	1.10	0.30	1.06	1.31	0.27	1.04	0.61	0.64	0.68	0.84	1.36	1.64	1.76	1.89	0.31	−1.12	1.10
K_2O	%	389	2.68	0.29	2.66	1.12	0.11	2.71	1.86	1.91	2.15	2.43	2.90	3.17	3.20	3.27	−0.22	−0.70	2.68
Corg	%	389	1.70	1.00	1.44	1.80	0.59	1.46	0.25	0.30	0.42	0.97	2.23	3.94	5.39	7.37	1.40	3.28	1.63
pH		389						7.98	5.65	5.99	6.73	7.69	8.18	8.46	8.51	8.53			

表 2.6.3 丘陵低山表层土壤地球化学参数表

指标	单位	样本数	算术平均值	算术标准差	几何平均值	几何标准差	变异系数	中位值	最小值	累积频率分位值						最大值	偏度系数	峰度系数	背景值
		N	$\bar{X}$	S	X_g	S_g	CV	X_{me}	X_{min}	$X_{0.5\%}$	$X_{2.5\%}$	$X_{25\%}$	$X_{75\%}$	$X_{97.5\%}$	$X_{99.5\%}$	X_{max}	β_s	β_k	X'
As	mg/kg	33 920	12.9	15.6	10.7	1.8	1.21	11.1	0.1	1.6	2.7	7.8	15.1	32.7	65.7	1 463.5	45.10	3 464.10	11.3
B	mg/kg	32 804	54	23	47	2	0.43	57	1	5	9	39	67	96	132	271	0.42	2.84	53
Cd	mg/kg	33 920	0.37	1.11	0.24	2.01	3.05	0.21	0.003	0.06	0.08	0.16	0.32	1.51	4.97	108.00	47.32	3 829.77	0.22
Cl	mg/kg	32 326	65	38	59	1	0.59	56	15	25	31	46	73	141	236	1590	10.21	244.38	59
Co	mg/kg	32 037	18.0	7.2	16.8	1.4	0.40	17.0	1.0	4.9	7.3	14.2	20.1	36.8	53.0	214.6	3.10	30.89	16.9
Cr	mg/kg	33 920	86	45	80	1	0.53	81	1	22	34	70	92	179	367	1036	6.89	79.46	79
Cu	mg/kg	33 920	36.6	63.8	32.2	1.5	1.74	30.4	2.6	10.5	15.0	25.6	38.8	97.0	173.5	10 170.0	120.93	18 814.62	31.2
F	mg/kg	33 920	659	292	612	1	0.44	586	55	246	318	481	760	1374	1834	11 700	4.19	78.82	611
Ge	mg/kg	33 920	1.48	0.23	1.46	1.17	0.16	1.47	0.20	0.86	1.05	1.35	1.60	1.94	2.21	9.81	2.77	81.30	1.47
Hg	μg/kg	33 920	75.6	200.4	59.5	1.8	2.65	58.0	2.0	14.7	21.0	41.1	81.0	219.0	548.0	24 600.0	83.35	9 126.50	59.6
I	mg/kg	32 326	1.7	7.8	1.4	1.8	4.66	1.3	0.1	0.4	0.5	0.9	2.1	4.5	7.0	1 390.0	173.81	30 896.77	1.5
Mn	mg/kg	32 037	700	454	617	2	0.65	640	40	152	227	445	871	1532	2267	34 230	18.34	1 060.04	660
Mo	mg/kg	33 920	1.89	5.50	1.08	2.28	2.90	0.86	0.04	0.30	0.38	0.64	1.42	10.28	27.01	555.84	39.39	3 249.51	0.84
N	mg/kg	33 920	1700	756	1549	2	0.44	1590	100	392	612	1188	2069	3490	4838	11 045	1.66	6.95	1615
Ni	mg/kg	33 920	40.7	26.6	36.2	1.6	0.65	36.5	0.3	8.8	13.4	28.9	45.8	97.0	189.4	993.5	7.67	137.62	36.5
P	mg/kg	33 920	757	555	656	2	0.73	631	64	199	266	476	864	2033	3406	17 335	7.77	140.02	654
Pb	mg/kg	33 920	30.7	37.3	28.4	1.4	1.21	28.7	2.2	10.4	15.6	24.2	32.5	52.5	119.1	3 648.5	51.27	3 844.61	28.2
S	mg/kg	32 037	298	422	258	2	1.42	262	30	76	103	193	342	623	1420	48 860	59.74	5 926.73	267
Se	mg/kg	33 920	0.41	0.98	0.30	1.83	2.40	0.26	0.01	0.10	0.13	0.21	0.36	1.55	4.66	73.45	27.04	1 301.47	0.26
Sr	mg/kg	28 618	117	113	94	2	0.97	82	11	29	41	65	118	449	740	2391	4.79	39.56	83
V	mg/kg	11 668	119	86	107	1	0.72	104	15	39	52	89	123	279	542	2115	10.48	171.48	103
Zn	mg/kg	33 920	99	76	89	1	0.77	84	10	40	50	69	107	225	460	2765	13.40	313.69	87
SiO_2	%	32 037	63.82	7.08	63.38	1.13	0.11	64.74	9.73	38.46	47.90	59.95	68.39	75.66	78.98	88.92	−0.99	2.99	64.24
Al_2O_3	%	26 134	14.07	2.22	13.89	1.18	0.16	14.05	3.50	8.04	9.70	12.73	15.32	18.83	21.30	25.70	0.22	1.35	14.02
TFe_2O_3	%	33 920	6.17	1.95	5.91	1.34	0.32	5.82	0.77	2.61	3.32	5.01	6.83	11.54	14.33	19.46	1.58	4.04	5.86
MgO	%	33 920	1.64	1.18	1.40	1.69	0.72	1.35	0.16	0.40	0.52	1.01	1.88	4.64	8.23	19.44	4.34	32.43	1.41
CaO	%	33 920	1.41	1.88	0.92	2.34	1.33	0.81	0.03	0.12	0.22	0.52	1.48	6.33	12.11	49.41	5.59	59.79	0.80
Na_2O	%	32 037	1.06	0.79	0.81	2.13	0.74	0.82	0.03	0.10	0.17	0.51	1.35	3.08	3.79	5.50	1.39	1.66	0.99
K_2O	%	33 920	2.27	0.61	2.19	1.32	0.27	2.20	0.16	0.79	1.20	1.89	2.60	3.67	4.45	8.20	0.83	2.53	2.24
Corg	%	33 919	1.62	0.86	1.44	1.66	0.53	1.51	0.02	0.24	0.47	1.09	1.96	3.65	5.65	18.04	2.82	20.42	1.52
pH		33 920						6.37	0.70	4.45	4.79	5.64	7.36	8.24	8.40	9.05			

表 2.6.4　中山表层土壤地球化学参数表

指标	单位	样本数	算术平均值	算术标准差	几何平均值	几何标准差	变异系数	中位值	最小值	累积频率分位值						最大值	偏度系数	峰度系数	背景值
		N	$\overline{X}$	S	X_g	S_g	CV	X_{me}	X_{min}	$X_{0.5\%}$	$X_{2.5\%}$	$X_{25\%}$	$X_{75\%}$	$X_{97.5\%}$	$X_{99.5\%}$	X_{max}	β_s	β_k	X'
As	mg/kg	2737	11.8	8.2	9.9	1.8	0.69	10.8	0.5	1.6	2.9	6.2	16.0	26.0	33.1	258.1	11.01	306.22	11.5
B	mg/kg	2737	125	78	105	2	0.63	118	2	7	24	75	148	336	544	1168	3.40	23.66	112
Cd	mg/kg	2737	0.36	0.71	0.28	1.69	1.96	0.27	0.05	0.09	0.12	0.21	0.35	0.96	4.10	21.10	17.95	426.99	0.28
Cl	mg/kg	2737	55	30	50	1	0.55	47	22	29	33	40	58	129	222	519	5.92	59.78	48
Co	mg/kg	2737	18.3	4.0	17.9	1.2	0.22	18.1	4.4	7.4	10.7	16.5	19.8	26.7	36.7	62.6	2.12	17.08	18.1
Cr	mg/kg	2737	89	48	85	1	0.54	86	10	29	50	80	93	118	355	1389	15.94	338.62	86
Cu	mg/kg	2737	32.4	21.5	29.5	1.5	0.66	30.3	5.2	10.1	12.7	24.5	36.1	66.8	146.0	623.0	11.56	243.91	29.6
F	mg/kg	2737	1085	601	961	2	0.55	963	191	306	362	695	1332	2448	3961	8809	3.03	21.81	1018
Ge	mg/kg	2737	1.53	0.16	1.52	1.12	0.11	1.54	0.60	0.95	1.18	1.44	1.63	1.80	1.95	2.47	−0.68	3.30	1.54
Hg	μg/kg	2737	77.3	86.2	61.1	1.9	1.11	62.0	4.0	14.0	19.0	40.0	88.0	240.0	630.0	1 380.0	7.76	85.57	63.4
I	mg/kg	2737	2.2	1.2	1.9	1.8	0.57	2.0	0.3	0.4	0.5	1.3	2.8	5.1	6.6	16.9	1.87	11.07	2.1
Mn	mg/kg	2737	871	458	789	2	0.53	813	123	177	253	651	1000	1708	3629	6944	4.46	36.75	820
Mo	mg/kg	2737	1.22	3.01	0.92	1.71	2.46	0.86	0.11	0.23	0.42	0.68	1.13	3.07	12.30	87.01	17.23	368.82	0.88
N	mg/kg	2737	1390	444	1320	1	0.32	1356	240	290	650	1115	1618	2345	3025	5165	1.30	6.45	1362
Ni	mg/kg	2737	40.5	22.6	38.3	1.3	0.56	38.3	5.9	13.6	20.5	33.9	43.4	62.3	133.0	580.3	14.01	271.02	38.6
P	mg/kg	2737	699	1443	565	2	2.07	543	128	198	282	438	671	1439	6140	39 040	17.10	348.31	548
Pb	mg/kg	2737	31.0	12.1	29.9	1.3	0.39	30.2	6.4	11.1	18.5	26.6	33.7	47.2	73.5	405.0	15.02	389.49	30.0
S	mg/kg	2737	197	93	183	1	0.47	183	49	71	92	145	225	387	645	2075	5.74	79.50	185
Se	mg/kg	2737	0.25	0.35	0.21	1.58	1.39	0.21	0.03	0.07	0.10	0.16	0.27	0.59	2.09	10.84	16.81	388.33	0.21
Sr	mg/kg	218	181	118	147	2	0.65	149	34	34	51	82	262	433	528	777	1.25	2.28	176
V	mg/kg	2716	120	48	116	1	0.40	116	31	52	72	106	127	170	302	1250	13.18	238.17	116
Zn	mg/kg	2737	96	38	93	1	0.40	93	31	46	60	83	102	137	257	1217	15.55	364.53	92
SiO_2	%	2737	63.50	5.64	63.21	1.10	0.09	64.13	24.33	40.30	50.36	60.65	67.04	72.87	76.08	81.08	−1.36	5.18	63.97
Al_2O_3	%	2737	15.04	1.82	14.92	1.14	0.12	15.10	5.50	8.79	11.10	13.97	16.20	18.44	19.60	21.88	−0.45	1.43	15.09
TFe_2O_3	%	2737	5.94	1.10	5.84	1.22	0.18	5.97	1.56	2.70	3.61	5.34	6.55	8.13	9.72	12.57	0.15	2.41	5.94
MgO	%	2737	2.11	1.13	1.88	1.59	0.54	1.83	0.34	0.57	0.75	1.42	2.46	4.99	7.25	13.65	2.66	13.70	1.93
CaO	%	2737	1.49	2.88	0.68	2.99	1.93	0.53	0.07	0.12	0.15	0.31	1.15	9.88	18.04	33.73	4.81	31.04	0.49
Na_2O	%	2737	0.52	0.48	0.43	1.74	0.92	0.42	0.09	0.14	0.18	0.30	0.56	2.13	3.46	4.27	4.36	22.60	0.42
K_2O	%	2737	2.77	0.61	2.69	1.27	0.22	2.76	0.49	1.11	1.50	2.40	3.16	4.01	4.37	6.01	0.01	0.73	2.77
Corg	%	2737	1.27	0.53	1.17	1.53	0.41	1.21	0.06	0.17	0.45	0.95	1.50	2.48	3.31	6.52	2.06	11.90	1.22
pH		2737						6.47	4.23	4.53	4.74	5.47	7.87	8.40	8.76	9.12			

表 2.6.5　高山表层土壤地球化学参数表

指标	单位	样本数	算术平均值	算术标准差	几何平均值	几何标准差	变异系数	中位值	最小值	累积频率分位值						最大值	偏度系数	峰度系数	背景值
		N	$\bar{X}$	S	X_g	S_g	CV	X_{me}	X_{min}	$X_{0.5\%}$	$X_{2.5\%}$	$X_{25\%}$	$X_{75\%}$	$X_{97.5\%}$	$X_{99.5\%}$	X_{max}	β_s	β_k	X'
As	mg/kg	92 902	13.4	8.5	11.7	1.7	0.64	13.5	0.1	2.2	3.2	8.6	17.0	25.8	36.2	898.5	31.30	2 654.90	13.0
B	mg/kg	92 903	83	49	75	2	0.59	73	2	20	34	63	87	198	372	1314	5.55	54.06	73
Cd	mg/kg	92 903	0.65	1.56	0.42	2.11	2.40	0.38	0.02	0.09	0.13	0.27	0.55	2.93	8.75	99.35	17.89	548.58	0.37
Cl	mg/kg	90 619	54	27	51	1	0.50	49	5	25	30	42	60	102	176	1710	12.38	383.51	51
Co	mg/kg	90 619	18.4	5.3	17.6	1.4	0.29	18.0	1.0	4.8	8.6	15.1	21.7	28.9	33.4	227.0	1.31	32.24	18.3
Cr	mg/kg	92 903	92	40	88	1	0.44	87	8	34	57	78	96	164	307	2470	13.18	381.25	86
Cu	mg/kg	92 903	31.8	14.2	29.8	1.4	0.45	29.3	2.3	9.9	15.3	24.3	35.8	65.1	91.2	969.0	10.99	459.35	29.7
F	mg/kg	92 903	1042	843	887	2	0.81	810	144	313	414	644	1115	3597	6135	19 566	4.53	30.67	842
Ge	mg/kg	92 903	1.50	0.24	1.48	1.18	0.16	1.50	0.27	0.81	1.01	1.37	1.64	1.94	2.20	8.78	0.82	17.59	1.50
Hg	μg/kg	92 903	120.5	346.9	100.9	1.7	2.88	103.4	6.5	20.0	31.5	78.7	131.9	267.5	555.9	61 100.0	105.91	15 055.58	104.4
I	mg/kg	90 618	3.6	2.6	2.7	2.3	0.71	3.2	0.02	0.3	0.5	1.5	4.8	10.0	12.9	31.1	1.25	2.30	3.4
Mn	mg/kg	90 619	980	566	803	2	0.58	965	18	109	168	537	1324	2183	2991	9761	1.22	6.45	951
Mo	mg/kg	92 903	2.46	6.79	1.33	2.38	2.76	1.14	0.10	0.29	0.37	0.81	1.76	14.60	39.24	664.00	22.07	1 280.81	1.11
N	mg/kg	92 903	1824	682	1709	1	0.37	1728	52	472	775	1396	2132	3396	4628	14 974	1.89	11.60	1764
Ni	mg/kg	92 903	39.0	17.4	36.8	1.4	0.45	36.2	2.8	12.2	20.7	30.8	43.0	76.5	133.7	584.3	6.78	102.71	36.5
P	mg/kg	92 903	800	536	725	2	0.67	728	65	209	311	558	945	1622	2238	36 248	20.75	885.20	755
Pb	mg/kg	92 903	34.4	37.3	32.9	1.3	1.08	32.9	2.3	16.1	20.6	29.0	37.0	54.8	86.9	7 837.8	139.81	25 455.70	32.8
S	mg/kg	90 619	309	247	277	2	0.80	273	1	72	114	215	355	687	1155	36 202	60.79	7 842.29	282
Se	mg/kg	92 903	0.77	1.42	0.53	2.06	1.85	0.48	0.02	0.09	0.16	0.34	0.71	3.45	8.84	86.59	15.12	465.05	0.49
Sr	mg/kg	58 308	72	52	65	2	0.72	62	13	26	33	50	79	166	352	2782	11.88	327.98	63
V	mg/kg	59 695	125	74	117	1	0.59	114	12	40	69	101	129	276	553	3825	11.68	286.58	113
Zn	mg/kg	92 903	99	111	94	1	1.12	95	2	37	58	83	108	154	228	18 120	110.54	14 316.57	95
SiO_2	%	90 619	67.19	5.24	66.99	1.08	0.08	66.94	18.51	52.91	57.61	63.91	70.22	78.71	82.98	90.99	0.10	1.80	67.13
Al_2O_3	%	88 300	13.79	2.26	13.59	1.20	0.16	14.00	2.80	6.97	8.59	12.49	15.40	17.55	18.97	23.60	−0.53	0.50	13.84
TFe_2O_3	%	92 903	5.70	1.23	5.56	1.27	0.22	5.69	0.48	2.06	3.28	4.94	6.47	8.09	9.16	28.45	0.25	4.47	5.70
MgO	%	92 903	1.76	1.48	1.49	1.67	0.84	1.42	0.15	0.47	0.64	1.11	1.84	6.18	11.10	21.73	4.67	29.00	1.41
CaO	%	92 903	0.61	1.14	0.40	2.17	1.88	0.39	0.01	0.07	0.11	0.25	0.59	2.73	8.10	38.86	10.38	166.33	0.40
Na_2O	%	90 619	0.42	0.25	0.37	1.62	0.60	0.36	0.02	0.11	0.15	0.27	0.50	1.04	1.84	3.97	3.39	19.87	0.38
K_2O	%	92 903	2.45	0.74	2.33	1.40	0.30	2.43	0.19	0.78	1.06	1.97	2.93	3.92	4.36	7.94	0.17	0.06	2.44
Corg	%	92 903	1.74	0.78	1.59	1.55	0.45	1.62	0.01	0.35	0.62	1.26	2.06	3.58	5.10	21.60	2.34	17.65	1.66
pH		92 900						5.54	2.36	4.12	4.37	4.98	6.48	8.10	8.30	9.58			

2.7　不同行政市(州)土壤地球化学参数

表 2.7.1　武汉市表层土壤地球化学参数表
表 2.7.2　襄阳市表层土壤地球化学参数表
表 2.7.3　宜昌市表层土壤地球化学参数表
表 2.7.4　黄石市表层土壤地球化学参数表
表 2.7.5　十堰市表层土壤地球化学参数表
表 2.7.6　荆州市表层土壤地球化学参数表
表 2.7.7　荆门市表层土壤地球化学参数表
表 2.7.8　鄂州市表层土壤地球化学参数表
表 2.7.9　孝感市表层土壤地球化学参数表
表 2.7.10　黄冈市表层土壤地球化学参数表
表 2.7.11　咸宁市表层土壤地球化学参数表
表 2.7.12　随州市表层土壤地球化学参数表
表 2.7.13　恩施州表层土壤地球化学参数表
表 2.7.14　仙桃市表层土壤地球化学参数表
表 2.7.15　天门市表层土壤地球化学参数表
表 2.7.16　潜江市表层土壤地球化学参数表

表 2.7.1 武汉市表层土壤地球化学参数表

指标	单位	样本数	算术平均值	算术标准差	几何平均值	几何标准差	变异系数	中位值	最小值	累积频率分位值						最大值	偏度系数	峰度系数	背景值
		N	$\bar{X}$	S	X_g	S_g	CV	X_{me}	X_{min}	$X_{0.5\%}$	$X_{2.5\%}$	$X_{25\%}$	$X_{75\%}$	$X_{97.5\%}$	$X_{99.5\%}$	X_{max}	β_s	β_k	X'
As	mg/kg	4109	12.8	4.8	11.6	1.6	0.37	12.8	0.7	1.5	2.7	9.9	15.8	21.9	26.7	47.1	0.15	1.26	12.7
B	mg/kg	4109	57	16	54	1	0.28	58	2	8	14	51	66	84	93	171	−0.74	1.97	58
Cd	mg/kg	4109	0.29	0.23	0.24	1.81	0.78	0.29	0.01	0.07	0.09	0.14	0.40	0.58	0.83	8.48	15.59	488.80	0.28
Cl	mg/kg	4109	73	56	66	1	0.77	62	20	30	36	51	78	176	330	1527	11.62	221.06	63
Co	mg/kg	4109	17.2	3.8	16.7	1.3	0.22	17.6	3.1	5.6	8.9	14.8	20.1	23.0	25.1	44.7	−0.32	1.57	17.4
Cr	mg/kg	4109	87	20	84	1	0.23	88	10	24	40	76	101	115	127	316	0.49	10.63	88
Cu	mg/kg	4109	36.6	24.9	34.3	1.4	0.68	36.3	6.0	11.2	16.2	26.6	45.6	55.7	67.8	1 440.0	43.87	2 474.91	36.0
F	mg/kg	4109	624	227	580	1	0.36	645	118	194	259	410	816	977	1056	3125	0.38	2.77	622
Ge	mg/kg	4109	1.57	0.19	1.56	1.14	0.12	1.59	0.20	0.98	1.15	1.45	1.70	1.88	2.04	2.36	−0.55	1.97	1.58
Hg	μg/kg	4109	87.1	118.0	71.3	1.7	1.35	66.0	2.0	19.0	30.0	53.0	90.0	250.0	638.0	3 680.0	14.86	328.46	68.4
I	mg/kg	4109	1.6	0.7	1.4	1.6	0.47	1.5	0.1	0.2	0.5	1.1	1.9	3.5	4.5	10.3	1.67	7.92	1.5
Mn	mg/kg	4109	727	233	686	1	0.32	737	159	231	297	557	885	1180	1385	2040	0.18	0.19	724
Mo	mg/kg	4109	1.02	0.46	0.93	1.56	0.45	0.97	0.04	0.23	0.35	0.70	1.29	1.94	2.33	10.88	3.47	55.75	1.00
N	mg/kg	4109	1477	634	1368	1	0.43	1400	100	300	590	1116	1700	2980	4342	13 300	3.58	39.52	1397
Ni	mg/kg	4109	39.7	14.0	36.9	1.5	0.35	39.4	5.0	9.9	14.7	28.0	52.0	61.8	64.1	117.2	0.02	−0.70	39.7
P	mg/kg	4109	721	281	682	1	0.39	678	128	268	371	567	806	1394	2017	5366	3.97	36.71	682
Pb	mg/kg	4109	32.1	12.9	31.2	1.2	0.40	31.3	11.4	17.1	20.5	28.1	34.5	46.9	74.4	461.0	19.67	570.63	31.1
S	mg/kg	4109	301	253	258	2	0.84	240	35	92	118	188	330	970	1650	6398	7.23	106.94	249
Se	mg/kg	4109	0.35	0.26	0.31	1.54	0.75	0.32	0.02	0.10	0.14	0.24	0.41	0.72	1.07	10.80	21.32	738.12	0.33
Sr	mg/kg	4109	109	67	100	1	0.61	97	10	44	52	82	117	255	502	1180	7.36	79.98	98
V	mg/kg	2155	108	28	105	1	0.26	103	24	41	58	91	125	167	181	348	0.72	2.97	108
Zn	mg/kg	4109	97	56	91	1	0.58	97	27	41	49	68	121	144	185	2180	21.46	683.78	95
SiO_2	%	4109	64.93	6.74	64.59	1.11	0.10	63.41	47.28	52.89	55.48	59.16	71.04	77.19	78.73	89.03	0.36	−1.08	64.93
Al_2O_3	%	2155	13.55	1.94	13.41	1.16	0.14	13.28	4.24	9.28	10.52	12.10	14.83	17.68	18.47	19.02	0.35	0.04	13.56
TFe_2O_3	%	4109	6.10	1.48	5.91	1.30	0.24	6.14	1.68	2.57	3.52	4.85	7.39	8.44	8.88	15.47	−0.02	−0.47	6.09
MgO	%	4109	1.72	0.73	1.54	1.65	0.42	2.01	0.28	0.50	0.62	0.92	2.35	2.65	3.13	5.08	−0.20	−1.32	1.72
CaO	%	4109	1.33	1.01	1.04	2.02	0.76	1.14	0.11	0.18	0.23	0.63	1.60	4.40	5.81	11.77	2.47	9.92	1.13
Na_2O	%	4109	1.20	0.68	1.04	1.69	0.57	1.02	0.13	0.25	0.33	0.78	1.39	3.23	3.75	4.45	1.71	3.24	1.03
K_2O	%	4109	2.40	0.62	2.32	1.32	0.26	2.56	0.55	1.04	1.36	1.80	2.96	3.24	3.33	5.48	−0.27	−1.08	2.40
Corg	%	4109	1.45	0.63	1.35	1.47	0.43	1.36	0.10	0.37	0.60	1.10	1.65	3.03	4.74	10.10	2.92	18.95	1.36
pH		4109						6.70	4.01	4.56	4.90	5.70	7.80	8.25	8.33	8.90			

表 2.7.2 襄阳市表层土壤地球化学参数表

指标	单位	样本数	算术平均值	算术标准差	几何平均值	几何标准差	变异系数	中位值	最小值	累积频率分位值						最大值	偏度系数	峰度系数	背景值
		N	$\overline{X}$	S	X_g	S_g	CV	X_{me}	X_{min}	$X_{0.5\%}$	$X_{2.5\%}$	$X_{25\%}$	$X_{75\%}$	$X_{97.5\%}$	$X_{99.5\%}$	X_{max}	β_s	β_k	X'
As	mg/kg	7131	13.4	7.9	12.2	1.5	0.59	12.1	2.1	4.1	5.9	9.3	15.2	28.2	47.9	373.8	15.50	612.74	12.4
B	mg/kg	7131	60	20	57	1	0.33	58	6	16	25	51	66	109	157	271	2.24	12.95	58
Cd	mg/kg	7131	0.27	0.17	0.24	1.63	0.64	0.24	0.04	0.08	0.10	0.16	0.34	0.59	1.21	3.58	5.43	62.91	0.25
Cl	mg/kg	6372	65	33	61	1	0.51	58	16	30	35	49	72	141	239	852	7.22	115.76	59
Co	mg/kg	6372	16.2	4.0	15.8	1.3	0.24	15.8	3.6	8.0	9.9	13.9	18.0	25.8	33.3	62.7	1.98	11.94	15.8
Cr	mg/kg	7131	81	17	79	1	0.21	79	15	36	52	71	88	116	143	346	2.28	22.61	80
Cu	mg/kg	7131	31.6	11.6	30.4	1.3	0.37	29.4	7.3	15.1	19.7	26.1	34.8	55.7	70.6	480.8	13.00	401.46	30.1
F	mg/kg	7131	660	228	631	1	0.35	604	2	337	398	522	740	1189	1451	5360	4.66	62.15	631
Ge	mg/kg	7131	1.44	0.16	1.43	1.12	0.11	1.44	0.71	1.00	1.11	1.35	1.54	1.77	1.93	2.76	0.22	1.79	1.44
Hg	μg/kg	7131	84.9	1050.4	55.2	1.8	12.37	53.0	4.0	15.0	21.0	39.0	73.0	202.0	661.6	87 645.0	81.35	6 775.03	54.4
I	mg/kg	6372	1.9	1.0	1.7	1.6	0.51	1.7	0.3	0.5	0.6	1.2	2.5	4.1	5.7	12.2	1.59	6.66	1.8
Mn	mg/kg	6372	769	219	736	1	0.29	765	155	255	338	643	896	1182	1493	3530	0.86	7.35	762
Mo	mg/kg	7131	1.06	2.20	0.85	1.67	2.07	0.80	0.22	0.35	0.40	0.60	1.13	2.48	9.70	111.28	29.56	1 236.34	0.85
N	mg/kg	7131	1538	571	1437	1	0.37	1464	134	324	648	1160	1835	2778	3556	8043	1.53	8.22	1504
Ni	mg/kg	7131	38.5	11.2	37.1	1.3	0.29	37.0	8.0	15.8	21.4	31.6	43.5	64.4	81.6	215.5	2.18	16.82	37.6
P	mg/kg	7131	720	528	663	1	0.73	654	165	243	320	530	833	1334	2180	24 352	23.47	835.06	680
Pb	mg/kg	7131	29.0	9.2	28.4	1.2	0.32	28.2	10.5	16.2	19.3	25.5	31.5	40.7	52.0	519.7	27.85	1 315.68	28.6
S	mg/kg	6372	242	136	224	1	0.56	224	29	80	106	176	287	449	619	5674	16.28	518.69	232
Se	mg/kg	7131	0.30	0.21	0.28	1.48	0.69	0.27	0.07	0.11	0.14	0.21	0.35	0.60	1.29	7.64	13.32	328.60	0.28
Sr	mg/kg	7131	105	52	98	1	0.49	98	16	37	53	80	115	210	358	902	6.51	72.65	98
V	mg/kg	2960	100	22	99	1	0.22	99	48	57	70	90	106	146	213	456	4.89	54.01	98
Zn	mg/kg	7131	85	24	82	1	0.28	83	39	45	52	69	99	124	149	836	7.12	183.36	84
Al_2O_3	%	6372	63.88	4.70	63.70	1.08	0.07	64.34	25.06	48.39	53.67	61.32	66.76	72.56	75.12	78.74	−0.63	1.95	64.02
TFe_2O_3	%	6372	14.49	1.79	14.38	1.13	0.12	14.45	8.06	9.70	10.91	13.38	15.55	18.34	19.57	23.42	0.16	0.57	14.48
MgO	%	7131	5.78	1.14	5.67	1.21	0.20	5.62	2.42	3.42	3.90	5.05	6.32	8.53	9.87	18.48	1.23	5.06	5.70
CaO	%	7131	1.63	0.63	1.54	1.39	0.38	1.49	0.37	0.72	0.85	1.22	1.94	2.78	4.08	13.99	3.70	42.70	1.59
Na_2O	%	7131	1.52	1.18	1.24	1.83	0.78	1.05	0.05	0.26	0.44	0.84	2.01	3.87	7.75	20.96	4.14	37.22	1.40
K_2O	%	6372	1.21	0.53	1.08	1.63	0.44	1.18	0.09	0.23	0.35	0.86	1.47	2.27	3.02	4.42	0.80	2.04	1.18
Al_2O_3	%	7131	2.48	0.42	2.44	1.19	0.17	2.44	0.63	1.46	1.76	2.18	2.76	3.33	3.89	5.76	0.61	2.36	2.47
Corg	%	7131	1.45	0.68	1.32	1.57	0.47	1.36	0.10	0.22	0.51	1.04	1.76	2.86	3.96	18.04	4.08	63.64	1.40
pH		7131						7.19	4.33	4.83	5.25	6.42	7.94	8.28	8.42	8.83			

表 2.7.3　宜昌市表层土壤地球化学参数表

指标	单位	样本数	算术平均值	算术标准差	几何平均值	几何标准差	变异系数	中位值	最小值	累积频率分位值						最大值	偏度系数	峰度系数	背景值
		N	$\bar{X}$	S	X_g	S_g	CV	X_{me}	X_{min}	$X_{0.5\%}$	$X_{2.5\%}$	$X_{25\%}$	$X_{75\%}$	$X_{97.5\%}$	$X_{99.5\%}$	X_{max}	β_s	β_k	X'
As	mg/kg	1479	11.1	5.7	9.7	1.8	0.52	10.8	0.1	1.1	1.9	8.1	13.3	23.7	40.5	63.5	2.59	16.19	10.4
B	mg/kg	1479	60	24	54	2	0.41	59	2	5	10	49	68	123	152	185	0.87	3.02	58
Cd	mg/kg	1479	0.29	0.27	0.24	1.72	0.92	0.24	0.05	0.07	0.11	0.16	0.33	0.89	2.41	3.89	6.22	55.28	0.24
Cl	mg/kg	1479	61	37	55	2	0.60	52	22	27	30	41	68	147	202	592	5.47	58.05	54
Co	mg/kg	1479	16.3	4.6	15.7	1.3	0.28	16.2	3.8	5.5	8.4	13.8	18.5	24.5	37.8	62.6	2.17	17.17	16.1
Cr	mg/kg	1479	80	60	75	1	0.75	77	10	16	34	69	84	107	412	1389	14.36	249.45	77
Cu	mg/kg	1479	29.3	9.9	27.9	1.4	0.34	27.1	5.2	8.3	14.5	23.9	33.4	51.3	73.1	132.4	2.58	17.12	28.3
F	mg/kg	1479	616	240	580	1	0.39	547	191	269	325	472	695	1333	1651	2165	1.98	5.48	572
Ge	mg/kg	1479	1.50	0.34	1.48	1.16	0.23	1.48	0.40	0.99	1.12	1.37	1.61	1.82	1.89	9.81	16.23	367.63	1.49
Hg	μg/kg	1479	95.1	655.4	62.3	1.8	6.89	61.0	4.0	12.0	20.0	44.0	83.7	226.0	555.9	24 600.0	35.74	1 327.03	61.8
I	mg/kg	1479	1.7	1.0	1.5	1.7	0.55	1.5	0.4	0.5	0.6	1.1	2.2	4.1	5.7	8.0	1.55	3.35	1.7
Mn	mg/kg	1479	754	303	702	1	0.40	695	142	219	335	561	863	1424	2102	2602	1.68	5.09	727
Mo	mg/kg	1479	1.01	0.95	0.84	1.73	0.94	0.81	0.17	0.20	0.28	0.63	1.06	2.98	7.30	16.30	6.89	73.33	0.81
N	mg/kg	1479	1315	421	1240	1	0.32	1290	240	270	470	1050	1553	2220	2588	3847	0.46	1.65	1302
Ni	mg/kg	1479	33.9	25.5	31.3	1.4	0.75	31.4	5.9	9.0	15.2	26.9	37.2	52.1	191.0	580.3	13.59	234.62	31.7
P	mg/kg	1479	719	277	677	1	0.38	669	175	222	375	538	840	1338	2277	3059	2.41	11.85	689
Pb	mg/kg	1479	30.6	35.5	28.4	1.4	1.16	29.2	6.4	8.4	14.6	25.6	32.1	45.3	78.1	1 090.0	24.99	681.68	28.8
S	mg/kg	1479	266	132	242	2	0.50	247	50	72	93	187	316	539	748	2320	4.75	56.00	254
Se	mg/kg	1479	0.29	0.19	0.26	1.56	0.64	0.26	0.03	0.06	0.10	0.21	0.32	0.67	1.44	3.01	5.94	57.49	0.26
Sr	mg/kg	1479	109	70	96	2	0.64	86	38	46	53	70	119	336	464	528	2.81	9.21	88
V	mg/kg	1479	100	23	98	1	0.23	99	22	35	59	88	112	147	200	270	1.25	6.93	99
Zn	mg/kg	1479	81	39	76	1	0.48	79	24	35	44	60	96	127	174	1016	13.40	288.97	78
SiO_2	%	1479	65.37	5.55	65.11	1.10	0.08	66.45	23.55	47.46	53.62	62.10	69.19	74.13	76.70	81.93	−1.15	4.54	65.54
Al_2O_3	%	1479	13.47	1.70	13.36	1.14	0.13	13.41	5.53	7.92	9.88	12.49	14.45	16.82	17.96	21.89	−0.06	1.35	13.50
TFe_2O_3	%	1479	5.35	1.04	5.25	1.22	0.19	5.37	1.94	2.47	3.30	4.79	5.87	7.43	9.69	12.57	0.83	4.85	5.30
MgO	%	1479	1.61	1.00	1.42	1.61	0.62	1.38	0.43	0.55	0.68	0.95	1.94	4.18	6.64	14.76	3.76	29.09	1.45
CaO	%	1479	2.04	2.19	1.30	2.55	1.08	1.05	0.20	0.25	0.32	0.61	3.06	7.66	13.08	24.14	3.02	17.22	1.75
Na_2O	%	1479	0.86	0.70	0.71	1.78	0.81	0.67	0.12	0.19	0.29	0.48	0.88	3.21	4.17	4.68	2.70	7.76	0.65
K_2O	%	1479	2.22	0.47	2.17	1.24	0.21	2.13	0.60	1.10	1.47	1.87	2.54	3.23	3.61	5.43	0.64	1.50	2.22
Corg	%	1479	1.27	0.47	1.17	1.56	0.37	1.24	0.06	0.13	0.38	0.98	1.52	2.26	2.91	4.14	0.78	2.96	1.25
pH		1479						6.98	4.41	4.68	4.99	5.92	7.74	8.40	8.98	9.12			

表 2.7.4　黄石市表层土壤地球化学参数表

指标	单位	样本数	算术平均值	算术标准差	几何平均值	几何标准差	变异系数	中位值	最小值	累积频率分位值						最大值	偏度系数	峰度系数	背景值
		N	$\bar{X}$	S	X_g	S_g	CV	X_{me}	X_{min}	$X_{0.5\%}$	$X_{2.5\%}$	$X_{25\%}$	$X_{75\%}$	$X_{97.5\%}$	$X_{99.5\%}$	X_{max}	β_s	β_k	X'
As	mg/kg	881	20.4	60.8	14.6	1.9	2.98	13.6	2.9	3.8	5.3	9.9	18.9	57.3	122.4	1 463.5	20.07	437.85	13.6
B	mg/kg	881	58	16	55	1	0.28	60	12	15	22	50	67	82	94	251	1.49	23.00	58
Cd	mg/kg	881	0.61	3.05	0.39	1.96	4.98	0.35	0.07	0.10	0.14	0.25	0.53	1.90	4.53	88.70	27.55	793.31	0.36
Cl	mg/kg	881	61	24	57	1	0.40	55	22	29	33	46	68	122	158	303	2.63	14.49	57
Co	mg/kg	881	16.9	5.6	16.3	1.3	0.33	16.4	8.2	9.1	10.4	14.3	18.1	26.9	47.4	95.8	6.19	65.18	16.2
Cr	mg/kg	881	78	27	75	1	0.34	77	26	29	37	67	86	130	265	344	3.86	28.92	75
Cu	mg/kg	881	82.4	377.9	46.3	2.0	4.59	37.2	16.9	19.9	22.3	30.7	54.0	374.8	1 272.0	10 170.0	22.55	583.29	37.4
F	mg/kg	881	559	175	538	1	0.31	523	282	305	349	442	627	957	1320	2398	2.77	17.81	538
Ge	mg/kg	881	1.62	0.24	1.60	1.13	0.15	1.61	0.83	1.16	1.27	1.49	1.71	1.99	2.63	5.54	5.92	86.51	1.60
Hg	μg/kg	881	101.4	156.5	83.5	1.7	1.54	79.0	20.0	26.0	36.0	61.0	106.0	271.0	595.0	4 149.0	20.31	511.35	81.6
I	mg/kg	881	1.7	0.6	1.6	1.4	0.37	1.6	0.5	0.7	0.9	1.3	2.0	3.4	4.4	4.7	1.33	2.55	1.6
Mn	mg/kg	881	751	357	696	1	0.48	697	218	242	342	559	854	1557	2473	4673	4.24	33.95	700
Mo	mg/kg	881	1.81	4.52	1.33	1.82	2.50	1.18	0.32	0.36	0.51	0.93	1.71	5.43	16.13	120.32	21.50	544.70	1.22
N	mg/kg	881	1284	386	1229	1	0.30	1240	290	460	660	1020	1480	2160	2870	3590	1.12	3.35	1267
Ni	mg/kg	881	30.0	10.7	28.5	1.4	0.36	28.5	10.9	12.7	15.2	23.0	35.5	52.5	70.1	111.3	2.12	10.93	29.3
P	mg/kg	881	686	212	658	1	0.31	642	232	291	400	542	784	1221	1604	1742	1.40	3.06	663
Pb	mg/kg	881	58.8	134.8	41.3	1.8	2.29	35.0	15.5	20.9	24.1	30.2	44.2	232.1	886.0	2 675.0	12.33	197.17	34.3
S	mg/kg	881	423	684	328	2	1.62	295	80	128	166	238	383	1401	3988	12 483	10.55	146.03	297
Se	mg/kg	881	0.46	0.43	0.38	1.71	0.92	0.33	0.12	0.14	0.18	0.27	0.47	1.76	2.81	4.28	4.50	27.26	0.35
Sr	mg/kg	881	132	101	106	2	0.77	94	37	39	46	64	161	398	554	767	2.12	5.69	110
V	mg/kg	881	106	19	104	1	0.18	104	45	61	74	93	115	150	171	203	0.79	1.81	105
Zn	mg/kg	881	114	113	97	2	0.99	89	45	48	55	75	110	361	874	1590	7.55	74.07	89
SiO_2	%	881	67.87	5.14	67.66	1.08	0.08	68.45	43.22	51.07	56.40	64.89	71.60	76.09	78.04	79.22	−0.74	1.00	68.10
Al_2O_3	%	881	13.75	2.11	13.59	1.16	0.15	13.53	8.67	9.21	10.29	12.15	15.08	18.53	19.92	21.55	0.56	0.27	13.70
TFe_2O_3	%	881	5.61	1.18	5.50	1.22	0.21	5.45	3.06	3.27	3.70	4.90	6.15	8.19	11.08	13.92	1.55	5.93	5.51
MgO	%	881	0.97	0.47	0.90	1.47	0.48	0.86	0.31	0.42	0.49	0.68	1.12	2.12	3.55	4.43	2.85	13.21	0.91
CaO	%	881	1.25	1.39	0.86	2.28	1.11	0.77	0.12	0.16	0.23	0.46	1.54	4.63	7.63	18.41	4.36	35.32	0.92
Na_2O	%	881	0.57	0.47	0.44	1.98	0.83	0.38	0.12	0.14	0.17	0.26	0.69	1.87	2.38	2.72	1.81	2.89	0.38
K_2O	%	881	2.12	0.44	2.07	1.23	0.21	2.05	0.95	1.16	1.46	1.77	2.40	3.08	3.25	3.61	0.53	−0.28	2.11
Corg	%	881	1.34	0.49	1.25	1.43	0.37	1.28	0.18	0.37	0.57	1.01	1.54	2.52	3.27	5.04	1.69	7.16	1.29
pH		881						6.95	4.15	4.88	5.12	6.16	7.62	8.13	8.28	8.46			

表 2.7.5　十堰市表层土壤地球化学参数表

指标	单位	样本数	算术平均值	算术标准差	几何平均值	几何标准差	变异系数	中位值	最小值	累积频率分位值						最大值	偏度系数	峰度系数	背景值
		N	$\overline{X}$	S	X_g	S_g	CV	X_{me}	X_{min}	$X_{0.5\%}$	$X_{2.5\%}$	$X_{25\%}$	$X_{75\%}$	$X_{97.5\%}$	$X_{99.5\%}$	X_{max}	β_s	β_k	X'
As	mg/kg	4162	14.7	24.0	11.0	2.0	1.63	10.4	0.4	2.3	3.4	7.2	15.7	59.4	106.4	1 096.6	25.10	1 025.37	10.8
B	mg/kg	4162	48	27	39	2	0.57	46	2	4	7	25	67	101	144	246	0.80	1.83	47
Cd	mg/kg	4162	0.86	2.53	0.41	2.63	2.95	0.31	0.06	0.09	0.13	0.21	0.59	5.39	14.93	108.00	21.30	794.17	0.30
Cl	mg/kg	3927	54	37	50	1	0.69	48	18	27	32	42	57	102	187	1488	21.44	695.50	49
Co	mg/kg	3927	21.9	11.2	19.7	1.6	0.51	19.0	1.0	5.3	8.0	15.6	23.8	53.3	67.9	88.7	1.91	4.54	18.7
Cr	mg/kg	4162	110	86	93	2	0.78	89	1	22	33	71	111	372	605	943	3.73	19.06	85
Cu	mg/kg	4162	57.0	47.6	45.8	1.9	0.83	40.8	6.1	12.1	16.3	30.2	64.3	171.6	283.0	561.6	3.43	20.08	41.0
F	mg/kg	4162	722	317	678	1	0.44	647	244	345	404	544	796	1492	2176	6302	4.41	43.24	660
Ge	mg/kg	4162	1.57	0.27	1.55	1.17	0.17	1.55	0.76	0.97	1.14	1.41	1.69	2.08	2.49	8.46	5.00	109.38	1.55
Hg	μg/kg	4162	95.8	186.5	58.5	2.3	1.95	49.2	5.0	13.0	18.2	34.3	78.9	514.6	1 086.1	6 190.6	12.70	314.13	47.5
I	mg/kg	3927	1.7	1.2	1.4	1.7	0.70	1.5	0.2	0.4	0.5	1.0	2.1	3.9	6.1	43.2	12.74	407.41	1.6
Mn	mg/kg	3927	985	486	900	2	0.49	904	106	232	365	715	1154	2012	3190	8760	4.24	43.66	932
Mo	mg/kg	4162	5.38	13.61	2.57	2.93	2.53	2.18	0.21	0.47	0.59	1.05	5.16	32.05	66.17	555.84	19.71	680.27	2.47
N	mg/kg	4162	1488	812	1328	2	0.55	1307	128	383	536	988	1762	3662	5405	8998	2.63	12.09	1344
Ni	mg/kg	4162	60.3	54.2	48.5	1.9	0.90	45.0	1.2	8.8	14.7	35.6	64.4	199.2	324.8	993.5	5.22	51.35	46.2
P	mg/kg	4162	896	687	740	2	0.77	690	97	184	276	482	1070	2607	3879	13 846	4.61	55.12	746
Pb	mg/kg	4162	25.6	10.1	24.2	1.4	0.40	25.1	4.8	8.0	10.8	20.7	29.2	44.3	70.7	297.4	7.46	149.83	24.6
S	mg/kg	3927	291	515	217	2	1.77	200	52	71	87	144	290	943	3352	12 820	12.84	229.91	211
Se	mg/kg	4162	0.99	2.51	0.50	2.63	2.53	0.39	0.07	0.10	0.14	0.24	0.82	6.03	16.32	73.45	11.86	231.58	0.39
Sr	mg/kg	4162	128	113	107	2	0.88	98	19	35	47	78	131	486	743	1976	4.74	36.31	98
V	mg/kg	2758	172	155	145	2	0.90	135	21	46	60	110	183	462	1322	2115	6.46	57.36	138
Zn	mg/kg	4162	148	141	128	2	0.95	116	34	57	71	94	155	421	937	2765	8.97	119.23	120
SiO_2	%	3927	59.24	8.05	58.57	1.17	0.14	60.97	21.65	25.98	39.55	55.70	64.82	69.56	71.87	75.90	−1.49	3.06	60.02
Al_2O_3	%	3927	14.79	2.32	14.60	1.17	0.16	14.70	5.44	8.08	10.33	13.42	15.90	20.30	22.40	24.50	0.37	1.48	14.71
TFe_2O_3	%	4162	7.07	2.62	6.68	1.38	0.37	6.33	1.51	3.34	3.90	5.51	7.54	14.64	16.24	19.46	1.66	2.60	6.27
MgO	%	4162	2.38	1.52	2.09	1.61	0.64	1.86	0.47	0.82	1.00	1.50	2.62	6.86	9.31	18.97	2.74	11.17	1.92
CaO	%	4162	1.96	2.34	1.22	2.55	1.20	1.04	0.11	0.20	0.31	0.57	2.41	8.03	13.80	29.66	3.24	17.22	1.13
Na_2O	%	3927	1.31	0.77	1.11	1.80	0.59	1.02	0.08	0.18	0.33	0.77	1.79	3.14	3.77	4.54	1.09	0.62	1.28
K_2O	%	4162	2.53	0.81	2.39	1.43	0.32	2.49	0.34	0.67	0.98	2.02	3.03	4.20	4.89	7.08	0.33	0.66	2.51
Corg	%	4161	1.33	0.95	1.12	1.75	0.71	1.11	0.08	0.23	0.38	0.79	1.58	3.80	6.47	13.20	3.92	27.08	1.16
pH		4162						6.25	4.19	4.54	4.86	5.60	7.31	8.24	8.40	8.89			

表 2.7.6　荆州市表层土壤地球化学参数表

指标	单位	样本数	算术平均值	算术标准差	几何平均值	几何标准差	变异系数	中位值	最小值	累积频率分位值						最大值	偏度系数	峰度系数	背景值
		N	$\bar{X}$	S	X_g	S_g	CV	X_{me}	X_{min}	$X_{0.5\%}$	$X_{2.5\%}$	$X_{25\%}$	$X_{75\%}$	$X_{97.5\%}$	$X_{99.5\%}$	X_{max}	β_s	β_k	X'
As	mg/kg	18 052	12.3	4.6	11.8	1.3	0.37	12.0	0.3	5.1	6.3	9.8	14.4	20.0	23.9	397.0	33.36	2 781.97	12.1
B	mg/kg	18 052	60	10	59	1	0.16	59	10	33	42	54	66	79	87	152	0.22	1.68	60
Cd	mg/kg	18 052	0.36	0.10	0.35	1.34	0.29	0.36	0.06	0.13	0.18	0.30	0.42	0.57	0.79	1.89	1.41	10.02	0.36
Cl	mg/kg	17 689	78	49	72	1	0.63	70	20	36	42	58	85	154	316	1320	11.08	190.04	71
Co	mg/kg	17 689	17.8	3.0	17.5	1.2	0.17	18.0	5.2	10.3	11.9	15.7	19.9	22.9	24.1	35.4	−0.25	−0.34	17.8
Cr	mg/kg	18 052	90	15	89	1	0.16	91	25	56	63	79	101	117	123	262	0.001 6	0.51	90
Cu	mg/kg	18 052	39.4	24.1	38.1	1.3	0.61	39.3	9.7	17.7	22.5	32.6	45.5	57.0	66.1	3 019.2	104.61	12 923.00	39.1
F	mg/kg	18 052	725	166	711	1	0.23	723	55	393	458	629	818	1008	1119	12 384	19.49	1 363.09	723
Ge	mg/kg	18 052	1.51	0.15	1.50	1.11	0.10	1.50	0.55	1.13	1.22	1.40	1.61	1.80	1.90	2.87	0.11	0.52	1.51
Hg	μg/kg	18 052	70.1	74.2	64.4	1.4	1.06	64.0	12.7	23.1	33.0	52.5	78.0	131.9	260.0	6 702.6	52.20	3 987.69	64.5
I	mg/kg	17 689	1.4	0.6	1.3	1.4	0.39	1.3	0.2	0.4	0.7	1.1	1.7	2.8	3.6	7.9	1.70	7.01	1.4
Mn	mg/kg	17 689	770	183	748	1	0.24	761	163	342	442	647	881	1138	1339	3827	0.95	8.53	765
Mo	mg/kg	18 052	0.89	0.28	0.85	1.35	0.32	0.85	0.23	0.40	0.48	0.69	1.03	1.54	2.00	4.02	1.44	5.44	0.87
N	mg/kg	18 051	1791	776	1627	2	0.43	1662	43	376	637	1229	2245	3627	4407	7002	0.91	1.18	1749
Ni	mg/kg	18 052	43.6	9.3	42.6	1.3	0.21	44.1	9.7	22.3	26.2	36.6	51.0	59.4	62.4	142.9	−0.08	0.09	43.6
P	mg/kg	18 052	855	287	821	1	0.34	822	197	415	499	695	950	1506	2219	8230	5.26	79.75	818
Pb	mg/kg	18 052	30.4	6.3	29.9	1.2	0.21	30.3	11.1	18.1	20.4	26.7	33.7	40.9	53.3	252.1	6.62	181.40	30.1
S	mg/kg	17 689	322	248	274	2	0.77	265	49	81	108	191	379	882	1701	6148	5.65	59.93	278
Se	mg/kg	18 052	0.34	0.11	0.33	1.38	0.31	0.33	0.05	0.11	0.16	0.27	0.40	0.57	0.69	1.91	1.18	8.67	0.34
Sr	mg/kg	9139	116	22	114	1	0.19	116	50	64	75	102	131	160	179	250	0.28	0.58	116
V	mg/kg	8676	126	23	124	1	0.18	127	37	75	85	109	143	166	174	190	−0.15	−0.59	126
Zn	mg/kg	18 052	103	20	101	1	0.20	105	29	51	63	90	116	134	151	889	3.67	133.44	102
SiO_2	%	17 689	60.08	5.47	59.77	1.11	0.09	59.94	25.40	27.52	52.90	57.32	63.21	69.13	71.71	81.66	−2.20	12.62	60.45
Al_2O_3	%	15 523	14.78	2.15	14.61	1.17	0.15	14.90	6.49	7.53	10.40	13.30	16.40	18.41	19.00	20.54	−0.47	0.27	14.85
TFe_2O_3	%	18 052	6.33	1.17	6.22	1.22	0.18	6.42	2.07	3.49	4.12	5.46	7.26	8.27	8.66	11.29	−0.23	−0.64	6.34
MgO	%	18 052	2.19	0.39	2.14	1.24	0.18	2.22	0.42	0.77	1.00	2.00	2.43	2.81	3.08	3.62	−1.06	2.63	2.23
CaO	%	18 052	2.24	1.26	1.94	1.71	0.56	1.81	0.25	0.39	0.75	1.30	2.97	5.28	6.41	19.50	1.38	3.67	2.17
Na_2O	%	17 689	1.11	0.33	1.06	1.34	0.30	1.05	0.14	0.50	0.59	0.86	1.32	1.85	2.09	2.42	0.64	0.08	1.10
K_2O	%	18 052	2.68	0.32	2.66	1.13	0.12	2.71	1.56	1.76	1.97	2.47	2.92	3.24	3.39	4.03	−0.39	0.04	2.68
Corg	%	18 052	1.67	0.82	1.48	1.65	0.49	1.50	0.12	0.31	0.53	1.07	2.11	3.63	4.77	8.45	1.23	2.71	1.61
pH		18 052						7.87	4.15	5.14	5.80	7.28	8.09	8.36	8.48	8.88			

表 2.7.7 荆门市表层土壤地球化学参数表

指标	单位	样本数	算术平均值	算术标准差	几何平均值	几何标准差	变异系数	中位值	最小值	累积频率分位值						最大值	偏度系数	峰度系数	背景值
		N	$\bar{X}$	S	X_g	S_g	CV	X_{me}	X_{min}	$X_{0.5\%}$	$X_{2.5\%}$	$X_{25\%}$	$X_{75\%}$	$X_{97.5\%}$	$X_{99.5\%}$	X_{max}	β_s	β_k	X'
As	mg/kg	53 487	12.5	5.7	11.7	1.4	0.46	12.1	0.6	4.2	5.7	9.4	14.9	21.9	31.4	342.2	13.50	487.52	12.1
B	mg/kg	52 371	60	11	58	1	0.19	60	1	22	34	54	66	82	95	205	0.000 1	4.14	60
Cd	mg/kg	53 487	0.25	0.32	0.20	1.75	1.31	0.19	0.003	0.05	0.08	0.14	0.30	0.56	1.51	28.30	33.74	2 138.07	0.22
Cl	mg/kg	52 160	83	46	76	2	0.56	73	15	31	38	57	96	188	309	1811	6.53	121.65	76
Co	mg/kg	51 871	16.8	5.1	16.2	1.3	0.30	16.3	1.8	7.2	9.3	13.9	19.0	27.5	37.0	214.6	5.20	110.86	16.3
Cr	mg/kg	53 487	80	17	79	1	0.21	79	11	45	55	71	88	109	142	774	5.71	123.49	79
Cu	mg/kg	53 487	29.7	9.9	28.7	1.3	0.33	27.7	5.2	15.2	18.8	24.6	32.7	48.1	68.8	558.4	11.99	433.63	28.8
F	mg/kg	53 487	611	236	585	1	0.39	571	135	301	364	486	686	1112	1557	13 793	14.98	659.65	583
Ge	mg/kg	53 487	1.43	0.16	1.42	1.12	0.11	1.42	0.22	0.97	1.12	1.33	1.52	1.77	1.96	2.71	0.30	2.76	1.42
Hg	μg/kg	53 487	66.7	106.4	56.5	1.7	1.59	55.0	5.0	16.0	22.0	41.0	76.0	170.0	340.0	19 180.9	114.25	19 641.77	57.8
I	mg/kg	52 160	1.8	1.2	1.5	1.7	0.64	1.5	0.1	0.5	0.6	1.0	2.2	4.8	6.5	17.4	2.03	7.03	1.6
Mn	mg/kg	51 871	660	353	593	2	0.53	653	47	180	224	425	846	1234	1787	34 230	21.05	1 713.40	642
Mo	mg/kg	53 487	1.04	1.76	0.85	1.65	1.70	0.78	0.15	0.34	0.41	0.62	1.08	3.06	8.58	193.53	42.30	3 420.57	0.84
N	mg/kg	53 487	1610	634	1497	1	0.39	1552	58	384	612	1211	1923	2957	4272	31 510	3.56	101.25	1562
Ni	mg/kg	53 487	35.6	15.2	34.1	1.3	0.43	34.2	0.3	15.8	19.6	28.6	40.8	57.2	79.7	2 461.2	77.33	12 145.08	34.8
P	mg/kg	53 487	737	596	659	2	0.81	671	59	205	269	492	879	1585	2769	71 716	45.11	4 425.97	683
Pb	mg/kg	53 487	29.7	12.0	28.7	1.3	0.40	29.3	2.2	16.0	18.4	25.8	32.0	42.7	75.1	909.0	21.87	953.32	28.7
S	mg/kg	51 871	290	298	260	2	1.03	263	7	73	104	195	354	581	894	48 860	96.97	14 407.00	275
Se	mg/kg	53 438	0.30	0.26	0.27	1.46	0.87	0.26	0.01	0.10	0.14	0.22	0.34	0.58	1.28	26.40	35.65	2 529.92	0.28
Sr	mg/kg	35 813	99	39	93	1	0.40	88	18	36	47	75	119	189	227	1565	4.01	85.04	96
V	mg/kg	29 210	105	22	104	1	0.21	103	22	63	73	93	114	150	165	1135	9.74	385.64	104
Zn	mg/kg	53 438	77	35	72	1	0.46	70	10	36	41	58	89	140	227	2467	12.49	531.42	74
SiO_2	%	51 822	66.30	5.78	66.03	1.10	0.09	66.38	2.63	48.56	55.31	62.78	70.29	76.64	79.34	89.14	−0.55	2.43	66.44
Al_2O_3	%	44 986	13.36	2.10	13.19	1.17	0.16	13.30	3.50	8.09	9.50	11.91	14.78	17.55	19.40	24.20	0.18	0.47	13.34
TFe_2O_3	%	53 438	5.62	1.32	5.48	1.25	0.24	5.52	1.28	2.84	3.43	4.78	6.27	8.40	11.21	27.97	1.81	14.75	5.52
MgO	%	53 438	1.42	0.86	1.25	1.63	0.61	1.14	0.18	0.47	0.57	0.86	1.98	2.73	5.21	19.44	4.72	54.77	1.37
CaO	%	53 438	1.29	1.39	0.92	2.16	1.07	0.70	0.03	0.20	0.30	0.53	1.97	3.62	8.26	41.90	5.90	80.68	1.17
Na_2O	%	51 822	1.02	0.47	0.91	1.67	0.46	0.96	0.06	0.16	0.27	0.70	1.21	2.10	2.25	4.45	0.73	0.34	1.01
K_2O	%	53 487	2.19	0.53	2.13	1.27	0.24	2.07	0.08	1.16	1.44	1.79	2.54	3.27	3.96	8.20	0.93	2.23	2.17
Corg	%	53 438	1.70	0.84	1.52	1.64	0.49	1.58	0.05	0.28	0.51	1.15	2.07	3.76	5.17	14.52	2.00	10.39	1.61
pH		53 487						6.52	3.64	4.53	4.86	5.73	7.86	8.26	8.39	9.59			

表 2.7.8　鄂州市表层土壤地球化学参数表

指标	单位	样本数	算术平均值	算术标准差	几何平均值	几何标准差	变异系数	中位值	最小值	累积频率分位值						最大值	偏度系数	峰度系数	背景值
		N	$\bar{X}$	S	X_g	S_g	CV	X_{me}	X_{min}	$X_{0.5\%}$	$X_{2.5\%}$	$X_{25\%}$	$X_{75\%}$	$X_{97.5\%}$	$X_{99.5\%}$	X_{max}	β_s	β_k	X'
As	mg/kg	403	11.4	7.9	10.2	1.6	0.70	10.4	0.1	1.8	3.9	8.7	12.6	22.6	48.6	118.0	8.53	98.93	10.4
B	mg/kg	403	60	14	57	1	0.24	62	7	10	19	56	69	81	87	96	−1.23	2.00	62
Cd	mg/kg	403	0.32	0.91	0.25	1.63	2.81	0.24	0.08	0.09	0.12	0.18	0.33	0.63	1.21	18.18	19.11	376.72	0.26
Cl	mg/kg	403	81	36	76	1	0.45	73	36	42	45	60	90	157	221	489	4.91	44.39	75
Co	mg/kg	403	16.0	6.1	15.4	1.3	0.38	15.6	6.5	6.6	8.2	13.5	18.1	22.7	40.8	102.4	7.63	99.97	15.5
Cr	mg/kg	403	78	18	75	1	0.23	78	26	29	36	71	90	108	111	116	−0.66	0.38	78
Cu	mg/kg	403	42.1	67.6	34.3	1.6	1.60	31.1	15.7	15.9	20.1	25.8	41.2	105.1	370.3	1 064.0	11.47	153.67	32.7
F	mg/kg	403	521	151	502	1	0.29	468	255	304	332	413	607	843	899	1533	1.38	4.23	517
Ge	mg/kg	403	1.57	0.17	1.56	1.12	0.11	1.57	0.75	1.04	1.18	1.47	1.67	1.85	2.01	2.14	−0.40	1.76	1.57
Hg	μg/kg	403	81.8	57.2	72.6	1.5	0.70	68.0	28.0	28.0	36.0	55.0	91.0	197.0	421.0	722.0	5.65	48.00	70.8
I	mg/kg	403	1.4	0.5	1.4	1.3	0.34	1.4	0.6	0.7	0.9	1.1	1.7	2.6	3.6	5.1	2.35	10.87	1.4
Mn	mg/kg	403	611	211	573	1	0.34	591	150	151	228	465	752	1014	1227	1284	0.38	−0.14	606
Mo	mg/kg	403	0.96	0.93	0.87	1.42	0.97	0.86	0.43	0.46	0.50	0.72	1.00	1.95	3.21	17.79	15.21	269.78	0.86
N	mg/kg	403	1435	481	1372	1	0.34	1410	570	620	730	1150	1620	2550	3130	6080	3.18	24.01	1382
Ni	mg/kg	403	30.0	10.3	28.1	1.4	0.34	28.4	9.6	9.8	11.6	23.6	36.6	50.1	52.3	66.8	0.38	−0.28	29.9
P	mg/kg	403	737	242	702	1	0.33	702	327	328	387	579	850	1352	1663	1946	1.36	3.04	709
Pb	mg/kg	403	35.8	17.1	34.2	1.3	0.48	32.6	20.3	21.6	24.5	29.8	36.4	61.5	137.0	263.0	8.21	90.20	32.7
S	mg/kg	403	376	344	321	2	0.92	305	106	108	142	244	388	989	2503	4267	6.48	55.29	312
Se	mg/kg	403	0.33	0.26	0.30	1.44	0.77	0.28	0.15	0.15	0.18	0.25	0.34	0.68	2.59	3.34	8.27	82.86	0.29
Sr	mg/kg	403	119	126	98	2	1.06	90	40	42	47	76	114	576	928	1113	5.06	28.21	92
V	mg/kg	403	104	24	101	1	0.23	99	47	48	60	88	117	158	165	169	0.55	−0.02	104
Zn	mg/kg	403	89	37	84	1	0.42	81	39	43	53	66	103	154	284	454	4.84	39.41	85
SiO_2	%	403	66.48	5.21	66.27	1.08	0.08	67.32	51.01	53.36	57.02	62.28	70.28	75.34	77.77	78.60	−0.26	−0.63	66.48
Al_2O_3	%	403	13.89	1.97	13.76	1.15	0.14	13.66	9.28	9.42	10.30	12.59	15.09	18.85	19.42	19.59	0.51	0.29	13.89
TFe_2O_3	%	403	5.49	1.29	5.35	1.26	0.24	5.23	2.50	2.70	3.18	4.71	6.20	8.30	10.03	11.56	0.80	1.50	5.44
MgO	%	403	1.19	0.60	1.06	1.61	0.51	0.99	0.42	0.42	0.48	0.75	1.53	2.48	2.77	3.12	0.95	−0.17	1.18
CaO	%	403	1.16	1.06	0.85	2.16	0.91	0.77	0.14	0.19	0.24	0.48	1.50	4.25	5.28	5.87	2.02	4.16	0.88
Na_2O	%	403	0.85	0.57	0.72	1.74	0.67	0.75	0.16	0.19	0.25	0.56	0.96	2.64	3.69	4.10	2.61	8.74	0.71
K_2O	%	403	2.20	0.46	2.16	1.23	0.21	2.13	1.20	1.27	1.44	1.88	2.51	3.11	3.54	3.55	0.48	−0.20	2.20
Corg	%	403	1.42	0.50	1.35	1.38	0.35	1.40	0.46	0.47	0.62	1.13	1.63	2.58	2.96	6.85	3.60	34.28	1.37
pH		403						6.83	4.62	4.83	5.10	5.90	7.68	8.22	8.29	8.37			

表 2.7.9　孝感市表层土壤地球化学参数表

指标	单位	样本数	算术平均值	算术标准差	几何平均值	几何标准差	变异系数	中位值	最小值	累积频率分位值						最大值	偏度系数	峰度系数	背景值
		N	$\bar{X}$	S	X_g	S_g	CV	X_{me}	X_{min}	$X_{0.5\%}$	$X_{2.5\%}$	$X_{25\%}$	$X_{75\%}$	$X_{97.5\%}$	$X_{99.5\%}$	X_{max}	β_s	β_k	X'
As	mg/kg	5895	10.8	3.7	10.1	1.5	0.35	10.6	0.8	2.2	4.4	8.3	13.1	17.4	22.7	59.5	1.45	12.27	10.6
B	mg/kg	5895	55	14	52	1	0.25	58	4	11	23	47	63	75	90	194	−0.26	4.37	55
Cd	mg/kg	5895	0.23	0.26	0.19	1.68	1.13	0.17	0.03	0.06	0.09	0.14	0.24	0.70	1.75	5.00	9.22	120.48	0.18
Cl	mg/kg	5645	74	38	68	1	0.52	66	20	27	35	53	83	164	266	920	5.55	70.19	68
Co	mg/kg	5645	17.1	5.4	16.4	1.3	0.32	16.4	2.7	6.2	9.5	14.0	19.2	29.1	40.1	142.1	4.21	63.09	16.5
Cr	mg/kg	5895	75	20	73	1	0.26	73	12	30	46	65	82	115	185	297	3.00	21.80	73
Cu	mg/kg	5895	29.1	21.6	27.1	1.4	0.74	25.8	5.7	12.0	15.9	23.0	30.7	54.4	104.1	903.4	21.67	695.64	26.5
F	mg/kg	5895	532	210	503	1	0.39	476	47	262	313	414	580	1097	1599	3141	3.19	17.93	492
Ge	mg/kg	5895	1.43	0.15	1.43	1.11	0.11	1.42	0.75	1.03	1.16	1.34	1.51	1.80	1.97	2.32	0.72	2.33	1.43
Hg	μg/kg	5895	70.4	125.1	56.1	1.8	1.78	55.2	7.4	13.4	19.7	40.0	74.2	190.7	534.7	5 464.9	27.34	1 023.58	55.6
I	mg/kg	5645	1.4	0.7	1.3	1.5	0.51	1.2	0.2	0.5	0.6	0.9	1.6	3.4	4.3	7.4	2.07	6.73	1.3
Mn	mg/kg	5645	667	292	625	1	0.44	639	51	224	301	506	789	1151	1681	7590	7.29	125.25	647
Mo	mg/kg	5895	1.33	2.27	0.91	1.94	1.71	0.76	0.23	0.37	0.44	0.61	1.05	7.76	16.59	40.89	6.67	60.65	0.78
N	mg/kg	5895	1412	548	1312	1	0.39	1358	89	349	549	1050	1703	2599	3280	11 554	2.05	23.30	1387
Ni	mg/kg	5895	34.6	17.8	31.9	1.5	0.51	30.8	3.3	10.7	16.2	25.8	38.3	71.1	127.4	370.3	5.93	73.59	32.0
P	mg/kg	5895	627	300	576	1	0.48	565	135	207	265	450	733	1359	1984	4554	3.40	25.24	583
Pb	mg/kg	5895	28.5	12.3	27.7	1.2	0.43	27.9	8.6	15.8	19.2	24.8	30.4	40.8	71.2	657.8	28.71	1 276.24	27.5
S	mg/kg	5645	256	153	235	1	0.60	239	41	70	101	184	307	469	706	6600	17.84	619.67	246
Se	mg/kg	5895	0.31	0.52	0.26	1.61	1.67	0.24	0.05	0.10	0.14	0.20	0.29	1.01	2.37	25.00	27.31	1 091.28	0.24
Sr	mg/kg	3422	107	55	99	1	0.52	92	21	31	47	80	118	241	391	1287	5.42	73.83	96
V	mg/kg	4313	102	26	99	1	0.25	96	18	43	68	88	108	163	210	476	3.18	25.72	98
Zn	mg/kg	5895	75	36	70	1	0.48	66	30	40	45	58	82	158	239	1554	14.06	495.49	69
SiO_2	%	5645	66.70	8.13	66.06	1.16	0.12	68.63	31.44	32.89	34.32	64.32	71.60	76.16	78.26	88.18	−2.24	6.51	67.91
Al_2O_3	%	5645	12.72	2.04	12.53	1.20	0.16	12.71	5.21	5.66	6.23	11.72	13.86	16.65	17.84	20.80	−0.69	2.58	12.92
TFe_2O_3	%	5895	5.29	1.36	5.13	1.27	0.26	5.15	1.54	2.42	3.01	4.52	5.81	8.59	11.57	18.44	1.79	7.88	5.15
MgO	%	5895	1.28	0.61	1.17	1.51	0.48	1.08	0.31	0.48	0.59	0.88	1.49	2.87	3.96	5.44	1.89	5.03	1.21
CaO	%	5895	1.20	1.16	0.95	1.85	0.96	0.80	0.08	0.28	0.42	0.61	1.35	4.83	7.70	17.09	4.11	25.68	0.89
Na_2O	%	5645	1.15	0.54	1.05	1.56	0.47	0.99	0.08	0.22	0.45	0.82	1.35	2.56	3.31	4.34	1.62	3.49	1.08
K_2O	%	5895	2.05	0.39	2.02	1.19	0.19	1.96	0.59	1.30	1.52	1.82	2.16	3.06	3.56	5.63	1.62	4.85	1.99
Corg	%	5895	1.69	0.75	1.52	1.62	0.44	1.56	0.10	0.26	0.53	1.14	2.12	3.40	3.96	6.42	0.80	0.79	1.67
pH		5895						6.50	2.35	4.53	4.86	5.94	7.39	8.26	8.49	8.84			

表 2.7.10　黄冈市表层土壤地球化学参数表

指标	单位	样本数	算术平均值	算术标准差	几何平均值	几何标准差	变异系数	中位值	最小值	累积频率分位值						最大值	偏度系数	峰度系数	背景值
		N	$\bar{X}$	S	X_g	S_g	CV	X_{me}	X_{min}	$X_{0.5\%}$	$X_{2.5\%}$	$X_{25\%}$	$X_{75\%}$	$X_{97.5\%}$	$X_{99.5\%}$	X_{max}	β_s	β_k	X'
As	mg/kg	4247	11.4	15.1	8.0	2.3	1.32	9.3	0.6	1.3	1.6	4.3	13.8	36.2	70.2	346.9	11.54	201.57	9.4
B	mg/kg	4247	50	30	37	3	0.60	54	2	3	4	20	72	101	123	208	0.16	−0.09	50
Cd	mg/kg	4247	0.30	0.56	0.21	2.04	1.83	0.18	0.02	0.04	0.07	0.14	0.32	1.11	3.21	18.13	14.42	331.39	0.21
Cl	mg/kg	3947	71	55	63	2	0.78	63	18	25	29	46	83	161	284	1590	11.52	225.38	64
Co	mg/kg	3947	15.7	5.0	14.8	1.4	0.32	15.6	1.6	4.1	6.5	12.6	18.6	25.6	31.8	63.2	0.88	5.37	15.5
Cr	mg/kg	4247	83	37	77	1	0.45	79	7	20	31	67	93	164	246	604	4.60	46.48	79
Cu	mg/kg	4247	32.6	15.3	30.1	1.5	0.47	29.6	5.5	10.5	14.1	23.7	38.9	65.1	94.8	482.5	7.54	184.05	31.0
F	mg/kg	4247	537	239	501	1	0.45	481	186	233	274	395	620	1132	1692	5259	4.11	45.67	506
Ge	mg/kg	4247	1.40	0.20	1.38	1.16	0.14	1.39	0.28	0.88	1.04	1.26	1.52	1.78	1.98	3.37	0.28	3.60	1.39
Hg	μg/kg	4247	81.5	104.1	69.1	1.7	1.28	68.4	6.0	15.0	27.0	51.0	91.0	205.1	435.3	3 891.0	24.45	826.30	69.7
I	mg/kg	3947	1.7	1.3	1.4	1.8	0.79	1.2	0.3	0.4	0.6	0.9	2.1	5.0	7.9	18.5	3.31	20.85	1.4
Mn	mg/kg	3947	636	465	562	2	0.73	577	40	120	192	436	742	1365	2491	15 615	13.56	342.73	588
Mo	mg/kg	4247	1.16	1.76	0.89	1.81	1.52	0.82	0.21	0.31	0.38	0.60	1.17	3.86	11.45	44.49	11.62	192.08	0.83
N	mg/kg	4247	1270	552	1166	2	0.43	1199	100	213	469	948	1464	2858	3678	4968	1.81	5.86	1188
Ni	mg/kg	4247	34.0	18.7	30.2	1.6	0.55	30.3	4.8	7.9	11.5	22.0	41.6	79.6	115.2	298.0	2.90	20.17	31.7
P	mg/kg	4247	763	349	701	2	0.46	718	79	193	292	549	911	1535	2117	8072	4.05	56.01	729
Pb	mg/kg	4247	35.7	76.4	31.1	1.4	2.14	30.1	5.4	15.7	19.4	26.3	34.7	61.2	185.3	3 648.5	32.35	1 315.88	30.3
S	mg/kg	3947	262	214	236	2	0.81	237	52	74	109	188	290	570	1146	7094	16.54	420.49	236
Se	mg/kg	4247	0.32	0.36	0.26	1.71	1.13	0.25	0.07	0.09	0.12	0.18	0.35	0.88	2.41	7.80	10.44	158.67	0.26
Sr	mg/kg	4247	192	206	131	2	1.07	112	14	32	41	67	241	731	1174	2391	2.99	14.63	101
V	mg/kg	2059	94	26	91	1	0.27	93	27	33	49	78	109	144	172	352	1.18	8.01	93
Zn	mg/kg	4247	86	79	78	1	0.91	76	17	32	41	61	96	176	368	2546	17.92	439.04	78
SiO_2	%	3947	66.30	7.42	65.84	1.13	0.11	66.05	13.23	48.44	54.05	60.68	72.22	78.85	82.18	88.92	−0.48	2.41	66.44
Al_2O_3	%	3947	13.71	2.81	13.41	1.24	0.21	13.83	3.54	7.58	8.83	11.56	15.64	19.58	22.21	25.70	0.24	0.33	13.63
TFe_2O_3	%	4247	5.54	1.39	5.37	1.30	0.25	5.45	0.77	2.45	3.06	4.57	6.40	8.52	9.91	11.84	0.47	0.68	5.51
MgO	%	4247	1.24	0.84	1.03	1.82	0.68	1.00	0.20	0.31	0.39	0.61	1.75	2.83	4.52	12.91	3.45	32.19	1.19
CaO	%	4247	1.52	2.18	0.90	2.87	1.43	0.89	0.03	0.07	0.12	0.40	2.26	4.75	12.27	49.41	9.70	152.63	1.31
Na_2O	%	3947	1.21	1.05	0.71	3.14	0.87	0.86	0.03	0.06	0.09	0.24	2.11	3.28	3.70	4.35	0.64	−0.96	1.21
K_2O	%	4247	2.06	0.57	1.98	1.33	0.27	2.07	0.33	0.86	1.11	1.61	2.46	3.19	3.85	5.24	0.39	0.47	2.04
Corg	%	4247	1.20	0.56	1.07	1.66	0.47	1.15	0.02	0.13	0.31	0.87	1.42	2.62	3.65	6.27	1.88	8.44	1.13
pH		4247						6.00	0.70	4.30	4.54	5.38	7.25	8.29	8.43	8.84			

表 2.7.11　咸宁市表层土壤地球化学参数表

指标	单位	样本数	算术平均值	算术标准差	几何平均值	几何标准差	变异系数	中位值	最小值	累积频率分位值						最大值	偏度系数	峰度系数	背景值
		N	$\bar{X}$	S	X_g	S_g	CV	X_{me}	X_{min}	$X_{0.5\%}$	$X_{2.5\%}$	$X_{25\%}$	$X_{75\%}$	$X_{97.5\%}$	$X_{99.5\%}$	X_{max}	β_s	β_k	X'
As	mg/kg	2420	15.3	32.7	13.0	1.5	2.14	12.4	2.2	6.2	7.6	10.6	14.5	33.2	92.6	933.9	24.17	638.98	12.3
B	mg/kg	2420	74	16	72	1	0.22	72	6	34	45	64	84	109	136	152	0.69	1.71	73
Cd	mg/kg	2420	0.30	0.22	0.26	1.72	0.72	0.25	0.04	0.06	0.08	0.19	0.36	0.78	1.52	3.14	4.79	39.40	0.27
Cl	mg/kg	2420	58	24	55	1	0.41	53	9	21	28	44	67	119	178	258	2.55	11.74	55
Co	mg/kg	2420	17.1	4.2	16.6	1.3	0.25	17.1	2.0	5.7	9.8	15.1	19.3	23.0	24.8	137.4	9.42	271.38	17.1
Cr	mg/kg	2420	89	15	88	1	0.17	87	37	57	69	81	95	122	172	244	2.55	15.08	88
Cu	mg/kg	2420	30.8	9.0	29.7	1.3	0.29	27.4	8.3	16.5	20.8	25.0	34.1	51.7	59.3	81.9	1.35	1.69	30.5
F	mg/kg	2420	604	328	562	1	0.54	509	217	323	364	448	679	1132	2534	5347	6.55	66.41	565
Ge	mg/kg	2420	1.55	0.17	1.54	1.12	0.11	1.55	0.82	1.03	1.19	1.44	1.65	1.86	2.01	3.06	0.17	3.52	1.55
Hg	μg/kg	2420	118.2	601.9	87.4	1.5	5.09	83.0	17.0	36.0	47.0	70.0	102.0	200.0	697.0	20 662.0	28.13	841.83	84.3
I	mg/kg	2420	2.6	28.2	1.6	1.9	11.04	1.5	0.4	0.5	0.6	1.0	2.5	5.9	7.3	1 390.0	49.02	2 408.53	1.8
Mn	mg/kg	2420	754	684	636	2	0.91	701	69	163	219	432	935	1394	4906	14 729	9.98	146.57	693
Mo	mg/kg	2420	1.05	1.65	0.92	1.47	1.57	0.86	0.24	0.43	0.56	0.74	1.03	2.34	7.00	57.74	24.33	736.33	0.87
N	mg/kg	2420	1556	550	1462	1	0.35	1497	100	426	631	1230	1810	2878	3647	6010	1.22	4.77	1515
Ni	mg/kg	2420	34.6	12.7	33.0	1.3	0.37	31.3	7.2	15.9	20.3	27.0	39.8	57.0	72.1	316.0	6.38	111.67	33.9
P	mg/kg	2420	621	258	580	1	0.42	572	142	230	289	461	738	1200	1666	5169	3.78	45.67	595
Pb	mg/kg	2420	33.6	10.7	32.9	1.2	0.32	32.8	14.4	21.4	24.5	29.8	35.8	45.3	64.6	341.8	17.25	417.65	32.9
S	mg/kg	2420	327	248	290	2	0.76	279	68	104	137	226	353	1007	1545	5224	8.10	113.32	282
Se	mg/kg	2420	0.35	0.17	0.33	1.34	0.48	0.32	0.09	0.15	0.21	0.28	0.37	0.66	1.19	4.56	10.84	214.23	0.32
Sr	mg/kg	2420	71	36	66	1	0.51	61	16	34	41	53	80	141	173	760	8.95	141.92	65
V	mg/kg	779	112	19	110	1	0.17	108	60	74	83	100	122	155	162	171	0.69	0.15	112
Zn	mg/kg	2420	87	23	85	1	0.26	81	24	48	58	72	99	133	168	352	2.05	12.92	86
SiO_2	%	2420	68.37	6.22	68.07	1.10	0.09	69.96	42.23	51.82	55.12	64.05	73.02	77.10	79.35	84.75	−0.67	−0.33	68.40
Al_2O_3	%	779	13.28	1.88	13.16	1.15	0.14	13.00	9.82	9.96	10.38	11.98	14.27	17.82	19.20	19.49	0.86	0.65	13.18
TFe_2O_3	%	2420	5.71	1.15	5.60	1.22	0.20	5.45	1.98	3.34	3.99	4.89	6.36	8.21	9.62	11.22	0.80	0.91	5.67
MgO	%	2420	1.19	0.84	1.01	1.71	0.70	0.85	0.19	0.37	0.48	0.69	1.46	2.72	5.13	12.28	3.57	27.51	1.13
CaO	%	2420	0.89	1.36	0.48	2.79	1.52	0.37	0.01	0.05	0.09	0.25	0.84	4.90	7.88	16.76	3.89	22.72	0.34
Na_2O	%	2420	0.45	0.26	0.38	1.76	0.58	0.37	0.05	0.08	0.12	0.26	0.56	1.10	1.32	1.44	1.22	1.05	0.43
K_2O	%	2420	2.06	0.47	2.01	1.25	0.23	1.91	0.51	1.03	1.39	1.75	2.31	3.09	3.23	4.09	0.83	0.26	2.06
Corg	%	2420	1.49	0.58	1.37	1.53	0.39	1.44	0.11	0.27	0.49	1.15	1.77	2.85	3.75	6.60	1.29	5.94	1.45
pH		2420						5.89	3.70	4.28	4.55	5.30	7.34	8.25	8.37	8.81			

表 2.7.12　随州市表层土壤地球化学参数表

指标	单位	样本数	算术平均值	算术标准差	几何平均值	几何标准差	变异系数	中位值	最小值	累积频率分位值						最大值	偏度系数	峰度系数	背景值
		N	$\bar{X}$	S	X_g	S_g	CV	X_{me}	X_{min}	$X_{0.5\%}$	$X_{2.5\%}$	$X_{25\%}$	$X_{75\%}$	$X_{97.5\%}$	$X_{99.5\%}$	X_{max}	β_s	β_k	X'
As	mg/kg	6669	9.9	8.6	8.2	1.8	0.87	8.2	0.8	1.8	2.6	5.6	11.6	30.0	56.9	191.9	6.78	87.69	8.4
B	mg/kg	6669	39	20	34	2	0.50	36	2	5	9	23	53	82	98	157	0.64	0.48	39
Cd	mg/kg	6669	0.27	0.38	0.22	1.72	1.37	0.20	0.03	0.07	0.10	0.16	0.28	0.86	2.10	8.68	12.19	204.74	0.21
Cl	mg/kg	6337	59	40	53	2	0.68	50	15	21	27	41	64	151	266	1025	7.47	107.79	51
Co	mg/kg	6337	17.5	8.7	15.7	1.6	0.50	16.0	1.7	4.3	6.0	11.6	21.2	40.5	53.1	97.7	1.64	5.04	16.4
Cr	mg/kg	6669	81	58	70	2	0.72	76	1	16	24	52	93	205	448	1036	6.15	63.93	72
Cu	mg/kg	6669	32.4	17.3	28.9	1.6	0.54	28.5	2.6	8.4	11.6	21.4	39.6	76.3	109.4	323.4	2.99	22.88	30.0
F	mg/kg	6669	604	276	556	1	0.46	511	149	243	302	421	721	1302	1648	3813	2.18	10.26	566
Ge	mg/kg	6669	1.46	0.24	1.44	1.18	0.16	1.46	0.43	0.86	1.01	1.32	1.60	1.98	2.22	3.29	0.37	1.35	1.46
Hg	μg/kg	6669	58.9	48.2	51.3	1.6	0.82	51.0	6.3	15.1	20.1	38.0	67.0	146.0	248.0	1 600.0	13.73	345.62	52.1
I	mg/kg	6337	1.1	0.7	1.0	1.6	0.59	0.9	0.2	0.4	0.4	0.7	1.3	2.9	4.2	8.1	2.62	11.89	1.0
Mn	mg/kg	6337	661	318	601	2	0.48	599	43	203	267	445	801	1406	1983	4403	2.38	14.00	629
Mo	mg/kg	6669	1.26	2.06	0.84	2.11	1.63	0.69	0.18	0.27	0.33	0.51	1.14	6.66	14.72	38.17	6.75	66.72	0.70
N	mg/kg	6669	1656	692	1522	2	0.42	1529	102	411	642	1178	2014	3358	4150	7017	1.18	2.73	1602
Ni	mg/kg	6669	37.7	27.7	31.6	1.8	0.73	33.2	0.4	6.2	9.7	21.8	46.1	98.6	198.3	396.6	4.61	37.72	33.5
P	mg/kg	6669	794	598	674	2	0.75	628	99	184	270	472	919	2254	3898	14 323	5.26	62.28	670
Pb	mg/kg	6669	24.5	9.3	23.6	1.3	0.38	23.5	4.3	9.1	13.7	20.7	27.3	37.6	55.8	317.8	14.84	412.46	23.8
S	mg/kg	6337	265	178	244	1	0.67	254	30	76	105	192	315	474	718	8260	24.68	937.43	255
Se	mg/kg	6669	0.31	0.50	0.25	1.67	1.63	0.22	0.07	0.11	0.13	0.18	0.30	0.91	1.96	20.42	23.87	777.44	0.22
Sr	mg/kg	6669	157	119	127	2	0.76	118	11	29	44	80	188	494	700	1242	2.30	7.12	125
V	mg/kg	2380	103	51	94	2	0.50	90	15	31	43	71	119	245	302	626	2.11	8.13	93
Zn	mg/kg	6669	95	50	88	1	0.53	82	20	43	52	69	110	180	292	1424	9.09	169.11	91
SiO_2	%	6337	61.81	6.56	61.43	1.12	0.11	62.90	16.77	42.43	47.02	57.65	66.80	71.55	74.05	81.51	−0.74	0.78	61.94
Al_2O_3	%	4015	14.12	1.26	14.06	1.09	0.09	14.04	9.71	11.13	11.89	13.29	14.81	16.90	18.76	23.40	0.73	2.40	14.06
TFe_2O_3	%	6669	6.36	2.45	5.92	1.46	0.39	5.82	1.55	2.35	2.93	4.54	7.72	12.14	13.59	18.92	0.87	0.42	6.29
MgO	%	6669	1.77	1.09	1.54	1.67	0.62	1.42	0.16	0.51	0.67	1.04	2.26	4.37	6.47	15.82	3.01	20.04	1.64
CaO	%	6669	1.53	1.44	1.17	1.99	0.94	1.06	0.09	0.18	0.36	0.75	1.71	5.61	8.06	22.57	3.75	26.36	1.10
Na_2O	%	6337	1.75	0.88	1.49	1.87	0.50	1.69	0.08	0.15	0.32	1.04	2.40	3.54	4.36	5.50	0.42	−0.22	1.74
K_2O	%	6669	2.16	0.53	2.09	1.31	0.24	2.13	0.18	0.67	1.08	1.88	2.42	3.38	3.83	5.97	0.41	2.01	2.15
Corg	%	6669	1.55	0.63	1.44	1.49	0.41	1.48	0.12	0.32	0.61	1.15	1.85	2.87	4.40	11.21	2.57	22.18	1.50
pH		6669						6.06	3.07	4.59	4.96	5.59	6.65	7.99	8.18	8.41			

表 2.7.13　恩施州表层土壤地球化学参数表

指标	单位	样本数	算术平均值	算术标准差	几何平均值	几何标准差	变异系数	中位值	最小值	累积频率分位值						最大值	偏度系数	峰度系数	背景值
		N	$\bar{X}$	S	X_g	S_g	CV	X_{me}	X_{min}	$X_{0.5\%}$	$X_{2.5\%}$	$X_{25\%}$	$X_{75\%}$	$X_{97.5\%}$	$X_{99.5\%}$	X_{max}	β_s	β_k	X'
As	mg/kg	95 015	13.3	8.5	11.6	1.7	0.63	13.5	0.3	2.2	3.2	8.5	17.0	25.8	36.0	898.5	31.04	2 644.53	13.0
B	mg/kg	95 016	84	50	76	2	0.60	73	2	20	34	63	88	204	385	1314	5.39	51.32	73
Cd	mg/kg	95 016	0.64	1.55	0.41	2.10	2.41	0.38	0.02	0.09	0.13	0.27	0.55	2.90	8.66	99.35	18.00	556.39	0.37
Cl	mg/kg	92 732	54	27	51	1	0.50	49	5	25	30	42	60	102	177	1710	12.29	379.90	50
Co	mg/kg	92 732	18.4	5.3	17.6	1.4	0.29	18.0	1.0	4.8	8.6	15.1	21.6	28.9	33.4	227.0	1.31	32.43	18.3
Cr	mg/kg	95 016	92	40	88	1	0.44	87	8	35	57	78	96	163	306	2470	13.25	385.86	86
Cu	mg/kg	95 016	31.8	14.5	29.8	1.4	0.45	29.3	2.3	9.9	15.2	24.3	35.8	65.2	91.9	969.0	11.24	455.44	29.7
F	mg/kg	95 016	1045	839	890	2	0.80	814	144	313	414	646	1123	3560	6106	19 566	4.52	30.67	848
Ge	mg/kg	95 016	1.50	0.24	1.48	1.18	0.16	1.50	0.27	0.81	1.01	1.37	1.64	1.94	2.19	6.16	0.51	8.54	1.50
Hg	μg/kg	95 016	119.4	343.3	99.7	1.7	2.88	102.0	6.5	19.8	30.1	77.2	130.8	266.4	560.0	61 100.0	106.85	15 348.80	103.5
I	mg/kg	92 731	3.6	2.5	2.7	2.2	0.71	3.2	0.02	0.3	0.5	1.5	4.8	10.0	12.9	31.1	1.28	2.38	3.3
Mn	mg/kg	92 732	977	565	802	2	0.58	957	18	110	169	541	1318	2181	3005	9761	1.28	6.81	947
Mo	mg/kg	95 016	2.43	6.73	1.31	2.37	2.77	1.13	0.10	0.30	0.37	0.80	1.74	14.41	38.90	664.00	22.23	1 301.46	1.10
N	mg/kg	95 016	1814	680	1699	1	0.37	1717	52	472	775	1386	2121	3385	4610	14 974	1.90	11.58	1754
Ni	mg/kg	95 016	39.0	17.3	36.8	1.4	0.44	36.3	2.8	12.4	20.7	30.9	43.0	76.0	133.0	584.3	6.79	103.36	36.6
P	mg/kg	95 016	797	584	720	2	0.73	721	65	208	309	552	940	1622	2270	39 040	23.08	987.62	749
Pb	mg/kg	95 016	34.3	36.9	32.9	1.3	1.07	32.8	2.3	16.1	20.7	28.9	36.9	54.6	86.6	7 837.8	141.69	26 127.62	32.7
S	mg/kg	92 732	306	245	274	2	0.80	270	1	72	112	212	352	683	1148	36 202	60.90	7 919.85	280
Se	mg/kg	95 016	0.75	1.41	0.52	2.07	1.87	0.47	0.02	0.09	0.15	0.33	0.70	3.41	8.73	86.59	15.23	472.63	0.48
Sr	mg/kg	57 902	72	51	64	2	0.72	62	13	26	33	50	79	164	346	2782	12.02	334.17	63
V	mg/kg	61 809	125	73	117	1	0.59	114	12	42	69	101	129	273	551	3825	11.74	288.34	113
Zn	mg/kg	95 016	98	109	94	1	1.11	95	2	38	58	83	108	154	228	18 120	111.57	14 602.64	95
SiO_2	%	92 732	67.10	5.28	66.89	1.08	0.08	66.86	18.51	52.40	57.42	63.83	70.15	78.62	82.93	90.99	0.05	1.98	67.06
Al_2O_3	%	90 413	13.83	2.26	13.62	1.20	0.16	14.06	2.80	7.00	8.60	12.50	15.40	17.60	19.00	23.60	−0.54	0.51	13.88
TFe_2O_3	%	95 016	5.71	1.23	5.56	1.27	0.21	5.70	0.48	2.07	3.28	4.95	6.47	8.09	9.16	28.45	0.24	4.42	5.71
MgO	%	95 016	1.77	1.47	1.50	1.67	0.83	1.43	0.15	0.47	0.64	1.11	1.85	6.14	11.06	21.73	4.64	28.85	1.42
CaO	%	95 016	0.62	1.21	0.40	2.19	1.95	0.39	0.01	0.07	0.11	0.25	0.59	2.85	8.57	38.86	10.30	159.50	0.40
Na_2O	%	92 732	0.42	0.25	0.37	1.62	0.59	0.36	0.02	0.11	0.15	0.27	0.50	1.02	1.81	3.97	3.26	18.54	0.38
K_2O	%	95 016	2.46	0.74	2.34	1.39	0.30	2.44	0.19	0.78	1.06	1.98	2.94	3.92	4.36	7.94	0.16	0.05	2.45
Corg	%	95 016	1.73	0.78	1.58	1.55	0.45	1.61	0.01	0.34	0.62	1.25	2.05	3.57	5.09	21.60	2.34	17.57	1.65
pH		95 013						5.55	2.36	4.13	4.37	4.99	6.51	8.13	8.32	9.58			

表 2.7.14　仙桃市表层土壤地球化学参数表

指标	单位	样本数	算术平均值	算术标准差	几何平均值	几何标准差	变异系数	中位值	最小值	累积频率分位值						最大值	偏度系数	峰度系数	背景值
		N	$\bar{X}$	S	X_g	S_g	CV	X_{me}	X_{min}	$X_{0.5\%}$	$X_{2.5\%}$	$X_{25\%}$	$X_{75\%}$	$X_{97.5\%}$	$X_{99.5\%}$	X_{max}	β_s	β_k	X'
As	mg/kg	13 430	12.8	4.0	12.2	1.4	0.31	12.6	2.7	5.3	6.4	9.9	15.3	20.7	25.2	86.5	1.30	12.43	12.7
B	mg/kg	13 430	54	8	53	1	0.16	54	14	30	38	49	59	72	82	105	0.29	1.76	54
Cd	mg/kg	13 430	0.39	0.10	0.38	1.27	0.25	0.38	0.11	0.19	0.23	0.32	0.44	0.58	0.69	1.77	1.61	14.51	0.38
Cl	mg/kg	12 226	74	42	68	1	0.58	65	22	32	39	54	81	159	266	1832	12.33	348.31	67
Co	mg/kg	12 226	16.9	2.8	16.7	1.2	0.17	17.0	7.6	10.3	11.7	14.8	19.1	22.0	23.3	37.6	−0.05	−0.39	16.9
Cr	mg/kg	13 430	86	16	85	1	0.19	86	33	51	58	75	98	114	122	508	1.85	37.50	86
Cu	mg/kg	13 430	36.3	8.6	35.3	1.3	0.24	36.3	9.2	16.9	21.1	30.2	42.3	51.8	64.0	113.9	0.51	2.48	36.1
F	mg/kg	13 430	691	121	680	1	0.17	690	240	414	474	601	779	917	994	2901	0.56	8.01	690
Ge	mg/kg	13 430	1.45	0.15	1.44	1.11	0.10	1.44	0.83	1.08	1.17	1.35	1.54	1.75	1.85	2.46	0.22	0.58	1.45
Hg	μg/kg	13 430	61.8	70.5	56.4	1.4	1.14	56.0	9.0	21.8	30.0	46.4	67.0	114.3	207.5	3 129.0	28.21	982.76	56.2
I	mg/kg	12 226	1.5	0.5	1.4	1.4	0.34	1.4	0.1	0.5	0.7	1.1	1.7	2.7	3.4	6.8	1.41	5.79	1.4
Mn	mg/kg	12 226	817	171	800	1	0.21	805	337	464	538	697	920	1172	1386	4562	1.51	19.86	811
Mo	mg/kg	13 430	1.00	0.28	0.96	1.33	0.28	0.97	0.30	0.46	0.54	0.79	1.18	1.58	1.81	4.26	0.71	2.15	0.99
N	mg/kg	13 430	1658	616	1546	1	0.37	1563	155	437	693	1216	2025	3055	3682	5187	0.82	1.09	1631
Ni	mg/kg	13 430	42.4	9.6	41.3	1.3	0.23	42.2	16.0	22.8	26.0	34.9	49.8	59.7	63.0	178.1	0.28	2.16	42.4
P	mg/kg	13 430	853	264	826	1	0.31	817	339	461	542	711	936	1406	2158	10 605	7.32	173.63	820
Pb	mg/kg	13 430	27.5	4.8	27.1	1.2	0.18	27.5	13.8	17.1	19.1	24.2	30.7	35.9	38.9	184.8	3.00	86.18	27.4
S	mg/kg	12 226	273	142	247	2	0.52	235	34	88	115	182	332	595	884	3607	3.57	40.36	258
Se	mg/kg	13 430	0.34	0.08	0.33	1.29	0.24	0.35	0.09	0.15	0.19	0.29	0.40	0.51	0.58	1.35	0.37	2.71	0.34
Sr	mg/kg	12 053	125	25	123	1	0.20	121	61	80	86	106	140	184	210	365	0.86	1.46	124
V	mg/kg	2017	128	87	123	1	0.68	123	72	87	92	109	137	165	178	1934	18.39	370.46	124
Zn	mg/kg	13 430	103	22	101	1	0.22	103	42	62	69	89	117	136	150	1309	15.07	742.95	103
SiO_2	%	12 226	61.72	3.71	61.61	1.06	0.06	61.49	51.66	54.46	55.49	58.76	64.53	68.97	70.51	77.67	0.22	−0.67	61.71
Al_2O_3	%	7586	14.56	1.87	14.44	1.14	0.13	14.52	9.39	10.44	11.17	13.14	16.00	18.04	18.58	19.51	0.04	−0.73	14.56
TFe_2O_3	%	13 430	6.18	1.20	6.06	1.21	0.19	6.14	2.60	3.76	4.16	5.25	7.08	8.28	8.80	18.08	0.81	6.16	6.17
MgO	%	13 430	2.12	0.31	2.10	1.14	0.15	2.12	1.05	1.41	1.59	1.93	2.31	2.61	2.72	8.03	4.81	84.16	2.12
CaO	%	13 430	1.76	0.56	1.67	1.36	0.32	1.63	0.65	0.88	1.00	1.32	2.11	3.03	3.55	6.91	1.08	2.27	1.73
Na_2O	%	12 226	1.46	0.40	1.40	1.34	0.27	1.46	0.50	0.64	0.74	1.14	1.76	2.18	2.30	2.55	0.03	−0.84	1.46
K_2O	%	13 430	2.68	0.29	2.67	1.12	0.11	2.70	0.85	1.90	2.08	2.48	2.90	3.19	3.28	3.46	−0.42	0.48	2.69
Corg	%	13 430	1.53	0.66	1.40	1.53	0.43	1.39	0.07	0.37	0.59	1.06	1.90	3.07	3.90	6.36	1.19	2.71	1.48
pH		13 430						7.88	2.73	4.99	5.66	7.26	8.10	8.33	8.43	8.90			

表 2.7.15　天门市表层土壤地球化学参数表

指标	单位	样本数	算术平均值	算术标准差	几何平均值	几何标准差	变异系数	中位值	最小值	累积频率分位值						最大值	偏度系数	峰度系数	背景值
		N	$\overline{X}$	S	X_g	S_g	CV	X_{me}	X_{min}	$X_{0.5\%}$	$X_{2.5\%}$	$X_{25\%}$	$X_{75\%}$	$X_{97.5\%}$	$X_{99.5\%}$	X_{max}	β_s	β_k	X'
As	mg/kg	10 105	10.7	3.9	10.1	1.4	0.36	10.0	3.2	4.8	5.3	7.5	13.4	18.6	20.5	50.9	0.70	0.75	10.7
B	mg/kg	10 105	52	10	51	1	0.19	53	20	25	31	47	59	71	79	91	−0.13	0.48	52
Cd	mg/kg	10 105	0.34	0.11	0.33	1.36	0.32	0.34	0.05	0.14	0.18	0.26	0.41	0.54	0.66	3.08	3.04	56.70	0.34
Cl	mg/kg	9542	94	63	84	2	0.67	79	25	36	43	62	105	236	374	2775	11.78	378.52	82
Co	mg/kg	9542	15.8	3.2	15.5	1.2	0.20	15.1	8.5	10.4	11.3	13.2	18.1	22.3	23.5	29.6	0.56	−0.62	15.8
Cr	mg/kg	10 105	78	17	76	1	0.22	76	37	47	52	64	90	114	124	179	0.53	−0.31	78
Cu	mg/kg	10 105	31.8	9.4	30.4	1.3	0.29	30.5	12.4	15.0	17.1	24.3	38.9	49.3	52.4	93.1	0.47	−0.01	31.7
F	mg/kg	10 105	650	122	639	1	0.19	637	278	390	439	561	738	895	963	1290	0.32	−0.33	649
Ge	mg/kg	10 105	1.43	0.14	1.43	1.10	0.09	1.43	1.00	1.10	1.18	1.34	1.52	1.72	1.83	1.99	0.28	0.25	1.43
Hg	μg/kg	10 105	51.5	35.8	47.1	1.5	0.70	48.0	12.1	16.6	21.4	37.5	58.9	102.0	179.0	1 812.5	21.89	860.01	47.9
I	mg/kg	9542	1.5	0.6	1.4	1.5	0.41	1.4	0.3	0.5	0.6	1.0	1.8	2.8	3.6	13.2	2.00	19.55	1.4
Mn	mg/kg	9542	765	159	750	1	0.21	739	236	418	537	642	871	1094	1205	2735	0.94	4.50	763
Mo	mg/kg	10 105	1.00	0.24	0.97	1.26	0.24	0.95	0.30	0.53	0.63	0.82	1.15	1.51	1.66	3.48	0.78	1.73	0.99
N	mg/kg	10 105	1388	553	1277	2	0.40	1324	126	375	537	962	1742	2591	3073	5313	0.65	0.53	1375
Ni	mg/kg	10 105	37.8	10.7	36.3	1.3	0.28	35.2	11.8	21.0	23.3	29.1	45.4	59.3	63.6	145.7	0.75	0.75	37.7
P	mg/kg	10 105	946	255	917	1	0.27	919	199	469	562	791	1058	1522	2070	4449	2.29	15.86	922
Pb	mg/kg	10 105	24.8	5.5	24.2	1.2	0.22	24.1	14.1	15.8	16.8	20.1	29.1	34.9	37.3	82.4	0.53	0.88	24.7
S	mg/kg	9542	223	100	206	1	0.45	209	18	59	89	162	264	446	608	2720	4.27	65.93	214
Se	mg/kg	10 105	0.33	0.10	0.32	1.28	0.30	0.33	0.10	0.16	0.19	0.27	0.38	0.46	0.53	6.06	21.02	1 122.22	0.33
Sr	mg/kg	10 105	142	35	138	1	0.25	139	51	77	88	114	164	217	234	380	0.50	−0.03	142
V	mg/kg	4262	107	15	106	1	0.14	104	64	79	86	98	113	148	167	177	1.41	2.84	105
Zn	mg/kg	10 105	93	22	90	1	0.24	90	33	50	58	75	110	135	144	273	0.47	0.22	93
SiO_2	%	9542	63.53	4.12	63.39	1.07	0.06	63.78	50.13	54.53	55.61	60.56	56.39	71.12	73.34	78.86	−0.05	−0.48	63.52
Al_2O_3	%	7523	13.59	2.33	13.40	1.19	0.17	13.26	8.94	9.52	9.98	11.70	15.30	18.28	18.67	19.31	0.39	−0.79	13.59
TFe_2O_3	%	10 105	5.63	1.23	5.50	1.24	0.22	5.33	2.79	3.65	3.97	4.61	6.53	8.11	8.37	9.10	0.58	−0.77	5.63
MgO	%	10 105	2.11	0.33	2.08	1.22	0.16	2.11	0.45	0.69	1.20	1.96	2.32	2.64	2.72	3.53	−1.31	4.04	2.15
CaO	%	10 105	2.18	0.69	2.06	1.43	0.32	2.22	0.15	0.52	0.87	1.71	2.65	3.38	4.18	10.65	0.57	5.18	2.17
Na_2O	%	9542	1.66	0.46	1.58	1.37	0.27	1.75	0.11	0.68	0.79	1.29	2.05	2.27	2.36	2.66	−0.47	−0.98	1.66
K_2O	%	10 105	2.55	0.41	2.51	1.18	0.16	2.54	1.41	1.66	1.82	2.22	2.88	3.26	3.36	3.56	0.003 5	−0.91	2.55
Corg	%	10 105	1.22	0.54	1.10	1.58	0.44	1.14	0.06	0.28	0.43	0.82	1.54	2.43	3.00	4.65	0.88	1.25	1.19
pH		10 105						7.98	4.50	5.35	6.38	7.79	8.11	8.31	8.40	8.99			

表 2.7.16 潜江市表层土壤地球化学参数表

指标	单位	样本数	算术平均值	算术标准差	几何平均值	几何标准差	变异系数	中位值	最小值	累积频率分位值						最大值	偏度系数	峰度系数	背景值
		N	$\overline{X}$	S	X_g	S_g	CV	X_{me}	X_{min}	$X_{0.5\%}$	$X_{2.5\%}$	$X_{25\%}$	$X_{75\%}$	$X_{97.5\%}$	$X_{99.5\%}$	X_{max}	β_s	β_k	X'
As	mg/kg	15 462	11.8	3.8	11.2	1.4	0.32	11.6	3.0	5.1	6.0	8.8	14.4	19.2	22.8	96.8	1.38	18.22	11.7
B	mg/kg	15 462	55	8	54	1	0.15	55	10	32	39	50	60	72	80	104	0.08	1.30	55
Cd	mg/kg	15 462	0.33	0.09	0.32	1.31	0.26	0.33	0.04	0.13	0.18	0.28	0.39	0.51	0.60	2.68	1.94	36.44	0.33
Cl	mg/kg	15 462	93	96	83	2	1.03	77	23	37	45	64	97	230	470	5774	30.92	1 638.81	79
Co	mg/kg	15 462	16.4	2.8	16.1	1.2	0.17	16.3	5.5	10.3	11.6	14.3	18.4	21.4	22.7	71.4	0.85	11.83	16.4
Cr	mg/kg	15 462	83	16	82	1	0.19	82	33	52	57	71	95	115	122	195	0.31	−0.30	83
Cu	mg/kg	15 462	33.7	8.1	32.7	1.3	0.24	33.3	10.1	16.6	19.9	27.8	39.4	47.6	52.0	204.0	1.43	19.83	33.5
F	mg/kg	15 462	669	114	659	1	0.17	664	57	403	469	586	749	892	972	1290	0.22	0.02	668
Ge	mg/kg	15 462	1.50	0.17	1.49	1.12	0.11	1.48	0.36	1.08	1.19	1.38	1.60	1.87	2.01	2.39	0.38	0.98	1.49
Hg	μg/kg	15 462	54.2	33.7	50.0	1.4	0.62	49.9	9.0	18.8	24.8	41.0	60.0	110.0	210.0	1 607.0	14.96	455.48	49.8
I	mg/kg	15 462	1.6	0.6	1.5	1.5	0.39	1.5	0.2	0.5	0.7	1.2	1.9	3.0	4.0	12.2	2.21	18.41	1.5
Mn	mg/kg	15 462	768	156	753	1	0.20	752	179	417	501	661	864	1088	1223	3236	1.10	8.96	765
Mo	mg/kg	15 462	0.98	0.28	0.95	1.32	0.28	0.95	0.33	0.46	0.54	0.79	1.15	1.57	1.83	6.85	1.77	20.35	0.98
N	mg/kg	15 462	1466	579	1357	2	0.40	1380	126	318	551	1085	1768	2798	3477	11 163	1.55	12.17	1430
Ni	mg/kg	15 462	40.5	10.1	39.4	1.3	0.25	39.7	7.9	21.9	25.2	32.9	47.6	58.1	61.8	372.8	4.84	151.67	40.4
P	mg/kg	15 462	878	297	846	1	0.34	837	225	461	547	724	960	1546	2371	11 200	6.96	139.64	836
Pb	mg/kg	15 462	26.3	6.2	25.8	1.2	0.23	26.1	11.8	16.3	18.2	22.8	29.3	34.6	42.2	331.0	14.74	575.79	26.0
S	mg/kg	15 462	273	223	241	2	0.82	233	10	70	100	181	320	604	1110	9940	17.74	592.88	249
Se	mg/kg	15 462	0.33	0.10	0.32	1.33	0.30	0.33	0.04	0.12	0.16	0.27	0.39	0.50	0.60	4.04	6.07	173.58	0.33
Sr	mg/kg	5572	136	27	134	1	0.20	133	68	82	95	117	152	191	219	469	1.76	14.14	135
V	mg/kg	10 392	125	21	123	1	0.17	123	49	84	91	108	141	165	174	197	0.24	−0.73	125
Zn	mg/kg	15 462	96	19	94	1	0.20	95	19	54	65	83	109	129	146	546	2.53	41.40	96
SiO_2	%	15 462	61.65	3.62	61.54	1.06	0.06	61.71	20.02	54.15	55.35	58.89	64.25	68.33	70.99	78.77	−0.12	2.47	61.63
Al_2O_3	%	10 392	14.91	2.00	14.78	1.15	0.13	14.91	4.30	10.40	11.20	13.40	16.50	18.30	18.90	20.20	−0.12	−0.73	14.92
TFe_2O_3	%	15 462	5.91	1.09	5.81	1.21	0.19	5.83	1.31	3.81	4.16	5.02	6.77	7.96	8.43	12.46	0.22	−0.71	5.91
MgO	%	15 462	2.11	0.29	2.09	1.17	0.14	2.12	0.51	0.97	1.51	1.94	2.30	2.61	2.72	3.73	−0.71	2.12	2.12
CaO	%	15 462	2.00	0.86	1.89	1.40	0.43	1.93	0.37	0.71	1.02	1.49	2.42	3.29	4.28	43.54	18.90	845.32	1.96
Na_2O	%	15 462	1.50	0.41	1.44	1.35	0.27	1.50	0.11	0.65	0.75	1.17	1.83	2.20	2.30	3.69	−0.05	−0.87	1.50
K_2O	%	15 462	2.65	0.31	2.63	1.13	0.12	2.67	0.42	1.80	2.03	2.43	2.89	3.16	3.24	3.39	−0.37	−0.07	2.65
Corg	%	15 462	1.33	0.58	1.21	1.57	0.44	1.24	0.05	0.24	0.45	0.94	1.63	2.74	3.64	8.97	1.48	6.33	1.28
pH		15 462						7.96	4.20	5.30	6.29	7.70	8.12	8.40	8.55	10.59			

2.8 不同行政县(市、区)土壤地球化学参数

表 2.8.1 武汉市区表层土壤地球化学参数表
表 2.8.2 蔡甸区表层土壤地球化学参数表
表 2.8.3 黄陂区表层土壤地球化学参数表
表 2.8.4 东西湖区表层土壤地球化学参数表
表 2.8.5 新洲区表层土壤地球化学参数表
表 2.8.6 襄阳市区表层土壤地球化学参数表
表 2.8.7 枣阳市表层土壤地球化学参数表
表 2.8.8 老河口市表层土壤地球化学参数表
表 2.8.9 宜城市表层土壤地球化学参数表
表 2.8.10 谷城县表层土壤地球化学参数表
表 2.8.11 南漳县表层土壤地球化学参数表
表 2.8.12 宜昌市辖区表层土壤地球化学参数表
表 2.8.13 宜都市表层土壤地球化学参数表
表 2.8.14 枝江市表层土壤地球化学参数表
表 2.8.15 当阳市表层土壤地球化学参数表
表 2.8.16 秭归县表层土壤地球化学参数表
表 2.8.17 长阳土家族自治县表层土壤地球化学参数表
表 2.8.18 黄石市区表层土壤地球化学参数表
表 2.8.19 大冶市表层土壤地球化学参数表
表 2.8.20 阳新县表层土壤地球化学参数表
表 2.8.21 茅箭区表层土壤地球化学参数表
表 2.8.22 郧阳区表层土壤地球化学参数表
表 2.8.23 丹江口市表层土壤地球化学参数表
表 2.8.24 竹溪县表层土壤地球化学参数表
表 2.8.25 竹山县表层土壤地球化学参数表
表 2.8.26 荆州市区表层土壤地球化学参数表
表 2.8.27 洪湖市表层土壤地球化学参数表
表 2.8.28 监利市表层土壤地球化学参数表
表 2.8.29 石首市表层土壤地球化学参数表
表 2.8.30 松滋市表层土壤地球化学参数表
表 2.8.31 江陵县表层土壤地球化学参数表
表 2.8.32 公安县表层土壤地球化学参数表
表 2.8.33 荆门市区表层土壤地球化学参数表
表 2.8.34 沙洋县表层土壤地球化学参数表

表 2.8.35 钟祥市表层土壤地球化学参数表
表 2.8.36 京山市表层土壤地球化学参数表
表 2.8.37 屈家岭管理区表层土壤地球化学参数表
表 2.8.38 孝南区表层土壤地球化学参数表
表 2.8.39 孝昌县表层土壤地球化学参数表
表 2.8.40 云梦县表层土壤地球化学参数表
表 2.8.41 大悟县表层土壤地球化学参数表
表 2.8.42 安陆市表层土壤地球化学参数表
表 2.8.43 汉川市表层土壤地球化学参数表
表 2.8.44 应城市表层土壤地球化学参数表
表 2.8.45 黄冈市区表层土壤地球化学参数表
表 2.8.46 武穴市表层土壤地球化学参数表
表 2.8.47 麻城市表层土壤地球化学参数表
表 2.8.48 团风县表层土壤地球化学参数表
表 2.8.49 黄梅县表层土壤地球化学参数表
表 2.8.50 蕲春县表层土壤地球化学参数表
表 2.8.51 浠水县表层土壤地球化学参数表
表 2.8.52 罗田县表层土壤地球化学参数表
表 2.8.53 红安县表层土壤地球化学参数表
表 2.8.54 咸安区表层土壤地球化学参数表
表 2.8.55 嘉鱼县表层土壤地球化学参数表
表 2.8.56 赤壁市表层土壤地球化学参数表
表 2.8.57 随县表层土壤地球化学参数表
表 2.8.58 曾都区表层土壤地球化学参数表
表 2.8.59 广水市表层土壤地球化学参数表
表 2.8.60 恩施市表层土壤地球化学参数表
表 2.8.61 宣恩县表层土壤地球化学参数表
表 2.8.62 建始县表层土壤地球化学参数表
表 2.8.63 利川市表层土壤地球化学参数表
表 2.8.64 鹤峰县表层土壤地球化学参数表
表 2.8.65 来凤县表层土壤地球化学参数表
表 2.8.66 咸丰县表层土壤地球化学参数表
表 2.8.67 巴东县表层土壤地球化学参数表

表 2.8.1 武汉市区表层土壤地球化学参数表

指标	单位	样本数 N	算术平均值 $\bar{X}$	算术标准差 S	几何平均值 X_g	几何标准差 S_g	变异系数 CV	中位值 X_{me}	最小值 X_{min}	累积频率分位值 $X_{0.5\%}$	$X_{2.5\%}$	$X_{25\%}$	$X_{75\%}$	$X_{97.5\%}$	$X_{99.5\%}$	最大值 X_{max}	偏度系数 β_s	峰度系数 β_k	背景值 X'
As	mg/kg	744	12.5	3.6	12.1	1.3	0.28	11.9	5.5	6.4	7.8	10.4	13.7	20.2	26.5	47.1	2.83	18.03	12.1
B	mg/kg	744	67	10	66	1	0.15	67	27	34	45	61	72	85	94	105	−0.19	1.15	67
Cd	mg/kg	744	0.22	0.22	0.19	1.70	0.99	0.16	0.07	0.08	0.09	0.12	0.27	0.57	0.76	4.98	13.86	286.87	0.19
Cl	mg/kg	744	69	41	63	1	0.60	59	32	35	39	50	73	167	276	508	5.74	46.93	60
Co	mg/kg	744	16.3	2.7	16.1	1.2	0.17	16.1	6.3	9.1	11.3	14.5	18.0	21.7	23.3	26.7	0.25	0.44	16.3
Cr	mg/kg	744	84	17	82	1	0.20	81	23	57	64	74	91	110	131	316	5.65	68.11	83
Cu	mg/kg	744	35.9	52.7	32.7	1.4	1.47	30.0	10.5	18.9	22.3	26.4	40.1	58.0	86.4	1440.0	25.53	680.36	33.3
F	mg/kg	744	486	178	464	1	0.37	431	147	243	300	380	563	858	946	3125	5.04	63.96	476
Ge	mg/kg	744	1.61	0.15	1.61	1.10	0.09	1.63	1.06	1.15	1.28	1.50	1.72	1.84	1.88	2.12	−0.55	0.06	1.62
Hg	μg/kg	744	133.0	193.5	100.2	1.8	1.46	89.0	28.0	31.0	44.0	71.0	120.0	488.0	1240.0	2618.0	7.44	71.63	91.1
I	mg/kg	744	1.7	0.9	1.5	1.6	0.54	1.5	0.2	0.4	0.6	1.1	2.1	3.9	5.3	10.3	2.17	10.83	1.7
Mn	mg/kg	744	623	209	589	1	0.34	616	187	240	284	465	761	1060	1250	1910	0.71	1.64	617
Mo	mg/kg	744	0.90	0.34	0.85	1.34	0.38	0.82	0.30	0.44	0.52	0.71	1.00	1.64	2.32	5.32	4.76	45.26	0.84
N	mg/kg	744	1418	846	1274	2	0.60	1300	100	300	400	1030	1600	2970	5940	13300	5.98	64.10	1313
Ni	mg/kg	744	32.9	8.0	32.0	1.3	0.24	30.8	10.5	16.3	21.8	27.1	37.8	51.1	55.5	60.9	0.82	0.27	32.8
P	mg/kg	744	651	303	604	1	0.46	554	264	313	354	470	746	1438	1886	3902	3.22	20.95	604
Pb	mg/kg	744	38.1	25.7	35.8	1.3	0.67	33.8	17.5	23.3	26.1	30.1	39.4	70.1	132.9	461.0	12.10	180.65	34.5
S	mg/kg	744	414	406	334	2	0.98	295	92	110	147	227	420	1320	2300	6398	6.44	72.01	291
Se	mg/kg	744	0.37	0.50	0.31	1.64	1.37	0.28	0.10	0.13	0.16	0.22	0.39	0.97	1.64	10.80	15.38	289.89	0.30
Sr	mg/kg	744	84	40	77	1	0.47	70	34	39	46	57	97	181	256	287	1.74	3.35	81
V	mg/kg	744	110	19	108	1	0.18	105	37	73	82	96	122	155	163	168	0.75	0.33	110
Zn	mg/kg	744	93	117	81	1	1.26	72	39	46	53	62	101	172	454	2180	13.45	206.06	80
SiO$_2$	%	744	69.48	6.94	69.12	1.11	0.10	72.02	52.99	53.86	56.26	63.53	75.16	78.46	79.74	89.03	−0.53	−0.96	69.48
Al$_2$O$_3$	%	744	12.97	1.94	12.83	1.16	0.15	12.60	4.31	9.22	10.20	11.59	14.10	17.44	18.08	18.90	0.59	0.46	12.97
TFe$_2$O$_3$	%	744	5.34	1.18	5.22	1.23	0.22	4.97	1.98	3.38	3.84	4.47	6.10	8.12	8.59	9.82	0.88	0.18	5.33
MgO	%	744	1.23	0.71	1.06	1.66	0.58	0.87	0.33	0.46	0.58	0.73	1.71	3.02	3.25	3.55	1.22	0.28	1.22
CaO	%	744	1.25	1.57	0.68	2.84	1.26	0.47	0.16	0.17	0.18	0.30	1.46	5.72	6.27	9.09	1.91	2.90	0.42
Na$_2$O	%	744	0.66	0.32	0.59	1.63	0.48	0.59	0.16	0.19	0.25	0.40	0.84	1.40	1.58	1.67	0.82	−0.01	0.66
K$_2$O	%	744	1.90	0.49	1.84	1.28	0.26	1.72	0.68	1.03	1.26	1.56	2.22	3.06	3.21	3.30	0.89	0.05	1.90
Corg	%	744	1.56	0.77	1.42	1.54	0.49	1.43	0.25	0.39	0.58	1.11	1.83	3.40	5.20	10.10	3.36	25.29	1.46
pH		744						6.50	4.90	5.07	5.23	5.80	7.60	8.20	8.40	8.90			

表 2.8.2　蔡甸区表层土壤地球化学参数表

指标	单位	样本数	算术平均值	算术标准差	几何平均值	几何标准差	变异系数	中位值	最小值	累积频率分位值						最大值	偏度系数	峰度系数	背景值
		N	$\bar{X}$	S	X_g	S_g	CV	X_{me}	X_{min}	$X_{0.5\%}$	$X_{2.5\%}$	$X_{25\%}$	$X_{75\%}$	$X_{97.5\%}$	$X_{99.5\%}$	X_{max}	β_s	β_k	X'
As	mg/kg	2305	14.7	3.8	14.1	1.3	0.26	14.6	4.8	6.4	7.8	12.1	17.2	22.6	27.0	32.2	0.37	0.53	14.5
B	mg/kg	2305	60	11	59	1	0.18	58	32	39	45	53	66	85	96	171	1.34	5.87	60
Cd	mg/kg	2305	0.37	0.23	0.34	1.50	0.62	0.37	0.07	0.09	0.12	0.30	0.44	0.62	0.88	8.48	21.23	700.23	0.36
Cl	mg/kg	2305	77	69	68	2	0.89	63	26	30	34	51	82	201	388	1527	10.58	167.95	65
Co	mg/kg	2305	18.6	3.1	18.3	1.2	0.17	19.2	6.3	9.5	11.3	16.6	20.9	23.0	23.9	26.2	−0.75	0.20	18.7
Cr	mg/kg	2305	95	14	94	1	0.15	96	42	65	70	85	105	115	122	291	1.43	20.01	95
Cu	mg/kg	2305	41.0	9.3	39.8	1.3	0.23	42.2	17.3	20.9	23.5	34.0	48.1	55.4	63.8	113.3	0.03	1.19	40.9
F	mg/kg	2305	758	165	737	1	0.22	789	290	329	383	665	874	995	1094	2035	−0.40	1.60	757
Ge	mg/kg	2305	1.58	0.17	1.57	1.12	0.11	1.58	0.93	1.08	1.25	1.46	1.70	1.90	2.02	2.13	−0.11	0.05	1.58
Hg	μg/kg	2305	68.6	52.8	62.2	1.5	0.77	59.0	19.0	26.0	33.0	50.0	72.0	157.0	305.0	1 363.0	12.81	252.31	59.3
I	mg/kg	2305	1.8	0.7	1.7	1.4	0.37	1.6	0.3	0.6	0.9	1.3	2.0	3.5	4.5	6.3	1.67	5.01	1.7
Mn	mg/kg	2305	810	210	779	1	0.26	818	159	259	355	692	946	1226	1402	1764	−0.06	0.57	808
Mo	mg/kg	2305	1.21	0.44	1.15	1.41	0.37	1.20	0.39	0.43	0.53	0.95	1.44	2.02	2.36	10.88	5.26	101.51	1.20
N	mg/kg	2305	1625	605	1528	1	0.37	1531	100	500	727	1264	1832	3289	4342	5203	1.78	5.52	1534
Ni	mg/kg	2305	47.4	11.2	45.9	1.3	0.24	49.4	12.8	19.7	24.3	39.3	56.3	62.7	64.3	117.2	−0.37	0.46	47.3
P	mg/kg	2305	775	267	745	1	0.34	717	248	364	487	638	836	1442	2200	3629	4.02	27.76	731
Pb	mg/kg	2305	31.0	4.9	30.6	1.2	0.16	31.1	11.4	18.9	21.8	28.1	33.9	39.2	43.9	97.9	1.63	19.65	30.9
S	mg/kg	2305	282	221	243	2	0.78	220	67	103	122	179	303	938	1635	2449	4.58	27.58	228
Se	mg/kg	2305	0.39	0.17	0.37	1.38	0.43	0.36	0.09	0.16	0.20	0.30	0.44	0.71	0.88	4.46	9.55	194.73	0.38
Sr	mg/kg	2305	103	19	101	1	0.19	100	10	59	70	90	113	147	161	190	0.56	1.11	102
V	mg/kg	351	123	25	121	1	0.21	122	67	79	87	101	143	169	177	186	0.31	−0.96	123
Zn	mg/kg	2305	109	24	106	1	0.22	113	43	50	57	94	127	143	155	280	−0.39	1.04	109
SiO_2	%	2305	61.77	5.25	61.56	1.09	0.09	60.34	47.60	52.49	55.04	58.04	64.04	75.05	77.89	84.01	1.11	0.86	61.60
Al_2O_3	%	351	14.38	1.96	14.24	1.15	0.14	14.34	8.90	8.93	11.24	12.59	16.01	17.67	18.25	18.62	−0.03	−0.89	14.38
TFe_2O_3	%	2305	6.74	1.20	6.62	1.22	0.18	6.98	2.01	3.47	4.14	5.91	7.71	8.46	8.73	9.02	−0.63	−0.36	6.74
MgO	%	2305	2.09	0.53	1.99	1.42	0.25	2.27	0.42	0.60	0.74	2.02	2.42	2.62	2.74	3.09	−1.51	1.11	2.09
CaO	%	2305	1.40	0.77	1.25	1.60	0.55	1.23	0.12	0.31	0.43	1.04	1.60	3.26	5.40	11.77	3.53	26.30	1.28
Na_2O	%	2305	1.09	0.33	1.04	1.36	0.31	1.04	0.13	0.44	0.59	0.84	1.30	1.84	2.05	2.23	0.63	0.01	1.09
K_2O	%	2305	2.74	0.43	2.70	1.20	0.16	2.89	1.01	1.54	1.70	2.58	3.05	3.26	3.33	3.43	−1.16	0.49	2.75
Corg	%	2305	1.49	0.66	1.38	1.45	0.44	1.36	0.23	0.49	0.66	1.11	1.67	3.41	4.95	6.74	2.61	11.05	1.36
pH		2305						7.34	4.01	4.43	4.90	6.18	7.96	8.26	8.33	8.80			

表 2.8.3　黄陂区表层土壤地球化学参数表

指标	单位	样本数	算术平均值	算术标准差	几何平均值	几何标准差	变异系数	中位值	最小值	累积频率分位值						最大值	偏度系数	峰度系数	背景值
		N	$\overline{X}$	S	X_g	S_g	CV	X_{me}	X_{min}	$X_{0.5\%}$	$X_{2.5\%}$	$X_{25\%}$	$X_{75\%}$	$X_{97.5\%}$	$X_{99.5\%}$	X_{max}	β_s	β_k	X'
As	mg/kg	573	8.0	4.4	6.7	1.9	0.55	7.5	1.1	1.2	1.8	4.3	11.1	17.1	21.6	31.1	0.68	0.74	7.9
B	mg/kg	573	40	19	34	2	0.48	38	2	7	9	24	59	70	73	83	0.07	−1.30	40
Cd	mg/kg	573	0.14	0.07	0.13	1.44	0.53	0.13	0.04	0.05	0.07	0.10	0.15	0.30	0.47	1.16	6.18	68.08	0.13
Cl	mg/kg	573	64	24	61	1	0.38	59	20	29	36	50	71	117	170	314	3.52	24.45	60
Co	mg/kg	573	14.1	5.3	13.1	1.5	0.37	14.1	3.1	3.3	5.3	10.7	16.9	24.7	33.7	44.7	1.01	3.98	13.8
Cr	mg/kg	573	67	25	62	2	0.37	69	10	14	21	51	82	113	156	180	0.48	1.60	66
Cu	mg/kg	573	25.0	10.6	23.2	1.5	0.42	23.1	6.0	7.7	10.4	18.3	28.9	51.2	68.9	89.7	1.66	4.77	23.8
F	mg/kg	573	371	131	352	1	0.35	352	118	155	188	289	416	730	869	1061	1.54	3.44	343
Ge	mg/kg	573	1.51	0.19	1.50	1.17	0.13	1.50	0.20	0.73	1.08	1.40	1.60	1.80	2.01	2.36	−0.91	5.07	1.52
Hg	μg/kg	573	92.0	160.9	71.4	1.9	1.75	76.0	7.0	10.0	16.0	48.0	105.0	226.0	423.0	3 680.0	19.57	434.42	77.6
I	mg/kg	573	1.0	0.6	0.8	1.9	0.58	0.9	0.1	0.1	0.2	0.6	1.3	2.3	3.1	4.7	1.35	4.02	1.0
Mn	mg/kg	573	593	221	555	1	0.37	560	213	216	265	436	719	1090	1410	2040	1.23	3.69	583
Mo	mg/kg	573	0.65	0.37	0.58	1.61	0.57	0.60	0.04	0.21	0.22	0.44	0.79	1.56	2.36	3.87	3.76	25.30	0.60
N	mg/kg	573	1184	360	1115	1	0.30	1200	100	200	400	1000	1400	1800	2100	3400	0.02	2.33	1184
Ni	mg/kg	573	24.1	10.1	22.2	1.5	0.42	23.3	5.0	5.5	8.6	17.6	28.2	47.0	65.9	77.7	1.21	3.08	23.4
P	mg/kg	573	565	193	536	1	0.34	533	128	149	248	456	637	1013	1373	1903	1.88	8.52	545
Pb	mg/kg	573	29.4	12.8	28.1	1.3	0.44	28.6	12.0	13.0	16.7	23.9	33.6	43.6	79.3	269.2	12.03	217.17	28.4
S	mg/kg	573	265	103	243	2	0.39	260	35	64	92	190	330	460	580	760	0.55	1.18	261
Se	mg/kg	573	0.22	0.09	0.21	1.47	0.40	0.20	0.02	0.06	0.10	0.16	0.26	0.42	0.48	1.07	2.14	13.91	0.22
Sr	mg/kg	573	116	56	106	2	0.48	98	10	36	54	79	137	267	297	396	1.50	2.28	108
V	mg/kg	573	97	31	92	1	0.32	94	24	29	43	78	111	161	214	348	1.56	8.77	95
Zn	mg/kg	573	69	23	67	1	0.33	64	34	35	44	56	76	120	168	292	3.33	21.82	66
SiO_2	%	573	69.74	4.98	69.55	1.08	0.07	70.69	47.28	51.81	58.56	67.00	73.39	76.62	78.17	83.28	−0.95	1.14	69.95
Al_2O_3	%	573	13.47	1.46	13.39	1.11	0.11	13.41	8.44	9.82	10.97	12.36	14.39	16.82	17.45	18.00	0.35	0.18	13.46
TFe_2O_3	%	573	5.02	1.48	4.82	1.33	0.29	4.81	1.68	2.05	2.50	4.21	5.67	8.20	11.07	15.47	1.41	6.06	4.92
MgO	%	573	1.10	0.53	1.01	1.48	0.48	0.92	0.28	0.38	0.53	0.78	1.23	2.54	3.26	3.88	2.09	5.37	0.96
CaO	%	573	1.13	0.94	0.88	1.99	0.83	0.73	0.11	0.22	0.33	0.51	1.49	3.82	4.75	5.53	1.88	3.54	0.88
Na_2O	%	573	1.96	0.93	1.73	1.68	0.47	1.85	0.36	0.62	0.68	1.12	2.70	3.77	4.09	4.45	0.34	−1.01	1.96
K_2O	%	573	1.85	0.54	1.78	1.30	0.29	1.70	0.55	0.84	1.03	1.54	2.03	3.13	4.15	5.48	1.76	6.03	1.79
Corg	%	573	1.33	0.41	1.25	1.52	0.31	1.39	0.10	0.21	0.37	1.10	1.61	1.99	2.16	2.64	−0.54	0.22	1.34
pH		573						5.60	4.40	4.60	4.80	5.30	6.10	8.00	8.20	8.40			

表 2.8.4　东西湖区表层土壤地球化学参数表

指标	单位	样本数	算术平均值	算术标准差	几何平均值	几何标准差	变异系数	中位值	最小值	累积频率分位值						最大值	偏度系数	峰度系数	背景值
		N	$\overline{X}$	S	X_g	S_g	CV	X_{me}	X_{min}	$X_{0.5\%}$	$X_{2.5\%}$	$X_{25\%}$	$X_{75\%}$	$X_{97.5\%}$	$X_{99.5\%}$	X_{max}	β_s	β_k	X'
As	mg/kg	125	15.9	3.9	15.5	1.3	0.24	15.2	8.9	8.9	10.4	13.4	18.1	23.8	30.5	36.7	1.73	6.76	15.6
B	mg/kg	125	58	6	58	1	0.10	58	45	45	47	54	63	69	69	69	0.23	−0.74	58
Cd	mg/kg	125	0.27	0.20	0.24	1.55	0.75	0.26	0.06	0.06	0.10	0.17	0.30	0.39	0.84	2.22	7.83	75.41	0.24
Cl	mg/kg	125	69	28	65	1	0.41	60	32	32	40	52	78	133	169	230	2.41	8.81	66
Co	mg/kg	125	18.1	3.0	17.8	1.2	0.17	18.3	11.6	11.6	12.2	15.8	19.9	23.6	24.2	25.6	−0.10	−0.44	18.1
Cr	mg/kg	125	100	16	99	1	0.16	100	71	71	76	89	109	127	157	176	1.22	4.20	99
Cu	mg/kg	125	43.8	12.7	42.4	1.3	0.29	42.0	25.1	25.1	28.3	35.6	49.0	72.0	105.0	108.0	2.40	9.30	42.0
F	mg/kg	125	680	135	666	1	0.20	672	385	385	429	578	770	944	969	969	0.14	−0.53	680
Ge	mg/kg	125	1.70	0.21	1.68	1.13	0.12	1.69	1.08	1.08	1.40	1.54	1.80	2.15	2.24	2.36	0.56	0.66	1.69
Hg	μg/kg	125	110.9	182.6	84.2	1.7	1.65	80.0	34.0	34.0	37.0	61.0	97.0	269.0	1 417.0	1 539.0	6.99	50.95	79.8
I	mg/kg	125	1.6	0.3	1.6	1.2	0.22	1.6	0.8	0.8	0.9	1.3	1.8	2.4	2.4	2.5	0.28	−0.20	1.6
Mn	mg/kg	125	807	150	792	1	0.19	810	438	438	492	714	900	1110	1160	1420	0.23	1.79	802
Mo	mg/kg	125	1.10	0.26	1.07	1.29	0.24	1.12	0.51	0.51	0.61	0.92	1.29	1.56	1.59	1.63	−0.08	−0.64	1.10
N	mg/kg	125	1434	365	1387	1	0.25	1400	800	800	800	1200	1700	2100	2200	2400	0.22	−0.71	1434
Ni	mg/kg	125	44.4	9.7	43.3	1.3	0.22	44.8	24.9	24.9	26.3	36.7	51.7	61.4	62.3	63.8	−0.07	−0.86	44.4
P	mg/kg	125	841	235	815	1	0.28	786	436	436	519	702	907	1538	1801	2017	2.30	7.66	801
Pb	mg/kg	125	32.3	5.7	31.8	1.2	0.18	31.9	20.1	20.1	22.5	28.4	35.5	45.5	47.4	48.1	0.47	0.34	32.3
S	mg/kg	125	272	113	254	1	0.41	260	127	127	140	190	310	530	610	925	2.25	8.90	257
Se	mg/kg	125	0.40	0.10	0.39	1.28	0.26	0.38	0.20	0.20	0.24	0.33	0.44	0.63	0.75	0.83	1.26	2.71	0.39
Sr	mg/kg	125	99	19	98	1	0.20	93	63	63	72	84	115	137	146	170	0.87	0.31	99
V	mg/kg	125	141	23	139	1	0.16	140	98	98	100	124	159	181	182	188	0.01	−0.94	141
Zn	mg/kg	125	109	29	105	1	0.26	109	56	56	58	88	127	167	194	200	0.32	0.34	108
SiO_2	%	125	61.79	4.70	61.62	1.08	0.08	61.03	54.92	54.92	54.96	57.99	64.04	71.88	72.29	73.50	0.69	−0.35	61.79
Al_2O_3	%	125	16.07	1.70	15.98	1.11	0.11	16.02	12.24	12.24	12.58	14.72	17.47	18.76	18.87	19.02	−0.22	−0.88	16.07
TFe_2O_3	%	125	7.14	1.24	7.03	1.19	0.17	7.04	4.92	4.92	5.06	6.13	8.18	9.31	9.36	9.61	0.06	−1.05	7.14
MgO	%	125	1.95	0.53	1.86	1.39	0.27	2.10	0.73	0.73	0.86	1.51	2.38	2.60	2.63	2.63	−0.74	−0.77	1.95
CaO	%	125	1.21	0.53	1.11	1.53	0.44	1.06	0.37	0.37	0.52	0.79	1.61	2.29	2.39	2.84	0.80	−0.27	1.10
Na_2O	%	125	1.00	0.31	0.96	1.35	0.31	0.94	0.51	0.51	0.57	0.76	1.16	1.70	1.72	1.84	0.74	−0.19	1.00
K_2O	%	125	2.62	0.46	2.57	1.21	0.18	2.74	1.62	1.62	1.68	2.29	3.01	3.20	3.21	3.25	−0.69	−0.77	2.62
Corg	%	125	1.39	0.36	1.35	1.30	0.26	1.34	0.66	0.66	0.77	1.11	1.62	2.17	2.26	2.86	0.69	1.21	1.38
pH		125						7.00	5.50	5.50	5.60	6.50	7.60	7.90	8.00	8.10			

表 2.8.5 新洲区表层土壤地球化学参数表

指标	单位	样本数 N	算术平均值 $\bar{X}$	算术标准差 S	几何平均值 X_g	几何标准差 S_g	变异系数 CV	中位值 X_{me}	最小值 X_{min}	累积频率分位值 $X_{0.5\%}$	$X_{2.5\%}$	$X_{25\%}$	$X_{75\%}$	$X_{97.5\%}$	$X_{99.5\%}$	最大值 X_{max}	偏度系数 β_s	峰度系数 β_k	背景值 X'
As	mg/kg	362	8.0	4.3	6.7	1.9	0.54	8.1	0.7	0.9	1.3	4.2	11.1	15.8	20.7	30.7	0.62	1.38	7.8
B	mg/kg	362	42	20	36	2	0.46	47	4	4	6	25	60	68	73	77	−0.37	−1.15	42
Cd	mg/kg	362	0.15	0.09	0.13	1.56	0.59	0.12	0.01	0.01	0.07	0.10	0.16	0.31	0.53	1.09	4.96	42.72	0.13
Cl	mg/kg	362	69	22	66	1	0.32	65	33	34	39	54	77	120	159	174	1.50	3.49	67
Co	mg/kg	362	15.4	3.3	15.1	1.3	0.22	15.2	5.5	6.6	9.6	13.1	17.9	21.7	23.7	26.5	0.16	−0.15	15.4
Cr	mg/kg	362	70	20	67	1	0.29	69	21	25	31	59	80	104	116	264	2.36	22.89	69
Cu	mg/kg	362	26.2	8.2	25.1	1.3	0.31	24.3	11.4	11.7	16.1	20.7	29.3	48.0	56.2	56.9	1.35	1.97	25.1
F	mg/kg	362	437	143	419	1	0.33	399	180	232	271	351	476	771	930	1669	2.78	15.88	418
Ge	mg/kg	362	1.45	0.24	1.43	1.20	0.16	1.50	0.58	0.63	0.92	1.36	1.60	1.80	1.80	1.98	−0.85	0.67	1.46
Hg	μg/kg	362	95.4	65.4	79.9	1.8	0.69	78.0	2.0	12.0	24.0	58.0	109.0	290.0	400.0	580.0	2.77	12.09	79.9
I	mg/kg	362	1.2	0.4	1.1	1.4	0.38	1.1	0.4	0.4	0.5	0.8	1.4	2.2	2.6	3.4	1.09	1.94	1.1
Mn	mg/kg	362	597	211	558	1	0.35	590	177	192	241	439	722	1040	1170	1200	0.39	−0.15	597
Mo	mg/kg	362	0.63	0.19	0.60	1.36	0.31	0.61	0.22	0.23	0.30	0.49	0.72	1.05	1.16	1.38	0.68	0.55	0.62
N	mg/kg	362	1140	335	1080	1	0.29	1200	200	200	500	900	1400	1700	1900	1900	−0.26	−0.21	1140
Ni	mg/kg	362	27.9	9.9	26.5	1.4	0.35	25.8	9.9	10.3	14.0	21.4	31.6	51.4	63.2	79.2	1.37	2.75	27.4
P	mg/kg	362	722	325	686	1	0.45	676	331	334	399	567	791	1218	1744	5366	8.56	115.79	689
Pb	mg/kg	362	31.6	5.4	31.2	1.2	0.17	31.3	17.7	19.0	22.1	27.9	34.7	44.1	50.7	51.6	0.64	1.11	31.3
S	mg/kg	362	264	150	243	1	0.57	250	110	110	112	190	310	460	650	2480	9.20	132.42	253
Se	mg/kg	362	0.23	0.09	0.22	1.37	0.39	0.22	0.08	0.09	0.12	0.18	0.27	0.37	0.60	1.22	4.98	46.95	0.22
Sr	mg/kg	362	189	178	145	2	0.94	127	10	56	64	85	218	813	1000	1180	2.86	9.06	146
V	mg/kg	362	96	23	94	1	0.24	92	42	48	58	82	107	150	166	180	0.83	0.89	96
Zn	mg/kg	362	69	21	66	1	0.30	64	27	35	40	55	76	121	132	141	1.07	0.92	68
SiO$_2$	%	362	69.19	5.52	68.96	1.08	0.08	70.17	55.51	55.87	58.30	64.76	73.88	77.03	78.19	79.58	−0.38	−0.88	69.19
Al$_2$O$_3$	%	362	13.19	1.70	13.08	1.15	0.13	12.99	4.24	9.28	10.61	11.97	14.46	16.79	17.20	18.52	0.04	1.48	13.20
TFe$_2$O$_3$	%	362	4.90	1.11	4.79	1.24	0.23	4.73	2.43	2.47	3.10	4.20	5.24	7.71	8.18	8.77	0.93	0.93	4.87
MgO	%	362	1.29	0.67	1.16	1.58	0.52	1.06	0.36	0.54	0.59	0.79	1.65	2.92	3.87	5.08	1.65	3.94	1.24
CaO	%	362	1.37	1.07	1.05	2.08	0.78	1.11	0.27	0.29	0.35	0.51	1.85	4.56	5.64	5.88	1.68	3.33	1.19
Na$_2$O	%	362	1.79	0.96	1.55	1.73	0.54	1.44	0.48	0.50	0.62	0.98	2.77	3.63	3.96	4.37	0.61	−1.00	1.79
K$_2$O	%	362	2.09	0.48	2.04	1.25	0.23	2.03	1.15	1.31	1.42	1.66	2.46	3.08	3.26	3.31	0.47	−0.74	2.09
Corg	%	362	1.23	0.34	1.18	1.35	0.28	1.25	0.42	0.46	0.60	0.96	1.46	1.87	1.94	2.37	0.07	−0.38	1.23
pH		362						5.70	4.60	4.60	4.90	5.40	6.40	8.20	8.30	8.60			

表 2.8.6 襄阳市区表层土壤地球化学参数表

指标	单位	样本数 N	算术平均值 $\bar{X}$	算术标准差 S	几何平均值 X_g	几何标准差 S_g	变异系数 CV	中位值 X_{me}	最小值 X_{min}	累积频率分位值						最大值 X_{max}	偏度系数 β_s	峰度系数 β_k	背景值 X'
										$X_{0.5\%}$	$X_{2.5\%}$	$X_{25\%}$	$X_{75\%}$	$X_{97.5\%}$	$X_{99.5\%}$				
As	mg/kg	912	11.6	3.3	11.2	1.3	0.29	11.6	4.9	5.6	6.4	9.4	13.4	17.1	24.9	55.0	3.01	33.04	11.4
B	mg/kg	912	58	9	58	1	0.15	59	22	26	40	54	63	77	83	98	−0.25	1.96	59
Cd	mg/kg	912	0.19	0.10	0.17	1.46	0.53	0.16	0.07	0.08	0.10	0.14	0.21	0.42	0.65	1.75	5.79	69.92	0.17
Cl	mg/kg	912	68	32	63	1	0.47	61	27	31	34	50	75	141	226	410	3.70	24.13	62
Co	mg/kg	912	14.4	2.4	14.2	1.2	0.16	14.3	9.4	9.7	10.5	12.8	15.7	19.8	23.0	28.3	1.03	3.19	14.3
Cr	mg/kg	912	73	8	72	1	0.11	74	41	47	56	68	79	86	89	95	−0.69	0.54	73
Cu	mg/kg	912	26.5	4.0	26.2	1.2	0.15	26.2	16.3	17.9	19.6	24.2	28.1	35.2	41.7	70.6	2.17	17.16	26.1
F	mg/kg	912	527	75	522	1	0.14	524	325	354	387	484	563	680	897	1055	1.30	6.96	522
Ge	mg/kg	912	1.43	0.14	1.42	1.10	0.10	1.42	0.82	1.03	1.19	1.33	1.51	1.72	1.80	1.93	0.14	0.64	1.43
Hg	μg/kg	912	60.6	105.5	46.7	1.8	1.74	42.0	13.0	16.0	22.0	32.0	61.0	202.0	477.0	2 466.9	15.25	312.49	44.9
I	mg/kg	912	1.9	0.7	1.7	1.5	0.36	1.8	0.3	0.4	0.8	1.3	2.4	3.3	3.5	3.7	0.30	−0.54	1.9
Mn	mg/kg	912	736	161	722	1	0.22	717	349	452	509	649	797	1089	1380	2200	2.94	19.13	717
Mo	mg/kg	912	0.67	0.27	0.63	1.40	0.40	0.60	0.22	0.31	0.37	0.50	0.74	1.34	1.67	3.23	2.63	14.39	0.62
N	mg/kg	912	1241	323	1192	1	0.26	1250	294	327	545	1048	1449	1827	2051	2598	−0.07	0.68	1237
Ni	mg/kg	912	33.1	5.3	32.7	1.2	0.16	33.4	19.1	20.3	21.4	29.8	36.9	42.0	46.1	66.5	0.002 6	1.38	33.1
P	mg/kg	912	670	227	640	1	0.34	617	232	275	386	530	752	1214	1624	2540	2.50	12.38	636
Pb	mg/kg	912	27.4	4.6	27.1	1.2	0.17	27.0	16.1	16.8	19.4	25.3	29.0	37.4	48.5	80.4	3.67	33.14	27.0
S	mg/kg	912	216	122	203	1	0.57	202	29	68	111	168	244	372	441	3279	17.50	433.54	209
Se	mg/kg	912	0.22	0.08	0.21	1.36	0.36	0.21	0.08	0.09	0.13	0.18	0.25	0.43	0.57	0.87	2.33	9.84	0.21
Sr	mg/kg	912	118	32	114	1	0.27	108	70	76	85	100	119	211	247	280	2.12	4.88	106
V	mg/kg	912	97	12	96	1	0.12	97	65	68	74	89	103	122	132	170	0.54	2.35	96
Zn	mg/kg	912	70	18	68	1	0.25	66	39	42	50	59	75	113	139	270	3.62	28.00	67
SiO_2	%	912	66.52	2.84	66.46	1.04	0.04	66.18	58.50	59.67	61.58	64.55	68.20	72.94	74.89	76.48	0.50	0.47	66.44
Al_2O_3	%	912	13.66	1.23	13.61	1.10	0.09	13.82	9.20	9.44	10.79	12.98	14.51	15.62	16.04	17.12	−0.66	0.64	13.70
TFe_2O_3	%	912	5.14	0.64	5.09	1.14	0.12	5.22	3.18	3.52	3.72	4.75	5.61	6.14	6.45	6.60	−0.48	−0.24	5.14
MgO	%	912	1.31	0.31	1.27	1.25	0.24	1.24	0.72	0.74	0.86	1.11	1.41	2.17	2.40	2.56	1.36	2.11	1.25
CaO	%	912	1.24	0.68	1.12	1.50	0.55	0.97	0.56	0.62	0.70	0.87	1.23	3.39	3.97	4.66	2.34	5.10	0.97
Na_2O	%	912	1.34	0.32	1.31	1.25	0.24	1.27	0.62	0.74	0.89	1.14	1.43	2.10	2.28	2.45	1.07	0.84	1.33
K_2O	%	912	2.21	0.22	2.20	1.10	0.10	2.20	1.69	1.72	1.81	2.06	2.34	2.68	2.85	3.03	0.43	0.32	2.20
Corg	%	912	1.17	0.37	1.10	1.47	0.32	1.17	0.13	0.18	0.44	0.95	1.40	1.93	2.18	2.98	0.27	1.32	1.17
pH		912						6.83	4.95	5.08	5.41	6.27	7.50	8.28	8.47	8.83			

表 2.8.7　枣阳市表层土壤地球化学参数表

指标	单位	样本数	算术平均值	算术标准差	几何平均值	几何标准差	变异系数	中位值	最小值	累积频率分位值						最大值	偏度系数	峰度系数	背景值
		N	$\bar{X}$	S	X_g	S_g	CV	X_{me}	X_{min}	$X_{0.5\%}$	$X_{2.5\%}$	$X_{25\%}$	$X_{75\%}$	$X_{97.5\%}$	$X_{99.5\%}$	X_{max}	β_s	β_k	X'
As	mg/kg	816	12.2	4.7	11.5	1.4	0.38	12.0	2.3	3.8	5.3	9.7	14.2	20.6	35.1	63.3	4.08	36.16	11.8
B	mg/kg	816	48	15	45	1	0.32	50	8	9	16	38	59	71	87	90	−0.46	−0.20	48
Cd	mg/kg	816	0.16	0.05	0.16	1.26	0.28	0.16	0.07	0.09	0.11	0.14	0.18	0.27	0.35	0.64	3.69	30.20	0.16
Cl	mg/kg	816	80	51	72	2	0.64	69	24	27	37	55	88	192	338	852	6.41	73.12	70
Co	mg/kg	816	17.0	5.7	16.2	1.3	0.34	16.0	6.1	6.7	8.6	14.1	18.3	35.5	41.1	47.4	2.08	6.33	15.8
Cr	mg/kg	816	79	22	77	1	0.28	80	23	28	38	70	85	128	209	252	2.75	17.72	78
Cu	mg/kg	816	28.2	9.2	27.1	1.3	0.32	26.9	7.3	10.5	14.4	24.3	29.2	53.2	76.8	96.5	3.08	14.93	26.6
F	mg/kg	816	541	110	531	1	0.20	530	304	326	372	485	572	811	1131	1331	2.59	13.16	525
Ge	mg/kg	816	1.32	0.22	1.30	1.17	0.16	1.29	0.71	0.95	0.98	1.16	1.46	1.81	2.02	2.55	0.88	1.60	1.31
Hg	μg/kg	816	49.2	40.0	42.5	1.6	0.81	40.0	10.0	14.0	19.0	32.0	53.0	135.0	317.0	487.0	5.98	48.91	42.2
I	mg/kg	816	2.0	0.7	1.9	1.4	0.34	1.9	0.5	0.8	1.0	1.5	2.5	3.4	3.9	4.1	0.52	−0.46	2.0
Mn	mg/kg	816	784	188	763	1	0.24	772	239	366	469	670	867	1180	1584	1923	1.11	3.76	773
Mo	mg/kg	816	0.63	0.27	0.60	1.34	0.43	0.59	0.30	0.32	0.37	0.51	0.69	1.26	1.89	4.83	7.02	85.39	0.59
N	mg/kg	816	1413	339	1369	1	0.24	1413	361	504	765	1195	1628	2131	2390	2698	0.13	0.62	1410
Ni	mg/kg	816	36.4	13.3	34.7	1.4	0.36	35.9	8.2	12.8	16.5	30.8	39.5	66.0	119.0	152.6	3.65	22.08	34.5
P	mg/kg	816	656	245	626	1	0.37	621	203	261	352	534	731	1120	1593	4744	6.72	98.00	628
Pb	mg/kg	816	28.1	5.9	27.5	1.2	0.21	27.9	11.1	11.6	17.0	25.3	30.3	40.1	53.1	76.8	1.97	13.62	27.7
S	mg/kg	816	227	123	216	1	0.54	218	85	92	124	182	258	353	436	3284	18.77	463.39	221
Se	mg/kg	816	0.20	0.08	0.19	1.31	0.38	0.19	0.07	0.09	0.11	0.17	0.22	0.36	0.58	1.25	6.15	63.26	0.19
Sr	mg/kg	816	143	115	123	2	0.80	109	41	54	66	96	135	514	795	902	3.99	18.09	105
V	mg/kg	816	104	28	101	1	0.27	100	49	51	61	91	108	197	239	272	2.50	9.39	99
Zn	mg/kg	816	73	22	71	1	0.30	68	42	47	54	63	76	117	139	537	12.13	244.15	69
SiO_2	%	816	63.13	4.23	62.98	1.07	0.07	63.81	43.76	47.38	51.49	61.88	65.67	69.30	71.01	74.37	−1.30	2.43	63.66
Al_2O_3	%	816	14.55	1.17	14.50	1.08	0.08	14.59	10.67	11.37	12.25	13.79	15.32	16.82	17.85	18.94	−0.000 3	0.37	14.54
TFe_2O_3	%	816	5.87	1.37	5.73	1.24	0.23	5.68	2.49	3.01	3.54	5.15	6.19	10.14	11.71	12.16	1.64	4.56	5.61
MgO	%	816	1.39	0.63	1.30	1.39	0.46	1.21	0.59	0.69	0.79	1.08	1.41	3.57	4.39	6.43	3.30	14.20	1.20
CaO	%	816	1.36	1.01	1.16	1.66	0.74	1.01	0.28	0.44	0.56	0.85	1.44	4.54	7.17	8.07	3.17	12.53	1.04
Na_2O	%	816	1.49	0.62	1.39	1.43	0.41	1.28	0.44	0.47	0.74	1.11	1.73	3.32	4.11	4.42	1.94	4.83	1.39
K_2O	%	816	2.15	0.35	2.12	1.19	0.16	2.14	0.63	0.83	1.41	1.99	2.29	3.02	3.24	3.41	0.09	3.08	2.13
Corg	%	816	1.36	0.36	1.31	1.34	0.27	1.36	0.22	0.37	0.66	1.12	1.58	2.14	2.52	3.29	0.48	2.10	1.35
pH		816						6.43	4.91	4.99	5.27	5.98	6.98	7.78	8.07	8.18			

表 2.8.8 老河口市表层土壤地球化学参数表

指标	单位	样本数	算术平均值	算术标准差	几何平均值	几何标准差	变异系数	中位值	最小值	累积频率分位值						最大值	偏度系数	峰度系数	背景值
		N	$\bar{X}$	S	X_g	S_g	CV	X_{me}	X_{min}	$X_{0.5\%}$	$X_{2.5\%}$	$X_{25\%}$	$X_{75\%}$	$X_{97.5\%}$	$X_{99.5\%}$	X_{max}	β_s	β_k	X'
As	mg/kg	265	12.5	3.4	12.1	1.3	0.27	12.6	4.3	4.3	6.0	11.1	13.8	16.6	33.0	33.2	2.23	14.27	12.4
B	mg/kg	265	53	8	52	1	0.14	54	17	17	32	50	58	64	67	67	−1.52	4.63	54
Cd	mg/kg	265	0.21	0.21	0.19	1.50	0.96	0.17	0.09	0.09	0.11	0.15	0.23	0.45	1.17	3.03	10.42	135.08	0.18
Cl	mg/kg	265	69	37	63	1	0.54	60	32	32	36	48	76	154	240	430	4.55	35.41	61
Co	mg/kg	265	15.2	2.2	15.1	1.2	0.14	15.2	7.7	7.7	11.2	13.9	16.6	19.6	21.6	25.3	0.18	2.33	15.2
Cr	mg/kg	265	77	13	76	1	0.16	78	34	34	54	74	81	88	97	230	5.94	80.73	78
Cu	mg/kg	265	27.9	6.2	27.5	1.2	0.22	27.1	14.7	14.7	22.2	25.6	29.0	37.1	59.8	103.5	7.62	88.28	27.4
F	mg/kg	265	553	111	543	1	0.20	542	221	221	406	495	582	842	1033	1225	1.78	8.31	540
Ge	mg/kg	265	1.36	0.12	1.35	1.10	0.09	1.36	1.03	1.03	1.11	1.27	1.45	1.57	1.65	1.70	−0.11	−0.20	1.36
Hg	μg/kg	265	559.6	5 407.1	89.3	3.2	9.66	62.0	18.0	18.0	25.0	42.0	125.0	2 698.0	6 596.0	87 645.0	15.95	257.70	61.1
I	mg/kg	265	2.0	0.6	1.9	1.5	0.31	2.0	0.3	0.3	0.7	1.6	2.5	3.1	3.7	3.8	−0.17	−0.17	2.0
Mn	mg/kg	265	765	174	752	1	0.23	738	450	450	560	686	827	1032	1187	2881	7.00	83.07	752
Mo	mg/kg	265	0.74	0.26	0.71	1.33	0.35	0.67	0.40	0.40	0.48	0.58	0.80	1.42	1.83	2.29	2.32	7.27	0.68
N	mg/kg	265	1268	309	1219	1	0.24	1261	143	143	703	1110	1424	1933	2080	2695	−0.01	3.19	1273
Ni	mg/kg	265	34.9	5.3	34.5	1.2	0.15	35.2	13.6	13.6	24.2	31.6	38.0	45.8	47.6	49.9	−0.57	1.78	35.2
P	mg/kg	265	636	175	617	1	0.28	602	321	321	409	535	690	1200	1630	1642	2.53	9.94	607
Pb	mg/kg	265	33.1	35.0	30.3	1.3	1.06	29.3	14.4	14.4	21.5	27.4	31.6	46.3	298.2	519.7	11.98	155.06	29.2
S	mg/kg	265	210	118	198	1	0.56	194	81	81	119	170	230	355	433	1895	11.19	158.20	198
Se	mg/kg	265	0.24	0.13	0.23	1.38	0.53	0.21	0.11	0.11	0.15	0.18	0.25	0.48	0.91	1.61	6.24	56.06	0.21
Sr	mg/kg	265	113	29	110	1	0.26	105	76	76	82	100	111	204	236	241	2.45	6.16	103
V	mg/kg	265	99	21	98	1	0.21	97	67	67	79	92	104	120	235	365	9.03	107.92	98
Zn	mg/kg	265	73	15	72	1	0.20	71	41	41	51	65	78	104	162	169	2.46	12.29	71
SiO_2	%	265	65.06	2.80	65.00	1.04	0.04	65.14	53.06	53.06	58.72	63.83	66.47	69.60	74.70	75.83	−0.39	2.93	65.07
Al_2O_3	%	265	13.80	1.23	13.74	1.10	0.09	14.04	8.06	8.06	10.49	13.32	14.48	15.48	15.77	16.17	−1.74	4.64	13.99
TFe_2O_3	%	265	5.30	0.97	5.24	1.15	0.18	5.36	2.62	2.62	4.17	4.94	5.57	6.11	6.81	18.48	9.22	128.27	5.28
MgO	%	265	1.37	0.28	1.35	1.19	0.21	1.33	0.92	0.92	1.02	1.22	1.45	1.97	2.80	3.55	2.99	16.70	1.34
CaO	%	265	1.45	1.05	1.24	1.66	0.72	0.98	0.73	0.73	0.76	0.89	1.60	4.02	6.62	8.17	2.78	10.27	0.95
Na_2O	%	265	1.21	0.29	1.18	1.29	0.24	1.24	0.49	0.49	0.63	1.06	1.32	1.92	2.02	2.03	0.38	1.05	1.21
K_2O	%	265	2.21	0.18	2.20	1.10	0.08	2.22	1.04	1.04	1.83	2.10	2.33	2.51	2.56	2.59	−1.24	5.42	2.22
Corg	%	265	1.17	0.33	1.12	1.37	0.28	1.15	0.18	0.18	0.57	0.99	1.34	1.85	2.26	2.81	0.63	3.16	1.16
pH		265						6.61	4.98	4.98	5.22	6.02	7.53	8.19	8.41	8.58			

表 2.8.9 宣城市表层土壤地球化学参数表

指标	单位	样本数 N	算术平均值 $\bar{X}$	算术标准差 S	几何平均值 X_g	几何标准差 S_g	变异系数 CV	中位值 X_{me}	最小值 X_{min}	累积频率分位值 $X_{0.5\%}$	$X_{2.5\%}$	$X_{25\%}$	$X_{75\%}$	$X_{97.5\%}$	$X_{99.5\%}$	最大值 X_{max}	偏度系数 β_s	峰度系数 β_k	背景值 X'
As	mg/kg	2618	12.0	8.5	11.2	1.4	0.71	11.1	2.1	4.7	6.3	9.2	13.4	22.5	37.4	373.8	29.89	1 236.78	11.2
B	mg/kg	2618	58	10	57	1	0.17	58	8	18	34	53	64	77	85	95	−0.75	3.36	59
Cd	mg/kg	2618	0.27	0.12	0.25	1.62	0.45	0.27	0.04	0.07	0.09	0.17	0.37	0.49	0.57	1.62	1.48	11.86	0.27
Cl	mg/kg	2299	66	28	62	1	0.43	59	16	31	35	50	73	141	214	351	3.07	15.51	61
Co	mg/kg	2299	15.6	3.2	15.3	1.2	0.21	15.6	3.6	8.2	9.5	13.6	17.6	21.4	26.0	51.5	1.07	10.29	15.5
Cr	mg/kg	2618	79	13	78	1	0.16	79	15	45	57	71	86	101	111	304	2.90	49.27	79
Cu	mg/kg	2618	31.0	6.6	30.4	1.2	0.21	30.1	10.6	17.8	20.9	27.2	34.2	43.5	49.9	159.7	4.29	66.77	30.8
F	mg/kg	2618	633	221	612	1	0.35	618	2	341	395	531	707	867	1444	5360	10.18	172.06	617
Ge	mg/kg	2618	1.45	0.13	1.45	1.10	0.09	1.45	0.81	1.10	1.19	1.37	1.54	1.73	1.84	2.10	0.17	0.83	1.45
Hg	μg/kg	2618	60.5	70.4	52.4	1.6	1.16	52.0	9.0	14.0	20.0	40.0	69.0	138.0	337.0	1 997.0	18.49	441.86	53.5
I	mg/kg	2299	1.5	0.7	1.4	1.6	0.49	1.3	0.3	0.4	0.6	1.0	1.8	3.4	4.6	8.1	2.01	7.90	1.4
Mn	mg/kg	2299	719	208	685	1	0.29	742	184	244	297	589	858	1111	1314	2024	0.04	0.84	715
Mo	mg/kg	2618	0.96	0.66	0.87	1.51	0.69	0.93	0.29	0.34	0.40	0.63	1.20	1.70	2.40	28.11	26.84	1 085.70	0.93
N	mg/kg	2618	1354	429	1276	1	0.32	1351	134	249	543	1046	1647	2198	2476	4155	0.22	0.76	1349
Ni	mg/kg	2618	36.9	8.0	36.1	1.3	0.22	37.0	8.0	17.5	21.8	31.7	42.1	51.3	62.5	111.1	0.72	5.31	36.8
P	mg/kg	2618	809	765	720	2	0.95	748	169	244	306	539	961	1517	2744	24 352	18.68	474.62	748
Pb	mg/kg	2618	26.7	4.1	26.4	1.2	0.15	26.9	15.6	16.3	18.6	24.0	29.2	34.6	40.3	57.6	0.49	3.05	26.5
S	mg/kg	2299	229	148	209	2	0.65	208	59	76	95	159	279	437	602	5674	22.10	800.02	221
Se	mg/kg	2618	0.32	0.12	0.30	1.39	0.38	0.31	0.08	0.12	0.15	0.25	0.38	0.51	0.64	2.25	5.07	67.11	0.32
Sr	mg/kg	2618	111	32	107	1	0.28	104	27	42	63	90	131	191	240	373	1.40	4.50	108
V	mg/kg	523	104	21	103	1	0.20	104	62	63	76	94	112	139	154	420	7.05	105.08	103
Zn	mg/kg	2618	84	20	81	1	0.24	83	39	43	50	69	98	120	135	244	0.73	3.50	83
SiO₂	%	2299	65.41	3.86	65.29	1.06	0.06	65.00	46.43	57.33	58.87	62.78	67.75	73.88	75.76	78.74	0.31	0.32	65.41
Al₂O₃	%	2299	13.97	1.65	13.87	1.13	0.12	14.11	8.74	9.65	10.45	12.86	15.19	16.72	17.50	18.96	−0.32	−0.26	13.97
TFe₂O₃	%	2618	5.53	0.82	5.47	1.16	0.15	5.55	2.42	3.48	3.92	4.95	6.09	7.00	7.40	13.78	0.40	4.49	5.53
MgO	%	2618	1.74	0.65	1.63	1.46	0.37	1.70	0.37	0.64	0.79	1.20	2.29	2.73	2.91	10.79	1.50	15.72	1.73
CaO	%	2618	1.78	0.98	1.50	1.83	0.55	1.67	0.14	0.25	0.50	0.88	2.66	3.42	4.03	9.59	0.73	1.91	1.76
Na₂O	%	2299	1.31	0.39	1.25	1.38	0.30	1.26	0.09	0.41	0.58	1.05	1.55	2.08	2.28	3.07	0.37	0.09	1.31
K₂O	%	2618	2.49	0.41	2.45	1.18	0.17	2.47	1.41	1.57	1.72	2.21	2.78	3.19	3.62	5.76	0.65	3.65	2.48
Corg	%	2618	1.24	0.48	1.13	1.56	0.39	1.20	0.10	0.17	0.41	0.89	1.55	2.18	2.54	4.46	0.60	1.69	1.23
pH		2618						7.86	4.36	5.24	5.65	6.98	8.10	8.33	8.47	8.65			

表 2.8.10 谷城县表层土壤地球化学参数表

指标	单位	样本数 N	算术平均值 $\bar{X}$	算术标准差 S	几何平均值 X_g	几何标准差 S_g	变异系数 CV	中位值 X_{me}	最小值 X_{min}	累积频率分位值 $X_{0.5\%}$	$X_{2.5\%}$	$X_{25\%}$	$X_{75\%}$	$X_{97.5\%}$	$X_{99.5\%}$	最大值 X_{max}	偏度系数 β_s	峰度系数 β_k	背景值 X'
As	mg/kg	222	8.9	3.6	8.5	1.4	0.40	8.3	3.6	3.6	4.8	6.9	10.2	14.1	21.2	45.8	5.19	48.87	8.6
B	mg/kg	222	36	13	33	1	0.36	35	6	6	14	26	46	61	64	68	0.17	−0.67	36
Cd	mg/kg	222	0.25	0.07	0.24	1.30	0.28	0.24	0.11	0.11	0.14	0.21	0.28	0.39	0.57	0.61	1.63	5.39	0.24
Cl	mg/kg	222	49	56	44	1	1.13	43	25	25	28	36	51	75	130	846	13.39	191.63	44
Co	mg/kg	222	14.6	6.0	13.8	1.4	0.41	13.2	6.4	6.4	8.6	11.3	15.9	30.1	34.0	62.7	3.28	19.02	13.2
Cr	mg/kg	222	65	23	62	1	0.35	61	30	30	35	53	73	120	168	170	1.89	5.55	62
Cu	mg/kg	222	27.9	14.1	26.1	1.4	0.51	24.7	11.2	11.2	15.7	21.8	30.0	53.5	124.3	157.5	5.41	41.22	25.4
F	mg/kg	222	491	90	483	1	0.18	491	220	220	302	444	534	673	855	1018	1.07	6.51	488
Ge	mg/kg	222	1.39	0.13	1.39	1.10	0.09	1.40	0.97	0.97	1.14	1.31	1.47	1.62	1.76	1.91	0.05	1.42	1.39
Hg	µg/kg	222	77.2	297.1	47.2	1.9	3.85	41.8	12.0	12.0	20.0	33.5	57.0	229.0	717.0	4 381.0	13.94	201.90	42.1
I	mg/kg	222	1.3	0.4	1.2	1.4	0.33	1.2	0.3	0.3	0.6	1.0	1.5	2.3	2.7	2.7	0.78	1.06	1.3
Mn	mg/kg	222	792	159	777	1	0.20	767	281	281	549	700	881	1120	1384	1608	0.94	3.69	782
Mo	mg/kg	222	0.87	0.22	0.85	1.28	0.26	0.83	0.34	0.34	0.53	0.73	0.97	1.43	1.60	1.79	1.16	1.85	0.85
N	mg/kg	222	1187	333	1129	1	0.28	1194	134	134	447	993	1377	1922	2089	2160	0.01	1.06	1192
Ni	mg/kg	222	31.5	15.1	28.9	1.5	0.48	27.4	13.4	13.4	14.7	22.9	35.2	71.8	96.9	118.3	2.30	7.46	28.2
P	mg/kg	222	695	258	656	1	0.37	624	316	316	357	528	806	1396	1583	2044	1.70	4.14	652
Pb	mg/kg	222	27.1	6.2	26.5	1.2	0.23	26.5	10.5	10.5	17.7	23.5	29.6	40.9	55.8	56.5	1.54	5.57	26.6
S	mg/kg	222	207	61	198	1	0.29	203	88	88	107	165	237	342	430	452	0.96	1.87	202
Se	mg/kg	222	0.27	0.07	0.26	1.28	0.27	0.26	0.13	0.13	0.16	0.22	0.29	0.44	0.50	0.66	1.47	4.57	0.26
Sr	mg/kg	222	127	38	122	1	0.30	117	58	58	81	104	140	211	239	408	2.55	13.35	121
V	mg/kg	222	98	35	94	1	0.36	91	48	48	58	80	105	172	213	456	5.31	48.48	92
Zn	mg/kg	222	81	15	80	1	0.19	80	39	39	53	72	88	111	143	162	1.20	5.24	81
SiO₂	%	222	65.14	4.10	65.00	1.07	0.06	65.73	43.27	43.27	55.32	63.51	67.33	71.73	76.16	77.56	−1.00	4.04	65.34
Al₂O₃	%	222	13.62	1.44	13.54	1.12	0.11	13.82	8.72	8.72	10.15	12.94	14.52	15.75	16.21	16.52	−0.90	0.98	13.69
TFe₂O₃	%	222	5.27	1.39	5.12	1.26	0.26	5.01	2.66	2.66	3.46	4.42	5.78	8.54	9.62	15.27	2.38	12.09	5.06
MgO	%	222	1.58	0.63	1.49	1.38	0.40	1.39	0.67	0.67	0.89	1.21	1.82	2.87	3.42	7.05	3.55	24.57	1.51
CaO	%	222	1.68	1.15	1.44	1.72	0.68	1.26	0.35	0.35	0.62	0.98	2.09	3.90	6.71	10.80	3.19	18.51	1.59
Na₂O	%	222	1.91	0.51	1.84	1.32	0.26	1.90	0.78	0.78	1.06	1.55	2.25	2.96	3.20	3.23	0.20	−0.41	1.91
K₂O	%	222	2.34	0.33	2.32	1.16	0.14	2.35	1.20	1.20	1.66	2.15	2.54	2.97	3.18	3.47	0.01	0.80	2.34
Corg	%	222	1.11	0.37	1.04	1.45	0.34	1.10	0.15	0.15	0.44	0.89	1.29	2.02	2.38	2.73	0.84	2.30	1.08
pH		222						6.87	4.92	4.92	5.21	6.23	7.50	8.26	8.43	8.68			

表 2.8.11　南漳县表层土壤地球化学参数表

指标	单位	样本数	算术平均值	算术标准差	几何平均值	几何标准差	变异系数	中位值	最小值	累积频率分位值						最大值	偏度系数	峰度系数	背景值
		N	$\overline{X}$	S	X_g	S_g	CV	X_{me}	X_{min}	$X_{0.5\%}$	$X_{2.5\%}$	$X_{25\%}$	$X_{75\%}$	$X_{97.5\%}$	$X_{99.5\%}$	X_{max}	β_s	β_k	X'
As	mg/kg	2298	16.6	9.0	14.7	1.7	0.54	16.2	3.0	3.6	5.4	9.9	20.8	34.5	59.0	115.3	3.10	22.85	15.7
B	mg/kg	2298	71	27	67	1	0.38	66	16	31	37	55	80	144	190	271	1.97	6.71	67
Cd	mg/kg	2298	0.34	0.23	0.30	1.57	0.66	0.30	0.04	0.09	0.13	0.23	0.37	0.98	1.53	3.58	5.11	44.36	0.30
Cl	mg/kg	1858	58	22	56	1	0.38	54	27	33	39	48	63	107	171	506	7.34	109.92	55
Co	mg/kg	1858	17.9	3.7	17.5	1.2	0.21	17.5	6.7	9.6	12.2	15.5	19.4	26.8	29.7	59.2	1.57	9.71	17.7
Cr	mg/kg	2298	88	18	86	1	0.20	87	37	51	60	76	99	123	155	346	1.87	19.56	87
Cu	mg/kg	2298	36.3	16.3	34.6	1.3	0.45	33.7	14.0	18.3	21.3	28.3	40.7	62.1	81.7	480.8	12.81	295.67	35.2
F	mg/kg	2298	814	238	783	1	0.29	773	101	424	495	629	956	1348	1530	4130	1.87	16.49	805
Ge	mg/kg	2298	1.50	0.16	1.49	1.11	0.10	1.49	0.93	1.08	1.20	1.39	1.59	1.83	1.98	2.76	0.62	3.01	1.49
Hg	μg/kg	2298	81.1	134.4	66.0	1.7	1.66	64.6	4.0	18.4	23.4	48.2	88.2	214.4	606.0	4 867.8	25.06	804.81	67.1
I	mg/kg	1858	2.5	1.2	2.1	1.7	0.50	2.5	0.5	0.6	0.7	1.5	3.2	4.9	6.9	12.2	1.18	5.11	2.4
Mn	mg/kg	1858	837	259	791	1	0.31	875	155	245	316	674	1008	1266	1557	3530	0.57	7.12	831
Mo	mg/kg	2298	1.54	3.75	1.06	1.88	2.44	0.97	0.31	0.38	0.47	0.72	1.27	7.17	17.94	111.28	17.96	442.09	0.95
N	mg/kg	2298	1976	638	1882	1	0.32	1933	437	694	942	1592	2292	3280	4873	8043	1.76	9.90	1930
Ni	mg/kg	2298	44.4	12.8	42.7	1.3	0.29	43.4	13.2	21.1	25.8	34.3	52.0	69.2	84.4	215.5	1.87	16.66	43.9
P	mg/kg	2298	674	364	631	1	0.54	637	165	213	289	522	774	1243	1806	13 779	20.80	729.37	643
Pb	mg/kg	2298	32.3	7.5	31.7	1.2	0.23	32.0	15.4	20.8	23.0	28.2	35.5	42.6	53.2	262.9	13.60	396.34	31.9
S	mg/kg	1858	286	131	267	1	0.46	272	72	87	124	220	329	531	676	2958	8.20	144.68	274
Se	mg/kg	2298	0.36	0.32	0.32	1.50	0.89	0.31	0.10	0.13	0.18	0.26	0.37	1.05	2.20	7.64	10.75	177.59	0.30
Sr	mg/kg	2298	76	18	74	1	0.24	76	16	29	43	65	85	112	150	266	1.50	11.32	75
V	mg/kg	222	97	12	96	1	0.12	97	68	68	75	90	103	125	134	142	0.61	1.55	96
Zn	mg/kg	2298	98	25	96	1	0.25	97	41	58	68	87	107	130	167	836	14.49	389.02	97
SiO_2	%	1858	60.70	5.04	60.48	1.09	0.08	60.59	25.06	43.53	51.45	57.22	64.27	70.04	73.09	77.55	−0.39	1.92	60.82
Al_2O_3	%	1858	15.73	1.87	15.61	1.13	0.12	15.69	9.22	11.09	12.10	14.39	17.07	19.31	20.36	23.42	0.03	−0.07	15.72
TFe_2O_3	%	2298	6.38	1.22	6.27	1.21	0.19	6.28	2.85	3.77	4.32	5.43	7.24	9.01	9.61	12.19	0.42	−0.02	6.37
MgO	%	2298	1.75	0.64	1.68	1.29	0.37	1.64	0.61	0.90	1.12	1.44	1.88	3.05	4.98	13.99	6.92	91.04	1.64
CaO	%	2298	1.37	1.50	1.06	1.91	1.09	0.96	0.05	0.22	0.33	0.74	1.37	5.14	10.85	20.96	5.37	42.36	0.95
Na_2O	%	1858	0.79	0.46	0.69	1.70	0.58	0.64	0.09	0.16	0.26	0.48	0.94	2.04	2.30	2.77	1.44	1.52	0.66
K_2O	%	2298	2.74	0.38	2.71	1.15	0.14	2.70	1.10	1.72	2.13	2.50	2.93	3.59	4.22	5.40	0.83	3.20	2.72
Corg	%	2298	1.91	0.85	1.77	1.48	0.44	1.83	0.21	0.45	0.75	1.47	2.21	3.51	6.20	18.04	5.00	68.21	1.83
pH		2298						7.18	4.33	4.61	5.04	6.35	7.86	8.21	8.28	8.40			

表 2.8.12　宜昌市辖区表层土壤地球化学参数表

指标	单位	样本数	算术平均值	算术标准差	几何平均值	几何标准差	变异系数	中位值	最小值	累积频率分位值						最大值	偏度系数	峰度系数	背景值
		N	$\bar{X}$	S	X_g	S_g	CV	X_{me}	X_{min}	$X_{0.5\%}$	$X_{2.5\%}$	$X_{25\%}$	$X_{75\%}$	$X_{97.5\%}$	$X_{99.5\%}$	X_{max}	β_s	β_k	X'
As	mg/kg	233	11.2	10.2	7.6	2.6	0.91	8.8	0.6	0.6	1.2	3.7	14.1	40.0	62.6	63.5	2.24	7.01	9.2
B	mg/kg	233	42	27	33	2	0.64	42	2	2	5	24	58	101	149	185	1.28	3.84	40
Cd	mg/kg	233	0.26	0.19	0.22	1.71	0.71	0.22	0.05	0.05	0.08	0.15	0.31	0.75	1.43	1.54	3.54	18.20	0.23
Cl	mg/kg	233	81	54	70	2	0.67	72	29	29	30	45	99	173	403	592	4.73	37.71	76
Co	mg/kg	233	15.7	8.4	14.0	1.6	0.54	14.4	3.8	3.8	5.5	10.4	18.2	41.4	61.4	62.6	2.39	8.79	14.1
Cr	mg/kg	233	94	147	67	2	1.57	70	10	10	15	52	84	500	1079	1389	6.04	41.07	65
Cu	mg/kg	233	28.6	17.0	25.1	1.7	0.60	25.3	5.2	5.2	8.3	19.8	30.8	73.1	116.2	132.4	2.71	10.83	24.4
F	mg/kg	233	543	246	504	1	0.45	480	214	214	273	398	585	1333	1515	1677	2.18	5.41	480
Ge	mg/kg	233	1.49	0.78	1.42	1.28	0.52	1.40	0.40	0.40	0.99	1.30	1.53	1.83	8.78	9.81	9.01	89.18	1.42
Hg	μg/kg	233	199.7	1 642.1	55.5	2.5	8.22	55.0	4.0	4.0	14.0	32.0	80.0	365.0	5 222.0	24 600.0	14.39	212.98	53.3
I	mg/kg	233	1.5	0.8	1.3	1.7	0.53	1.3	0.5	0.5	0.5	0.9	2.0	3.4	3.9	4.3	1.02	0.43	1.5
Mn	mg/kg	233	704	246	663	1	0.35	690	167	167	280	541	828	1238	1700	1789	1.00	2.41	689
Mo	mg/kg	233	0.99	1.11	0.74	2.02	1.12	0.73	0.17	0.17	0.20	0.46	1.04	3.56	7.58	10.47	4.69	29.93	0.70
N	mg/kg	233	1037	398	947	2	0.38	1020	240	240	270	790	1290	1800	2220	2240	0.16	0.02	1027
Ni	mg/kg	233	39.3	61.3	27.9	2.0	1.56	27.9	5.9	5.9	7.1	19.4	35.0	216.6	429.7	580.3	5.98	40.89	26.7
P	mg/kg	233	757	382	688	2	0.50	686	218	218	299	529	876	1469	2684	3059	2.64	11.10	718
Pb	mg/kg	233	36.1	88.3	25.7	1.8	2.45	24.8	6.4	6.4	9.2	19.6	31.7	71.1	796.3	1 090.0	10.25	111.08	25.2
S	mg/kg	233	224	147	198	2	0.66	207	50	50	82	149	257	459	942	1739	5.71	51.46	204
Se	mg/kg	233	0.25	0.16	0.22	1.65	0.65	0.22	0.03	0.03	0.07	0.17	0.30	0.65	1.02	1.84	4.87	39.77	0.22
Sr	mg/kg	233	156	120	123	2	0.77	102	44	44	56	72	204	480	528	528	1.42	0.94	153
V	mg/kg	233	95	33	90	1	0.34	94	22	22	34	76	111	165	194	235	0.75	1.57	94
Zn	mg/kg	233	90	82	79	2	0.91	82	29	29	37	62	99	156	762	1016	8.86	91.03	80
SiO_2	%	233	63.45	6.40	63.08	1.12	0.10	63.78	23.75	23.75	51.44	59.19	67.86	73.34	75.52	77.13	−1.24	5.64	63.72
Al_2O_3	%	233	13.82	2.25	13.62	1.19	0.16	13.74	5.53	5.53	8.79	12.44	15.37	17.75	19.11	21.89	−0.15	1.13	13.82
TFe_2O_3	%	233	5.39	1.73	5.13	1.38	0.32	5.25	1.94	1.94	2.58	4.23	6.24	9.66	10.53	12.10	0.86	1.03	5.34
MgO	%	233	2.01	1.37	1.67	1.80	0.68	1.52	0.53	0.53	0.67	1.05	2.69	6.02	7.39	8.28	1.80	3.71	1.77
CaO	%	233	2.74	2.46	1.96	2.37	0.90	2.34	0.31	0.31	0.39	1.00	3.68	7.79	13.71	24.14	3.67	25.71	2.44
Na_2O	%	233	1.32	1.23	0.87	2.48	0.94	0.73	0.12	0.12	0.18	0.43	1.96	4.18	4.50	4.68	1.21	0.10	1.32
K_2O	%	233	2.05	0.48	1.99	1.29	0.24	1.99	0.60	0.60	1.10	1.79	2.27	3.18	3.55	3.61	0.49	1.45	2.03
Corg	%	233	1.01	0.44	0.88	1.86	0.43	1.00	0.06	0.06	0.11	0.72	1.26	1.95	2.19	2.88	0.37	1.31	1.00
pH		233						7.37	4.61	4.61	5.08	6.12	7.79	8.95	9.04	9.05			

表 2.8.13　宜都市表层土壤地球化学参数表

指标	单位	样本数	算术平均值	算术标准差	几何平均值	几何标准差	变异系数	中位值	最小值	累积频率分位值						最大值	偏度系数	峰度系数	背景值
		N	$\bar{X}$	S	X_g	S_g	CV	X_{me}	X_{min}	$X_{0.5\%}$	$X_{2.5\%}$	$X_{25\%}$	$X_{75\%}$	$X_{97.5\%}$	$X_{99.5\%}$	X_{max}	β_s	β_k	X'
As	mg/kg	75	14.7	7.6	13.4	1.5	0.52	12.9	5.1	5.1	5.3	10.5	15.3	32.6	49.4	49.4	2.45	7.34	12.7
B	mg/kg	75	56	9	55	1	0.16	56	30	30	36	50	64	69	70	70	−0.60	−0.03	56
Cd	mg/kg	75	0.30	0.12	0.29	1.39	0.41	0.27	0.14	0.14	0.17	0.23	0.33	0.70	0.89	0.89	2.61	8.90	0.28
Cl	mg/kg	75	54	13	53	1	0.24	52	29	29	37	46	58	87	112	112	1.73	4.88	53
Co	mg/kg	75	15.6	3.2	15.2	1.2	0.20	15.7	7.1	7.1	7.3	14.0	17.0	22.1	27.0	27.0	0.16	2.66	15.4
Cr	mg/kg	75	76	8	76	1	0.11	77	52	52	55	72	81	89	94	94	−0.61	1.20	76
Cu	mg/kg	75	28.4	6.2	27.7	1.2	0.22	27.7	17.0	17.0	17.3	24.1	32.0	40.7	47.3	47.3	0.59	0.38	28.1
F	mg/kg	75	569	103	560	1	0.18	549	360	360	394	493	651	765	810	810	0.50	−0.47	569
Ge	mg/kg	75	1.57	0.15	1.56	1.10	0.10	1.56	1.30	1.30	1.32	1.44	1.68	1.84	1.88	1.88	0.20	−0.98	1.57
Hg	μg/kg	75	86.5	51.1	76.3	1.6	0.59	72.0	28.0	28.0	29.0	57.0	98.0	226.0	301.0	301.0	2.38	6.95	74.1
I	mg/kg	75	1.4	0.4	1.3	1.4	0.31	1.3	0.7	0.7	0.8	1.1	1.7	2.2	2.5	2.5	0.41	−0.79	1.4
Mn	mg/kg	75	624	163	602	1	0.26	619	249	249	311	481	747	912	932	932	−0.002 7	−0.77	624
Mo	mg/kg	75	1.04	0.34	0.99	1.35	0.32	1.02	0.47	0.47	0.48	0.83	1.10	1.84	2.49	2.49	1.60	4.65	0.99
N	mg/kg	75	1345	278	1316	1	0.21	1330	640	640	830	1170	1470	1890	2110	2110	0.36	0.69	1345
Ni	mg/kg	75	29.1	5.0	28.6	1.2	0.17	29.1	17.1	17.1	17.3	26.2	32.3	38.7	40.3	40.3	−0.13	0.08	29.1
P	mg/kg	75	758	246	727	1	0.32	695	354	354	481	597	821	1461	1684	1684	1.88	3.87	692
Pb	mg/kg	75	31.3	4.8	30.9	1.2	0.15	30.8	20.7	20.7	21.6	28.5	33.5	41.7	43.8	43.8	0.31	0.16	31.3
S	mg/kg	75	345	162	311	2	0.47	315	111	111	119	223	427	679	970	970	1.08	1.83	337
Se	mg/kg	75	0.37	0.13	0.35	1.36	0.35	0.35	0.18	0.18	0.19	0.29	0.41	0.79	0.90	0.90	2.15	6.47	0.35
Sr	mg/kg	75	95	35	90	1	0.37	90	51	51	55	71	107	160	257	257	2.04	6.28	92
V	mg/kg	75	96	13	95	1	0.14	97	60	60	60	90	105	117	123	123	−0.73	0.98	96
Zn	mg/kg	75	79	14	78	1	0.18	79	50	50	53	69	87	107	112	112	0.18	−0.18	79
SiO_2	%	75	65.02	3.83	64.91	1.06	0.06	64.95	56.76	56.76	58.27	61.31	67.95	71.17	72.81	72.81	−0.06	−0.92	65.02
Al_2O_3	%	75	13.10	1.07	13.06	1.09	0.08	13.14	9.95	9.95	11.33	12.38	13.65	15.17	16.06	16.06	0.19	0.67	13.10
TFe_2O_3	%	75	5.12	0.66	5.07	1.15	0.13	5.26	3.19	3.19	3.35	4.77	5.47	6.06	6.99	6.99	−0.71	1.59	5.12
MgO	%	75	1.33	0.44	1.26	1.40	0.33	1.32	0.69	0.69	0.71	0.93	1.60	2.26	2.30	2.30	0.37	−0.83	1.33
CaO	%	75	2.54	2.21	1.71	2.56	0.87	1.87	0.33	0.33	0.40	0.69	3.83	6.86	11.40	11.40	1.37	2.36	2.42
Na_2O	%	75	0.55	0.21	0.52	1.47	0.37	0.51	0.19	0.19	0.21	0.41	0.69	0.96	0.97	0.97	0.40	−0.79	0.55
K_2O	%	75	2.06	0.22	2.05	1.11	0.10	2.07	1.69	1.69	1.71	1.88	2.23	2.42	2.49	2.49	0.10	−1.14	2.06
Corg	%	75	1.34	0.30	1.30	1.26	0.22	1.32	0.69	0.69	0.74	1.16	1.49	1.96	2.00	2.00	0.27	−0.14	1.34
pH		75						7.49	5.20	5.20	5.27	6.66	7.73	8.01	8.26	8.26			

表 2.8.14　枝江市表层土壤地球化学参数表

指标	单位	样本数	算术平均值	算术标准差	几何平均值	几何标准差	变异系数	中位值	最小值	累积频率分位值						最大值	偏度系数	峰度系数	背景值
		N	$\bar{X}$	S	X_g	S_g	CV	X_{me}	X_{min}	$X_{0.5\%}$	$X_{2.5\%}$	$X_{25\%}$	$X_{75\%}$	$X_{97.5\%}$	$X_{99.5\%}$	X_{max}	β_s	β_k	X'
As	mg/kg	375	11.0	2.8	10.6	1.3	0.25	10.8	3.4	4.4	6.0	9.2	12.6	16.1	22.6	30.7	1.44	8.66	10.9
B	mg/kg	375	57	8	56	1	0.14	57	34	35	38	52	63	69	70	83	−0.41	0.33	57
Cd	mg/kg	375	0.22	0.18	0.19	1.57	0.81	0.17	0.05	0.06	0.10	0.14	0.28	0.39	0.78	3.00	10.55	156.60	0.21
Cl	mg/kg	375	59	25	55	1	0.42	52	26	27	31	42	69	129	158	192	1.82	4.58	55
Co	mg/kg	375	17.0	3.0	16.7	1.2	0.18	17.0	5.5	7.1	10.2	15.0	18.9	22.6	23.7	24.5	−0.32	0.56	17.0
Cr	mg/kg	375	80	10	79	1	0.12	81	40	44	55	75	85	97	99	103	−0.90	1.75	81
Cu	mg/kg	375	30.5	8.6	29.4	1.3	0.28	27.2	11.1	13.5	16.7	24.9	36.1	48.2	55.0	75.6	1.02	1.54	30.3
F	mg/kg	375	549	109	539	1	0.20	522	267	272	366	482	610	783	860	906	0.62	0.45	547
Ge	mg/kg	375	1.56	0.16	1.55	1.11	0.10	1.55	1.12	1.17	1.30	1.43	1.68	1.83	1.88	1.89	0.06	−0.72	1.56
Hg	μg/kg	375	63.7	53.4	57.3	1.5	0.84	56.0	17.0	20.0	27.0	45.0	71.0	127.0	225.0	948.0	12.54	202.68	56.8
I	mg/kg	375	1.5	0.8	1.4	1.5	0.51	1.3	0.5	0.6	0.6	1.0	1.7	3.8	4.8	5.1	2.14	5.59	1.3
Mn	mg/kg	375	645	176	617	1	0.27	663	142	167	275	535	775	945	1026	1081	−0.30	−0.31	645
Mo	mg/kg	375	0.80	0.19	0.78	1.26	0.24	0.81	0.39	0.39	0.43	0.68	0.89	1.17	1.31	2.36	1.60	11.87	0.79
N	mg/kg	375	1249	255	1221	1	0.20	1240	590	600	670	1090	1430	1710	1770	2420	0.02	0.62	1246
Ni	mg/kg	375	31.6	7.3	30.8	1.3	0.23	30.9	12.7	13.2	18.0	27.0	35.5	47.4	50.9	56.5	0.44	0.42	31.6
P	mg/kg	375	699	251	659	1	0.36	618	194	196	385	511	877	1264	1359	2277	1.24	3.54	695
Pb	mg/kg	375	30.3	5.4	30.0	1.2	0.18	30.1	18.6	20.8	22.3	28.0	32.0	37.8	57.7	86.8	5.04	43.89	29.8
S	mg/kg	375	282	99	266	1	0.35	271	100	112	129	205	333	525	566	663	0.82	0.57	281
Se	mg/kg	375	0.29	0.06	0.28	1.23	0.21	0.29	0.12	0.14	0.17	0.25	0.32	0.40	0.50	0.63	0.94	4.57	0.29
Sr	mg/kg	375	93	32	88	1	0.34	81	50	51	56	66	129	151	160	166	0.56	−1.24	93
V	mg/kg	375	100	16	98	1	0.16	98	46	51	65	92	108	135	140	145	0.02	0.82	100
Zn	mg/kg	375	71	22	68	1	0.31	64	24	29	41	56	89	117	128	191	1.09	2.25	71
SiO_2	%	375	65.85	5.85	65.59	1.09	0.09	67.74	50.10	52.48	55.55	60.38	69.97	75.43	79.63	81.93	−0.28	−0.73	65.85
Al_2O_3	%	375	12.91	1.25	12.85	1.11	0.10	12.94	7.37	7.81	10.30	12.30	13.64	15.20	15.81	17.06	−0.57	2.25	12.97
TFe_2O_3	%	375	5.34	0.80	5.27	1.18	0.15	5.39	1.98	2.47	3.45	4.97	5.80	6.80	7.13	7.49	−0.71	1.75	5.38
MgO	%	375	1.36	0.73	1.19	1.66	0.54	0.93	0.43	0.45	0.59	0.80	2.23	2.63	2.87	3.38	0.71	−1.18	1.36
CaO	%	375	1.87	1.80	1.12	2.77	0.96	0.71	0.26	0.30	0.31	0.46	3.81	5.37	6.18	6.48	0.79	−1.04	1.87
Na_2O	%	375	0.72	0.25	0.68	1.45	0.34	0.74	0.22	0.28	0.32	0.50	0.92	1.18	1.22	1.30	0.13	−1.02	0.72
K_2O	%	375	2.06	0.35	2.03	1.18	0.17	1.91	1.41	1.44	1.56	1.81	2.35	2.80	2.93	2.98	0.69	−0.61	2.06
Corg	%	375	1.20	0.29	1.17	1.29	0.24	1.19	0.52	0.52	0.62	0.99	1.41	1.75	1.82	2.32	0.18	−0.09	1.20
pH		375						6.29	4.50	4.83	5.03	5.67	7.74	8.01	8.11	8.29			

表 2.8.15　当阳市表层土壤地球化学参数表

指标	单位	样本数	算术平均值	算术标准差	几何平均值	几何标准差	变异系数	中位值	最小值	累积频率分位值						最大值	偏度系数	峰度系数	背景值
		N	$\bar{X}$	S	X_g	S_g	CV	X_{me}	X_{min}	$X_{0.5\%}$	$X_{2.5\%}$	$X_{25\%}$	$X_{75\%}$	$X_{97.5\%}$	$X_{99.5\%}$	X_{max}	β_s	β_k	X'
As	mg/kg	284	10.4	2.7	10.0	1.3	0.26	10.4	4.9	4.9	5.8	8.3	12.4	15.8	17.1	17.5	0.13	−0.61	10.4
B	mg/kg	284	58	8	58	1	0.14	58	40	40	42	53	64	74	86	94	0.42	1.28	58
Cd	mg/kg	284	0.19	0.05	0.18	1.33	0.29	0.17	0.08	0.08	0.11	0.14	0.22	0.31	0.32	0.32	0.72	−0.35	0.19
Cl	mg/kg	284	57	22	54	1	0.38	52	30	30	34	44	63	110	175	186	2.70	10.89	54
Co	mg/kg	284	14.3	2.7	14.0	1.2	0.19	14.4	7.9	7.9	9.1	12.4	16.0	19.2	21.8	22.8	0.06	−0.12	14.3
Cr	mg/kg	284	73	10	73	1	0.13	75	46	46	51	68	80	89	92	95	−0.56	−0.02	73
Cu	mg/kg	284	24.6	3.5	24.3	1.2	0.14	24.6	17.0	17.0	18.2	22.2	26.7	32.4	34.5	37.5	0.38	0.32	24.5
F	mg/kg	284	523	93	515	1	0.18	506	297	297	377	457	567	747	820	828	0.83	0.68	520
Ge	mg/kg	284	1.53	0.14	1.53	1.09	0.09	1.53	1.24	1.24	1.30	1.43	1.62	1.84	1.89	1.89	0.34	−0.28	1.53
Hg	μg/kg	284	61.4	50.2	52.9	1.6	0.82	50.0	21.0	21.0	27.0	38.0	63.0	199.0	390.0	490.0	4.83	29.73	50.0
I	mg/kg	284	1.6	0.7	1.5	1.4	0.42	1.4	0.6	0.6	0.8	1.2	1.7	3.5	3.9	4.0	1.52	2.04	1.5
Mn	mg/kg	284	605	124	592	1	0.20	604	258	258	371	513	687	837	871	875	0.004 6	−0.46	605
Mo	mg/kg	284	0.70	0.17	0.68	1.26	0.24	0.66	0.39	0.39	0.43	0.59	0.79	1.10	1.26	1.55	1.13	2.12	0.69
N	mg/kg	284	1299	255	1274	1	0.20	1280	570	570	840	1120	1470	1810	1910	2100	0.19	−0.25	1296
Ni	mg/kg	284	29.6	4.6	29.3	1.2	0.16	29.7	18.2	18.2	20.2	26.6	32.8	38.4	41.3	46.2	0.12	0.15	29.6
P	mg/kg	284	667	198	643	1	0.30	635	245	245	392	535	752	1088	1912	1951	2.28	11.09	650
Pb	mg/kg	284	27.9	3.6	27.7	1.1	0.13	28.2	19.7	19.7	20.9	25.5	30.1	33.5	43.1	49.5	0.83	4.90	27.7
S	mg/kg	284	278	86	264	1	0.31	275	108	108	141	207	343	448	497	539	0.39	−0.50	277
Se	mg/kg	284	0.24	0.04	0.23	1.19	0.17	0.23	0.10	0.10	0.16	0.21	0.26	0.32	0.40	0.40	0.60	1.92	0.24
Sr	mg/kg	284	88	13	87	1	0.15	86	59	59	67	80	96	119	132	136	0.77	1.08	87
V	mg/kg	284	89	13	88	1	0.15	90	56	56	61	80	97	112	115	120	−0.35	−0.24	89
Zn	mg/kg	284	62	11	61	1	0.18	60	39	39	46	54	66	92	96	98	1.00	0.73	62
SiO_2	%	284	67.26	3.13	67.19	1.05	0.05	67.16	58.81	58.81	60.75	65.34	69.26	73.68	75.24	75.26	−0.001	−0.02	67.26
Al_2O_3	%	284	12.86	1.41	12.78	1.12	0.11	13.03	9.05	9.05	9.81	11.98	13.84	15.31	16.06	16.07	−0.41	−0.10	12.86
TFe_2O_3	%	284	4.95	0.76	4.89	1.18	0.15	5.04	3.03	3.03	3.40	4.44	5.48	6.21	6.62	6.76	−0.36	−0.32	4.95
MgO	%	284	1.16	0.31	1.12	1.29	0.27	1.06	0.66	0.66	0.74	0.94	1.33	1.85	1.90	2.25	0.95	0.10	1.15
CaO	%	284	1.43	1.07	1.13	1.92	0.75	0.83	0.46	0.46	0.56	0.66	2.03	3.84	4.77	5.01	1.26	0.38	1.40
Na_2O	%	284	0.74	0.13	0.72	1.19	0.17	0.74	0.42	0.42	0.49	0.65	0.81	1.00	1.10	1.29	0.37	0.94	0.73
K_2O	%	284	2.10	0.27	2.09	1.13	0.13	2.03	1.64	1.64	1.69	1.92	2.23	2.77	2.85	2.94	0.92	0.39	2.10
Corg	%	284	1.26	0.30	1.22	1.28	0.24	1.24	0.56	0.56	0.75	1.04	1.50	1.87	1.91	2.06	0.09	−0.69	1.26
pH		284						6.74	5.22	5.22	5.48	6.04	7.68	8.05	8.13	8.24			

表 2.8.16 秭归县表层土壤地球化学参数表

指标	单位	样本数 N	算术平均值 $\bar{X}$	算术标准差 S	几何平均值 X_g	几何标准差 S_g	变异系数 CV	中位值 X_{me}	最小值 X_{min}	$X_{0.5\%}$	$X_{2.5\%}$	累积频率分位值 $X_{25\%}$	$X_{75\%}$	$X_{97.5\%}$	$X_{99.5\%}$	最大值 X_{max}	偏度系数 β_s	峰度系数 β_k	背景值 X'
As	mg/kg	478	10.8	5.2	9.2	1.9	0.48	10.9	0.1	0.5	1.9	7.0	14.4	21.0	25.9	38.4	0.45	1.10	10.7
B	mg/kg	478	72	32	62	2	0.45	73	2	7	12	51	89	144	173	184	0.31	0.27	71
Cd	mg/kg	478	0.41	0.39	0.33	1.77	0.94	0.31	0.07	0.07	0.12	0.24	0.42	1.39	2.71	3.89	4.62	27.40	0.31
Cl	mg/kg	478	58	41	51	2	0.70	48	22	25	28	37	62	153	260	541	5.29	46.74	48
Co	mg/kg	478	17.2	3.6	16.8	1.2	0.21	17.0	6.8	7.4	10.2	14.9	19.4	24.6	26.2	31.4	0.25	0.49	17.1
Cr	mg/kg	478	78	22	76	1	0.28	78	16	26	39	70	85	109	168	393	6.31	87.36	77
Cu	mg/kg	478	31.5	8.2	30.4	1.3	0.26	30.5	6.2	10.1	18.2	26.1	35.6	51.5	57.6	70.2	0.87	2.33	30.9
F	mg/kg	478	756	311	698	1	0.41	696	191	280	325	543	915	1573	1853	2165	1.10	1.64	729
Ge	mg/kg	478	1.43	0.17	1.42	1.13	0.12	1.43	0.70	1.01	1.09	1.32	1.55	1.73	1.79	1.80	−0.24	0.16	1.43
Hg	μg/kg	478	89.6	91.6	72.9	1.8	1.02	75.0	6.0	7.0	20.0	53.1	96.0	246.9	650.0	1380.0	8.00	93.21	73.7
I	mg/kg	478	2.1	1.1	1.8	1.8	0.54	2.0	0.4	0.5	0.5	1.2	2.7	4.4	5.9	8.0	0.98	1.75	2.0
Mn	mg/kg	478	940	366	875	1	0.39	886	205	306	405	674	1156	1903	2395	2585	1.15	2.26	894
Mo	mg/kg	478	1.31	1.35	0.99	2.02	1.03	1.04	0.20	0.20	0.24	0.66	1.47	4.29	9.30	16.30	5.26	41.71	1.04
N	mg/kg	478	1465	518	1355	2	0.35	1471	240	260	420	1110	1826	2413	2960	3847	0.14	0.67	1453
Ni	mg/kg	478	35.9	9.2	34.7	1.3	0.26	35.9	9.9	13.3	18.8	30.2	40.8	56.1	72.8	99.5	1.16	6.01	35.3
P	mg/kg	478	735	278	694	1	0.38	689	175	272	380	557	837	1338	2294	2610	2.35	10.07	701
Pb	mg/kg	478	29.4	7.6	28.3	1.3	0.26	29.5	6.4	8.3	12.9	24.5	33.6	45.0	52.1	78.9	0.58	3.97	29.2
S	mg/kg	478	251	155	224	2	0.62	233	57	58	83	168	293	518	787	2320	6.56	75.43	233
Se	mg/kg	478	0.32	0.27	0.26	1.82	0.85	0.26	0.04	0.06	0.09	0.19	0.36	1.06	1.81	3.01	4.44	29.50	0.26
Sr	mg/kg	478	114	71	98	2	0.62	84	38	41	49	67	134	291	398	453	1.70	2.60	109
V	mg/kg	478	110	25	107	1	0.23	110	35	48	72	94	120	159	243	270	1.91	9.54	108
Zn	mg/kg	478	94	21	92	1	0.23	93	31	43	57	82	103	132	164	320	2.78	27.20	93
SiO$_2$	%	478	64.72	5.92	64.41	1.11	0.09	65.87	23.55	39.55	51.46	61.32	68.75	73.80	76.03	76.53	−1.44	5.48	65.06
Al$_2$O$_3$	%	478	14.15	1.68	14.04	1.13	0.12	14.24	7.56	7.85	10.37	13.23	15.22	17.35	17.96	18.22	−0.54	1.28	14.24
TFe$_2$O$_3$	%	478	5.59	0.90	5.52	1.17	0.16	5.58	2.53	3.15	3.97	5.03	6.07	7.36	8.27	12.57	1.23	8.13	5.58
MgO	%	478	1.94	1.13	1.76	1.49	0.59	1.63	0.67	0.71	0.89	1.38	2.13	4.97	7.25	14.76	4.93	41.02	1.67
CaO	%	478	2.16	2.67	1.29	2.68	1.23	1.09	0.20	0.20	0.29	0.58	2.72	9.52	15.34	22.79	2.97	12.52	1.39
Na$_2$O	%	478	0.90	0.75	0.69	1.94	0.84	0.55	0.20	0.20	0.30	0.43	1.04	2.92	3.35	3.68	1.67	1.75	0.50
K$_2$O	%	478	2.51	0.53	2.45	1.26	0.21	2.58	0.99	1.10	1.34	2.16	2.83	3.50	3.79	5.43	−0.01	1.72	2.51
Corg	%	478	1.41	0.60	1.26	1.69	0.42	1.41	0.13	0.14	0.29	1.04	1.77	2.76	3.82	4.14	0.61	1.61	1.39
pH		478						7.04	4.41	4.50	4.88	5.95	7.84	8.47	8.98	9.12			

表 2.8.17 长阳土家族自治县表层土壤地球化学参数表

指标	单位	样本数	算术平均值	算术标准差	几何平均值	几何标准差	变异系数	中位值	最小值	累积频率分位值						最大值	偏度系数	峰度系数	背景值
		N	$\bar{X}$	S	X_g	S_g	CV	X_{me}	X_{min}	$X_{0.5\%}$	$X_{2.5\%}$	$X_{25\%}$	$X_{75\%}$	$X_{97.5\%}$	$X_{99.5\%}$	X_{max}	β_s	β_k	X'
As	mg/kg	34	13.6	5.4	12.7	1.4	0.39	13.5	4.7	4.7	4.7	11.3	14.9	23.7	34.8	34.8	1.98	6.85	12.9
B	mg/kg	34	78	17	76	1	0.21	80	32	32	32	67	86	109	120	120	−0.04	1.50	78
Cd	mg/kg	34	0.42	0.16	0.39	1.43	0.39	0.39	0.21	0.21	0.21	0.31	0.48	0.71	0.99	0.99	1.53	3.75	0.40
Cl	mg/kg	34	46	17	44	1	0.36	42	25	25	25	37	52	89	103	103	1.89	4.16	42
Co	mg/kg	34	19.7	2.6	19.5	1.1	0.13	19.7	12.7	12.7	12.7	17.9	21.6	23.7	25.2	25.2	−0.32	0.33	19.7
Cr	mg/kg	34	84	10	83	1	0.12	84	62	62	62	79	89	101	120	120	0.98	3.69	83
Cu	mg/kg	34	31.4	6.2	30.8	1.2	0.20	30.4	18.3	18.3	18.3	26.9	34.6	43.4	47.3	47.3	0.51	0.39	31.4
F	mg/kg	34	777	181	758	1	0.23	762	530	530	530	622	875	1201	1260	1260	0.83	0.55	758
Ge	mg/kg	34	1.45	0.10	1.45	1.07	0.07	1.43	1.24	1.24	1.24	1.39	1.51	1.67	1.67	1.67	0.52	0.05	1.45
Hg	μg/kg	34	103.0	48.3	95.3	1.5	0.47	94.5	36.0	36.0	36.0	76.9	110.2	171.6	318.0	318.0	2.83	11.51	96.5
I	mg/kg	34	3.3	1.4	3.0	1.6	0.42	3.2	1.0	1.0	1.0	2.3	4.1	6.1	6.2	6.2	0.43	−0.33	3.3
Mn	mg/kg	34	1206	357	1157	1	0.30	1206	439	439	439	1029	1312	1922	2602	2602	1.62	6.95	1163
Mo	mg/kg	34	1.56	1.17	1.34	1.65	0.75	1.15	0.72	0.72	0.72	0.96	1.68	3.79	6.90	6.90	3.29	13.20	1.23
N	mg/kg	34	1899	454	1843	1	0.24	1882	917	917	917	1656	2050	2617	3004	3004	0.09	0.46	1899
Ni	mg/kg	34	38.6	5.5	38.2	1.2	0.14	38.6	24.8	24.8	24.8	35.3	40.7	50.9	52.3	52.3	0.26	1.24	38.6
P	mg/kg	34	813	227	781	1	0.28	794	394	394	394	679	944	1241	1297	1297	0.18	−0.25	813
Pb	mg/kg	34	33.3	7.3	32.7	1.2	0.22	32.0	25.4	25.4	25.4	29.5	33.8	52.3	62.8	62.8	2.77	8.64	31.3
S	mg/kg	34	314	103	298	1	0.33	292	121	121	121	244	382	542	571	571	0.63	0.29	314
Se	mg/kg	34	0.42	0.28	0.36	1.61	0.68	0.35	0.15	0.15	0.15	0.27	0.45	1.02	1.71	1.71	3.34	13.66	0.36
Sr	mg/kg	34	105	92	88	2	0.88	86	43	43	43	65	93	444	464	464	3.48	11.79	79
V	mg/kg	34	114	15	113	1	0.13	113	85	85	85	105	122	142	167	167	1.05	3.20	113
Zn	mg/kg	34	99	10	98	1	0.10	99	77	77	77	92	107	119	120	120	0.03	−0.14	99
SiO_2	%	34	67.31	3.55	67.22	1.06	0.05	68.42	55.79	55.79	55.79	65.29	69.61	71.41	72.08	72.08	−1.38	2.27	67.66
Al_2O_3	%	34	13.66	1.12	13.62	1.09	0.08	13.53	10.99	10.99	10.99	12.98	14.36	15.99	16.57	16.57	0.39	0.93	13.66
TFe_2O_3	%	34	5.72	0.57	5.70	1.11	0.10	5.66	4.42	4.42	4.42	5.36	6.19	6.70	6.85	6.85	0.12	−0.27	5.72
MgO	%	34	1.60	0.41	1.56	1.26	0.26	1.55	1.01	1.01	1.01	1.31	1.76	2.84	2.90	2.90	1.61	3.58	1.53
CaO	%	34	1.25	2.09	0.76	2.24	1.66	0.64	0.31	0.31	0.31	0.45	0.84	4.38	11.61	11.61	4.14	19.16	0.61
Na_2O	%	34	0.62	0.16	0.59	1.32	0.25	0.61	0.30	0.30	0.30	0.48	0.74	0.85	0.86	0.86	−0.22	−0.93	0.62
K_2O	%	34	2.46	0.40	2.42	1.18	0.16	2.47	1.75	1.75	1.75	2.30	2.71	3.07	3.16	3.16	−0.13	−0.80	2.46
Corg	%	34	1.78	0.48	1.71	1.36	0.27	1.74	0.59	0.59	0.59	1.54	2.00	2.69	2.76	2.76	−0.07	0.58	1.78
pH		34						6.06	4.75	4.75	4.75	5.29	7.31	7.74	8.03	8.03			

表 2.8.18 黄石市区表层土壤地球化学参数表

指标	单位	样本数 N	算术平均值 $\bar{X}$	算术标准差 S	几何平均值 X_g	几何标准差 S_g	变异系数 CV	中位值 X_{me}	最小值 X_{min}	累积频率分位值 $X_{0.5\%}$	$X_{2.5\%}$	$X_{25\%}$	$X_{75\%}$	$X_{97.5\%}$	$X_{99.5\%}$	最大值 X_{max}	偏度系数 β_s	峰度系数 β_k	背景值 X'
As	mg/kg	47	52.2	143.6	25.5	2.6	2.75	24.5	5.1	5.1	5.1	11.1	43.4	101.0	1 001.2	1 001.2	6.55	44.09	31.6
B	mg/kg	47	55	17	51	1	0.31	55	14	14	14	45	62	91	99	99	0.02	0.68	55
Cd	mg/kg	47	3.12	12.82	0.98	2.82	4.11	0.87	0.19	0.19	0.19	0.47	1.63	7.93	88.70	88.70	6.74	45.90	0.79
Cl	mg/kg	47	88	44	81	1	0.50	76	48	48	48	60	98	179	303	303	2.96	12.35	81
Co	mg/kg	47	21.6	12.0	19.7	1.5	0.55	18.4	10.9	10.9	10.9	15.6	21.3	64.9	73.0	73.0	3.01	9.99	18.1
Cr	mg/kg	47	120	73	104	2	0.61	93	42	42	42	75	123	306	344	344	1.67	1.98	115
Cu	mg/kg	47	350.6	1 478.3	90.9	3.1	4.22	60.8	23.6	23.6	23.6	47.6	114.6	1 272.0	10 170.0	10 170.0	6.65	45.01	99.3
F	mg/kg	47	656	185	633	1	0.28	609	375	375	375	534	746	1215	1227	1227	1.20	2.09	631
Ge	mg/kg	47	1.66	0.29	1.64	1.17	0.18	1.63	1.27	1.27	1.27	1.49	1.75	2.11	3.07	3.07	2.52	11.09	1.63
Hg	μg/kg	47	268.3	596.5	156.5	2.3	2.22	125.0	32.0	32.0	32.0	105.0	214.0	777.0	4 149.0	4 149.0	6.25	41.18	162.6
I	mg/kg	47	2.0	0.7	1.9	1.4	0.35	1.9	0.5	0.5	0.5	1.6	2.2	3.9	4.0	4.0	0.97	1.57	2.0
Mn	mg/kg	47	977	531	877	2	0.54	806	354	354	354	685	976	2473	2869	2869	2.00	4.17	867
Mo	mg/kg	47	3.66	6.28	2.22	2.33	1.71	2.00	0.70	0.70	0.70	1.10	3.28	19.22	40.31	40.31	4.85	26.53	2.00
N	mg/kg	47	1176	395	1108	1	0.34	1130	290	290	290	880	1370	2030	2150	2150	0.55	0.45	1176
Ni	mg/kg	47	36.4	16.5	33.5	1.5	0.45	34.7	16.1	16.1	16.1	24.6	41.5	70.1	110.7	110.7	2.24	8.25	34.7
P	mg/kg	47	932	300	888	1	0.32	882	541	541	541	701	1098	1607	1742	1742	0.89	0.28	932
Pb	mg/kg	47	251.8	464.5	121.5	2.9	1.84	94.6	24.4	24.4	24.4	55.6	195.7	1 717.0	2 675.0	2 675.0	3.98	17.72	79.7
S	mg/kg	47	867	1824	505	2	2.10	434	80	80	80	294	655	3329	12 483	12 483	5.92	37.68	451
Se	mg/kg	47	1.08	0.94	0.79	2.20	0.87	0.71	0.12	0.12	0.12	0.48	1.19	4.08	4.28	4.28	1.87	3.52	0.94
Sr	mg/kg	47	262	122	239	2	0.47	228	104	104	104	177	299	566	642	642	1.36	1.69	254
V	mg/kg	47	111	22	109	1	0.20	111	74	74	74	99	123	164	176	176	0.84	1.18	110
Zn	mg/kg	47	296	300	218	2	1.01	179	71	71	71	123	318	1314	1590	1590	2.83	9.10	188
SiO$_2$	%	47	62.79	5.60	62.54	1.09	0.09	62.87	51.07	51.07	51.07	59.54	66.32	73.47	76.90	76.90	0.14	−0.01	62.79
Al$_2$O$_3$	%	47	14.24	1.94	14.10	1.15	0.14	14.41	9.52	9.52	9.52	13.09	15.14	17.77	19.02	19.02	−0.31	0.89	14.24
TFe$_2$O$_3$	%	47	6.43	1.55	6.26	1.26	0.24	6.36	4.10	4.10	4.10	5.28	7.09	10.19	11.76	11.76	1.12	2.06	6.31
MgO	%	47	1.19	0.72	1.03	1.68	0.61	0.99	0.31	0.31	0.31	0.74	1.48	3.06	4.20	4.20	2.15	6.14	1.08
CaO	%	47	2.79	1.96	2.14	2.18	0.70	2.26	0.51	0.51	0.51	1.14	3.96	5.93	9.83	9.83	1.16	1.97	2.63
Na$_2$O	%	47	0.67	0.44	0.54	1.92	0.65	0.46	0.20	0.20	0.20	0.28	0.98	1.63	1.87	1.87	0.94	−0.04	0.67
K$_2$O	%	47	2.06	0.38	2.02	1.24	0.19	2.14	0.95	0.95	0.95	1.81	2.28	2.61	2.63	2.63	−0.81	0.66	2.06
Corg	%	47	1.58	0.84	1.38	1.74	0.53	1.34	0.18	0.18	0.18	1.11	2.01	3.35	5.04	5.04	1.73	5.32	1.50
pH		47						7.82	5.61	5.61	5.61	7.60	8.03	8.34	8.46	8.46			

表 2.8.19　大冶市表层土壤地球化学参数表

指标	单位	样本数 N	算术平均值 $\bar{X}$	算术标准差 S	几何平均值 X_g	几何标准差 S_g	变异系数 CV	中位值 X_{me}	最小值 X_{min}	累积频率分位值 $X_{0.5\%}$	$X_{2.5\%}$	$X_{25\%}$	$X_{75\%}$	$X_{97.5\%}$	$X_{99.5\%}$	最大值 X_{max}	偏度系数 β_s	峰度系数 β_k	背景值 X'
As	mg/kg	382	21.9	75.6	15.2	1.8	3.45	14.2	3.5	3.7	6.3	10.3	20.1	54.0	122.4	1 463.5	18.34	349.96	14.9
B	mg/kg	382	57	19	54	1	0.34	60	12	15	19	47	69	83	94	251	2.24	25.10	57
Cd	mg/kg	382	0.56	0.83	0.42	1.93	1.48	0.37	0.09	0.10	0.16	0.27	0.59	1.86	3.59	13.31	10.54	150.62	0.40
Cl	mg/kg	382	62	19	60	1	0.30	58	30	34	36	51	68	112	136	158	1.64	3.63	59
Co	mg/kg	382	17.0	6.3	16.3	1.3	0.37	16.4	8.2	8.8	10.4	14.1	18.1	27.4	47.4	95.8	6.55	70.37	16.1
Cr	mg/kg	382	75	20	72	1	0.27	76	29	31	36	63	84	118	147	188	0.79	3.39	73
Cu	mg/kg	382	78.7	168.6	50.8	2.0	2.14	40.9	16.9	19.3	21.9	32.7	62.1	388.4	977.1	2 343.0	9.13	103.26	39.3
F	mg/kg	382	517	132	502	1	0.25	498	282	291	335	421	590	810	996	1171	1.29	2.87	509
Ge	mg/kg	382	1.66	0.28	1.64	1.14	0.17	1.62	1.09	1.16	1.30	1.54	1.73	2.10	2.63	5.54	7.77	100.41	1.63
Hg	μg/kg	382	101.1	87.4	85.0	1.7	0.86	78.5	22.0	26.0	35.0	62.0	108.0	271.0	595.0	1 040.0	5.51	44.28	83.4
I	mg/kg	382	1.6	0.6	1.5	1.4	0.36	1.5	0.6	0.7	0.9	1.2	1.9	3.2	3.6	4.7	1.39	3.09	1.6
Mn	mg/kg	382	694	325	637	1	0.47	631	218	221	301	486	791	1508	2214	2774	2.33	8.71	646
Mo	mg/kg	382	2.03	6.24	1.46	1.78	3.07	1.27	0.53	0.58	0.71	1.00	1.89	5.16	9.92	120.32	18.03	341.53	1.36
N	mg/kg	382	1363	383	1317	1	0.28	1290	580	720	840	1110	1530	2220	2900	3350	1.51	3.95	1335
Ni	mg/kg	382	28.1	9.0	26.8	1.4	0.32	26.0	11.3	12.7	14.4	22.2	32.5	50.2	62.5	65.4	1.02	1.40	27.7
P	mg/kg	382	677	179	655	1	0.26	659	291	337	385	557	774	1036	1188	1617	0.97	2.25	670
Pb	mg/kg	382	55.3	75.4	44.0	1.7	1.36	37.5	23.0	23.3	25.6	32.5	49.3	172.5	514.1	958.4	7.78	74.05	38.6
S	mg/kg	382	492	756	367	2	1.54	321	144	176	193	265	426	2426	5577	7962	6.68	52.78	321
Se	mg/kg	382	0.48	0.41	0.40	1.70	0.86	0.36	0.14	0.16	0.19	0.28	0.53	1.61	2.56	4.22	4.44	28.04	0.39
Sr	mg/kg	382	133	96	113	2	0.72	103	42	43	49	78	149	375	516	767	2.70	10.26	108
V	mg/kg	382	105	20	103	1	0.19	103	45	52	72	92	115	150	163	203	0.80	1.90	104
Zn	mg/kg	382	116	106	101	2	0.91	92	47	49	57	77	121	317	874	1339	7.34	69.13	94
SiO$_2$	%	382	67.50	4.82	67.32	1.08	0.07	67.91	46.04	51.58	56.83	64.52	71.09	75.40	77.37	78.26	−0.64	0.89	67.68
Al$_2$O$_3$	%	382	14.01	2.13	13.85	1.16	0.15	13.82	9.21	9.51	10.59	12.32	15.40	18.63	19.60	21.36	0.49	−0.04	13.97
TFe$_2$O$_3$	%	382	5.69	1.19	5.58	1.22	0.21	5.46	3.06	3.27	3.81	4.94	6.27	8.05	9.98	13.92	1.67	7.19	5.60
MgO	%	382	0.87	0.35	0.82	1.40	0.41	0.80	0.39	0.42	0.47	0.63	1.01	1.64	2.76	3.55	2.88	15.20	0.82
CaO	%	382	1.06	1.13	0.76	2.16	1.06	0.67	0.12	0.17	0.23	0.43	1.26	4.18	6.16	12.62	4.31	32.15	0.81
Na$_2$O	%	382	0.57	0.45	0.46	1.86	0.79	0.42	0.14	0.15	0.18	0.30	0.63	1.91	2.44	2.63	2.14	4.55	0.41
K$_2$O	%	382	2.02	0.41	1.98	1.22	0.20	1.92	1.24	1.29	1.42	1.69	2.28	2.90	3.19	3.22	0.73	−0.15	2.02
Corg	%	382	1.45	0.47	1.39	1.34	0.33	1.38	0.57	0.65	0.81	1.16	1.63	2.72	3.17	4.34	1.66	4.94	1.39
pH		382						6.65	4.67	4.86	5.09	5.82	7.48	7.99	8.20	8.28			

表 2.8.20 阳新县表层土壤地球化学参数表

指标	单位	样本数 N	算术平均值 $\bar{X}$	算术标准差 S	几何平均值 X_g	几何标准差 S_g	变异系数 CV	中位值 X_{me}	最小值 X_{min}	累积频率分位值						最大值 X_{max}	偏度系数 β_s	峰度系数 β_k	背景值 X'
										$X_{0.5\%}$	$X_{2.5\%}$	$X_{25\%}$	$X_{75\%}$	$X_{97.5\%}$	$X_{99.5\%}$				
As	mg/kg	452	15.8	12.5	13.4	1.7	0.79	13.2	2.9	3.8	5.1	9.4	17.2	48.1	81.2	140.3	4.29	28.45	12.9
B	mg/kg	452	58	13	57	1	0.22	61	19	19	28	53	66	81	84	113	−0.61	1.25	59
Cd	mg/kg	452	0.40	0.30	0.33	1.72	0.76	0.32	0.07	0.10	0.12	0.23	0.45	1.13	1.98	3.21	4.17	27.90	0.33
Cl	mg/kg	452	57	24	53	1	0.42	50	22	28	31	42	63	119	151	194	2.11	6.40	53
Co	mg/kg	452	16.4	3.4	16.0	1.2	0.21	16.4	9.2	9.3	10.3	14.3	17.9	22.5	34.1	44.4	2.20	15.09	16.1
Cr	mg/kg	452	77	17	75	1	0.23	77	26	28	38	68	86	113	160	162	0.52	3.58	77
Cu	mg/kg	452	57.6	153.8	39.9	1.8	2.67	34.1	19.0	19.9	22.1	29.3	44.2	252.8	631.9	2 926.0	15.10	271.09	33.6
F	mg/kg	452	584	196	560	1	0.34	533	301	307	360	465	645	1008	1583	2398	3.13	19.58	563
Ge	mg/kg	452	1.58	0.18	1.57	1.12	0.12	1.57	0.83	1.13	1.25	1.46	1.70	1.92	2.10	2.75	0.58	3.79	1.57
Hg	μg/kg	452	84.3	43.1	77.0	1.5	0.51	76.0	20.0	25.0	37.0	59.0	100.0	178.0	283.0	502.0	3.71	26.40	79.0
I	mg/kg	452	1.7	0.7	1.6	1.4	0.39	1.6	0.6	0.7	0.8	1.3	2.0	3.4	4.4	4.7	1.29	2.33	1.7
Mn	mg/kg	452	775	349	731	1	0.45	724	242	322	382	608	870	1327	2351	4673	6.23	61.84	737
Mo	mg/kg	452	1.42	1.55	1.17	1.71	1.09	1.09	0.32	0.34	0.45	0.86	1.41	4.21	12.65	16.13	6.32	47.63	1.15
N	mg/kg	452	1228	377	1172	1	0.31	1180	400	440	600	960	1450	2090	2300	3590	0.96	3.22	1215
Ni	mg/kg	452	31.0	10.9	29.4	1.4	0.35	29.7	10.9	12.0	15.9	23.9	36.0	54.9	95.9	111.3	2.29	12.29	30.3
P	mg/kg	452	668	211	640	1	0.32	614	232	254	400	529	758	1237	1500	1608	1.47	2.91	642
Pb	mg/kg	452	41.7	66.9	35.0	1.5	1.60	32.1	15.5	18.2	23.1	29.0	37.6	89.2	433.9	1 185.0	12.85	198.86	32.2
S	mg/kg	452	319	235	285	2	0.73	268	98	105	153	225	331	987	1347	3552	7.38	84.40	272
Se	mg/kg	452	0.38	0.27	0.34	1.55	0.71	0.32	0.14	0.14	0.18	0.26	0.40	1.26	1.99	2.22	4.13	20.03	0.32
Sr	mg/kg	452	116	93	93	2	0.80	73	37	38	44	56	136	379	472	540	1.93	3.62	101
V	mg/kg	452	105	18	104	1	0.17	104	58	61	75	95	114	145	165	195	0.76	1.78	104
Zn	mg/kg	452	92	48	87	1	0.52	84	45	47	54	72	102	172	479	632	7.14	68.91	85
SiO$_2$	%	452	68.70	5.02	68.51	1.08	0.07	69.42	43.22	47.65	57.30	65.88	72.26	76.37	78.13	79.22	−0.95	1.86	68.97
Al$_2$O$_3$	%	452	13.47	2.09	13.31	1.16	0.15	13.20	8.67	8.79	9.94	12.02	14.65	18.45	19.92	21.55	0.72	0.75	13.42
TFe$_2$O$_3$	%	452	5.46	1.08	5.36	1.21	0.20	5.39	3.19	3.27	3.54	4.81	5.98	7.80	10.91	11.33	1.41	5.38	5.39
MgO	%	452	1.04	0.50	0.96	1.47	0.48	0.89	0.45	0.46	0.52	0.72	1.22	2.25	3.62	4.43	2.67	11.65	0.96
CaO	%	452	1.24	1.41	0.86	2.26	1.14	0.82	0.13	0.15	0.22	0.47	1.49	4.43	7.50	18.41	5.31	50.66	0.92
Na$_2$O	%	452	0.56	0.50	0.42	2.08	0.88	0.33	0.12	0.12	0.16	0.23	0.71	1.87	2.31	2.72	1.68	2.17	0.44
K$_2$O	%	452	2.20	0.45	2.16	1.23	0.21	2.15	1.15	1.16	1.49	1.83	2.52	3.13	3.35	3.61	0.44	−0.45	2.20
Corg	%	452	1.21	0.42	1.14	1.42	0.35	1.16	0.27	0.33	0.53	0.93	1.45	2.09	2.48	4.20	1.20	5.42	1.19
pH		452						7.06	4.15	4.88	5.10	6.35	7.67	8.13	8.23	8.34			

表 2.8.21　茅箭区表层土壤地球化学参数表

指标	单位	样本数	算术平均值	算术标准差	几何平均值	几何标准差	变异系数	中位值	最小值	累积频率分位值						最大值	偏度系数	峰度系数	背景值
		N	$\overline{X}$	S	X_g	S_g	CV	X_{me}	X_{min}	$X_{0.5\%}$	$X_{2.5\%}$	$X_{25\%}$	$X_{75\%}$	$X_{97.5\%}$	$X_{99.5\%}$	X_{max}	β_s	β_k	X'
As	mg/kg	63	6.1	2.2	5.8	1.4	0.35	5.6	2.8	2.8	3.3	4.7	7.1	9.8	16.6	16.6	2.05	7.81	5.9
B	mg/kg	63	15	5	14	1	0.36	15	6	6	7	11	19	26	31	31	0.74	0.35	15
Cd	mg/kg	63	0.24	0.09	0.23	1.38	0.39	0.21	0.15	0.15	0.15	0.18	0.27	0.40	0.67	0.67	2.39	7.61	0.23
Cl	mg/kg	63	111	216	71	2	1.95	66	27	27	29	44	85	211	1488	1488	5.49	31.43	61
Co	mg/kg	63	13.9	5.6	12.9	1.5	0.40	12.6	6.8	6.8	7.0	9.7	16.9	26.0	28.4	28.4	0.88	−0.04	13.9
Cr	mg/kg	63	61	31	54	2	0.51	50	25	25	26	38	75	131	152	152	1.20	0.81	54
Cu	mg/kg	63	26.3	9.6	24.9	1.4	0.37	24.6	12.6	12.6	14.1	20.5	29.9	56.1	63.8	63.8	1.91	4.86	24.6
F	mg/kg	63	500	68	496	1	0.14	497	362	362	390	463	530	604	780	780	0.99	3.31	496
Ge	mg/kg	63	1.45	0.11	1.44	1.08	0.08	1.44	1.03	1.03	1.25	1.38	1.51	1.65	1.70	1.70	−0.45	2.16	1.45
Hg	μg/kg	63	53.0	64.4	40.7	1.9	1.22	35.0	16.5	16.5	16.9	27.6	55.8	127.1	500.0	500.0	5.66	38.20	40.0
I	mg/kg	63	0.9	0.3	0.9	1.4	0.33	0.9	0.3	0.3	0.4	0.7	1.1	1.6	1.9	1.9	0.76	0.80	0.9
Mn	mg/kg	63	899	178	883	1	0.20	883	571	571	607	772	968	1295	1490	1490	0.98	1.68	889
Mo	mg/kg	63	1.04	0.40	0.98	1.41	0.38	0.95	0.53	0.53	0.56	0.76	1.20	1.98	2.47	2.47	1.48	2.56	0.98
N	mg/kg	63	890	270	848	1	0.30	916	399	399	424	687	1022	1305	1799	1799	0.45	0.83	875
Ni	mg/kg	63	26.6	13.0	24.0	1.6	0.49	23.2	8.4	8.4	11.3	17.0	31.7	51.6	81.4	81.4	1.54	3.74	25.7
P	mg/kg	63	831	254	795	1	0.31	807	444	444	481	634	946	1358	1497	1497	0.75	0.02	831
Pb	mg/kg	63	26.9	19.8	24.5	1.4	0.74	22.3	16.2	16.2	16.6	20.3	27.0	41.4	172.5	172.5	6.66	49.11	24.2
S	mg/kg	63	213	77	200	1	0.36	207	78	78	90	157	263	360	451	451	0.81	0.82	209
Se	mg/kg	63	0.23	0.09	0.21	1.44	0.40	0.21	0.10	0.10	0.10	0.17	0.25	0.46	0.52	0.52	1.36	1.52	0.23
Sr	mg/kg	63	117	26	114	1	0.22	117	59	59	68	98	133	164	176	176	0.05	−0.47	117
V	mg/kg	63	89	31	84	1	0.35	78	44	44	47	62	111	145	156	156	0.63	−0.73	89
Zn	mg/kg	63	107	23	104	1	0.22	99	79	79	79	91	115	168	194	194	1.71	3.21	101
SiO_2	%	63	62.30	3.00	62.22	1.05	0.05	62.96	52.92	52.92	53.56	60.32	64.40	66.23	66.46	66.46	−1.07	1.31	62.72
Al_2O_3	%	63	14.76	1.27	14.71	1.09	0.09	14.70	12.43	12.43	12.66	13.87	15.28	16.88	19.59	19.59	0.92	2.07	14.69
TFe_2O_3	%	63	5.33	1.34	5.18	1.27	0.25	5.00	3.65	3.65	3.67	4.18	6.13	7.97	9.41	9.41	0.91	0.52	5.21
MgO	%	63	1.63	0.57	1.54	1.39	0.35	1.44	0.87	0.87	0.91	1.16	1.87	2.96	3.19	3.19	0.97	0.17	1.63
CaO	%	63	1.90	0.85	1.72	1.57	0.45	1.77	0.44	0.44	0.80	1.19	2.33	3.87	4.73	4.73	1.06	1.54	1.81
Na_2O	%	63	2.79	0.34	2.77	1.14	0.12	2.81	1.94	1.94	2.10	2.57	3.03	3.26	3.43	3.43	−0.35	−0.48	2.79
K_2O	%	63	2.79	0.55	2.74	1.20	0.20	2.79	1.56	1.56	1.69	2.55	2.93	3.80	5.47	5.47	1.78	8.70	2.75
Corg	%	63	0.90	0.44	0.81	1.61	0.49	0.85	0.24	0.24	0.32	0.59	1.06	1.95	2.65	2.65	1.42	3.30	0.88
pH		63						7.62	5.35	5.35	5.75	6.90	7.90	8.31	8.43	8.43			

表 2.8.22　郧阳区表层土壤地球化学参数表

指标	单位	样本数	算术平均值	算术标准差	几何平均值	几何标准差	变异系数	中位值	最小值	累积频率分位值						最大值	偏度系数	峰度系数	背景值
		N	$\bar{X}$	S	X_g	S_g	CV	X_{me}	X_{min}	$X_{0.5\%}$	$X_{2.5\%}$	$X_{25\%}$	$X_{75\%}$	$X_{97.5\%}$	$X_{99.5\%}$	X_{max}	β_s	β_k	X'
As	mg/kg	118	10.5	3.1	10.0	1.3	0.30	10.1	4.9	4.9	5.3	8.1	12.4	16.1	16.9	22.1	0.60	0.48	10.4
B	mg/kg	118	32	15	28	2	0.47	32	8	8	9	19	44	60	62	66	0.24	−0.95	32
Cd	mg/kg	118	0.26	0.12	0.24	1.40	0.45	0.22	0.13	0.13	0.14	0.20	0.29	0.56	0.59	1.08	3.58	20.23	0.24
Cl	mg/kg	118	42	15	40	1	0.36	39	20	20	23	34	45	101	108	118	2.98	11.03	39
Co	mg/kg	118	18.5	6.6	17.5	1.4	0.36	17.1	8.4	8.4	9.6	14.8	19.6	36.6	43.0	46.1	1.77	4.11	17.4
Cr	mg/kg	118	87	34	81	1	0.39	78	35	35	41	68	95	185	202	216	1.70	3.35	81
Cu	mg/kg	118	34.1	15.3	31.9	1.4	0.45	31.0	14.8	14.8	16.3	25.7	36.0	90.1	94.1	111.8	2.76	9.42	30.5
F	mg/kg	118	580	145	566	1	0.25	555	359	359	381	497	637	840	934	1562	2.97	17.12	566
Ge	mg/kg	118	1.42	0.17	1.41	1.14	0.12	1.43	0.78	0.78	1.01	1.32	1.52	1.74	1.75	1.78	−0.51	0.92	1.42
Hg	μg/kg	118	66.6	221.0	38.7	2.0	3.32	33.4	13.3	13.3	15.0	25.7	44.5	196.9	310.0	2 402.5	10.28	109.24	33.1
I	mg/kg	118	1.6	0.8	1.4	1.6	0.48	1.5	0.4	0.4	0.5	1.0	2.0	3.5	4.1	4.3	1.09	1.33	1.5
Mn	mg/kg	118	906	170	890	1	0.19	894	477	477	589	802	1004	1271	1282	1393	0.36	0.32	906
Mo	mg/kg	118	1.02	0.46	0.96	1.38	0.46	0.90	0.56	0.56	0.61	0.76	1.13	1.74	3.63	3.90	3.93	20.42	0.95
N	mg/kg	118	952	347	893	1	0.36	898	293	293	376	731	1132	1868	2112	2192	1.05	1.82	914
Ni	mg/kg	118	38.9	14.7	36.7	1.4	0.38	36.9	13.4	13.4	18.3	31.9	42.6	82.5	100.6	104.4	2.11	6.45	36.2
P	mg/kg	118	727	231	694	1	0.32	697	321	321	369	569	829	1287	1380	1453	1.04	0.83	721
Pb	mg/kg	118	22.6	4.5	22.2	1.2	0.20	22.6	13.1	13.1	15.3	19.5	25.1	30.7	33.1	38.9	0.53	0.62	22.5
S	mg/kg	118	166	86	151	2	0.52	145	77	77	82	112	186	364	478	660	2.59	10.00	149
Se	mg/kg	118	0.21	0.10	0.20	1.45	0.49	0.18	0.07	0.07	0.11	0.15	0.23	0.44	0.60	0.89	3.30	16.53	0.19
Sr	mg/kg	118	114	24	111	1	0.21	111	62	62	72	98	126	170	175	193	0.61	0.52	113
V	mg/kg	118	124	43	118	1	0.35	114	69	69	72	99	139	204	221	430	3.31	20.14	120
Zn	mg/kg	118	95	22	93	1	0.23	91	54	54	67	82	105	137	155	242	2.79	15.69	94
SiO_2	%	118	58.07	5.37	57.81	1.10	0.09	58.60	41.65	41.65	45.05	55.25	62.11	65.61	66.35	68.87	−0.71	0.26	58.21
Al_2O_3	%	118	15.13	1.43	15.06	1.10	0.09	15.41	11.66	11.66	11.84	14.23	16.17	17.86	18.17	18.19	−0.42	−0.03	15.13
TFe_2O_3	%	118	6.58	1.62	6.41	1.25	0.25	6.30	4.04	4.04	4.35	5.61	7.41	10.96	12.42	12.95	1.41	2.99	6.39
MgO	%	118	2.32	0.80	2.20	1.38	0.35	2.21	1.08	1.08	1.22	1.82	2.72	3.98	4.30	6.38	1.46	4.61	2.28
CaO	%	118	3.88	2.87	3.09	1.96	0.74	2.95	0.42	0.42	0.99	1.96	5.13	9.69	15.56	15.76	1.96	4.98	2.96
Na_2O	%	118	1.53	0.72	1.33	1.80	0.47	1.40	0.19	0.19	0.29	0.90	2.09	2.76	3.02	3.11	0.10	−1.01	1.53
K_2O	%	118	2.45	0.43	2.41	1.20	0.18	2.45	1.38	1.38	1.42	2.17	2.76	3.26	3.41	3.44	−0.09	−0.05	2.45
Corg	%	118	0.83	0.35	0.76	1.57	0.42	0.79	0.17	0.17	0.26	0.61	0.96	1.72	1.83	1.85	0.83	0.80	0.83
pH		118						7.93	5.35	5.35	5.69	7.20	8.22	8.46	8.47	8.50			

表 2.8.23 丹江口市表层土壤地球化学参数表

指标	单位	样本数 N	算术平均值 $\bar{X}$	算术标准差 S	几何平均值 X_g	几何标准差 S_g	变异系数 CV	中位值 X_{me}	最小值 X_{min}	累积频率分位值 $X_{0.5\%}$	$X_{2.5\%}$	$X_{25\%}$	$X_{75\%}$	$X_{97.5\%}$	$X_{99.5\%}$	最大值 X_{max}	偏度系数 β_s	峰度系数 β_k	背景值 X'
As	mg/kg	570	10.0	4.7	9.0	1.5	0.47	8.6	3.2	3.4	4.3	6.6	12.6	22.0	25.6	28.5	1.20	1.18	9.6
B	mg/kg	570	31	15	28	2	0.48	28	5	8	10	19	42	63	67	92	0.67	−0.16	31
Cd	mg/kg	570	0.29	0.18	0.26	1.58	0.62	0.23	0.08	0.11	0.13	0.19	0.31	0.87	0.95	1.69	2.71	9.86	0.24
Cl	mg/kg	570	52	43	46	2	0.83	43	18	24	27	36	52	148	308	541	6.92	61.49	43
Co	mg/kg	570	17.2	7.4	15.8	1.5	0.43	15.3	4.9	5.2	6.7	12.3	20.6	34.5	44.8	63.2	1.50	4.00	16.6
Cr	mg/kg	570	74	33	67	2	0.45	70	14	23	28	51	85	157	225	249	1.66	5.01	70
Cu	mg/kg	570	33.7	19.0	30.2	1.6	0.57	28.9	8.1	10.9	13.3	22.9	38.1	83.9	122.8	209.8	3.31	18.95	30.7
F	mg/kg	570	585	188	562	1	0.32	541	274	332	369	460	664	1073	1407	2081	2.45	11.73	562
Ge	mg/kg	570	1.41	0.18	1.40	1.13	0.13	1.40	0.91	0.97	1.09	1.30	1.51	1.80	2.11	2.39	0.87	2.82	1.41
Hg	μg/kg	570	63.1	96.2	41.2	2.1	1.53	34.0	5.0	7.0	16.5	27.0	51.7	419.0	584.0	662.0	3.95	15.97	35.0
I	mg/kg	570	1.5	0.8	1.3	1.6	0.56	1.3	0.4	0.4	0.5	1.0	1.9	3.1	3.6	12.1	4.32	46.30	1.4
Mn	mg/kg	570	861	217	835	1	0.25	832	318	421	493	725	979	1372	1584	1980	0.85	1.73	849
Mo	mg/kg	570	1.09	0.78	0.95	1.58	0.71	0.84	0.39	0.43	0.50	0.72	1.11	3.13	6.40	6.80	3.95	20.49	0.84
N	mg/kg	570	1145	417	1075	1	0.36	1086	334	373	488	853	1356	2203	2566	3554	1.13	2.91	1109
Ni	mg/kg	570	34.3	14.9	31.1	1.6	0.43	32.5	7.4	8.8	11.9	22.7	42.9	67.0	81.7	101.3	0.78	0.68	33.8
P	mg/kg	570	756	346	698	1	0.46	675	271	317	366	529	854	1803	2199	3044	2.40	8.74	697
Pb	mg/kg	570	24.6	7.7	23.8	1.3	0.31	23.4	10.5	13.5	15.3	20.4	26.8	43.9	48.1	114.8	4.44	40.66	23.2
S	mg/kg	570	204	106	185	2	0.52	179	60	74	87	141	236	419	627	1186	3.42	23.00	194
Se	mg/kg	570	0.28	0.18	0.25	1.54	0.62	0.24	0.08	0.09	0.11	0.20	0.31	0.73	0.94	2.51	5.13	49.02	0.24
Sr	mg/kg	570	123	51	117	1	0.42	113	47	55	71	97	137	207	352	729	5.70	54.45	118
V	mg/kg	570	117	52	108	1	0.44	106	35	39	49	84	138	232	320	510	2.26	10.59	112
Zn	mg/kg	570	98	26	95	1	0.26	92	54	57	66	81	107	174	183	187	1.47	2.09	93
SiO$_2$	%	570	59.69	5.38	59.44	1.10	0.09	60.29	39.21	43.84	48.78	55.43	64.01	68.10	69.23	71.59	−0.37	−0.35	59.78
Al$_2$O$_3$	%	570	14.78	1.48	14.70	1.11	0.10	14.71	9.51	10.99	11.92	13.90	15.55	17.92	18.13	21.92	0.33	1.12	14.76
TFe$_2$O$_3$	%	570	6.08	1.78	5.85	1.31	0.29	5.74	2.93	3.25	3.61	4.87	6.96	10.40	11.99	15.97	1.42	3.84	5.97
MgO	%	570	2.07	0.99	1.88	1.54	0.48	1.87	0.74	0.75	0.87	1.38	2.56	4.69	5.94	8.99	1.92	6.89	1.94
CaO	%	570	3.01	2.34	2.31	2.10	0.78	2.29	0.37	0.41	0.56	1.31	4.01	9.60	12.83	16.83	1.86	4.92	2.70
Na$_2$O	%	570	1.91	0.83	1.69	1.74	0.43	2.12	0.14	0.40	0.51	1.10	2.54	3.36	3.59	3.86	−0.23	−1.07	1.91
K$_2$O	%	570	2.50	0.49	2.45	1.24	0.20	2.47	0.50	1.10	1.40	2.23	2.76	3.54	3.72	3.80	0.01	0.74	2.51
Corg	%	570	1.03	0.40	0.95	1.49	0.39	0.98	0.21	0.30	0.42	0.75	1.24	2.05	2.47	3.34	1.11	2.80	0.99
pH		570						7.51	4.45	4.83	5.15	6.64	8.01	8.31	8.39	8.48			

表 2.8.24 竹溪县表层土壤地球化学参数表

指标	单位	样本数 N	算术平均值 $\bar{X}$	算术标准差 S	几何平均值 X_g	几何标准差 S_g	变异系数 CV	中位值 X_{me}	最小值 X_{min}	$X_{0.5\%}$	$X_{2.5\%}$	累积频率分位值 $X_{25\%}$	$X_{75\%}$	$X_{97.5\%}$	$X_{99.5\%}$	最大值 X_{max}	偏度系数 β_s	峰度系数 β_k	背景值 X'
As	mg/kg	1404	19.3	39.2	11.7	2.4	2.03	9.9	0.4	1.7	2.8	6.7	19.1	85.6	151.2	1 096.6	16.70	419.78	9.4
B	mg/kg	1404	52	32	41	2	0.62	52	3	4	6	26	70	123	171	246	0.93	2.00	50
Cd	mg/kg	1404	1.67	4.13	0.69	3.23	2.48	0.50	0.06	0.08	0.14	0.29	1.43	9.86	20.27	108.00	13.87	318.92	0.45
Cl	mg/kg	1169	55	23	53	1	0.42	51	24	30	35	45	59	100	158	519	8.83	143.90	52
Co	mg/kg	1169	26.9	14.8	23.2	1.7	0.55	21.4	1.0	4.0	7.5	16.8	35.6	60.8	73.9	88.7	1.11	0.81	26.2
Cr	mg/kg	1404	154	118	124	2	0.77	109	1	16	34	84	186	523	663	943	2.24	6.09	125
Cu	mg/kg	1404	80.8	64.9	62.0	2.1	0.80	61.7	9.4	11.0	16.1	33.5	112.8	234.1	425.2	561.6	2.51	10.95	72.7
F	mg/kg	1404	876	440	805	1	0.50	760	359	406	443	603	1012	1868	2879	6302	3.73	27.68	807
Ge	mg/kg	1404	1.50	0.22	1.48	1.16	0.15	1.49	0.76	0.91	1.10	1.36	1.63	1.95	2.14	2.98	0.54	2.45	1.50
Hg	μg/kg	1404	166.3	278.5	99.4	2.5	1.68	78.7	16.3	20.8	26.8	50.4	175.8	860.7	1 252.4	6 190.6	9.72	171.22	84.6
I	mg/kg	1169	2.1	1.1	1.9	1.6	0.53	1.8	0.3	0.4	0.7	1.4	2.5	4.9	7.5	13.4	2.77	15.26	1.9
Mn	mg/kg	1169	1153	590	1031	2	0.51	1079	127	203	326	795	1409	2455	3503	8760	3.32	29.19	1085
Mo	mg/kg	1404	9.38	21.66	3.94	3.54	2.31	3.56	0.21	0.45	0.57	1.35	10.68	44.92	104.30	555.84	13.79	303.22	4.60
N	mg/kg	1404	1967	1059	1737	2	0.54	1729	301	417	629	1282	2344	4774	6814	8998	1.90	5.98	1834
Ni	mg/kg	1404	87.2	76.0	67.8	2.0	0.87	66.1	1.2	5.9	15.6	42.2	105.6	259.2	459.2	993.5	4.12	30.89	74.5
P	mg/kg	1404	1187	840	963	2	0.71	1005	150	195	264	591	1564	3055	4474	13 846	3.62	39.13	1111
Pb	mg/kg	1404	26.9	14.0	24.6	1.5	0.52	25.9	4.8	7.0	10.0	20.4	30.5	56.2	81.5	297.4	6.95	109.78	25.1
S	mg/kg	1169	398	709	262	2	1.78	233	61	71	87	168	339	2121	5064	10 072	6.92	62.32	232
Se	mg/kg	1404	1.47	3.39	0.71	2.86	2.31	0.55	0.08	0.10	0.17	0.32	1.35	7.47	21.42	73.45	10.77	178.47	0.58
Sr	mg/kg	1404	167	170	123	2	1.01	101	19	27	42	75	182	673	901	1976	3.16	15.83	105
Zn	mg/kg	1404	208	219	168	2	1.05	152	34	57	77	116	211	738	1737	2765	6.10	50.95	154
SiO$_2$	mg/kg	1169	56.47	8.92	55.70	1.19	0.16	58.37	21.77	34.21	38.46	50.09	63.38	69.70	71.56	74.36	−0.60	−0.37	56.56
Al$_2$O$_3$	%	1169	13.93	1.91	13.79	1.15	0.14	14.02	8.08	9.31	10.27	12.59	15.18	17.73	19.08	20.17	0.05	−0.04	13.91
TFe$_2$O$_3$	%	1404	7.87	3.33	7.28	1.47	0.42	6.58	2.53	3.34	3.94	5.53	9.57	15.43	16.98	19.46	1.06	0.06	7.84
MgO	%	1404	3.24	2.04	2.75	1.75	0.63	2.48	0.76	0.94	1.17	1.74	4.27	8.13	11.64	18.97	1.74	4.70	3.06
CaO	%	1404	2.42	2.97	1.33	2.99	1.23	1.21	0.11	0.15	0.24	0.51	3.27	9.29	17.12	29.66	2.85	13.19	2.02
Na$_2$O	%	1169	1.39	0.85	1.15	1.90	0.61	1.12	0.08	0.14	0.27	0.77	1.85	3.56	4.23	4.54	1.12	0.92	1.33
K$_2$O	%	1404	2.39	0.93	2.20	1.53	0.39	2.37	0.41	0.63	0.85	1.67	3.00	4.45	5.53	7.08	0.57	0.72	2.35
Corg	%	1404	1.87	1.28	1.57	1.80	0.69	1.58	0.20	0.23	0.39	1.16	2.15	5.27	8.33	13.20	3.07	15.48	1.60
pH		1404						6.20	4.19	4.37	4.67	5.58	7.05	8.18	8.32	8.47			

表 2.8.25 竹山县表层土壤地球化学参数表

指标	单位	样本数 N	算术平均值 $\bar{X}$	算术标准差 S	几何平均值 X_g	几何标准差 S_g	变异系数 CV	中位值 X_{me}	最小值 X_{min}	累积频率分位值 $X_{0.5\%}$	$X_{2.5\%}$	$X_{25\%}$	$X_{75\%}$	$X_{97.5\%}$	$X_{99.5\%}$	最大值 X_{max}	偏度系数 β_s	峰度系数 β_k	背景值 X'
As	mg/kg	2007	13.3	9.4	11.4	1.7	0.70	11.6	1.5	2.7	3.8	8.2	16.2	35.8	72.5	127.6	4.39	31.79	11.9
B	mg/kg	2007	51	25	43	2	0.48	53	2	4	8	32	70	94	109	217	0.14	0.26	51
Cd	mg/kg	2007	0.51	0.79	0.34	2.16	1.55	0.29	0.06	0.09	0.12	0.19	0.51	2.54	5.40	12.23	6.21	54.91	0.31
Cl	mg/kg	2007	52	17	50	1	0.33	49	28	32	35	43	57	94	134	401	6.34	95.04	49
Co	mg/kg	2007	20.8	8.6	19.4	1.4	0.41	19.1	2.7	6.4	9.4	16.4	22.2	46.7	59.9	81.5	2.43	8.85	18.8
Cr	mg/kg	2007	93	55	85	1	0.59	88	12	24	36	71	101	198	435	943	7.24	81.89	85
Cu	mg/kg	2007	49.3	31.0	43.4	1.6	0.63	40.5	6.1	12.8	19.4	32.5	54.1	133.9	215.7	382.9	3.27	17.09	41.1
F	mg/kg	2007	669	186	648	1	0.28	640	244	310	408	554	740	1150	1483	2176	1.93	7.76	643
Ge	mg/kg	2007	1.67	0.29	1.65	1.15	0.17	1.63	0.80	1.01	1.30	1.52	1.77	2.20	2.75	8.46	7.68	161.18	1.65
Hg	μg/kg	2007	58.8	83.7	46.2	1.8	1.42	44.6	8.5	12.9	17.2	33.2	58.3	180.7	531.3	1 606.9	10.77	153.29	43.7
I	mg/kg	2007	1.5	1.3	1.3	1.7	0.83	1.3	0.2	0.4	0.5	0.9	1.9	3.7	5.0	43.2	18.53	595.01	1.4
Mn	mg/kg	2007	930	468	850	2	0.50	868	106	270	360	662	1070	1869	2708	7712	4.78	51.87	881
Mo	mg/kg	2007	4.19	6.04	2.75	2.33	1.44	2.66	0.38	0.56	0.72	1.41	4.87	16.65	45.79	79.94	6.33	54.63	3.01
N	mg/kg	2007	1300	515	1214	1	0.40	1239	128	383	549	969	1552	2298	3473	7868	2.61	20.81	1271
Ni	mg/kg	2007	51.1	33.6	45.3	1.6	0.66	44.1	5.3	10.6	17.3	37.2	53.1	141.0	261.8	354.0	4.29	24.74	43.4
P	mg/kg	2007	743	596	627	2	0.80	573	97	169	266	440	851	2208	3737	12 443	6.15	83.34	608
Pb	mg/kg	2007	25.0	6.7	24.1	1.3	0.27	25.6	5.7	8.6	11.5	21.3	29.1	35.1	45.2	84.9	1.20	11.54	24.8
S	mg/kg	2007	263	461	208	2	1.75	191	52	67	89	138	290	701	1706	12 820	19.70	489.14	213
Se	mg/kg	2007	0.93	2.17	0.51	2.45	2.32	0.42	0.08	0.12	0.16	0.26	0.82	4.61	16.32	35.87	8.55	95.45	0.47
Sr	mg/kg	2007	104	62	94	1	0.59	91	33	39	48	74	112	261	484	730	4.47	28.74	91
V	mg/kg	2007	193	174	163	2	0.90	146	21	51	77	120	201	578	1539	2115	5.88	45.69	152
Zn	mg/kg	2007	125	56	118	1	0.45	112	48	57	72	95	138	254	416	980	4.91	46.22	116
SiO$_2$	%	2007	60.69	7.95	59.99	1.18	0.13	62.47	21.65	23.99	30.45	58.18	65.54	70.04	72.73	75.90	−2.27	7.08	62.01
Al$_2$O$_3$	%	2007	15.27	2.64	15.03	1.20	0.17	15.10	5.44	7.72	9.53	13.70	16.50	21.30	22.90	24.50	0.22	1.09	15.25
TFe$_2$O$_3$	%	2007	6.86	2.12	6.60	1.30	0.31	6.36	1.51	3.32	4.16	5.73	7.20	13.27	15.85	17.86	2.00	4.96	6.29
MgO	%	2007	1.90	0.87	1.78	1.40	0.46	1.70	0.47	0.79	1.04	1.46	2.06	3.97	6.95	11.80	3.99	25.08	1.73
CaO	%	2007	1.23	1.39	0.89	2.04	1.14	0.75	0.11	0.26	0.34	0.53	1.30	4.93	7.77	19.23	4.61	34.93	0.79
Na$_2$O	%	2007	1.03	0.50	0.92	1.61	0.49	0.90	0.10	0.20	0.32	0.72	1.19	2.37	2.89	4.13	1.44	2.75	0.97
K$_2$O	%	2007	2.63	0.79	2.50	1.40	0.30	2.53	0.34	0.66	1.15	2.08	3.18	4.22	4.59	5.76	0.20	−0.03	2.63
Corg	%	2006	1.08	0.59	0.96	1.60	0.55	0.95	0.08	0.21	0.39	0.71	1.32	2.20	3.80	9.40	3.91	35.27	1.03
pH		2007						5.93	4.35	4.61	4.91	5.49	6.70	8.15	8.30	8.89			

表 2.8.26　荆州市区表层土壤地球化学参数表

指标	单位	样本数	算术平均值	算术标准差	几何平均值	几何标准差	变异系数	中位值	最小值	累积频率分位值						最大值	偏度系数	峰度系数	背景值
		N	$\bar{X}$	S	X_g	S_g	CV	X_{me}	X_{min}	$X_{0.5\%}$	$X_{2.5\%}$	$X_{25\%}$	$X_{75\%}$	$X_{97.5\%}$	$X_{99.5\%}$	X_{max}	β_s	β_k	X'
As	mg/kg	374	10.9	2.8	10.6	1.3	0.25	10.5	5.9	6.2	6.7	9.1	12.1	17.1	24.1	25.4	1.65	5.43	10.6
B	mg/kg	374	59	7	59	1	0.12	59	23	37	44	55	64	72	78	90	−0.35	2.10	59
Cd	mg/kg	374	0.25	0.12	0.22	1.53	0.47	0.23	0.09	0.09	0.11	0.15	0.31	0.49	0.63	1.29	2.51	17.30	0.24
Cl	mg/kg	374	58	21	56	1	0.36	54	29	33	36	47	63	99	171	257	4.79	36.36	55
Co	mg/kg	374	15.1	2.6	14.8	1.2	0.17	15.1	9.5	9.5	10.6	13.1	16.9	19.8	21.9	24.0	0.18	−0.35	15.0
Cr	mg/kg	374	81	10	81	1	0.12	82	60	62	66	74	88	103	110	112	0.42	−0.09	81
Cu	mg/kg	374	32.4	7.9	31.5	1.3	0.24	31.1	21.6	21.6	22.7	25.7	36.3	51.7	58.8	62.4	0.95	0.59	32.1
F	mg/kg	374	564	118	552	1	0.21	538	352	391	402	458	662	813	855	910	0.48	−0.77	564
Ge	mg/kg	374	1.52	0.16	1.51	1.11	0.10	1.50	1.18	1.18	1.26	1.40	1.63	1.86	1.89	1.89	0.37	−0.55	1.52
Hg	μg/kg	374	114.9	166.2	83.2	1.9	1.45	72.5	23.0	24.0	34.0	57.0	98.0	548.0	1 055.0	1 737.0	5.82	41.89	71.5
I	mg/kg	374	1.5	0.7	1.4	1.5	0.44	1.4	0.5	0.7	0.8	1.1	1.8	3.2	3.8	6.6	2.16	8.82	1.4
Mn	mg/kg	374	661	141	645	1	0.21	667	294	332	378	557	753	921	1021	1270	0.18	0.38	659
Mo	mg/kg	374	0.70	0.20	0.68	1.29	0.28	0.68	0.37	0.38	0.42	0.56	0.81	1.13	1.39	2.32	2.08	11.65	0.69
N	mg/kg	374	1451	414	1398	1	0.29	1390	320	540	830	1200	1610	2500	3210	3540	1.52	4.45	1404
Ni	mg/kg	374	33.6	6.8	33.0	1.2	0.20	32.5	18.2	19.0	22.2	28.7	38.1	48.1	51.5	55.6	0.45	−0.16	33.6
P	mg/kg	374	768	320	714	1	0.42	720	335	340	376	521	958	1426	2189	2730	1.90	7.51	740
Pb	mg/kg	374	30.6	5.6	30.3	1.2	0.18	29.7	18.3	21.7	23.5	27.8	31.9	45.1	54.6	85.4	3.85	27.74	29.6
S	mg/kg	374	293	146	269	1	0.50	261	75	87	140	212	329	719	1136	1257	3.16	14.05	264
Se	mg/kg	374	0.30	0.10	0.29	1.32	0.34	0.28	0.13	0.16	0.18	0.24	0.32	0.69	0.76	0.84	2.48	7.90	0.28
Sr	mg/kg	374	113	27	110	1	0.24	102	72	75	78	93	132	167	222	250	1.34	2.92	111
V	mg/kg	374	102	17	100	1	0.17	99	72	75	76	89	113	139	156	163	0.74	0.31	101
Zn	mg/kg	374	78	27	73	1	0.35	73	40	42	44	54	96	139	178	222	1.13	2.26	76
SiO_2	%	374	64.74	5.59	64.50	1.09	0.09	65.39	47.73	49.78	54.82	60.12	69.70	73.16	73.95	74.29	−0.25	−0.98	64.79
Al_2O_3	%	374	13.15	1.42	13.07	1.11	0.11	13.02	9.19	10.27	10.83	12.10	14.19	16.12	16.64	17.57	0.37	−0.31	13.13
TFe_2O_3	%	374	5.42	0.75	5.37	1.15	0.14	5.41	3.87	3.91	4.08	4.85	5.94	6.88	7.51	7.92	0.27	−0.22	5.41
MgO	%	374	1.48	0.67	1.33	1.58	0.45	1.26	0.64	0.65	0.70	0.87	2.09	2.74	2.87	2.99	0.44	−1.27	1.48
CaO	%	374	2.16	1.89	1.55	2.24	0.87	1.18	0.48	0.52	0.56	0.75	3.54	6.17	11.05	13.48	1.74	4.97	2.04
Na_2O	%	374	0.96	0.15	0.94	1.18	0.16	0.96	0.53	0.55	0.63	0.87	1.04	1.29	1.43	1.46	0.15	0.96	0.95
K_2O	%	374	2.19	0.37	2.16	1.18	0.17	2.13	1.58	1.61	1.69	1.85	2.51	2.88	3.00	3.22	0.36	−1.09	2.19
Corg	%	374	1.40	0.43	1.34	1.37	0.30	1.35	0.19	0.42	0.71	1.13	1.60	2.54	2.80	3.08	0.94	1.88	1.37
pH		374						7.31	5.50	5.54	5.80	6.35	7.84	8.04	8.11	8.46			

表 2.8.27　洪湖市表层土壤地球化学参数表

指标	单位	样本数	算术平均值	算术标准差	几何平均值	几何标准差	变异系数	中位值	最小值	累积频率分位值						最大值	偏度系数	峰度系数	背景值
		N	$\overline{X}$	S	X_g	S_g	CV	X_{me}	X_{min}	$X_{0.5\%}$	$X_{2.5\%}$	$X_{25\%}$	$X_{75\%}$	$X_{97.5\%}$	$X_{99.5\%}$	X_{max}	β_s	β_k	X'
As	mg/kg	12 640	12.4	4.9	11.8	1.4	0.40	12.2	2.8	5.0	6.2	9.8	14.6	19.8	23.8	397.0	37.57	2 908.96	12.2
B	mg/kg	12 640	61	10	60	1	0.17	61	10	30	41	54	68	80	87	152	0.07	1.54	61
Cd	mg/kg	12 640	0.36	0.10	0.35	1.32	0.29	0.35	0.08	0.15	0.20	0.30	0.42	0.57	0.82	1.84	1.67	9.67	0.35
Cl	mg/kg	12 277	73	29	69	1	0.40	68	20	35	41	56	82	142	208	966	5.85	104.58	69
Co	mg/kg	12 277	18.0	3.0	17.7	1.2	0.17	18.3	5.2	10.4	12.0	15.9	20.2	23.1	24.2	35.4	−0.28	−0.39	18.0
Cr	mg/kg	12 640	92	15	91	1	0.16	93	25	56	64	81	103	118	124	262	−0.05	0.72	92
Cu	mg/kg	12 640	40.3	28.1	39.0	1.3	0.70	40.0	10.7	17.8	23.2	33.4	46.3	58.0	67.3	3 019.2	94.49	10 022.42	39.9
F	mg/kg	12 640	746	177	731	1	0.24	743	194	390	480	645	839	1031	1136	12 384	22.78	1 492.09	743
Ge	mg/kg	12 640	1.50	0.15	1.49	1.11	0.10	1.49	0.55	1.11	1.21	1.39	1.60	1.80	1.91	2.87	0.14	0.74	1.50
Hg	μg/kg	12 640	68.8	70.5	64.0	1.4	1.03	64.0	12.7	21.8	34.0	52.0	78.0	124.6	235.0	6 702.6	71.01	6 373.90	64.5
I	mg/kg	12 277	1.4	0.6	1.3	1.5	0.40	1.3	0.2	0.4	0.6	1.1	1.7	2.8	3.8	6.5	1.63	6.15	1.4
Mn	mg/kg	12 277	793	189	771	1	0.24	784	309	395	460	664	907	1167	1375	3827	1.18	10.13	786
Mo	mg/kg	12 640	0.91	0.30	0.87	1.37	0.33	0.87	0.23	0.41	0.48	0.69	1.07	1.61	2.08	4.02	1.39	4.85	0.89
N	mg/kg	12 639	1788	820	1605	2	0.46	1648	132	337	590	1182	2259	3748	4535	7002	0.94	1.11	1745
Ni	mg/kg	12 640	45.2	9.2	44.2	1.2	0.20	46.0	15.3	23.7	27.3	38.3	52.6	60.1	63.0	92.5	−0.25	−0.67	45.2
P	mg/kg	12 640	868	308	831	1	0.35	819	292	433	515	692	961	1609	2337	7987	4.57	56.05	821
Pb	mg/kg	12 640	30.4	6.2	29.9	1.2	0.20	30.3	11.1	17.7	20.1	26.4	34.0	41.1	54.0	252.1	4.67	137.96	30.2
S	mg/kg	12 277	323	283	264	2	0.88	242	49	76	102	179	368	1017	2050	6148	5.07	45.16	260
Se	mg/kg	12 640	0.34	0.11	0.32	1.41	0.33	0.33	0.05	0.10	0.14	0.26	0.40	0.58	0.70	1.71	1.09	6.23	0.33
Sr	mg/kg	6440	116	20	114	1	0.17	113	66	79	85	101	127	160	180	236	0.73	0.79	115
V	mg/kg	3264	132	23	130	1	0.18	135	63	77	85	116	150	171	177	186	−0.34	−0.64	132
Zn	mg/kg	12 640	104	20	103	1	0.19	106	34	59	68	91	118	135	151	889	5.31	203.17	104
SiO_2	%	12 277	60.22	3.67	60.11	1.06	0.06	59.84	39.50	52.11	53.96	57.53	62.79	67.49	69.29	78.80	0.29	−0.17	60.20
Al_2O_3	%	10 111	15.06	2.05	14.91	1.15	0.14	15.28	6.61	9.70	11.00	13.60	16.67	18.47	19.00	20.54	−0.35	−0.48	15.07
TFe_2O_3	%	12 640	6.45	1.16	6.34	1.21	0.18	6.56	2.07	3.61	4.19	5.58	7.39	8.29	8.72	11.29	−0.29	−0.66	6.45
MgO	%	12 640	2.25	0.28	2.24	1.14	0.12	2.27	0.60	1.49	1.69	2.07	2.44	2.78	3.03	3.45	−0.17	1.01	2.25
CaO	%	12 640	2.23	1.17	1.98	1.61	0.52	1.83	0.35	0.85	0.97	1.33	2.95	5.01	6.21	19.50	1.49	5.35	2.16
Na_2O	%	12 277	1.14	0.34	1.09	1.35	0.30	1.10	0.25	0.54	0.60	0.87	1.38	1.92	2.13	2.42	0.56	−0.15	1.14
K_2O	%	12 640	2.73	0.31	2.71	1.12	0.11	2.75	1.57	1.99	2.12	2.50	2.96	3.27	3.43	3.65	−0.20	−0.46	2.73
Corg	%	12 640	1.66	0.89	1.45	1.72	0.53	1.46	0.12	0.27	0.48	1.01	2.12	3.79	5.05	8.45	1.28	2.56	1.59
pH		12 640						7.92	4.15	5.53	6.08	7.41	8.15	8.38	8.50	8.88			

表 2.8.28　监利市表层土壤地球化学参数表

指标	单位	样本数	算术平均值	算术标准差	几何平均值	几何标准差	变异系数	中位值	最小值	累积频率分位值						最大值	偏度系数	峰度系数	背景值
		N	$\bar{X}$	S	X_g	S_g	CV	X_{me}	X_{min}	$X_{0.5\%}$	$X_{2.5\%}$	$X_{25\%}$	$X_{75\%}$	$X_{97.5\%}$	$X_{99.5\%}$	X_{max}	β_s	β_k	X'
As	mg/kg	3493	12.8	3.9	12.2	1.4	0.31	12.3	0.3	5.6	6.5	9.9	15.5	21.1	24.4	34.8	0.56	0.28	12.7
B	mg/kg	3493	56	6	55	1	0.11	56	26	37	43	52	59	68	73	97	0.03	1.81	56
Cd	mg/kg	3493	0.39	0.08	0.38	1.23	0.22	0.39	0.15	0.21	0.24	0.34	0.44	0.55	0.64	1.89	2.17	30.97	0.39
Cl	mg/kg	3493	96	90	85	2	0.93	79	37	45	51	67	96	259	788	1320	7.58	70.77	80
Co	mg/kg	3493	17.3	2.6	17.1	1.2	0.15	17.4	8.0	10.6	12.1	15.4	19.2	21.9	23.3	24.8	−0.22	−0.40	17.3
Cr	mg/kg	3493	87	14	86	1	0.16	89	52	56	61	77	98	111	118	131	−0.14	−0.66	87
Cu	mg/kg	3493	37.0	8.6	36.0	1.3	0.23	37.2	14.8	18.2	21.7	31.3	42.7	51.2	58.4	212.3	2.63	50.97	36.9
F	mg/kg	3493	702	112	692	1	0.16	703	55	435	490	623	784	904	959	1364	−0.05	0.88	702
Ge	mg/kg	3493	1.54	0.14	1.53	1.09	0.09	1.54	0.88	1.20	1.30	1.44	1.63	1.80	1.88	2.13	0.11	−0.07	1.54
Hg	μg/kg	3493	65.4	82.1	59.3	1.4	1.26	59.2	14.2	22.8	29.5	49.3	70.0	121.2	251.5	3 373.5	30.41	1 106.92	59.1
I	mg/kg	3493	1.5	0.5	1.4	1.4	0.36	1.4	0.5	0.6	0.8	1.1	1.7	2.7	3.4	7.9	1.80	9.45	1.4
Mn	mg/kg	3493	725	143	711	1	0.20	716	342	404	468	623	814	1020	1141	1474	0.42	0.52	722
Mo	mg/kg	3493	0.85	0.23	0.82	1.30	0.27	0.82	0.28	0.41	0.48	0.68	0.99	1.32	1.65	2.72	0.94	2.88	0.84
N	mg/kg	3493	1954	717	1815	1	0.37	1912	43	518	798	1383	2450	3441	3985	6210	0.45	0.17	1943
Ni	mg/kg	3493	40.8	8.3	40.0	1.2	0.20	41.2	17.4	22.6	25.5	34.7	46.9	55.1	57.7	142.9	0.51	6.23	40.8
P	mg/kg	3493	839	228	820	1	0.27	833	310	449	535	725	933	1183	1533	8230	12.28	352.23	827
Pb	mg/kg	3493	29.8	6.5	29.4	1.2	0.22	30.1	17.1	18.8	20.3	26.3	33.1	38.4	45.4	213.3	10.70	276.38	29.6
S	mg/kg	3493	323	143	301	1	0.44	314	76	110	144	226	395	564	754	4711	9.31	257.20	316
Se	mg/kg	3493	0.38	0.09	0.37	1.27	0.23	0.38	0.11	0.17	0.22	0.32	0.43	0.55	0.64	1.36	0.80	6.18	0.38
Sr	mg/kg	780	122	15	121	1	0.12	120	91	93	98	112	132	157	166	175	0.55	0.14	122
V	mg/kg	3493	126	19	125	1	0.15	127	80	85	92	112	141	161	171	190	−0.02	−0.69	126
Zn	mg/kg	3493	103	17	101	1	0.17	105	59	64	71	91	114	130	143	473	2.82	60.12	103
SiO_2	%	3493	59.24	9.06	58.26	1.22	0.15	60.73	25.40	26.23	27.51	57.54	64.12	69.15	70.64	72.88	−2.42	6.02	61.41
Al_2O_3	%	3493	14.68	2.45	14.44	1.21	0.17	14.90	6.49	6.81	7.75	13.40	16.40	18.60	19.10	19.70	−0.96	1.31	15.12
TFe_2O_3	%	3493	6.18	1.17	6.06	1.22	0.19	6.24	3.00	3.29	3.88	5.29	7.09	8.28	8.61	9.03	−0.16	−0.65	6.18
MgO	%	3493	2.05	0.34	2.02	1.19	0.16	2.05	0.84	1.15	1.28	1.87	2.24	2.78	3.04	3.62	0.06	0.97	2.05
CaO	%	3493	1.86	0.91	1.71	1.48	0.49	1.56	0.72	0.93	1.02	1.26	2.15	4.46	6.06	8.55	2.15	5.91	1.64
Na_2O	%	3493	1.10	0.28	1.07	1.28	0.25	1.06	0.49	0.61	0.69	0.89	1.29	1.70	1.82	1.96	0.52	−0.44	1.10
K_2O	%	3493	2.68	0.24	2.67	1.09	0.09	2.69	1.90	2.00	2.19	2.52	2.85	3.10	3.19	3.59	−0.28	−0.11	2.68
Corg	%	3493	1.82	0.72	1.67	1.53	0.40	1.77	0.34	0.50	0.69	1.23	2.31	3.31	3.84	7.37	0.55	0.73	1.81
pH		3493						7.69	4.63	5.28	5.90	6.90	7.96	8.27	8.38	8.50			

表 2.8.29 石首市表层土壤地球化学参数表

指标	单位	样本数	算术平均值	算术标准差	几何平均值	几何标准差	变异系数	中位值	最小值	累积频率分位值						最大值	偏度系数	峰度系数	背景值
		N	$\bar{X}$	S	X_g	S_g	CV	X_{me}	X_{min}	$X_{0.5\%}$	$X_{2.5\%}$	$X_{25\%}$	$X_{75\%}$	$X_{97.5\%}$	$X_{99.5\%}$	X_{max}	β_s	β_k	X'
As	mg/kg	345	11.2	2.3	10.9	1.2	0.21	11.0	4.7	5.5	7.2	9.8	12.1	16.1	20.2	23.2	1.33	5.12	11.0
B	mg/kg	345	62	9	61	1	0.15	63	24	30	44	56	68	81	86	94	−0.18	1.42	62
Cd	mg/kg	345	0.38	0.13	0.35	1.42	0.34	0.37	0.12	0.15	0.17	0.30	0.43	0.67	0.81	0.97	0.95	2.50	0.37
Cl	mg/kg	345	91	41	86	1	0.45	83	43	47	52	69	98	200	284	501	4.55	34.02	84
Co	mg/kg	345	18.6	2.6	18.4	1.2	0.14	18.9	6.4	9.8	13.4	17.0	20.5	22.9	23.9	24.1	−0.64	1.10	18.7
Cr	mg/kg	345	88	10	87	1	0.11	89	33	40	68	83	94	104	108	113	−1.04	4.03	88
Cu	mg/kg	345	44.4	9.4	43.3	1.3	0.21	45.3	19.8	21.0	25.9	38.0	51.2	59.6	68.5	71.8	−0.29	−0.23	44.4
F	mg/kg	345	671	102	662	1	0.15	682	431	435	454	605	745	846	865	914	−0.38	−0.41	671
Ge	mg/kg	345	1.52	0.15	1.52	1.10	0.10	1.52	1.11	1.15	1.24	1.42	1.62	1.81	1.85	1.94	0.08	−0.28	1.52
Hg	μg/kg	345	80.2	32.9	76.1	1.3	0.41	74.0	36.0	41.0	46.0	64.0	87.0	155.0	240.0	423.0	4.77	38.53	74.8
I	mg/kg	345	1.3	0.3	1.3	1.3	0.25	1.3	0.7	0.7	0.9	1.1	1.5	2.0	2.8	3.3	1.63	5.25	1.3
Mn	mg/kg	345	757	171	733	1	0.23	779	280	321	339	682	861	1011	1131	1363	−0.63	0.97	753
Mo	mg/kg	345	0.84	0.13	0.83	1.17	0.15	0.85	0.48	0.50	0.56	0.77	0.93	1.08	1.15	1.26	−0.18	0.32	0.84
N	mg/kg	345	1478	465	1395	1	0.31	1510	260	410	560	1160	1790	2340	2860	3170	0.08	0.19	1465
Ni	mg/kg	345	41.9	7.2	41.2	1.2	0.17	42.8	12.5	15.8	26.9	37.4	47.3	53.8	56.5	59.3	−0.56	0.57	42.1
P	mg/kg	345	821	158	805	1	0.19	830	317	392	496	723	925	1099	1203	1300	−0.31	0.22	822
Pb	mg/kg	345	33.3	6.7	32.8	1.2	0.20	31.7	21.2	21.4	23.8	29.8	35.0	52.0	58.7	75.8	2.10	7.18	32.0
S	mg/kg	345	313	107	293	1	0.34	312	79	96	127	233	388	522	629	674	0.32	0.04	309
Se	mg/kg	345	0.32	0.06	0.32	1.20	0.17	0.32	0.14	0.18	0.22	0.28	0.36	0.43	0.47	0.62	0.40	1.99	0.32
Sr	mg/kg	345	129	25	126	1	0.20	134	62	62	70	119	147	164	174	191	−0.78	−0.004 3	129
V	mg/kg	345	123	18	122	1	0.14	124	44	60	88	113	136	151	154	157	−0.66	0.79	123
Zn	mg/kg	345	104	22	102	1	0.21	105	54	59	66	90	117	150	167	191	0.33	0.49	104
SiO_2	%	345	57.42	4.51	57.25	1.08	0.08	55.92	49.73	50.70	52.05	54.35	58.73	68.35	69.60	69.82	1.22	0.56	57.42
Al_2O_3	%	345	13.68	1.14	13.63	1.09	0.08	13.75	8.47	10.22	11.28	13.03	14.46	15.72	16.03	17.54	−0.47	1.20	13.71
TFe_2O_3	%	345	6.25	0.83	6.19	1.16	0.13	6.30	2.60	3.42	4.37	5.80	6.86	7.57	7.74	7.81	−0.76	0.92	6.27
MgO	%	345	2.42	0.65	2.29	1.43	0.27	2.64	0.59	0.74	0.86	2.30	2.79	3.22	3.34	3.38	−1.24	0.46	2.42
CaO	%	345	4.10	1.84	3.31	2.26	0.45	4.57	0.27	0.28	0.37	3.37	5.32	6.84	7.21	7.56	−0.74	−0.32	4.10
Na_2O	%	345	0.92	0.13	0.91	1.16	0.14	0.91	0.44	0.53	0.61	0.84	0.99	1.19	1.25	1.31	−0.06	0.87	0.92
K_2O	%	345	2.50	0.28	2.48	1.12	0.11	2.52	1.76	1.82	1.98	2.32	2.67	2.96	3.07	4.03	0.35	2.37	2.49
Corg	%	345	1.38	0.42	1.31	1.41	0.30	1.39	0.20	0.42	0.61	1.06	1.68	2.12	2.32	2.87	0.05	−0.24	1.37
pH		345						7.97	4.78	4.78	4.93	7.87	8.10	8.31	8.39	8.76			

表 2.8.30　松滋市表层土壤地球化学参数表

指标	单位	样本数	算术平均值	算术标准差	几何平均值	几何标准差	变异系数	中位值	最小值	累积频率分位值						最大值	偏度系数	峰度系数	背景值
		N	$\bar{X}$	S	X_g	S_g	CV	X_{me}	X_{min}	$X_{0.5\%}$	$X_{2.5\%}$	$X_{25\%}$	$X_{75\%}$	$X_{97.5\%}$	$X_{99.5\%}$	X_{max}	β_s	β_k	X'
As	mg/kg	373	10.5	2.2	10.3	1.3	0.21	10.4	3.4	3.4	5.7	9.2	11.6	15.3	17.8	21.0	0.43	2.90	10.5
B	mg/kg	373	63	8	62	1	0.13	63	35	37	44	58	67	80	90	93	0.07	1.58	63
Cd	mg/kg	373	0.26	0.10	0.24	1.49	0.39	0.23	0.06	0.08	0.13	0.17	0.34	0.47	0.56	0.62	0.61	−0.41	0.26
Cl	mg/kg	373	70	26	67	1	0.37	64	33	38	43	54	79	134	189	282	3.00	15.53	66
Co	mg/kg	373	16.4	3.0	16.1	1.2	0.19	16.5	5.8	5.9	8.3	14.8	18.3	21.9	22.7	24.0	−0.60	1.25	16.6
Cr	mg/kg	373	77	11	76	1	0.14	75	35	38	53	70	84	98	100	101	−0.26	1.08	77
Cu	mg/kg	373	32.4	11.0	30.7	1.4	0.34	27.8	9.7	10.4	17.3	24.5	42.0	53.2	55.8	104.0	1.14	3.58	32.2
F	mg/kg	373	568	134	553	1	0.24	527	255	257	367	464	668	867	939	980	0.55	−0.24	567
Ge	mg/kg	373	1.55	0.14	1.54	1.10	0.09	1.54	1.20	1.23	1.30	1.44	1.65	1.83	1.89	1.89	0.12	−0.55	1.55
Hg	μg/kg	373	74.2	27.4	70.6	1.3	0.37	67.0	36.0	37.0	44.0	57.0	84.0	138.0	184.0	328.0	3.25	21.40	70.5
I	mg/kg	373	1.2	0.4	1.2	1.4	0.34	1.1	0.6	0.6	0.7	0.9	1.5	2.3	2.5	3.0	1.03	1.23	1.2
Mn	mg/kg	373	604	228	554	2	0.38	626	163	165	195	402	787	961	1031	1079	−0.12	−1.18	604
Mo	mg/kg	373	0.84	0.20	0.82	1.28	0.24	0.85	0.25	0.27	0.41	0.73	0.95	1.11	1.32	2.75	2.00	22.52	0.84
N	mg/kg	373	1479	340	1439	1	0.23	1460	470	620	800	1250	1720	2210	2370	2540	0.20	0.15	1476
Ni	mg/kg	373	33.9	9.1	32.6	1.3	0.27	31.9	9.7	9.9	16.6	27.8	41.0	52.2	55.2	58.5	0.26	−0.21	33.9
P	mg/kg	373	687	187	661	1	0.27	648	197	285	413	527	854	1033	1077	1104	0.26	−1.04	687
Pb	mg/kg	373	29.7	9.3	29.2	1.2	0.31	29.3	18.1	18.9	22.7	27.7	30.8	34.8	39.6	199.7	16.43	300.49	29.2
S	mg/kg	373	344	122	323	1	0.35	331	114	131	154	250	423	594	698	842	0.66	0.43	339
Se	mg/kg	373	0.31	0.10	0.30	1.23	0.33	0.29	0.13	0.18	0.22	0.26	0.34	0.45	0.57	1.91	10.59	161.49	0.30
Sr	mg/kg	373	94	33	88	1	0.35	74	50	52	60	66	131	148	163	176	0.56	−1.38	94
V	mg/kg	373	103	23	101	1	0.22	97	37	39	61	89	120	156	159	161	0.36	0.11	103
Zn	mg/kg	373	79	24	76	1	0.31	69	29	30	46	63	95	124	126	302	2.38	18.26	78
SiO_2	%	373	64.44	6.95	64.05	1.12	0.11	67.67	52.02	52.02	53.18	57.09	69.57	75.71	81.34	81.66	−0.19	−1.11	64.44
Al_2O_3	%	373	12.71	1.61	12.61	1.14	0.13	12.60	6.59	6.81	9.40	11.96	13.50	16.65	16.82	16.85	−0.17	1.86	12.78
TFe_2O_3	%	373	5.23	1.12	5.10	1.26	0.21	4.98	2.09	2.21	2.56	4.54	6.01	7.45	7.70	8.76	0.07	0.16	5.22
MgO	%	373	1.50	0.78	1.31	1.69	0.52	1.04	0.42	0.44	0.61	0.85	2.45	2.67	2.73	2.83	0.43	−1.61	1.50
CaO	%	373	1.95	1.91	1.10	2.98	0.98	0.59	0.25	0.32	0.33	0.41	4.16	5.20	6.21	6.39	0.67	−1.31	1.95
Na_2O	%	373	0.72	0.22	0.68	1.38	0.31	0.65	0.14	0.26	0.40	0.52	0.91	1.11	1.16	1.26	0.33	−1.04	0.72
K_2O	%	373	2.17	0.37	2.14	1.18	0.17	2.00	1.56	1.58	1.63	1.88	2.46	2.95	3.05	3.10	0.55	−0.76	2.17
Corg	%	373	1.41	0.38	1.35	1.35	0.27	1.39	0.32	0.46	0.67	1.15	1.66	2.24	2.39	2.63	0.12	0.08	1.40
pH		373						6.36	4.80	4.82	4.93	5.45	7.81	8.14	8.19	8.25			

表 2.8.31 江陵县表层土壤地球化学参数表

指标	单位	样本数	算术平均值	算术标准差	几何平均值	几何标准差	变异系数	中位值	最小值	累积频率分位值						最大值	偏度系数	峰度系数	背景值
		N	$\bar{X}$	S	X_g	S_g	CV	X_{me}	X_{min}	$X_{0.5\%}$	$X_{2.5\%}$	$X_{25\%}$	$X_{75\%}$	$X_{97.5\%}$	$X_{99.5\%}$	X_{max}	β_s	β_k	X'
As	mg/kg	270	9.8	2.2	9.5	1.3	0.22	9.9	5.0	5.0	5.5	8.2	11.4	13.9	14.7	14.7	0.05	−0.62	9.8
B	mg/kg	270	58	8	58	1	0.13	59	27	27	41	54	64	69	70	74	−0.82	0.80	59
Cd	mg/kg	270	0.34	0.08	0.33	1.24	0.22	0.34	0.19	0.19	0.21	0.29	0.38	0.50	0.63	0.77	1.15	4.17	0.33
Cl	mg/kg	270	68	34	65	1	0.50	61	42	42	47	55	71	123	328	453	7.58	73.28	63
Co	mg/kg	270	16.6	2.6	16.4	1.2	0.16	17.0	9.8	9.8	11.1	14.7	18.6	20.9	21.5	21.6	−0.34	−0.61	16.6
Cr	mg/kg	270	85	10	84	1	0.11	86	53	53	66	78	92	102	105	106	−0.30	−0.29	85
Cu	mg/kg	270	36.8	7.7	36.0	1.2	0.21	37.1	15.9	15.9	22.0	31.5	42.2	50.4	56.9	63.9	−0.05	0.10	36.7
F	mg/kg	270	662	101	654	1	0.15	673	410	410	462	590	738	834	875	920	−0.27	−0.51	662
Ge	mg/kg	270	1.50	0.15	1.49	1.11	0.10	1.48	1.09	1.09	1.20	1.39	1.60	1.80	1.85	1.88	0.13	−0.32	1.50
Hg	μg/kg	270	78.4	29.4	74.2	1.4	0.38	72.0	32.0	32.0	41.0	60.0	89.0	149.0	210.0	304.0	2.67	14.14	74.8
I	mg/kg	270	1.1	0.3	1.1	1.3	0.26	1.1	0.6	0.6	0.8	1.0	1.3	1.8	2.1	2.5	1.33	2.18	1.1
Mn	mg/kg	270	699	106	691	1	0.15	684	468	468	518	625	770	923	971	997	0.31	−0.39	699
Mo	mg/kg	270	0.71	0.17	0.69	1.26	0.24	0.68	0.37	0.37	0.44	0.59	0.82	1.08	1.32	1.47	0.89	1.47	0.70
N	mg/kg	270	1511	473	1436	1	0.31	1460	560	560	740	1130	1820	2420	2920	2960	0.43	−0.33	1500
Ni	mg/kg	270	39.9	7.7	39.1	1.2	0.19	40.8	19.4	19.4	24.3	34.4	45.4	52.7	54.9	55.9	−0.30	−0.56	39.9
P	mg/kg	270	875	141	864	1	0.16	866	599	599	646	779	944	1212	1394	1542	0.99	2.14	864
Pb	mg/kg	270	30.3	4.5	30.0	1.2	0.15	30.5	20.5	20.5	22.6	27.1	33.1	38.3	47.4	47.8	0.47	0.99	30.1
S	mg/kg	270	259	91	245	1	0.35	247	75	75	126	191	309	454	585	587	0.87	0.79	255
Se	mg/kg	270	0.31	0.06	0.30	1.23	0.21	0.30	0.17	0.17	0.20	0.26	0.34	0.46	0.50	0.53	0.59	0.47	0.31
Sr	mg/kg	270	134	16	133	1	0.12	133	96	96	107	123	147	164	169	186	0.20	−0.46	134
V	mg/kg	270	114	19	113	1	0.17	114	74	74	78	100	128	149	155	159	−0.03	−0.69	114
Zn	mg/kg	270	96	16	95	1	0.17	98	56	56	64	85	109	120	143	146	−0.24	−0.26	96
SiO_2	%	270	59.26	3.09	59.18	1.05	0.05	59.23	52.13	52.13	53.95	56.82	61.47	65.32	67.40	67.47	0.29	−0.50	59.26
Al_2O_3	%	270	13.65	1.60	13.56	1.13	0.12	13.75	9.24	9.24	10.54	12.53	14.84	16.42	16.98	17.74	−0.17	−0.48	13.65
TFe_2O_3	%	270	5.80	0.83	5.73	1.16	0.14	5.85	3.70	3.70	4.11	5.19	6.43	7.15	7.44	7.49	−0.28	−0.65	5.80
MgO	%	270	2.20	0.25	2.18	1.12	0.12	2.17	1.71	1.71	1.80	2.02	2.34	2.82	3.07	3.23	0.91	1.28	2.19
CaO	%	270	3.27	1.34	2.99	1.55	0.41	3.17	1.14	1.14	1.28	2.09	4.26	6.04	6.53	6.79	0.35	−0.68	3.27
Na_2O	%	270	1.07	0.17	1.06	1.17	0.16	1.07	0.72	0.72	0.77	0.94	1.18	1.41	1.46	1.50	0.21	−0.58	1.07
K_2O	%	270	2.56	0.25	2.54	1.11	0.10	2.58	2.01	2.01	2.08	2.34	2.74	2.97	3.05	3.07	−0.16	−0.91	2.56
Corg	%	270	1.39	0.45	1.32	1.38	0.32	1.35	0.47	0.47	0.70	1.04	1.65	2.35	2.90	3.33	0.84	1.28	1.36
pH		270						7.90	6.44	6.44	7.20	7.80	7.98	8.14	8.22	8.26			

表 2.8.32 公安县表层土壤地球化学参数表

指标	单位	样本数 N	算术平均值 $\overline{X}$	算术标准差 S	几何平均值 X_g	几何标准差 S_g	变异系数 CV	中位值 X_{me}	最小值 X_{min}	累积频率分位值 $X_{0.5\%}$	$X_{2.5\%}$	$X_{25\%}$	$X_{75\%}$	$X_{97.5\%}$	$X_{99.5\%}$	最大值 X_{max}	偏度系数 β_s	峰度系数 β_k	背景值 X'
As	mg/kg	557	11.3	2.1	11.1	1.2	0.18	11.2	5.7	7.1	7.9	10.0	12.3	15.0	17.0	30.1	2.00	14.98	11.2
B	mg/kg	557	65	8	64	1	0.13	65	38	39	48	60	69	81	94	106	0.24	1.74	65
Cd	mg/kg	557	0.34	0.10	0.32	1.40	0.30	0.35	0.07	0.12	0.15	0.29	0.40	0.55	0.66	0.71	0.04	0.73	0.34
Cl	mg/kg	557	71	18	69	1	0.25	67	37	44	48	59	79	114	155	184	1.84	6.07	69
Co	mg/kg	557	18.6	2.8	18.4	1.2	0.15	18.9	11.6	11.9	12.9	16.5	20.9	23.1	23.9	24.8	−0.34	−0.67	18.6
Cr	mg/kg	557	89	10	88	1	0.11	90	64	65	69	82	96	107	112	129	−0.09	−0.09	89
Cu	mg/kg	557	42.9	11.3	41.4	1.3	0.26	44.7	16.9	21.7	23.0	36.3	50.3	58.3	61.8	154.2	1.34	15.86	42.7
F	mg/kg	557	690	129	677	1	0.19	698	350	411	438	611	779	907	977	1336	0.07	0.75	688
Ge	mg/kg	557	1.52	0.15	1.51	1.10	0.10	1.50	1.10	1.12	1.28	1.41	1.62	1.80	1.87	1.89	0.19	−0.37	1.52
Hg	μg/kg	557	85.6	36.1	81.6	1.3	0.42	80.0	29.0	39.0	50.0	68.0	95.0	149.0	187.0	680.0	8.85	134.80	81.4
I	mg/kg	557	1.5	0.5	1.4	1.3	0.31	1.4	0.5	0.6	0.8	1.2	1.7	2.6	3.4	4.1	1.47	4.54	1.4
Mn	mg/kg	557	766	169	744	1	0.22	799	280	289	355	673	879	1008	1083	1317	−0.68	0.55	765
Mo	mg/kg	557	0.86	0.16	0.85	1.22	0.19	0.87	0.44	0.49	0.52	0.76	0.97	1.16	1.22	1.37	−0.11	−0.29	0.86
N	mg/kg	557	1612	389	1563	1	0.24	1610	520	590	910	1330	1840	2460	2610	2930	0.24	0.15	1607
Ni	mg/kg	557	41.9	8.3	41.0	1.2	0.20	43.0	20.4	23.9	25.8	36.2	48.3	55.1	57.3	58.3	−0.31	−0.76	41.9
P	mg/kg	557	836	226	808	1	0.27	861	270	377	453	727	942	1193	1573	3059	2.41	21.45	823
Pb	mg/kg	557	31.5	3.9	31.3	1.1	0.12	31.1	19.5	22.7	25.3	29.2	33.4	40.9	49.9	51.4	1.28	4.67	31.1
S	mg/kg	557	331	125	312	1	0.38	316	89	97	162	250	391	554	882	1504	2.72	18.35	321
Se	mg/kg	557	0.33	0.05	0.33	1.17	0.16	0.33	0.14	0.20	0.24	0.30	0.36	0.44	0.53	0.62	0.66	2.94	0.33
Sr	mg/kg	557	120	22	118	1	0.19	124	61	69	75	106	136	153	169	175	−0.49	−0.45	120
V	mg/kg	557	126	22	125	1	0.17	129	73	83	86	110	143	163	168	173	−0.25	−0.77	126
Zn	mg/kg	557	99	22	96	1	0.23	104	38	49	53	86	115	131	152	155	−0.57	−0.40	99
SiO$_2$	%	557	58.21	5.41	57.97	1.09	0.09	56.35	50.67	50.72	51.77	54.36	60.15	70.53	71.11	75.41	1.08	0.07	58.18
Al$_2$O$_3$	%	557	13.97	1.46	13.90	1.11	0.10	13.97	9.60	10.24	11.40	12.94	14.98	16.75	17.16	17.42	−0.07	−0.41	13.97
TFe$_2$O$_3$	%	557	6.30	0.95	6.23	1.17	0.15	6.46	3.70	4.09	4.39	5.65	7.04	7.80	8.03	8.16	−0.43	−0.61	6.30
MgO	%	557	2.22	0.65	2.09	1.48	0.29	2.54	0.66	0.75	0.81	2.01	2.66	2.84	3.11	3.22	−1.19	−0.08	2.22
CaO	%	557	3.33	1.60	2.67	2.21	0.48	3.69	0.26	0.35	0.41	2.29	4.52	5.65	6.29	7.03	−0.55	−0.73	3.33
Na$_2$O	%	557	0.87	0.13	0.86	1.17	0.15	0.86	0.34	0.43	0.64	0.79	0.94	1.15	1.25	1.29	0.09	1.23	0.87
K$_2$O	%	557	2.51	0.37	2.48	1.17	0.15	2.57	1.60	1.66	1.76	2.31	2.78	3.12	3.22	3.26	−0.49	−0.47	2.51
Corg	%	557	1.49	0.38	1.44	1.32	0.25	1.48	0.26	0.50	0.85	1.23	1.72	2.23	2.61	2.96	0.27	0.61	1.48
pH		557						7.90	5.04	5.11	5.32	7.75	8.00	8.17	8.22	8.32			

· 119 ·

表 2.8.33　荆门市区表层土壤地球化学参数表

指标	单位	样本数	算术平均值	算术标准差	几何平均值	几何标准差	变异系数	中位值	最小值	累积频率分位值						最大值	偏度系数	峰度系数	背景值
		N	$\bar{X}$	S	X_g	S_g	CV	X_{me}	X_{min}	$X_{0.5\%}$	$X_{2.5\%}$	$X_{25\%}$	$X_{75\%}$	$X_{97.5\%}$	$X_{99.5\%}$	X_{max}	β_s	β_k	X'
As	mg/kg	282	13.0	3.4	12.6	1.3	0.26	12.5	7.0	7.0	7.7	11.1	14.3	20.8	33.6	35.6	2.81	14.49	12.5
B	mg/kg	282	56	13	55	1	0.23	57	26	26	33	50	62	69	74	198	4.70	55.51	55
Cd	mg/kg	282	0.20	0.08	0.19	1.36	0.40	0.19	0.09	0.09	0.12	0.16	0.23	0.37	0.71	0.94	4.13	29.24	0.19
Cl	mg/kg	282	65	25	62	1	0.38	60	31	31	36	50	73	120	210	216	2.55	10.64	60
Co	mg/kg	282	16.6	3.1	16.4	1.2	0.18	16.3	10.4	10.4	12.0	14.9	18.0	21.8	25.3	48.4	4.18	40.95	16.5
Cr	mg/kg	282	78	8	77	1	0.10	78	53	53	63	73	83	89	92	123	0.29	4.35	78
Cu	mg/kg	282	27.3	4.2	27.1	1.2	0.16	26.7	16.7	16.7	20.4	24.8	29.5	35.8	43.0	60.9	2.22	13.88	27.1
F	mg/kg	282	591	83	585	1	0.14	576	417	417	453	534	639	803	852	905	0.85	1.00	585
Ge	mg/kg	282	1.52	0.14	1.51	1.09	0.09	1.51	1.09	1.09	1.28	1.43	1.61	1.78	1.85	1.87	0.13	−0.18	1.52
Hg	μg/kg	282	61.9	29.7	56.6	1.5	0.48	55.0	19.0	19.0	28.0	44.0	72.0	141.0	200.0	267.0	2.40	10.00	57.1
I	mg/kg	282	1.5	0.6	1.5	1.4	0.36	1.4	0.6	0.6	0.8	1.2	1.7	3.0	3.4	4.2	1.33	2.47	1.5
Mn	mg/kg	282	651	263	622	1	0.40	629	278	278	340	526	738	968	1437	4029	7.73	97.28	634
Mo	mg/kg	282	0.81	0.30	0.77	1.34	0.37	0.77	0.41	0.41	0.49	0.61	0.89	1.33	2.15	3.66	4.07	31.28	0.77
N	mg/kg	282	1596	1812	1477	1	1.14	1470	790	790	900	1310	1640	2190	2560	31 510	16.13	267.15	1482
Ni	mg/kg	282	33.6	4.7	33.3	1.1	0.14	33.7	21.5	21.5	25.4	30.6	35.9	43.5	56.8	64.9	1.38	7.87	33.4
P	mg/kg	282	732	239	701	1	0.33	695	269	269	432	578	822	1337	1989	2061	2.16	8.04	696
Pb	mg/kg	282	31.9	8.8	31.4	1.2	0.27	31.0	22.8	22.8	24.6	28.9	33.2	41.2	65.5	157.7	10.88	151.63	31.0
S	mg/kg	282	349	151	331	1	0.43	337	53	53	175	287	400	523	766	2310	7.98	101.66	336
Se	mg/kg	282	0.28	0.18	0.27	1.35	0.63	0.26	0.09	0.09	0.17	0.23	0.30	0.50	1.45	2.77	10.70	139.84	0.26
Sr	mg/kg	282	96	19	94	1	0.20	92	52	52	69	84	102	145	204	213	2.35	9.73	93
V	mg/kg	282	97	10	97	1	0.10	98	67	67	80	92	103	115	131	146	0.25	2.44	97
Zn	mg/kg	282	69	21	67	1	0.31	67	40	40	48	57	76	110	168	302	5.52	53.32	67
SiO_2	%	282	64.23	3.48	64.13	1.06	0.05	64.50	49.54	49.54	56.05	62.38	66.55	69.84	71.22	72.44	−0.94	2.28	64.46
Al_2O_3	%	282	14.00	1.10	13.96	1.08	0.08	14.02	10.56	10.56	11.89	13.38	14.70	16.05	17.89	19.09	0.30	1.98	13.98
TFe_2O_3	%	282	5.46	0.57	5.43	1.11	0.10	5.48	3.55	3.55	4.25	5.12	5.80	6.62	7.06	7.64	−0.11	1.26	5.47
MgO	%	282	1.27	0.32	1.23	1.28	0.25	1.22	0.71	0.71	0.84	1.03	1.47	1.99	2.38	2.44	0.81	0.53	1.26
CaO	%	282	1.56	1.52	1.23	1.82	0.98	0.95	0.56	0.56	0.66	0.81	1.66	5.73	11.05	11.90	3.84	18.74	0.95
Na_2O	%	282	0.90	0.23	0.87	1.31	0.26	0.86	0.22	0.22	0.46	0.77	1.00	1.44	1.53	1.60	0.58	0.90	0.90
K_2O	%	282	2.24	0.35	2.21	1.17	0.16	2.22	1.55	1.55	1.70	1.94	2.50	2.94	3.04	3.25	0.33	−0.78	2.24
Corg	%	282	1.53	0.33	1.49	1.29	0.21	1.52	0.12	0.12	0.96	1.34	1.72	2.21	2.68	2.68	0.35	2.31	1.52
pH		282						7.08	5.25	5.25	5.50	6.39	7.64	8.07	8.16	8.28			

表 2.8.34 沙洋县表层土壤地球化学参数表

指标	单位	样本数	算术平均值	算术标准差	几何平均值	几何标准差	变异系数	中位值	最小值	累积频率分位值						最大值	偏度系数	峰度系数	背景值
		N	$\bar{X}$	S	X_g	S_g	CV	X_{me}	X_{min}	$X_{0.5\%}$	$X_{2.5\%}$	$X_{25\%}$	$X_{75\%}$	$X_{97.5\%}$	$X_{99.5\%}$	X_{max}	β_s	β_k	X'
As	mg/kg	12 991	12.3	5.5	11.7	1.4	0.45	12.0	2.9	5.2	6.3	9.6	14.5	19.5	23.6	185.0	16.38	457.74	12.1
B	mg/kg	12 991	61	8	61	1	0.13	62	12	30	44	57	66	75	82	160	−0.57	4.74	62
Cd	mg/kg	12 991	0.18	0.13	0.16	1.59	0.72	0.15	0.02	0.04	0.06	0.12	0.19	0.42	0.49	9.18	29.71	1 904.16	0.15
Cl	mg/kg	12 991	91	44	84	2	0.48	83	20	32	40	63	108	194	276	1811	6.39	184.00	86
Co	mg/kg	12 991	15.4	5.7	14.7	1.3	0.37	14.9	4.1	6.8	8.2	12.3	17.8	25.6	36.4	171.0	7.33	136.70	15.0
Cr	mg/kg	12 991	76	15	75	1	0.19	76	16	48	53	68	84	102	112	444	5.92	120.26	76
Cu	mg/kg	12 991	26.1	6.0	25.6	1.2	0.23	25.1	8.2	16.2	18.4	22.8	27.7	42.2	47.9	190.0	3.94	56.51	24.9
F	mg/kg	12 991	528	107	518	1	0.20	511	193	329	367	455	579	800	882	1215	0.99	1.44	520
Ge	mg/kg	12 991	1.39	0.12	1.39	1.09	0.09	1.38	0.62	1.12	1.18	1.31	1.46	1.67	1.80	2.30	0.62	1.42	1.39
Hg	μg/kg	12 991	71.5	62.4	61.7	1.6	0.87	62.0	8.9	17.1	23.0	46.0	82.0	170.0	370.0	2 130.0	13.06	313.20	63.6
I	mg/kg	12 991	1.6	1.1	1.4	1.7	0.65	1.3	0.2	0.5	0.6	0.9	1.9	4.7	6.1	12.2	2.03	5.06	1.3
Mn	mg/kg	12 991	583	329	513	2	0.56	527	119	183	214	342	761	1212	1849	7798	3.90	48.27	559
Mo	mg/kg	12 991	0.71	0.28	0.67	1.41	0.39	0.65	0.24	0.32	0.37	0.53	0.80	1.43	1.67	4.58	2.35	14.07	0.67
N	mg/kg	12 991	1524	489	1432	1	0.32	1547	110	344	554	1184	1872	2417	2734	4658	−0.01	0.06	1520
Ni	mg/kg	12 991	31.0	8.1	30.0	1.3	0.26	29.9	8.9	15.5	18.0	25.4	35.3	50.2	56.0	135.0	1.01	3.67	30.7
P	mg/kg	12 991	671	256	629	1	0.38	656	130	193	265	514	804	1159	1714	7157	3.27	47.59	656
Pb	mg/kg	12 991	30.1	9.9	29.5	1.2	0.33	29.8	13.1	17.5	19.9	27.2	32.2	40.3	57.1	581.7	25.31	1 065.07	29.5
S	mg/kg	12 991	304	152	277	2	0.50	301	18	57	96	212	376	566	807	9819	19.55	1 178.97	297
Se	mg/kg	12 991	0.26	0.07	0.25	1.32	0.28	0.24	0.05	0.09	0.14	0.22	0.28	0.44	0.51	0.84	1.24	3.50	0.25
Sr	mg/kg	12 991	94	27	91	1	0.29	86	38	58	66	80	94	172	209	969	4.82	90.82	84
V	mg/kg	12 991	101	19	100	1	0.19	99	33	63	72	89	110	148	159	357	1.90	15.86	100
Zn	mg/kg	12 991	60	20	58	1	0.33	55	20	34	37	48	65	113	125	411	2.66	22.22	55
SiO_2	%	12 991	68.76	4.98	68.57	1.08	0.07	69.30	21.99	56.18	57.95	65.44	72.34	76.99	78.82	85.86	−0.51	0.70	68.78
Al_2O_3	%	12 991	13.01	1.89	12.87	1.16	0.15	12.80	5.60	8.90	9.70	11.70	14.20	17.00	18.10	21.40	0.34	0.01	12.99
TFe_2O_3	%	12 991	5.11	1.19	4.99	1.24	0.23	5.06	1.60	2.75	3.20	4.36	5.81	7.19	7.90	27.97	4.27	73.10	5.09
MgO	%	12 991	1.06	0.58	0.95	1.54	0.55	0.85	0.23	0.46	0.52	0.72	1.06	2.54	2.70	15.58	2.89	33.11	1.05
CaO	%	12 991	0.93	0.88	0.76	1.76	0.94	0.62	0.16	0.34	0.42	0.55	0.75	3.02	3.53	41.90	10.86	406.47	0.60
Na_2O	%	12 991	1.08	0.31	1.04	1.31	0.29	1.03	0.09	0.41	0.63	0.91	1.16	2.00	2.17	2.37	1.44	2.77	1.01
K_2O	%	12 991	1.90	0.41	1.86	1.22	0.22	1.79	0.44	1.28	1.40	1.64	2.00	3.04	3.18	4.98	1.42	1.79	1.78
Corg	%	12 991	1.52	0.56	1.40	1.58	0.37	1.55	0.05	0.22	0.45	1.11	1.93	2.56	2.92	4.06	−0.01	−0.34	1.52
pH		12 991						6.06	4.09	4.72	5.01	5.60	6.84	8.22	8.33	8.69			

表 2.8.35 钟祥市表层土壤地球化学参数表

指标	单位	样本数	算术平均值	算术标准差	几何平均值	几何标准差	变异系数	中位值	最小值	累积频率分位值						最大值	偏度系数	峰度系数	背景值
		N	$\overline{X}$	S	X_g	S_g	CV	X_{me}	X_{min}	$X_{0.5\%}$	$X_{2.5\%}$	$X_{25\%}$	$X_{75\%}$	$X_{97.5\%}$	$X_{99.5\%}$	X_{max}	β_s	β_k	X'
As	mg/kg	23 454	12.5	6.3	11.7	1.5	0.51	12.3	0.6	4.0	5.4	9.3	14.9	21.3	33.8	342.2	16.16	599.98	12.1
B	mg/kg	23 454	57	10	56	1	0.18	57	5	25	35	52	63	77	87	143	−0.06	2.54	57
Cd	mg/kg	23 454	0.27	0.25	0.23	1.70	0.94	0.23	0.03	0.06	0.08	0.15	0.36	0.52	0.73	28.30	66.78	7 107.91	0.26
Cl	mg/kg	22 451	87	52	79	2	0.60	75	19	35	41	60	98	204	360	1642	6.76	103.45	78
Co	mg/kg	22 451	16.8	3.8	16.4	1.2	0.22	16.6	3.3	8.6	10.8	14.4	18.8	23.4	29.1	214.6	8.45	372.20	16.6
Cr	mg/kg	23 454	81	14	80	1	0.17	81	11	46	55	72	89	106	114	411	1.47	32.89	81
Cu	mg/kg	23 454	30.8	8.6	29.9	1.3	0.28	29.2	5.3	14.9	18.7	26.1	34.6	47.1	53.0	376.7	7.70	220.50	30.5
F	mg/kg	23 454	648	246	627	1	0.38	624	55	304	394	543	730	951	1462	13 793	23.60	1 066.01	633
Ge	mg/kg	23 454	1.44	0.14	1.44	1.10	0.10	1.44	0.53	1.05	1.18	1.36	1.53	1.74	1.87	2.71	0.15	2.05	1.44
Hg	μg/kg	23 454	61.9	145.6	51.8	1.7	2.35	50.1	7.0	15.0	21.0	38.0	66.9	163.0	329.0	19 180.9	100.58	12 773.68	51.5
I	mg/kg	22 451	1.9	1.1	1.6	1.7	0.59	1.6	0.1	0.5	0.6	1.2	2.2	4.7	6.7	17.4	2.40	11.77	1.7
Mn	mg/kg	22 451	722	359	672	1	0.50	728	125	217	268	552	887	1166	1597	34 230	40.27	3 517.24	709
Mo	mg/kg	23 454	1.02	0.66	0.93	1.49	0.65	0.89	0.17	0.39	0.48	0.70	1.23	1.88	4.91	29.75	10.40	242.34	0.96
N	mg/kg	23 454	1538	564	1440	1	0.37	1485	58	379	612	1182	1827	2740	3555	11 045	1.74	12.45	1505
Ni	mg/kg	23 454	37.6	9.0	36.6	1.3	0.24	37.2	6.6	17.6	22.4	31.8	42.7	55.5	60.5	389.0	3.96	121.93	37.5
P	mg/kg	23 454	811	780	723	2	0.96	754	100	232	302	542	947	1711	3124	71 716	44.49	3 412.21	745
Pb	mg/kg	23 454	28.1	9.5	27.3	1.2	0.34	28.1	7.3	15.9	17.8	24.2	30.9	39.5	57.2	909.0	39.84	3 275.55	27.5
S	mg/kg	22 451	268	157	242	2	0.58	235	7	75	103	184	317	585	900	6170	8.33	192.74	250
Se	mg/kg	23 405	0.31	0.14	0.29	1.44	0.46	0.28	0.05	0.11	0.15	0.22	0.38	0.53	0.82	10.10	17.09	1 048.09	0.30
Sr	mg/kg	15 043	115	42	107	1	0.36	114	18	34	46	85	142	201	227	1565	3.12	96.65	114
V	mg/kg	12 234	107	22	105	1	0.21	106	22	62	74	97	115	145	161	1135	19.19	821.56	106
Zn	mg/kg	23 405	83	27	80	1	0.32	78	16	42	50	65	97	128	155	1508	12.08	533.64	82
SiO_2	%	22 402	64.18	4.67	63.99	1.08	0.07	64.43	2.63	51.35	55.99	61.18	67.01	73.47	77.17	84.12	−0.50	4.75	64.21
Al_2O_3	%	19 148	14.04	1.91	13.91	1.15	0.14	14.14	4.70	8.87	10.20	12.80	15.30	17.60	19.16	23.78	−0.13	0.61	14.04
TFe_2O_3	%	23 405	5.75	1.01	5.66	1.20	0.18	5.73	1.62	3.16	3.91	5.06	6.36	7.85	8.31	14.50	0.36	1.71	5.75
MgO	%	23 405	1.70	0.80	1.56	1.51	0.47	1.52	0.32	0.61	0.75	1.12	2.27	2.72	4.36	18.19	4.77	64.18	1.67
CaO	%	23 405	1.62	1.30	1.22	2.17	0.80	1.10	0.09	0.22	0.33	0.62	2.58	3.62	6.84	28.09	3.65	40.56	1.55
Na_2O	%	22 402	1.16	0.49	1.05	1.60	0.42	1.05	0.08	0.21	0.36	0.81	1.49	2.16	2.27	4.45	0.49	−0.47	1.16
K_2O	%	23 454	2.44	0.49	2.39	1.22	0.20	2.39	0.48	1.46	1.65	2.06	2.80	3.33	3.90	8.20	0.67	2.69	2.43
Corg	%	23 405	1.83	0.96	1.61	1.68	0.53	1.61	0.06	0.32	0.55	1.16	2.29	4.14	5.36	14.52	1.62	6.06	1.75
pH		23 454						7.40	4.10	4.60	4.90	6.01	7.99	8.27	8.41	9.59			

表 2.8.36 京山市表层土壤地球化学参数表

指标	单位	样本数	算术平均值	算术标准差	几何平均值	几何标准差	变异系数	中位值	最小值	累积频率分位值						最大值	偏度系数	峰度系数	背景值
		N	$\bar{X}$	S	X_g	S_g	CV	X_{me}	X_{min}	$X_{0.5\%}$	$X_{2.5\%}$	$X_{25\%}$	$X_{75\%}$	$X_{97.5\%}$	$X_{99.5\%}$	X_{max}	β_s	β_k	X'
As	mg/kg	14 877	12.7	5.1	11.9	1.5	0.40	12.0	1.5	3.6	5.5	9.4	15.1	24.2	32.7	101.0	2.18	16.05	12.3
B	mg/kg	13 761	62	15	60	1	0.25	63	1	14	27	54	71	91	105	205	−0.07	2.96	62
Cd	mg/kg	14 877	0.28	0.50	0.21	1.86	1.77	0.19	0.003	0.06	0.08	0.15	0.27	1.06	2.94	23.10	18.95	642.11	0.20
Cl	mg/kg	14 553	72	35	67	1	0.48	64	15	29	36	52	83	153	244	998	4.77	61.24	67
Co	mg/kg	14 404	17.8	5.7	17.0	1.3	0.32	16.8	1.8	6.3	9.6	14.3	20.2	31.2	43.3	93.0	2.08	11.89	17.2
Cr	mg/kg	14 877	81	22	79	1	0.27	79	16	40	54	71	88	124	190	774	6.73	122.93	79
Cu	mg/kg	14 877	31.1	13.5	29.7	1.3	0.44	28.3	5.2	14.1	19.2	24.9	34.1	58.4	88.2	558.4	13.26	387.37	29.2
F	mg/kg	14 877	633	286	590	1	0.45	550	135	284	343	466	702	1367	1780	11 700	5.84	158.07	564
Ge	mg/kg	14 877	1.42	0.21	1.40	1.17	0.15	1.41	0.22	0.82	1.03	1.29	1.54	1.87	2.14	2.67	0.32	1.85	1.41
Hg	μg/kg	14 877	70.6	52.7	60.8	1.7	0.75	60.0	5.0	16.0	23.0	43.0	84.0	177.8	312.0	2 060.0	9.94	252.55	63.0
I	mg/kg	14 553	1.7	1.2	1.4	1.8	0.69	1.3	0.2	0.5	0.6	0.9	2.3	4.7	6.6	11.4	1.79	4.48	1.6
Mn	mg/kg	14 404	620	350	542	2	0.57	580	47	137	204	362	803	1323	1921	14 584	6.32	191.03	596
Mo	mg/kg	14 877	1.36	3.16	0.92	1.96	2.33	0.77	0.15	0.34	0.41	0.61	1.07	6.23	16.26	193.53	25.60	1 167.97	0.75
N	mg/kg	14 877	1838	752	1702	1	0.41	1750	158	487	711	1355	2174	3679	5085	10 501	1.78	8.11	1740
Ni	mg/kg	14 877	36.7	24.6	34.5	1.4	0.67	33.6	0.3	14.3	19.2	28.1	41.5	71.1	107.6	2 461.2	65.42	6 390.55	34.5
P	mg/kg	14 877	689	480	602	2	0.70	572	64	195	248	437	812	1700	3005	17 238	7.68	150.80	619
Pb	mg/kg	14 877	31.8	16.1	30.3	1.3	0.51	30.3	2.2	14.7	19.4	27.2	33.3	51.0	123.2	530.2	12.72	250.58	29.9
S	mg/kg	14 404	321	508	285	2	1.58	292	47	84	118	216	378	608	1066	48 860	69.59	6 128.71	298
Se	mg/kg	14 877	0.33	0.45	0.28	1.58	1.35	0.26	0.01	0.11	0.15	0.22	0.32	1.00	2.43	26.40	24.00	1 016.36	0.26
Sr	mg/kg	7597	77	39	72	1	0.50	71	20	30	40	61	83	160	272	1085	8.32	131.32	71
V	mg/kg	2077	103	21	102	1	0.20	104	38	55	69	91	114	140	166	564	5.55	115.03	103
Zn	mg/kg	14 877	84	52	77	1	0.62	72	10	37	44	60	90	190	370	2467	11.54	362.89	73
SiO_2	%	14 404	67.04	6.74	66.66	1.12	0.10	67.85	9.73	43.85	51.85	63.55	71.69	77.76	80.66	89.14	−1.01	2.79	67.35
Al_2O_3	%	10 822	12.72	2.35	12.50	1.20	0.18	12.53	3.50	7.24	8.50	11.20	13.92	18.30	20.78	24.20	0.62	1.32	12.61
TFe_2O_3	%	14 877	5.89	1.69	5.68	1.31	0.29	5.62	1.28	2.73	3.36	4.84	6.52	10.56	12.43	18.28	1.46	3.68	5.63
MgO	%	14 877	1.33	1.02	1.15	1.63	0.77	1.04	0.18	0.44	0.54	0.83	1.50	3.49	7.44	19.44	5.79	56.41	1.15
CaO	%	14 877	1.08	1.69	0.72	2.14	1.56	0.58	0.03	0.16	0.25	0.45	0.96	5.47	12.11	32.58	6.53	65.33	0.56
Na_2O	%	14 404	0.77	0.44	0.66	1.77	0.57	0.69	0.06	0.12	0.19	0.47	0.95	1.99	2.30	3.91	1.46	2.99	0.69
K_2O	%	14 877	2.08	0.55	2.01	1.29	0.26	1.95	0.08	0.83	1.33	1.74	2.31	3.46	4.41	6.54	1.56	5.31	2.02
Corg	%	14 877	1.73	0.82	1.57	1.57	0.47	1.65	0.06	0.31	0.57	1.24	2.06	3.50	6.06	12.47	2.84	19.01	1.64
pH		14 877						6.34	3.64	4.42	4.74	5.66	7.33	8.24	8.41	8.93			

表 2.8.37 屈家岭管理区表层土壤地球化学参数表

指标	单位	样本数	算术平均值	算术标准差	几何平均值	几何标准差	变异系数	中位值	最小值	累积频率分位值						最大值	偏度系数	峰度系数	背景值
		N	$\overline{X}$	S	X_g	S_g	CV	X_{me}	X_{min}	$X_{0.5\%}$	$X_{2.5\%}$	$X_{25\%}$	$X_{75\%}$	$X_{97.5\%}$	$X_{99.5\%}$	X_{max}	β_s	β_k	X'
As	mg/kg	1883	13.2	4.4	12.4	1.4	0.34	13.1	4.6	5.3	6.1	9.7	16.3	21.8	25.7	58.9	0.98	6.26	13.1
B	mg/kg	1883	62	9	62	1	0.14	64	16	34	40	58	68	76	79	111	−0.74	2.14	63
Cd	mg/kg	1883	0.21	0.13	0.18	1.63	0.61	0.19	0.03	0.05	0.08	0.13	0.27	0.42	0.86	2.03	4.89	48.04	0.20
Cl	mg/kg	1883	72	42	65	2	0.59	61	30	33	36	48	81	176	259	924	6.47	96.25	64
Co	mg/kg	1883	18.4	6.1	17.6	1.3	0.33	17.1	4.3	9.5	11.3	14.5	20.8	32.2	44.8	118.7	3.95	44.43	17.6
Cr	mg/kg	1883	81	16	80	1	0.20	79	30	52	58	70	89	111	142	327	3.20	36.58	80
Cu	mg/kg	1883	28.4	6.0	27.8	1.2	0.21	27.3	15.6	16.9	19.4	24.8	30.6	43.3	57.3	71.0	1.78	6.32	27.6
F	mg/kg	1883	553	133	539	1	0.24	539	185	292	351	463	624	841	1068	1730	1.45	6.99	547
Ge	mg/kg	1883	1.48	0.12	1.48	1.09	0.08	1.48	0.41	1.06	1.26	1.40	1.56	1.73	1.83	2.05	−0.39	4.56	1.48
Hg	μg/kg	1883	61.5	91.6	48.5	1.8	1.49	45.8	12.6	14.6	19.7	32.3	66.1	178.1	658.4	2 683.9	15.90	384.04	47.3
I	mg/kg	1883	2.4	1.5	2.0	1.9	0.64	1.8	0.3	0.5	0.7	1.2	3.5	5.8	6.9	8.0	0.94	−0.09	2.4
Mn	mg/kg	1883	768	261	726	1	0.34	735	111	234	324	610	907	1331	1931	3146	1.52	7.39	748
Mo	mg/kg	1883	0.89	0.47	0.85	1.34	0.53	0.83	0.34	0.42	0.52	0.71	0.97	1.55	2.93	11.80	12.10	223.37	0.84
N	mg/kg	1883	1211	412	1139	1	0.34	1180	262	351	508	935	1429	2120	2492	4180	0.72	1.76	1196
Ni	mg/kg	1883	33.0	8.7	32.0	1.3	0.26	31.6	14.6	17.4	20.2	27.5	37.2	51.5	69.7	133.7	2.11	13.72	32.3
P	mg/kg	1883	638	300	574	2	0.47	586	59	186	230	408	826	1295	1720	3311	1.38	5.40	623
Pb	mg/kg	1883	28.8	7.2	28.0	1.3	0.25	28.8	8.0	16.0	17.6	24.7	32.4	41.4	51.6	158.7	4.01	62.04	28.5
S	mg/kg	1883	210	79	198	1	0.38	198	37	67	93	163	239	401	544	841	1.76	7.06	203
Se	mg/kg	1883	0.29	0.14	0.27	1.35	0.49	0.27	0.09	0.10	0.15	0.23	0.32	0.46	0.88	4.47	15.84	421.22	0.28
V	mg/kg	1766	125	19	124	1	0.15	125	82	85	92	110	140	159	168	181	0.06	−0.84	125
Zn	mg/kg	1883	71	17	69	1	0.24	67	33	44	48	59	79	111	125	188	1.34	3.52	69
SiO_2	%	1883	68.89	5.50	68.66	1.09	0.08	68.04	23.72	50.53	59.29	65.38	72.95	79.18	81.98	83.33	−0.42	3.09	69.06
Al_2O_3	%	1883	12.91	2.00	12.76	1.17	0.16	12.80	6.80	7.90	9.30	11.50	14.20	17.00	19.20	24.10	0.37	0.86	12.87
TFe_2O_3	%	1883	5.53	1.07	5.43	1.21	0.19	5.39	1.43	3.17	3.64	4.76	6.23	7.80	8.91	11.44	0.51	0.72	5.50
MgO	%	1883	1.21	0.56	1.09	1.57	0.46	0.97	0.36	0.45	0.55	0.77	1.84	2.29	2.47	2.87	0.64	−1.08	1.21
CaO	%	1883	1.26	1.61	0.87	2.25	1.28	0.65	0.15	0.24	0.29	0.46	1.97	3.52	8.67	38.11	9.83	176.87	1.16
Na_2O	%	1883	0.84	0.47	0.72	1.74	0.56	0.67	0.09	0.15	0.25	0.50	1.12	1.84	1.93	1.98	0.93	−0.39	0.84
K_2O	%	1883	2.10	0.40	2.06	1.21	0.19	2.01	0.66	1.15	1.48	1.80	2.40	2.95	3.10	3.44	0.45	−0.30	2.10
Corg	%	1883	1.03	0.42	0.95	1.52	0.41	0.98	0.22	0.27	0.35	0.76	1.24	1.98	2.34	5.16	1.27	5.75	1.01
pH		1883						6.53	3.87	4.45	4.63	5.45	7.90	8.32	8.44	8.76			

表 2.8.38　孝南区表层土壤地球化学参数表

指标	单位	样本数	算术平均值	算术标准差	几何平均值	几何标准差	变异系数	中位值	最小值	累积频率分位值						最大值	偏度系数	峰度系数	背景值
		N	$\bar{X}$	S	X_g	S_g	CV	X_{me}	X_{min}	$X_{0.5\%}$	$X_{2.5\%}$	$X_{25\%}$	$X_{75\%}$	$X_{97.5\%}$	$X_{99.5\%}$	X_{max}	β_s	β_k	X'
As	mg/kg	245	9.6	4.8	8.9	1.5	0.50	9.0	3.3	3.3	4.1	7.3	10.9	16.6	32.5	59.5	5.39	48.41	9.1
B	mg/kg	245	55	11	54	1	0.20	58	24	24	30	49	63	70	70	72	−0.80	−0.15	55
Cd	mg/kg	245	0.16	0.06	0.15	1.38	0.35	0.14	0.05	0.05	0.09	0.12	0.18	0.31	0.34	0.36	1.38	1.88	0.14
Cl	mg/kg	245	72	24	69	1	0.33	68	26	26	43	57	81	118	156	265	2.82	18.23	70
Co	mg/kg	245	16.9	4.3	16.5	1.3	0.25	16.4	8.4	8.4	10.1	14.1	19.1	25.1	38.5	42.7	1.78	7.26	16.6
Cr	mg/kg	245	72	22	70	1	0.30	68	41	41	46	63	75	108	195	253	4.40	28.44	69
Cu	mg/kg	245	26.8	6.5	26.1	1.2	0.24	24.8	14.8	14.8	17.6	22.8	28.5	44.6	47.8	56.5	1.56	2.75	25.7
F	mg/kg	245	441	96	432	1	0.22	412	276	276	322	383	461	717	811	811	1.64	2.76	420
Ge	mg/kg	245	1.50	0.12	1.49	1.08	0.08	1.49	1.23	1.23	1.31	1.42	1.56	1.78	1.87	1.89	0.69	0.94	1.49
Hg	μg/kg	245	78.6	31.8	73.0	1.5	0.40	73.0	24.0	24.0	37.0	55.0	96.0	165.0	203.0	210.0	1.26	2.21	75.5
I	mg/kg	245	1.2	0.4	1.1	1.4	0.32	1.1	0.4	0.4	0.6	0.9	1.3	2.1	2.5	2.8	1.13	1.70	1.1
Mn	mg/kg	245	660	223	625	1	0.34	639	269	269	320	486	778	1140	1575	1662	1.03	2.12	649
Mo	mg/kg	245	0.68	0.22	0.66	1.31	0.32	0.63	0.37	0.37	0.42	0.55	0.74	1.33	1.45	1.90	1.95	5.23	0.63
N	mg/kg	245	1355	308	1317	1	0.23	1350	610	610	720	1130	1620	1870	1930	2010	−0.21	−0.69	1355
Ni	mg/kg	245	30.4	9.1	29.3	1.3	0.30	27.1	15.4	15.4	19.5	24.5	33.8	53.7	59.4	60.2	1.38	1.26	29.7
P	mg/kg	245	655	163	638	1	0.25	634	315	315	444	537	725	1068	1504	1541	1.93	6.83	636
Pb	mg/kg	245	28.5	3.8	28.2	1.1	0.13	28.1	20.5	20.5	23.6	26.6	29.4	37.6	51.5	55.9	3.26	17.88	28.0
S	mg/kg	245	266	79	255	1	0.30	261	107	107	136	213	314	410	568	730	1.21	4.79	262
Se	mg/kg	245	0.25	0.07	0.24	1.27	0.26	0.24	0.13	0.13	0.16	0.20	0.28	0.42	0.47	0.52	1.27	1.68	0.25
Sr	mg/kg	245	109	43	102	1	0.40	92	60	60	65	78	127	221	237	237	1.36	0.96	109
V	mg/kg	245	97	24	94	1	0.25	90	56	56	68	82	99	161	188	214	1.85	3.93	90
Zn	mg/kg	245	66	22	63	1	0.33	57	39	39	43	51	75	121	136	195	1.85	5.08	63
SiO_2	%	245	68.04	4.42	67.89	1.07	0.06	69.51	55.84	55.84	58.19	64.92	71.50	73.43	74.85	75.00	−0.88	−0.18	68.04
Al_2O_3	%	245	13.04	1.53	12.95	1.12	0.12	12.62	10.08	10.08	11.04	11.93	13.81	16.48	17.56	17.68	0.91	0.23	13.00
TFe_2O_3	%	245	4.98	1.30	4.85	1.25	0.26	4.56	2.91	2.91	3.47	4.20	5.31	8.03	10.70	12.80	2.21	7.32	4.76
MgO	%	245	1.01	0.45	0.93	1.47	0.45	0.80	0.56	0.56	0.58	0.68	1.26	2.28	2.39	2.54	1.42	1.41	0.94
CaO	%	245	0.81	0.42	0.72	1.61	0.52	0.63	0.34	0.34	0.37	0.48	1.10	1.83	1.96	2.47	1.14	0.73	0.80
Na_2O	%	245	1.15	0.46	1.07	1.43	0.40	1.01	0.50	0.50	0.60	0.84	1.31	2.41	2.71	3.09	1.47	2.09	1.06
K_2O	%	245	1.96	0.32	1.94	1.16	0.16	1.85	1.42	1.42	1.59	1.72	2.16	2.84	2.99	3.02	1.27	1.33	1.92
Corg	%	245	1.34	0.40	1.27	1.37	0.30	1.35	0.39	0.39	0.56	1.07	1.58	1.98	2.71	3.92	1.09	6.40	1.31
pH		245						5.98	2.35	2.35	5.14	5.60	6.46	7.91	8.10	8.25			

表 2.8.39　孝昌县表层土壤地球化学参数表

指标	单位	样本数	算术平均值	算术标准差	几何平均值	几何标准差	变异系数	中位值	最小值	累积频率分位值						最大值	偏度系数	峰度系数	背景值
		N	$\bar{X}$	S	X_g	S_g	CV	X_{me}	X_{min}	$X_{0.5\%}$	$X_{2.5\%}$	$X_{25\%}$	$X_{75\%}$	$X_{97.5\%}$	$X_{99.5\%}$	X_{max}	β_s	β_k	X'
As	mg/kg	298	8.0	2.8	7.4	1.5	0.35	8.1	1.9	1.9	2.3	6.1	10.0	12.7	14.2	16.3	−0.12	−0.37	7.9
B	mg/kg	298	43	14	41	1	0.33	44	6	6	15	33	54	67	71	77	−0.15	−0.62	43
Cd	mg/kg	298	0.17	0.19	0.15	1.46	1.13	0.14	0.09	0.09	0.10	0.12	0.17	0.34	1.96	2.39	9.25	94.17	0.14
Cl	mg/kg	298	60	20	57	1	0.34	56	28	28	32	47	67	118	137	174	1.74	5.05	57
Co	mg/kg	298	15.5	5.7	14.7	1.4	0.37	14.7	4.1	4.1	7.2	12.3	17.6	28.4	46.6	55.6	2.43	11.83	14.8
Cr	mg/kg	298	62	18	60	1	0.29	61	20	20	32	52	69	105	153	184	2.07	9.72	60
Cu	mg/kg	298	24.6	20.7	22.5	1.4	0.84	21.8	7.6	7.6	12.1	18.8	25.5	48.0	87.9	346.2	12.92	197.96	21.9
F	mg/kg	298	393	98	384	1	0.25	382	204	204	261	340	416	678	992	1056	2.93	13.99	373
Ge	mg/kg	298	1.37	0.13	1.36	1.10	0.10	1.37	0.99	0.99	1.07	1.30	1.45	1.64	1.75	1.82	−0.05	0.59	1.37
Hg	μg/kg	298	75.0	147.1	59.3	1.6	1.96	56.0	20.0	20.0	29.0	45.0	73.0	169.0	1 251.0	2 243.0	12.61	173.31	55.9
I	mg/kg	298	1.2	0.4	1.1	1.5	0.35	1.2	0.2	0.2	0.5	0.9	1.5	2.2	2.5	2.5	0.52	0.26	1.2
Mn	mg/kg	298	636	215	608	1	0.34	611	242	242	314	518	740	1019	1229	2911	4.15	41.03	624
Mo	mg/kg	298	0.58	0.18	0.56	1.28	0.31	0.55	0.24	0.24	0.33	0.49	0.63	1.00	1.72	2.37	4.52	36.70	0.56
N	mg/kg	298	1182	255	1153	1	0.22	1170	440	440	700	1010	1360	1640	1930	2240	0.19	0.71	1178
Ni	mg/kg	298	27.7	28.9	23.2	1.6	1.04	22.1	3.3	3.3	10.6	18.0	26.4	100.2	261.3	313.8	6.47	50.70	22.1
P	mg/kg	298	638	226	609	1	0.35	573	233	233	386	515	673	1253	1733	2147	2.68	10.47	584
Pb	mg/kg	298	27.9	6.6	27.4	1.2	0.24	27.1	17.5	17.5	20.6	25.2	29.4	39.6	57.3	107.3	6.47	70.54	26.9
S	mg/kg	298	214	44	210	1	0.21	212	101	101	130	184	237	309	347	371	0.40	0.55	213
Se	mg/kg	298	0.20	0.05	0.20	1.23	0.23	0.20	0.10	0.10	0.13	0.18	0.22	0.30	0.36	0.58	2.33	15.13	0.20
Sr	mg/kg	298	119	45	112	1	0.38	105	34	34	68	86	142	237	261	305	1.32	1.49	115
V	mg/kg	298	86	18	84	1	0.21	86	30	30	51	75	95	130	143	165	0.55	1.95	86
Zn	mg/kg	298	57	15	55	1	0.26	52	32	32	39	47	62	92	124	126	1.77	4.02	55
SiO_2	%	298	68.54	4.22	68.40	1.07	0.06	69.63	51.43	51.43	57.57	66.82	71.54	73.87	74.41	74.46	−1.28	1.54	68.78
Al_2O_3	%	298	12.71	1.04	12.67	1.08	0.08	12.62	10.73	10.73	10.88	12.00	13.33	14.94	16.25	17.13	0.70	1.04	12.68
TFe_2O_3	%	298	4.55	0.95	4.45	1.23	0.21	4.40	2.09	2.09	2.84	3.96	4.98	6.67	7.85	8.53	0.87	1.55	4.50
MgO	%	298	1.07	0.59	0.97	1.51	0.55	0.86	0.45	0.45	0.58	0.74	1.09	2.86	3.85	4.48	2.55	7.82	0.83
CaO	%	298	1.04	0.86	0.87	1.74	0.83	0.77	0.28	0.28	0.40	0.57	1.21	2.98	7.55	8.05	4.29	27.01	0.88
Na_2O	%	298	1.57	0.66	1.45	1.47	0.42	1.36	0.52	0.52	0.81	1.06	1.92	3.19	3.86	3.88	1.17	0.87	1.54
K_2O	%	298	1.95	0.44	1.91	1.22	0.22	1.84	0.91	0.91	1.43	1.70	2.07	3.20	4.19	4.28	2.04	6.21	1.86
Corg	%	298	1.19	0.30	1.16	1.30	0.25	1.18	0.41	0.41	0.66	1.00	1.40	1.80	2.02	2.58	0.41	1.24	1.19
pH		298						6.00	4.87	4.87	5.12	5.62	6.36	7.67	7.94	8.12			

表 2.8.40 云梦县表层土壤地球化学参数表

指标	单位	样本数 N	算术平均值 $\bar{X}$	算术标准差 S	几何平均值 X_g	几何标准差 S_g	变异系数 CV	中位值 X_{me}	最小值 X_{min}	累积频率分位值 $X_{0.5\%}$	$X_{2.5\%}$	$X_{25\%}$	$X_{75\%}$	$X_{97.5\%}$	$X_{99.5\%}$	最大值 X_{max}	偏度系数 β_s	峰度系数 β_k	背景值 X'
As	mg/kg	152	8.2	2.1	7.9	1.3	0.26	8.0	4.2	4.2	5.0	6.5	9.5	12.5	14.7	15.5	0.64	0.38	8.1
B	mg/kg	152	50	11	48	1	0.22	51	21	21	28	41	58	67	68	69	−0.28	−0.72	50
Cd	mg/kg	152	0.16	0.04	0.16	1.28	0.25	0.16	0.09	0.09	0.10	0.13	0.19	0.25	0.27	0.32	0.73	0.80	0.16
Cl	mg/kg	152	80	55	72	2	0.68	70	29	29	34	56	92	154	234	625	6.95	66.03	73
Co	mg/kg	152	15.3	3.1	15.0	1.2	0.20	15.1	9.3	9.3	10.4	12.9	17.1	22.3	22.9	24.5	0.49	−0.11	15.3
Cr	mg/kg	152	64	10	63	1	0.15	63	39	39	49	57	69	88	90	95	0.67	0.74	64
Cu	mg/kg	152	25.6	5.1	25.2	1.2	0.20	24.5	14.1	14.1	19.2	22.1	28.2	38.9	42.1	42.4	1.05	1.20	25.1
F	mg/kg	152	419	63	414	1	0.15	408	257	257	323	373	457	571	605	627	0.69	0.76	416
Ge	mg/kg	152	1.46	0.09	1.46	1.06	0.06	1.46	1.27	1.27	1.30	1.40	1.50	1.65	1.68	1.74	0.37	−0.03	1.46
Hg	μg/kg	152	75.3	60.8	66.9	1.5	0.81	64.0	30.0	30.0	35.0	54.0	76.0	165.0	421.0	635.0	6.65	54.18	63.4
I	mg/kg	152	1.2	0.3	1.1	1.3	0.27	1.1	0.7	0.7	0.7	1.0	1.3	1.9	2.1	3.0	1.88	6.51	1.1
Mn	mg/kg	152	690	129	677	1	0.19	686	354	354	406	608	769	955	1025	1042	0.04	0.36	690
Mo	mg/kg	152	0.60	0.11	0.59	1.20	0.19	0.59	0.38	0.38	0.40	0.53	0.67	0.90	0.93	0.95	0.73	0.91	0.60
N	mg/kg	152	1297	346	1251	1	0.27	1230	570	570	720	1050	1540	1920	2030	2440	0.43	−0.12	1289
Ni	mg/kg	152	28.3	6.7	27.6	1.3	0.23	27.1	15.0	15.0	19.4	23.4	32.3	43.4	49.3	51.8	1.02	1.27	27.8
P	mg/kg	152	703	205	675	1	0.29	668	377	377	411	538	836	1147	1384	1606	1.02	2.09	692
Pb	mg/kg	152	25.7	2.9	25.6	1.1	0.11	25.7	18.9	18.9	20.6	23.6	27.7	30.6	35.3	36.2	0.43	0.79	25.6
S	mg/kg	152	239	75	229	1	0.31	223	107	107	131	184	271	414	419	520	1.08	0.97	237
Se	mg/kg	152	0.22	0.04	0.22	1.16	0.16	0.22	0.14	0.14	0.18	0.20	0.24	0.31	0.33	0.38	1.18	2.36	0.22
Sr	mg/kg	152	152	61	140	1	0.40	132	76	76	85	97	199	275	307	313	0.72	−0.67	152
V	mg/kg	152	92	14	91	1	0.15	91	63	63	70	82	99	127	135	138	0.82	1.00	91
Zn	mg/kg	152	63	14	61	1	0.23	60	39	39	41	51	72	96	100	101	0.59	−0.18	63
SiO$_2$	%	152	68.11	3.44	68.02	1.05	0.05	67.94	59.53	59.53	60.71	65.90	70.48	74.46	74.78	75.13	−0.12	−0.34	68.11
Al$_2$O$_3$	%	152	12.63	1.16	12.58	1.09	0.09	12.56	9.98	9.98	10.56	11.86	13.21	15.28	15.95	16.28	0.54	0.60	12.60
TFe$_2$O$_3$	%	152	4.70	0.84	4.63	1.19	0.18	4.60	3.08	3.08	3.28	4.07	5.17	6.58	7.42	7.50	0.76	0.74	4.66
MgO	%	152	1.09	0.34	1.03	1.40	0.31	1.16	0.52	0.52	0.56	0.77	1.34	1.77	1.87	1.89	0.06	−0.83	1.09
CaO	%	152	1.01	0.37	0.94	1.47	0.36	1.03	0.47	0.47	0.51	0.64	1.31	1.62	1.79	2.04	0.23	−1.01	1.01
Na$_2$O	%	152	1.51	0.52	1.43	1.38	0.34	1.31	0.75	0.75	0.91	1.09	1.86	2.55	2.99	3.07	0.89	−0.11	1.50
K$_2$O	%	152	1.93	0.19	1.92	1.10	0.10	1.94	1.56	1.56	1.58	1.81	2.04	2.29	2.42	2.44	0.004	−0.09	1.93
Corg	%	152	1.24	0.38	1.18	1.38	0.31	1.21	0.51	0.51	0.62	0.98	1.46	2.05	2.18	2.30	0.41	−0.21	1.24
pH		152						6.04	5.07	5.07	5.30	5.75	6.41	7.37	7.66	7.67			

表 2.8.41　大悟县表层土壤地球化学参数表

指标	单位	样本数	算术平均值	算术标准差	几何平均值	几何标准差	变异系数	中位值	最小值	累积频率分位值						最大值	偏度系数	峰度系数	背景值
		N	$\bar{X}$	S	X_g	S_g	CV	X_{me}	X_{min}	$X_{0.5\%}$	$X_{2.5\%}$	$X_{25\%}$	$X_{75\%}$	$X_{97.5\%}$	$X_{99.5\%}$	X_{max}	β_s	β_k	X'
As	mg/kg	114	4.0	1.9	3.6	1.6	0.46	3.8	0.8	0.8	1.2	2.4	5.2	8.4	9.2	10.1	0.74	0.56	4.0
B	mg/kg	114	21	9	18	2	0.46	20	4	4	6	13	26	39	44	45	0.51	−0.49	21
Cd	mg/kg	114	0.17	0.07	0.16	1.46	0.39	0.16	0.04	0.04	0.05	0.14	0.20	0.30	0.36	0.58	2.18	11.21	0.17
Cl	mg/kg	114	43	34	38	2	0.79	36	20	20	21	30	47	69	251	299	6.00	40.73	38
Co	mg/kg	114	11.7	5.6	10.4	1.7	0.47	11.2	2.7	2.7	3.0	7.7	14.2	25.9	27.9	30.4	0.95	1.31	11.3
Cr	mg/kg	114	48	19	45	2	0.39	47	12	12	15	38	58	90	95	114	0.58	0.77	48
Cu	mg/kg	114	21.9	22.8	18.9	1.6	1.04	18.9	5.7	5.7	7.3	14.9	24.4	38.7	40.1	250.3	9.06	91.11	19.8
F	mg/kg	114	433	158	412	1	0.36	382	247	247	273	341	491	918	1023	1176	2.31	6.40	401
Ge	mg/kg	114	1.27	0.18	1.26	1.16	0.14	1.28	0.75	0.75	0.91	1.11	1.41	1.58	1.70	1.70	−0.11	−0.26	1.27
Hg	μg/kg	114	41.6	30.2	34.5	1.8	0.73	32.2	7.4	7.4	11.3	24.0	47.0	134.8	165.0	184.0	2.40	7.10	32.3
I	mg/kg	114	1.0	0.4	0.9	1.4	0.36	0.9	0.4	0.4	0.4	0.8	1.1	1.8	2.0	2.5	1.38	2.95	0.9
Mn	mg/kg	114	639	359	571	2	0.56	600	201	201	232	443	750	1129	2298	2920	3.27	17.19	595
Mo	mg/kg	114	0.78	0.64	0.64	1.74	0.82	0.56	0.23	0.23	0.30	0.46	0.78	3.08	3.42	3.54	2.76	7.81	0.54
N	mg/kg	114	945	327	883	1	0.35	929	167	167	328	707	1136	1600	1889	1917	0.37	0.46	945
Ni	mg/kg	114	19.0	9.0	17.2	1.6	0.47	17.9	5.6	5.6	5.7	13.4	22.8	38.2	50.0	60.4	1.64	4.81	18.1
P	mg/kg	114	585	356	526	2	0.61	525	135	135	234	390	681	1152	1318	3506	5.14	39.87	546
Pb	mg/kg	114	27.6	10.1	26.3	1.3	0.36	26.1	12.6	12.6	16.0	22.6	29.7	61.0	66.4	75.4	2.69	8.67	25.4
S	mg/kg	114	173	63	163	1	0.37	168	41	41	60	136	200	298	338	505	1.48	5.91	169
Se	mg/kg	114	0.17	0.06	0.16	1.32	0.36	0.16	0.08	0.08	0.11	0.14	0.19	0.32	0.35	0.60	3.67	21.26	0.16
Sr	mg/kg	114	192	114	164	2	0.59	168	38	38	53	113	219	483	515	552	1.38	1.53	189
V	mg/kg	114	82	33	74	2	0.40	83	18	18	21	55	105	147	158	179	0.23	−0.21	82
Zn	mg/kg	114	75	21	73	1	0.27	72	32	32	46	64	84	118	133	200	2.25	11.18	73
SiO_2	%	114	65.07	4.37	64.92	1.07	0.07	65.38	52.79	52.79	54.18	62.06	67.96	72.62	73.35	76.08	−0.41	0.34	65.07
Al_2O_3	%	114	13.44	1.19	13.39	1.09	0.09	13.46	10.38	10.38	11.14	12.63	14.11	16.23	16.54	16.87	0.39	0.58	13.44
TFe_2O_3	%	114	4.16	1.35	3.92	1.43	0.32	4.20	1.54	1.54	1.71	3.26	4.87	6.99	7.15	7.64	0.16	−0.25	4.16
MgO	%	114	1.16	0.54	1.05	1.57	0.46	1.09	0.34	0.34	0.42	0.80	1.37	2.49	2.61	3.86	1.62	5.21	1.09
CaO	%	114	1.48	0.88	1.20	2.07	0.59	1.38	0.17	0.17	0.22	0.93	1.89	3.26	4.09	4.81	0.87	1.31	1.43
Na_2O	%	114	2.87	0.55	2.82	1.22	0.19	2.84	1.39	1.39	1.78	2.48	3.22	3.86	4.27	4.34	0.14	−0.05	2.87
K_2O	%	114	2.41	0.69	2.32	1.33	0.29	2.25	1.15	1.15	1.42	1.87	2.93	3.80	3.92	3.98	0.55	−0.68	2.41
Corg	%	114	1.06	0.43	0.97	1.55	0.41	1.01	0.18	0.18	0.35	0.75	1.28	2.08	2.32	2.38	0.79	0.92	1.02
pH		114						5.55	4.79	4.79	4.92	5.23	6.05	6.79	6.91	6.95			

表 2.8.42 安陆市表层土壤地球化学参数表

指标	单位	样本数	算术平均值	算术标准差	几何平均值	几何标准差	变异系数	中位值	最小值	累积频率分位值						最大值	偏度系数	峰度系数	背景值
		N	$\overline{X}$	S	X_g	S_g	CV	X_{me}	X_{min}	$X_{0.5\%}$	$X_{2.5\%}$	$X_{25\%}$	$X_{75\%}$	$X_{97.5\%}$	$X_{99.5\%}$	X_{max}	β_s	β_k	X'
As	mg/kg	4394	11.0	3.6	10.5	1.4	0.32	10.9	2.1	3.9	5.3	8.6	13.2	17.3	23.4	53.5	1.54	11.48	10.9
B	mg/kg	4394	56	13	54	1	0.23	59	4	18	27	48	64	78	92	194	0.17	5.88	56
Cd	mg/kg	4394	0.24	0.29	0.19	1.72	1.23	0.17	0.03	0.06	0.08	0.14	0.23	0.80	2.12	5.00	8.51	99.53	0.17
Cl	mg/kg	4144	77	38	71	1	0.50	68	23	30	37	55	87	173	272	557	3.72	25.58	70
Co	mg/kg	4144	17.4	5.8	16.6	1.3	0.33	16.5	4.4	8.0	9.8	14.1	19.3	30.2	42.8	142.1	4.63	66.85	16.7
Cr	mg/kg	4394	76	19	74	1	0.26	74	16	42	49	67	82	118	194	297	3.73	27.11	73
Cu	mg/kg	4394	29.2	23.8	27.2	1.4	0.81	25.8	9.0	13.8	16.5	23.2	30.0	58.9	109.4	903.4	21.12	628.90	25.9
F	mg/kg	4394	545	227	514	1	0.42	483	47	265	318	426	578	1186	1654	3141	3.21	16.67	485
Ge	mg/kg	4394	1.42	0.15	1.41	1.11	0.10	1.41	0.88	1.04	1.18	1.33	1.49	1.78	1.99	2.32	1.05	3.49	1.41
Hg	μg/kg	4394	70.6	138.3	54.5	1.8	1.96	52.9	8.2	13.1	18.7	37.5	73.0	208.3	609.7	5 464.9	26.09	903.92	53.5
I	mg/kg	4144	1.4	0.8	1.3	1.6	0.55	1.2	0.3	0.5	0.6	0.9	1.7	3.6	4.4	7.4	1.96	5.53	1.3
Mn	mg/kg	4144	658	316	612	1	0.48	620	51	209	296	490	770	1192	1728	7590	7.72	124.77	631
Mo	mg/kg	4394	1.51	2.60	0.98	2.06	1.72	0.79	0.25	0.41	0.47	0.64	1.11	9.13	17.87	40.89	5.78	45.28	0.78
N	mg/kg	4394	1432	593	1317	2	0.41	1371	89	341	528	1030	1750	2683	3393	11 554	2.07	22.21	1406
Ni	mg/kg	4394	35.3	18.1	32.7	1.4	0.51	31.2	7.8	14.6	17.6	26.4	37.9	77.5	127.4	370.3	5.82	70.64	31.7
P	mg/kg	4394	606	320	550	2	0.53	534	145	202	254	423	691	1445	2047	4554	3.59	25.18	549
Pb	mg/kg	4394	28.7	13.9	27.8	1.3	0.48	28.1	8.6	15.3	19.0	24.6	30.7	43.3	73.5	657.8	26.49	1 044.23	27.6
S	mg/kg	4144	256	165	234	2	0.64	243	44	68	95	180	311	464	606	6600	18.88	620.29	248
Se	mg/kg	4394	0.33	0.60	0.26	1.68	1.82	0.24	0.05	0.10	0.14	0.20	0.28	1.22	2.51	25.00	23.88	828.22	0.23
Sr	mg/kg	1921	96	53	88	1	0.55	86	21	29	39	74	101	217	326	1287	8.67	154.40	85
V	mg/kg	2812	100	24	98	1	0.24	96	36	64	76	89	105	152	255	476	5.43	52.65	97
Zn	mg/kg	4394	75	39	71	1	0.52	66	30	41	47	59	79	165	252	1554	14.90	490.47	67
SiO_2	%	4144	67.15	8.81	66.38	1.18	0.13	69.22	31.44	32.82	33.92	65.61	72.07	76.73	78.90	88.18	−2.45	6.70	69.27
Al_2O_3	%	4144	12.44	2.09	12.23	1.22	0.17	12.53	5.21	5.61	5.99	11.47	13.66	16.05	17.81	20.80	−0.88	2.62	12.70
TFe_2O_3	%	4394	5.32	1.38	5.17	1.27	0.26	5.21	1.88	2.49	3.02	4.62	5.77	9.38	11.87	18.44	2.11	9.62	5.13
MgO	%	4394	1.26	0.60	1.16	1.47	0.48	1.08	0.31	0.48	0.60	0.91	1.41	3.04	4.01	5.44	2.33	7.26	1.12
CaO	%	4394	1.21	1.28	0.93	1.88	1.05	0.77	0.08	0.28	0.43	0.61	1.25	5.32	8.04	17.09	4.01	22.75	0.83
Na_2O	%	4144	1.08	0.46	0.99	1.54	0.43	0.96	0.08	0.18	0.38	0.80	1.26	2.26	2.61	3.77	1.17	1.63	1.05
K_2O	%	4394	2.00	0.33	1.98	1.17	0.17	1.96	0.59	1.31	1.50	1.83	2.11	2.86	3.45	5.63	2.02	10.12	1.95
Corg	%	4394	1.81	0.80	1.62	1.67	0.44	1.73	0.10	0.24	0.49	1.21	2.32	3.50	4.05	6.42	0.54	0.30	1.80
pH		4394						6.55	4.03	4.48	4.79	5.99	7.32	8.29	8.52	8.84			

表 2.8.43　汉川市表层土壤地球化学参数表

指标	单位	样本数	算术平均值	算术标准差	几何平均值	几何标准差	变异系数	中位值	最小值	累积频率分位值						最大值	偏度系数	峰度系数	背景值
		N	$\overline{X}$	S	X_g	S_g	CV	X_{me}	X_{min}	$X_{0.5\%}$	$X_{2.5\%}$	$X_{25\%}$	$X_{75\%}$	$X_{97.5\%}$	$X_{99.5\%}$	X_{max}	β_s	β_k	X'
As	mg/kg	415	13.2	3.2	12.8	1.3	0.24	13.4	5.7	6.5	7.5	10.8	15.5	19.5	21.5	27.6	0.22	0.29	13.2
B	mg/kg	415	56	7	56	1	0.13	56	26	31	40	52	61	70	74	79	−0.37	1.28	57
Cd	mg/kg	415	0.32	0.08	0.31	1.33	0.26	0.32	0.10	0.12	0.14	0.26	0.37	0.47	0.53	0.71	0.14	1.05	0.32
Cl	mg/kg	415	66	14	64	1	0.21	65	34	37	42	58	72	101	119	132	1.17	3.52	64
Co	mg/kg	415	17.7	2.9	17.5	1.2	0.16	17.8	11.0	11.1	12.8	15.4	19.8	23.1	26.3	27.2	0.22	−0.31	17.7
Cr	mg/kg	415	88	14	87	1	0.16	88	50	56	64	77	98	115	118	118	0.06	−0.64	88
Cu	mg/kg	415	36.5	7.3	35.7	1.2	0.20	36.1	20.1	20.1	23.0	31.0	41.6	50.8	54.0	59.8	0.24	−0.41	36.4
F	mg/kg	415	639	105	630	1	0.16	649	343	368	413	564	715	822	857	877	−0.30	−0.41	639
Ge	mg/kg	415	1.55	0.17	1.55	1.12	0.11	1.55	1.13	1.13	1.19	1.43	1.66	1.89	1.98	2.06	0.11	−0.06	1.55
Hg	μg/kg	415	64.9	27.6	60.8	1.4	0.42	60.0	20.0	21.0	32.0	50.0	72.0	142.0	210.0	244.0	2.74	11.35	60.4
I	mg/kg	415	1.5	0.4	1.4	1.3	0.29	1.4	0.3	0.4	0.8	1.2	1.7	2.5	3.0	3.4	0.91	2.19	1.4
Mn	mg/kg	415	797	148	780	1	0.19	812	210	286	415	719	889	1054	1139	1359	−0.60	1.56	804
Mo	mg/kg	415	1.06	0.24	1.03	1.27	0.23	1.04	0.42	0.47	0.60	0.90	1.23	1.51	1.82	1.88	0.33	0.48	1.05
N	mg/kg	415	1501	426	1439	1	0.28	1450	330	380	790	1200	1780	2400	2890	3060	0.49	0.53	1488
Ni	mg/kg	415	42.4	9.3	41.4	1.3	0.22	42.7	20.9	21.1	25.8	35.2	49.2	60.7	64.7	66.1	0.09	−0.59	42.4
P	mg/kg	415	803	165	788	1	0.21	786	480	483	535	699	868	1200	1414	1898	1.65	6.73	786
Pb	mg/kg	415	27.1	3.4	26.9	1.1	0.12	27.1	17.7	18.1	20.6	24.7	29.8	33.0	34.4	35.6	−0.15	−0.50	27.1
S	mg/kg	415	262	119	243	1	0.45	236	54	62	123	190	304	587	795	1446	3.59	26.08	246
Se	mg/kg	415	0.34	0.08	0.33	1.25	0.24	0.33	0.18	0.19	0.22	0.29	0.38	0.53	0.64	0.90	1.87	8.71	0.34
Sr	mg/kg	415	121	27	118	1	0.22	116	56	66	80	101	134	179	193	279	1.24	3.77	120
V	mg/kg	415	131	24	129	1	0.18	131	80	80	89	113	148	178	187	189	0.17	−0.66	131
Zn	mg/kg	415	100	23	98	1	0.23	99	41	48	58	87	112	136	210	251	1.59	9.49	99
SiO_2	%	415	59.37	3.96	59.24	1.07	0.07	59.08	51.16	51.28	53.06	56.86	61.05	70.94	73.48	75.86	1.06	2.17	58.94
Al_2O_3	%	415	15.08	1.46	15.01	1.10	0.10	15.19	10.55	11.05	12.14	13.98	16.20	17.56	18.17	18.39	−0.28	−0.42	15.09
TFe_2O_3	%	415	6.25	1.07	6.16	1.19	0.17	6.24	3.38	4.01	4.36	5.40	7.09	8.11	8.77	8.80	0.02	−0.76	6.25
MgO	%	415	1.97	0.42	1.91	1.31	0.21	2.05	0.56	0.64	0.78	1.84	2.24	2.50	2.54	2.66	−1.34	1.61	2.07
CaO	%	415	1.69	0.60	1.58	1.48	0.36	1.60	0.34	0.39	0.54	1.30	2.08	2.95	3.67	4.13	0.60	0.97	1.66
Na_2O	%	415	1.10	0.33	1.06	1.34	0.30	1.04	0.37	0.50	0.64	0.86	1.30	1.83	2.20	2.69	0.95	1.11	1.09
K_2O	%	415	2.64	0.35	2.61	1.15	0.13	2.66	1.58	1.59	1.79	2.45	2.88	3.16	3.25	3.34	−0.69	0.28	2.64
Corg	%	415	1.37	0.42	1.30	1.39	0.31	1.29	0.23	0.27	0.68	1.05	1.65	2.21	2.85	2.91	0.61	0.66	1.34
pH		415						7.92	5.20	5.22	5.87	7.57	8.08	8.29	8.39	8.59			

表 2.8.44 应城市表层土壤地球化学参数表

指标	单位	样本数	算术平均值	算术标准差	几何平均值	几何标准差	变异系数	中位值	最小值	累积频率分位值						最大值	偏度系数	峰度系数	背景值
		N	$\bar{X}$	S	X_g	S_g	CV	X_{me}	X_{min}	$X_{0.5\%}$	$X_{2.5\%}$	$X_{25\%}$	$X_{75\%}$	$X_{97.5\%}$	$X_{99.5\%}$	X_{max}	β_s	β_k	X'
As	mg/kg	277	11.0	2.5	10.7	1.3	0.23	10.8	5.1	5.1	6.8	9.3	12.6	16.1	19.6	21.5	0.56	0.76	11.0
B	mg/kg	277	60	6	59	1	0.11	60	30	30	44	56	64	70	70	70	−1.11	3.12	60
Cd	mg/kg	277	0.18	0.07	0.17	1.41	0.40	0.16	0.07	0.07	0.10	0.13	0.20	0.40	0.43	0.53	1.73	3.43	0.17
Cl	mg/kg	277	70	61	63	1	0.86	59	25	25	35	52	75	161	380	920	10.73	143.67	63
Co	mg/kg	277	17.6	2.9	17.4	1.2	0.16	17.1	11.4	11.4	12.8	15.3	19.8	22.9	24.5	24.6	0.23	−0.68	17.6
Cr	mg/kg	277	74	11	73	1	0.15	71	52	52	59	67	77	103	115	115	1.45	2.21	72
Cu	mg/kg	277	28.0	6.7	27.4	1.2	0.24	25.4	20.2	20.2	20.7	23.8	30.0	46.2	53.1	53.2	1.65	2.37	27.1
F	mg/kg	277	488	114	476	1	0.23	446	351	351	367	412	518	779	815	852	1.48	1.24	486
Ge	mg/kg	277	1.52	0.11	1.51	1.08	0.08	1.50	1.15	1.15	1.33	1.43	1.59	1.76	1.88	1.91	0.45	0.58	1.51
Hg	μg/kg	277	72.5	39.5	65.8	1.5	0.54	64.0	26.0	26.0	33.0	50.0	80.0	176.0	284.0	370.0	3.30	16.36	64.0
I	mg/kg	277	1.5	0.5	1.4	1.4	0.34	1.4	0.6	0.6	0.8	1.1	1.8	2.7	3.3	3.6	1.13	1.83	1.4
Mn	mg/kg	277	652	184	625	1	0.28	643	231	231	327	507	779	992	1097	1272	0.21	−0.39	649
Mo	mg/kg	277	0.85	0.41	0.79	1.41	0.48	0.74	0.40	0.40	0.48	0.64	0.91	1.86	3.74	4.14	3.94	24.37	0.76
N	mg/kg	277	1517	297	1487	1	0.20	1510	610	610	950	1330	1700	2030	2570	2650	0.30	1.34	1508
Ni	mg/kg	277	32.1	8.3	31.2	1.3	0.26	29.1	22.2	22.2	23.0	26.7	33.5	56.6	60.0	62.0	1.67	2.18	29.1
P	mg/kg	277	642	202	614	1	0.31	596	231	231	361	500	743	1161	1455	1746	1.50	3.98	609
Pb	mg/kg	277	28.8	4.4	28.5	1.1	0.15	28.4	21.8	21.8	23.4	26.7	30.2	34.0	41.7	85.8	7.91	100.35	28.5
S	mg/kg	277	323	163	299	1	0.50	290	146	146	170	232	362	717	1441	1499	4.00	22.96	291
Se	mg/kg	277	0.27	0.09	0.26	1.30	0.33	0.24	0.17	0.17	0.18	0.22	0.29	0.53	0.69	0.88	2.79	11.57	0.26
Sr	mg/kg	277	97	31	94	1	0.31	89	67	67	71	83	99	196	273	312	3.81	17.94	89
V	mg/kg	277	102	21	101	1	0.21	95	75	75	80	89	105	163	177	184	1.79	2.77	95
Zn	mg/kg	277	67	21	64	1	0.31	59	44	44	46	53	71	129	134	135	1.64	1.91	58
SiO_2	%	277	67.54	4.30	67.39	1.07	0.06	68.95	53.99	53.99	56.29	66.17	70.37	72.56	73.23	74.46	−1.37	1.14	67.77
Al_2O_3	%	277	12.92	1.56	12.83	1.12	0.12	12.46	10.55	10.55	10.90	11.92	13.35	16.83	17.88	18.51	1.42	1.62	12.81
TFe_2O_3	%	277	5.19	1.03	5.09	1.20	0.20	4.88	3.42	3.42	3.87	4.50	5.45	7.81	8.18	8.69	1.26	0.95	5.17
MgO	%	277	1.08	0.47	1.00	1.45	0.44	0.85	0.58	0.58	0.64	0.76	1.23	2.31	2.47	2.48	1.41	0.81	1.08
CaO	%	277	0.84	0.50	0.75	1.57	0.60	0.62	0.39	0.39	0.45	0.53	1.01	2.16	3.33	3.80	2.49	8.40	0.76
Na_2O	%	277	0.89	0.23	0.87	1.25	0.25	0.89	0.49	0.49	0.57	0.76	0.99	1.29	2.35	2.40	2.73	15.07	0.87
K_2O	%	277	1.97	0.33	1.95	1.16	0.17	1.86	1.53	1.53	1.63	1.78	2.01	3.03	3.19	3.20	1.97	3.48	1.85
Corg	%	277	1.53	0.37	1.49	1.28	0.24	1.52	0.55	0.55	0.88	1.26	1.77	2.23	2.90	3.03	0.58	1.26	1.52
pH		277						6.42	5.05	5.05	5.52	6.02	7.28	8.03	8.13	8.20			

表 2.8.45 黄冈市区表层土壤地球化学参数表

指标	单位	样本数 N	算术平均值 $\bar{X}$	算术标准差 S	几何平均值 X_g	几何标准差 S_g	变异系数 CV	中位值 X_{me}	最小值 X_{min}	$X_{0.5\%}$	$X_{2.5\%}$	累积频率分位值 $X_{25\%}$	$X_{75\%}$	$X_{97.5\%}$	$X_{99.5\%}$	最大值 X_{max}	偏度系数 β_s	峰度系数 β_k	背景值 X'
As	mg/kg	82	8.2	3.1	7.5	1.6	0.37	8.4	1.6	1.6	2.5	6.5	10.3	14.0	15.3	15.3	−0.13	−0.42	8.2
B	mg/kg	82	43	18	37	2	0.42	50	5	5	6	27	57	70	77	77	−0.59	−0.76	43
Cd	mg/kg	82	0.26	0.16	0.22	1.64	0.62	0.21	0.10	0.10	0.11	0.15	0.29	0.62	1.07	1.07	2.43	8.17	0.24
Cl	mg/kg	82	74	13	73	1	0.18	71	56	56	57	66	79	107	131	131	1.63	4.12	72
Co	mg/kg	82	16.8	3.1	16.5	1.2	0.18	16.5	9.1	9.1	11.2	14.8	18.8	21.4	28.9	28.9	0.55	2.05	16.6
Cr	mg/kg	82	83	17	82	1	0.20	82	48	48	48	74	93	119	154	154	1.06	3.79	82
Cu	mg/kg	82	34.9	10.2	33.5	1.3	0.29	33.7	13.8	13.8	19.7	27.1	41.9	54.6	72.1	72.1	0.75	1.10	34.5
F	mg/kg	82	556	123	542	1	0.22	558	253	253	311	477	640	776	855	855	0.09	−0.21	556
Ge	mg/kg	82	1.40	0.16	1.39	1.13	0.12	1.40	1.00	1.00	1.00	1.32	1.53	1.73	1.80	1.80	−0.21	0.09	1.40
Hg	μg/kg	82	71.8	39.4	65.6	1.5	0.55	63.5	20.0	20.0	34.0	53.0	82.0	146.0	339.0	339.0	4.18	25.74	63.9
I	mg/kg	82	1.2	0.3	1.1	1.3	0.26	1.2	0.6	0.6	0.6	1.0	1.3	1.8	2.4	2.4	0.92	2.58	1.2
Mn	mg/kg	82	654	200	620	1	0.31	690	227	227	247	502	776	1003	1102	1102	−0.04	−0.53	654
Mo	mg/kg	82	0.76	0.46	0.71	1.35	0.61	0.71	0.41	0.41	0.41	0.62	0.81	1.07	4.65	4.65	7.60	64.37	0.70
N	mg/kg	82	1106	264	1072	1	0.24	1100	550	550	580	950	1270	1650	1720	1720	0.03	−0.0026	1106
Ni	mg/kg	82	34.5	9.1	33.3	1.3	0.26	33.9	12.9	12.9	17.6	28.1	39.8	51.5	69.7	69.7	0.67	1.85	34.1
P	mg/kg	82	929	255	896	1	0.27	882	490	490	552	736	1109	1489	1552	1552	0.59	−0.33	929
Pb	mg/kg	82	31.8	5.8	31.3	1.2	0.18	31.5	21.3	21.3	21.9	29.0	33.9	41.9	58.0	58.0	1.57	5.71	31.2
S	mg/kg	82	230	85	217	1	0.37	216	105	105	117	177	278	361	693	693	2.14	9.43	224
Se	mg/kg	82	0.23	0.05	0.22	1.26	0.23	0.22	0.11	0.11	0.12	0.19	0.25	0.33	0.44	0.44	0.83	2.57	0.22
Sr	mg/kg	82	216	161	180	2	0.75	152	76	76	84	125	260	769	905	905	2.38	6.40	193
V	mg/kg	82	107	21	105	1	0.19	103	64	64	72	91	121	147	162	162	0.35	−0.46	107
Zn	mg/kg	82	87	21	85	1	0.24	84	40	40	51	73	100	127	148	148	0.58	−0.10	87
SiO$_2$	%	82	62.22	4.33	62.07	1.07	0.07	61.66	54.93	54.93	54.98	59.00	65.62	70.37	71.61	71.61	0.28	−0.88	62.22
Al$_2$O$_3$	%	82	14.49	1.40	14.42	1.10	0.10	14.30	11.96	11.96	12.18	13.48	15.30	18.02	18.32	18.32	0.67	0.41	14.49
TFe$_2$O$_3$	%	82	5.76	1.08	5.67	1.20	0.19	5.72	3.37	3.37	3.88	4.94	6.37	8.20	9.68	9.68	0.80	1.71	5.68
MgO	%	82	1.85	0.59	1.74	1.43	0.32	1.94	0.74	0.74	0.78	1.28	2.30	2.70	2.91	2.91	−0.22	−1.14	1.85
CaO	%	82	2.39	1.41	1.97	1.94	0.59	2.17	0.46	0.46	0.51	1.26	3.60	5.41	6.11	6.11	0.60	−0.50	1.97
Na$_2$O	%	82	1.27	0.68	1.14	1.57	0.53	1.07	0.40	0.40	0.52	0.83	1.46	3.24	3.60	3.60	1.73	2.70	1.09
K$_2$O	%	82	2.36	0.31	2.34	1.14	0.13	2.42	1.65	1.65	1.70	2.11	2.59	2.88	3.17	3.17	−0.13	−0.47	2.36
Corg	%	82	1.12	0.30	1.08	1.32	0.27	1.12	0.51	0.51	0.60	0.94	1.26	1.83	1.96	1.96	0.51	0.51	1.12
pH		82						7.61	5.26	5.26	5.40	6.15	8.24	8.44	8.51	8.51			

表 2.8.46　武穴市表层土壤地球化学参数表

指标	单位	样本数	算术平均值	算术标准差	几何平均值	几何标准差	变异系数	中位值	最小值	累积频率分位值						最大值	偏度系数	峰度系数	背景值
		N	$\bar{X}$	S	X_g	S_g	CV	X_{me}	X_{min}	$X_{0.5\%}$	$X_{2.5\%}$	$X_{25\%}$	$X_{75\%}$	$X_{97.5\%}$	$X_{99.5\%}$	X_{max}	β_s	β_k	X'
As	mg/kg	2491	15.7	18.2	12.6	1.8	1.16	12.3	1.6	2.2	3.2	9.1	17.2	45.6	101.3	346.9	10.50	150.75	12.7
B	mg/kg	2491	67	23	61	2	0.35	68	5	8	14	54	81	106	137	208	0.20	2.83	66
Cd	mg/kg	2491	0.38	0.70	0.25	2.26	1.84	0.24	0.02	0.04	0.06	0.14	0.41	1.54	4.90	18.13	11.77	214.47	0.26
Cl	mg/kg	2191	55	27	51	1	0.50	49	18	23	27	39	64	114	161	614	6.16	93.71	51
Co	mg/kg	2191	15.7	4.8	14.9	1.4	0.31	15.6	1.6	3.3	6.4	12.7	18.5	24.7	30.0	57.8	0.75	5.25	15.5
Cr	mg/kg	2491	90	33	85	1	0.37	83	7	30	50	74	97	168	243	601	4.92	48.31	85
Cu	mg/kg	2491	32.7	14.0	30.6	1.4	0.43	29.0	5.5	11.9	16.7	24.2	38.3	66.8	99.4	184.0	2.87	16.99	30.8
F	mg/kg	2491	582	282	537	1	0.48	501	228	264	300	408	690	1370	1872	5259	3.86	37.07	534
Ge	mg/kg	2491	1.45	0.19	1.43	1.16	0.13	1.45	0.28	0.75	1.09	1.34	1.56	1.82	2.05	3.37	0.24	7.45	1.45
Hg	μg/kg	2491	90.2	74.7	78.4	1.6	0.83	77.0	9.0	19.1	31.9	59.9	98.9	231.5	499.1	1 607.4	9.00	131.03	77.9
I	mg/kg	2191	2.3	1.5	1.9	1.8	0.69	1.8	0.3	0.4	0.7	1.2	2.9	6.0	9.3	18.5	2.77	15.71	2.1
Mn	mg/kg	2191	698	596	590	2	0.85	612	40	93	165	436	840	1593	3041	15 615	11.32	223.47	630
Mo	mg/kg	2491	1.50	2.23	1.12	1.87	1.49	1.02	0.24	0.32	0.41	0.77	1.46	5.17	15.45	44.49	9.40	122.13	1.04
N	mg/kg	2491	1336	666	1187	2	0.50	1230	100	152	419	910	1578	3203	3942	4968	1.50	3.36	1228
Ni	mg/kg	2491	36.7	19.4	32.9	1.6	0.53	31.6	4.8	12.1	14.9	23.4	45.9	85.0	122.0	210.4	2.34	10.53	34.1
P	mg/kg	2491	718	379	649	2	0.53	667	79	172	259	491	848	1542	2209	8072	5.08	69.15	674
Pb	mg/kg	2491	39.9	97.8	33.4	1.5	2.45	31.9	5.4	16.4	20.7	28.1	37.1	77.7	331.6	3 648.5	26.05	830.76	32.1
S	mg/kg	2191	278	277	240	2	1.00	236	52	65	100	186	299	708	1439	7094	13.47	263.54	235
Se	mg/kg	2491	0.40	0.45	0.33	1.69	1.11	0.31	0.08	0.09	0.15	0.24	0.43	1.14	3.26	7.80	8.81	107.25	0.33
Sr	mg/kg	2491	107	106	85	2	0.99	75	14	27	38	57	111	442	708	1654	4.53	32.32	79
V	mg/kg	303	102	35	97	1	0.34	97	39	43	52	81	115	172	270	352	2.61	13.21	98
Zn	mg/kg	2491	93	97	81	2	1.05	76	17	34	43	60	104	218	472	2546	15.05	304.41	81
SiO_2	%	2191	68.86	7.77	68.32	1.14	0.11	69.86	13.23	34.92	52.22	64.43	74.57	79.89	83.31	88.92	−1.40	5.64	69.17
Al_2O_3	%	2191	12.99	3.22	12.61	1.27	0.25	12.43	3.54	6.59	8.29	10.53	14.86	20.65	22.64	25.05	0.75	0.38	12.88
TFe_2O_3	%	2491	5.62	1.42	5.44	1.29	0.25	5.43	0.77	2.71	3.40	4.58	6.47	8.76	10.21	11.80	0.68	0.87	5.57
MgO	%	2491	0.99	0.82	0.83	1.75	0.82	0.74	0.20	0.29	0.37	0.54	1.18	2.54	5.04	12.91	5.89	63.31	0.89
CaO	%	2491	1.18	2.64	0.59	2.87	2.23	0.51	0.03	0.06	0.10	0.29	1.05	5.07	17.77	49.41	9.62	125.74	0.47
Na_2O	%	2191	0.56	0.64	0.34	2.57	1.15	0.27	0.03	0.05	0.08	0.18	0.64	2.48	3.06	3.80	2.11	4.41	0.28
K_2O	%	2491	1.84	0.53	1.77	1.33	0.29	1.76	0.33	0.78	1.05	1.44	2.19	2.99	3.63	4.23	0.68	0.47	1.83
Corg	%	2491	1.19	0.67	1.02	1.83	0.57	1.09	0.02	0.10	0.24	0.77	1.44	3.05	4.29	6.27	1.84	6.26	1.09
pH		2491						6.20	3.64	4.25	4.46	5.25	7.57	8.30	8.44	8.84			

表 2.8.47 麻城市表层土壤地球化学参数表

指标	单位	样本数 N	算术平均值 $\bar{X}$	算术标准差 S	几何平均值 X_g	几何标准差 S_g	变异系数 CV	中位值 X_{me}	最小值 X_{min}	累积频率分位值 $X_{0.5\%}$	$X_{2.5\%}$	$X_{25\%}$	$X_{75\%}$	$X_{97.5\%}$	$X_{99.5\%}$	最大值 X_{max}	偏度系数 β_s	峰度系数 β_k	背景值 X'
As	mg/kg	204	4.8	2.5	4.2	1.7	0.53	4.0	0.6	0.6	1.4	2.9	6.0	10.5	11.8	14.1	1.00	0.43	4.1
B	mg/kg	204	26	16	21	2	0.62	22	4	4	5	14	34	67	71	74	1.09	0.57	21
Cd	mg/kg	204	0.13	0.03	0.13	1.26	0.24	0.13	0.07	0.07	0.07	0.11	0.15	0.20	0.27	0.30	1.31	5.66	0.13
Cl	mg/kg	204	80	26	77	1	0.33	75	39	39	46	63	89	146	192	257	2.50	11.60	77
Co	mg/kg	204	10.9	4.1	10.2	1.4	0.37	9.8	4.2	4.2	5.0	8.0	13.0	21.8	25.4	31.8	1.57	4.23	10.3
Cr	mg/kg	204	52	20	49	1	0.39	48	18	18	27	39	61	104	139	162	2.13	7.05	49
Cu	mg/kg	204	17.9	5.9	17.0	1.4	0.33	16.8	6.9	6.9	8.9	14.0	20.0	33.5	37.9	41.0	1.20	1.92	17.2
F	mg/kg	204	340	93	329	1	0.27	324	186	186	211	274	380	597	633	665	1.23	1.80	324
Ge	mg/kg	204	1.31	0.14	1.31	1.11	0.11	1.30	1.03	1.03	1.07	1.21	1.37	1.62	1.68	1.81	0.74	0.37	1.31
Hg	μg/kg	204	72.8	42.9	62.6	1.8	0.59	61.5	6.0	6.0	13.0	49.0	89.0	193.0	257.0	330.0	2.30	8.85	67.2
I	mg/kg	204	1.0	0.3	1.0	1.3	0.27	1.0	0.6	0.6	0.6	0.8	1.1	1.7	2.0	2.2	1.51	3.88	1.0
Mn	mg/kg	204	459	145	438	1	0.32	450	207	207	246	349	530	787	868	1171	1.05	2.35	454
Mo	mg/kg	204	0.53	0.18	0.51	1.28	0.33	0.50	0.30	0.30	0.34	0.44	0.59	0.84	1.26	2.26	5.21	45.82	0.51
N	mg/kg	204	1084	332	1029	1	0.31	1050	310	310	480	850	1300	1740	1810	1950	0.17	−0.51	1084
Ni	mg/kg	204	18.0	9.5	16.3	1.5	0.53	15.9	5.5	5.5	7.6	11.9	20.2	47.0	55.3	78.7	2.68	10.70	15.9
P	mg/kg	204	709	216	679	1	0.30	691	289	289	349	558	818	1158	1339	1952	1.34	4.88	697
Pb	mg/kg	204	26.3	6.0	25.7	1.2	0.23	26.4	13.7	13.7	16.1	22.2	29.7	37.9	42.3	70.7	2.01	13.61	26.0
S	mg/kg	204	212	70	200	1	0.33	201	68	68	80	160	259	369	387	411	0.45	−0.19	212
Se	mg/kg	204	0.16	0.04	0.16	1.25	0.22	0.16	0.07	0.07	0.10	0.14	0.18	0.23	0.30	0.32	0.77	2.61	0.16
Sr	mg/kg	204	201	106	176	2	0.53	184	52	52	69	124	255	446	660	685	1.49	3.90	191
V	mg/kg	204	71	17	69	1	0.24	70	33	33	44	60	80	116	134	146	1.06	2.33	69
Zn	mg/kg	204	55	15	53	1	0.27	52	26	26	30	44	65	89	92	110	0.69	0.42	54
SiO_2	%	204	68.46	4.09	68.33	1.06	0.06	68.85	56.35	56.35	58.38	65.71	71.39	75.11	76.32	76.64	−0.55	0.11	68.46
Al_2O_3	%	204	12.77	1.30	12.71	1.11	0.10	12.66	9.88	9.88	10.34	11.73	13.65	15.41	15.59	15.88	0.29	−0.47	12.77
TFe_2O_3	%	204	3.97	1.05	3.85	1.28	0.26	3.82	2.14	2.14	2.40	3.26	4.45	6.68	8.68	9.24	1.57	4.62	3.83
MgO	%	204	0.98	0.43	0.91	1.46	0.44	0.85	0.40	0.40	0.49	0.69	1.16	2.26	2.60	3.22	1.94	5.39	0.87
CaO	%	204	1.18	0.59	1.04	1.68	0.50	1.10	0.32	0.32	0.41	0.66	1.52	2.46	3.42	3.59	0.93	1.36	1.15
Na_2O	%	204	2.14	0.81	1.96	1.56	0.38	2.19	0.70	0.70	0.74	1.48	2.77	3.47	3.71	3.80	−0.06	−1.04	2.14
K_2O	%	204	2.24	0.36	2.21	1.18	0.16	2.26	1.28	1.28	1.66	1.98	2.48	2.99	3.04	3.31	0.11	−0.21	2.24
Corg	%	204	1.12	0.38	1.04	1.47	0.34	1.10	0.24	0.24	0.40	0.82	1.42	1.78	2.01	2.13	0.10	−0.63	1.12
pH		204						5.65	4.80	4.80	4.97	5.35	5.99	7.31	8.21	8.32			

表 2.8.48 团风县表层土壤地球化学参数表

指标	单位	样本数	算术平均值	算术标准差	几何平均值	几何标准差	变异系数	中位值	最小值	累积频率分位值						最大值	偏度系数	峰度系数	背景值
		N	X	S	X_g	S_g	CV	X_{me}	X_{min}	$X_{0.5\%}$	$X_{2.5\%}$	$X_{25\%}$	$X_{75\%}$	$X_{97.5\%}$	$X_{99.5\%}$	X_{max}	β_s	β_k	X'
As	mg/kg	219	3.9	3.3	3.0	2.0	0.84	2.4	0.7	0.7	1.2	1.8	5.3	13.0	14.9	16.0	1.66	2.02	3.4
B	mg/kg	219	18	17	12	2	0.99	9	2	2	3	7	22	63	67	72	1.48	0.88	17
Cd	mg/kg	219	0.21	0.22	0.17	1.67	1.05	0.15	0.08	0.08	0.09	0.13	0.19	0.95	1.37	2.01	4.83	28.20	0.15
Cl	mg/kg	219	102	39	96	1	0.39	92	45	45	55	77	115	192	286	360	2.45	10.52	96
Co	mg/kg	219	16.7	3.9	16.3	1.3	0.23	16.2	7.3	7.3	10.1	14.1	18.7	25.9	28.6	29.9	0.63	0.76	16.5
Cr	mg/kg	219	79	30	74	1	0.38	75	30	30	37	61	91	163	209	233	1.84	6.18	76
Cu	mg/kg	219	35.9	11.4	34.2	1.4	0.32	35.0	15.2	15.2	17.2	28.5	41.3	68.3	73.6	74.2	0.98	1.36	34.7
F	mg/kg	219	528	113	517	1	0.21	513	290	290	352	451	585	803	944	1116	1.24	3.64	520
Ge	mg/kg	219	1.23	0.17	1.22	1.14	0.14	1.21	0.77	0.77	0.90	1.11	1.31	1.57	1.78	1.82	0.52	1.24	1.22
Hg	μg/kg	219	57.0	38.8	49.3	1.7	0.68	50.0	6.0	6.0	13.0	37.0	67.0	133.0	236.0	440.0	5.21	44.95	51.9
I	mg/kg	219	0.9	0.3	0.9	1.3	0.28	0.9	0.4	0.4	0.5	0.7	1.1	1.5	1.7	1.8	0.52	0.29	0.9
Mn	mg/kg	219	565	184	537	1	0.33	528	253	253	279	436	666	1022	1112	1202	0.90	0.76	554
Mo	mg/kg	219	0.66	0.39	0.61	1.41	0.59	0.61	0.21	0.21	0.30	0.50	0.75	1.10	1.50	5.55	9.36	116.49	0.63
N	mg/kg	219	1108	282	1066	1	0.25	1130	270	270	460	930	1300	1610	1710	1750	−0.35	0.003 4	1108
Ni	mg/kg	219	33.4	12.8	31.3	1.4	0.38	31.0	15.1	15.1	16.1	24.3	39.8	68.9	88.8	91.9	1.40	3.48	32.2
P	mg/kg	219	902	281	863	1	0.31	851	454	454	470	703	1024	1642	1828	1829	1.04	1.09	875
Pb	mg/kg	219	29.4	7.1	28.6	1.2	0.24	29.3	15.7	15.7	18.8	24.2	33.0	48.5	63.1	64.0	1.62	5.53	28.6
S	mg/kg	219	230	65	220	1	0.28	226	85	85	99	186	274	355	389	423	0.11	−0.14	230
Se	mg/kg	219	0.16	0.05	0.16	1.34	0.33	0.15	0.07	0.07	0.10	0.13	0.19	0.32	0.38	0.39	1.64	3.20	0.16
Sr	mg/kg	219	498	406	377	2	0.82	365	91	91	116	201	665	1562	2150	2391	1.87	4.13	413
V	mg/kg	219	98	23	95	1	0.23	92	49	49	65	83	109	154	166	214	1.20	2.83	97
Zn	mg/kg	219	82	20	79	1	0.25	80	39	39	47	68	89	135	167	169	1.26	3.29	80
SiO_2	%	219	61.31	4.15	61.17	1.07	0.07	60.86	51.98	51.98	54.02	58.57	63.36	71.49	73.18	74.03	0.65	0.58	61.25
Al_2O_3	%	219	14.88	1.10	14.84	1.08	0.07	15.13	11.09	11.09	12.20	14.48	15.62	16.45	17.05	18.64	−0.90	1.46	14.93
TFe_2O_3	%	219	5.66	1.08	5.56	1.21	0.19	5.53	3.23	3.23	3.85	4.88	6.25	8.09	9.14	9.54	0.71	0.72	5.62
MgO	%	219	1.83	0.63	1.72	1.42	0.34	1.77	0.58	0.58	0.78	1.41	2.08	3.27	3.74	4.36	0.73	0.88	1.80
CaO	%	219	2.51	1.14	2.27	1.59	0.45	2.39	0.56	0.56	0.73	1.82	2.92	6.07	6.32	6.40	1.30	2.62	2.31
Na_2O	%	219	2.43	0.86	2.24	1.56	0.35	2.63	0.66	0.66	0.72	1.84	3.06	3.85	4.03	4.35	−0.45	−0.70	2.43
K_2O	%	219	2.49	0.34	2.46	1.15	0.13	2.49	1.27	1.27	1.78	2.28	2.72	3.10	3.31	3.55	−0.17	0.69	2.49
Corg	%	219	1.15	0.31	1.10	1.37	0.27	1.18	0.31	0.31	0.45	0.96	1.37	1.66	1.90	1.96	−0.36	−0.05	1.15
pH		219						5.80	4.54	4.54	4.90	5.46	6.57	8.33	8.50	8.55			

表 2.8.49　黄梅县表层土壤地球化学参数表

指标	单位	样本数	算术平均值	算术标准差	几何平均值	几何标准差	变异系数	中位值	最小值	累积频率分位值						最大值	偏度系数	峰度系数	背景值
		N	$\bar{X}$	S	X_g	S_g	CV	X_{me}	X_{min}	$X_{0.5\%}$	$X_{2.5\%}$	$X_{25\%}$	$X_{75\%}$	$X_{97.5\%}$	$X_{99.5\%}$	X_{max}	β_s	β_k	X'
As	mg/kg	361	9.8	3.9	9.1	1.5	0.40	9.4	2.5	2.7	3.2	7.5	11.8	19.4	28.3	29.4	1.57	5.47	9.4
B	mg/kg	361	51	13	48	1	0.26	52	3	6	15	45	58	77	83	84	−0.73	1.71	52
Cd	mg/kg	361	0.25	0.11	0.23	1.62	0.46	0.26	0.06	0.06	0.09	0.15	0.32	0.51	0.65	0.81	0.94	2.26	0.24
Cl	mg/kg	361	117	135	94	2	1.15	86	31	36	44	68	114	443	893	1590	6.25	50.72	86
Co	mg/kg	361	14.0	3.5	13.5	1.3	0.25	14.2	4.5	5.6	6.6	12.0	16.4	19.8	20.7	21.4	−0.41	−0.29	14.0
Cr	mg/kg	361	73	18	70	1	0.25	76	23	23	30	64	86	99	110	143	−0.55	0.74	73
Cu	mg/kg	361	29.2	9.5	27.6	1.4	0.33	29.0	8.7	11.3	14.3	21.3	34.9	49.5	54.7	59.3	0.43	−0.29	29.1
F	mg/kg	361	555	155	532	1	0.28	568	192	272	292	415	662	835	904	934	0.05	−0.87	555
Ge	mg/kg	361	1.50	0.17	1.49	1.12	0.11	1.50	1.06	1.08	1.13	1.41	1.61	1.83	1.89	1.92	−0.06	−0.05	1.50
Hg	μg/kg	361	74.3	32.1	69.4	1.4	0.43	67.0	16.0	26.0	37.0	57.0	82.0	170.0	219.0	308.0	2.86	12.90	68.1
I	mg/kg	361	1.2	0.4	1.1	1.4	0.36	1.1	0.4	0.5	0.6	0.9	1.4	2.3	2.7	3.3	1.38	2.96	1.1
Mn	mg/kg	361	559	181	525	1	0.32	581	153	162	191	422	681	882	963	1209	−0.06	−0.24	557
Mo	mg/kg	361	0.69	0.18	0.66	1.29	0.27	0.67	0.34	0.35	0.39	0.57	0.79	1.09	1.50	1.63	1.19	3.64	0.67
N	mg/kg	361	1289	396	1226	1	0.31	1270	400	440	560	1020	1510	2150	2430	2900	0.46	0.59	1278
Ni	mg/kg	361	30.2	11.4	27.7	1.6	0.38	31.7	7.0	8.9	11.5	18.6	38.8	48.4	51.5	57.9	−0.13	−1.09	30.2
P	mg/kg	361	797	255	756	1	0.32	757	267	286	331	610	970	1261	1419	2265	0.69	2.14	793
Pb	mg/kg	361	30.4	8.2	29.7	1.2	0.27	29.5	19.4	19.7	21.5	26.0	33.5	41.5	59.4	141.8	7.55	96.55	29.7
S	mg/kg	361	256	85	242	1	0.33	249	74	78	115	195	300	462	514	558	0.71	0.67	252
Se	mg/kg	361	0.26	0.07	0.25	1.32	0.29	0.24	0.09	0.11	0.15	0.21	0.30	0.41	0.53	0.65	1.23	3.31	0.25
Sr	mg/kg	361	126	52	117	1	0.41	125	47	49	56	89	148	269	347	518	2.14	10.60	118
V	mg/kg	361	94	22	91	1	0.23	94	36	39	50	81	108	134	149	154	−0.08	−0.19	94
Zn	mg/kg	361	80	24	76	1	0.31	80	28	34	38	59	98	122	148	169	0.25	−0.22	79
SiO_2	%	361	66.51	5.58	66.28	1.09	0.08	64.97	55.90	57.61	58.62	62.10	70.90	77.26	77.95	78.30	0.52	−0.91	66.51
Al_2O_3	%	361	13.46	1.95	13.32	1.16	0.14	13.40	9.20	9.28	9.80	12.11	14.82	16.83	19.64	20.56	0.21	0.15	13.41
TFe_2O_3	%	361	5.16	1.12	5.03	1.26	0.22	5.13	1.94	2.53	2.93	4.45	5.96	7.01	7.84	8.88	−0.11	−0.17	5.15
MgO	%	361	1.49	0.76	1.25	1.89	0.51	1.74	0.29	0.30	0.41	0.68	2.14	2.55	2.66	2.72	−0.15	−1.59	1.49
CaO	%	361	1.80	1.36	1.25	2.52	0.76	1.31	0.15	0.16	0.21	0.58	2.90	4.71	5.05	5.51	0.62	−0.84	1.80
Na_2O	%	361	1.14	0.46	1.03	1.66	0.41	1.18	0.14	0.21	0.26	0.76	1.45	2.20	2.41	2.82	0.18	0.20	1.14
K_2O	%	361	2.37	0.52	2.31	1.26	0.22	2.45	1.29	1.29	1.39	2.08	2.63	3.41	4.15	4.35	0.23	1.16	2.35
Corg	%	361	1.22	0.42	1.15	1.43	0.35	1.17	0.29	0.31	0.50	0.96	1.46	2.18	2.76	3.19	0.90	2.11	1.20
pH		361						7.43	4.69	4.72	4.95	6.01	8.02	8.26	8.35	8.38			

表 2.8.50 蕲春县表层土壤地球化学参数表

指标	单位	样本数 N	算术平均值 $\bar{X}$	算术标准差 S	几何平均值 X_g	几何标准差 S_g	变异系数 CV	中位值 X_{me}	最小值 X_{min}	累积频率分位值 $X_{0.5\%}$	$X_{2.5\%}$	$X_{25\%}$	$X_{75\%}$	$X_{97.5\%}$	$X_{99.5\%}$	最大值 X_{max}	偏度系数 β_s	峰度系数 β_k	背景值 X'
As	mg/kg	349	4.4	3.1	3.6	1.8	0.71	3.2	1.1	1.2	1.5	2.3	5.6	13.3	15.4	20.8	1.93	4.32	3.8
B	mg/kg	349	20	18	14	2	0.88	14	2	2	3	8	27	64	73	104	1.45	1.67	14
Cd	mg/kg	349	0.17	0.08	0.16	1.40	0.50	0.15	0.07	0.07	0.09	0.13	0.18	0.38	0.53	1.00	4.78	34.38	0.15
Cl	mg/kg	349	74	24	71	1	0.32	70	36	37	40	60	83	127	181	259	2.50	13.49	71
Co	mg/kg	349	17.2	7.1	15.8	1.5	0.42	16.6	4.0	4.1	5.8	12.7	21.0	32.4	40.6	63.2	1.40	5.61	16.7
Cr	mg/kg	349	79	64	65	2	0.80	69	13	13	18	43	90	241	390	604	4.02	24.19	67
Cu	mg/kg	349	33.0	14.8	30.1	1.5	0.45	30.0	7.3	10.5	13.0	22.2	41.4	68.7	89.1	112.5	1.49	3.76	31.3
F	mg/kg	349	426	105	414	1	0.25	409	187	218	260	362	474	679	780	825	0.95	1.31	418
Ge	mg/kg	349	1.32	0.17	1.31	1.13	0.13	1.29	0.99	0.99	1.04	1.20	1.42	1.66	1.77	1.87	0.44	−0.17	1.32
Hg	μg/kg	349	84.6	291.8	55.5	1.8	3.45	53.0	16.0	18.0	24.0	41.0	68.0	187.0	820.0	3 891.0	12.42	158.29	54.4
I	mg/kg	349	1.0	0.3	1.0	1.3	0.33	0.9	0.5	0.5	0.6	0.8	1.1	1.9	2.3	2.9	1.83	5.42	1.0
Mn	mg/kg	349	548	188	517	1	0.34	534	184	186	231	411	658	910	1235	1595	0.93	2.95	541
Mo	mg/kg	349	0.80	0.40	0.73	1.47	0.50	0.71	0.29	0.31	0.38	0.57	0.90	1.74	2.34	4.91	4.23	34.42	0.74
N	mg/kg	349	1160	266	1129	1	0.23	1140	330	540	680	990	1310	1690	1820	2520	0.50	1.71	1158
Ni	mg/kg	349	33.2	27.0	27.1	1.8	0.81	27.6	5.2	5.6	8.2	18.1	38.9	97.4	142.4	298.0	4.46	33.04	28.0
P	mg/kg	349	786	338	727	1	0.43	732	246	274	364	549	950	1612	2455	2763	1.88	6.68	746
Pb	mg/kg	349	32.9	35.2	30.0	1.4	1.07	29.4	13.6	15.6	18.1	25.8	33.2	50.2	95.8	564.6	12.86	178.31	29.3
S	mg/kg	349	246	77	235	1	0.31	238	85	110	120	193	282	405	554	666	1.33	4.22	240
Se	mg/kg	349	0.22	0.12	0.20	1.44	0.55	0.19	0.08	0.08	0.12	0.16	0.23	0.50	0.92	1.20	4.83	31.72	0.19
Sr	mg/kg	349	296	162	251	2	0.55	284	47	50	66	169	391	662	860	1076	1.00	2.01	283
V	mg/kg	349	93	27	89	1	0.28	94	28	28	41	77	111	143	161	191	0.04	0.13	93
Zn	mg/kg	349	77	18	75	1	0.23	75	37	40	47	63	87	115	133	137	0.53	0.40	76
SiO₂	%	349	62.04	5.23	61.82	1.09	0.08	61.12	49.36	51.77	54.11	58.38	65.48	73.65	75.01	76.87	0.52	−0.27	62.04
Al₂O₃	%	349	15.34	1.89	15.22	1.13	0.12	15.46	9.97	10.21	11.55	14.48	16.18	19.23	22.67	25.70	0.89	5.60	15.25
TFe₂O₃	%	349	5.65	1.58	5.42	1.35	0.28	5.60	1.90	2.20	2.64	4.54	6.75	8.55	9.74	11.84	0.25	0.28	5.62
MgO	%	349	1.58	0.91	1.36	1.73	0.58	1.53	0.26	0.31	0.45	0.93	1.96	3.56	4.89	9.11	2.66	15.86	1.48
CaO	%	349	1.73	0.96	1.41	2.02	0.56	1.73	0.19	0.20	0.27	0.86	2.40	3.65	5.09	5.20	0.53	0.39	1.68
Na₂O	%	349	2.06	0.80	1.83	1.76	0.39	2.22	0.17	0.18	0.33	1.51	2.66	3.30	3.50	3.74	−0.50	−0.54	2.06
K₂O	%	349	2.41	0.65	2.33	1.30	0.27	2.29	0.67	1.01	1.45	2.00	2.69	3.99	4.39	5.24	0.99	1.52	2.38
Corg	%	349	1.19	0.30	1.15	1.32	0.25	1.17	0.14	0.47	0.64	1.00	1.37	1.79	2.04	2.54	0.32	1.15	1.19
pH		349						5.78	4.68	4.69	4.97	5.41	6.17	7.67	8.10	8.12			

表 2.8.51 浠水县表层土壤地球化学参数表

指标	单位	样本数 N	算术平均值 $\bar{X}$	算术标准差 S	几何平均值 X_g	几何标准差 S_g	变异系数 CV	中位值 X_{me}	最小值 X_{min}	累积频率分位值 $X_{0.5\%}$	$X_{2.5\%}$	$X_{25\%}$	$X_{75\%}$	$X_{97.5\%}$	$X_{99.5\%}$	最大值 X_{max}	偏度系数 β_s	峰度系数 β_k	背景值 X'
As	mg/kg	450	3.6	3.7	3.0	1.7	1.02	2.6	1.2	1.2	1.4	2.1	3.6	11.0	15.5	62.0	9.47	140.13	2.5
B	mg/kg	450	14	14	10	2	0.99	9	2	3	4	6	13	53	66	74	2.15	3.91	8
Cd	mg/kg	450	0.18	0.22	0.16	1.52	1.20	0.15	0.06	0.07	0.09	0.13	0.17	0.56	1.36	3.70	11.09	154.59	0.15
Cl	mg/kg	450	87	33	82	1	0.38	80	38	41	48	66	96	193	236	274	2.21	6.92	81
Co	mg/kg	450	17.6	4.5	17.0	1.3	0.25	17.6	3.8	4.5	8.8	15.0	20.5	26.7	30.4	38.4	0.13	1.12	17.6
Cr	mg/kg	450	79	42	71	2	0.53	73	14	15	25	56	95	167	192	603	4.89	54.60	75
Cu	mg/kg	450	39.8	24.3	37.0	1.4	0.61	37.7	9.6	11.2	17.4	30.1	45.9	68.5	81.2	482.5	13.55	245.32	38.5
F	mg/kg	450	474	108	462	1	0.23	467	193	240	278	400	534	697	757	1128	0.74	2.68	471
Ge	mg/kg	450	1.23	0.15	1.22	1.13	0.12	1.21	0.81	0.94	0.99	1.12	1.32	1.55	1.63	1.69	0.50	−0.02	1.22
Hg	μg/kg	450	60.1	35.1	54.2	1.5	0.58	50.0	14.0	15.0	27.0	42.0	68.0	137.0	263.0	394.0	4.09	26.96	53.7
I	mg/kg	450	0.9	0.2	0.8	1.3	0.28	0.8	0.4	0.4	0.5	0.7	1.0	1.3	1.5	3.4	2.92	27.51	0.8
Mn	mg/kg	450	579	166	556	1	0.29	568	180	182	267	474	688	852	1021	2137	1.84	16.40	572
Mo	mg/kg	450	0.69	0.31	0.65	1.41	0.46	0.63	0.24	0.27	0.34	0.52	0.77	1.32	2.48	4.17	4.67	39.63	0.65
N	mg/kg	450	1204	234	1180	1	0.19	1200	500	550	740	1050	1350	1690	1840	2190	0.18	0.89	1201
Ni	mg/kg	450	32.3	14.4	29.4	1.6	0.45	30.1	5.1	5.2	10.2	23.0	39.1	61.8	95.2	145.6	1.91	9.82	31.1
P	mg/kg	450	885	290	844	1	0.33	845	277	323	438	713	991	1602	2227	2680	1.65	5.69	854
Pb	mg/kg	450	28.8	29.2	26.6	1.3	1.01	26.4	13.3	14.2	17.3	23.0	29.5	43.5	77.0	520.5	14.50	224.44	26.2
S	mg/kg	450	254	79	246	1	0.31	247	90	109	145	217	279	405	826	958	4.05	31.00	246
Se	mg/kg	450	0.18	0.07	0.17	1.32	0.38	0.16	0.09	0.10	0.12	0.15	0.19	0.35	0.62	0.79	4.36	29.76	0.17
Sr	mg/kg	450	456	225	404	2	0.49	428	65	65	129	307	562	987	1412	1689	1.36	3.80	438
V	mg/kg	450	97	21	94	1	0.22	98	27	27	52	84	111	138	148	168	−0.29	0.64	97
Zn	mg/kg	450	83	65	79	1	0.79	78	39	42	52	70	89	123	178	1410	18.70	378.31	79
SiO_2	%	450	60.05	3.83	59.94	1.06	0.06	59.55	51.32	52.26	54.59	57.54	61.62	71.28	73.93	75.08	1.25	2.43	59.55
Al_2O_3	%	450	15.53	1.23	15.48	1.09	0.08	15.82	10.23	10.54	12.01	15.10	16.33	17.14	17.48	17.74	−1.48	2.71	15.71
TFe_2O_3	%	450	6.03	1.12	5.91	1.23	0.19	6.05	2.09	2.45	3.51	5.44	6.77	8.24	8.63	9.52	−0.34	0.68	6.05
MgO	%	450	1.80	0.59	1.69	1.47	0.33	1.79	0.29	0.39	0.58	1.46	2.15	3.04	3.89	4.81	0.46	2.16	1.77
CaO	%	450	2.40	0.83	2.23	1.53	0.34	2.42	0.28	0.33	0.53	1.98	2.78	4.53	5.61	5.88	0.58	2.72	2.32
Na_2O	%	450	2.44	0.66	2.31	1.44	0.27	2.63	0.30	0.45	0.96	2.14	2.88	3.33	3.46	3.85	−0.96	0.30	2.46
K_2O	%	450	2.37	0.37	2.34	1.17	0.16	2.38	1.41	1.43	1.60	2.12	2.59	3.05	3.68	4.14	0.47	1.73	2.35
Corg	%	450	1.30	0.29	1.27	1.27	0.23	1.30	0.39	0.45	0.73	1.12	1.46	1.86	2.26	3.21	0.77	4.72	1.29
pH		450						5.69	0.70	4.75	5.08	5.42	6.20	8.23	8.34	8.42			

表 2.8.52 罗田县表层土壤地球化学参数表

指标	单位	样本数	算术平均值	算术标准差	几何平均值	几何标准差	变异系数	中位值	最小值	累积频率分位值							最大值	偏度系数	峰度系数	背景值
		N	$\bar{X}$	S	X_g	S_g	CV	X_{me}	X_{min}	$X_{0.5\%}$	$X_{2.5\%}$	$X_{25\%}$	$X_{75\%}$	$X_{97.5\%}$	$X_{99.5\%}$		X_{max}	β_s	β_k	X'
As	mg/kg	60	1.8	0.4	1.7	1.2	0.21	1.7	1.3	1.3	1.3	1.5	1.9	2.8	3.2		3.2	1.55	3.17	1.7
B	mg/kg	60	6	2	6	1	0.31	6	3	3	3	5	7	10	10		10	0.24	−0.48	6
Cd	mg/kg	60	0.16	0.03	0.16	1.22	0.19	0.16	0.09	0.09	0.10	0.14	0.18	0.23	0.23		0.23	−0.03	−0.33	0.16
Cl	mg/kg	60	99	25	96	1	0.26	93	53	53	63	82	113	168	175		175	0.91	1.04	96
Co	mg/kg	60	16.3	2.8	16.1	1.2	0.17	16.0	10.8	10.8	10.9	14.4	17.7	22.0	25.0		25.0	0.37	0.44	16.2
Cr	mg/kg	60	69	24	66	1	0.35	66	30	30	37	57	78	114	202		202	3.00	15.20	67
Cu	mg/kg	60	32.9	10.0	31.6	1.3	0.30	29.9	18.8	18.8	19.5	26.3	36.5	60.3	63.2		63.2	1.24	1.17	31.9
F	mg/kg	60	477	64	473	1	0.13	472	343	343	372	433	507	642	646		646	0.60	0.52	477
Ge	mg/kg	60	1.22	0.10	1.22	1.09	0.08	1.23	1.03	1.03	1.06	1.14	1.29	1.45	1.46		1.46	0.11	−0.47	1.22
Hg	μg/kg	60	46.7	22.7	42.6	1.5	0.49	40.5	22.0	22.0	22.0	32.0	52.0	105.0	144.0		144.0	1.91	5.02	41.0
I	mg/kg	60	0.9	0.2	0.8	1.2	0.20	0.8	0.5	0.5	0.6	0.7	1.0	1.3	1.5		1.5	1.04	2.63	0.8
Mn	mg/kg	60	642	135	628	1	0.21	615	381	381	413	548	720	933	994		994	0.50	−0.17	642
Mo	mg/kg	60	0.64	0.17	0.62	1.29	0.26	0.63	0.35	0.35	0.36	0.50	0.73	1.09	1.11		1.11	0.78	0.57	0.64
N	mg/kg	60	1097	268	1062	1	0.24	1105	500	500	610	860	1290	1530	1630		1630	−0.14	−0.71	1097
Ni	mg/kg	60	29.2	9.2	28.0	1.3	0.31	27.9	11.8	11.8	14.6	24.4	32.3	62.6	66.7		66.7	1.89	6.39	28.0
P	mg/kg	60	917	241	891	1	0.26	884	583	583	590	761	996	1501	2010		2010	1.93	6.48	888
Pb	mg/kg	60	25.1	3.8	24.8	1.2	0.15	25.2	16.3	16.3	18.5	22.3	27.3	32.2	35.1		35.1	0.23	−0.11	25.1
S	mg/kg	60	229	63	220	1	0.27	232	106	106	111	178	278	343	353		353	−0.09	−0.89	229
Se	mg/kg	60	0.14	0.03	0.14	1.20	0.19	0.14	0.09	0.09	0.09	0.12	0.15	0.18	0.25		0.25	1.10	4.44	0.14
Sr	mg/kg	60	408	117	391	1	0.29	390	170	170	194	335	481	640	652		652	0.26	−0.45	408
V	mg/kg	60	92	13	91	1	0.15	92	67	67	71	80	100	119	128		128	0.36	−0.38	92
Zn	mg/kg	60	85	12	84	1	0.14	86	63	63	64	76	91	109	113		113	0.21	−0.25	85
SiO_2	%	60	59.72	2.33	59.68	1.04	0.04	59.52	54.04	54.04	54.23	58.57	61.18	63.88	65.28		65.28	−0.24	0.27	59.72
Al_2O_3	%	60	15.73	0.76	15.71	1.05	0.05	15.64	13.65	13.65	14.06	15.28	16.23	17.56	17.95		17.95	0.07	1.45	15.73
TFe_2O_3	%	60	5.82	0.89	5.76	1.16	0.15	5.71	4.30	4.30	4.48	5.22	6.22	8.56	8.57		8.57	0.95	1.58	5.72
MgO	%	60	1.82	0.36	1.78	1.20	0.20	1.76	1.24	1.24	1.24	1.58	2.03	2.61	3.27		3.27	1.22	3.51	1.79
CaO	%	60	2.51	0.41	2.48	1.18	0.16	2.46	1.59	1.59	1.61	2.26	2.69	3.54	3.59		3.59	0.41	0.62	2.51
Na_2O	%	60	2.90	0.31	2.88	1.12	0.11	2.89	1.97	1.97	2.31	2.67	3.07	3.56	3.62		3.62	−0.05	0.65	2.90
K_2O	%	60	2.40	0.33	2.38	1.15	0.14	2.35	1.86	1.86	1.86	2.19	2.59	3.29	3.32		3.32	0.61	0.23	2.40
Corg	%	60	1.20	0.35	1.15	1.36	0.29	1.20	0.51	0.51	0.57	0.97	1.44	1.78	2.44		2.44	0.56	1.27	1.18
pH		60						5.76	4.89	4.89	4.94	5.31	6.02	6.90	7.35		7.35			

表 2.8.53 红安县表层土壤地球化学参数表

指标	单位	样本数	算术平均值	算术标准差	几何平均值	几何标准差	变异系数	中位值	最小值	累积频率分位值						最大值	偏度系数	峰度系数	背景值
		N	$\overline{X}$	S	X_g	S_g	CV	X_{me}	X_{min}	$X_{0.5\%}$	$X_{2.5\%}$	$X_{25\%}$	$X_{75\%}$	$X_{97.5\%}$	$X_{99.5\%}$	X_{max}	β_s	β_k	X'
As	mg/kg	31	4.6	0.9	4.5	1.2	0.20	4.5	3.1	3.1	3.1	4.0	5.0	6.6	7.3	7.3	0.97	1.48	4.6
B	mg/kg	31	25	6	24	1	0.26	25	14	14	14	21	29	38	39	39	0.43	−0.35	25
Cd	mg/kg	31	0.16	0.04	0.15	1.24	0.27	0.15	0.11	0.11	0.11	0.14	0.17	0.20	0.36	0.36	3.42	15.79	0.15
Cl	mg/kg	31	128	172	101	2	1.35	88	51	51	51	77	116	169	1042	1042	5.32	29.10	97
Co	mg/kg	31	11.4	3.3	10.9	1.4	0.29	11.5	4.6	4.6	4.6	8.9	13.4	16.4	18.3	18.3	−0.06	−0.51	11.4
Cr	mg/kg	31	49	13	48	1	0.27	48	26	26	26	43	54	60	107	107	2.64	11.96	47
Cu	mg/kg	31	18.8	4.3	18.3	1.3	0.23	18.4	12.2	12.2	12.2	15.9	21.2	28.0	28.4	28.4	0.60	−0.09	18.8
F	mg/kg	31	332	39	330	1	0.12	326	249	249	249	313	347	409	415	415	0.29	0.27	332
Ge	mg/kg	31	1.44	0.18	1.43	1.14	0.13	1.41	1.08	1.08	1.08	1.30	1.58	1.76	1.81	1.81	0.13	−0.51	1.44
Hg	μg/kg	31	68.7	28.4	64.3	1.4	0.41	60.0	36.0	36.0	36.0	53.0	68.0	141.0	144.0	144.0	1.59	1.73	68.7
I	mg/kg	31	0.9	0.2	0.9	1.3	0.26	0.9	0.5	0.5	0.5	0.7	1.0	1.3	1.5	1.5	0.56	0.53	0.9
Mn	mg/kg	31	594	153	573	1	0.26	617	294	294	294	479	689	802	821	821	−0.39	−0.84	594
Mo	mg/kg	31	0.49	0.13	0.48	1.28	0.26	0.46	0.32	0.32	0.32	0.40	0.55	0.80	0.84	0.84	1.11	1.06	0.48
N	mg/kg	31	1165	210	1145	1	0.18	1130	790	790	790	1020	1360	1460	1470	1470	−0.17	−1.04	1165
Ni	mg/kg	31	16.7	4.6	16.2	1.3	0.27	16.2	8.1	8.1	8.1	14.2	18.3	22.7	34.5	34.5	1.79	6.67	16.2
P	mg/kg	31	590	88	583	1	0.15	605	376	376	376	542	627	716	787	787	−0.33	0.46	590
Pb	mg/kg	31	23.2	2.6	23.1	1.1	0.11	22.9	18.8	18.8	18.8	21.7	24.9	28.3	29.0	29.0	0.35	−0.15	23.2
S	mg/kg	31	257	53	252	1	0.21	258	158	158	158	229	287	363	369	369	0.20	0.25	257
Se	mg/kg	31	0.15	0.02	0.15	1.15	0.15	0.15	0.11	0.11	0.11	0.13	0.16	0.20	0.20	0.20	0.77	0.14	0.15
Sr	mg/kg	31	141	43	135	1	0.31	136	52	52	52	110	167	218	243	243	0.47	−0.02	141
V	mg/kg	31	79	16	78	1	0.21	77	49	49	49	68	88	107	108	108	0.03	−0.79	79
Zn	mg/kg	31	67	9	67	1	0.14	67	50	50	50	59	73	81	88	88	0.05	−0.57	67
SiO_2	%	31	66.02	3.39	65.93	1.05	0.05	65.27	60.90	60.90	60.90	63.80	67.40	71.66	74.60	74.60	0.73	0.08	66.02
Al_2O_3	%	31	14.18	1.11	14.14	1.08	0.08	14.44	11.69	11.69	11.69	13.16	14.81	16.07	16.47	16.47	−0.22	−0.23	14.18
TFe_2O_3	%	31	4.49	0.88	4.40	1.23	0.20	4.57	2.83	2.83	2.83	3.67	5.15	5.71	6.00	6.00	−0.21	−0.81	4.49
MgO	%	31	1.04	0.33	0.99	1.38	0.32	1.00	0.51	0.51	0.51	0.83	1.23	1.69	1.93	1.93	0.74	0.52	1.04
CaO	%	31	1.32	0.58	1.21	1.56	0.44	1.25	0.46	0.46	0.46	0.84	1.54	2.57	2.59	2.59	0.77	−0.20	1.32
Na_2O	%	31	2.73	0.51	2.68	1.23	0.19	2.78	1.53	1.53	1.53	2.47	3.03	3.54	3.62	3.62	−0.48	−0.15	2.73
K_2O	%	31	2.04	0.22	2.03	1.11	0.11	2.04	1.65	1.65	1.65	1.88	2.20	2.44	2.44	2.44	0.18	−0.86	2.04
Corg	%	31	1.14	0.21	1.12	1.21	0.19	1.12	0.75	0.75	0.75	1.01	1.29	1.44	1.67	1.67	0.24	−0.02	1.14
pH		31						5.81	4.88	4.88	4.88	5.21	6.10	6.90	7.06	7.06			

表 2.8.54　咸安区表层土壤地球化学参数表

指标	单位	样本数	算术平均值	算术标准差	几何平均值	几何标准差	变异系数	中位值	最小值	累积频率分位值						最大值	偏度系数	峰度系数	背景值
		N	$\bar{X}$	S	X_g	S_g	CV	X_{me}	X_{min}	$X_{0.5\%}$	$X_{2.5\%}$	$X_{25\%}$	$X_{75\%}$	$X_{97.5\%}$	$X_{99.5\%}$	X_{max}	β_s	β_k	X'
As	mg/kg	222	13.6	4.6	12.9	1.4	0.34	12.8	6.2	6.2	7.0	10.6	15.1	24.9	32.0	37.8	1.68	4.59	13.0
B	mg/kg	222	63	9	62	1	0.14	64	29	29	43	58	68	79	83	83	−0.55	1.08	63
Cd	mg/kg	222	0.25	0.24	0.20	1.69	0.97	0.19	0.05	0.05	0.09	0.15	0.25	0.60	1.61	1.68	4.70	23.70	0.19
Cl	mg/kg	222	52	12	51	1	0.23	51	34	34	38	44	57	78	99	143	2.92	17.15	50
Co	mg/kg	222	15.4	2.6	15.2	1.2	0.17	15.3	9.0	9.0	10.2	13.7	17.4	20.3	21.1	21.5	−0.03	−0.40	15.4
Cr	mg/kg	222	79	11	79	1	0.14	77	46	46	65	74	83	112	119	119	1.42	3.65	78
Cu	mg/kg	222	26.7	4.6	26.3	1.2	0.17	26.1	16.5	16.5	19.9	23.6	28.8	37.5	39.7	42.7	0.82	0.72	26.6
F	mg/kg	222	482	119	470	1	0.25	451	295	295	344	405	526	795	841	1237	2.09	7.57	457
Ge	mg/kg	222	1.59	0.12	1.59	1.08	0.08	1.60	1.27	1.27	1.35	1.52	1.67	1.83	1.86	1.87	−0.11	−0.30	1.59
Hg	μg/kg	222	101.0	33.2	96.1	1.4	0.33	97.5	38.0	38.0	57.0	79.0	117.0	184.0	224.0	277.0	1.35	3.89	97.6
I	mg/kg	222	1.7	0.8	1.6	1.5	0.45	1.6	0.7	0.7	0.8	1.1	2.0	3.7	4.0	4.7	1.26	1.56	1.6
Mn	mg/kg	222	606	215	564	1	0.36	589	203	203	255	413	772	975	1137	1145	0.13	−0.91	606
Mo	mg/kg	222	0.93	0.29	0.88	1.37	0.32	0.89	0.36	0.36	0.43	0.76	1.05	1.68	1.89	2.06	1.02	1.86	0.89
N	mg/kg	222	1434	464	1372	1	0.32	1370	550	550	760	1150	1610	2580	3280	4460	2.12	9.20	1360
Ni	mg/kg	222	28.6	8.0	27.6	1.3	0.28	26.9	15.0	15.0	17.6	23.7	30.8	52.5	56.8	56.9	1.64	3.10	26.8
P	mg/kg	222	572	137	557	1	0.24	556	259	259	340	488	648	859	1181	1355	1.43	5.73	562
Pb	mg/kg	222	30.0	4.0	29.7	1.1	0.13	29.3	17.2	17.2	23.5	27.5	31.8	37.4	43.8	57.5	1.96	10.83	29.7
S	mg/kg	222	328	200	297	1	0.61	287	123	123	170	231	348	1036	1540	1545	3.80	16.47	284
Se	mg/kg	222	0.30	0.09	0.29	1.27	0.29	0.28	0.14	0.14	0.21	0.25	0.32	0.50	0.73	0.91	2.84	13.65	0.28
Sr	mg/kg	222	55	14	54	1	0.26	52	31	31	40	46	61	84	116	171	3.29	20.69	53
V	mg/kg	222	104	17	103	1	0.17	101	60	60	78	93	111	144	154	161	0.83	0.69	104
Zn	mg/kg	222	75	17	73	1	0.23	70	48	48	52	64	81	117	135	138	1.28	1.54	74
SiO_2	%	222	71.58	4.74	71.41	1.07	0.07	72.71	51.94	51.94	58.61	70.05	74.65	77.66	77.96	78.05	−1.51	2.74	72.13
Al_2O_3	%	222	12.72	1.99	12.58	1.16	0.16	12.27	9.82	9.82	10.01	11.32	13.43	17.26	19.28	19.38	1.18	1.23	12.55
TFe_2O_3	%	222	5.33	0.96	5.25	1.18	0.18	5.12	3.42	3.42	3.94	4.71	5.66	7.64	8.46	8.75	1.14	1.45	5.25
MgO	%	222	0.77	0.33	0.72	1.43	0.42	0.67	0.35	0.35	0.41	0.58	0.81	1.73	1.85	2.17	1.76	2.96	0.69
CaO	%	222	0.50	0.62	0.35	2.12	1.24	0.29	0.04	0.04	0.11	0.22	0.49	1.76	4.46	5.80	4.87	32.15	0.28
Na_2O	%	222	0.23	0.09	0.22	1.40	0.37	0.21	0.07	0.07	0.12	0.18	0.25	0.46	0.54	0.59	1.64	3.15	0.21
K_2O	%	222	1.87	0.34	1.84	1.19	0.18	1.78	1.34	1.34	1.39	1.63	2.09	2.68	2.86	3.04	1.10	0.82	1.87
Corg	%	222	1.41	0.47	1.33	1.40	0.33	1.39	0.40	0.40	0.60	1.10	1.66	2.30	3.44	3.95	1.22	4.68	1.38
pH		222						5.98	4.58	4.58	4.78	5.45	6.83	8.01	8.06	8.06			

表 2.8.55 嘉鱼县表层土壤地球化学参数表

指标	单位	样本数 N	算术平均值 $\bar{X}$	算术标准差 S	几何平均值 X_g	几何标准差 S_g	变异系数 CV	中位值 X_{me}	最小值 X_{min}	$X_{0.5\%}$	$X_{2.5\%}$	$X_{25\%}$	$X_{75\%}$	$X_{97.5\%}$	$X_{99.5\%}$	最大值 X_{max}	偏度系数 β_s	峰度系数 β_k	背景值 X'
As	mg/kg	1889	15.8	36.9	13.1	1.5	2.33	12.4	2.2	5.9	7.6	10.6	14.5	37.7	104.8	933.9	21.56	505.08	12.3
B	mg/kg	1889	77	17	75	1	0.21	76	6	34	48	66	87	114	139	152	0.55	1.69	76
Cd	mg/kg	1889	0.31	0.22	0.26	1.74	0.72	0.26	0.04	0.06	0.08	0.19	0.38	0.83	1.50	3.14	4.70	38.60	0.28
Cl	mg/kg	1889	58	26	54	1	0.44	52	9	20	27	42	66	126	182	258	2.50	10.67	54
Co	mg/kg	1889	17.4	4.5	16.9	1.3	0.26	17.5	2.0	5.1	9.6	15.4	19.7	23.2	25.1	137.4	9.87	267.50	17.5
Cr	mg/kg	1889	92	16	91	1	0.17	89	37	58	71	83	97	129	174	244	2.80	16.14	90
Cu	mg/kg	1889	31.6	9.6	30.3	1.3	0.30	27.6	8.3	15.4	20.8	25.1	37.3	52.5	63.5	81.9	1.19	1.07	31.3
F	mg/kg	1889	626	355	578	1	0.57	516	217	309	365	454	728	1276	2726	5347	6.22	58.86	580
Ge	mg/kg	1889	1.53	0.17	1.52	1.12	0.11	1.53	0.82	1.02	1.17	1.43	1.64	1.86	1.98	3.06	0.21	3.98	1.53
Hg	μg/kg	1889	124.7	680.9	86.5	1.6	5.46	82.0	17.0	34.0	47.0	70.0	101.0	207.0	792.0	20662.0	24.87	657.32	82.6
I	mg/kg	1889	2.1	1.5	1.6	1.9	0.73	1.5	0.4	0.5	0.6	1.0	2.8	6.0	7.6	10.0	1.59	2.76	1.8
Mn	mg/kg	1889	789	760	652	2	0.96	740	69	161	216	428	988	1533	5957	14729	9.20	121.13	716
Mo	mg/kg	1889	1.08	1.86	0.92	1.50	1.72	0.86	0.24	0.47	0.57	0.74	1.02	2.68	8.80	57.74	21.84	587.34	0.87
N	mg/kg	1889	1585	574	1482	1	0.36	1520	100	401	603	1251	1869	2951	3651	6010	1.12	4.33	1546
Ni	mg/kg	1889	35.9	13.5	34.2	1.3	0.38	32.5	7.2	15.7	21.2	28.1	41.9	57.5	81.2	316.0	6.56	109.69	35.1
P	mg/kg	1889	627	279	580	1	0.45	571	142	211	277	444	759	1229	1733	5169	3.70	42.23	603
Pb	mg/kg	1889	34.1	11.8	33.4	1.2	0.35	33.1	14.4	20.7	24.1	30.3	36.2	45.9	67.0	341.8	16.47	363.33	33.3
S	mg/kg	1889	326	261	287	2	0.80	273	68	102	129	220	355	985	1682	5224	8.36	115.58	280
Se	mg/kg	1889	0.35	0.18	0.33	1.36	0.52	0.32	0.09	0.15	0.21	0.28	0.37	0.69	1.27	4.56	10.41	188.10	0.32
Sr	mg/kg	1889	74	40	69	1	0.53	63	16	34	42	55	86	144	202	760	8.71	127.77	69
V	mg/kg	248	121	19	120	1	0.16	118	77	77	90	107	136	158	170	171	0.37	−0.62	121
Zn	mg/kg	1889	89	23	87	1	0.26	82	24	48	60	73	103	135	171	352	1.96	12.59	88
SiO_2	%	1889	67.96	6.47	67.64	1.10	0.10	69.62	42.23	51.43	54.91	62.62	73.01	77.10	79.61	84.75	−0.54	−0.58	67.98
Al_2O_3	%	248	13.49	1.71	13.39	1.13	0.13	13.39	9.96	9.96	10.60	12.14	14.70	17.25	17.82	17.92	0.37	−0.34	13.49
TFe_2O_3	%	1889	5.76	1.19	5.64	1.23	0.21	5.51	1.98	3.16	3.97	4.90	6.54	8.18	9.91	11.22	0.72	0.78	5.73
MgO	%	1889	1.28	0.90	1.08	1.74	0.70	0.88	0.19	0.36	0.50	0.72	1.86	2.81	5.36	12.28	3.39	24.89	1.21
CaO	%	1889	0.96	1.46	0.49	2.92	1.53	0.37	0.01	0.04	0.09	0.24	0.98	5.21	9.17	16.76	3.72	20.61	0.33
Na_2O	%	1889	0.49	0.26	0.43	1.73	0.54	0.41	0.05	0.08	0.13	0.32	0.63	1.13	1.33	1.44	1.06	0.65	0.48
K_2O	%	1889	2.08	0.49	2.03	1.26	0.24	1.92	0.51	0.95	1.35	1.76	2.41	3.11	3.25	4.09	0.75	0.08	2.08
Corg	%	1889	1.50	0.61	1.38	1.56	0.40	1.44	0.11	0.25	0.45	1.15	1.80	2.91	3.76	6.60	1.30	5.80	1.46
pH		1889						5.83	3.70	4.25	4.50	5.24	7.41	8.26	8.39	8.81			

表 2.8.56　赤壁市表层土壤地球化学参数表

指标	单位	样本数	算术平均值	算术标准差	几何平均值	几何标准差	变异系数	中位值	最小值	累积频率分位值						最大值	偏度系数	峰度系数	背景值
		N	$\bar{X}$	S	X_g	S_g	CV	X_{me}	X_{min}	$X_{0.5\%}$	$X_{2.5\%}$	$X_{25\%}$	$X_{75\%}$	$X_{97.5\%}$	$X_{99.5\%}$	X_{max}	β_s	β_k	X'
As	mg/kg	309	13.1	6.5	12.5	1.3	0.50	12.2	6.3	6.7	8.1	10.6	14.2	19.5	46.8	99.5	9.12	109.90	12.5
B	mg/kg	309	63	10	62	1	0.15	64	30	34	43	57	68	85	91	95	0.04	1.06	63
Cd	mg/kg	309	0.26	0.10	0.24	1.52	0.38	0.24	0.05	0.06	0.08	0.19	0.31	0.48	0.52	0.56	0.58	0.07	0.26
Cl	mg/kg	309	64	19	62	1	0.29	62	30	33	38	53	72	102	135	216	2.34	14.90	63
Co	mg/kg	309	16.2	2.8	15.9	1.2	0.17	16.0	7.1	7.3	10.3	14.7	17.9	21.5	23.2	26.4	−0.09	0.87	16.3
Cr	mg/kg	309	82	10	81	1	0.12	81	50	51	60	77	87	104	107	118	0.28	1.10	82
Cu	mg/kg	309	28.8	6.1	28.3	1.2	0.21	27.4	16.0	18.6	20.9	25.2	30.5	46.8	49.3	52.1	1.58	2.73	27.4
F	mg/kg	309	561	217	539	1	0.39	515	348	358	384	452	608	928	1394	3150	6.71	69.62	525
Ge	mg/kg	309	1.62	0.16	1.61	1.11	0.10	1.62	1.06	1.19	1.28	1.53	1.70	1.96	2.11	2.30	0.40	1.87	1.61
Hg	μg/kg	309	90.9	32.7	86.6	1.3	0.36	84.0	36.0	38.0	49.0	73.0	99.0	167.0	231.0	354.0	2.96	15.95	85.1
I	mg/kg	309	6.2	79.0	1.6	1.7	12.69	1.6	0.7	0.7	0.8	1.2	2.2	3.5	5.1	1 390.0	17.58	308.95	1.7
Mn	mg/kg	309	645	257	596	2	0.40	601	160	161	258	456	798	1243	1425	1575	0.85	0.77	629
Mo	mg/kg	309	0.95	0.42	0.90	1.35	0.44	0.88	0.46	0.51	0.56	0.73	1.05	1.65	2.54	5.92	6.42	67.37	0.88
N	mg/kg	309	1468	423	1410	1	0.29	1450	600	630	730	1220	1670	2460	2840	4010	1.14	4.55	1431
Ni	mg/kg	309	30.5	7.2	29.8	1.2	0.24	29.2	16.1	17.1	19.9	26.0	32.4	49.8	53.4	57.3	1.37	1.95	28.9
P	mg/kg	309	622	177	601	1	0.28	581	262	322	388	501	695	1037	1360	1600	1.68	4.80	607
Pb	mg/kg	309	33.3	5.4	33.0	1.2	0.16	32.8	23.0	24.7	25.8	30.2	35.5	42.8	53.8	82.3	3.25	24.27	32.9
S	mg/kg	309	333	190	306	1	0.57	296	130	143	171	250	350	901	1068	2282	5.21	40.59	297
Se	mg/kg	309	0.35	0.08	0.35	1.23	0.22	0.34	0.18	0.22	0.25	0.30	0.39	0.54	0.66	0.73	1.36	3.36	0.35
Sr	mg/kg	309	63	20	61	1	0.31	57	31	32	44	52	66	123	145	156	2.17	5.41	58
V	mg/kg	309	110	16	109	1	0.15	107	68	78	86	100	117	152	161	168	1.03	1.39	109
Zn	mg/kg	309	83	20	81	1	0.24	78	50	56	59	71	88	127	149	271	3.50	25.54	81
SiO_2	%	309	68.54	4.76	68.36	1.08	0.07	69.74	51.82	53.96	55.99	67.16	71.50	75.16	75.93	76.99	−1.24	1.20	68.78
Al_2O_3	%	309	13.51	1.85	13.40	1.14	0.14	13.10	10.35	10.38	10.80	12.22	14.34	18.73	19.20	19.49	1.17	1.27	13.30
TFe_2O_3	%	309	5.63	0.98	5.55	1.18	0.17	5.45	3.58	3.75	4.28	4.98	5.98	8.24	8.63	9.24	1.13	1.35	5.53
MgO	%	309	0.97	0.51	0.89	1.48	0.53	0.80	0.38	0.46	0.52	0.68	1.08	2.27	2.52	5.13	3.22	17.13	0.85
CaO	%	309	0.80	1.03	0.51	2.38	1.29	0.43	0.06	0.07	0.13	0.28	0.75	3.98	6.05	6.70	3.13	11.28	0.41
Na_2O	%	309	0.33	0.18	0.29	1.60	0.56	0.27	0.08	0.08	0.12	0.22	0.37	0.90	1.00	1.14	1.92	3.80	0.28
K_2O	%	309	2.06	0.38	2.03	1.19	0.18	1.92	1.36	1.44	1.61	1.79	2.28	2.97	3.15	3.27	1.05	0.25	2.06
Corg	%	309	1.44	0.47	1.36	1.44	0.32	1.46	0.29	0.32	0.53	1.17	1.68	2.36	2.92	3.81	0.58	2.41	1.42
pH		309						6.30	4.51	4.59	4.84	5.54	7.31	7.99	8.06	8.14			

表 2.8.57　随县表层土壤地球化学参数表

指标	单位	样本数	算术平均值	算术标准差	几何平均值	几何标准差	变异系数	中位值	最小值	累积频率分位值						最大值	偏度系数	峰度系数	背景值
		N	$\overline{X}$	S	X_g	S_g	CV	X_{me}	X_{min}	$X_{0.5\%}$	$X_{2.5\%}$	$X_{25\%}$	$X_{75\%}$	$X_{97.5\%}$	$X_{99.5\%}$	X_{max}	β_s	β_k	X'
As	mg/kg	5656	10.6	9.2	8.7	1.8	0.87	8.9	1.0	2.1	2.9	5.9	12.3	32.4	58.5	191.9	6.51	79.62	9.0
B	mg/kg	5656	41	20	35	2	0.50	39	2	5	9	24	55	83	99	157	0.54	0.29	40
Cd	mg/kg	5656	0.29	0.40	0.23	1.76	1.38	0.21	0.04	0.07	0.10	0.16	0.29	0.95	2.33	8.68	11.42	178.17	0.22
Cl	mg/kg	5324	61	42	54	2	0.69	51	15	22	28	41	66	159	278	1025	7.22	100.62	52
Co	mg/kg	5324	17.7	8.7	15.8	1.6	0.49	16.5	1.9	4.2	5.8	11.9	21.2	40.6	53.1	97.7	1.69	5.74	16.5
Cr	mg/kg	5656	84	61	72	2	0.73	79	1	16	23	56	94	215	479	1036	6.17	61.74	74
Cu	mg/kg	5656	33.3	17.5	29.9	1.6	0.52	29.6	4.1	8.2	11.6	22.6	40.4	77.7	111.2	323.4	3.11	24.73	30.8
F	mg/kg	5656	628	287	576	1	0.46	536	149	239	300	430	765	1333	1698	3813	2.05	9.45	597
Ge	mg/kg	5656	1.47	0.24	1.45	1.18	0.16	1.46	0.43	0.86	1.01	1.32	1.61	1.98	2.23	3.29	0.39	1.49	1.46
Hg	μg/kg	5656	61.0	50.9	53.3	1.6	0.83	53.0	7.6	15.9	21.0	39.9	69.0	150.0	260.0	1 600.0	13.58	325.10	53.9
I	mg/kg	5324	1.1	0.7	1.0	1.6	0.60	0.9	0.2	0.4	0.5	0.7	1.4	3.0	4.3	8.1	2.50	10.73	1.0
Mn	mg/kg	5324	665	333	599	2	0.50	599	43	199	262	434	815	1447	2034	4403	2.36	13.31	630
Mo	mg/kg	5656	1.37	2.21	0.88	2.19	1.62	0.73	0.18	0.27	0.32	0.51	1.24	7.30	15.64	38.17	6.28	57.68	0.74
N	mg/kg	5656	1741	700	1607	2	0.40	1638	159	443	656	1250	2106	3441	4226	7017	1.09	2.60	1691
Ni	mg/kg	5656	38.4	26.7	32.6	1.8	0.69	34.8	0.4	6.2	9.7	23.6	46.9	94.9	191.8	396.6	4.71	41.12	34.8
P	mg/kg	5656	819	632	688	2	0.77	644	99	178	262	472	964	2319	4120	14 323	5.10	57.75	692
Pb	mg/kg	5656	24.1	7.6	23.3	1.3	0.31	23.2	4.3	8.7	13.2	20.5	27.1	37.3	52.7	298.0	10.18	312.40	23.6
S	mg/kg	5324	272	156	251	1	0.57	262	30	78	107	198	325	486	732	5988	18.28	596.36	263
Se	mg/kg	5656	0.33	0.54	0.27	1.69	1.64	0.23	0.07	0.11	0.14	0.19	0.33	0.98	2.14	20.42	22.37	675.61	0.24
Sr	mg/kg	5656	151	121	121	2	0.80	109	11	28	43	76	177	508	708	1242	2.40	7.48	117
V	mg/kg	1367	104	51	94	2	0.49	93	22	29	42	73	119	242	299	626	2.32	11.45	94
Zn	mg/kg	5656	99	53	92	1	0.54	86	21	46	54	70	115	187	312	1424	8.94	157.95	94
SiO_2	%	5324	61.62	6.65	61.24	1.12	0.11	62.68	16.77	41.93	46.42	57.44	66.73	71.53	74.13	81.51	−0.73	0.84	61.75
Al_2O_3	%	3002	14.24	1.25	14.19	1.09	0.09	14.16	9.71	11.14	12.06	13.41	14.96	17.01	18.92	23.40	0.73	2.63	14.19
TFe_2O_3	%	5656	6.51	2.46	6.07	1.45	0.38	6.00	1.64	2.35	2.96	4.72	7.88	12.33	13.74	18.92	0.84	0.41	6.46
MgO	%	5656	1.83	1.12	1.59	1.67	0.61	1.49	0.29	0.50	0.69	1.08	2.32	4.47	6.85	15.82	3.03	20.02	1.69
CaO	%	5656	1.51	1.49	1.13	2.02	0.99	1.01	0.09	0.18	0.34	0.72	1.64	5.81	8.23	22.57	3.87	26.84	1.02
Na_2O	%	5324	1.67	0.90	1.40	1.92	0.54	1.51	0.08	0.14	0.29	0.95	2.33	3.57	4.40	5.50	0.60	−0.03	1.64
K_2O	%	5656	2.15	0.53	2.08	1.31	0.24	2.12	0.18	0.64	1.06	1.88	2.40	3.38	3.87	5.97	0.41	2.25	2.14
Corg	%	5656	1.61	0.64	1.50	1.48	0.40	1.55	0.13	0.34	0.62	1.22	1.92	2.94	4.40	11.21	2.61	23.06	1.56
pH		5656						6.06	3.07	4.54	4.93	5.57	6.70	8.02	8.20	8.41			

表 2.8.58 曾都区表层土壤地球化学参数表

指标	单位	样本数 N	算术平均值 $\overline{X}$	算术标准差 S	几何平均值 X_g	几何标准差 S_g	变异系数 CV	中位值 X_{me}	最小值 X_{min}	累积频率分位值 $X_{0.5\%}$	$X_{2.5\%}$	$X_{25\%}$	$X_{75\%}$	$X_{97.5\%}$	$X_{99.5\%}$	最大值 X_{max}	偏度系数 β_s	峰度系数 β_k	背景值 X'
As	mg/kg	356	7.4	2.3	7.1	1.4	0.31	7.1	2.4	2.8	3.8	5.9	8.5	12.8	16.0	17.2	1.03	1.81	7.3
B	mg/kg	356	36	13	33	1	0.35	35	7	9	14	26	45	60	65	90	0.41	0.11	35
Cd	mg/kg	356	0.20	0.08	0.19	1.37	0.39	0.18	0.07	0.08	0.12	0.15	0.22	0.38	0.56	0.78	2.95	15.42	0.18
Cl	mg/kg	356	54	33	50	1	0.62	49	17	18	29	43	58	96	141	566	11.14	163.08	49
Co	mg/kg	356	20.5	9.6	18.5	1.6	0.47	17.7	7.7	7.8	8.9	12.6	26.5	42.4	48.1	55.3	0.92	0.24	20.3
Cr	mg/kg	356	83	45	73	2	0.54	68	17	25	32	54	101	189	280	350	2.04	6.48	77
Cu	mg/kg	356	35.1	17.0	31.8	1.5	0.48	30.0	12.5	13.2	15.2	22.4	43.6	74.7	86.1	150.0	1.75	6.03	34.1
F	mg/kg	356	503	144	487	1	0.29	467	295	308	333	408	549	882	1048	1385	1.95	5.85	477
Ge	mg/kg	356	1.54	0.22	1.53	1.15	0.14	1.51	1.08	1.15	1.18	1.38	1.67	2.06	2.16	2.39	0.84	0.84	1.54
Hg	µg/kg	356	58.5	31.5	52.8	1.5	0.54	52.5	17.6	19.0	21.7	40.0	66.0	149.0	202.0	280.0	2.92	13.07	53.0
I	mg/kg	356	1.0	0.4	0.9	1.5	0.41	0.9	0.3	0.4	0.4	0.7	1.2	1.9	2.3	3.3	1.42	4.27	0.9
Mn	mg/kg	356	707	215	677	1	0.30	656	315	327	400	537	843	1215	1276	1360	0.72	-0.13	705
Mo	mg/kg	356	0.83	0.71	0.72	1.61	0.86	0.67	0.30	0.32	0.37	0.50	0.92	2.24	3.71	10.91	8.75	114.10	0.71
N	mg/kg	356	1351	424	1295	1	0.31	1303	605	608	691	1094	1488	2579	3006	3448	1.62	4.43	1280
Ni	mg/kg	356	41.6	30.7	34.3	1.8	0.74	31.3	5.3	10.1	13.2	22.9	50.6	140.1	166.9	238.8	2.52	8.51	34.6
P	mg/kg	356	753	363	688	2	0.48	638	192	270	357	515	857	1640	2259	2936	2.02	5.97	685
Pb	mg/kg	356	24.5	16.5	23.3	1.3	0.67	23.3	12.5	13.1	15.8	20.5	25.7	36.2	52.9	317.8	16.03	284.34	22.9
S	mg/kg	356	275	431	244	1	1.57	248	93	107	130	208	289	420	541	8260	17.99	333.83	247
Se	mg/kg	356	0.22	0.12	0.20	1.41	0.56	0.19	0.07	0.11	0.13	0.17	0.22	0.44	0.82	1.41	5.69	45.33	0.19
Sr	mg/kg	356	172	84	154	2	0.49	157	52	53	64	113	205	409	488	523	1.41	2.62	160
V	mg/kg	356	127	61	116	2	0.48	106	50	52	59	83	149	287	359	382	1.47	2.03	121
Zn	mg/kg	356	85	25	81	1	0.29	79	43	45	51	65	101	142	161	175	0.87	0.55	83
SiO$_2$	%	356	61.00	6.75	60.62	1.12	0.11	61.12	44.30	44.53	48.24	55.59	67.10	71.24	72.21	72.62	-0.20	-1.03	61.00
Al$_2$O$_3$	%	356	14.06	1.36	14.00	1.10	0.10	13.97	11.25	11.30	11.87	13.08	14.87	17.34	19.10	19.64	0.79	1.40	13.98
TFe$_2$O$_3$	%	356	6.57	2.29	6.19	1.41	0.35	6.03	3.00	3.26	3.69	4.64	8.23	11.52	12.14	12.72	0.61	-0.67	6.57
MgO	%	356	1.73	0.87	1.54	1.61	0.50	1.45	0.66	0.70	0.77	1.01	2.35	3.69	4.46	5.39	1.03	0.80	1.69
CaO	%	356	1.91	1.27	1.55	1.91	0.66	1.45	0.37	0.40	0.45	0.94	2.67	4.75	5.76	6.89	1.23	1.11	1.85
Na$_2$O	%	356	1.88	0.51	1.80	1.34	0.27	1.87	0.61	0.65	0.86	1.55	2.20	2.87	3.36	3.61	0.26	0.50	1.86
K$_2$O	%	356	2.09	0.36	2.05	1.19	0.17	2.10	1.25	1.26	1.34	1.84	2.33	2.75	3.22	3.56	0.25	0.90	2.07
Corg	%	356	1.28	0.34	1.24	1.32	0.27	1.27	0.49	0.50	0.67	1.09	1.47	1.95	2.57	2.90	0.79	2.80	1.26
pH		356						6.28	4.90	5.06	5.35	5.91	6.83	7.54	7.81	8.00			

表 2.8.59 广水市表层土壤地球化学参数表

指标	单位	样本数 N	算术平均值 $\bar{X}$	算术标准差 S	几何平均值 X_g	几何标准差 S_g	变异系数 CV	中位值 X_{me}	最小值 X_{min}	累积频率分位值 $X_{0.5\%}$	$X_{2.5\%}$	$X_{25\%}$	$X_{75\%}$	$X_{97.5\%}$	$X_{99.5\%}$	最大值 X_{max}	偏度系数 β_s	峰度系数 β_k	背景值 X'
As	mg/kg	657	5.4	2.2	4.9	1.6	0.41	5.4	0.8	1.1	1.6	3.8	6.7	10.0	11.6	21.2	0.83	3.42	5.4
B	mg/kg	657	27	12	24	2	0.43	26	3	4	6	19	34	54	62	69	0.46	0.29	27
Cd	mg/kg	657	0.17	0.08	0.16	1.34	0.50	0.16	0.03	0.05	0.09	0.14	0.18	0.25	0.51	1.83	13.07	245.18	0.16
Cl	mg/kg	657	47	20	44	1	0.43	45	15	18	22	35	55	93	140	266	3.57	27.63	45
Co	mg/kg	657	14.9	8.2	13.2	1.6	0.55	12.5	1.7	4.3	6.1	9.6	16.9	37.0	51.4	56.9	1.92	4.64	13.2
Cr	mg/kg	657	55	27	51	2	0.48	49	9	13	23	40	63	129	203	245	2.64	11.27	52
Cu	mg/kg	657	23.2	13.2	21.0	1.5	0.57	19.5	2.6	7.0	10.9	16.1	25.4	58.0	93.5	154.6	3.64	21.86	20.2
F	mg/kg	657	453	134	440	1	0.30	433	192	255	296	385	481	800	1200	1756	3.88	25.40	430
Ge	mg/kg	657	1.37	0.22	1.35	1.18	0.16	1.38	0.81	0.83	0.94	1.20	1.51	1.83	1.96	1.99	0.01	−0.28	1.37
Hg	μg/kg	657	40.4	19.0	37.0	1.5	0.47	37.0	6.3	9.5	15.9	28.9	47.0	84.6	146.1	154.0	2.32	9.26	37.6
I	mg/kg	657	1.0	0.4	0.9	1.4	0.43	0.9	0.3	0.4	0.5	0.7	1.1	1.9	2.7	4.9	3.20	20.94	0.9
Mn	mg/kg	657	606	221	572	1	0.36	566	178	206	285	469	698	1160	1371	2816	2.40	16.05	582
Mo	mg/kg	657	0.60	0.27	0.57	1.31	0.46	0.55	0.29	0.33	0.36	0.48	0.65	1.04	1.59	5.90	12.04	223.48	0.56
N	mg/kg	657	1085	323	1037	1	0.30	1076	102	288	486	899	1252	1648	2265	3882	1.90	14.92	1072
Ni	mg/kg	657	29.5	32.7	23.2	1.8	1.11	21.1	3.3	5.5	9.3	16.3	30.0	108.6	265.4	350.6	5.57	39.71	21.7
P	mg/kg	657	599	275	557	1	0.46	545	137	198	291	445	678	1451	1907	3105	3.40	19.23	553
Pb	mg/kg	657	27.6	15.0	26.3	1.3	0.54	26.0	11.8	14.8	16.7	23.1	29.6	49.7	94.7	307.4	12.76	213.22	25.9
S	mg/kg	657	205	65	195	1	0.32	199	43	59	89	162	247	334	418	472	0.51	0.64	204
Se	mg/kg	657	0.17	0.05	0.17	1.24	0.30	0.17	0.07	0.09	0.12	0.15	0.18	0.27	0.37	0.93	7.51	92.85	0.16
Sr	mg/kg	657	194	111	170	2	0.57	162	46	51	77	118	230	477	600	981	1.98	6.16	179
V	mg/kg	657	90	40	83	1	0.45	80	15	35	46	66	99	204	245	286	1.89	3.92	79
Zn	mg/kg	657	71	18	69	1	0.25	69	20	37	44	60	78	118	142	183	1.47	4.30	68
SiO₂	%	657	63.76	5.25	63.53	1.09	0.08	64.70	42.43	47.38	49.70	61.72	67.20	71.82	73.69	78.90	−1.03	1.31	63.92
Al₂O₃	%	657	13.57	1.06	13.53	1.08	0.08	13.54	10.00	10.95	11.52	12.92	14.20	15.83	17.58	19.06	0.58	2.53	13.53
TFe₂O₃	%	657	4.95	1.94	4.65	1.41	0.39	4.43	1.55	2.16	2.62	3.69	5.52	10.14	12.03	13.39	1.63	2.77	4.49
MgO	%	657	1.29	0.74	1.16	1.55	0.57	1.06	0.16	0.45	0.62	0.86	1.45	3.16	4.42	8.35	3.52	22.43	1.12
CaO	%	657	1.54	0.94	1.34	1.67	0.61	1.25	0.29	0.33	0.56	0.95	1.84	4.30	5.61	7.02	2.05	5.40	1.36
Na₂O	%	657	2.39	0.58	2.31	1.31	0.24	2.43	0.56	0.86	1.21	2.00	2.78	3.54	3.86	4.29	−0.12	−0.01	2.39
K₂O	%	657	2.29	0.59	2.21	1.33	0.26	2.24	0.69	0.70	1.06	1.91	2.64	3.50	3.74	4.39	0.19	0.33	2.29
Corg	%	657	1.13	0.43	1.06	1.42	0.38	1.08	0.12	0.22	0.51	0.90	1.29	1.93	3.19	5.14	3.81	31.63	1.09
pH		657						5.85	4.46	4.80	5.06	5.55	6.29	7.26	7.65	7.96			

表 2.8.60 恩施市表层土壤地球化学参数表

指标	单位	样本数	算术平均值	算术标准差	几何平均值	几何标准差	变异系数	中位值	最小值	累积频率分位值						最大值	偏度系数	峰度系数	背景值
		N	$\bar{X}$	S	X_g	S_g	CV	X_{me}	X_{min}	$X_{0.5\%}$	$X_{2.5\%}$	$X_{25\%}$	$X_{75\%}$	$X_{97.5\%}$	$X_{99.5\%}$	X_{max}	β_s	β_k	X'
As	mg/kg	20 748	14.0	5.5	12.7	1.6	0.39	14.3	0.3	2.2	3.7	10.5	17.4	24.3	30.7	86.5	0.50	4.26	13.9
B	mg/kg	20 748	81	44	74	1	0.54	72	6	16	35	63	85	181	327	1095	5.90	66.98	72
Cd	mg/kg	20 748	0.99	2.51	0.53	2.39	2.54	0.45	0.03	0.10	0.15	0.32	0.71	5.70	15.97	99.35	11.83	237.64	0.43
Cl	mg/kg	20 212	54	30	51	1	0.55	50	7	25	30	42	59	105	200	1710	16.40	621.60	50
Co	mg/kg	20 212	19.1	6.0	18.0	1.4	0.31	18.6	1.0	3.0	7.3	15.5	23.0	29.8	34.0	227.0	2.77	81.80	19.0
Cr	mg/kg	20 748	95	50	89	1	0.52	88	8	22	49	78	99	194	382	2470	12.51	363.72	87
Cu	mg/kg	20 748	33.6	15.2	30.9	1.5	0.45	30.3	3.0	8.0	14.3	24.3	38.3	75.0	100.5	222.4	2.25	9.75	30.9
F	mg/kg	20 748	1082	844	921	2	0.78	871	153	265	409	653	1188	3664	6213	11 526	4.14	23.32	892
Ge	mg/kg	20 748	1.49	0.23	1.47	1.18	0.16	1.50	0.27	0.80	0.98	1.36	1.64	1.91	2.10	3.28	−0.27	1.35	1.49
Hg	μg/kg	20 748	115.3	100.6	103.0	1.6	0.87	108.0	7.0	22.0	34.0	84.5	130.0	242.0	431.0	8 550.0	40.70	2 861.88	106.2
I	mg/kg	20 212	3.7	2.3	3.0	2.0	0.62	3.4	0.1	0.5	0.7	1.9	4.8	9.2	11.6	31.1	1.10	2.65	3.5
Mn	mg/kg	20 212	1050	574	879	2	0.55	1034	45	129	188	633	1378	2296	3090	8315	1.22	6.64	1020
Mo	mg/kg	20 748	3.78	10.05	1.70	2.71	2.66	1.29	0.10	0.34	0.45	0.94	2.32	26.84	65.25	370.25	10.68	209.49	1.23
N	mg/kg	20 748	1814	719	1690	1	0.40	1689	52	451	791	1364	2121	3538	5104	9700	1.95	8.82	1740
Ni	mg/kg	20 748	41.2	22.7	37.7	1.5	0.55	37.0	2.8	7.3	17.9	30.7	45.2	96.4	171.7	575.1	5.82	68.39	37.3
P	mg/kg	20 748	835	343	772	1	0.41	779	78	209	335	609	998	1656	2131	7416	1.71	11.06	807
Pb	mg/kg	20 748	33.7	9.4	32.7	1.3	0.28	33.5	7.7	15.1	19.2	29.4	37.1	49.2	71.7	455.7	10.22	335.72	33.0
S	mg/kg	20 212	280	125	259	1	0.45	256	8	76	120	206	326	566	807	3239	3.87	47.70	265
Se	mg/kg	20 748	1.10	2.07	0.73	2.11	1.87	0.62	0.03	0.16	0.25	0.46	0.98	5.45	11.64	86.59	13.63	343.13	0.63
Sr	mg/kg	13 503	85	63	75	2	0.74	71	19	31	38	57	92	221	474	1704	7.45	97.93	74
V	mg/kg	15 938	134	99	120	1	0.74	116	12	28	58	102	132	368	695	3825	10.37	220.57	115
Zn	mg/kg	20 748	100	31	96	1	0.31	97	2	26	50	84	112	167	241	1137	4.50	82.12	98
SiO_2	%	20 212	67.45	5.57	67.22	1.09	0.08	67.05	32.95	53.24	57.75	63.78	70.79	80.01	84.45	90.45	0.33	0.94	67.33
Al_2O_3	%	18 076	13.66	2.35	13.43	1.21	0.17	13.93	3.76	6.74	8.14	12.28	15.32	17.57	19.02	21.66	−0.56	0.41	13.70
TFe_2O_3	%	20 748	5.74	1.36	5.55	1.32	0.24	5.76	0.48	1.36	2.89	4.92	6.63	8.23	9.25	23.11	−0.10	2.37	5.78
MgO	%	20 748	1.72	1.48	1.44	1.71	0.86	1.38	0.15	0.37	0.60	1.04	1.79	6.37	10.77	21.10	4.40	25.75	1.36
CaO	%	20 748	0.62	1.05	0.43	2.04	1.70	0.41	0.03	0.10	0.13	0.27	0.60	2.62	7.31	27.68	9.46	131.71	0.41
Na_2O	%	20 212	0.38	0.16	0.35	1.49	0.43	0.35	0.05	0.13	0.17	0.27	0.46	0.76	1.06	2.43	1.63	5.74	0.37
K_2O	%	20 748	2.33	0.71	2.22	1.40	0.30	2.34	0.24	0.75	1.00	1.86	2.79	3.75	4.29	6.34	0.17	0.15	2.33
Corg	%	20 748	1.63	0.70	1.49	1.53	0.43	1.50	0.01	0.35	0.62	1.18	1.94	3.30	4.62	15.19	2.10	14.11	1.56
pH		20 747						5.61	3.42	4.11	4.36	5.01	6.62	8.12	8.28	9.14			

表 2.8.61　宣恩县表层土壤地球化学参数表

指标	单位	样本数	算术平均值	算术标准差	几何平均值	几何标准差	变异系数	中位值	最小值	累积频率分位值						最大值	偏度系数	峰度系数	背景值
		N	$\bar{X}$	S	X_g	S_g	CV	X_{me}	X_{min}	$X_{0.5\%}$	$X_{2.5\%}$	$X_{25\%}$	$X_{75\%}$	$X_{97.5\%}$	$X_{99.5\%}$	X_{max}	β_s	β_k	X'
As	mg/kg	11 191	13.1	12.2	11.2	1.8	0.93	12.7	1.2	2.2	3.1	7.9	16.4	29.3	45.4	898.5	38.36	2 574.20	12.3
B	mg/kg	11 191	80	40	74	1	0.50	72	2	23	35	62	85	175	311	757	4.56	36.38	73
Cd	mg/kg	11 191	0.70	1.40	0.46	2.15	1.99	0.43	0.05	0.09	0.13	0.29	0.63	3.27	8.58	47.38	13.28	289.87	0.42
Cl	mg/kg	10 152	54	27	51	1	0.49	50	5	23	29	41	61	107	178	1048	10.07	248.99	51
Co	mg/kg	10 152	18.2	5.5	17.3	1.4	0.30	17.8	2.3	5.0	8.1	14.6	21.4	29.5	35.3	74.0	0.68	3.30	18.1
Cr	mg/kg	11 191	92	41	88	1	0.45	85	16	37	60	77	95	179	323	1112	9.09	143.23	85
Cu	mg/kg	11 191	32.1	14.2	29.8	1.4	0.44	29.0	7.2	11.1	15.3	23.9	36.0	70.3	94.6	376.8	3.76	43.52	29.4
F	mg/kg	11 191	1141	1018	942	2	0.89	839	242	354	447	661	1191	4410	7061	13 659	4.13	22.91	872
Ge	mg/kg	11 191	1.46	0.24	1.44	1.18	0.16	1.47	0.47	0.80	0.97	1.32	1.61	1.91	2.11	5.85	0.54	11.52	1.46
Hg	μg/kg	11 191	137.6	472.4	114.1	1.7	3.43	119.8	11.0	26.0	38.7	89.0	150.0	285.1	570.7	45 418.5	81.16	7 587.36	118.6
I	mg/kg	10 151	3.7	2.8	2.7	2.3	0.75	3.2	0.02	0.3	0.5	1.4	5.0	10.6	14.0	27.0	1.31	2.50	3.5
Mn	mg/kg	10 152	923	593	726	2	0.64	869	59	122	160	417	1291	2252	3115	5581	1.12	3.03	888
Mo	mg/kg	11 191	2.58	8.75	1.31	2.45	3.40	1.13	0.21	0.32	0.38	0.76	1.69	17.63	40.84	664.00	41.53	2 940.84	1.07
N	mg/kg	11 191	2038	813	1897	1	0.40	1900	266	532	797	1541	2373	4010	5504	12 626	1.85	8.74	1953
Ni	mg/kg	11 191	39.6	18.9	37.1	1.4	0.48	36.2	6.0	13.2	20.3	31.0	43.0	87.6	148.6	584.3	6.37	93.43	36.3
P	mg/kg	11 191	763	336	697	2	0.44	708	108	187	275	538	921	1568	2066	5405	1.64	7.50	733
Pb	mg/kg	11 191	40.1	101.3	35.5	1.4	2.53	34.6	10.6	17.4	20.9	30.1	39.4	79.7	203.4	7 837.8	57.13	3 867.18	34.1
S	mg/kg	10 152	324	147	298	2	0.45	298	56	91	128	235	385	661	937	3412	3.32	37.47	310
Se	mg/kg	11 191	0.85	1.47	0.60	1.96	1.73	0.53	0.06	0.17	0.23	0.40	0.74	4.01	9.51	44.00	10.37	178.08	0.53
Sr	mg/kg	8944	65	38	60	1	0.58	60	16	24	31	49	72	125	229	1112	11.89	246.90	60
V	mg/kg	4957	120	75	112	1	0.63	109	24	42	64	99	122	238	531	2448	14.24	341.94	109
Zn	mg/kg	11 191	102	54	97	1	0.53	97	18	38	58	85	110	175	284	3401	30.99	1 617.63	97
SiO_2	%	10 152	67.47	5.06	67.28	1.08	0.08	67.23	22.99	53.60	58.28	64.30	70.28	78.99	82.64	86.69	0.17	1.69	67.40
Al_2O_3	%	10 152	13.84	2.29	13.63	1.20	0.17	14.10	4.31	7.10	8.60	12.55	15.41	17.66	19.10	22.72	−0.55	0.49	13.88
TFe_2O_3	%	11 191	5.66	1.28	5.50	1.27	0.23	5.67	1.07	2.15	3.09	4.88	6.45	8.04	9.23	27.88	0.65	9.82	5.65
MgO	%	11 191	1.89	1.86	1.53	1.74	0.99	1.39	0.35	0.54	0.68	1.10	1.81	8.35	12.86	20.32	4.15	20.46	1.37
CaO	%	11 191	0.50	0.93	0.36	2.03	1.86	0.35	0.03	0.07	0.10	0.23	0.53	1.82	5.42	33.23	15.12	347.10	0.36
Na_2O	%	10 152	0.31	0.14	0.29	1.49	0.45	0.28	0.06	0.11	0.14	0.22	0.37	0.67	0.98	1.50	2.19	8.81	0.30
K_2O	%	11 191	2.43	0.79	2.30	1.43	0.32	2.42	0.40	0.75	1.00	1.89	2.96	3.96	4.69	6.15	0.22	0.03	2.42
Corg	%	11 191	1.94	0.95	1.75	1.59	0.49	1.76	0.12	0.36	0.61	1.37	2.27	4.35	6.36	11.95	2.20	9.85	1.81
pH		11 191						5.55	3.47	4.13	4.38	5.00	6.39	7.99	8.22	8.47			

表 2.8.62 建始县表层土壤地球化学参数表

指标	单位	样本数 N	算术平均值 $\overline{X}$	算术标准差 S	几何平均值 X_g	几何标准差 S_g	变异系数 CV	中位值 X_{me}	最小值 X_{min}	累积频率分位值 $X_{0.5\%}$	$X_{2.5\%}$	$X_{25\%}$	$X_{75\%}$	$X_{97.5\%}$	$X_{99.5\%}$	最大值 X_{max}	偏度系数 β_s	峰度系数 β_k	背景值 X'
As	mg/kg	10 711	13.4	6.0	12.5	1.5	0.45	13.8	1.2	2.7	4.0	10.9	15.9	21.4	26.6	434.0	32.49	2 252.85	13.2
B	mg/kg	10 711	75	29	71	1	0.38	70	5	15	38	62	82	139	206	871	6.24	100.51	71
Cd	mg/kg	10 711	0.82	2.11	0.49	2.19	2.58	0.41	0.04	0.10	0.17	0.31	0.65	4.04	10.73	74.56	16.02	374.20	0.40
Cl	mg/kg	10 711	52	33	49	1	0.62	47	14	26	32	42	54	94	239	1041	13.09	252.05	48
Co	mg/kg	10 711	19.3	5.0	18.6	1.4	0.26	18.9	1.6	3.6	9.4	16.2	22.7	28.7	33.2	68.5	0.15	2.00	19.4
Cr	mg/kg	10 711	97	55	92	1	0.56	90	9	20	60	82	98	196	378	2051	13.21	307.85	89
Cu	mg/kg	10 711	33.8	14.3	31.6	1.4	0.42	30.9	3.9	8.5	16.7	25.4	38.2	70.1	95.2	286.3	3.34	31.69	31.5
F	mg/kg	10 711	1014	727	892	2	0.72	855	217	342	448	661	1093	2994	5510	10 241	4.81	32.42	859
Ge	mg/kg	10 711	1.50	0.21	1.49	1.16	0.14	1.51	0.50	0.86	1.04	1.39	1.63	1.88	2.13	3.48	−0.06	3.27	1.51
Hg	μg/kg	10 711	113.9	68.2	102.6	1.6	0.60	100.0	6.5	21.0	37.0	83.0	130.0	256.3	450.0	2 040.0	7.60	125.99	103.8
I	mg/kg	10 711	3.6	1.9	3.1	1.9	0.54	3.4	0.2	0.4	0.6	2.4	4.5	8.5	11.3	21.9	1.32	4.18	3.4
Mn	mg/kg	10 711	1074	477	958	2	0.44	1081	49	164	235	788	1339	1933	2826	9605	1.87	20.15	1051
Mo	mg/kg	10 711	3.10	7.16	1.65	2.44	2.31	1.24	0.25	0.39	0.52	0.94	2.26	17.60	46.20	179.00	9.31	130.42	1.21
N	mg/kg	10 711	1924	692	1809	1	0.36	1817	100	460	857	1496	2229	3518	4575	10 463	1.89	11.33	1868
Ni	mg/kg	10 711	41.0	21.5	38.0	1.4	0.52	36.9	3.2	8.0	21.6	31.5	44.0	89.6	162.0	537.0	6.87	91.79	37.3
P	mg/kg	10 711	855	358	786	2	0.42	802	65	169	292	625	1023	1679	2157	6441	2.02	16.16	827
Pb	mg/kg	10 711	32.7	7.8	32.1	1.2	0.24	32.7	8.6	15.5	21.1	29.7	35.3	43.2	57.6	454.5	18.59	874.76	32.4
S	mg/kg	10 711	322	177	294	2	0.55	281	46	96	143	228	366	728	1121	4597	6.33	98.07	294
Se	mg/kg	10 711	0.94	1.80	0.59	2.19	1.92	0.49	0.08	0.15	0.21	0.36	0.80	4.76	11.60	64.20	10.60	213.49	0.49
Sr	mg/kg	2392	96	80	83	2	0.83	80	19	25	35	62	105	269	556	1671	7.59	96.35	82
V	mg/kg	8979	137	87	126	1	0.63	116	16	46	83	105	135	359	728	1794	6.26	58.93	116
Zn	mg/kg	10 711	96	28	93	1	0.29	93	13	29	59	82	105	155	243	651	4.00	41.20	93
SiO$_2$	%	10 711	68.26	4.83	68.09	1.07	0.07	68.16	40.28	54.56	59.06	65.28	71.15	78.37	82.15	90.99	0.05	1.24	68.25
Al$_2$O$_3$	%	10 528	13.27	2.06	13.10	1.18	0.16	13.37	2.80	7.16	8.68	12.07	14.61	16.94	18.64	21.83	−0.32	0.72	13.31
TFe$_2$O$_3$	%	10 711	5.67	1.17	5.53	1.28	0.21	5.68	0.77	1.43	3.30	5.00	6.36	7.91	8.99	19.26	−0.01	4.02	5.70
MgO	%	10 711	1.67	1.34	1.45	1.60	0.80	1.38	0.22	0.54	0.69	1.11	1.72	5.48	10.59	17.11	4.94	31.56	1.37
CaO	%	10 711	0.63	0.96	0.47	1.90	1.52	0.45	0.04	0.11	0.16	0.32	0.64	2.35	6.62	24.73	9.96	141.61	0.46
Na$_2$O	%	10 711	0.44	0.16	0.41	1.47	0.36	0.43	0.02	0.13	0.18	0.32	0.55	0.77	0.88	1.57	0.45	0.23	0.44
K$_2$O	%	10 711	2.18	0.61	2.09	1.35	0.28	2.16	0.26	0.76	1.04	1.81	2.51	3.55	4.01	6.80	0.42	1.15	2.16
Corg	%	10 711	1.88	0.79	1.73	1.54	0.42	1.74	0.03	0.32	0.69	1.40	2.19	3.76	5.14	17.27	2.32	20.84	1.81
pH		10 711						5.64	3.57	4.19	4.42	5.06	6.58	8.10	8.30	9.13			

表 2.8.63 利川市表层土壤地球化学参数表

指标	单位	样本数 N	算术平均值 $\bar{X}$	算术标准差 S	几何平均值 X_g	几何标准差 S_g	变异系数 CV	中位值 X_{me}	最小值 X_{min}	累积频率分位值 $X_{0.5\%}$	$X_{2.5\%}$	$X_{25\%}$	$X_{75\%}$	$X_{97.5\%}$	$X_{99.5\%}$	最大值 X_{max}	偏度系数 β_s	峰度系数 β_k	背景值 X'
As	mg/kg	19 338	13.6	7.4	11.3	1.9	0.54	14.5	0.5	2.1	2.8	6.6	19.3	26.2	31.9	205.0	1.20	23.98	13.5
B	mg/kg	19 338	89	45	79	2	0.51	80	11	22	29	63	106	195	278	702	2.32	13.86	84
Cd	mg/kg	19 338	0.42	0.62	0.34	1.78	1.46	0.33	0.02	0.09	0.12	0.24	0.45	1.35	3.54	47.27	28.96	1 801.64	0.33
Cl	mg/kg	19 338	60	22	58	1	0.37	57	15	27	33	47	71	102	144	1231	10.31	434.31	59
Co	mg/kg	19 338	17.6	4.9	16.9	1.3	0.28	17.3	2.4	5.8	8.5	14.4	20.6	27.6	31.6	80.6	0.47	2.28	17.5
Cr	mg/kg	19 338	87	28	84	1	0.32	84	25	41	52	75	95	129	192	899	10.77	231.02	84
Cu	mg/kg	19 338	29.8	16.6	28.0	1.4	0.56	28.3	4.6	9.1	12.8	23.5	33.8	54.8	76.0	969.0	25.12	1 084.91	28.4
F	mg/kg	19 338	893	539	797	2	0.60	764	144	278	363	604	1018	2172	4008	9348	4.23	31.67	798
Ge	mg/kg	19 338	1.51	0.22	1.49	1.15	0.14	1.49	0.34	0.92	1.12	1.37	1.63	1.94	2.21	4.78	0.97	8.39	1.50
Hg	μg/kg	19 338	102.4	161.9	86.4	1.8	1.58	97.3	8.3	16.0	23.4	62.3	124.5	211.1	329.7	13 067.5	50.22	3 253.43	94.6
I	mg/kg	19 338	3.7	3.0	2.5	2.7	0.82	3.0	0.1	0.3	0.4	1.1	5.6	10.7	13.1	19.5	0.93	0.29	3.6
Mn	mg/kg	19 338	898	513	734	2	0.57	810	18	91	152	473	1293	1937	2316	5932	0.60	0.50	891
Mo	mg/kg	19 338	1.56	3.88	1.01	2.11	2.49	0.99	0.12	0.26	0.32	0.61	1.41	7.60	20.01	274.51	30.15	1 686.19	0.98
N	mg/kg	19 338	1684	630	1567	1	0.37	1632	59	353	613	1286	2021	3052	3836	14 005	1.67	15.84	1651
Ni	mg/kg	19 338	35.6	11.4	34.3	1.3	0.32	34.2	5.7	14.8	20.3	29.6	40.1	57.1	83.8	379.8	6.19	110.84	34.6
P	mg/kg	19 338	758	325	697	2	0.43	699	107	224	307	531	918	1549	2031	4399	1.47	4.80	730
Pb	mg/kg	19 338	32.5	9.4	31.5	1.3	0.29	31.8	8.8	16.7	20.3	27.1	36.4	48.4	62.8	426.1	9.86	275.24	31.9
S	mg/kg	19 338	323	336	280	2	1.04	284	1	52	87	214	379	755	1199	36 202	65.18	6 732.41	293
Se	mg/kg	19 338	0.57	0.74	0.43	2.04	1.29	0.44	0.02	0.06	0.10	0.30	0.67	1.71	4.15	47.11	19.75	903.97	0.47
Sr	mg/kg	7987	75	32	70	1	0.43	68	20	33	40	57	83	165	214	883	4.62	65.53	68
V	mg/kg	19 338	116	44	112	1	0.38	114	33	52	66	98	128	178	315	2402	18.08	791.60	112
Zn	mg/kg	19 338	98	230	91	1	2.35	91	16	42	56	80	105	140	186	18 120	58.43	3 685.35	92
SiO_2	%	19 338	65.70	4.42	65.55	1.07	0.07	65.53	29.43	52.75	57.39	62.99	68.31	75.00	79.62	86.62	0.02	2.26	65.65
Al_2O_3	%	19 338	14.32	1.76	14.21	1.14	0.12	14.50	4.60	8.90	10.41	13.22	15.50	17.30	18.40	22.80	−0.49	0.75	14.36
TFe_2O_3	%	19 338	5.74	1.14	5.61	1.24	0.20	5.74	0.91	2.43	3.37	5.06	6.45	7.97	8.96	14.57	0.02	1.51	5.74
MgO	%	19 338	1.69	0.98	1.52	1.55	0.58	1.48	0.17	0.47	0.70	1.16	1.92	4.13	7.01	17.28	4.03	29.03	1.51
CaO	%	19 338	0.63	1.12	0.43	2.11	1.77	0.41	0.04	0.10	0.12	0.26	0.61	2.91	7.97	34.20	9.52	142.92	0.42
Na_2O	%	19 338	0.54	0.39	0.45	1.72	0.73	0.42	0.07	0.14	0.18	0.32	0.57	1.76	2.23	3.97	2.55	7.73	0.41
K_2O	%	19 338	2.66	0.67	2.57	1.31	0.25	2.65	0.27	1.07	1.39	2.18	3.09	4.00	4.47	7.94	0.24	0.45	2.65
Corg	%	19 338	1.61	0.72	1.47	1.57	0.44	1.52	0.03	0.28	0.52	1.17	1.94	3.25	4.29	21.60	2.93	42.53	1.55
pH		19 338						5.47	2.36	4.09	4.32	4.93	6.41	8.14	8.35	8.90			

表 2.8.64 鹤峰县表层土壤地球化学参数表

指标	单位	样本数	算术平均值	算术标准差	几何平均值	几何标准差	变异系数	中位值	最小值	累积频率分位值						最大值	偏度系数	峰度系数	背景值
		N	$\bar{X}$	S	X_g	S_g	CV	X_{me}	X_{min}	$X_{0.5\%}$	$X_{2.5\%}$	$X_{25\%}$	$X_{75\%}$	$X_{97.5\%}$	$X_{99.5\%}$	X_{max}	β_s	β_k	X'
As	mg/kg	6163	16.2	15.8	14.3	1.6	0.98	15.6	1.7	2.8	4.7	11.2	19.0	32.6	57.4	862.0	32.23	1 504.18	15.0
B	mg/kg	6164	81	50	71	2	0.62	68	3	8	26	60	81	249	322	586	3.28	14.47	68
Cd	mg/kg	6164	0.50	0.78	0.39	1.85	1.56	0.37	0.06	0.09	0.13	0.27	0.51	1.81	4.10	33.60	18.97	619.11	0.38
Cl	mg/kg	5933	48	17	46	1	0.36	45	10	25	31	41	51	83	139	510	8.61	157.44	45
Co	mg/kg	5933	19.7	5.4	19.0	1.3	0.27	19.4	3.7	8.1	10.4	16.1	23.1	30.4	34.0	116.0	1.30	17.40	19.6
Cr	mg/kg	6164	95	35	92	1	0.37	90	32	52	64	81	102	144	287	921	10.41	181.63	91
Cu	mg/kg	6164	32.7	12.7	30.8	1.4	0.39	30.0	8.5	14.6	17.7	24.6	37.0	66.2	87.1	250.6	2.96	23.14	30.8
F	mg/kg	6164	1317	1129	1067	2	0.86	971	323	412	477	681	1452	4748	7350	12 014	3.28	14.14	987
Ge	mg/kg	6164	1.49	0.25	1.47	1.20	0.17	1.50	0.34	0.68	0.90	1.37	1.63	2.01	2.35	3.33	0.06	3.19	1.50
Hg	μg/kg	6164	140.6	111.1	123.9	1.6	0.79	120.0	16.0	41.0	58.0	97.1	146.4	410.0	840.0	1 940.0	6.73	65.26	119.5
I	mg/kg	5933	5.5	3.2	4.4	2.1	0.58	5.1	0.1	0.5	0.7	3.2	7.3	12.8	15.5	22.9	0.73	0.59	5.3
Mn	mg/kg	5933	1134	602	962	2	0.53	1123	99	156	208	728	1445	2495	3427	6211	1.22	5.01	1094
Mo	mg/kg	6164	2.07	5.33	1.32	2.02	2.58	1.16	0.25	0.36	0.48	0.90	1.59	10.40	29.90	188.00	18.28	519.35	1.14
N	mg/kg	6164	2078	707	1970	1	0.34	1966	385	775	1043	1595	2437	3740	4949	7287	1.38	4.35	2023
Ni	mg/kg	6164	40.5	14.5	38.9	1.3	0.36	38.3	8.4	19.5	24.1	32.6	45.7	68.7	114.8	383.0	6.23	91.34	38.9
P	mg/kg	6164	1138	1636	899	2	1.44	872	146	247	347	650	1169	3423	11 791	36 248	10.20	142.61	896
Pb	mg/kg	6164	37.3	18.9	35.6	1.3	0.51	36.1	6.4	11.2	19.9	31.2	40.5	61.7	100.0	926.0	24.42	970.52	35.8
S	mg/kg	5933	305	131	285	1	0.43	285	52	89	133	227	360	566	726	4613	7.99	217.38	295
Se	mg/kg	6164	0.68	1.02	0.53	1.76	1.50	0.49	0.10	0.17	0.23	0.37	0.65	2.54	7.16	26.90	10.85	177.72	0.50
Sr	mg/kg	6164	69	52	61	2	0.76	59	13	21	29	47	75	185	397	920	6.34	57.94	60
V	mg/kg	11	283	331	203	2	1.17	147	83	83	83	140	177	1235	1235	1235	2.84	8.45	283
Zn	mg/kg	6164	108	32	104	1	0.30	105	29	51	63	90	119	174	251	599	4.25	43.92	104
SiO_2	%	5933	64.26	4.88	64.07	1.08	0.08	64.32	29.93	49.38	55.59	61.16	67.30	73.75	77.54	84.48	−0.37	2.98	64.34
Al_2O_3	%	5933	14.33	2.38	14.09	1.21	0.17	14.62	4.42	6.20	8.30	13.10	16.00	17.97	18.95	23.60	−0.92	1.33	14.51
TFe_2O_3	%	6164	6.30	1.23	6.17	1.22	0.20	6.21	2.16	3.31	3.96	5.46	7.15	8.66	9.59	13.99	0.27	0.69	6.28
MgO	%	6164	2.19	2.08	1.78	1.73	0.95	1.60	0.37	0.71	0.88	1.28	2.04	9.30	13.86	20.02	3.80	16.54	1.56
CaO	%	6164	0.61	1.29	0.36	2.25	2.12	0.34	0.04	0.07	0.10	0.22	0.51	3.87	9.86	21.04	7.14	63.77	0.34
Na_2O	%	5933	0.37	0.22	0.33	1.55	0.61	0.32	0.05	0.10	0.15	0.25	0.42	0.84	1.68	3.48	4.99	41.72	0.33
K_2O	%	6164	2.45	0.68	2.34	1.38	0.28	2.46	0.19	0.67	1.02	2.02	2.88	3.77	4.26	5.67	−0.02	0.47	2.44
Corg	%	6164	2.14	0.88	1.98	1.48	0.41	1.98	0.17	0.52	0.87	1.58	2.51	4.18	6.32	9.36	1.94	8.43	2.05
pH		6164						5.39	3.36	4.08	4.33	4.88	6.23	7.98	8.20	8.46			

表 2.8.65　来凤县表层土壤地球化学参数表

指标	单位	样本数	算术平均值	算术标准差	几何平均值	几何标准差	变异系数	中位值	最小值	累积频率分位值						最大值	偏度系数	峰度系数	背景值
		N	$\overline{X}$	S	X_g	S_g	CV	X_{me}	X_{min}	$X_{0.5\%}$	$X_{2.5\%}$	$X_{25\%}$	$X_{75\%}$	$X_{97.5\%}$	$X_{99.5\%}$	X_{max}	β_s	β_k	X'
As	mg/kg	6509	9.9	7.1	8.2	1.8	0.72	7.5	1.2	2.3	2.9	5.3	12.7	29.3	37.5	159.0	3.12	33.48	8.6
B	mg/kg	6509	71	13	70	1	0.19	71	17	34	47	64	78	98	122	262	1.24	11.65	71
Cd	mg/kg	6509	0.37	0.34	0.30	1.87	0.92	0.29	0.04	0.07	0.10	0.19	0.43	1.22	2.24	10.10	6.99	123.15	0.30
Cl	mg/kg	6031	43	13	42	1	0.30	42	14	23	27	37	48	68	94	440	8.02	174.92	42
Co	mg/kg	6031	17.1	5.4	16.3	1.4	0.32	16.5	2.8	5.6	7.8	13.5	20.1	30.3	34.9	42.2	0.72	0.96	16.9
Cr	mg/kg	6509	84	18	82	1	0.22	81	27	51	60	74	89	131	184	317	3.25	20.65	81
Cu	mg/kg	6509	29.5	9.2	28.4	1.3	0.31	28.0	6.8	13.6	16.9	24.3	32.5	52.5	73.6	192.0	3.04	25.88	28.2
F	mg/kg	6509	817	657	744	1	0.80	709	292	389	470	630	803	1772	5404	19 449	10.01	159.94	703
Ge	mg/kg	6509	1.56	0.23	1.55	1.16	0.15	1.57	0.59	0.98	1.11	1.41	1.71	2.00	2.16	3.67	0.19	1.74	1.56
Hg	μg/kg	6509	112.2	131.7	95.4	1.7	1.17	95.8	9.0	22.0	35.0	67.0	130.0	280.0	450.3	7 737.0	36.50	1 925.39	99.4
I	mg/kg	6031	2.8	2.5	2.0	2.4	0.88	1.9	0.04	0.3	0.4	1.0	3.9	9.0	12.7	19.7	1.76	4.13	2.5
Mn	mg/kg	6031	811	725	575	2	0.89	553	49	95	137	298	1100	2666	3447	7255	2.01	6.41	680
Mo	mg/kg	6509	1.40	2.33	0.98	2.07	1.66	0.90	0.24	0.29	0.34	0.57	1.43	5.54	13.96	101.00	16.60	558.26	0.93
N	mg/kg	6509	1646	535	1570	1	0.33	1579	249	597	854	1299	1912	2818	3678	8134	1.98	12.40	1608
Ni	mg/kg	6509	38.2	10.9	36.8	1.3	0.28	37.6	5.9	16.7	20.8	31.9	42.6	62.0	84.6	170.0	2.35	16.73	37.2
P	mg/kg	6509	651	308	599	1	0.47	580	82	216	296	460	767	1388	1934	7348	3.92	48.38	611
Pb	mg/kg	6509	38.0	18.1	36.2	1.3	0.48	34.1	14.1	18.7	22.6	30.0	41.5	72.2	86.2	978.0	24.33	1 161.43	35.0
S	mg/kg	6031	274	265	240	2	0.97	243	2	68	99	179	316	588	1104	11 311	20.46	659.85	248
Se	mg/kg	6509	0.46	0.41	0.41	1.54	0.88	0.40	0.06	0.16	0.21	0.31	0.50	1.08	2.77	11.90	11.59	212.99	0.40
Sr	mg/kg	6509	51	34	48	1	0.67	47	17	24	30	40	55	92	190	1755	25.53	1 080.15	47
V	mg/kg	3732	110	31	107	1	0.28	106	27	59	73	95	118	190	267	700	4.86	55.57	106
Zn	mg/kg	6509	99	75	96	1	0.76	97	23	47	61	86	108	138	174	5407	58.87	3 991.61	97
SiO_2	%	6031	67.44	4.95	67.26	1.08	0.07	67.29	45.50	55.42	57.67	64.39	70.30	77.98	81.59	86.62	0.20	0.36	67.39
Al_2O_3	%	6031	14.38	2.34	14.17	1.20	0.16	14.72	4.74	7.09	8.90	13.05	15.95	18.45	19.56	21.78	−0.63	0.57	14.45
TFe_2O_3	%	6509	5.55	1.12	5.43	1.23	0.20	5.50	1.35	2.88	3.44	4.79	6.24	7.96	8.77	12.84	0.30	0.73	5.53
MgO	%	6509	1.50	1.17	1.34	1.49	0.78	1.34	0.31	0.53	0.67	1.07	1.64	3.09	10.37	21.73	7.70	78.32	1.34
CaO	%	6509	0.38	0.75	0.24	2.25	1.99	0.22	0.01	0.04	0.07	0.14	0.39	1.41	5.63	15.53	9.35	117.94	0.25
Na_2O	%	6031	0.31	0.16	0.27	1.64	0.53	0.27	0.04	0.09	0.11	0.19	0.39	0.71	0.97	1.49	1.56	3.96	0.30
K_2O	%	6509	2.76	0.74	2.65	1.37	0.27	2.82	0.40	0.87	1.18	2.29	3.33	4.02	4.29	5.16	−0.35	−0.29	2.76
Corg	%	6509	1.53	0.67	1.41	1.49	0.44	1.42	0.09	0.38	0.65	1.12	1.79	3.04	4.46	10.95	3.13	25.44	1.45
pH		6509						5.23	3.82	4.23	4.43	4.89	5.94	7.93	8.24	8.75			

表 2.8.66　咸丰县表层土壤地球化学参数表

指标	单位	样本数	算术平均值	算术标准差	几何平均值	几何标准差	变异系数	中位值	最小值	累积频率分位值						最大值	偏度系数	峰度系数	背景值
		N	$\bar{X}$	S	X_g	S_g	CV	X_{me}	X_{min}	$X_{0.5\%}$	$X_{2.5\%}$	$X_{25\%}$	$X_{75\%}$	$X_{97.5\%}$	$X_{99.5\%}$	X_{max}	β_s	β_k	X'
As	mg/kg	8734	11.4	7.4	9.7	1.8	0.66	10.6	1.2	2.1	2.9	6.5	14.9	24.2	36.1	356.0	13.47	548.60	10.9
B	mg/kg	8734	104	94	87	2	0.90	77	21	32	44	67	92	413	636	1314	4.11	21.48	75
Cd	mg/kg	8734	0.45	0.57	0.35	1.97	1.26	0.33	0.02	0.08	0.11	0.22	0.50	1.64	3.10	29.20	18.43	773.81	0.34
Cl	mg/kg	8734	57	28	53	1	0.49	50	13	26	30	42	64	122	197	644	4.79	49.71	53
Co	mg/kg	8734	16.2	4.3	15.6	1.3	0.27	16.1	2.4	5.9	8.2	13.4	18.7	24.8	29.5	71.0	1.04	8.49	16.0
Cr	mg/kg	8734	90	27	87	1	0.30	86	20	52	61	77	96	149	218	669	6.44	83.91	86
Cu	mg/kg	8734	29.1	12.1	27.8	1.3	0.41	27.6	2.3	13.0	16.5	23.4	32.6	51.4	78.8	578.0	15.59	585.29	27.8
F	mg/kg	8734	1236	1220	958	2	0.99	787	238	379	447	655	1126	5106	7307	19 566	3.26	15.43	752
Ge	mg/kg	8734	1.55	0.33	1.52	1.24	0.21	1.58	0.35	0.72	0.91	1.37	1.74	2.12	2.66	6.16	1.20	13.16	1.54
Hg	μg/kg	8734	167.1	934.1	108.8	1.9	5.59	110.0	11.0	21.0	30.0	75.0	150.0	400.0	1 427.7	61 100.0	43.30	2 392.11	112.4
I	mg/kg	8734	2.8	2.4	2.0	2.4	0.86	2.0	0.2	0.3	0.4	1.0	4.0	8.9	12.9	21.4	1.72	4.31	2.5
Mn	mg/kg	8734	756	590	567	2	0.78	607	55	82	130	299	1034	2178	2926	9761	2.22	14.13	702
Mo	mg/kg	8734	1.85	3.10	1.19	2.28	1.67	1.14	0.22	0.29	0.35	0.64	1.79	8.88	17.50	101.00	10.31	199.75	1.12
N	mg/kg	8734	1720	545	1640	1	0.32	1646	268	613	869	1358	1994	2971	3708	7791	1.34	5.57	1682
Ni	mg/kg	8734	36.7	13.1	35.2	1.3	0.36	35.2	8.5	17.3	21.0	29.6	41.7	61.0	95.3	470.0	8.99	216.60	35.4
P	mg/kg	8734	726	279	679	1	0.38	681	99	224	315	542	857	1396	1814	3766	1.61	6.67	701
Pb	mg/kg	8734	33.2	12.1	32.1	1.3	0.37	31.4	2.3	17.3	21.2	28.3	35.8	52.8	78.6	450.0	14.50	395.70	31.9
S	mg/kg	8734	375	443	316	2	1.18	306	54	84	115	228	418	1053	1894	31 456	41.16	2 775.55	315
Se	mg/kg	8734	0.56	0.62	0.45	1.75	1.12	0.43	0.05	0.14	0.18	0.32	0.59	1.82	4.35	14.50	8.73	118.60	0.44
Sr	mg/kg	8734	58	36	55	1	0.62	54	16	28	33	46	64	108	192	2354	33.32	1 917.15	54
V	mg/kg	319	114	27	111	1	0.24	109	61	72	77	101	121	196	253	272	2.64	10.71	110
Zn	mg/kg	8734	92	24	90	1	0.26	92	2	47	58	79	104	129	178	892	8.90	242.36	91
SiO_2	%	8734	69.05	5.67	68.82	1.09	0.08	68.16	26.25	54.35	59.71	65.34	72.11	81.84	84.82	88.77	0.28	1.63	69.06
Al_2O_3	%	8734	13.52	2.75	13.20	1.25	0.20	14.00	5.00	6.50	7.70	11.70	15.70	17.60	19.10	22.50	−0.50	−0.40	13.52
TFe_2O_3	%	8734	5.37	1.18	5.24	1.25	0.22	5.39	1.26	2.62	3.15	4.61	6.12	7.55	8.77	28.45	1.12	17.81	5.34
MgO	%	8734	2.04	1.94	1.58	1.94	0.95	1.57	0.22	0.44	0.53	0.99	2.18	8.20	12.63	19.19	3.47	15.65	1.50
CaO	%	8734	0.43	1.04	0.27	2.17	2.41	0.24	0.04	0.07	0.08	0.16	0.40	1.96	7.35	30.41	13.24	266.61	0.26
Na_2O	%	8734	0.33	0.17	0.30	1.58	0.52	0.28	0.06	0.11	0.14	0.22	0.39	0.81	0.96	2.24	1.70	4.14	0.30
K_2O	%	8734	2.57	0.96	2.36	1.55	0.37	2.65	0.43	0.72	0.93	1.74	3.34	4.14	4.50	5.60	−0.11	−0.98	2.57
Corg	%	8734	1.79	0.79	1.64	1.52	0.44	1.67	0.08	0.43	0.68	1.29	2.10	3.66	5.49	11.05	2.22	11.48	1.70
pH		8732						5.25	3.57	4.01	4.31	4.85	6.02	8.01	8.25	8.70			

表 2.8.67 巴东县表层土壤地球化学参数表

指标	单位	样本数	算术平均值	算术标准差	几何平均值	几何标准差	变异系数	中位值	最小值	累积频率分位值						最大值	偏度系数	峰度系数	背景值
		N	$\overline{X}$	S	X_g	S_g	CV	X_{me}	X_{min}	$X_{0.5\%}$	$X_{2.5\%}$	$X_{25\%}$	$X_{75\%}$	$X_{97.5\%}$	$X_{99.5\%}$	X_{max}	β_s	β_k	X'
As	mg/kg	11 621	13.8	7.0	12.8	1.5	0.51	13.8	1.0	3.4	4.7	11.1	16.0	23.3	33.6	374.0	20.27	859.27	13.3
B	mg/kg	11 621	90	55	82	2	0.61	75	13	29	44	64	94	223	402	1168	4.95	44.01	78
Cd	mg/kg	11 621	0.54	0.83	0.41	1.88	1.53	0.36	0.05	0.10	0.15	0.28	0.52	2.12	5.04	27.68	12.61	260.16	0.36
Cl	mg/kg	11 621	50	28	47	1	0.57	45	15	24	28	39	54	97	195	1032	11.92	254.21	46
Co	mg/kg	11 621	19.7	4.1	19.3	1.2	0.21	19.3	6.0	9.2	12.2	17.1	22.2	28.1	32.0	58.7	0.58	2.94	19.6
Cr	mg/kg	11 621	93	39	90	1	0.42	88	23	54	64	81	95	153	310	1504	13.78	316.89	87
Cu	mg/kg	11 621	32.8	13.6	31.0	1.4	0.42	30.5	8.1	12.2	16.4	25.6	37.2	59.8	89.2	623.0	10.28	339.26	31.3
F	mg/kg	11 621	1007	580	903	2	0.58	883	165	349	425	671	1144	2523	4120	8809	3.65	23.33	896
Ge	mg/kg	11 621	1.48	0.19	1.47	1.15	0.13	1.49	0.48	0.87	1.05	1.37	1.60	1.83	2.01	2.71	−0.32	1.54	1.48
Hg	μg/kg	11 621	99.3	87.0	86.9	1.6	0.88	87.1	9.0	20.0	29.0	72.0	110.0	240.0	530.0	3 820.0	17.29	556.81	86.7
I	mg/kg	11 621	3.0	1.4	2.7	1.6	0.46	2.9	0.3	0.5	0.8	2.1	3.7	6.3	8.4	16.9	1.21	4.00	2.9
Mn	mg/kg	11 621	1116	427	1035	2	0.38	1112	123	203	357	860	1326	1974	2875	6944	1.98	15.23	1085
Mo	mg/kg	11 621	1.91	3.54	1.32	1.98	1.85	1.12	0.11	0.42	0.53	0.88	1.67	8.67	22.45	141.00	13.42	326.09	1.11
N	mg/kg	11 621	1735	563	1653	1	0.32	1672	223	607	860	1380	2013	2956	3821	14 974	2.42	32.01	1698
Ni	mg/kg	11 621	39.9	14.0	38.3	1.3	0.35	37.6	11.4	18.3	23.7	32.7	43.6	69.9	123.6	281.1	4.49	39.30	38.0
P	mg/kg	11 621	728	741	659	1	1.02	650	128	223	317	513	833	1421	2032	39 040	29.60	1 175.79	674
Pb	mg/kg	11 621	32.0	18.1	31.3	1.2	0.56	31.6	10.1	18.6	22.6	28.8	34.1	43.1	62.0	1 775.0	79.12	7 508.34	31.3
S	mg/kg	11 621	255	115	238	1	0.45	237	48	87	115	192	292	512	823	2397	4.60	49.84	240
Se	mg/kg	11 621	0.52	1.11	0.35	2.01	2.13	0.30	0.04	0.10	0.13	0.23	0.42	2.44	7.57	25.86	10.61	153.44	0.29
Sr	mg/kg	3669	88	70	80	1	0.80	79	16	31	39	63	99	189	403	2782	19.27	629.39	80
V	mg/kg	8535	126	60	121	1	0.48	116	43	67	84	105	130	245	431	1898	10.70	192.61	116
Zn	mg/kg	11 621	95	27	93	1	0.28	92	28	53	65	83	103	141	204	1163	11.99	338.73	92
SiO_2	%	11 621	67.27	5.55	67.02	1.09	0.08	67.62	18.51	45.86	55.64	64.30	70.70	77.15	80.20	89.30	−0.99	4.57	67.54
Al_2O_3	%	11 621	13.44	2.19	13.25	1.19	0.16	13.46	4.10	7.52	8.85	12.10	14.89	17.60	19.15	21.97	−0.10	0.32	13.44
TFe_2O_3	%	11 621	5.71	1.08	5.61	1.21	0.19	5.67	1.56	3.06	3.70	5.00	6.39	7.90	8.99	17.80	0.49	2.66	5.69
MgO	%	11 621	1.70	1.08	1.51	1.57	0.63	1.44	0.27	0.54	0.72	1.15	1.86	4.62	7.90	14.25	3.97	24.64	1.45
CaO	%	11 621	0.99	2.01	0.61	2.19	2.03	0.55	0.07	0.13	0.19	0.38	0.79	5.92	14.38	38.86	7.74	81.50	0.54
Na_2O	%	11 621	0.49	0.17	0.46	1.46	0.36	0.48	0.05	0.14	0.19	0.36	0.60	0.83	1.03	2.22	0.81	3.31	0.48
K_2O	%	11 621	2.38	0.60	2.30	1.32	0.25	2.38	0.46	0.88	1.18	2.05	2.73	3.63	4.14	6.01	0.13	0.53	2.37
Corg	%	11 621	1.64	0.61	1.53	1.47	0.37	1.56	0.10	0.38	0.66	1.25	1.92	3.10	4.06	7.25	1.37	5.18	1.58
pH		11 621						6.16	3.65	4.31	4.58	5.38	7.19	8.28	8.42	9.58			

2.9 不同元素土壤地球化学参数

表 2.9.1　表层土壤 As 地球化学参数表
表 2.9.2　表层土壤 B 地球化学参数
表 2.9.3　表层土壤 Cd 地球化学参数表
表 2.9.4　表层土壤 Cl 地球化学参数表
表 2.9.5　表层土壤 Co 地球化学参数表
表 2.9.6　表层土壤 Cr 地球化学参数表
表 2.9.7　表层土壤 Cu 地球化学参数表
表 2.9.8　表层土壤 F 地球化学参数表
表 2.9.9　表层土壤 Ge 地球化学参数表
表 2.9.10　表层土壤 Hg 地球化学参数表
表 2.9.11　表层土壤 I 地球化学参数表
表 2.9.12　表层土壤 Mn 地球化学参数表
表 2.9.13　表层土壤 Mo 地球化学参数表
表 2.9.14　表层土壤 N 地球化学参数表
表 2.9.15　表层土壤 Ni 地球化学参数表
表 2.9.16　表层土壤 P 地球化学参数表
表 2.9.17　表层土壤 Pb 地球化学参数表
表 2.9.18　表层土壤 S 地球化学参数表
表 2.9.19　表层土壤 Se 地球化学参数表
表 2.9.20　表层土壤 Sr 地球化学参数表
表 2.9.21　表层土壤 V 地球化学参数表
表 2.9.22　表层土壤 Zn 地球化学参数表
表 2.9.23　表层土壤 SiO_2 地球化学参数表
表 2.9.24　表层土壤 Al_2O_3 地球化学参数表
表 2.9.25　表层土壤 TFe_2O_3 地球化学参数表
表 2.9.26　表层土壤 MgO 地球化学参数表
表 2.9.27　表层土壤 CaO 地球化学参数表
表 2.9.28　表层土壤 Na_2O 地球化学参数表
表 2.9.29　表层土壤 K_2O 地球化学参数表
表 2.9.30　表层土壤 Corg 地球化学参数表
表 2.9.31　表层土壤 pH 地球化学参数表

表 2.9.1 表层土壤 As 地球化学参数表

单元名称		样本数	算术平均值	算术标准差	几何平均值	几何标准差	变异系数	中位值	最小值	累积频率分位值						最大值	偏度系数	峰度系数	背景值
		N	$\overline{X}$	S	X_g	S_g	CV	X_{me}	X_{min}	$X_{0.5\%}$	$X_{2.5\%}$	$X_{25\%}$	$X_{75\%}$	$X_{97.5\%}$	$X_{99.5\%}$	X_{max}	β_s	β_k	X'
全省		242 947	12.7	9.1	11.4	1.6	0.72	12.2	0.1	2.3	3.7	8.8	15.6	24.3	37.2	1 463.5	53.48	6 007.05	12.2
土壤类型	红壤	3783	13.3	35.6	9.9	2.0	2.68	11.1	0.5	1.3	2.0	7.5	14.1	32.6	82.7	1 463.5	29.89	1 022.37	10.6
	黄壤	17 857	11.3	7.8	9.6	1.8	0.69	10.4	0.3	1.9	2.9	6.5	14.6	26.1	40.0	311.0	10.53	307.61	10.7
	黄棕壤	69 302	14.0	11.0	12.3	1.7	0.78	13.6	0.4	2.3	3.6	9.4	17.0	27.6	47.8	1 096.6	35.84	2 688.98	13.3
	黄褐土	1428	12.7	4.8	11.9	1.4	0.38	12.7	1.9	2.9	4.2	10.4	14.6	20.5	32.2	78.5	4.14	45.89	12.3
	棕壤	8885	17.3	4.2	16.7	1.3	0.24	17.2	1.4	4.3	8.6	14.9	19.7	25.2	30.0	78.8	0.75	11.83	17.3
	暗棕壤	478	13.2	5.1	11.9	1.6	0.38	14.1	1.8	2.5	3.8	9.2	16.2	22.8	25.0	31.6	−0.10	−0.21	13.1
	石灰土	9394	16.5	10.1	15.1	1.5	0.61	15.5	0.1	3.4	5.3	12.7	18.9	32.2	55.1	374.0	16.43	507.52	15.6
	紫色土	6755	8.8	5.3	7.5	1.8	0.60	7.7	1.0	2.1	2.7	4.7	11.9	20.7	28.6	62.6	1.62	6.24	8.5
	草甸土	554	14.7	3.8	14.2	1.3	0.26	14.8	4.8	5.9	6.8	12.2	17.1	22.2	24.2	27.1	0.04	0.04	14.7
	潮土	45 774	11.3	4.3	10.7	1.4	0.38	10.9	1.5	4.6	5.6	8.4	13.8	19.1	23.1	397.0	17.34	1 445.87	11.2
	沼泽土	392	14.7	3.9	14.1	1.3	0.27	14.8	3.2	4.8	6.4	12.2	17.3	22.8	25.4	27.9	0.06	0.49	14.6
	水稻土	78 334	12.0	5.0	11.1	1.5	0.42	11.8	0.1	2.4	4.1	9.1	14.5	20.8	28.8	342.2	9.55	445.59	11.8
土地利用类型	耕地	191 941	12.6	6.3	11.5	1.6	0.50	12.3	0.3	2.5	4.0	9.0	15.5	23.2	31.5	862.0	23.97	2 236.68	12.3
	园地	14 179	11.4	9.1	9.7	1.8	0.80	10.3	1.0	2.2	3.0	6.6	14.6	25.8	43.1	484.0	17.74	705.71	10.6
	林地	20 390	14.0	18.3	11.5	1.9	1.30	12.7	0.1	1.5	2.6	8.1	16.6	34.9	72.7	1 463.5	42.58	2 827.64	12.4
	草地	1947	14.7	7.6	12.6	1.8	0.52	14.9	1.5	2.1	3.2	9.1	19.4	29.2	44.6	90.6	1.33	7.83	14.3
	建设用地	2492	14.6	38.1	11.5	1.7	2.61	11.7	0.3	1.6	4.0	9.0	14.8	32.5	70.7	1 001.2	22.02	518.03	11.6
	水域	8499	13.7	7.2	12.8	1.4	0.53	13.2	0.5	3.5	6.1	10.7	15.8	23.2	38.7	185.0	12.18	243.80	13.2
	未利用地	3499	11.8	7.3	10.1	1.8	0.61	10.7	1.2	2.2	3.1	6.6	15.5	27.0	41.1	100.6	2.83	20.96	11.2
地质背景	第四系	108 245	12.0	7.4	11.3	1.4	0.61	11.7	0.3	4.5	5.8	9.1	14.4	19.8	25.7	1 001.2	73.09	8 645.32	11.8
	新近系	151	14.5	2.7	14.3	1.2	0.18	14.5	7.8	7.8	9.7	12.8	16.0	19.2	21.6	27.3	0.69	2.89	14.4
	古近系	1436	11.4	5.1	10.5	1.5	0.44	10.9	1.6	2.9	4.0	8.5	13.4	21.7	42.8	51.2	2.78	15.92	11.4
	白垩系	11 433	12.1	6.0	10.9	1.6	0.49	12.0	0.3	1.6	3.0	9.1	14.6	21.7	38.3	191.9	7.25	158.17	11.6
	侏罗系	4284	6.1	4.1	5.2	1.7	0.67	4.8	0.5	1.5	2.2	3.6	7.3	16.3	22.4	83.5	4.02	43.97	5.4
	三叠系	43 820	15.4	5.8	14.2	1.6	0.37	15.6	0.5	3.0	4.1	12.7	18.4	25.5	32.1	267.7	3.35	104.34	15.2
	二叠系	16 951	14.3	5.7	13.5	1.4	0.40	13.8	1.6	4.1	6.4	11.2	16.7	23.5	33.2	244.9	11.11	364.23	13.9
	石炭系	1097	13.6	5.4	12.7	1.4	0.40	13.0	1.7	3.7	6.1	10.4	15.6	25.4	38.5	78.7	4.01	37.24	13.0

续表 2.9.1

	单元名称	样本数 N	算术平均值 $\bar{X}$	算术标准差 S	几何平均值 X_g	几何标准差 S_g	变异系数 CV	中位值 X_{me}	最小值 X_{min}	累积频率分位值						最大值 X_{max}	偏度系数 β_s	峰度系数 β_k	背景值 X'
										$X_{0.5\%}$	$X_{2.5\%}$	$X_{25\%}$	$X_{75\%}$	$X_{97.5\%}$	$X_{99.5\%}$				
地质背景	泥盆系	2447	12.3	4.4	11.6	1.4	0.36	12.0	1.7	3.2	5.2	9.4	14.7	21.1	30.4	57.6	1.66	10.72	12.1
	志留系	20 610	9.9	12.0	8.7	1.6	1.21	8.9	0.1	2.2	3.0	6.4	12.3	20.0	31.5	1 463.5	88.77	10 501.84	9.4
	奥陶系	11 150	12.5	14.3	10.1	1.9	1.14	10.1	1.0	2.1	2.9	6.5	16.0	32.5	53.5	898.5	28.50	1 476.08	11.2
	寒武系	9043	17.8	17.1	15.4	1.7	0.96	15.9	1.1	3.4	4.9	11.7	20.7	42.4	78.4	1 096.6	31.94	1 808.98	16.0
	震旦系	3237	15.5	18.6	12.6	1.8	1.20	13.0	0.6	1.4	3.8	9.2	17.6	39.0	78.3	484.0	14.22	273.50	13.2
	南华系	2316	9.1	7.4	7.7	1.7	0.82	7.5	1.1	1.6	2.6	5.7	10.3	23.5	46.5	142.7	7.47	92.78	7.9
	青白口系—震旦系	308	5.1	2.5	4.6	1.6	0.49	4.6	1.4	1.5	1.9	3.3	6.2	10.8	13.3	21.2	1.76	6.18	4.9
	青白口系	3132	11.4	6.5	10.0	1.7	0.57	10.7	1.4	2.5	3.4	7.2	14.2	24.1	39.9	152.1	5.08	80.70	10.8
	中元古界	25	10.7	6.0	8.6	2.1	0.56	9.7	1.5	1.5	1.5	3.9	16.1	19.2	22.8	22.8	0.14	−0.93	10.7
	滹沱系—太古宇	282	3.1	2.0	2.7	1.6	0.64	2.6	0.6	0.6	1.2	2.0	3.6	6.6	17.6	18.1	4.13	25.70	2.8
	侵入岩	2558	6.6	6.8	4.8	2.1	1.04	4.6	0.1	1.0	1.4	2.7	8.1	21.6	48.0	100.9	4.57	35.76	5.2
	脉岩	14	5.8	3.7	4.8	2.0	0.63	6.4	1.7	1.7	1.7	2.2	7.9	14.6	14.6	14.6	0.86	0.86	5.8
	变质岩	408	9.7	6.7	8.3	1.7	0.69	8.6	1.5	1.9	2.9	5.8	12.0	20.9	41.1	83.4	5.04	45.22	9.0
成土母质	第四系沉积物	104 667	12.0	5.6	11.3	1.4	0.47	11.7	0.3	4.6	5.8	9.1	14.4	19.7	25.1	1 001.2	60.93	9 716.29	11.8
	碎屑岩风化物	42 689	10.3	7.0	9.0	1.7	0.68	9.9	0.1	1.9	2.8	6.3	13.3	20.6	33.6	484.0	18.07	859.08	9.9
	碎屑岩风化物(黑色岩系)	3691	12.4	21.3	10.3	1.7	1.72	10.5	1.3	2.3	3.5	7.2	14.6	29.8	45.7	909.5	34.90	1 391.11	10.9
	碳酸盐岩风化物	50 129	16.8	10.6	15.7	1.5	0.63	16.1	1.1	4.0	6.2	13.4	19.3	29.9	46.1	933.9	41.77	3 099.62	16.1
	碳酸盐岩风化物(黑色岩系)	18 045	14.6	5.8	13.9	1.4	0.40	14.2	0.9	4.8	6.9	11.6	17.0	24.0	34.7	244.9	10.88	327.13	14.3
	变质岩风化物	21 149	10.3	15.8	8.5	1.8	1.54	8.5	0.6	1.8	2.6	5.9	12.3	25.8	60.2	1 463.5	55.46	4 486.27	9.0
	火山岩风化物	177	10.5	11.0	8.8	1.6	1.05	8.1	3.5	3.5	3.9	6.6	10.9	23.7	97.6	106.6	6.91	54.84	8.5
	侵入岩风化物	2399	6.3	7.5	4.5	2.1	1.20	4.3	0.1	0.9	1.4	2.6	7.6	19.7	52.1	118.0	6.65	68.25	4.9
地形地貌	平原	112 999	12.2	6.6	11.5	1.4	0.54	11.9	0.3	4.8	5.8	9.3	14.5	19.9	25.5	933.9	68.59	8 595.67	11.9
	洪湖湖区	389	11.4	2.9	11.1	1.3	0.25	11.2	2.8	4.4	6.2	9.7	12.7	18.2	21.9	25.8	1.12	3.65	11.2
	丘陵低山	33 920	12.9	15.6	10.7	1.8	1.21	11.1	0.1	1.6	2.7	7.8	15.1	32.7	65.7	1 463.5	45.10	3 464.10	11.3
	中山	2737	11.8	8.2	9.9	1.8	0.69	10.8	0.5	1.6	2.9	6.2	16.0	26.0	33.1	258.1	11.01	306.22	11.5
	高山	92 902	13.4	8.5	11.7	1.7	0.64	13.5	0.1	2.2	3.2	8.6	17.0	25.8	36.2	898.5	31.30	2 654.90	13.0

续表 2.9.1

单元名称			样本数	算术平均值	算术标准差	几何平均值	几何标准差	变异系数	中位值	最小值	累积频率分位值						最大值	偏度系数	峰度系数	背景值
			N	$\overline{X}$	S	X_g	S_g	CV	X_{me}	X_{min}	$X_{0.5\%}$	$X_{2.5\%}$	$X_{25\%}$	$X_{75\%}$	$X_{97.5\%}$	$X_{99.5\%}$	X_{max}	β_s	β_k	X'
行政市（州）	武汉市		4109	12.8	4.8	11.6	1.6	0.37	12.8	0.7	1.5	2.7	9.9	15.8	21.9	26.7	47.1	0.15	1.26	12.7
	襄阳市		7131	13.4	7.9	12.2	1.5	0.59	12.1	2.1	4.1	5.9	9.3	15.2	28.2	47.9	373.8	15.50	612.74	12.4
	宜昌市		1479	11.1	5.7	9.7	1.8	0.52	10.8	0.1	1.1	1.9	8.1	13.3	23.7	40.5	63.5	2.59	16.19	10.4
	黄石市		881	20.4	60.8	14.6	1.9	2.98	13.6	2.9	3.8	5.3	9.9	18.9	57.3	122.4	1 463.5	20.07	437.85	13.6
	十堰市		4162	14.7	24.0	11.0	2.0	1.63	10.4	0.4	2.3	3.4	7.2	15.7	59.4	106.4	1 096.6	25.10	1 025.37	10.8
	荆州市		18 052	12.3	4.6	11.8	1.3	0.37	12.0	0.3	5.1	6.3	9.8	14.4	20.0	23.9	397.0	33.36	2 781.97	12.1
	荆门市		53 487	12.5	5.7	11.7	1.4	0.46	12.1	0.6	4.2	5.7	9.4	14.9	21.9	31.4	342.2	13.50	487.52	12.1
	鄂州市		403	11.4	7.9	10.2	1.6	0.70	10.4	0.1	1.8	3.9	8.7	12.6	22.6	48.6	118.0	8.53	98.93	10.4
	孝感市		5895	10.8	3.7	10.1	1.5	0.35	10.6	0.8	2.2	4.4	8.3	13.1	17.4	22.7	59.5	1.45	12.27	10.6
	黄冈市		4247	11.4	15.1	8.0	2.3	1.32	9.3	0.6	1.3	1.6	4.3	13.8	36.2	70.2	346.9	11.54	201.57	9.4
	咸宁市		2420	15.3	32.7	13.0	1.5	2.14	12.4	2.2	6.2	7.6	10.6	14.5	33.2	92.6	933.9	24.17	638.98	12.3
	随州市		6669	9.9	8.6	8.2	1.8	0.87	8.2	0.8	1.8	2.6	5.6	11.6	30.0	56.9	191.9	6.78	87.69	8.4
	恩施州		95 015	13.3	8.5	11.6	1.7	0.63	13.5	0.3	2.2	3.2	8.5	17.0	25.8	36.0	898.5	31.04	2 644.53	13.0
	仙桃市		13 430	12.8	4.0	12.2	1.4	0.31	12.6	2.7	5.3	6.4	9.9	15.3	20.7	25.2	86.5	1.30	12.43	12.7
	天门市		10 105	10.7	3.9	10.1	1.4	0.36	10.0	3.2	4.8	5.3	7.5	13.4	18.6	20.5	50.9	0.70	0.75	10.7
	潜江市		15 462	11.8	3.8	11.2	1.4	0.32	11.6	3.0	5.1	6.0	8.8	14.4	19.2	22.8	96.8	1.38	18.22	11.7
行政县（市、区）	武汉市	武汉市区	744	12.5	3.6	12.1	1.3	0.28	11.9	5.5	6.4	7.8	10.4	13.7	20.2	26.5	47.1	2.83	18.03	12.1
		蔡甸区	2305	14.7	3.8	14.1	1.3	0.26	14.6	4.8	6.4	7.8	12.1	17.2	22.6	27.0	32.2	0.37	0.53	14.5
		黄陂区	573	8.0	4.4	6.7	1.9	0.55	7.5	1.1	1.2	1.8	4.3	11.1	17.1	21.6	31.1	0.68	0.74	7.9
		东西湖区	125	15.9	3.9	15.5	1.3	0.24	15.2	8.9	8.9	10.4	13.4	18.1	23.8	30.5	36.7	1.73	6.76	15.6
		新洲区	362	8.0	4.3	6.7	1.9	0.54	8.1	0.7	0.9	1.3	4.2	11.1	15.8	20.7	30.7	0.62	1.38	7.8
	襄阳市	襄阳市区	912	11.6	3.3	11.2	1.3	0.29	11.6	4.9	5.6	6.4	9.4	13.4	17.1	24.9	55.0	3.01	33.04	11.4
		枣阳市	816	12.2	4.7	11.5	1.4	0.38	12.0	2.3	3.8	5.3	9.7	14.2	20.6	35.1	63.3	4.08	36.16	11.8
		老河口市	265	12.5	3.4	12.1	1.3	0.27	12.6	4.3	4.3	6.0	11.1	13.8	16.6	33.0	33.2	2.23	14.27	12.4
		宜城市	2618	12.0	8.5	11.2	1.4	0.71	11.1	2.1	4.7	6.3	9.2	13.4	22.5	37.4	373.8	29.89	1 236.78	11.2
		谷城县	222	8.9	3.6	8.5	1.4	0.40	8.3	3.6	3.6	4.8	6.9	10.2	14.1	21.2	45.8	5.19	48.87	8.6
		南漳县	2298	16.6	9.0	14.7	1.7	0.54	16.2	3.0	3.6	5.4	9.9	20.8	34.5	59.0	115.3	3.10	22.85	15.7

续表 2.9.1

单元名称			样本数	算术平均值	算术标准差	几何平均值	几何标准差	变异系数	中位值	最小值	累积频率分位值						最大值	偏度系数	峰度系数	背景值
			N	$\bar{X}$	S	X_g	S_g	CV	X_{me}	X_{min}	$X_{0.5\%}$	$X_{2.5\%}$	$X_{25\%}$	$X_{75\%}$	$X_{97.5\%}$	$X_{99.5\%}$	X_{max}	β_s	β_k	X'
行政县（市、区）	宜昌市	宜昌市辖区	233	11.2	10.2	7.6	2.6	0.91	8.8	0.6	0.6	1.2	3.7	14.1	40.0	62.6	63.5	2.24	7.01	9.2
		宜都市	75	14.7	7.6	13.4	1.5	0.52	12.9	5.1	5.1	5.3	10.5	15.3	32.6	49.4	49.4	2.45	7.34	12.7
		枝江市	375	11.0	2.8	10.6	1.3	0.25	10.8	3.4	4.4	6.0	9.2	12.6	16.1	22.6	30.7	1.44	8.66	10.9
		当阳市	284	10.4	2.7	10.0	1.3	0.26	10.4	4.9	4.9	5.8	8.3	12.4	15.8	17.1	17.5	0.13	−0.61	10.4
		秭归县	478	10.8	5.2	9.2	1.9	0.48	10.9	0.1	0.5	1.9	7.0	14.4	21.0	25.9	38.4	0.45	1.10	10.7
		长阳土家族自治县	34	13.6	5.4	12.7	1.4	0.39	13.5	4.7	4.7	4.7	11.3	14.9	23.7	34.8	34.8	1.98	6.85	12.9
	黄石市	黄石市区	47	52.2	143.6	25.5	2.6	2.75	24.5	5.1	5.1	5.1	11.1	43.4	101.0	1 001.2	1 001.2	6.55	44.09	31.6
		大冶市	382	21.9	75.6	15.2	1.8	3.45	14.2	3.5	3.7	6.3	10.3	20.1	54.0	122.4	1 463.5	18.34	349.96	14.9
		阳新县	452	15.8	12.5	13.4	1.7	0.79	13.2	2.9	3.8	5.1	9.4	17.2	48.1	81.2	140.3	4.29	28.45	12.9
	十堰市	茅箭区	63	6.1	2.2	5.8	1.4	0.35	5.6	2.8	2.8	3.3	4.7	7.1	9.8	16.6	16.6	2.05	7.81	5.9
		郧阳区	118	10.5	3.1	10.0	1.3	0.30	10.1	4.9	4.9	5.3	8.1	12.4	16.1	16.9	22.1	0.60	0.48	10.4
		丹江口市	570	10.0	4.7	9.0	1.5	0.47	8.6	3.2	3.4	4.3	6.6	12.6	22.0	25.6	28.5	1.20	1.18	9.6
		竹溪县	1404	19.3	39.2	11.7	2.4	2.03	9.9	0.4	1.7	2.8	6.7	19.1	85.6	151.2	1 096.6	16.70	419.78	9.4
		竹山县	2007	13.3	9.4	11.4	1.7	0.70	11.6	1.5	2.7	3.8	8.2	16.2	35.8	72.5	127.6	4.39	31.79	11.9
	荆州市	荆州市区	374	10.9	2.8	10.6	1.3	0.25	10.5	5.9	6.2	6.7	9.1	12.1	17.1	24.1	25.4	1.65	5.43	10.6
		洪湖市	12 640	12.4	4.9	11.8	1.4	0.40	12.2	2.8	5.0	6.2	9.8	14.6	19.8	23.8	397.0	37.57	2 908.96	12.2
		监利市	3493	12.8	3.9	12.2	1.4	0.31	12.3	0.3	5.6	6.5	9.9	15.5	21.1	24.4	34.8	0.56	0.28	12.7
		石首市	345	11.2	2.3	10.9	1.2	0.21	11.0	4.7	5.5	7.2	9.8	12.1	16.1	20.2	23.2	1.33	5.12	11.0
		松滋市	373	10.5	2.2	10.3	1.3	0.21	10.4	3.4	3.4	5.7	9.2	11.6	15.3	17.8	21.0	0.43	2.90	10.5
		江陵县	270	9.8	2.2	9.5	1.3	0.22	9.9	5.0	5.0	5.5	8.2	11.4	13.9	14.7	14.7	0.05	−0.62	9.8
		公安县	557	11.3	2.1	11.1	1.2	0.18	11.2	5.7	7.1	7.9	10.0	12.3	15.0	17.0	30.1	2.00	14.98	11.2
	荆门市	荆门市区	282	13.0	3.4	12.6	1.3	0.26	12.5	7.0	7.0	7.7	11.1	14.3	20.8	33.6	35.6	2.81	14.49	12.5
		沙洋县	12 991	12.3	5.5	11.7	1.4	0.45	12.0	2.9	5.2	6.3	9.6	14.5	19.5	23.6	185.0	16.38	457.74	12.1
		钟祥市	23 454	12.5	6.3	11.7	1.5	0.51	12.3	0.6	4.0	5.4	9.3	14.9	21.3	33.8	342.2	16.16	599.98	12.1
		京山市	14 877	12.7	5.1	11.9	1.5	0.40	12.0	1.5	3.6	5.5	9.4	15.1	24.2	32.7	101.0	2.18	16.05	12.3
		屈家岭管理区	1883	13.2	4.4	12.4	1.4	0.34	13.1	4.6	5.3	6.1	9.7	16.3	21.8	25.7	58.9	0.98	6.26	13.1
	孝感市	孝南区	245	9.6	4.8	8.9	1.5	0.50	9.0	3.3	3.3	4.1	7.3	10.9	16.6	32.5	59.5	5.39	48.41	9.1
		孝昌县	298	8.0	2.8	7.4	1.5	0.35	8.1	1.9	1.9	2.3	6.1	10.0	12.7	14.2	16.3	−0.12	−0.37	7.9
		云梦县	152	8.2	2.1	7.9	1.3	0.26	8.0	4.2	4.2	5.0	6.5	9.5	12.5	14.7	15.5	0.64	0.38	8.1

续表 2.9.1

单元名称			样本数	算术平均值	算术标准差	几何平均值	几何标准差	变异系数	中位值	最小值	累积频率分位值						最大值	偏度系数	峰度系数	背景值
			N	$\overline{X}$	S	X_g	S_g	CV	X_{me}	X_{min}	$X_{0.5\%}$	$X_{2.5\%}$	$X_{25\%}$	$X_{75\%}$	$X_{97.5\%}$	$X_{99.5\%}$	X_{max}	β_s	β_k	X'
行政县（市、区）	孝感市	大悟县	114	4.0	1.9	3.6	1.6	0.46	3.8	0.8	0.8	1.2	2.4	5.2	8.4	9.2	10.1	0.74	0.56	4.0
		安陆市	4394	11.0	3.6	10.5	1.4	0.32	10.9	2.1	3.9	5.3	8.6	13.2	17.3	23.4	53.5	1.54	11.48	10.9
		汉川市	415	13.2	3.2	12.8	1.3	0.24	13.4	5.7	6.5	7.5	10.8	15.5	19.5	21.5	27.6	0.22	0.29	13.2
		应城市	277	11.0	2.5	10.7	1.3	0.23	10.8	5.1	5.1	6.8	9.3	12.6	16.1	19.6	21.5	0.56	0.76	11.0
	黄冈市	黄冈市区	82	8.2	3.1	7.5	1.6	0.37	8.4	1.6	1.6	2.5	6.5	10.3	14.0	15.3	15.3	−0.13	−0.42	8.2
		武穴市	2491	15.7	18.2	12.6	1.8	1.16	12.3	1.6	2.2	3.2	9.1	17.2	45.6	101.3	346.9	10.50	150.75	12.7
		麻城市	204	4.8	2.5	4.2	1.7	0.53	4.0	0.6	0.6	1.4	2.9	6.0	10.5	11.8	14.1	1.00	0.43	4.1
		团风县	219	3.9	3.3	3.0	2.0	0.84	2.4	0.7	0.7	1.2	1.8	5.3	13.0	14.9	16.0	1.66	2.02	3.4
		黄梅县	361	9.8	3.9	9.1	1.5	0.40	9.4	2.5	2.7	3.2	7.5	11.8	19.4	28.3	29.4	1.57	5.47	9.4
		蕲春县	349	4.4	3.1	3.6	1.8	0.71	3.2	1.1	1.2	1.5	2.3	5.6	13.3	15.4	20.8	1.93	4.32	3.8
		浠水县	450	3.6	3.7	3.0	1.7	1.02	2.6	1.2	1.2	1.4	2.1	3.6	11.0	15.5	62.0	9.47	140.13	2.5
		罗田县	60	1.8	0.4	1.7	1.2	0.21	1.7	1.3	1.3	1.3	1.5	1.9	2.8	3.2	3.2	1.55	3.17	1.7
		红安县	31	4.6	0.9	4.5	1.2	0.20	4.5	3.1	3.1	3.1	4.0	5.0	6.6	7.3	7.3	0.97	1.48	4.6
	咸宁市	咸安区	222	13.6	4.6	12.9	1.4	0.34	12.8	6.2	6.2	7.0	10.6	15.1	24.9	32.0	37.8	1.68	4.59	13.0
		嘉鱼县	1889	15.8	36.9	13.1	1.5	2.33	12.4	2.2	5.9	7.6	10.6	14.5	37.7	104.8	933.9	21.56	505.08	12.3
		赤壁市	309	13.1	6.5	12.5	1.3	0.50	12.2	6.3	6.7	8.1	10.6	14.2	19.5	46.8	99.5	9.12	109.90	12.5
	随州市	随县	5656	10.6	9.2	8.7	1.8	0.87	8.9	1.0	2.1	2.9	5.9	12.3	32.4	58.5	191.9	6.51	79.62	9.0
		曾都区	356	7.4	2.3	7.1	1.4	0.31	7.1	2.4	2.8	3.8	5.9	8.5	12.8	16.0	17.2	1.03	1.81	7.3
		广水市	657	5.4	2.2	4.9	1.6	0.41	5.4	0.8	1.1	1.6	3.8	6.7	10.0	11.6	21.2	0.83	3.42	5.4
	恩施州	恩施市	20 748	14.0	5.5	12.7	1.6	0.39	14.3	0.3	2.2	3.7	10.5	17.4	24.3	30.7	86.5	0.50	4.26	13.9
		宣恩县	11 191	13.1	12.2	11.2	1.8	0.93	12.7	1.2	2.2	3.1	7.9	16.4	29.3	45.4	898.5	38.36	2 574.20	12.3
		建始县	10 711	13.4	6.0	12.5	1.5	0.45	13.8	1.2	2.7	4.0	10.9	15.9	21.4	26.6	434.0	32.49	2 252.85	13.2
		利川市	19 338	13.6	7.4	11.3	1.9	0.54	14.5	0.5	2.1	2.8	6.6	19.3	26.2	31.9	205.0	1.20	23.98	13.5
		鹤峰县	6163	16.2	15.8	14.3	1.6	0.98	15.6	1.7	2.8	4.7	11.2	19.0	32.6	57.4	862.0	32.23	1 504.18	15.0
		来凤县	6509	9.9	7.1	8.2	1.8	0.72	7.5	1.2	2.3	2.9	5.3	12.7	29.3	37.5	159.0	3.12	33.48	8.6
		咸丰县	8734	11.4	7.4	9.7	1.8	0.66	10.6	1.2	2.1	2.9	6.5	14.9	24.2	36.1	356.0	13.47	548.60	10.9
		巴东县	11 621	13.8	7.0	12.8	1.5	0.51	13.8	1.0	3.4	4.7	11.1	16.0	23.3	33.6	374.0	20.27	859.27	13.3

注：As 的地球化学参数中，N 单位为件，$\overline{X}$、S、X_g、S_g、X_{me}、X_{min}、$X_{0.5\%}$、$X_{2.5\%}$、$X_{25\%}$、$X_{75\%}$、$X_{97.5\%}$、$X_{99.5\%}$、X_{max}、X' 单位为 mg/kg，CV、β_s、β_k 为无量纲。

表 2.9.2 表层土壤 B 地球化学参数

单元名称		样本数	算术平均值	算术标准差	几何平均值	几何标准差	变异系数	中位值	最小值	累积频率分位值						最大值	偏度系数	峰度系数	背景值
		N	$\bar{X}$	S	X_g	S_g	CV	X_{me}	X_{min}	$X_{0.5\%}$	$X_{2.5\%}$	$X_{25\%}$	$X_{75\%}$	$X_{97.5\%}$	$X_{99.5\%}$	X_{max}	β_s	β_k	X'
全省		241 832	68	36	62	2	0.54	62	1	10	25	53	73	147	272	1314	6.72	88.99	62
土壤类型	红壤	3783	68	32	57	2	0.48	68	2	4	7	56	81	139	201	371	1.14	6.61	66
	黄壤	17 857	81	49	74	2	0.61	73	2	13	31	64	84	186	404	1095	6.47	67.86	72
	黄棕壤	68 674	76	47	67	2	0.62	69	1	9	20	58	82	185	358	1314	5.76	59.28	68
	黄褐土	1428	62	16	60	1	0.26	60	9	18	38	54	67	94	160	191	2.80	17.66	61
	棕壤	8885	69	18	67	1	0.27	67	2	28	42	59	76	108	147	640	5.34	119.29	67
	暗棕壤	478	78	29	74	1	0.37	73	9	17	39	65	82	161	246	341	3.76	22.97	73
	石灰土	9320	88	59	77	2	0.66	73	4	13	31	60	96	233	417	1168	4.47	37.63	76
	紫色土	6748	85	49	72	2	0.58	67	10	17	27	45	122	186	237	661	1.42	6.46	83
	草甸土	554	59	12	58	1	0.20	58	21	30	38	51	66	81	94	119	0.67	2.55	58
	潮土	45 726	55	11	54	1	0.19	55	4	24	33	50	62	76	84	402	1.48	44.08	56
	沼泽土	392	58	14	56	1	0.24	55	34	35	39	48	63	90	123	129	1.79	5.11	56
	水稻土	77 976	61	21	58	1	0.35	59	2	11	26	52	66	106	164	924	6.27	119.43	59
土地利用类型	耕地	191 494	68	36	63	1	0.53	62	2	13	30	53	72	148	273	1314	7.04	96.04	62
	园地	14 031	78	42	71	2	0.53	72	1	11	26	61	85	163	308	916	5.49	56.57	72
	林地	20 077	63	37	54	2	0.59	62	2	5	10	46	74	137	268	772	4.60	49.09	59
	草地	1947	73	38	66	2	0.53	68	4	14	21	57	81	176	241	702	4.46	47.14	66
	建设用地	2492	61	36	56	2	0.59	58	4	7	16	50	67	128	314	596	7.64	85.74	58
	水域	8313	58	14	56	1	0.24	57	2	15	33	50	65	83	109	321	2.27	30.02	58
	未利用地	3478	71	41	64	2	0.58	68	2	9	20	58	77	138	305	771	7.94	98.77	66
地质背景	第四系	108 105	58	12	57	1	0.20	57	1	24	35	51	64	81	99	390	1.69	26.19	57
	新近系	151	57	7	56	1	0.12	56	36	36	39	54	61	69	70	70	−0.47	0.59	57
	古近系	1333	52	15	49	1	0.28	53	5	11	21	43	62	78	92	157	0.13	2.69	52
	白垩系	11 293	56	19	53	1	0.33	57	4	11	19	48	63	84	130	648	6.01	134.77	55
	侏罗系	4284	45	16	43	1	0.35	41	11	16	22	34	54	78	97	208	1.42	5.85	44
	三叠系	43 820	96	47	89	1	0.49	83	3	36	51	70	109	204	342	1168	4.26	39.52	89
	二叠系	16 951	65	19	63	1	0.29	64	2	23	34	55	73	102	134	771	6.93	196.73	64
	石炭系	1097	64	18	62	1	0.27	65	12	21	31	55	73	93	114	321	3.38	45.32	64

续表 2.9.2

单元名称		样本数	算术平均值	算术标准差	几何平均值	几何标准差	变异系数	中位值	最小值	累积频率分位值						最大值	偏度系数	峰度系数	背景值
		N	$\bar{X}$	S	X_g	S_g	CV	X_{me}	X_{min}	$X_{0.5\%}$	$X_{2.5\%}$	$X_{25\%}$	$X_{75\%}$	$X_{97.5\%}$	$X_{99.5\%}$	X_{max}	β_s	β_k	X'
地质背景	泥盆系	2447	65	16	63	1	0.25	66	9	17	31	57	75	93	114	304	1.31	20.78	65
	志留系	20 610	68	16	66	1	0.23	68	2	14	37	62	75	92	111	523	5.26	126.04	69
	奥陶系	11 151	73	20	71	1	0.28	72	4	21	47	65	80	100	159	665	8.50	157.43	73
	寒武系	8816	107	107	81	2	1.00	69	2	9	25	58	95	432	644	1314	3.19	13.42	66
	震旦系	2731	52	20	47	2	0.39	52	2	7	14	38	64	93	119	186	0.47	1.28	51
	南华系	2316	32	16	28	2	0.51	29	2	7	9	21	39	75	86	167	1.32	3.23	31
	青白口系—震旦系	308	26	12	23	2	0.46	24	6	6	9	18	31	51	67	104	1.73	7.60	25
	青白口系	3132	47	24	39	2	0.52	48	2	5	9	25	67	93	110	183	0.26	−0.56	47
	中元古界	25	50	23	42	2	0.46	53	7	7	7	36	63	90	92	92	−0.33	−0.11	50
	滹沱系—太古宇	282	12	8	10	2	0.71	9	2	2	3	6	14	36	51	54	2.53	8.20	10
	侵入岩	2558	24	20	18	2	0.80	19	2	3	4	10	32	77	90	132	1.48	2.07	21
	脉岩	14	28	17	22	2	0.62	26	7	7	7	9	39	58	58	58	0.39	−0.79	28
	变质岩	408	50	25	42	2	0.50	50	2	3	10	28	69	96	117	118	0.20	−0.79	50
成土母质	第四系沉积物	104 637	57	11	56	1	0.19	57	3	25	36	51	64	79	91	208	0.21	3.34	57
	碎屑岩风化物	42 580	72	37	64	2	0.52	64	2	10	21	52	79	166	208	1095	2.41	22.14	67
	碎屑岩风化物(黑色岩系)	3691	71	19	68	1	0.26	72	4	10	22	64	79	101	127	511	3.30	86.18	72
	碳酸盐岩风化物	49 215	87	57	78	2	0.66	75	2	17	35	64	90	239	445	1314	5.55	48.02	75
	碳酸盐岩风化物(黑色岩系)	18 045	73	44	67	1	0.60	66	2	23	35	57	76	197	350	807	5.94	51.49	65
	变质岩风化物	21 087	63	23	58	2	0.36	67	1	6	13	56	76	95	124	871	2.56	86.80	63
	火山岩风化物	177	34	19	29	2	0.56	29	6	6	7	20	47	78	91	92	0.78	0.08	34
	侵入岩风化物	2399	23	17	17	2	0.74	18	2	3	4	10	31	65	80	103	1.21	1.04	22
地形地貌	平原	112 999	58	11	56	1	0.18	57	4	25	35	52	64	79	91	171	0.17	2.74	58
	洪湖湖区	389	61	8	61	1	0.13	61	33	35	45	57	66	73	79	138	2.02	22.51	61
	丘陵低山	32 804	54	23	47	2	0.43	57	1	5	9	39	67	96	132	271	0.42	2.84	53
	中山	2737	125	78	105	2	0.63	118	2	7	24	75	148	336	544	1168	3.40	23.66	112
	高山	92 903	83	49	75	2	0.59	73	2	20	34	63	87	198	372	1314	5.55	54.06	73

续表 2.9.2

单元名称			样本数	算术平均值	算术标准差	几何平均值	几何标准差	变异系数	中位值	最小值	累积频率分位值						最大值	偏度系数	峰度系数	背景值
			N	$\bar{X}$	S	X_g	S_g	CV	X_{me}	X_{min}	$X_{0.5\%}$	$X_{2.5\%}$	$X_{25\%}$	$X_{75\%}$	$X_{97.5\%}$	$X_{99.5\%}$	X_{max}	β_s	β_k	X'
行政市（州）	武汉市		4109	57	16	54	1	0.28	58	2	8	14	51	66	84	93	171	−0.74	1.97	58
	襄阳市		7131	60	20	57	1	0.33	58	6	16	25	51	66	109	157	271	2.24	12.95	58
	宜昌市		1479	60	24	54	2	0.41	59	2	5	10	49	68	123	152	185	0.87	3.02	58
	黄石市		881	58	16	55	1	0.28	60	12	15	22	50	67	82	94	251	1.49	23.00	58
	十堰市		4162	48	27	39	2	0.57	46	2	4	7	25	67	101	144	246	0.80	1.83	47
	荆州市		18 052	60	10	59	1	0.16	59	10	33	42	54	66	79	87	152	0.22	1.68	60
	荆门市		52 371	60	11	58	1	0.19	60	1	22	34	54	66	82	95	205	0.000 1	4.14	60
	鄂州市		403	60	14	57	1	0.24	62	7	10	19	56	69	81	87	96	−1.23	2.00	62
	孝感市		5895	55	14	52	1	0.25	58	4	11	23	47	63	75	90	194	−0.26	4.37	55
	黄冈市		4247	50	30	37	3	0.60	54	2	3	4	20	72	101	123	208	0.16	−0.09	50
	咸宁市		2420	74	16	72	1	0.22	72	6	34	45	64	84	109	136	152	0.69	1.71	73
	随州市		6669	39	20	34	2	0.50	36	2	5	9	23	53	82	98	157	0.64	0.48	39
	恩施州		95 016	84	50	76	2	0.60	73	2	20	34	63	88	204	385	1314	5.39	51.32	73
	仙桃市		13 430	54	8	53	1	0.16	54	14	30	38	49	59	72	82	105	0.29	1.76	54
	天门市		10 105	52	10	51	1	0.19	53	20	25	31	47	59	71	79	91	−0.13	0.48	52
	潜江市		15 462	55	8	54	1	0.15	55	10	32	39	50	60	72	80	104	0.08	1.30	55
行政县（市、区）	武汉市	武汉市区	744	67	10	66	1	0.15	67	27	34	45	61	72	85	94	105	−0.19	1.15	67
		蔡甸区	2305	60	11	59	1	0.18	58	32	39	45	53	66	85	96	171	1.34	5.87	60
		黄陂区	573	40	19	34	2	0.48	38	2	7	9	24	59	70	73	83	0.07	−1.30	40
		东西湖区	125	58	6	58	1	0.10	58	45	45	47	54	63	69	69	69	0.23	−0.74	58
		新洲区	362	42	20	36	2	0.46	47	4	4	6	25	60	68	73	77	−0.37	−1.15	42
	襄阳市	襄阳市区	912	58	9	58	1	0.15	59	22	26	40	54	63	77	83	98	−0.25	1.96	59
		枣阳市	816	48	15	45	1	0.32	50	8	9	16	33	59	71	87	90	−0.46	−0.20	48
		老河口市	265	53	8	52	1	0.14	54	17	17	32	50	58	64	67	67	−1.52	4.63	54
		宜城市	2618	58	10	57	1	0.17	58	8	18	34	53	64	77	85	95	−0.75	3.36	59
		谷城县	222	36	13	33	1	0.36	35	6	6	14	23	46	61	64	68	0.17	−0.67	36
		南漳县	2298	71	27	67	1	0.38	66	16	31	37	55	80	144	190	271	1.97	6.71	67

续表 2.9.2

单元名称			样本数	算术平均值	算术标准差	几何平均值	几何标准差	变异系数	中位值	最小值	累积频率分位值						最大值	偏度系数	峰度系数	背景值
			N	$\bar{X}$	S	X_g	S_g	CV	X_{me}	X_{min}	$X_{0.5\%}$	$X_{2.5\%}$	$X_{25\%}$	$X_{75\%}$	$X_{97.5\%}$	$X_{99.5\%}$	X_{max}	β_s	β_k	X'
行政县（市、区）	宜昌市	宜昌市辖区	233	42	27	33	2	0.64	42	2	2	5	24	58	101	149	185	1.28	3.84	40
		宜都市	75	56	9	55	1	0.16	56	30	30	36	50	64	69	70	70	−0.60	−0.03	56
		枝江市	375	57	8	56	1	0.14	57	34	35	38	52	63	69	70	83	−0.41	0.33	57
		当阳市	284	58	8	58	1	0.14	58	40	40	42	53	64	74	86	94	0.42	1.28	58
		秭归县	478	72	32	62	2	0.45	73	2	7	12	51	89	144	173	184	0.31	0.27	71
		长阳土家族自治县	34	78	17	76	1	0.21	80	32	32	32	67	86	109	120	120	−0.04	1.50	78
	黄石市	黄石市区	47	55	17	51	1	0.31	55	14	14	14	45	62	91	99	99	0.02	0.68	55
		大冶市	382	57	19	54	1	0.34	60	12	15	19	47	69	83	94	251	2.24	25.10	57
		阳新县	452	58	13	57	1	0.22	61	19	19	28	53	66	81	84	113	−0.61	1.25	59
	十堰市	茅箭区	63	15	5	14	1	0.36	15	6	6	7	11	19	26	31	31	0.74	0.35	15
		郧阳区	118	32	15	28	2	0.47	32	8	8	9	19	44	60	62	66	0.24	−0.95	32
		丹江口市	570	31	15	28	2	0.48	28	5	8	10	19	42	63	67	92	0.67	−0.16	31
		竹溪县	1404	52	32	41	2	0.62	52	3	4	6	26	70	123	171	246	0.93	2.00	50
		竹山县	2007	51	25	43	2	0.48	53	2	4	8	32	70	94	109	217	0.14	0.26	51
	荆州市	荆州市区	374	59	7	59	1	0.12	59	23	37	44	55	64	72	78	90	−0.35	2.10	59
		洪湖市	12 640	61	10	60	1	0.17	61	10	30	41	54	68	80	87	152	0.07	1.54	61
		监利市	3493	56	6	55	1	0.11	56	26	37	43	52	59	68	73	97	0.03	1.81	56
		石首市	345	62	9	61	1	0.15	63	24	30	44	56	68	81	86	94	−0.18	1.42	62
		松滋市	373	63	8	62	1	0.13	63	35	37	44	58	67	80	90	93	0.07	1.58	63
		江陵县	270	58	8	58	1	0.13	59	27	27	41	54	64	69	70	74	−0.82	0.80	59
		公安县	557	65	8	64	1	0.13	65	38	39	48	60	69	81	94	106	0.24	1.74	65
	荆门市	荆门市区	282	56	13	55	1	0.23	57	26	26	33	50	62	69	74	198	4.70	55.51	55
		沙洋县	12 991	61	8	61	1	0.13	62	12	30	44	57	66	75	82	160	−0.57	4.74	62
		钟祥市	23 454	57	10	56	1	0.18	57	5	25	35	52	63	77	87	143	−0.06	2.54	57
		京山市	13 761	62	15	60	1	0.25	63	1	14	27	54	71	91	105	205	−0.07	2.96	62
		屈家岭管理区	1883	62	9	62	1	0.14	64	16	34	40	58	68	76	79	111	−0.74	2.14	63
	孝感市	孝南区	245	55	11	54	1	0.20	58	24	24	30	49	63	70	70	72	−0.80	−0.15	55
		孝昌县	298	43	14	41	1	0.33	44	6	6	15	33	54	67	71	77	−0.15	−0.62	43
		云梦县	152	50	11	48	1	0.22	51	21	21	28	41	58	67	68	69	−0.28	−0.72	50

续表 2.9.2

单元名称			样本数	算术平均值	算术标准差	几何平均值	几何标准差	变异系数	中位值	最小值	累积频率分位值						最大值	偏度系数	峰度系数	背景值
			N	$\overline{X}$	S	X_g	S_g	CV	X_{me}	X_{min}	$X_{0.5\%}$	$X_{2.5\%}$	$X_{25\%}$	$X_{75\%}$	$X_{97.5\%}$	$X_{99.5\%}$	X_{max}	β_s	β_k	X'
行政县（市、区）	孝感市	大悟县	114	21	9	18	2	0.46	20	4	4	6	13	26	39	44	45	0.51	−0.49	21
		安陆市	4394	56	13	54	1	0.23	59	4	18	27	48	64	78	92	194	0.17	5.88	56
		汉川市	415	56	7	56	1	0.13	56	26	31	40	52	61	70	74	79	−0.37	1.28	57
		应城市	277	60	6	59	1	0.11	60	30	30	44	56	64	70	70	70	−1.11	3.12	60
	黄冈市	黄冈市区	82	43	18	37	2	0.42	50	5	5	6	27	57	70	77	77	−0.59	−0.76	43
		武穴市	2491	67	23	61	2	0.35	68	5	8	14	54	81	106	137	208	0.20	2.83	66
		麻城市	204	26	16	21	2	0.62	22	4	4	5	14	34	67	71	74	1.09	0.57	21
		团风县	219	18	17	12	2	0.99	9	2	2	3	7	22	63	67	72	1.48	0.88	17
		黄梅县	361	51	13	48	1	0.26	52	3	6	15	45	58	77	83	84	−0.73	1.71	52
		蕲春县	349	20	18	14	2	0.88	14	2	2	3	8	27	64	73	104	1.45	1.67	14
		浠水县	450	14	14	10	2	0.99	9	2	3	4	6	13	53	66	74	2.15	3.91	8
		罗田县	60	6	2	6	1	0.31	6	3	3	3	5	7	10	10	10	0.24	−0.48	6
		红安县	31	25	6	24	1	0.26	25	14	14	14	21	29	38	39	39	0.43	−0.35	25
	咸宁市	咸安区	222	63	9	62	1	0.14	64	29	29	43	58	68	79	83	83	−0.55	1.08	63
		嘉鱼县	1889	77	17	75	1	0.21	76	6	34	48	66	87	114	139	152	0.55	1.69	76
		赤壁市	309	63	10	62	1	0.15	64	30	34	43	57	68	85	91	95	0.04	1.06	63
	随州市	随县	5656	41	20	35	2	0.50	39	2	5	9	24	55	83	99	157	0.54	0.29	40
		曾都区	356	36	13	33	1	0.35	35	7	9	14	26	45	60	65	90	0.41	0.11	35
		广水市	657	27	12	24	2	0.43	26	3	4	6	19	34	54	62	69	0.46	0.29	27
	恩施州	恩施市	20 748	81	44	74	1	0.54	72	6	16	35	63	85	181	327	1095	5.90	66.98	72
		宣恩县	11 191	80	40	74	1	0.50	72	2	23	35	62	85	175	311	757	4.56	36.38	73
		建始县	10 711	75	29	71	1	0.38	70	5	15	38	62	82	139	206	871	6.24	100.51	71
		利川市	19 338	89	45	79	2	0.51	80	11	22	29	63	106	195	278	702	2.32	13.86	84
		鹤峰县	6164	81	50	71	2	0.62	68	3	8	26	60	81	249	322	586	3.28	14.47	68
		来凤县	6509	71	13	70	1	0.19	71	17	34	47	64	78	98	122	262	1.24	11.65	71
		咸丰县	8734	104	94	87	2	0.90	77	21	32	44	67	92	413	636	1314	4.11	21.48	75
		巴东县	11 621	90	55	82	2	0.61	75	13	29	44	64	94	223	402	1168	4.95	44.01	78

注：B的地球化学参数中，N 单位为件，$\overline{X}$、S、X_g、S_g、X_{me}、X_{min}、$X_{0.5\%}$、$X_{2.5\%}$、$X_{25\%}$、$X_{75\%}$、$X_{97.5\%}$、$X_{99.5\%}$、X_{max}、X' 单位为 mg/kg，CV、β_s、β_k 为无量纲。

表 2.9.3　表层土壤 Cd 地球化学参数表

单元名称		样本数	算术平均值	算术标准差	几何平均值	几何标准差	变异系数	中位值	最小值	累积频率分位值						最大值	偏度系数	峰度系数	背景值
		N	$\bar{X}$	S	X_g	S_g	CV	X_{me}	X_{min}	$X_{0.5\%}$	$X_{2.5\%}$	$X_{25\%}$	$X_{75\%}$	$X_{97.5\%}$	$X_{99.5\%}$	X_{max}	β_s	β_k	X'
全省		242 948	0.44	1.07	0.31	1.96	2.42	0.32	0.003	0.07	0.10	0.20	0.43	1.61	5.13	108.00	28.97	1 576.87	0.31
土壤类型	红壤	3783	0.36	0.64	0.26	2.03	1.76	0.23	0.03	0.06	0.09	0.16	0.36	1.49	3.14	21.10	15.39	382.68	0.24
	黄壤	17 857	0.65	2.02	0.38	2.21	3.13	0.35	0.02	0.07	0.11	0.23	0.52	2.87	9.86	74.56	17.48	404.99	0.34
	黄棕壤	69 303	0.58	1.36	0.36	2.24	2.35	0.34	0.003	0.06	0.10	0.22	0.51	2.72	7.94	108.00	19.14	816.34	0.34
	黄褐土	1428	0.22	0.27	0.18	1.69	1.22	0.16	0.05	0.06	0.09	0.14	0.21	0.74	2.03	4.56	7.96	86.48	0.16
	棕壤	8885	0.93	2.18	0.57	2.19	2.35	0.49	0.05	0.11	0.17	0.36	0.75	4.69	11.99	99.35	17.79	578.71	0.48
	暗棕壤	478	0.56	0.88	0.39	1.98	1.57	0.37	0.06	0.07	0.13	0.28	0.48	2.89	7.25	9.73	6.35	49.16	0.35
	石灰土	9394	0.54	1.12	0.37	1.99	2.07	0.34	0.04	0.08	0.13	0.25	0.48	2.47	6.48	49.46	17.38	535.39	0.34
	紫色土	6755	0.26	0.18	0.23	1.58	0.70	0.23	0.03	0.07	0.10	0.18	0.30	0.58	1.02	6.95	12.14	324.68	0.24
	草甸土	554	0.45	0.34	0.40	1.58	0.76	0.37	0.11	0.12	0.16	0.30	0.50	1.06	1.88	6.08	9.32	141.00	0.39
	潮土	45 774	0.35	0.13	0.33	1.44	0.36	0.34	0.03	0.08	0.12	0.28	0.41	0.56	0.78	4.98	6.79	186.85	0.34
	沼泽土	392	0.59	0.87	0.42	1.89	1.48	0.38	0.06	0.10	0.18	0.30	0.49	3.25	6.51	7.57	5.23	31.36	0.38
	水稻土	78 334	0.29	0.29	0.24	1.70	1.02	0.25	0.01	0.06	0.09	0.16	0.36	0.59	1.30	28.11	32.00	2 084.45	0.26
土地利用类型	耕地	191 941	0.43	1.02	0.31	1.93	2.35	0.32	0.01	0.07	0.10	0.20	0.43	1.49	4.74	99.35	27.18	1 315.72	0.31
	园地	14 180	0.41	0.79	0.30	1.99	1.91	0.28	0.02	0.07	0.09	0.19	0.42	1.56	4.32	40.50	21.33	769.85	0.29
	林地	20 390	0.59	1.69	0.34	2.37	2.85	0.31	0.02	0.06	0.08	0.19	0.50	3.04	9.05	108.00	23.43	1 036.25	0.31
	草地	1947	0.53	1.27	0.34	2.18	2.37	0.33	0.03	0.05	0.09	0.21	0.49	2.06	7.62	25.92	12.64	207.44	0.33
	建设用地	2492	0.43	1.85	0.30	1.96	4.28	0.31	0.02	0.05	0.08	0.20	0.41	1.49	3.21	88.70	44.10	2 097.62	0.30
	水域	8499	0.33	0.27	0.30	1.58	0.83	0.32	0.01	0.06	0.10	0.25	0.38	0.66	0.98	18.18	40.76	2 430.88	0.31
	未利用地	3499	0.45	0.68	0.32	2.09	1.51	0.29	0.003	0.07	0.10	0.19	0.45	1.82	4.64	16.00	8.80	128.08	0.30
地质背景	第四系	108 245	0.31	0.39	0.28	1.62	1.26	0.31	0.003	0.06	0.10	0.20	0.39	0.55	0.77	88.70	170.89	35 671.14	0.30
	新近系	151	0.18	0.09	0.16	1.51	0.50	0.16	0.05	0.05	0.07	0.13	0.20	0.42	0.60	0.63	2.53	8.81	0.16
	古近系	1436	0.21	0.15	0.19	1.60	0.72	0.17	0.03	0.07	0.09	0.14	0.24	0.56	0.89	2.52	6.14	68.58	0.21
	白垩系	11 433	0.24	0.29	0.19	1.76	1.22	0.18	0.03	0.06	0.07	0.14	0.25	0.74	1.74	10.70	14.90	392.16	0.18
	侏罗系	4284	0.25	0.11	0.23	1.53	0.45	0.23	0.03	0.06	0.10	0.18	0.30	0.53	0.74	1.27	1.78	6.37	0.24
	三叠系	43 820	0.55	1.34	0.40	1.86	2.42	0.38	0.03	0.10	0.14	0.29	0.50	1.97	7.06	99.35	24.43	1 067.28	0.38
	二叠系	16 951	1.33	2.63	0.76	2.53	1.97	0.68	0.04	0.10	0.16	0.41	1.28	6.48	17.95	58.96	9.05	120.66	0.72
	石炭系	1097	0.74	0.88	0.53	2.12	1.19	0.49	0.06	0.09	0.13	0.32	0.82	2.71	5.77	11.21	5.87	51.40	0.54

续表 2.9.3

单元名称		样本数	算术平均值	算术标准差	几何平均值	几何标准差	变异系数	中位值	最小值	累积频率分位值						最大值	偏度系数	峰度系数	背景值
		N	$\bar{X}$	S	X_g	S_g	CV	X_{me}	X_{min}	$X_{0.5\%}$	$X_{2.5\%}$	$X_{25\%}$	$X_{75\%}$	$X_{97.5\%}$	$X_{99.5\%}$	X_{max}	β_s	β_k	X'
地质背景	泥盆系	2447	0.55	0.68	0.40	2.07	1.23	0.38	0.04	0.07	0.11	0.25	0.60	2.06	3.98	15.25	8.50	130.06	0.41
	志留系	20 610	0.32	0.71	0.24	1.88	2.19	0.23	0.03	0.06	0.08	0.16	0.34	1.08	2.68	61.84	45.41	3 306.26	0.24
	奥陶系	11 151	0.43	0.78	0.32	1.90	1.81	0.30	0.02	0.07	0.11	0.22	0.43	1.68	5.00	22.19	11.85	198.49	0.31
	寒武系	9043	0.58	1.56	0.39	1.99	2.71	0.37	0.05	0.09	0.13	0.26	0.52	2.44	6.71	108.00	39.57	2 508.22	0.37
	震旦系	3237	0.51	1.09	0.31	2.28	2.12	0.25	0.05	0.07	0.10	0.19	0.42	2.98	6.55	28.30	10.85	193.00	0.25
	南华系	2316	0.27	0.80	0.19	1.73	2.96	0.18	0.03	0.06	0.09	0.15	0.22	0.83	4.01	23.30	19.65	478.05	0.18
	青白口系—震旦系	308	0.18	0.11	0.16	1.42	0.66	0.16	0.05	0.06	0.09	0.13	0.20	0.31	0.58	1.83	10.32	142.09	0.16
	青白口系	3132	0.24	0.34	0.20	1.60	1.45	0.19	0.04	0.06	0.09	0.16	0.24	0.59	1.50	9.00	17.30	371.80	0.20
	中元古界	25	0.33	0.20	0.28	1.70	0.63	0.24	0.11	0.11	0.11	0.19	0.39	0.65	0.98	0.98	1.76	3.17	0.30
	滹沱系—太古宇	282	0.15	0.04	0.15	1.29	0.29	0.14	0.07	0.07	0.09	0.13	0.17	0.24	0.33	0.52	2.80	18.11	0.15
	侵入岩	2558	0.24	0.30	0.19	1.72	1.27	0.17	0.04	0.06	0.09	0.14	0.23	0.78	2.27	5.18	9.25	116.42	0.18
	脉岩	14	0.23	0.09	0.22	1.51	0.40	0.22	0.10	0.10	0.10	0.17	0.26	0.40	0.40	0.40	0.63	−0.44	0.23
	变质岩	408	0.27	0.31	0.22	1.69	1.16	0.20	0.05	0.07	0.10	0.17	0.26	0.75	1.95	4.32	8.46	93.06	0.20
成土母质	第四系沉积物	104 667	0.31	0.31	0.28	1.61	1.01	0.31	0.01	0.07	0.10	0.20	0.39	0.54	0.71	88.70	216.48	60 418.02	0.30
	碎屑岩风化物	42 690	0.30	0.43	0.23	1.82	1.46	0.22	0.003	0.06	0.08	0.15	0.32	0.97	2.29	28.30	21.99	894.01	0.23
	碎屑岩风化物(黑色岩系)	3691	0.38	0.40	0.32	1.72	1.05	0.32	0.02	0.08	0.11	0.23	0.44	0.98	2.07	12.84	14.36	344.74	0.33
	碳酸盐岩风化物	50 129	0.53	1.02	0.40	1.85	1.92	0.39	0.04	0.09	0.13	0.29	0.52	1.87	5.41	74.56	24.16	1 059.24	0.39
	碳酸盐岩风化物(黑色岩系)	18 045	1.41	2.96	0.77	2.59	2.10	0.67	0.04	0.10	0.16	0.40	1.31	7.42	19.91	99.35	9.93	164.16	0.70
	变质岩风化物	21 149	0.38	1.19	0.25	1.98	3.12	0.23	0.02	0.06	0.09	0.17	0.34	1.47	5.54	108.00	42.97	3 332.30	0.24
	火山岩风化物	177	0.55	0.44	0.43	1.96	0.81	0.39	0.11	0.11	0.14	0.26	0.64	1.91	2.18	2.26	1.90	3.39	0.36
	侵入岩风化物	2399	0.23	0.30	0.18	1.69	1.33	0.17	0.04	0.06	0.08	0.14	0.23	0.68	1.90	6.68	12.11	196.82	0.17
地形地貌	平原	112 999	0.30	0.18	0.27	1.65	0.60	0.30	0.01	0.06	0.09	0.18	0.39	0.54	0.73	22.27	33.14	3 246.41	0.29
	洪湖湖区	389	0.30	0.09	0.29	1.33	0.30	0.29	0.12	0.12	0.16	0.25	0.34	0.54	0.61	0.67	1.18	2.13	0.29
	丘陵低山	33 920	0.37	1.11	0.24	2.01	3.05	0.21	0.003	0.06	0.08	0.16	0.32	1.51	4.97	108.00	47.32	3 829.77	0.22
	中山	2737	0.36	0.71	0.28	1.69	1.96	0.27	0.05	0.09	0.12	0.21	0.35	0.96	4.10	21.10	17.95	426.99	0.28
	高山	92 903	0.65	1.56	0.42	2.11	2.40	0.38	0.02	0.09	0.13	0.27	0.55	2.93	8.75	99.35	17.89	548.58	0.37

续表 2.9.3

单元名称			样本数	算术平均值	算术标准差	几何平均值	几何标准差	变异系数	中位值	最小值	累积频率分位值						最大值	偏度系数	峰度系数	背景值
			N	$\overline{X}$	S	X_g	S_g	CV	X_{me}	X_{min}	$X_{0.5\%}$	$X_{2.5\%}$	$X_{25\%}$	$X_{75\%}$	$X_{97.5\%}$	$X_{99.5\%}$	X_{max}	β_s	β_k	X'
行政市（州）	武汉市		4109	0.29	0.23	0.24	1.81	0.78	0.29	0.01	0.07	0.09	0.14	0.40	0.58	0.83	8.48	15.59	488.80	0.28
	襄阳市		7131	0.27	0.17	0.24	1.63	0.64	0.24	0.04	0.08	0.10	0.16	0.34	0.59	1.21	3.58	5.43	62.91	0.25
	宜昌市		1479	0.29	0.27	0.24	1.72	0.92	0.24	0.05	0.07	0.11	0.16	0.33	0.89	2.41	3.89	6.22	55.28	0.24
	黄石市		881	0.61	3.05	0.39	1.96	4.98	0.35	0.07	0.10	0.14	0.25	0.53	1.90	4.53	88.70	27.55	793.31	0.36
	十堰市		4162	0.86	2.53	0.41	2.63	2.95	0.31	0.06	0.09	0.13	0.21	0.59	5.39	14.93	108.00	21.30	794.17	0.30
	荆州市		18 052	0.36	0.10	0.35	1.34	0.29	0.36	0.06	0.13	0.18	0.30	0.42	0.57	0.79	1.89	1.41	10.02	0.36
	荆门市		53 487	0.25	0.32	0.20	1.75	1.31	0.19	0.003	0.05	0.08	0.14	0.30	0.56	1.51	28.30	33.74	2 138.07	0.22
	鄂州市		403	0.32	0.91	0.25	1.63	2.81	0.24	0.08	0.09	0.12	0.18	0.33	0.63	1.21	18.18	19.11	376.72	0.26
	孝感市		5895	0.23	0.26	0.19	1.68	1.13	0.17	0.03	0.06	0.09	0.14	0.24	0.70	1.75	5.00	9.22	120.48	0.18
	黄冈市		4247	0.30	0.56	0.21	2.04	1.83	0.18	0.02	0.04	0.07	0.14	0.32	1.11	3.21	18.13	14.42	331.39	0.21
	咸宁市		2420	0.30	0.22	0.26	1.72	0.72	0.25	0.04	0.06	0.08	0.19	0.36	0.78	1.52	3.14	4.79	39.40	0.27
	随州市		6669	0.27	0.38	0.22	1.72	1.37	0.20	0.03	0.07	0.10	0.16	0.28	0.86	2.10	8.68	12.19	204.74	0.21
	恩施州		95 016	0.64	1.55	0.41	2.10	2.41	0.38	0.02	0.09	0.13	0.27	0.55	2.90	8.66	99.35	18.00	556.39	0.37
	仙桃市		13 430	0.39	0.10	0.38	1.27	0.25	0.38	0.11	0.19	0.23	0.32	0.44	0.58	0.69	1.77	1.61	14.51	0.38
	天门市		10 105	0.34	0.11	0.33	1.36	0.32	0.34	0.05	0.14	0.18	0.26	0.41	0.54	0.66	3.08	3.04	56.70	0.34
	潜江市		15 462	0.33	0.09	0.32	1.31	0.26	0.33	0.04	0.13	0.18	0.28	0.39	0.51	0.60	2.68	1.94	36.44	0.33
行政县（市、区）	武汉市	武汉市区	744	0.22	0.22	0.19	1.70	0.99	0.16	0.07	0.08	0.09	0.12	0.27	0.57	0.76	4.98	13.86	286.87	0.19
		蔡甸区	2305	0.37	0.23	0.34	1.50	0.62	0.37	0.07	0.09	0.12	0.30	0.44	0.62	0.88	8.48	21.23	700.23	0.36
		黄陂区	573	0.14	0.07	0.13	1.44	0.53	0.13	0.04	0.05	0.07	0.10	0.15	0.30	0.47	1.16	6.18	68.08	0.13
		东西湖区	125	0.27	0.20	0.24	1.55	0.75	0.26	0.06	0.06	0.10	0.17	0.30	0.39	0.84	2.22	7.83	75.41	0.24
		新洲区	362	0.15	0.09	0.13	1.56	0.59	0.12	0.01	0.01	0.07	0.10	0.16	0.31	0.53	1.09	4.96	42.72	0.13
	襄阳市	襄阳市区	912	0.19	0.10	0.17	1.46	0.53	0.16	0.07	0.08	0.10	0.14	0.21	0.42	0.65	1.75	5.79	69.92	0.17
		枣阳市	816	0.16	0.05	0.16	1.26	0.28	0.16	0.07	0.09	0.11	0.14	0.18	0.27	0.35	0.64	3.69	30.20	0.16
		老河口市	265	0.21	0.21	0.19	1.50	0.96	0.17	0.09	0.09	0.11	0.15	0.23	0.45	1.17	3.03	10.42	135.08	0.18
		宜城市	2618	0.27	0.12	0.25	1.62	0.45	0.27	0.04	0.07	0.09	0.17	0.37	0.49	0.57	1.62	1.48	11.86	0.27
		谷城县	222	0.25	0.07	0.24	1.30	0.28	0.24	0.11	0.11	0.14	0.21	0.28	0.39	0.57	0.61	1.63	5.39	0.24
		南漳县	2298	0.34	0.23	0.30	1.57	0.66	0.30	0.04	0.09	0.13	0.23	0.37	0.98	1.53	3.58	5.11	44.36	0.30

续表 2.9.3

单元名称			样本数	算术平均值	算术标准差	几何平均值	几何标准差	变异系数	中位值	最小值	累积频率分位值						最大值	偏度系数	峰度系数	背景值
			N	$\bar{X}$	S	X_g	S_g	CV	X_{me}	X_{min}	$X_{0.5\%}$	$X_{2.5\%}$	$X_{25\%}$	$X_{75\%}$	$X_{97.5\%}$	$X_{99.5\%}$	X_{max}	β_s	β_k	X'
行政县（市、区）	宜昌市	宜昌市辖区	233	0.26	0.19	0.22	1.71	0.71	0.22	0.05	0.05	0.08	0.15	0.31	0.75	1.43	1.54	3.54	18.20	0.23
		宜都市	75	0.30	0.12	0.29	1.39	0.41	0.27	0.14	0.14	0.17	0.23	0.33	0.70	0.89	0.89	2.61	8.90	0.28
		枝江市	375	0.22	0.18	0.19	1.57	0.81	0.17	0.05	0.06	0.10	0.14	0.28	0.39	0.78	3.00	10.55	156.60	0.21
		当阳市	284	0.19	0.05	0.18	1.33	0.29	0.17	0.08	0.08	0.11	0.14	0.22	0.31	0.32	0.32	0.72	−0.35	0.19
		秭归县	478	0.41	0.39	0.33	1.77	0.94	0.31	0.07	0.07	0.12	0.24	0.42	1.39	2.71	3.89	4.62	27.40	0.31
		长阳土家族自治县	34	0.42	0.16	0.39	1.43	0.39	0.39	0.21	0.21	0.21	0.31	0.48	0.71	0.99	0.99	1.53	3.75	0.40
	黄石市	黄石市区	47	3.12	12.82	0.98	2.82	4.11	0.87	0.19	0.19	0.19	0.47	1.63	7.93	88.70	88.70	6.74	45.90	0.79
		大冶市	382	0.56	0.83	0.42	1.93	1.48	0.37	0.09	0.10	0.16	0.27	0.59	1.86	3.59	13.31	10.54	150.62	0.40
		阳新县	452	0.40	0.30	0.33	1.72	0.76	0.32	0.07	0.10	0.12	0.23	0.45	1.13	1.98	3.21	4.17	27.90	0.33
	十堰市	茅箭区	63	0.24	0.09	0.23	1.38	0.39	0.21	0.15	0.15	0.15	0.18	0.27	0.40	0.67	0.67	2.39	7.61	0.23
		郧阳区	118	0.26	0.12	0.24	1.40	0.45	0.22	0.13	0.13	0.14	0.20	0.29	0.56	0.59	1.08	3.58	20.23	0.24
		丹江口市	570	0.29	0.18	0.26	1.58	0.62	0.23	0.08	0.11	0.13	0.19	0.31	0.87	0.95	1.69	2.71	9.86	0.24
		竹溪县	1404	1.67	4.13	0.69	3.23	2.48	0.50	0.06	0.08	0.14	0.29	1.43	9.86	20.27	108.00	13.87	318.92	0.45
		竹山县	2007	0.51	0.79	0.34	2.16	1.55	0.29	0.06	0.09	0.12	0.19	0.51	2.54	5.40	12.23	6.21	54.91	0.31
	荆州市	荆州市区	374	0.25	0.12	0.22	1.53	0.47	0.23	0.09	0.09	0.11	0.15	0.31	0.49	0.63	1.29	2.51	17.30	0.24
		洪湖市	12 640	0.36	0.10	0.35	1.32	0.29	0.35	0.08	0.15	0.20	0.30	0.42	0.57	0.82	1.84	1.67	9.67	0.35
		监利市	3493	0.39	0.08	0.38	1.23	0.22	0.39	0.15	0.21	0.24	0.34	0.44	0.55	0.64	1.89	2.17	30.97	0.39
		石首市	345	0.38	0.13	0.35	1.42	0.34	0.37	0.12	0.15	0.17	0.30	0.43	0.67	0.81	0.97	0.95	2.50	0.37
		松滋市	373	0.26	0.10	0.24	1.49	0.39	0.23	0.06	0.08	0.13	0.17	0.34	0.47	0.56	0.62	0.61	−0.41	0.26
		江陵县	270	0.34	0.08	0.33	1.24	0.22	0.34	0.19	0.19	0.21	0.29	0.38	0.50	0.63	0.77	1.15	4.17	0.33
		公安县	557	0.34	0.10	0.32	1.40	0.30	0.35	0.07	0.12	0.15	0.29	0.40	0.55	0.66	0.71	0.04	0.73	0.34
	荆门市	荆门市区	282	0.20	0.08	0.19	1.36	0.40	0.19	0.09	0.09	0.12	0.16	0.23	0.37	0.71	0.94	4.13	29.24	0.19
		沙洋县	12 991	0.18	0.13	0.16	1.59	0.72	0.15	0.02	0.04	0.06	0.12	0.19	0.42	0.49	9.18	29.71	1 904.16	0.15
		钟祥市	23 454	0.27	0.25	0.23	1.70	0.94	0.23	0.03	0.06	0.08	0.15	0.36	0.52	0.73	28.30	66.78	7 107.91	0.26
		京山市	14 877	0.28	0.50	0.21	1.86	1.77	0.19	0.003	0.06	0.08	0.15	0.27	1.06	2.94	23.10	18.95	642.11	0.20
		屈家岭管理区	1883	0.21	0.13	0.18	1.63	0.61	0.19	0.03	0.05	0.08	0.13	0.27	0.42	0.86	2.03	4.89	48.04	0.20
	孝感市	孝南区	245	0.16	0.06	0.15	1.38	0.35	0.14	0.05	0.05	0.09	0.12	0.18	0.31	0.34	0.36	1.38	1.88	0.14
		孝昌县	298	0.17	0.19	0.15	1.46	1.13	0.14	0.09	0.09	0.10	0.12	0.17	0.34	1.96	2.39	9.25	94.17	0.14
		云梦县	152	0.16	0.04	0.16	1.28	0.25	0.16	0.09	0.09	0.10	0.13	0.19	0.25	0.27	0.32	0.73	0.80	0.16

续表 2.9.3

单元名称			样本数	算术平均值	算术标准差	几何平均值	几何标准差	变异系数	中位值	最小值	累积频率分位值						最大值	偏度系数	峰度系数	背景值
			N	$\overline{X}$	S	X_g	S_g	CV	X_{me}	X_{min}	$X_{0.5\%}$	$X_{2.5\%}$	$X_{25\%}$	$X_{75\%}$	$X_{97.5\%}$	$X_{99.5\%}$	X_{max}	β_s	β_k	X'
行政县（市、区）	孝感市	大悟县	114	0.17	0.07	0.16	1.46	0.39	0.16	0.04	0.04	0.05	0.14	0.20	0.30	0.36	0.58	2.18	11.21	0.17
		安陆市	4394	0.24	0.29	0.19	1.72	1.23	0.17	0.03	0.06	0.08	0.14	0.23	0.80	2.12	5.00	8.51	99.53	0.17
		汉川市	415	0.32	0.08	0.31	1.33	0.26	0.32	0.10	0.12	0.14	0.26	0.37	0.47	0.53	0.71	0.14	1.05	0.32
		应城市	277	0.18	0.07	0.17	1.41	0.40	0.16	0.07	0.07	0.10	0.13	0.20	0.40	0.43	0.53	1.73	3.43	0.17
	黄冈市	黄冈市区	82	0.26	0.16	0.22	1.64	0.62	0.21	0.10	0.10	0.11	0.15	0.29	0.62	1.07	1.07	2.43	8.17	0.24
		武穴市	2491	0.38	0.70	0.25	2.26	1.84	0.24	0.02	0.04	0.06	0.14	0.41	1.54	4.90	18.13	11.77	214.47	0.26
		麻城市	204	0.13	0.03	0.13	1.26	0.24	0.13	0.07	0.07	0.07	0.11	0.15	0.20	0.27	0.30	1.31	5.66	0.13
		团风县	219	0.21	0.22	0.17	1.67	1.05	0.15	0.08	0.08	0.09	0.13	0.19	0.95	1.37	2.01	4.83	28.20	0.15
		黄梅县	361	0.25	0.11	0.23	1.62	0.46	0.26	0.06	0.06	0.09	0.15	0.32	0.51	0.65	0.81	0.94	2.26	0.24
		蕲春县	349	0.17	0.08	0.16	1.40	0.50	0.15	0.07	0.07	0.09	0.13	0.18	0.38	0.53	1.00	4.78	34.38	0.15
		浠水县	450	0.18	0.22	0.16	1.52	1.20	0.15	0.06	0.07	0.09	0.13	0.17	0.56	1.36	3.70	11.09	154.59	0.15
		罗田县	60	0.16	0.03	0.16	1.22	0.19	0.16	0.09	0.09	0.10	0.14	0.18	0.23	0.23	0.23	−0.03	−0.33	0.16
		红安县	31	0.16	0.04	0.15	1.24	0.27	0.15	0.11	0.11	0.11	0.14	0.17	0.20	0.36	0.36	3.42	15.79	0.15
	咸宁市	咸安区	222	0.25	0.24	0.20	1.69	0.97	0.19	0.05	0.05	0.09	0.15	0.25	0.60	1.61	1.68	4.70	23.70	0.19
		嘉鱼县	1889	0.31	0.22	0.26	1.74	0.72	0.26	0.04	0.06	0.08	0.19	0.38	0.83	1.50	3.14	4.70	38.60	0.28
		赤壁市	309	0.26	0.10	0.24	1.52	0.38	0.24	0.05	0.06	0.08	0.19	0.31	0.48	0.52	0.56	0.58	0.07	0.26
	随州市	随县	5656	0.29	0.40	0.23	1.76	1.38	0.21	0.04	0.07	0.10	0.16	0.29	0.95	2.33	8.68	11.42	178.17	0.22
		曾都区	356	0.20	0.08	0.19	1.37	0.39	0.18	0.07	0.08	0.12	0.15	0.22	0.38	0.56	0.78	2.95	15.42	0.18
		广水市	657	0.17	0.08	0.16	1.34	0.50	0.16	0.03	0.05	0.09	0.14	0.18	0.25	0.51	1.83	13.07	245.18	0.16
	恩施州	恩施市	20 748	0.99	2.51	0.53	2.39	2.54	0.45	0.03	0.10	0.15	0.32	0.71	5.70	15.97	99.35	11.83	237.64	0.43
		宣恩县	11 191	0.70	1.40	0.46	2.15	1.99	0.43	0.05	0.09	0.13	0.29	0.63	3.27	8.58	47.38	13.28	289.87	0.42
		建始县	10 711	0.82	2.11	0.49	2.19	2.58	0.41	0.04	0.10	0.17	0.31	0.65	4.04	10.73	74.56	16.02	374.20	0.40
		利川市	19 338	0.42	0.62	0.34	1.78	1.46	0.33	0.02	0.09	0.12	0.24	0.45	1.35	3.54	47.27	28.96	1 801.64	0.33
		鹤峰县	6164	0.50	0.78	0.39	1.85	1.56	0.37	0.06	0.09	0.13	0.27	0.51	1.81	4.10	33.60	18.97	619.11	0.38
		来凤县	6509	0.37	0.34	0.30	1.87	0.92	0.29	0.04	0.07	0.10	0.19	0.43	1.22	2.24	10.10	6.99	123.15	0.30
		咸丰县	8734	0.45	0.57	0.35	1.97	1.26	0.33	0.02	0.08	0.11	0.22	0.50	1.64	3.10	29.20	18.43	773.81	0.34
		巴东县	11 621	0.54	0.83	0.41	1.88	1.53	0.36	0.05	0.10	0.15	0.28	0.52	2.12	5.04	27.68	12.61	260.16	0.36

注：Cd 的地球化学参数中，N 单位为件，$\overline{X}$、S、X_g、S_g、X_{me}、X_{min}、$X_{0.5\%}$、$X_{2.5\%}$、$X_{25\%}$、$X_{75\%}$、$X_{97.5\%}$、$X_{99.5\%}$、X_{max}、X' 单位为 mg/kg，CV、β_s、β_k 为无量纲。

表 2.9.4　表层土壤 Cl 地球化学参数表

单元名称		样本数	算术平均值	算术标准差	几何平均值	几何标准差	变异系数	中位值	最小值	累积频率分位值						最大值	偏度系数	峰度系数	背景值
		N	$\bar{X}$	S	X_g	S_g	CV	X_{me}	X_{min}	$X_{0.5\%}$	$X_{2.5\%}$	$X_{25\%}$	$X_{75\%}$	$X_{97.5\%}$	$X_{99.5\%}$	X_{max}	β_s	β_k	X'
全省		235 331	69	48	62	2	0.69	59	5	26	32	47	78	162	282	5774	22.92	1 939.65	62
土壤类型	红壤	3783	58	25	54	1	0.44	52	9	23	30	42	65	122	181	493	3.63	32.83	53
	黄壤	17 488	51	24	48	1	0.48	46	14	23	28	39	55	99	177	835	8.59	160.15	47
	黄棕壤	67 865	57	33	53	1	0.58	50	6	24	30	42	63	120	217	1710	11.27	291.29	52
	黄褐土	1428	67	40	61	1	0.61	58	27	30	33	47	73	150	305	852	7.55	111.69	59
	棕壤	8152	53	26	51	1	0.49	49	7	24	30	42	59	91	142	1231	18.04	626.35	51
	暗棕壤	478	52	21	50	1	0.41	48	24	26	31	42	57	91	117	392	9.06	136.39	48
	石灰土	8932	58	33	53	1	0.57	51	16	24	30	43	62	124	240	1032	8.17	138.20	52
	紫色土	6504	62	28	59	1	0.44	56	21	30	35	47	71	117	194	718	7.08	109.72	59
	草甸土	551	60	27	57	1	0.45	55	5	24	31	47	66	117	202	381	5.53	50.52	56
	潮土	43 305	85	72	76	2	0.85	71	20	34	41	58	92	209	381	5774	29.06	1 881.88	73
	沼泽土	392	63	38	57	1	0.60	53	25	27	35	45	68	140	286	498	5.99	54.22	56
	水稻土	76 442	80	45	73	1	0.57	71	19	31	37	53	91	175	291	1697	8.00	151.75	73
土地利用类型	耕地	186 042	72	48	65	2	0.67	62	6	28	34	49	82	170	297	5774	17.12	1 229.46	65
	园地	13 557	53	24	50	1	0.45	49	15	25	31	42	58	100	161	835	10.11	223.89	50
	林地	19 593	56	31	52	1	0.56	50	5	23	28	41	62	120	207	1832	13.90	588.43	51
	草地	1933	58	42	54	1	0.73	53	16	25	30	44	67	100	142	1697	30.38	1 167.24	55
	建设用地	2486	80	137	67	2	1.72	65	18	23	30	50	84	188	452	5774	31.32	1 235.04	66
	水域	8303	63	31	60	1	0.48	58	9	28	35	49	70	117	188	1221	14.08	406.28	59
	未利用地	3417	51	23	48	1	0.45	46	16	24	28	39	55	102	172	498	5.86	70.24	47
地质背景	第四系	104 524	83	59	75	1	0.71	72	12	32	39	58	92	192	340	5774	24.68	1 801.00	74
	新近系	151	76	41	69	2	0.55	69	30	30	35	51	89	176	244	380	3.79	21.82	70
	古近系	1409	57	27	54	1	0.47	52	23	27	31	43	63	109	206	566	7.28	106.68	57
	白垩系	11 187	76	45	69	2	0.59	66	15	29	36	51	87	177	312	892	5.48	57.75	69
	侏罗系	4259	64	20	62	1	0.31	63	24	28	35	50	77	104	144	254	1.59	8.64	63
	三叠系	42 667	55	27	52	1	0.49	50	10	27	32	43	61	103	177	1231	11.76	291.41	52
	二叠系	16 111	54	32	50	1	0.59	49	5	21	28	40	61	103	190	1710	16.78	606.17	50
	石炭系	1014	49	20	47	1	0.40	46	7	21	27	38	56	91	133	324	4.32	43.52	47

续表 2.9.4

单元名称		样本数	算术平均值	算术标准差	几何平均值	几何标准差	变异系数	中位值	最小值	累积频率分位值						最大值	偏度系数	峰度系数	背景值
		N	$\overline{X}$	S	X_g	S_g	CV	X_{me}	X_{min}	$X_{0.5\%}$	$X_{2.5\%}$	$X_{25\%}$	$X_{75\%}$	$X_{97.5\%}$	$X_{99.5\%}$	X_{max}	β_s	β_k	X'
地质背景	泥盆系	2285	54	25	51	1	0.46	50	8	24	29	42	60	104	186	502	7.18	96.86	51
	志留系	20 288	56	29	52	1	0.52	49	15	24	29	41	63	118	185	986	8.07	157.72	52
	奥陶系	10 931	50	22	47	1	0.44	46	17	25	29	40	54	93	165	605	7.50	111.03	47
	寒武系	8528	65	38	59	1	0.59	54	18	29	34	45	70	158	267	782	5.42	54.77	56
	震旦系	3131	63	35	57	1	0.55	54	15	23	30	45	69	138	258	612	5.28	49.09	56
	南华系	2312	57	50	52	1	0.87	50	15	21	27	40	63	126	209	1488	17.57	426.17	51
	青白口系—震旦系	308	50	25	46	1	0.50	47	20	20	22	35	58	112	137	299	4.11	31.41	46
	青白口系	3132	59	33	55	1	0.55	53	15	23	30	43	65	132	209	1025	10.45	252.76	54
	中元古界	25	61	33	54	2	0.54	47	29	29	29	36	87	128	156	156	1.41	1.63	61
	滹沱系—太古宇	282	90	37	84	1	0.41	84	20	20	31	67	106	187	274	286	1.63	5.09	86
	侵入岩	2515	71	36	64	2	0.51	63	15	23	29	47	87	158	239	423	2.41	12.17	66
	脉岩	14	83	42	72	2	0.51	77	27	27	27	55	116	163	163	163	0.44	−0.67	83
	变质岩	258	56	21	53	1	0.38	48	32	32	37	43	61	132	150	191	2.74	10.32	51
成土母质	第四系沉积物	101 053	84	60	76	1	0.71	72	12	33	40	58	93	194	342	5774	24.77	1 797.42	74
	碎屑岩风化物	42 002	63	34	58	1	0.53	56	8	26	32	45	73	134	226	1041	7.03	111.87	58
	碎屑岩风化物(黑色岩系)	3384	50	27	47	1	0.53	45	9	23	29	39	54	94	186	706	10.89	196.92	46
	碳酸盐岩风化物	48 426	56	29	52	1	0.52	50	10	26	32	43	61	116	209	1231	9.01	186.28	51
	碳酸盐岩风化物(黑色岩系)	17 537	55	33	51	1	0.60	49	5	22	29	41	62	108	194	1710	16.08	543.82	51
	变质岩风化物	20 422	56	34	52	1	0.60	49	14	24	29	41	62	122	200	1488	12.10	323.70	51
	火山岩风化物	177	57	14	55	1	0.25	54	34	34	37	45	65	88	103	109	0.98	0.95	56
	侵入岩风化物	2329	74	41	67	2	0.55	66	15	23	29	49	91	168	258	612	3.55	29.04	69
地形地貌	平原	109 260	83	59	76	1	0.70	72	9	32	39	58	93	194	342	5774	24.18	1 781.18	74
	洪湖湖区	389	63	18	61	1	0.28	59	28	31	40	50	72	107	133	147	1.45	3.04	60
	丘陵低山	32 326	65	38	59	1	0.59	56	15	25	31	46	73	141	236	1590	10.21	244.38	59
	中山	2737	55	30	50	1	0.55	47	22	29	33	40	58	129	222	519	5.92	59.78	48
	高山	90 619	54	27	51	1	0.50	49	5	25	30	42	60	102	176	1710	12.38	383.51	51

续表 2.9.4

单元名称			样本数	算术平均值	算术标准差	几何平均值	几何标准差	变异系数	中位值	最小值	累积频率分位值						最大值	偏度系数	峰度系数	背景值
			N	$\bar{X}$	S	X_g	S_g	CV	X_{me}	X_{min}	$X_{0.5\%}$	$X_{2.5\%}$	$X_{25\%}$	$X_{75\%}$	$X_{97.5\%}$	$X_{99.5\%}$	X_{max}	β_s	β_k	X'
行政市（州）	武汉市		4109	73	56	66	1	0.77	62	20	30	36	51	78	176	330	1527	11.62	221.06	63
	襄阳市		6372	65	33	61	1	0.51	58	16	30	35	49	72	141	239	852	7.22	115.76	59
	宜昌市		1479	61	37	55	2	0.60	52	22	27	30	41	68	147	202	592	5.47	58.05	54
	黄石市		881	61	24	57	1	0.40	55	22	29	33	46	68	122	158	303	2.63	14.49	57
	十堰市		3927	54	37	50	1	0.69	48	18	27	32	42	57	102	187	1488	21.44	695.50	49
	荆州市		17 689	78	49	72	1	0.63	70	20	36	42	58	85	154	316	1320	11.08	190.04	71
	荆门市		52 160	83	46	76	2	0.56	73	15	31	38	57	96	188	309	1811	6.53	121.65	76
	鄂州市		403	81	36	76	1	0.45	73	36	42	45	60	90	157	221	489	4.91	44.39	75
	孝感市		5645	74	38	68	1	0.52	66	20	27	35	53	83	164	266	920	5.55	70.19	68
	黄冈市		3947	71	55	63	2	0.78	63	18	25	29	45	83	161	284	1590	11.52	225.38	64
	咸宁市		2420	58	24	55	1	0.41	53	9	21	28	44	67	119	178	258	2.55	11.74	55
	随州市		6337	59	40	53	2	0.68	50	15	21	27	41	64	151	266	1025	7.47	107.79	51
	恩施州		92 732	54	27	51	1	0.50	49	5	25	30	42	60	102	177	1710	12.29	379.90	50
	仙桃市		12 226	74	42	68	1	0.58	65	22	32	39	54	81	159	266	1832	12.33	348.31	67
	天门市		9542	94	63	84	2	0.67	79	25	36	43	62	105	236	374	2775	11.78	378.52	82
	潜江市		15 462	93	96	83	2	1.03	77	23	37	45	64	97	230	470	5774	30.92	1 638.81	79
行政县（市、区）	武汉市	武汉市区	744	69	41	63	1	0.60	59	32	35	39	50	73	167	276	508	5.74	46.93	60
		蔡甸区	2305	77	69	68	2	0.89	63	26	30	34	51	82	201	388	1527	10.58	167.95	65
		黄陂区	573	64	24	61	1	0.38	59	20	29	36	50	71	117	170	314	3.52	24.45	60
		东西湖区	125	69	28	65	1	0.41	60	32	32	40	52	78	133	169	230	2.41	8.81	66
		新洲区	362	69	22	66	1	0.32	65	33	34	39	54	77	120	159	174	1.50	3.49	67
	襄阳市	襄阳市区	912	68	32	63	1	0.47	61	27	31	34	50	75	141	226	410	3.70	24.13	62
		枣阳市	816	80	51	72	2	0.64	69	24	27	37	55	88	192	338	852	6.41	73.12	70
		老河口市	265	69	37	63	1	0.54	60	32	32	36	48	76	154	240	430	4.55	35.41	61
		宜城市	2299	66	28	62	1	0.43	59	16	31	35	50	73	141	214	351	3.07	15.51	61
		谷城县	222	49	56	44	1	1.13	43	25	25	28	36	51	75	130	846	13.39	191.63	44
		南漳县	1858	58	22	56	1	0.38	54	27	33	39	48	63	107	171	506	7.34	109.92	55

续表 2.9.4

单元名称			样本数	算术平均值	算术标准差	几何平均值	几何标准差	变异系数	中位值	最小值	累积频率分位值						最大值	偏度系数	峰度系数	背景值
			N	$\overline{X}$	S	X_g	S_g	CV	X_{me}	X_{min}	$X_{0.5\%}$	$X_{2.5\%}$	$X_{25\%}$	$X_{75\%}$	$X_{97.5\%}$	$X_{99.5\%}$	X_{max}	β_s	β_k	X'
行政县（市、区）	宜昌市	宜昌市辖区	233	81	54	70	2	0.67	72	29	29	30	45	99	173	403	592	4.73	37.71	76
		宜都市	75	54	13	53	1	0.24	52	29	29	37	46	58	87	112	112	1.73	4.88	53
		枝江市	375	59	25	55	1	0.42	52	26	27	31	42	69	129	158	192	1.82	4.58	55
		当阳市	284	57	22	54	1	0.38	52	30	30	34	44	63	110	175	186	2.70	10.89	54
		秭归县	478	58	41	51	2	0.70	48	22	25	28	37	62	153	260	541	5.29	46.74	48
		长阳土家族自治县	34	46	17	44	1	0.36	42	25	25	25	37	52	89	103	103	1.89	4.16	42
	黄石市	黄石市区	47	88	44	81	1	0.50	76	48	48	48	60	98	179	303	303	2.96	12.35	81
		大冶市	382	62	19	60	1	0.30	58	30	34	36	51	68	112	136	158	1.64	3.63	59
		阳新县	452	57	24	53	1	0.42	50	22	28	31	42	63	119	151	194	2.11	6.40	53
	十堰市	茅箭区	63	111	216	71	2	1.95	66	27	27	29	44	85	211	1488	1488	5.49	31.43	61
		郧阳区	118	42	15	40	1	0.36	39	20	20	23	34	45	101	108	118	2.98	11.03	39
		丹江口市	570	52	43	46	2	0.83	43	18	24	27	36	52	148	308	541	6.92	61.49	43
		竹溪县	1169	55	23	53	1	0.42	51	24	30	35	45	59	100	158	519	8.83	143.90	52
		竹山县	2007	52	17	50	1	0.33	49	28	32	35	43	57	94	134	401	6.34	95.04	49
	荆州市	荆州市区	374	58	21	56	1	0.36	54	29	33	36	47	63	99	171	257	4.79	36.36	55
		洪湖市	12 277	73	29	69	1	0.40	68	20	35	41	56	82	142	208	966	5.85	104.58	69
		监利市	3493	96	90	85	2	0.93	79	37	45	51	67	96	259	788	1320	7.58	70.77	80
		石首市	345	91	41	86	1	0.45	83	43	47	52	69	98	200	284	501	4.55	34.02	84
		松滋市	373	70	26	67	1	0.37	64	33	38	43	54	79	134	189	282	3.00	15.53	66
		江陵县	270	68	34	65	1	0.50	61	42	42	47	55	71	123	328	453	7.58	73.28	63
		公安县	557	71	18	69	1	0.25	67	37	44	48	59	79	114	155	184	1.84	6.07	69
	荆门市	荆门市区	282	65	25	62	1	0.38	60	31	31	36	50	73	120	210	216	2.55	10.64	60
		沙洋县	12 991	91	44	84	2	0.48	83	20	32	40	63	108	194	276	1811	6.39	184.00	86
		钟祥市	22 451	87	52	79	2	0.60	75	19	35	41	60	98	204	360	1642	6.76	103.45	78
		京山市	14 553	72	35	67	1	0.48	64	15	29	36	52	83	153	244	998	4.77	61.24	67
		屈家岭管理区	1883	72	42	65	2	0.59	61	30	33	36	48	81	176	259	924	6.47	96.25	64
	孝感市	孝南区	245	72	24	69	1	0.33	68	26	26	43	57	81	118	156	265	2.82	18.23	70
		孝昌县	298	60	20	57	1	0.34	56	28	28	32	47	67	118	137	174	1.74	5.05	57
		云梦县	152	80	55	72	2	0.68	70	29	29	34	56	92	154	234	625	6.95	66.03	73

续表 2.9.4

单元名称			样本数	算术平均值	算术标准差	几何平均值	几何标准差	变异系数	中位值	最小值	累积频率分位值						最大值	偏度系数	峰度系数	背景值
			N	$\overline{X}$	S	X_g	S_g	CV	X_{me}	X_{min}	$X_{0.5\%}$	$X_{2.5\%}$	$X_{25\%}$	$X_{75\%}$	$X_{97.5\%}$	$X_{99.5\%}$	X_{max}	β_s	β_k	X'
行政县（市、区）	孝感市	大悟县	114	43	34	38	2	0.79	36	20	20	21	30	47	69	251	299	6.00	40.73	38
		安陆市	4144	77	38	71	1	0.50	68	23	30	37	55	87	173	272	557	3.72	25.58	70
		汉川市	415	66	14	64	1	0.21	65	34	37	42	58	72	101	119	132	1.17	3.52	64
		应城市	277	70	61	63	1	0.86	59	25	25	35	52	75	161	380	920	10.73	143.67	63
	黄冈市	黄冈市区	82	74	13	73	1	0.18	71	56	56	57	66	79	107	131	131	1.63	4.12	72
		武穴市	2191	55	27	51	1	0.50	49	18	23	27	39	64	114	161	614	6.16	93.71	51
		麻城市	204	80	26	77	1	0.33	75	39	39	46	63	89	146	192	257	2.50	11.60	77
		团风县	219	102	39	96	1	0.39	92	45	45	55	77	115	192	286	360	2.45	10.52	96
		黄梅县	361	117	135	94	2	1.15	86	31	36	44	68	114	443	893	1590	6.25	50.72	86
		蕲春县	349	74	24	71	1	0.32	70	36	37	40	60	83	127	181	259	2.50	13.49	71
		浠水县	450	87	33	82	1	0.38	80	38	41	48	63	96	193	236	274	2.21	6.92	81
		罗田县	60	99	25	96	1	0.26	93	53	53	63	82	113	168	175	175	0.91	1.04	96
		红安县	31	128	172	101	2	1.35	88	51	51	51	77	116	169	1042	1042	5.32	29.10	97
	咸宁市	咸安区	222	52	12	51	1	0.23	51	34	34	38	44	57	78	99	143	2.92	17.15	50
		嘉鱼县	1889	58	26	54	1	0.44	52	9	20	27	42	66	126	182	258	2.50	10.67	54
		赤壁市	309	64	19	62	1	0.29	62	30	33	38	53	72	102	135	216	2.34	14.90	63
	随州市	随县	5324	61	42	54	2	0.69	51	15	22	28	41	66	159	278	1025	7.22	100.62	52
		曾都区	356	54	33	50	1	0.62	49	17	18	29	43	58	96	141	566	11.14	163.08	49
		广水市	657	47	20	44	1	0.43	45	15	18	22	35	55	93	140	266	3.57	27.63	45
	恩施州	恩施市	20 212	54	30	51	1	0.55	50	7	25	30	42	59	105	200	1710	16.40	621.60	50
		宣恩县	10 152	54	27	51	1	0.49	50	5	23	29	41	61	107	178	1048	10.07	248.99	51
		建始县	10 711	52	33	49	1	0.62	47	14	26	32	42	54	94	239	1041	13.09	252.05	48
		利川市	19 338	60	22	58	1	0.37	57	15	27	33	47	71	102	144	1231	10.31	434.31	59
		鹤峰县	5933	48	17	46	1	0.36	45	10	25	31	41	51	83	139	510	8.61	157.44	45
		来凤县	6031	43	13	42	1	0.30	42	14	23	27	37	48	68	94	440	8.02	174.92	42
		咸丰县	8734	57	28	53	1	0.49	50	13	26	30	42	64	122	197	644	4.79	49.71	53
		巴东县	11 621	50	28	47	1	0.57	45	15	24	28	39	54	97	195	1032	11.92	254.21	46

注：Cl 的地球化学参数中，N 单位为件，$\overline{X}$、S、X_g、S_g、X_{me}、X_{min}、$X_{0.5\%}$、$X_{2.5\%}$、$X_{25\%}$、$X_{75\%}$、$X_{97.5\%}$、$X_{99.5\%}$、X_{max}、X' 单位为 mg/kg，CV、β_s、β_k 为无量纲。

表 2.9.5 表层土壤 Co 地球化学参数表

单元名称		样本数	算术平均值	算术标准差	几何平均值	几何标准差	变异系数	中位值	最小值	累积频率分位值						最大值	偏度系数	峰度系数	背景值
		N	$\overline{X}$	S	X_g	S_g	CV	X_{me}	X_{min}	$X_{0.5\%}$	$X_{2.5\%}$	$X_{25\%}$	$X_{75\%}$	$X_{97.5\%}$	$X_{99.5\%}$	X_{max}	β_s	β_k	X'
全省		235 042	17.5	5.1	16.9	1.3	0.29	17.1	1.0	6.0	9.2	14.4	20.0	28.1	37.0	227.0	2.78	47.65	17.3
土壤类型	红壤	3783	16.5	5.6	15.5	1.5	0.34	16.4	1.0	2.5	5.8	14.0	18.8	26.1	34.6	137.4	4.87	86.25	16.4
	黄壤	17 488	17.1	5.8	16.1	1.4	0.34	16.8	1.0	3.2	6.5	13.8	20.1	29.0	34.7	227.0	3.59	108.42	16.9
	黄棕壤	67 724	19.0	6.2	18.1	1.4	0.33	18.4	1.0	5.7	8.7	15.4	21.9	31.1	46.5	214.6	2.89	39.97	18.5
	黄褐土	1428	16.2	4.1	15.8	1.3	0.25	15.7	5.7	8.2	10.3	13.9	17.6	26.8	34.3	51.5	2.21	10.81	15.7
	棕壤	8152	21.2	5.0	20.6	1.3	0.23	21.6	2.4	7.8	11.6	17.7	24.6	30.2	35.2	80.6	0.30	4.04	21.2
	暗棕壤	478	19.3	5.2	18.6	1.3	0.27	18.9	6.7	7.0	9.2	15.3	23.5	29.5	32.5	33.8	0.16	−0.43	19.3
	石灰土	8893	19.1	4.6	18.6	1.3	0.24	18.5	3.6	8.2	11.7	16.5	21.2	28.6	34.1	142.1	3.66	71.51	18.9
	紫色土	6504	16.2	4.0	15.7	1.3	0.25	16.2	1.8	5.4	8.8	14.2	18.1	24.5	31.5	94.8	2.23	30.05	16.0
	草甸土	551	19.0	4.4	18.5	1.3	0.23	18.6	7.9	8.2	12.0	15.8	21.6	27.9	33.0	41.8	0.65	1.34	18.9
	潮土	43 305	16.6	3.4	16.2	1.2	0.21	16.3	5.1	9.8	11.4	14.0	18.9	22.6	26.4	118.7	2.46	44.22	16.5
	沼泽土	392	19.5	4.1	19.0	1.2	0.21	19.2	8.6	8.8	11.6	17.3	20.7	29.1	32.7	35.8	0.79	1.72	19.3
	水稻土	76 333	16.5	4.2	16.0	1.3	0.25	16.4	1.5	6.5	9.1	13.9	18.9	24.5	32.8	90.5	1.49	11.96	16.3
土地利用类型	耕地	185 864	17.4	4.7	16.9	1.3	0.27	17.0	1.0	6.8	9.7	14.4	19.9	27.6	33.8	227.0	1.94	32.43	17.2
	园地	13 549	17.0	6.1	16.0	1.4	0.36	16.5	1.0	4.0	6.5	13.4	19.8	30.4	41.9	97.5	1.66	10.30	16.6
	林地	19 490	18.5	7.3	17.3	1.5	0.39	17.8	1.0	4.3	6.9	14.8	21.2	34.5	52.9	214.6	3.58	47.54	17.7
	草地	1933	18.2	5.6	17.3	1.4	0.31	18.0	2.6	4.5	7.1	14.8	21.4	30.2	35.5	53.6	0.51	2.06	18.1
	建设用地	2486	16.8	5.1	16.1	1.4	0.30	16.3	1.8	3.2	8.6	14.1	18.8	26.7	40.3	73.0	2.80	22.65	16.5
	水域	8303	18.2	5.0	17.7	1.3	0.28	18.5	2.0	7.2	10.9	16.0	20.3	23.5	28.6	171.0	12.14	291.82	18.1
	未利用地	3417	18.1	6.1	17.2	1.4	0.34	17.5	3.3	5.0	8.2	14.7	20.6	30.6	47.1	109.7	2.88	25.40	17.6
地质背景	第四系	104 524	16.5	3.8	16.1	1.2	0.23	16.4	2.1	8.0	10.2	14.0	18.9	22.9	28.3	171.0	4.19	104.48	16.4
	新近系	151	18.3	3.9	17.9	1.2	0.21	17.9	10.3	10.3	13.0	15.9	19.8	25.9	27.1	48.4	3.25	23.26	18.1
	古近系	1409	15.8	3.9	15.3	1.3	0.25	15.7	4.2	5.8	8.1	13.7	17.7	24.1	31.6	36.5	0.71	2.99	15.8
	白垩系	11 187	16.3	5.4	15.2	1.5	0.33	16.3	1.0	2.6	4.5	13.8	18.8	26.9	36.5	85.3	1.17	10.23	16.0
	侏罗系	4259	13.9	3.2	13.6	1.3	0.23	13.9	2.8	5.7	8.0	12.1	15.6	20.3	25.7	40.3	0.91	5.49	13.8
	三叠系	42 665	20.4	4.7	19.8	1.3	0.23	19.9	1.0	7.7	12.0	17.2	23.5	29.6	33.7	95.8	0.51	3.73	20.3
	二叠系	16 070	17.9	5.4	17.2	1.3	0.30	17.4	2.0	6.8	9.2	14.6	20.8	28.4	35.1	227.0	5.03	148.73	17.7
	石炭系	1013	16.8	3.8	16.4	1.3	0.22	16.6	2.8	6.7	9.8	14.5	18.9	25.3	29.2	34.7	0.44	1.43	16.7

续表 2.9.5

单元名称		样本数	算术平均值	算术标准差	几何平均值	几何标准差	变异系数	中位值	最小值	累积频率分位值						最大值	偏度系数	峰度系数	背景值
		N	$\bar{X}$	S	X_g	S_g	CV	X_{me}	X_{min}	$X_{0.5\%}$	$X_{2.5\%}$	$X_{25\%}$	$X_{75\%}$	$X_{97.5\%}$	$X_{99.5\%}$	X_{max}	β_s	β_k	X'
地质背景	泥盆系	2277	15.7	5.1	15.0	1.4	0.32	15.6	2.0	3.8	7.6	12.6	18.3	26.2	32.1	116.0	3.84	66.41	15.5
	志留系	20 051	17.1	4.8	16.5	1.3	0.28	16.7	1.0	6.3	9.5	14.4	19.1	27.0	39.7	93.0	2.64	21.26	16.7
	奥陶系	10 931	18.2	6.3	17.1	1.4	0.35	17.7	1.8	5.4	7.7	14.1	21.7	30.9	43.5	97.5	1.44	8.57	17.9
	寒武系	8528	18.6	5.8	17.9	1.3	0.31	17.8	2.0	8.1	10.9	15.7	20.2	31.4	52.3	97.7	3.60	25.23	17.8
	震旦系	3131	20.0	7.8	18.8	1.4	0.39	18.9	1.8	3.7	8.3	15.7	23.9	34.3	44.0	214.6	6.70	145.28	19.6
	南华系	2312	17.4	8.4	15.7	1.6	0.49	15.4	3.1	4.9	6.6	11.6	20.8	38.6	51.3	81.5	1.82	5.72	16.3
	青白口系—震旦系	308	12.7	4.6	11.9	1.4	0.36	12.2	3.1	4.1	5.2	9.6	15.1	23.1	27.6	30.4	0.82	1.12	12.4
	青白口系	3132	17.8	7.7	16.1	1.6	0.44	17.4	1.9	4.3	5.9	12.6	21.3	36.9	47.1	66.1	1.14	3.01	17.1
	中元古界	25	25.9	8.9	24.4	1.4	0.34	26.0	12.2	12.2	12.2	17.4	30.8	42.0	42.7	42.7	0.29	−0.90	25.9
	滹沱系—太古宇	282	18.3	5.3	17.5	1.4	0.29	18.1	4.7	4.7	7.9	14.7	21.9	28.6	39.0	40.6	0.38	1.17	18.2
	侵入岩	2515	18.3	11.7	15.4	1.8	0.64	16.0	1.7	3.7	5.1	10.2	21.5	51.4	64.6	102.4	1.85	4.67	15.6
	脉岩	14	16.6	8.8	14.5	1.8	0.53	16.3	5.8	5.8	5.8	8.2	19.4	36.6	36.6	36.6	0.83	0.63	16.6
	变质岩	258	21.1	10.7	18.5	1.7	0.51	18.5	2.7	2.7	6.6	13.3	27.4	46.6	51.3	51.8	0.84	0.07	21.1
成土母质	第四系沉积物	101 053	16.5	3.7	16.1	1.2	0.23	16.3	1.9	8.0	10.2	14.0	18.9	22.7	26.8	171.0	4.12	108.09	16.4
	碎屑岩风化物	41 821	16.5	5.2	15.7	1.4	0.32	16.2	1.0	3.5	7.2	13.8	18.6	27.0	40.0	214.6	3.64	73.20	16.1
	碎屑岩风化物(黑色岩系)	3384	19.6	8.5	17.9	1.5	0.43	18.6	2.0	4.2	6.6	14.1	23.6	40.9	53.6	97.5	1.61	6.29	18.7
	碳酸盐岩风化物	48 403	20.5	4.8	19.9	1.3	0.24	20.2	1.8	7.2	11.6	17.4	23.6	30.1	35.1	142.1	0.79	11.77	20.5
	碳酸盐岩风化物(黑色岩系)	17 509	18.1	5.4	17.4	1.3	0.30	17.6	2.4	7.1	9.4	14.8	21.1	28.5	35.5	227.0	4.64	135.80	17.9
	变质岩风化物	20 365	16.8	5.8	16.0	1.4	0.34	16.3	2.0	5.6	7.9	13.6	19.0	30.3	46.0	97.7	2.40	14.36	16.2
	火山岩风化物	177	25.9	16.3	21.3	1.9	0.63	21.1	4.9	4.9	6.3	12.7	35.3	64.6	83.3	88.7	1.15	1.28	20.9
	侵入岩风化物	2329	17.5	11.2	14.8	1.8	0.64	15.5	1.7	3.7	5.1	9.9	20.6	49.8	62.6	102.4	1.94	5.27	15.1
地形地貌	平原	109 260	16.7	3.9	16.3	1.2	0.24	16.5	2.0	8.2	10.3	14.1	19.0	23.3	30.2	171.0	4.03	92.87	16.5
	洪湖湖区	389	17.5	3.0	17.2	1.2	0.17	17.6	8.0	9.8	11.6	15.2	19.7	22.4	23.2	24.5	−0.30	−0.46	17.5
	丘陵低山	32 037	18.0	7.2	16.8	1.4	0.40	17.0	1.0	4.9	7.3	14.2	20.1	36.8	53.0	214.6	3.10	30.89	16.9
	中山	2737	18.3	4.0	17.9	1.2	0.22	18.1	4.4	7.4	10.7	16.5	19.8	26.7	36.7	62.6	2.12	17.08	18.1
	高山	90 619	18.4	5.3	17.6	1.4	0.29	18.0	1.0	4.8	8.6	15.1	21.7	28.9	33.4	227.0	1.31	32.24	18.3

续表 2.9.5

单元名称			样本数 N	算术平均值 $\bar{X}$	算术标准差 S	几何平均值 X_g	几何标准差 S_g	变异系数 CV	中位值 X_{me}	最小值 X_{min}	累积频率分位值						最大值 X_{max}	偏度系数 β_s	峰度系数 β_k	背景值 X'
											$X_{0.5\%}$	$X_{2.5\%}$	$X_{25\%}$	$X_{75\%}$	$X_{97.5\%}$	$X_{99.5\%}$				
行政市（州）		武汉市	4109	17.2	3.8	16.7	1.3	0.22	17.6	3.1	5.6	8.9	14.8	20.1	23.0	25.1	44.7	−0.32	1.57	17.4
		襄阳市	6372	16.2	4.0	15.8	1.3	0.24	15.8	3.6	8.0	9.9	13.9	18.0	25.8	33.3	62.7	1.98	11.94	15.8
		宜昌市	1479	16.3	4.6	15.7	1.3	0.28	16.2	3.8	5.5	8.4	13.8	18.5	24.5	37.8	62.6	2.17	17.17	16.1
		黄石市	881	16.9	5.6	16.3	1.3	0.33	16.4	8.2	9.1	10.4	14.3	18.1	26.9	47.4	95.8	6.19	65.18	16.2
		十堰市	3927	21.9	11.2	19.7	1.6	0.51	19.0	1.0	5.3	8.0	15.6	23.8	53.3	67.9	88.7	1.91	4.54	18.7
		荆州市	17 689	17.8	3.0	17.5	1.2	0.17	18.0	5.2	10.3	11.9	15.7	19.9	22.9	24.1	35.4	−0.25	−0.34	17.8
		荆门市	51 871	16.8	5.1	16.2	1.3	0.30	16.3	1.8	7.2	9.3	13.9	19.0	27.5	37.0	214.6	5.20	110.86	16.3
		鄂州市	403	16.0	6.1	15.4	1.3	0.38	15.6	6.5	6.6	8.2	13.5	18.1	22.7	40.8	102.4	7.63	99.97	15.5
		孝感市	5645	17.1	5.4	16.4	1.3	0.32	16.4	2.7	6.2	9.5	14.0	19.2	29.1	40.1	142.1	4.21	63.09	16.5
		黄冈市	3947	15.7	5.0	14.8	1.4	0.32	15.6	1.6	4.1	6.5	12.6	18.6	25.6	31.8	63.2	0.88	5.37	15.5
		咸宁市	2420	17.1	4.2	16.6	1.3	0.25	17.1	2.0	5.7	9.8	15.1	19.3	23.0	24.8	137.4	9.42	271.38	17.1
		随州市	6337	17.5	8.7	15.7	1.6	0.50	16.0	1.7	4.3	6.0	11.6	21.2	40.5	53.1	97.7	1.64	5.04	16.4
		恩施州	92 732	18.4	5.3	17.6	1.4	0.29	18.0	1.0	4.8	8.6	15.1	21.6	28.9	33.4	227.0	1.31	32.43	18.3
		仙桃市	12 226	16.9	2.8	16.7	1.2	0.17	17.0	7.6	10.3	11.7	14.8	19.1	22.0	23.3	37.6	−0.05	−0.39	16.9
		天门市	9542	15.8	3.2	15.5	1.2	0.20	15.1	8.5	10.4	11.3	13.2	18.1	22.3	23.5	29.6	0.56	−0.62	15.8
		潜江市	15 462	16.4	2.8	16.1	1.2	0.17	16.3	5.5	10.3	11.6	14.3	18.4	21.4	22.7	71.4	0.85	11.83	16.4
行政县（市，区）	武汉市	武汉市区	744	16.3	2.7	16.1	1.2	0.17	16.1	6.3	9.1	11.3	14.5	18.0	21.7	23.3	26.7	0.25	0.44	16.3
		蔡甸区	2305	18.6	3.1	18.3	1.2	0.17	19.2	6.3	9.5	11.3	16.6	20.9	23.0	23.9	26.2	−0.75	0.20	18.7
		黄陂区	573	14.1	5.3	13.1	1.5	0.37	14.1	3.1	3.3	5.3	10.7	16.9	24.7	33.7	44.7	1.01	3.98	13.8
		东西湖区	125	18.1	3.0	17.8	1.2	0.17	18.3	11.6	11.6	12.2	15.8	19.9	23.6	24.2	25.6	−0.10	−0.44	18.1
		新洲区	362	15.4	3.3	15.1	1.3	0.22	15.2	5.5	6.6	9.6	13.1	17.9	21.7	23.7	26.5	0.16	−0.15	15.4
	襄阳市	襄阳市区	912	14.4	2.4	14.2	1.2	0.16	14.3	9.4	9.7	10.5	12.8	15.7	19.8	23.0	28.3	1.03	3.19	14.3
		枣阳市	816	17.0	5.7	16.2	1.3	0.34	16.0	6.1	6.7	8.6	14.1	18.3	35.5	41.1	47.4	2.08	6.33	15.8
		老河口市	265	15.2	2.2	15.1	1.2	0.14	15.2	7.7	7.7	11.2	13.9	16.6	19.6	21.6	25.3	0.18	2.33	15.2
		宜城市	2299	15.6	3.2	15.3	1.2	0.21	15.6	3.6	8.2	9.5	13.6	17.6	21.4	26.0	51.5	1.07	10.29	15.5
		谷城县	222	14.6	6.0	13.8	1.4	0.41	13.2	6.4	6.4	8.6	11.3	15.9	30.1	34.0	62.7	3.28	19.02	13.2
		南漳县	1858	17.9	3.7	17.5	1.2	0.21	17.5	6.7	9.6	12.2	15.5	19.4	26.8	29.7	59.2	1.57	9.71	17.7

续表 2.9.5

单元名称			样本数	算术平均值	算术标准差	几何平均值	几何标准差	变异系数	中位值	最小值	累积频率分位值						最大值	偏度系数	峰度系数	背景值
			N	$\overline{X}$	S	X_g	S_g	CV	X_{me}	X_{min}	$X_{0.5\%}$	$X_{2.5\%}$	$X_{25\%}$	$X_{75\%}$	$X_{97.5\%}$	$X_{99.5\%}$	X_{max}	β_s	β_k	X'
行政县（市、区）	宜昌市	宜昌市辖区	233	15.7	8.4	14.0	1.6	0.54	14.4	3.8	3.8	5.5	10.4	18.2	41.4	61.4	62.6	2.39	8.79	14.1
		宜都市	75	15.6	3.2	15.2	1.2	0.20	15.7	7.1	7.1	7.3	14.0	17.0	22.1	27.0	27.0	0.16	2.66	15.4
		枝江市	375	17.0	3.0	16.7	1.2	0.18	17.0	5.5	7.1	10.2	15.0	18.9	22.6	23.7	24.5	−0.32	0.56	17.0
		当阳市	284	14.3	2.7	14.0	1.2	0.19	14.4	7.9	7.9	9.1	12.4	16.0	19.2	21.8	22.8	0.06	−0.12	14.3
		秭归县	478	17.2	3.6	16.8	1.2	0.21	17.0	6.8	7.4	10.2	14.9	19.4	24.6	26.2	31.4	0.25	0.49	17.1
		长阳土家族自治县	34	19.7	2.6	19.5	1.1	0.13	19.7	12.7	12.7	12.7	17.9	21.6	23.7	25.2	25.2	−0.32	0.33	19.7
	黄石市	黄石市区	47	21.6	12.0	19.7	1.5	0.55	18.4	10.9	10.9	10.9	15.6	21.3	64.9	73.0	73.0	3.01	9.99	18.1
		大冶市	382	17.0	6.3	16.3	1.3	0.37	16.4	8.2	8.8	10.4	14.1	18.1	27.4	47.4	95.8	6.55	70.37	16.1
		阳新县	452	16.4	3.4	16.0	1.2	0.21	16.4	9.2	9.3	10.3	14.3	17.9	22.5	34.1	44.4	2.20	15.09	16.1
	十堰市	茅箭区	63	13.9	5.6	12.9	1.5	0.40	12.6	6.8	6.8	7.0	9.7	16.9	26.0	28.4	28.4	0.88	−0.04	13.9
		郧阳区	118	18.5	6.6	17.5	1.4	0.36	17.1	8.4	8.4	9.6	14.8	19.6	36.6	43.0	46.1	1.77	4.11	17.4
		丹江口市	570	17.2	7.4	15.8	1.5	0.43	15.3	4.9	5.2	6.7	12.3	20.6	34.5	44.8	63.2	1.50	4.00	16.6
		竹溪县	1169	26.9	14.8	23.2	1.7	0.55	21.4	1.0	4.0	7.5	16.8	35.6	60.8	73.9	88.7	1.11	0.81	26.2
		竹山县	2007	20.8	8.6	19.4	1.4	0.41	19.1	2.7	6.4	9.4	16.4	22.2	46.7	59.9	81.5	2.43	8.85	18.8
	荆州市	荆州市区	374	15.1	2.6	14.8	1.2	0.17	15.1	9.5	9.5	10.6	13.1	16.9	19.8	21.9	24.0	0.18	−0.35	15.0
		洪湖市	12 277	18.0	3.0	17.7	1.2	0.17	18.3	5.2	10.4	12.0	15.9	20.2	23.1	24.2	35.4	−0.28	−0.39	18.0
		监利市	3493	17.3	2.6	17.1	1.2	0.15	17.4	8.0	10.6	12.1	15.4	19.2	21.9	23.3	24.8	−0.22	−0.40	17.3
		石首市	345	18.6	2.6	18.4	1.2	0.14	18.9	6.4	9.8	13.4	17.0	20.5	22.9	23.9	24.1	−0.64	1.10	18.7
		松滋市	373	16.4	3.0	16.1	1.2	0.19	16.5	5.8	5.9	8.3	14.8	18.3	21.9	22.7	24.0	−0.60	1.25	16.6
		江陵县	270	16.6	2.6	16.4	1.2	0.16	17.0	9.8	9.8	11.1	14.7	18.6	20.9	21.5	21.6	−0.34	−0.61	16.6
		公安县	557	18.6	2.8	18.4	1.2	0.15	18.9	11.6	11.9	12.9	16.5	20.9	23.1	23.9	24.8	−0.34	−0.67	18.6
	荆门市	荆门市区	282	16.6	3.1	16.4	1.2	0.18	16.3	10.4	10.4	12.0	14.9	18.0	21.8	25.3	48.4	4.18	40.95	16.5
		沙洋县	12 991	15.4	5.7	14.7	1.3	0.37	14.9	4.1	6.8	8.2	12.3	17.8	25.6	36.4	171.0	7.33	136.70	15.0
		钟祥市	22 451	16.8	3.8	16.4	1.2	0.22	16.6	3.3	8.6	10.8	14.4	18.8	23.4	29.1	214.6	8.45	372.20	16.6
		京山市	14 404	17.8	5.7	17.0	1.3	0.32	16.8	1.8	6.3	9.6	14.3	20.2	31.2	43.3	93.0	2.08	11.89	17.2
		屈家岭管理区	1883	18.4	6.1	17.6	1.3	0.33	17.1	4.3	9.5	11.3	14.5	20.8	32.2	44.8	118.7	3.95	44.43	17.6
	孝感市	孝南区	245	16.9	4.3	16.5	1.3	0.25	16.4	8.4	8.4	10.1	14.1	19.1	25.1	38.5	42.7	1.78	7.26	16.6
		孝昌县	298	15.5	5.7	14.7	1.4	0.37	14.7	4.1	4.1	7.2	12.3	17.6	28.4	46.6	55.6	2.43	11.83	14.8
		云梦县	152	15.3	3.1	15.0	1.2	0.20	15.1	9.3	9.3	10.4	12.9	17.1	22.3	22.9	24.5	0.49	−0.11	15.3

续表 2.9.5

单元名称			样本数	算术平均值	算术标准差	几何平均值	几何标准差	变异系数	中位值	最小值	累积频率分位值						最大值	偏度系数	峰度系数	背景值
			N	$\overline{X}$	S	X_g	S_g	CV	X_{me}	X_{min}	$X_{0.5\%}$	$X_{2.5\%}$	$X_{25\%}$	$X_{75\%}$	$X_{97.5\%}$	$X_{99.5\%}$	X_{max}	β_s	β_k	X'
行政县（市、区）	孝感市	大悟县	114	11.7	5.6	10.4	1.7	0.47	11.2	2.7	2.7	3.0	7.7	14.2	25.9	27.9	30.4	0.95	1.31	11.3
		安陆市	4144	17.4	5.8	16.6	1.3	0.33	16.5	4.4	8.0	9.8	14.1	19.3	30.2	42.8	142.1	4.63	66.85	16.7
		汉川市	415	17.7	2.9	17.5	1.2	0.16	17.8	11.0	11.1	12.8	15.4	19.8	23.1	26.3	27.2	0.22	−0.31	17.7
		应城市	277	17.6	2.9	17.4	1.2	0.16	17.1	11.4	11.4	12.8	15.3	19.8	22.9	24.5	24.6	0.23	−0.68	17.6
	黄冈市	黄冈市区	82	16.8	3.1	16.5	1.2	0.18	16.5	9.1	9.1	11.2	14.8	18.8	21.4	28.9	28.9	0.55	2.05	16.6
		武穴市	2191	15.7	4.8	14.9	1.4	0.31	15.6	1.6	3.3	6.4	12.7	18.5	24.7	30.0	57.8	0.75	5.25	15.5
		麻城市	204	10.9	4.1	10.2	1.4	0.37	9.8	4.2	4.2	5.0	8.0	13.0	21.8	25.4	31.8	1.57	4.23	10.3
		团风县	219	16.7	3.9	16.3	1.3	0.23	16.2	7.3	7.3	10.1	14.1	18.7	25.9	28.6	29.9	0.63	0.76	16.5
		黄梅县	361	14.0	3.5	13.5	1.3	0.25	14.2	4.5	5.6	6.6	12.0	16.4	19.8	20.7	21.4	−0.41	−0.29	14.0
		蕲春县	349	17.2	7.1	15.8	1.5	0.42	16.6	4.0	4.1	5.8	12.7	21.0	32.4	40.6	63.2	1.40	5.61	16.7
		浠水县	450	17.6	4.5	17.0	1.3	0.25	17.6	3.8	4.5	8.8	15.0	20.5	26.7	30.4	38.4	0.13	1.12	17.6
		罗田县	60	16.3	2.8	16.1	1.2	0.17	16.0	10.8	10.8	10.9	14.4	17.7	22.0	25.0	25.0	0.37	0.44	16.2
		红安县	31	11.4	3.3	10.9	1.4	0.29	11.5	4.6	4.6	4.6	8.9	13.4	16.4	18.3	18.3	−0.06	−0.51	11.4
	咸宁市	咸安区	222	15.4	2.6	15.2	1.2	0.17	15.3	9.0	9.0	10.2	13.7	17.4	20.3	21.1	21.5	−0.03	−0.40	15.4
		嘉鱼县	1889	17.4	4.5	16.9	1.3	0.26	17.5	2.0	5.1	9.6	15.4	19.7	23.2	25.1	137.4	9.87	267.50	17.5
		赤壁市	309	16.2	2.8	15.9	1.2	0.17	16.0	7.1	7.3	10.3	14.7	17.9	21.5	23.2	26.4	−0.09	0.87	16.3
	随州市	随县	5324	17.7	8.7	15.8	1.6	0.49	16.5	1.9	4.2	5.8	11.9	21.2	40.6	53.1	97.7	1.69	5.74	16.5
		曾都区	356	20.5	9.6	18.5	1.6	0.47	17.7	7.7	7.8	8.9	12.6	26.5	42.4	48.1	55.3	0.92	0.24	20.3
		广水市	657	14.9	8.2	13.2	1.6	0.55	12.5	1.7	4.3	6.1	9.6	16.9	37.0	51.4	56.9	1.92	4.64	13.2
	恩施州	恩施市	20 212	19.1	6.0	18.0	1.4	0.31	18.6	1.0	3.0	7.3	15.5	23.0	29.8	34.0	227.0	2.77	81.80	19.0
		宣恩县	10 152	18.2	5.5	17.3	1.4	0.30	17.8	2.3	5.0	8.1	14.6	21.4	29.5	35.3	74.0	0.68	3.30	18.1
		建始县	10 711	19.3	5.0	18.6	1.4	0.26	18.9	1.6	3.6	9.4	16.2	22.7	28.7	33.2	68.5	0.15	2.00	19.4
		利川市	19 338	17.6	4.9	16.9	1.3	0.28	17.3	2.4	5.8	8.5	14.4	20.6	27.6	31.6	80.6	0.47	2.28	17.5
		鹤峰县	5933	19.7	5.4	19.0	1.3	0.27	19.4	3.7	8.1	10.4	16.1	23.1	30.4	34.0	116.0	1.30	17.40	19.6
		来凤县	6031	17.1	5.4	16.3	1.4	0.32	16.5	2.8	5.6	7.8	13.5	20.1	30.3	34.9	42.2	0.72	0.96	16.9
		咸丰县	8734	16.2	4.3	15.6	1.3	0.27	16.1	2.4	5.9	8.2	13.4	18.7	24.8	29.5	71.0	1.04	8.49	16.0
		巴东县	11 621	19.7	4.1	19.3	1.2	0.21	19.3	6.0	9.2	12.2	17.1	22.2	28.1	32.0	58.7	0.58	2.94	19.6

注：Co 的地球化学参数中，N 单位为件，$\overline{X}$、S、X_g、S_g、X_{me}、X_{min}、$X_{0.5\%}$、$X_{2.5\%}$、$X_{25\%}$、$X_{75\%}$、$X_{97.5\%}$、$X_{99.5\%}$、X_{max}、X' 单位为 mg/kg，CV、β_s、β_k 为无量纲。

表 2.9.6 表层土壤 Cr 地球化学参数表

单元名称		样本数	算术平均值	算术标准差	几何平均值	几何标准差	变异系数	中位值	最小值	累积频率分位值						最大值	偏度系数	峰度系数	背景值
		N	$\bar{X}$	S	X_g	S_g	CV	X_{me}	X_{min}	$X_{0.5\%}$	$X_{2.5\%}$	$X_{25\%}$	$X_{75\%}$	$X_{97.5\%}$	$X_{99.5\%}$	X_{max}	β_s	β_k	X'
全省		242 948	87	33	83	1	0.38	84	1	32	52	74	94	134	249	2470	12.74	397.55	84
土壤类型	红壤	3783	81	33	77	1	0.41	81	8	17	28	71	90	136	235	1066	10.10	237.79	80
	黄壤	17 857	87	42	83	1	0.48	82	10	22	47	74	92	155	301	1494	12.27	276.87	82
	黄棕壤	69 303	92	44	87	1	0.48	87	1	28	49	78	96	176	346	2470	11.33	289.59	86
	黄褐土	1428	82	17	81	1	0.21	80	28	52	60	75	86	111	180	306	5.51	53.28	80
	棕壤	8885	107	50	102	1	0.47	97	19	65	76	90	107	219	419	1100	8.06	99.08	97
	暗棕壤	478	90	25	87	1	0.28	86	50	51	63	73	94	149	261	340	4.93	36.62	85
	石灰土	9394	92	34	89	1	0.37	88	10	42	62	80	97	145	264	1504	14.32	426.00	88
	紫色土	6755	75	14	74	1	0.18	75	13	32	47	68	82	100	119	264	0.91	12.33	75
	草甸土	554	92	23	91	1	0.25	92	58	60	65	82	100	121	136	516	11.64	214.67	91
	潮土	45 774	82	16	80	1	0.20	81	21	47	54	70	93	112	121	508	1.36	24.90	82
	沼泽土	392	108	42	103	1	0.39	100	58	60	70	90	110	262	353	422	4.19	21.33	99
	水稻土	78 334	82	21	80	1	0.25	81	7	35	51	71	92	115	150	1592	9.66	447.71	82
土地利用类型	耕地	191 941	86	30	83	1	0.35	83	8	39	54	73	94	127	227	2470	13.29	478.15	83
	园地	14 180	86	31	83	1	0.36	83	10	27	49	75	92	140	242	1066	9.79	188.64	83
	林地	20 390	92	57	84	1	0.62	85	1	19	32	75	97	203	422	2051	9.47	171.70	83
	草地	1947	90	33	86	1	0.37	88	17	31	43	77	98	142	263	638	6.65	78.89	87
	建设用地	2492	84	29	80	1	0.35	81	7	19	44	72	92	134	236	680	6.99	101.38	81
	水域	8499	93	20	91	1	0.21	95	11	37	57	83	105	120	136	444	3.41	52.72	93
	未利用地	3499	91	38	86	1	0.42	85	12	29	50	76	98	165	277	943	9.28	162.78	86
地质背景	第四系	108 245	83	17	81	1	0.21	81	11	47	55	71	93	113	124	665	3.12	67.94	82
	新近系	151	82	9	81	1	0.11	83	50	50	65	76	88	97	100	109	−0.41	0.82	82
	古近系	1436	72	17	71	1	0.23	72	18	31	41	65	80	102	138	273	2.84	28.96	72
	白垩系	11 433	75	19	72	1	0.25	77	8	17	31	68	84	104	135	407	1.72	27.27	76
	侏罗系	4284	70	14	69	1	0.20	70	25	35	45	62	78	101	118	182	0.74	3.54	70
	三叠系	43 820	91	27	89	1	0.30	89	10	49	65	81	97	125	206	2051	21.32	1 029.57	89
	二叠系	16 951	115	70	106	1	0.61	97	7	55	67	86	119	288	519	1592	6.50	71.21	98
	石炭系	1097	93	27	90	1	0.29	89	12	43	61	80	99	154	248	389	4.09	30.01	89

续表 2.9.6

单元名称		样本数	算术平均值	算术标准差	几何平均值	几何标准差	变异系数	中位值	最小值	累积频率分位值						最大值	偏度系数	峰度系数	背景值
		N	$\bar{X}$	S	X_g	S_g	CV	X_{me}	X_{min}	$X_{0.5\%}$	$X_{2.5\%}$	$X_{25\%}$	$X_{75\%}$	$X_{97.5\%}$	$X_{99.5\%}$	X_{max}	β_s	β_k	X'
地质背景	泥盆系	2447	88	24	85	1	0.27	85	13	39	56	77	94	136	235	432	4.43	41.59	85
	志留系	20 610	85	26	83	1	0.31	82	1	46	60	75	90	115	220	773	10.91	185.20	82
	奥陶系	11 151	89	48	86	1	0.54	84	10	55	64	77	91	136	383	2470	19.02	646.74	84
	寒武系	9043	89	39	85	1	0.44	82	12	45	58	75	92	170	339	943	7.99	100.72	82
	震旦系	3237	89	33	85	1	0.37	85	1	28	46	77	95	156	244	774	7.79	122.26	85
	南华系	2316	71	41	64	2	0.58	63	10	17	28	48	83	164	271	943	6.19	96.80	65
	青白口系—震旦系	308	56	26	52	1	0.46	51	14	18	21	42	64	136	162	184	2.03	5.65	52
	青白口系	3132	78	35	72	2	0.44	79	10	16	25	60	91	158	231	554	2.67	22.19	74
	中元古界	25	146	137	115	2	0.94	98	42	42	42	81	120	500	585	585	2.47	5.26	98
	滹沱系—太古宇	282	84	53	74	2	0.63	74	17	17	28	57	96	192	412	537	4.02	25.95	76
	侵入岩	2558	82	82	64	2	0.99	64	7	12	19	40	93	278	574	1389	5.43	51.32	64
	脉岩	14	69	46	58	2	0.67	66	16	16	16	38	83	203	203	203	1.99	5.52	69
	变质岩	408	78	36	70	2	0.46	73	16	16	26	52	98	171	215	263	1.15	2.65	75
成土母质	第四系沉积物	104 667	82	17	81	1	0.20	81	15	48	55	71	93	113	123	1389	5.77	359.29	82
	碎屑岩风化物	42 690	79	22	76	1	0.28	78	1	23	42	70	87	114	179	1100	8.90	256.08	78
	碎屑岩风化物(黑色岩系)	3691	95	61	88	1	0.64	85	12	38	64	77	93	231	498	1036	8.20	86.36	84
	碳酸盐岩风化物	50 129	91	26	89	1	0.29	89	7	42	63	81	97	127	206	2051	17.97	877.94	89
	碳酸盐岩风化物(黑色岩系)	18 045	116	75	106	1	0.64	96	10	56	66	85	120	293	533	2470	7.75	119.21	98
	变质岩风化物	21 149	85	36	81	1	0.42	82	9	26	40	74	90	145	293	859	8.09	106.03	81
	火山岩风化物	177	114	98	87	2	0.86	87	18	18	25	49	135	419	526	639	2.42	7.40	91
	侵入岩风化物	2399	79	75	61	2	0.95	62	7	12	18	39	89	251	512	1079	4.87	38.30	62
地形地貌	平原	112 999	82	16	81	1	0.20	81	11	47	55	71	93	113	124	510	1.58	23.50	82
	洪湖湖区	389	92	15	90	1	0.16	93	49	55	64	80	104	115	120	124	−0.30	−0.69	92
	丘陵低山	33 920	86	45	80	1	0.53	81	1	22	34	70	92	179	367	1036	6.89	79.46	79
	中山	2737	89	48	85	1	0.54	86	10	29	50	80	93	118	355	1389	15.94	338.62	86
	高山	92 903	92	40	88	1	0.44	87	8	34	57	78	96	164	307	2470	13.18	381.25	86

续表 2.9.6

单元名称			样本数	算术平均值	算术标准差	几何平均值	几何标准差	变异系数	中位值	最小值	累积频率分位值						最大值	偏度系数	峰度系数	背景值
			N	$\bar{X}$	S	X_g	S_g	CV	X_{me}	X_{min}	$X_{0.5\%}$	$X_{2.5\%}$	$X_{25\%}$	$X_{75\%}$	$X_{97.5\%}$	$X_{99.5\%}$	X_{max}	β_s	β_k	X'
行政市（州）	武汉市		4109	87	20	84	1	0.23	88	10	24	40	76	101	115	127	316	0.49	10.63	88
	襄阳市		7131	81	17	79	1	0.21	79	15	36	52	71	88	116	143	346	2.28	22.61	80
	宜昌市		1479	80	60	75	1	0.75	77	10	16	34	69	84	107	412	1389	14.36	249.45	77
	黄石市		881	78	27	75	1	0.34	77	26	29	37	67	86	130	265	344	3.86	28.92	75
	十堰市		4162	110	86	93	2	0.78	89	1	22	33	71	111	372	605	943	3.73	19.06	85
	荆州市		18 052	90	15	89	1	0.16	91	25	56	63	79	101	117	123	262	0.001 6	0.51	90
	荆门市		53 487	80	17	79	1	0.21	79	11	45	55	71	88	109	142	774	5.71	123.49	79
	鄂州市		403	78	18	75	1	0.23	78	26	29	36	71	90	108	111	116	−0.66	0.38	78
	孝感市		5895	75	20	73	1	0.26	73	12	30	46	65	82	115	185	297	3.00	21.80	73
	黄冈市		4247	83	37	77	1	0.45	79	7	20	31	67	93	164	246	604	4.60	46.48	79
	咸宁市		2420	89	15	88	1	0.17	87	37	57	69	81	95	122	172	244	2.55	15.08	88
	随州市		6669	81	58	70	2	0.72	76	1	16	24	52	93	205	448	1036	6.15	63.93	72
	恩施州		95 016	92	40	88	1	0.44	87	8	35	57	78	96	163	306	2470	13.25	385.86	86
	仙桃市		13 430	86	16	85	1	0.19	86	33	51	58	75	98	114	122	508	1.85	37.50	86
	天门市		10 105	78	17	76	1	0.22	76	37	47	52	64	90	114	124	179	0.53	−0.31	78
	潜江市		15 462	83	16	82	1	0.19	82	33	52	57	71	95	115	122	195	0.31	−0.30	83
行政县（市、区）	武汉市	武汉市区	744	84	17	82	1	0.20	81	23	57	64	74	91	110	131	316	5.65	68.11	83
		蔡甸区	2305	95	14	94	1	0.15	96	42	65	70	85	105	115	122	291	1.43	20.01	95
		黄陂区	573	67	25	62	2	0.37	69	10	14	21	51	82	113	156	180	0.48	1.60	66
		东西湖区	125	100	16	99	1	0.16	100	71	71	76	89	109	127	157	176	1.22	4.20	99
		新洲区	362	70	20	67	1	0.29	69	21	25	31	59	80	104	116	264	2.36	22.89	69
	襄阳市	襄阳市区	912	73	8	72	1	0.11	74	41	47	56	68	79	86	89	95	−0.69	0.54	73
		枣阳市	816	79	22	77	1	0.28	80	23	28	38	70	85	128	209	252	2.75	17.72	78
		老河口市	265	77	13	76	1	0.16	78	34	34	54	74	81	88	97	230	5.94	80.73	78
		宜城市	2618	79	13	78	1	0.16	79	15	45	57	72	86	101	111	304	2.90	49.27	79
		谷城县	222	65	23	62	1	0.35	61	30	30	35	53	73	120	168	170	1.89	5.55	62
		南漳县	2298	88	18	86	1	0.20	87	37	51	60	76	99	123	155	346	1.87	19.56	87

续表 2.9.6

单元名称			样本数	算术平均值	算术标准差	几何平均值	几何标准差	变异系数	中位值	最小值	累积频率分位值						最大值	偏度系数	峰度系数	背景值
			N	$\bar{X}$	S	X_g	S_g	CV	X_{me}	X_{min}	$X_{0.5\%}$	$X_{2.5\%}$	$X_{25\%}$	$X_{75\%}$	$X_{97.5\%}$	$X_{99.5\%}$	X_{max}	β_s	β_k	X'
行政县（市、区）	宜昌市	宜昌市辖区	233	94	147	67	2	1.57	70	10	10	15	52	84	500	1079	1389	6.04	41.07	65
		宜都市	75	76	8	76	1	0.11	77	52	52	55	72	81	89	94	94	−0.61	1.20	76
		枝江市	375	80	10	79	1	0.12	81	40	44	55	75	85	97	99	103	−0.90	1.75	81
		当阳市	284	73	10	73	1	0.13	75	46	46	51	68	80	89	92	95	−0.56	−0.02	73
		秭归县	478	78	22	76	1	0.28	78	16	26	39	70	85	109	168	393	6.31	87.36	77
		长阳土家族自治县	34	84	10	83	1	0.12	84	62	62	62	79	89	101	120	120	0.98	3.69	83
	黄石市	黄石市区	47	120	73	104	2	0.61	93	42	42	42	75	123	306	344	344	1.67	1.98	115
		大冶市	382	75	20	72	1	0.27	76	29	31	36	63	84	118	147	188	0.79	3.39	73
		阳新县	452	77	17	75	1	0.23	77	26	28	38	68	86	113	160	162	0.52	3.58	77
	十堰市	茅箭区	63	61	31	54	2	0.51	50	25	25	26	38	75	131	152	152	1.20	0.81	54
		郧阳区	118	87	34	81	1	0.39	78	35	35	41	68	95	185	202	216	1.70	3.35	81
		丹江口市	570	74	33	67	2	0.45	70	14	23	28	51	85	157	225	249	1.66	5.01	70
		竹溪县	1404	154	118	124	2	0.77	109	1	16	34	84	186	523	663	943	2.24	6.09	125
		竹山县	2007	93	55	85	1	0.59	88	12	24	36	71	101	198	435	943	7.24	81.89	85
	荆州市	荆州市区	374	81	10	81	1	0.12	82	60	62	66	74	88	103	110	112	0.42	−0.09	81
		洪湖市	12 640	92	15	91	1	0.16	93	25	56	64	81	103	118	124	262	−0.05	0.72	92
		监利市	3493	87	14	86	1	0.16	89	52	56	61	77	98	111	118	131	−0.14	−0.66	87
		石首市	345	88	10	87	1	0.11	89	33	40	68	83	94	104	108	113	−1.04	4.03	88
		松滋市	373	77	11	76	1	0.14	75	35	38	53	70	84	98	100	101	−0.26	1.08	77
		江陵县	270	85	10	84	1	0.11	86	53	53	66	78	92	102	105	106	−0.30	−0.29	85
		公安县	557	89	10	88	1	0.11	90	64	65	69	82	96	107	112	129	−0.09	−0.09	89
	荆门市	荆门市区	282	78	8	77	1	0.10	78	53	53	63	73	83	89	92	123	0.29	4.35	78
		沙洋县	12 991	76	15	75	1	0.19	76	16	48	53	68	84	102	112	444	5.92	120.26	76
		钟祥市	23 454	81	14	80	1	0.17	81	11	46	55	72	89	106	114	411	1.47	32.89	81
		京山市	14 877	81	22	79	1	0.27	79	16	40	54	71	88	124	190	774	6.73	122.93	79
		屈家岭管理区	1883	81	16	80	1	0.20	79	30	52	58	70	89	111	142	327	3.20	36.58	80
	孝感市	孝南区	245	72	22	70	1	0.30	68	41	41	46	63	75	108	195	253	4.40	28.44	69
		孝昌县	298	62	18	60	1	0.29	61	20	20	32	52	69	105	153	184	2.07	9.72	60
		云梦县	152	64	10	63	1	0.15	63	39	39	49	57	69	88	90	95	0.67	0.74	64

续表 2.9.6

单元名称			样本数	算术平均值	算术标准差	几何平均值	几何标准差	变异系数	中位值	最小值	累积频率分位值						最大值	偏度系数	峰度系数	背景值
			N	$\overline{X}$	S	X_g	S_g	CV	X_{me}	X_{min}	$X_{0.5\%}$	$X_{2.5\%}$	$X_{25\%}$	$X_{75\%}$	$X_{97.5\%}$	$X_{99.5\%}$	X_{max}	β_s	β_k	X'
行政县（市、区）	孝感市	大悟县	114	48	19	45	2	0.39	47	12	12	15	38	58	90	95	114	0.58	0.77	48
		安陆市	4394	76	19	74	1	0.26	74	16	42	49	67	82	118	194	297	3.73	27.11	73
		汉川市	415	88	14	87	1	0.16	88	50	56	64	77	98	115	118	118	0.06	−0.64	88
		应城市	277	74	11	73	1	0.15	71	52	52	59	67	77	103	115	115	1.45	2.21	72
	黄冈市	黄冈市区	82	83	17	82	1	0.20	82	48	48	48	74	93	119	154	154	1.06	3.79	82
		武穴市	2491	90	33	85	1	0.37	83	7	30	50	74	97	168	243	601	4.92	48.31	85
		麻城市	204	52	20	49	1	0.39	48	18	18	27	39	61	104	139	162	2.13	7.05	49
		团风县	219	79	30	74	1	0.38	75	30	30	37	61	91	163	209	233	1.84	6.18	76
		黄梅县	361	73	18	70	1	0.25	76	23	23	30	64	86	99	110	143	−0.55	0.74	73
		蕲春县	349	79	64	65	2	0.80	69	13	13	18	43	90	241	390	604	4.02	24.19	67
		浠水县	450	79	42	71	2	0.53	73	14	15	25	56	95	167	192	603	4.89	54.60	75
		罗田县	60	69	24	66	1	0.35	66	30	30	37	57	78	114	202	202	3.00	15.20	67
		红安县	31	49	13	48	1	0.27	48	26	26	26	43	54	60	107	107	2.64	11.96	47
	咸宁市	咸安区	222	79	11	79	1	0.14	77	46	46	65	74	83	112	119	119	1.42	3.65	78
		嘉鱼县	1889	92	16	91	1	0.17	89	37	58	71	83	97	129	174	244	2.80	16.14	90
		赤壁市	309	82	10	81	1	0.12	81	50	51	60	77	87	104	107	118	0.28	1.10	82
	随州市	随县	5656	84	61	72	2	0.73	79	1	16	23	56	94	215	479	1036	6.17	61.74	74
		曾都区	356	83	45	73	2	0.54	68	17	25	32	54	101	189	280	350	2.04	6.48	77
		广水市	657	55	27	51	2	0.48	49	9	13	23	40	63	129	203	245	2.64	11.27	52
	恩施州	恩施市	20 748	95	50	89	1	0.52	88	8	22	49	78	99	194	382	2470	12.51	363.72	87
		宣恩县	11 191	92	41	88	1	0.45	85	16	37	60	77	95	179	323	1112	9.09	143.23	85
		建始县	10 711	97	55	92	1	0.56	90	9	20	60	82	98	196	378	2051	13.21	307.85	89
		利川市	19 338	87	28	84	1	0.32	84	25	41	52	75	95	129	192	899	10.77	231.02	84
		鹤峰县	6164	95	35	92	1	0.37	90	32	52	64	81	102	144	287	921	10.41	181.63	91
		来凤县	6509	84	18	82	1	0.22	81	27	51	60	74	89	131	184	317	3.25	20.65	81
		咸丰县	8734	90	27	87	1	0.30	86	20	52	61	77	96	149	218	669	6.44	83.91	86
		巴东县	11 621	93	39	90	1	0.42	88	23	54	64	81	95	153	310	1504	13.78	316.89	87

注：Cr 的地球化学参数中，N 单位为件，$\overline{X}$、S、X_g、S_g、X_{me}、X_{min}、$X_{0.5\%}$、$X_{2.5\%}$、$X_{25\%}$、$X_{75\%}$、$X_{97.5\%}$、$X_{99.5\%}$、X_{max}、X' 单位为 mg/kg，CV、β_s、β_k 为无量纲。

表 2.9.7　表层土壤 Cu 地球化学参数表

单元名称		样本数	算术平均值	算术标准差	几何平均值	几何标准差	变异系数	中位值	最小值	累积频率分位值						最大值	偏度系数	峰度系数	背景值
		N	$\bar{X}$	S	X_g	S_g	CV	X_{me}	X_{min}	$X_{0.5\%}$	$X_{2.5\%}$	$X_{25\%}$	$X_{75\%}$	$X_{97.5\%}$	$X_{99.5\%}$	X_{max}	β_s	β_k	X'
全省		242 948	32.9	27.3	30.8	1.4	0.83	30.0	2.3	11.6	16.8	25.1	37.7	60.5	98.2	10 170.0	223.84	79 736.57	31.2
土壤类型	红壤	3783	34.6	68.6	28.8	1.6	1.98	27.1	3.0	6.5	12.7	23.9	33.4	80.2	329.7	2 926.0	26.52	946.78	27.8
	黄壤	17 857	30.5	14.9	28.5	1.4	0.49	28.2	4.2	8.3	14.0	23.6	33.9	63.4	87.7	969.0	19.17	1 013.95	28.3
	黄棕壤	69 303	33.3	19.2	30.6	1.5	0.58	29.4	2.3	11.0	16.0	24.7	36.2	74.8	134.1	790.5	8.81	175.77	29.8
	黄褐土	1428	28.3	6.8	27.8	1.2	0.24	27.2	12.6	17.2	20.9	25.2	29.8	43.5	62.2	159.7	7.01	105.99	27.3
	棕壤	8885	36.8	13.9	34.8	1.4	0.38	34.4	5.6	14.6	19.2	28.0	42.0	71.9	95.9	286.3	2.60	19.51	35.0
	暗棕壤	478	34.1	14.0	32.1	1.4	0.41	31.3	13.5	17.4	18.7	26.0	37.3	76.7	106.5	112.0	2.63	9.36	31.0
	石灰土	9394	36.2	21.3	34.0	1.4	0.59	33.1	6.1	12.6	18.7	28.3	39.8	68.0	100.7	977.1	21.23	775.68	33.8
	紫色土	6755	27.6	19.0	25.3	1.5	0.69	25.4	4.0	8.6	12.1	21.0	30.0	54.7	115.8	680.3	16.02	431.83	25.3
	草甸土	554	37.6	11.3	36.0	1.3	0.30	36.1	17.3	18.3	20.3	29.4	43.7	63.6	74.7	113.3	1.15	3.71	36.9
	潮土	45 774	34.1	18.3	32.7	1.3	0.54	33.1	8.6	15.2	18.6	27.0	40.3	51.9	60.8	3 019.2	106.29	16 405.80	33.7
	沼泽土	392	43.1	11.8	41.4	1.3	0.27	44.0	15.0	16.8	20.0	35.9	49.7	69.8	83.9	87.1	0.27	1.04	42.7
	水稻土	78 334	31.9	14.3	30.4	1.3	0.45	29.3	3.7	13.1	18.0	24.9	37.7	52.9	71.2	2 343.0	61.41	9 057.24	31.2
土地利用类型	耕地	191 941	32.2	14.4	30.6	1.4	0.45	29.8	3.0	12.8	17.5	25.1	37.2	56.7	85.4	3 019.2	53.55	9 803.99	31.1
	园地	14 180	30.9	16.4	28.7	1.4	0.53	28.5	2.3	9.2	13.9	23.7	34.4	63.3	97.9	903.4	16.89	700.47	28.8
	林地	20 390	35.6	27.4	31.5	1.6	0.77	30.3	2.6	9.3	13.6	24.9	38.3	95.8	176.0	1 064.0	9.46	183.16	30.8
	草地	1947	31.6	12.8	29.4	1.5	0.40	29.9	5.6	8.1	11.6	24.1	36.8	62.5	87.9	135.2	1.96	8.98	30.2
	建设用地	2492	43.2	214.9	33.4	1.6	4.97	32.4	3.8	7.0	15.8	26.8	40.2	81.9	258.2	10 170.0	42.84	1 989.57	33.2
	水域	8499	40.9	21.2	39.0	1.4	0.52	41.0	6.0	14.8	20.7	32.4	47.7	63.0	77.2	1 440.0	38.96	2 372.68	40.2
	未利用地	3499	33.4	17.2	30.6	1.5	0.52	29.4	7.3	10.9	15.5	24.5	36.5	80.1	129.1	219.6	3.57	20.22	30.0
地质背景	第四系	108 245	33.1	34.2	31.7	1.3	1.03	31.2	6.3	15.8	19.0	25.6	39.6	52.1	63.0	10 170.0	248.67	72 222.29	32.7
	新近系	151	28.2	2.6	28.1	1.1	0.09	28.3	21.4	21.4	22.6	26.5	29.8	32.9	35.4	37.8	0.17	0.91	28.2
	古近系	1436	26.9	8.1	25.8	1.3	0.30	26.0	6.9	9.6	13.9	22.6	30.0	44.5	59.2	125.0	2.50	20.21	26.9
	白垩系	11 433	27.3	13.2	25.7	1.4	0.48	26.3	3.0	6.4	10.5	23.4	29.4	49.7	80.7	680.3	19.15	777.32	26.1
	侏罗系	4284	23.5	7.4	22.4	1.4	0.31	23.3	4.6	7.4	10.4	19.5	27.0	39.2	53.8	104.0	1.57	10.51	23.0
	三叠系	43 820	33.7	23.6	31.7	1.4	0.70	31.3	4.1	11.2	16.3	26.0	38.1	63.3	88.7	2 926.0	67.85	7 325.96	32.0
	二叠系	16 951	35.2	20.3	31.8	1.5	0.58	29.7	4.8	13.4	16.2	23.4	41.4	81.3	110.9	969.0	10.84	385.35	32.1
	石炭系	1097	29.1	16.8	27.3	1.4	0.58	26.4	7.6	11.3	16.3	22.3	32.1	54.8	102.9	374.8	11.15	191.59	27.0

续表 2.9.7

单元名称		样本数	算术平均值	算术标准差	几何平均值	几何标准差	变异系数	中位值	最小值	累积频率分位值						最大值	偏度系数	峰度系数	背景值
		N	$\bar{X}$	S	X_g	S_g	CV	X_{me}	X_{min}	$X_{0.5\%}$	$X_{2.5\%}$	$X_{25\%}$	$X_{75\%}$	$X_{97.5\%}$	$X_{99.5\%}$	X_{max}	β_s	β_k	X'
地质背景	泥盆系	2447	26.2	9.1	25.0	1.3	0.35	24.6	5.1	10.5	15.0	20.7	29.2	50.3	73.2	124.5	2.86	16.52	25.0
	志留系	20 610	30.8	14.0	29.5	1.3	0.46	28.9	5.6	14.7	18.6	25.6	33.1	54.2	102.6	660.1	15.49	488.97	29.1
	奥陶系	11 151	32.8	14.0	31.2	1.3	0.43	30.4	2.3	15.3	18.6	26.3	35.4	64.4	97.7	442.8	9.24	192.56	30.5
	寒武系	9043	36.1	28.5	32.1	1.5	0.79	30.0	5.9	15.1	18.5	25.0	37.0	106.0	204.4	903.4	8.98	156.66	30.2
	震旦系	3237	41.6	28.3	37.7	1.5	0.68	37.3	5.2	12.7	18.6	29.9	44.1	98.9	205.9	575.9	8.21	105.38	36.5
	南华系	2316	32.2	23.2	27.8	1.6	0.72	25.8	6.0	10.1	12.6	20.3	35.0	98.0	159.7	261.0	3.86	21.22	26.3
	青白口系—震旦系	308	24.6	25.0	21.5	1.5	1.01	20.6	6.9	7.6	10.3	17.1	26.3	44.7	108.1	346.2	9.67	111.24	21.6
	青白口系	3132	31.2	12.9	28.9	1.5	0.41	28.9	4.1	8.8	12.8	23.5	35.8	63.6	83.5	141.7	1.67	5.68	29.8
	中元古界	25	54.4	23.4	50.0	1.5	0.43	52.0	19.1	19.1	19.1	37.5	61.6	112.3	116.2	116.2	1.22	1.86	54.4
	滹沱系—太古宇	282	36.8	13.1	34.5	1.4	0.36	35.9	8.7	8.7	15.2	27.8	43.7	68.4	74.4	81.4	0.66	0.50	36.7
	侵入岩	2558	41.4	58.4	31.1	2.0	1.41	30.3	2.6	7.0	10.0	19.5	44.2	144.8	285.6	1 530.0	13.78	286.78	30.0
	脉岩	14	46.0	42.9	34.6	2.1	0.93	36.2	10.8	10.8	10.8	19.2	51.2	179.7	179.7	179.7	2.60	7.94	35.7
	变质岩	408	41.7	24.9	36.0	1.7	0.60	39.8	6.1	7.7	12.4	24.6	48.6	99.2	152.2	236.0	2.47	11.64	38.1
成土母质	第四系沉积物	104 667	33.3	34.8	31.8	1.3	1.05	31.4	8.2	15.8	19.0	25.7	39.7	52.0	62.2	10 170.0	243.09	69 253.88	32.8
	碎屑岩风化物	42 690	28.2	14.8	26.3	1.4	0.52	26.5	3.0	8.1	12.3	22.7	30.8	54.1	100.2	969.0	16.40	676.96	26.4
	碎屑岩风化物(黑色岩系)	3691	34.3	15.1	32.0	1.4	0.44	31.1	5.9	12.7	17.4	26.2	38.2	76.6	108.4	216.2	3.20	18.29	31.6
	碳酸盐岩风化物	50 129	34.2	14.0	32.5	1.4	0.41	31.7	4.1	15.3	19.5	26.7	38.5	63.2	88.3	903.4	14.02	617.76	32.6
	碳酸盐岩风化物(黑色岩系)	18 045	35.7	19.4	32.2	1.5	0.54	30.0	5.2	13.4	16.3	23.5	42.4	82.7	112.0	729.7	5.60	132.65	32.9
	变质岩风化物	21 149	33.4	23.0	30.6	1.4	0.69	29.6	2.3	12.3	16.6	25.7	34.4	77.4	166.3	660.1	9.65	151.80	29.4
	火山岩风化物	177	57.4	41.0	45.4	2.0	0.71	42.1	12.9	12.9	15.0	25.5	80.0	156.4	204.4	217.8	1.32	1.60	55.0
	侵入岩风化物	2399	40.9	60.2	30.4	2.0	1.47	29.7	2.6	6.9	9.9	19.1	43.6	145.0	310.6	1 530.0	13.55	272.49	29.5
地形地貌	平原	112 999	32.6	13.8	31.3	1.3	0.42	30.6	5.3	15.5	18.9	25.6	39.0	51.6	60.8	3 019.2	100.07	20 219.80	32.3
	洪湖湖区	389	37.5	7.9	36.6	1.2	0.21	37.8	11.5	17.9	23.9	31.1	43.4	50.9	53.8	71.9	0.17	0.24	37.4
	丘陵低山	33 920	36.6	63.8	32.2	1.5	1.74	30.4	2.6	10.5	15.0	25.6	38.8	97.0	173.5	10 170.0	120.93	18 814.62	31.2
	中山	2737	32.4	21.5	29.5	1.5	0.66	30.3	5.2	10.1	12.7	24.5	36.1	66.8	146.0	623.0	11.56	243.91	29.6
	高山	92 903	31.8	14.2	29.8	1.4	0.45	29.3	2.3	9.9	15.3	24.3	35.8	65.1	91.2	969.0	10.99	459.35	29.7

续表 2.9.7

单元名称			样本数	算术平均值	算术标准差	几何平均值	几何标准差	变异系数	中位值	最小值	累积频率分位值						最大值	偏度系数	峰度系数	背景值
			N	$\bar{X}$	S	X_g	S_g	CV	X_{me}	X_{min}	$X_{0.5\%}$	$X_{2.5\%}$	$X_{25\%}$	$X_{75\%}$	$X_{97.5\%}$	$X_{99.5\%}$	X_{max}	β_s	β_k	X'
行政市（州）	武汉市		4109	36.6	24.9	34.3	1.4	0.68	36.3	6.0	11.2	16.2	26.6	45.6	55.7	67.8	1 440.0	43.87	2 474.91	36.0
	襄阳市		7131	31.6	11.6	30.4	1.3	0.37	29.4	7.3	15.1	19.7	26.1	34.8	55.7	70.6	480.8	13.00	401.46	30.1
	宜昌市		1479	29.3	9.9	27.9	1.4	0.34	27.1	5.2	8.3	14.5	23.9	33.4	51.3	73.1	132.4	2.58	17.12	28.3
	黄石市		881	82.4	377.9	46.3	2.0	4.59	37.2	16.9	19.9	22.3	30.7	54.0	374.8	1 272.0	10 170.0	22.55	583.29	37.4
	十堰市		4162	57.0	47.6	45.8	1.9	0.83	40.8	6.1	12.1	16.3	30.2	64.3	171.6	283.0	561.6	3.43	20.08	41.0
	荆州市		18 052	39.4	24.1	38.1	1.3	0.61	39.3	9.7	17.7	22.5	32.6	45.5	57.0	66.1	3 019.2	104.61	12 923.00	39.1
	荆门市		53 487	29.7	9.9	28.7	1.3	0.33	27.7	5.2	15.2	18.8	24.6	32.7	48.1	68.8	558.4	11.99	433.63	28.8
	鄂州市		403	42.1	67.6	34.3	1.6	1.60	31.1	15.7	15.9	20.1	25.8	41.2	105.1	370.3	1 064.0	11.47	153.67	32.7
	孝感市		5895	29.1	21.6	27.1	1.4	0.74	25.8	5.7	12.0	15.9	23.0	30.7	54.4	104.1	903.4	21.67	695.64	26.5
	黄冈市		4247	32.6	15.3	30.1	1.5	0.47	29.6	5.5	10.5	14.1	23.7	38.9	65.1	94.8	482.5	7.54	184.05	31.0
	咸宁市		2420	30.8	9.0	29.7	1.3	0.29	27.4	8.3	16.5	20.8	25.0	34.1	51.7	59.3	81.9	1.35	1.69	30.5
	随州市		6669	32.4	17.3	28.9	1.6	0.54	28.5	2.6	8.4	11.6	21.4	39.6	76.3	109.4	323.4	2.99	22.88	30.0
	恩施州		95 016	31.8	14.5	29.8	1.4	0.45	29.3	2.3	9.9	15.2	24.3	35.8	65.2	91.9	969.0	11.24	455.44	29.7
	仙桃市		13 430	36.3	8.6	35.3	1.3	0.24	36.3	9.2	16.9	21.1	30.2	42.3	51.8	64.0	113.9	0.51	2.48	36.1
	天门市		10 105	31.8	9.4	30.4	1.3	0.29	30.5	12.4	15.0	17.1	24.3	38.9	49.3	52.4	93.1	0.47	−0.01	31.7
	潜江市		15 462	33.7	8.1	32.7	1.3	0.24	33.3	10.1	16.6	19.9	27.8	39.4	47.6	52.0	204.0	1.43	19.83	33.5
行政县（市、区）	武汉市	武汉市区	744	35.9	52.7	32.7	1.4	1.47	30.0	10.5	18.9	22.3	26.4	40.1	58.0	86.4	1 440.0	25.53	680.36	33.3
		蔡甸区	2305	41.0	9.3	39.8	1.3	0.23	42.2	17.3	20.9	23.5	34.0	48.1	55.4	63.8	113.3	0.03	1.19	40.9
		黄陂区	573	25.0	10.6	23.2	1.5	0.42	23.1	6.0	7.7	10.4	18.3	28.9	51.2	68.9	89.7	1.66	4.77	23.8
		东西湖区	125	43.8	12.7	42.4	1.3	0.29	42.0	25.1	25.1	28.3	35.6	49.0	72.0	105.0	108.0	2.40	9.30	42.0
		新洲区	362	26.2	8.2	25.1	1.3	0.31	24.3	11.4	11.7	16.1	20.7	29.3	48.0	56.2	56.9	1.35	1.97	25.1
	襄阳市	襄阳市区	912	26.5	4.0	26.2	1.2	0.15	26.2	16.3	17.9	19.6	24.2	28.1	35.2	41.7	70.6	2.17	17.16	26.1
		枣阳市	816	28.2	9.2	27.1	1.3	0.32	26.9	7.3	10.5	14.4	24.3	29.2	53.2	76.8	96.5	3.08	14.93	26.6
		老河口市	265	27.9	6.2	27.5	1.2	0.22	27.1	14.7	14.7	22.2	25.6	29.0	37.1	59.8	103.5	7.62	88.28	27.4
		宜城市	2618	31.0	6.6	30.4	1.2	0.21	30.1	10.6	17.8	20.9	27.2	34.2	43.5	49.9	159.7	4.29	66.77	30.8
		谷城县	222	27.9	14.1	26.1	1.4	0.51	24.7	11.2	11.2	15.7	21.8	30.0	53.5	124.3	157.5	5.41	41.22	25.4
		南漳县	2298	36.3	16.3	34.6	1.3	0.45	33.7	14.0	18.3	21.3	28.3	40.7	62.1	81.7	480.8	12.81	295.67	35.2

续表 2.9.7

单元名称			样本数	算术平均值	算术标准差	几何平均值	几何标准差	变异系数	中位值	最小值	累积频率分位值						最大值	偏度系数	峰度系数	背景值
			N	$\bar{X}$	S	X_g	S_g	CV	X_{me}	X_{min}	$X_{0.5\%}$	$X_{2.5\%}$	$X_{25\%}$	$X_{75\%}$	$X_{97.5\%}$	$X_{99.5\%}$	X_{max}	β_s	β_k	X'
行政县（市、区）	宜昌市	宜昌市辖区	233	28.6	17.0	25.1	1.7	0.60	25.3	5.2	5.2	8.3	19.8	30.8	73.1	116.2	132.4	2.71	10.83	24.4
		宜都市	75	28.4	6.2	27.7	1.2	0.22	27.7	17.0	17.0	17.3	24.1	32.0	40.7	47.3	47.3	0.59	0.38	28.1
		枝江市	375	30.5	8.6	29.4	1.3	0.28	27.2	11.1	13.5	16.7	24.9	36.1	48.2	55.0	75.6	1.02	1.54	30.3
		当阳市	284	24.6	3.5	24.3	1.2	0.14	24.6	17.0	17.0	18.2	22.2	26.7	32.4	34.5	37.5	0.38	0.32	24.5
		秭归县	478	31.5	8.2	30.4	1.3	0.26	30.5	6.2	10.1	18.2	26.1	35.6	51.5	57.6	70.2	0.87	2.33	30.9
		长阳土家族自治县	34	31.4	6.2	30.8	1.2	0.20	30.4	18.3	18.3	18.3	26.9	34.6	43.4	47.3	47.3	0.51	0.39	31.4
	黄石市	黄石市区	47	350.6	1 478.3	90.9	3.1	4.22	60.8	23.6	23.6	23.6	47.5	114.6	1 272.0	10 170.0	10 170.0	6.65	45.01	99.3
		大冶市	382	78.7	168.6	50.8	2.0	2.14	40.9	16.9	19.3	21.9	32.7	62.1	388.4	977.1	2 343.0	9.13	103.26	39.3
		阳新县	452	57.6	153.8	39.9	1.8	2.67	34.1	19.0	19.9	22.1	29.3	44.2	252.8	631.9	2 926.0	15.10	271.09	33.6
	十堰市	茅箭区	63	26.3	9.6	24.9	1.4	0.37	24.6	12.6	12.6	14.1	20.5	29.9	56.1	63.8	63.8	1.91	4.86	24.6
		郧阳区	118	34.1	15.3	31.9	1.4	0.45	31.0	14.8	14.8	16.3	25.7	36.0	90.1	94.1	111.8	2.76	9.42	30.5
		丹江口市	570	33.7	19.0	30.2	1.6	0.57	28.9	8.1	10.9	13.3	22.9	38.1	83.9	122.8	209.8	3.31	18.95	30.7
		竹溪县	1404	80.8	64.9	62.0	2.1	0.80	61.7	9.4	11.0	16.1	33.5	112.8	234.1	425.2	561.6	2.51	10.95	72.7
		竹山县	2007	49.3	31.0	43.4	1.6	0.63	40.5	6.1	12.8	19.4	32.5	54.1	133.9	215.7	382.9	3.27	17.09	41.1
	荆州市	荆州市区	374	32.4	7.9	31.5	1.3	0.24	31.1	21.6	21.6	22.7	25.7	36.3	51.7	58.8	62.4	0.95	0.59	32.1
		洪湖市	12 640	40.3	28.1	39.0	1.3	0.70	40.0	10.7	17.8	23.2	33.4	46.3	58.0	67.3	3 019.2	94.49	10 022.42	39.9
		监利市	3493	37.0	8.6	36.0	1.3	0.23	37.2	14.8	18.2	21.7	31.3	42.7	51.2	58.4	212.3	2.63	50.97	36.9
		石首市	345	44.4	9.4	43.3	1.3	0.21	45.3	19.8	21.0	25.9	38.0	51.2	59.6	68.5	71.8	−0.29	−0.23	44.4
		松滋市	373	32.4	11.0	30.7	1.4	0.34	27.8	9.7	10.4	17.3	24.5	42.0	53.2	55.8	104.0	1.14	3.58	32.2
		江陵县	270	36.8	7.7	36.0	1.2	0.21	37.1	15.9	15.9	22.0	31.5	42.2	50.4	56.9	63.9	−0.05	0.10	36.7
		公安县	557	42.9	11.3	41.4	1.3	0.26	44.7	16.9	21.7	23.0	36.3	50.3	58.3	61.8	154.2	1.34	15.86	42.7
	荆门市	荆门市区	282	27.3	4.2	27.1	1.2	0.16	26.7	16.7	16.7	20.4	24.8	29.5	35.8	43.0	60.9	2.22	13.88	27.1
		沙洋县	12 991	26.1	6.0	25.6	1.2	0.23	25.1	8.2	16.2	18.4	22.8	27.7	42.2	47.9	190.0	3.94	56.51	24.9
		钟祥市	23 454	30.8	8.6	29.9	1.3	0.28	29.2	5.3	14.9	18.7	26.1	34.6	47.1	53.0	376.7	7.70	220.50	30.5
		京山市	14 877	31.1	13.5	29.7	1.3	0.44	28.3	5.2	14.1	19.2	24.9	34.1	58.4	88.2	558.4	13.26	387.37	29.2
		屈家岭管理区	1883	28.4	6.0	27.8	1.2	0.21	27.3	15.6	16.9	19.4	24.8	30.6	43.3	57.3	71.0	1.78	6.32	27.6
	孝感市	孝南区	245	26.8	6.5	26.1	1.2	0.24	24.8	14.8	14.8	17.6	22.8	28.5	44.6	47.8	56.5	1.56	2.75	25.7
		孝昌县	298	24.6	20.7	22.5	1.4	0.84	21.8	7.6	7.6	12.1	18.8	25.5	48.0	87.9	346.2	12.92	197.96	21.9
		云梦县	152	25.6	5.1	25.2	1.2	0.20	24.5	14.1	14.1	19.2	22.1	28.2	38.9	42.1	42.4	1.05	1.20	25.1

续表 2.9.7

单元名称			样本数	算术平均值	算术标准差	几何平均值	几何标准差	变异系数	中位值	最小值	累积频率分位值						最大值	偏度系数	峰度系数	背景值
			N	$\overline{X}$	S	X_g	S_g	CV	X_{me}	X_{min}	$X_{0.5\%}$	$X_{2.5\%}$	$X_{25\%}$	$X_{75\%}$	$X_{97.5\%}$	$X_{99.5\%}$	X_{max}	β_s	β_k	X'
行政县（市、区）	孝感市	大悟县	114	21.9	22.8	18.9	1.6	1.04	18.9	5.7	5.7	7.3	14.9	24.4	38.7	40.1	250.3	9.06	91.11	19.8
		安陆市	4394	29.2	23.8	27.2	1.4	0.81	25.8	9.0	13.8	16.5	23.2	30.0	58.9	109.4	903.4	21.12	628.90	25.9
		汉川市	415	36.5	7.3	35.7	1.2	0.20	36.1	20.1	20.1	23.0	31.0	41.6	50.8	54.0	59.8	0.24	−0.41	36.4
		应城市	277	28.0	6.7	27.4	1.2	0.24	25.4	20.2	20.2	20.7	23.8	30.0	46.2	53.1	53.2	1.65	2.37	27.1
	黄冈市	黄冈市区	82	34.9	10.2	33.5	1.3	0.29	33.7	13.8	13.8	19.7	27.1	41.9	54.6	72.1	72.1	0.75	1.10	34.5
		武穴市	2491	32.7	14.0	30.6	1.4	0.43	29.0	5.5	11.9	16.7	24.2	38.3	66.8	99.4	184.0	2.87	16.99	30.8
		麻城市	204	17.9	5.9	17.0	1.4	0.33	16.8	6.9	6.9	8.9	14.0	20.0	33.5	37.9	41.0	1.20	1.92	17.2
		团风县	219	35.9	11.4	34.2	1.4	0.32	35.0	15.2	15.2	17.2	28.5	41.3	68.3	73.6	74.2	0.98	1.36	34.7
		黄梅县	361	29.2	9.5	27.6	1.4	0.33	29.0	8.7	11.3	14.3	21.3	34.9	49.5	54.7	59.3	0.43	−0.29	29.1
		蕲春县	349	33.0	14.8	30.1	1.5	0.45	30.0	7.3	10.5	13.0	22.2	41.4	68.7	89.1	112.5	1.49	3.76	31.3
		浠水县	450	39.8	24.3	37.0	1.4	0.61	37.7	9.6	11.2	17.4	30.1	45.9	68.5	81.2	482.5	13.55	245.32	38.5
		罗田县	60	32.9	10.0	31.6	1.3	0.30	29.9	18.8	18.8	19.5	26.3	36.5	60.3	63.2	63.2	1.24	1.17	31.9
		红安县	31	18.8	4.3	18.3	1.3	0.23	18.4	12.2	12.2	12.2	15.9	21.2	28.0	28.4	28.4	0.60	−0.09	18.8
	咸宁市	咸安区	222	26.7	4.6	26.3	1.2	0.17	26.1	16.5	16.5	19.9	23.6	28.8	37.5	39.7	42.7	0.82	0.72	26.6
		嘉鱼县	1889	31.6	9.6	30.3	1.3	0.30	27.6	8.3	15.4	20.8	25.1	37.3	52.5	63.5	81.9	1.19	1.07	31.3
		赤壁市	309	28.8	6.1	28.3	1.2	0.21	27.4	16.0	18.6	20.9	25.2	30.5	46.8	49.3	52.1	1.58	2.73	27.4
	随州市	随县	5656	33.3	17.5	29.9	1.6	0.52	29.6	4.1	8.2	11.6	22.6	40.4	77.7	111.2	323.4	3.11	24.73	30.8
		曾都区	356	35.1	17.0	31.8	1.5	0.48	30.0	12.5	13.2	15.2	22.4	43.6	74.7	86.1	150.0	1.75	6.03	34.1
		广水市	657	23.2	13.2	21.0	1.5	0.57	19.5	2.6	7.0	10.9	16.1	25.4	58.0	93.5	154.6	3.64	21.86	20.2
	恩施州	恩施市	20 748	33.6	15.2	30.9	1.5	0.45	30.3	3.0	8.0	14.3	24.3	38.3	75.0	100.5	222.4	2.25	9.75	30.9
		宣恩县	11 191	32.1	14.2	29.8	1.4	0.44	29.0	7.2	11.1	15.3	23.9	36.0	70.3	94.6	376.8	3.76	43.52	29.4
		建始县	10 711	33.8	14.3	31.6	1.4	0.42	30.9	3.9	8.5	16.7	25.4	38.2	70.1	95.2	286.3	3.34	31.69	31.5
		利川市	19 338	29.8	16.6	28.0	1.4	0.56	28.3	4.6	9.1	12.8	23.5	33.8	54.8	76.0	969.0	25.12	1 084.91	28.4
		鹤峰县	6164	32.7	12.7	30.8	1.4	0.39	30.0	8.5	14.6	17.7	24.6	37.0	66.2	87.1	250.6	2.96	23.14	30.8
		来凤县	6509	29.5	9.2	28.4	1.3	0.31	28.0	6.8	13.6	16.9	24.3	32.5	52.5	73.6	192.0	3.04	25.88	28.2
		咸丰县	8734	29.1	12.1	27.8	1.3	0.41	27.6	2.3	13.0	16.5	23.4	32.6	51.4	78.8	578.0	15.59	585.29	27.8
		巴东县	11 621	32.8	13.6	31.0	1.4	0.42	30.5	8.1	12.2	16.4	25.6	37.2	59.8	89.2	623.0	10.28	339.26	31.3

注：Cu 的地球化学参数中，N 单位为件，$\overline{X}$、S、X_g、S_g、X_{me}、X_{min}、$X_{0.5\%}$、$X_{2.5\%}$、$X_{25\%}$、$X_{75\%}$、$X_{97.5\%}$、$X_{99.5\%}$、X_{max}、X' 单位为 mg/kg，CV、β_s、β_k 为无量纲。

表 2.9.8　表层土壤 F 地球化学参数表

单元名称		样本数	算术平均值	算术标准差	几何平均值	几何标准差	变异系数	中位值	最小值	累积频率分位值						最大值	偏度系数	峰度系数	背景值
		N	$\bar{X}$	S	X_g	S_g	CV	X_{me}	X_{min}	$X_{0.5\%}$	$X_{2.5\%}$	$X_{25\%}$	$X_{75\%}$	$X_{97.5\%}$	$X_{99.5\%}$	X_{max}	β_s	β_k	X'
全省		242 948	799	585	711	2	0.73	677	2	295	371	548	842	2071	4683	19 566	6.48	66.91	681
土壤类型	红壤	3783	622	465	553	2	0.75	508	153	229	294	426	660	1602	3348	8809	7.02	76.57	526
	黄壤	17 857	944	815	806	2	0.86	730	188	285	390	613	956	3285	6058	19 449	5.44	46.36	746
	黄棕壤	69 303	967	818	816	2	0.85	754	55	285	376	586	1032	3405	6003	19 566	4.71	32.41	778
	黄褐土	1428	610	355	578	1	0.58	551	221	339	398	506	615	1087	2753	7330	11.91	192.70	554
	棕壤	8885	1171	744	1046	2	0.64	1040	247	403	513	776	1331	3145	5786	10 245	4.57	31.29	1036
	暗棕壤	478	1037	895	892	2	0.86	829	380	433	472	672	1074	4006	6851	8045	4.90	27.63	849
	石灰土	9394	1032	609	926	2	0.59	894	101	332	457	694	1168	2602	4523	8257	3.82	23.83	909
	紫色土	6755	755	386	687	2	0.51	644	176	272	348	522	854	1793	2524	6661	2.87	17.20	667
	草甸土	554	896	538	808	2	0.60	744	321	357	465	605	1021	1958	4135	5057	4.04	22.77	809
	潮土	45 774	666	145	653	1	0.22	659	57	341	427	574	756	923	1027	12 384	12.57	959.10	664
	沼泽土	392	803	235	776	1	0.29	756	457	476	494	677	854	1474	1817	1898	2.11	5.75	748
	水稻土	78 334	639	273	607	1	0.43	602	2	296	354	491	741	1095	1801	13 793	10.75	305.02	614
土地利用类型	耕地	191 941	789	568	705	2	0.72	671	2	307	375	545	832	2003	4571	13 793	6.43	62.37	674
	园地	14 180	887	788	759	2	0.89	702	149	275	372	579	883	3073	6075	19 449	6.11	58.96	706
	林地	20 390	850	634	737	2	0.75	697	55	244	330	535	960	2360	4648	19 566	5.88	72.93	735
	草地	1947	888	671	765	2	0.76	737	176	250	328	559	989	2653	4974	8402	4.62	30.36	755
	建设用地	2492	697	459	631	1	0.66	613	164	260	336	503	733	1744	3265	8685	6.82	74.64	605
	水域	8499	715	202	690	1	0.28	724	165	293	380	591	830	1043	1263	5033	4.42	79.78	709
	未利用地	3499	912	792	785	2	0.87	716	162	324	420	610	878	3280	5956	11 379	5.37	37.69	717
地质背景	第四系	108 245	640	184	620	1	0.29	629	47	316	372	525	745	935	1094	13 793	15.56	939.20	635
	新近系	151	599	99	590	1	0.17	612	352	352	406	530	673	767	784	909	−0.27	−0.10	597
	古近系	1436	560	221	527	1	0.40	516	186	233	285	437	615	1172	1570	2268	2.39	8.91	506
	白垩系	11 433	589	240	561	1	0.41	554	55	240	315	476	646	1063	1643	7852	8.32	154.50	557
	侏罗系	4284	502	120	488	1	0.24	492	144	238	289	423	572	760	912	1431	0.89	3.45	497
	三叠系	43 820	1001	427	934	1	0.43	927	101	369	482	729	1173	1956	2872	8830	3.41	30.44	955
	二叠系	16 951	1319	1308	998	2	0.99	847	223	344	412	617	1342	5530	7730	13 659	2.90	9.86	848
	石炭系	1097	1258	1205	964	2	0.96	810	165	322	396	595	1370	4663	7552	11 526	3.13	13.33	799

续表 2.9.8

单元名称		样本数	算术平均值	算术标准差	几何平均值	几何标准差	变异系数	中位值	最小值	累积频率分位值						最大值	偏度系数	峰度系数	背景值
		N	$\bar{X}$	S	X_g	S_g	CV	X_{me}	X_{min}	$X_{0.5\%}$	$X_{2.5\%}$	$X_{25\%}$	$X_{75\%}$	$X_{97.5\%}$	$X_{99.5\%}$	X_{max}	β_s	β_k	X'
地质背景	泥盆系	2447	1253	1420	873	2	1.13	664	147	280	356	538	1154	5510	7929	11 056	2.69	7.98	615
	志留系	20 610	714	479	658	1	0.67	634	211	343	410	548	734	1596	4109	8820	7.70	79.19	631
	奥陶系	11 151	823	477	776	1	0.58	751	164	422	495	665	857	1515	3457	19 566	15.71	471.38	752
	寒武系	9043	1317	1076	1080	2	0.82	933	240	412	497	729	1405	4515	6587	13 100	3.05	13.23	942
	震旦系	3237	983	615	868	2	0.63	865	135	244	349	638	1137	2821	4251	8194	3.80	23.13	856
	南华系	2316	487	283	458	1	0.58	451	2	183	237	392	528	916	1483	10 742	21.70	749.32	455
	青白口系—震旦系	308	410	131	394	1	0.32	383	227	229	245	337	445	776	992	1176	2.12	7.09	387
	青白口系	3132	547	229	511	1	0.42	492	149	226	275	409	617	1160	1580	2500	2.46	10.59	507
	中元古界	25	618	152	601	1	0.25	610	349	349	349	513	683	857	1046	1046	0.75	1.48	618
	滹沱系—太古宇	282	484	119	471	1	0.25	473	251	251	302	403	542	757	1116	1128	1.57	5.73	475
	侵入岩	2558	547	220	515	1	0.40	498	187	245	294	410	619	1090	1471	3330	2.91	18.55	511
	脉岩	14	541	276	496	1	0.51	468	260	260	260	373	600	1376	1376	1376	2.37	6.68	477
	变质岩	408	696	287	648	1	0.41	600	296	298	362	502	782	1374	1525	1874	1.28	0.95	683
成土母质	第四系沉积物	104 667	639	173	620	1	0.27	631	55	317	374	529	745	926	1036	13 793	15.73	1 060.92	636
	碎屑岩风化物	42 690	744	578	649	2	0.78	598	47	250	328	491	761	2136	4519	9177	5.47	43.38	596
	碎屑岩风化物(黑色岩系)	3691	823	608	749	1	0.74	718	251	371	449	635	818	2115	5579	10 546	7.38	70.18	711
	碳酸盐岩风化物	50 129	1031	619	933	2	0.60	904	173	380	470	714	1156	2603	4711	19 566	5.49	65.38	924
	碳酸盐岩风化物(黑色岩系)	18 045	1332	1291	1020	2	0.97	895	200	340	411	632	1377	5461	7781	13 659	3.00	10.90	885
	变质岩风化物	21 149	708	428	652	1	0.60	647	118	256	343	536	763	1486	3508	11 056	7.94	100.40	639
	火山岩风化物	177	791	374	721	2	0.47	726	317	317	335	525	998	1431	2071	3330	2.24	11.38	706
	侵入岩风化物	2399	550	328	513	1	0.60	502	2	243	297	415	611	1032	1715	10 742	15.88	423.70	512
地形地貌	平原	112 999	635	183	616	1	0.29	624	2	317	374	522	739	931	1077	13 793	15.20	895.57	631
	洪湖湖区	389	727	119	716	1	0.16	730	332	394	477	647	811	940	984	1023	−0.24	−0.16	728
	丘陵低山	33 920	659	292	612	1	0.44	586	55	246	318	481	760	1374	1834	11 700	4.19	78.82	611
	中山	2737	1085	601	961	2	0.55	963	191	306	362	695	1332	2448	3961	8809	3.03	21.81	1018
	高山	92 903	1042	843	887	2	0.81	810	144	313	414	644	1115	3597	6135	19 566	4.53	30.67	842

续表 2.9.8

单元名称			样本数	算术平均值	算术标准差	几何平均值	几何标准差	变异系数	中位值	最小值	累积频率分位值						最大值	偏度系数	峰度系数	背景值
			N	$\bar{X}$	S	X_g	S_g	CV	X_{me}	X_{min}	$X_{0.5\%}$	$X_{2.5\%}$	$X_{25\%}$	$X_{75\%}$	$X_{97.5\%}$	$X_{99.5\%}$	X_{max}	β_s	β_k	X'
行政市（州）	武汉市		4109	624	227	580	1	0.36	645	118	194	259	410	816	977	1056	3125	0.38	2.77	622
	襄阳市		7131	660	228	631	1	0.35	604	2	337	398	522	740	1189	1451	5360	4.66	62.15	631
	宜昌市		1479	616	240	580	1	0.39	547	191	269	325	472	695	1333	1651	2165	1.98	5.48	572
	黄石市		881	559	175	538	1	0.31	523	282	305	349	442	627	957	1320	2398	2.77	17.81	538
	十堰市		4162	722	317	678	1	0.44	647	244	345	404	544	796	1492	2176	6302	4.41	43.24	660
	荆州市		18 052	725	166	711	1	0.23	723	55	393	458	629	818	1008	1119	12 384	19.49	1 363.09	723
	荆门市		53 487	611	236	585	1	0.39	571	135	301	364	486	686	1112	1557	13 793	14.98	659.65	583
	鄂州市		403	521	151	502	1	0.29	468	255	304	332	413	607	843	899	1533	1.38	4.23	517
	孝感市		5895	532	210	503	1	0.39	476	47	262	313	414	580	1097	1599	3141	3.19	17.93	492
	黄冈市		4247	537	239	501	1	0.45	481	186	233	274	395	620	1132	1692	5259	4.11	45.67	506
	咸宁市		2420	604	328	562	1	0.54	509	217	323	364	448	679	1132	2534	5347	6.55	66.41	565
	随州市		6669	604	276	556	1	0.46	511	149	243	302	421	721	1302	1648	3813	2.18	10.26	566
	恩施州		95 016	1045	839	890	2	0.80	814	144	313	414	646	1123	3560	6106	19 566	4.52	30.67	848
	仙桃市		13 430	691	121	680	1	0.17	690	240	414	474	661	779	917	994	2901	0.56	8.01	690
	天门市		10 105	650	122	639	1	0.19	637	278	390	439	561	738	895	963	1290	0.32	−0.33	649
	潜江市		15 462	669	114	659	1	0.17	664	57	403	469	586	749	892	972	1290	0.22	0.02	668
行政县（市、区）	武汉市	武汉市区	744	486	178	464	1	0.37	431	147	243	300	380	563	858	946	3125	5.04	63.96	476
		蔡甸区	2305	758	165	737	1	0.22	789	290	329	383	665	874	995	1094	2035	−0.40	1.60	757
		黄陂区	573	371	131	352	1	0.35	352	118	155	188	239	416	730	869	1061	1.54	3.44	343
		东西湖区	125	680	135	666	1	0.20	672	385	385	429	578	770	944	969	969	0.14	−0.53	680
		新洲区	362	437	143	419	1	0.33	399	180	232	271	351	476	771	930	1669	2.78	15.88	418
	襄阳市	襄阳市区	912	527	75	522	1	0.14	524	325	354	387	484	563	680	897	1055	1.30	6.96	522
		枣阳市	816	541	110	531	1	0.20	530	304	326	372	485	572	811	1131	1331	2.59	13.16	525
		老河口市	265	553	111	543	1	0.20	542	221	221	406	495	582	842	1033	1225	1.78	8.31	540
		宜城市	2618	633	221	612	1	0.35	618	2	341	395	531	707	867	1444	5360	10.18	172.06	617
		谷城县	222	491	90	483	1	0.18	491	220	220	302	444	534	673	855	1018	1.07	6.51	488
		南漳县	2298	814	238	783	1	0.29	773	101	424	495	629	956	1348	1530	4130	1.87	16.49	805

续表 2.9.8

单元名称			样本数	算术平均值	算术标准差	几何平均值	几何标准差	变异系数	中位值	最小值	累积频率分位值						最大值	偏度系数	峰度系数	背景值
			N	$\bar{X}$	S	X_g	S_g	CV	X_{me}	X_{min}	$X_{0.5\%}$	$X_{2.5\%}$	$X_{25\%}$	$X_{75\%}$	$X_{97.5\%}$	$X_{99.5\%}$	X_{max}	β_s	β_k	X'
行政县（市、区）	宜昌市	宜昌市辖区	233	543	246	504	1	0.45	480	214	214	273	398	585	1333	1515	1677	2.18	5.41	480
		宜都市	75	569	103	560	1	0.18	549	360	360	394	493	651	765	810	810	0.50	−0.47	569
		枝江市	375	549	109	539	1	0.20	522	267	272	366	482	610	783	860	906	0.62	0.45	547
		当阳市	284	523	93	515	1	0.18	506	297	297	377	457	567	747	820	828	0.83	0.68	520
		秭归县	478	756	311	698	1	0.41	696	191	280	325	543	915	1573	1853	2165	1.10	1.64	729
		长阳土家族自治县	34	777	181	758	1	0.23	762	530	530	530	622	875	1201	1260	1260	0.83	0.55	758
	黄石市	黄石市区	47	656	185	633	1	0.28	609	375	375	375	534	746	1215	1227	1227	1.20	2.09	631
		大冶市	382	517	132	502	1	0.25	498	282	291	335	421	590	810	996	1171	1.29	2.87	509
		阳新县	452	584	196	560	1	0.34	533	301	307	360	465	645	1008	1583	2398	3.13	19.58	563
	十堰市	茅箭区	63	500	68	496	1	0.14	497	362	362	390	463	530	604	780	780	0.99	3.31	496
		郧阳区	118	580	145	566	1	0.25	555	359	359	381	497	637	840	934	1562	2.97	17.12	566
		丹江口市	570	585	188	562	1	0.32	541	274	332	369	460	664	1073	1407	2081	2.45	11.73	562
		竹溪县	1404	876	440	805	1	0.50	760	359	406	443	603	1012	1868	2879	6302	3.73	27.68	807
		竹山县	2007	669	186	648	1	0.28	640	244	310	408	554	740	1150	1483	2176	1.93	7.76	643
	荆州市	荆州市区	374	564	118	552	1	0.21	538	352	391	402	458	662	813	855	910	0.48	−0.77	564
		洪湖市	12 640	746	177	731	1	0.24	743	194	390	480	645	839	1031	1136	12 384	22.78	1 492.09	743
		监利市	3493	702	112	692	1	0.16	703	55	435	490	623	784	904	959	1364	−0.05	0.88	702
		石首市	345	671	102	662	1	0.15	682	431	435	454	605	745	846	865	914	−0.38	−0.41	671
		松滋市	373	568	134	553	1	0.24	527	255	257	367	464	668	867	939	980	0.55	−0.24	567
		江陵县	270	662	101	654	1	0.15	673	410	410	462	590	738	834	875	920	−0.27	−0.51	662
		公安县	557	690	129	677	1	0.19	698	350	411	438	611	779	907	977	1336	0.07	0.75	688
	荆门市	荆门市区	282	591	83	585	1	0.14	576	417	417	453	534	639	803	852	905	0.85	1.00	585
		沙洋县	12 991	528	107	518	1	0.20	511	193	329	367	455	579	800	882	1215	0.99	1.44	520
		钟祥市	23 454	648	246	627	1	0.38	624	55	304	394	543	730	951	1462	13 793	23.60	1 066.01	633
		京山市	14 877	633	286	590	1	0.45	550	135	284	343	466	702	1367	1780	11 700	5.84	158.07	564
		屈家岭管理区	1883	553	133	539	1	0.24	539	185	292	351	463	624	841	1068	1730	1.45	6.99	547
	孝感市	孝南区	245	441	96	432	1	0.22	412	276	276	322	383	461	717	811	811	1.64	2.76	420
		孝昌县	298	393	98	384	1	0.25	382	204	204	261	340	416	678	992	1056	2.93	13.99	373
		云梦县	152	419	63	414	1	0.15	408	257	257	323	373	457	571	605	627	0.69	0.76	416

续表 2.9.8

单元名称			样本数	算术平均值	算术标准差	几何平均值	几何标准差	变异系数	中位值	最小值	累积频率分位值						最大值	偏度系数	峰度系数	背景值
			N	$\bar{X}$	S	X_g	S_g	CV	X_{me}	X_{min}	$X_{0.5\%}$	$X_{2.5\%}$	$X_{25\%}$	$X_{75\%}$	$X_{97.5\%}$	$X_{99.5\%}$	X_{max}	β_s	β_k	X'
行政县(市、区)	孝感市	大悟县	114	433	158	412	1	0.36	382	247	247	273	341	491	918	1023	1176	2.31	6.40	401
		安陆市	4394	545	227	514	1	0.42	483	47	265	318	426	578	1186	1654	3141	3.21	16.67	485
		汉川市	415	639	105	630	1	0.16	649	343	368	413	564	715	822	857	877	−0.30	−0.41	639
		应城市	277	488	114	476	1	0.23	446	351	351	367	412	518	779	815	852	1.48	1.24	486
	黄冈市	黄冈市区	82	556	123	542	1	0.22	558	253	253	311	477	640	776	855	855	0.09	−0.21	556
		武穴市	2491	582	282	537	1	0.48	501	228	264	300	408	690	1370	1872	5259	3.86	37.07	534
		麻城市	204	340	93	329	1	0.27	324	186	186	211	274	380	597	633	665	1.23	1.80	324
		团风县	219	528	113	517	1	0.21	513	290	290	352	451	585	803	944	1116	1.24	3.64	520
		黄梅县	361	555	155	532	1	0.28	568	192	272	292	415	662	835	904	934	0.05	−0.87	555
		蕲春县	349	426	105	414	1	0.25	409	187	218	260	362	474	679	780	825	0.95	1.31	418
		浠水县	450	474	108	462	1	0.23	467	193	240	278	400	534	697	757	1128	0.74	2.68	471
		罗田县	60	477	64	473	1	0.13	472	343	343	372	433	507	642	646	646	0.60	0.52	477
		红安县	31	332	39	330	1	0.12	326	249	249	249	313	347	409	415	415	0.29	0.27	332
	咸宁市	咸安区	222	482	119	470	1	0.25	451	295	295	344	405	526	795	841	1237	2.09	7.57	457
		嘉鱼县	1889	626	355	578	1	0.57	516	217	309	365	454	728	1276	2726	5347	6.22	58.86	580
		赤壁市	309	561	217	539	1	0.39	515	348	358	384	452	608	928	1394	3150	6.71	69.62	525
	随州市	随县	5656	628	287	576	1	0.46	536	149	239	300	430	765	1333	1698	3813	2.05	9.45	597
		曾都区	356	503	144	487	1	0.29	467	295	308	333	408	549	882	1048	1385	1.95	5.85	477
		广水市	657	453	134	440	1	0.30	433	192	255	296	385	481	800	1200	1756	3.88	25.40	430
	恩施州	恩施市	20 748	1082	844	921	2	0.78	871	153	265	409	653	1188	3664	6213	11 526	4.14	23.32	892
		宣恩县	11 191	1141	1018	942	2	0.89	839	242	354	447	661	1191	4410	7061	13 659	4.13	22.91	872
		建始县	10 711	1014	727	892	2	0.72	855	217	342	448	361	1093	2994	5510	10 241	4.81	32.42	859
		利川市	19 338	893	539	797	2	0.60	764	144	278	363	604	1018	2172	4008	9348	4.23	31.67	798
		鹤峰县	6164	1317	1129	1067	2	0.86	971	323	412	477	681	1452	4748	7350	12 014	3.28	14.14	987
		来凤县	6509	817	657	744	1	0.80	709	292	389	470	630	803	1772	5404	19 449	10.01	159.94	703
		咸丰县	8734	1236	1220	958	2	0.99	787	238	379	447	655	1126	5106	7307	19 566	3.26	15.43	752
		巴东县	11 621	1007	580	903	2	0.58	883	165	349	425	671	1144	2523	4120	8809	3.65	23.33	896

注:F 的地球化学参数中,N 单位为件,$\bar{X}$、S、X_g、S_g、X_{me}、X_{min}、$X_{0.5\%}$、$X_{2.5\%}$、$X_{25\%}$、$X_{75\%}$、$X_{97.5\%}$、$X_{99.5\%}$、X_{max}、X' 单位为 mg/kg,CV、β_s、β_k 为无量纲。

表 2.9.9　表层土壤 Ge 地球化学参数表

单元名称		样本数	算术平均值	算术标准差	几何平均值	几何标准差	变异系数	中位值	最小值	累积频率分位值						最大值	偏度系数	峰度系数	背景值
		N	$\bar{X}$	S	X_g	S_g	CV	X_{me}	X_{min}	$X_{0.5\%}$	$X_{2.5\%}$	$X_{25\%}$	$X_{75\%}$	$X_{97.5\%}$	$X_{99.5\%}$	X_{max}	β_s	β_k	X'
全省		242 948	1.48	0.20	1.46	1.15	0.14	1.47	0.20	0.89	1.09	1.36	1.59	1.88	2.10	9.81	1.24	32.27	1.47
土壤类型	红壤	3783	1.50	0.23	1.48	1.17	0.15	1.52	0.50	0.89	1.02	1.38	1.65	1.87	2.10	5.54	1.38	26.44	1.50
	黄壤	17 857	1.51	0.24	1.49	1.18	0.16	1.52	0.43	0.81	1.01	1.37	1.67	1.97	2.16	3.68	0.04	1.83	1.51
	黄棕壤	69 303	1.50	0.24	1.48	1.18	0.16	1.50	0.20	0.80	1.01	1.37	1.63	1.96	2.24	8.46	0.97	18.77	1.50
	黄褐土	1428	1.43	0.19	1.42	1.15	0.13	1.43	0.82	0.93	1.05	1.31	1.55	1.83	1.93	2.09	0.07	0.17	1.43
	棕壤	8885	1.51	0.21	1.50	1.16	0.14	1.52	0.50	0.85	1.06	1.39	1.63	1.92	2.20	3.48	0.11	3.33	1.51
	暗棕壤	478	1.55	0.22	1.53	1.18	0.15	1.56	0.49	0.60	1.02	1.42	1.69	1.94	2.04	2.78	−0.44	3.66	1.56
	石灰土	9394	1.46	0.24	1.44	1.17	0.16	1.47	0.22	0.76	1.01	1.35	1.58	1.84	2.06	9.81	7.47	252.52	1.46
	紫色土	6755	1.47	0.17	1.46	1.13	0.12	1.47	0.65	0.98	1.13	1.36	1.57	1.79	1.95	2.48	0.01	1.62	1.47
	草甸土	554	1.51	0.16	1.50	1.11	0.11	1.50	0.93	1.00	1.21	1.40	1.61	1.80	1.89	2.09	−0.07	0.31	1.51
	潮土	45 774	1.45	0.15	1.45	1.11	0.10	1.44	0.36	1.09	1.18	1.36	1.54	1.77	1.89	2.97	0.35	1.40	1.45
	沼泽土	392	1.51	0.18	1.50	1.13	0.12	1.52	1.09	1.10	1.14	1.38	1.63	1.81	2.03	2.28	0.24	0.80	1.50
	水稻土	78 334	1.46	0.17	1.45	1.13	0.12	1.45	0.28	1.01	1.14	1.35	1.57	1.82	1.98	5.66	0.66	7.73	1.46
土地利用类型	耕地	191 941	1.47	0.19	1.46	1.14	0.13	1.46	0.20	0.92	1.10	1.35	1.58	1.85	2.06	8.46	0.91	17.65	1.47
	园地	14 180	1.53	0.24	1.51	1.18	0.16	1.55	0.35	0.80	1.01	1.40	1.68	1.99	2.24	3.79	0.04	2.77	1.54
	林地	20 390	1.47	0.25	1.45	1.18	0.17	1.47	0.22	0.79	1.00	1.33	1.61	1.92	2.18	9.81	3.67	106.96	1.47
	草地	1947	1.48	0.22	1.47	1.16	0.15	1.48	0.72	0.88	1.04	1.35	1.61	1.92	2.12	2.79	0.24	1.89	1.48
	建设用地	2492	1.48	0.19	1.47	1.15	0.13	1.48	0.29	0.83	1.10	1.37	1.60	1.84	2.03	3.48	0.19	6.78	1.48
	水域	8499	1.53	0.18	1.52	1.13	0.12	1.52	0.64	1.06	1.20	1.40	1.64	1.88	2.11	2.87	0.30	1.40	1.52
	未利用地	3499	1.58	0.25	1.56	1.19	0.16	1.60	0.49	0.80	1.04	1.43	1.74	2.02	2.29	3.76	0.03	3.16	1.58
地质背景	第四系	108 245	1.46	0.16	1.45	1.11	0.11	1.45	0.36	1.06	1.17	1.35	1.55	1.79	1.92	3.37	0.35	1.14	1.45
	新近系	151	1.48	0.11	1.48	1.08	0.08	1.49	1.05	1.05	1.20	1.43	1.55	1.70	1.71	1.81	−0.69	1.79	1.49
	古近系	1436	1.47	0.18	1.46	1.13	0.12	1.47	0.75	1.00	1.11	1.36	1.57	1.82	1.92	2.55	0.08	1.23	1.47
	白垩系	11 433	1.43	0.18	1.42	1.13	0.12	1.44	0.43	0.93	1.06	1.34	1.53	1.78	2.00	3.76	0.45	6.04	1.43
	侏罗系	4284	1.40	0.17	1.39	1.13	0.12	1.39	0.66	0.97	1.08	1.29	1.50	1.75	1.89	2.56	0.40	1.49	1.40
	三叠系	43 820	1.52	0.18	1.51	1.13	0.12	1.51	0.28	0.99	1.18	1.41	1.62	1.87	2.08	4.78	0.66	8.84	1.51
	二叠系	16 951	1.37	0.28	1.34	1.23	0.20	1.36	0.27	0.68	0.85	1.19	1.53	1.91	2.27	4.41	0.70	4.48	1.36
	石炭系	1097	1.39	0.27	1.37	1.21	0.19	1.41	0.43	0.68	0.90	1.24	1.54	1.82	2.03	5.54	3.29	52.33	1.39

续表 2.9.9

单元名称		样本数	算术平均值	算术标准差	几何平均值	几何标准差	变异系数	中位值	最小值	累积频率分位值						最大值	偏度系数	峰度系数	背景值
		N	$\bar{X}$	S	X_g	S_g	CV	X_{me}	X_{min}	$X_{0.5\%}$	$X_{2.5\%}$	$X_{25\%}$	$X_{75\%}$	$X_{97.5\%}$	$X_{99.5\%}$	X_{max}	β_s	β_k	X'
地质背景	泥盆系	2447	1.41	0.25	1.38	1.21	0.18	1.43	0.35	0.62	0.88	1.26	1.57	1.84	2.10	3.68	0.04	3.66	1.41
	志留系	20 610	1.57	0.21	1.56	1.15	0.13	1.57	0.34	0.98	1.16	1.44	1.71	1.98	2.16	3.26	0.07	1.63	1.57
	奥陶系	11 151	1.59	0.22	1.57	1.15	0.14	1.61	0.40	0.94	1.14	1.46	1.72	1.98	2.21	3.28	−0.02	2.06	1.59
	寒武系	9043	1.52	0.29	1.49	1.20	0.19	1.49	0.44	0.87	1.06	1.33	1.66	2.13	2.51	6.16	2.36	24.19	1.50
	震旦系	3237	1.50	0.32	1.47	1.27	0.21	1.51	0.22	0.58	0.85	1.30	1.70	2.18	2.35	2.87	−0.07	0.68	1.51
	南华系	2316	1.46	0.24	1.45	1.15	0.17	1.45	0.73	0.97	1.10	1.34	1.57	1.84	2.11	8.46	10.63	295.98	1.45
	青白口系—震旦系	308	1.35	0.21	1.33	1.20	0.15	1.36	0.20	0.66	1.00	1.22	1.49	1.70	1.81	1.99	−0.44	2.72	1.35
	青白口系	3132	1.47	0.19	1.46	1.14	0.13	1.47	0.71	0.95	1.13	1.36	1.58	1.88	2.13	3.29	0.65	3.77	1.47
	中元古界	25	1.55	0.21	1.53	1.15	0.14	1.53	0.98	0.98	0.98	1.42	1.67	1.89	1.96	1.96	−0.26	1.26	1.55
	滹沱系—太古宇	282	1.21	0.16	1.20	1.14	0.13	1.20	0.58	0.58	0.90	1.11	1.29	1.60	1.65	1.71	0.16	1.40	1.21
	侵入岩	2558	1.32	0.24	1.30	1.19	0.18	1.30	0.63	0.82	0.92	1.15	1.47	1.82	1.96	3.24	0.72	2.48	1.32
	脉岩	14	1.47	0.24	1.44	1.20	0.17	1.48	0.93	0.93	0.93	1.37	1.58	1.86	1.86	1.86	−0.34	0.99	1.47
	变质岩	408	1.56	0.21	1.55	1.14	0.13	1.55	0.97	1.05	1.15	1.42	1.70	2.02	2.22	2.25	0.42	0.62	1.55
成土母质	第四系沉积物	104 667	1.46	0.16	1.45	1.11	0.11	1.45	0.36	1.07	1.17	1.35	1.55	1.79	1.91	3.37	0.35	1.00	1.45
	碎屑岩风化物	42 690	1.48	0.20	1.46	1.15	0.14	1.47	0.35	0.91	1.07	1.36	1.59	1.88	2.08	8.46	1.25	35.83	1.48
	碎屑岩风化物(黑色岩系)	3691	1.59	0.23	1.57	1.16	0.14	1.60	0.61	0.88	1.10	1.46	1.72	2.01	2.33	2.85	0.02	2.25	1.59
	碳酸盐岩风化物	50 129	1.51	0.21	1.50	1.15	0.14	1.50	0.22	0.89	1.11	1.39	1.62	1.94	2.19	9.81	2.57	79.57	1.51
	碳酸盐岩风化物(黑色岩系)	18 045	1.39	0.29	1.36	1.24	0.21	1.38	0.27	0.68	0.85	1.20	1.56	1.99	2.38	5.66	1.03	7.79	1.38
	变质岩风化物	21 149	1.56	0.22	1.54	1.16	0.14	1.56	0.20	0.94	1.11	1.42	1.69	1.97	2.19	6.16	0.63	11.99	1.55
	火山岩风化物	177	1.53	0.17	1.52	1.12	0.11	1.53	1.10	1.10	1.17	1.42	1.64	1.86	1.88	2.00	−0.06	−0.22	1.53
	侵入岩风化物	2399	1.30	0.23	1.28	1.19	0.18	1.27	0.63	0.81	0.91	1.14	1.45	1.76	1.92	3.24	0.82	3.20	1.30
地形地貌	平原	112 999	1.46	0.16	1.45	1.11	0.11	1.45	0.36	1.06	1.17	1.35	1.55	1.79	1.91	3.06	0.34	0.94	1.45
	洪湖湖区	389	1.51	0.14	1.50	1.10	0.10	1.51	1.08	1.11	1.22	1.41	1.61	1.79	1.87	1.88	−0.03	−0.12	1.51
	丘陵低山	33 920	1.48	0.23	1.46	1.17	0.16	1.47	0.20	0.86	1.05	1.35	1.60	1.94	2.21	9.81	2.77	81.30	1.47
	中山	2737	1.53	0.16	1.52	1.12	0.11	1.54	0.60	0.95	1.18	1.44	1.63	1.80	1.95	2.47	−0.68	3.30	1.54
	高山	92 903	1.50	0.24	1.48	1.18	0.16	1.50	0.27	0.81	1.01	1.37	1.64	1.94	2.20	8.78	0.82	17.59	1.50

续表 2.9.9

单元名称			样本数	算术平均值	算术标准差	几何平均值	几何标准差	变异系数	中位值	最小值	累积频率分位值						最大值	偏度系数	峰度系数	背景值
			N	$\bar{X}$	S	X_g	S_g	CV	X_{me}	X_{min}	$X_{0.5\%}$	$X_{2.5\%}$	$X_{25\%}$	$X_{75\%}$	$X_{97.5\%}$	$X_{99.5\%}$	X_{max}	β_s	β_k	X'
行政市（州）	武汉市		4109	1.57	0.19	1.56	1.14	0.12	1.59	0.20	0.98	1.15	1.45	1.70	1.88	2.04	2.36	−0.55	1.97	1.58
行政市（州）	襄阳市		7131	1.44	0.16	1.43	1.12	0.11	1.44	0.71	1.00	1.11	1.35	1.54	1.77	1.93	2.76	0.22	1.79	1.44
行政市（州）	宜昌市		1479	1.50	0.34	1.48	1.16	0.23	1.48	0.40	0.99	1.12	1.37	1.61	1.82	1.89	9.81	16.23	367.63	1.49
行政市（州）	黄石市		881	1.62	0.24	1.60	1.13	0.15	1.61	0.83	1.16	1.27	1.49	1.71	1.99	2.63	5.54	5.92	86.51	1.6
行政市（州）	十堰市		4162	1.57	0.27	1.55	1.17	0.17	1.55	0.76	0.97	1.14	1.41	1.69	2.08	2.49	8.46	5.00	109.38	1.55
行政市（州）	荆州市		18 052	1.51	0.15	1.50	1.11	0.10	1.50	0.55	1.13	1.22	1.40	1.61	1.80	1.90	2.87	0.11	0.52	1.51
行政市（州）	荆门市		53 487	1.43	0.16	1.42	1.12	0.11	1.42	0.22	0.97	1.12	1.33	1.52	1.77	1.96	2.71	0.30	2.76	1.42
行政市（州）	鄂州市		403	1.57	0.17	1.56	1.12	0.11	1.57	0.75	1.04	1.18	1.47	1.67	1.85	2.01	2.14	−0.40	1.76	1.57
行政市（州）	孝感市		5895	1.43	0.15	1.43	1.11	0.11	1.42	0.75	1.03	1.16	1.34	1.51	1.80	1.97	2.32	0.72	2.33	1.43
行政市（州）	黄冈市		4247	1.40	0.20	1.38	1.16	0.14	1.39	0.28	0.88	1.04	1.26	1.52	1.78	1.98	3.37	0.28	3.60	1.39
行政市（州）	咸宁市		2420	1.55	0.17	1.54	1.12	0.11	1.55	0.82	1.03	1.19	1.44	1.65	1.86	2.01	3.06	0.17	3.52	1.55
行政市（州）	随州市		6669	1.46	0.24	1.44	1.18	0.16	1.46	0.43	0.86	1.01	1.32	1.60	1.98	2.22	3.29	0.37	1.35	1.46
行政市（州）	恩施州		95 016	1.50	0.24	1.48	1.18	0.16	1.50	0.27	0.81	1.01	1.37	1.64	1.94	2.19	6.16	0.51	8.54	1.50
行政市（州）	仙桃市		13 430	1.45	0.15	1.44	1.11	0.10	1.44	0.83	1.08	1.17	1.35	1.54	1.75	1.85	2.46	0.22	0.58	1.45
行政市（州）	天门市		10 105	1.43	0.14	1.43	1.10	0.09	1.43	1.00	1.10	1.18	1.34	1.52	1.72	1.83	1.99	0.28	0.25	1.43
行政市（州）	潜江市		15 462	1.50	0.17	1.49	1.12	0.11	1.48	0.36	1.08	1.19	1.38	1.60	1.87	2.01	2.39	0.38	0.98	1.49
行政县（市、区）	武汉市	武汉市区	744	1.61	0.15	1.61	1.10	0.09	1.63	1.06	1.15	1.28	1.50	1.72	1.84	1.88	2.12	−0.55	0.06	1.62
行政县（市、区）	武汉市	蔡甸区	2305	1.58	0.17	1.57	1.12	0.11	1.58	0.93	1.08	1.25	1.46	1.70	1.90	2.02	2.13	−0.11	0.05	1.58
行政县（市、区）	武汉市	黄陂区	573	1.51	0.19	1.50	1.17	0.13	1.50	0.20	0.73	1.08	1.40	1.60	1.80	2.01	2.36	−0.91	5.07	1.52
行政县（市、区）	武汉市	东西湖区	125	1.70	0.21	1.68	1.13	0.12	1.69	1.08	1.08	1.40	1.54	1.80	2.15	2.24	2.36	0.56	0.66	1.69
行政县（市、区）	武汉市	新洲区	362	1.45	0.24	1.43	1.20	0.16	1.50	0.58	0.63	0.92	1.36	1.60	1.80	1.80	1.98	−0.85	0.67	1.46
行政县（市、区）	襄阳市	襄阳市区	912	1.43	0.14	1.42	1.10	0.10	1.42	0.82	1.03	1.19	1.33	1.51	1.72	1.80	1.93	0.14	0.64	1.43
行政县（市、区）	襄阳市	枣阳市	816	1.32	0.22	1.30	1.17	0.16	1.29	0.71	0.95	0.98	1.16	1.46	1.81	2.02	2.55	0.88	1.60	1.31
行政县（市、区）	襄阳市	老河口市	265	1.36	0.12	1.35	1.10	0.09	1.36	1.03	1.03	1.11	1.27	1.45	1.57	1.65	1.70	−0.11	−0.20	1.36
行政县（市、区）	襄阳市	宜城市	2618	1.45	0.13	1.45	1.10	0.09	1.45	0.81	1.10	1.19	1.37	1.54	1.73	1.84	2.10	0.17	0.83	1.45
行政县（市、区）	襄阳市	谷城县	222	1.39	0.13	1.39	1.10	0.09	1.40	0.97	0.97	1.14	1.31	1.47	1.62	1.76	1.91	0.05	1.42	1.39
行政县（市、区）	襄阳市	南漳县	2298	1.50	0.16	1.49	1.11	0.10	1.49	0.93	1.08	1.20	1.39	1.59	1.83	1.98	2.76	0.62	3.01	1.49

续表 2.9.9

单元名称			样本数	算术平均值	算术标准差	几何平均值	几何标准差	变异系数	中位值	最小值	累积频率分位值						最大值	偏度系数	峰度系数	背景值
			N	$\bar{X}$	S	X_g	S_g	CV	X_{me}	X_{min}	$X_{0.5\%}$	$X_{2.5\%}$	$X_{25\%}$	$X_{75\%}$	$X_{97.5\%}$	$X_{99.5\%}$	X_{max}	β_s	β_k	X'
行政县（市、区）	宜昌市	宜昌市辖区	233	1.49	0.78	1.42	1.28	0.52	1.40	0.40	0.40	0.99	1.30	1.53	1.83	8.78	9.81	9.01	89.18	1.42
		宜都市	75	1.57	0.15	1.56	1.10	0.10	1.56	1.30	1.30	1.32	1.44	1.68	1.84	1.88	1.88	0.20	−0.98	1.57
		枝江市	375	1.56	0.16	1.55	1.11	0.10	1.55	1.12	1.17	1.30	1.43	1.68	1.83	1.88	1.89	0.06	−0.72	1.56
		当阳市	284	1.53	0.14	1.53	1.09	0.09	1.53	1.24	1.24	1.30	1.43	1.62	1.84	1.89	1.89	0.34	−0.28	1.53
		秭归县	478	1.43	0.17	1.42	1.13	0.12	1.43	0.70	1.01	1.09	1.32	1.55	1.73	1.79	1.80	−0.24	0.16	1.43
		长阳土家族自治县	34	1.45	0.10	1.45	1.07	0.07	1.43	1.24	1.24	1.24	1.39	1.51	1.67	1.67	1.67	0.52	0.05	1.45
	黄石市	黄石市区	47	1.66	0.29	1.64	1.17	0.18	1.63	1.27	1.27	1.27	1.49	1.75	2.11	3.07	3.07	2.52	11.09	1.63
		大冶市	382	1.66	0.28	1.64	1.14	0.17	1.62	1.09	1.16	1.30	1.54	1.73	2.10	2.63	5.54	7.77	100.41	1.63
		阳新县	452	1.58	0.18	1.57	1.12	0.12	1.57	0.83	1.13	1.25	1.46	1.70	1.92	2.10	2.75	0.58	3.79	1.57
	十堰市	茅箭区	63	1.45	0.11	1.44	1.08	0.08	1.44	1.03	1.03	1.25	1.38	1.51	1.65	1.70	1.70	−0.45	2.16	1.45
		郧阳区	118	1.42	0.17	1.41	1.14	0.12	1.43	0.78	0.78	1.01	1.32	1.52	1.74	1.75	1.78	−0.51	0.92	1.42
		丹江口市	570	1.41	0.18	1.40	1.13	0.13	1.40	0.91	0.97	1.09	1.30	1.51	1.80	2.11	2.39	0.87	2.82	1.41
		竹溪县	1404	1.50	0.22	1.48	1.16	0.15	1.49	0.76	0.91	1.10	1.36	1.63	1.95	2.14	2.98	0.54	2.45	1.50
		竹山县	2007	1.67	0.29	1.65	1.15	0.17	1.63	0.80	1.01	1.30	1.52	1.77	2.20	2.75	8.46	7.68	161.18	1.65
	荆州市	荆州市区	374	1.52	0.16	1.51	1.11	0.10	1.50	1.18	1.18	1.26	1.40	1.63	1.86	1.89	1.89	0.37	−0.55	1.52
		洪湖市	12 640	1.50	0.15	1.49	1.11	0.10	1.49	0.55	1.11	1.21	1.39	1.60	1.80	1.91	2.87	0.14	0.74	1.50
		监利市	3493	1.54	0.14	1.53	1.09	0.09	1.54	0.88	1.20	1.30	1.44	1.63	1.80	1.88	2.13	0.11	−0.07	1.54
		石首市	345	1.52	0.15	1.52	1.10	0.10	1.52	1.11	1.15	1.24	1.42	1.62	1.81	1.85	1.94	0.08	−0.28	1.52
		松滋市	373	1.55	0.14	1.54	1.10	0.09	1.54	1.20	1.23	1.30	1.44	1.65	1.83	1.89	1.89	0.12	−0.55	1.55
		江陵县	270	1.50	0.15	1.49	1.11	0.10	1.48	1.09	1.09	1.20	1.39	1.60	1.80	1.85	1.88	0.13	−0.32	1.50
		公安县	557	1.52	0.15	1.51	1.10	0.10	1.50	1.10	1.12	1.28	1.41	1.62	1.80	1.87	1.89	0.19	−0.37	1.52
	荆门市	荆门市区	282	1.52	0.14	1.51	1.09	0.09	1.51	1.09	1.09	1.28	1.43	1.61	1.78	1.85	1.87	0.13	−0.18	1.52
		沙洋县	12 991	1.39	0.12	1.39	1.09	0.09	1.38	0.62	1.12	1.18	1.31	1.46	1.67	1.80	2.30	0.62	1.42	1.39
		钟祥市	23 454	1.44	0.14	1.44	1.10	0.10	1.44	0.53	1.05	1.18	1.36	1.53	1.74	1.87	2.71	0.15	2.05	1.44
		京山市	14 877	1.42	0.21	1.40	1.17	0.15	1.41	0.22	0.82	1.03	1.29	1.54	1.87	2.14	2.67	0.32	1.85	1.41
		屈家岭管理区	1883	1.48	0.12	1.48	1.09	0.08	1.48	0.41	1.06	1.26	1.40	1.56	1.73	1.83	2.05	−0.39	4.56	1.48
	孝感市	孝南区	245	1.50	0.12	1.49	1.08	0.08	1.49	1.23	1.23	1.31	1.42	1.56	1.78	1.87	1.89	0.69	0.94	1.49
		孝昌县	298	1.37	0.13	1.36	1.10	0.10	1.37	0.99	0.99	1.07	1.30	1.45	1.64	1.75	1.82	−0.05	0.59	1.37
		云梦县	152	1.46	0.09	1.46	1.06	0.06	1.46	1.27	1.27	1.30	1.40	1.50	1.65	1.68	1.74	0.37	−0.03	1.46

续表 2.9.9

单元名称			样本数	算术平均值	算术标准差	几何平均值	几何标准差	变异系数	中位值	最小值	累积频率分位值						最大值	偏度系数	峰度系数	背景值
			N	$\overline{X}$	S	X_g	S_g	CV	X_{me}	X_{min}	$X_{0.5\%}$	$X_{2.5\%}$	$X_{25\%}$	$X_{75\%}$	$X_{97.5\%}$	$X_{99.5\%}$	X_{max}	β_s	β_k	X'
行政县（市、区）	孝感市	大悟县	114	1.27	0.18	1.26	1.16	0.14	1.28	0.75	0.75	0.91	1.11	1.41	1.58	1.70	1.70	−0.11	−0.26	1.27
		安陆市	4394	1.42	0.15	1.41	1.11	0.10	1.41	0.88	1.04	1.18	1.33	1.49	1.78	1.99	2.32	1.05	3.49	1.41
		汉川市	415	1.55	0.17	1.55	1.12	0.11	1.55	1.13	1.13	1.19	1.43	1.66	1.89	1.98	2.06	0.11	−0.06	1.55
		应城市	277	1.52	0.11	1.51	1.08	0.08	1.50	1.15	1.15	1.33	1.43	1.59	1.76	1.88	1.91	0.45	0.58	1.51
	黄冈市	黄冈市区	82	1.40	0.16	1.39	1.13	0.12	1.40	1.00	1.00	1.00	1.32	1.53	1.73	1.80	1.80	−0.21	0.09	1.40
		武穴市	2491	1.45	0.19	1.43	1.16	0.13	1.45	0.28	0.75	1.09	1.34	1.56	1.82	2.05	3.37	0.24	7.45	1.45
		麻城市	204	1.31	0.14	1.31	1.11	0.11	1.30	1.03	1.03	1.07	1.21	1.37	1.62	1.68	1.81	0.74	0.37	1.31
		团风县	219	1.23	0.17	1.22	1.14	0.14	1.21	0.77	0.77	0.90	1.11	1.31	1.57	1.78	1.82	0.52	1.24	1.22
		黄梅县	361	1.50	0.17	1.49	1.12	0.11	1.50	1.06	1.08	1.13	1.41	1.61	1.83	1.89	1.92	−0.06	−0.05	1.50
		蕲春县	349	1.32	0.17	1.31	1.13	0.13	1.29	0.99	0.99	1.04	1.20	1.42	1.66	1.77	1.87	0.44	−0.17	1.32
		浠水县	450	1.23	0.15	1.22	1.13	0.12	1.21	0.81	0.94	0.99	1.12	1.32	1.55	1.63	1.69	0.50	−0.02	1.22
		罗田县	60	1.22	0.10	1.22	1.09	0.08	1.23	1.03	1.03	1.06	1.14	1.29	1.45	1.46	1.46	0.11	−0.47	1.22
		红安县	31	1.44	0.18	1.43	1.14	0.13	1.41	1.08	1.08	1.08	1.30	1.58	1.76	1.81	1.81	0.13	−0.51	1.44
	咸宁市	咸安区	222	1.59	0.12	1.59	1.08	0.08	1.60	1.27	1.27	1.35	1.52	1.67	1.83	1.86	1.87	−0.11	−0.30	1.59
		嘉鱼县	1889	1.53	0.17	1.52	1.12	0.11	1.53	0.82	1.02	1.17	1.43	1.64	1.86	1.98	3.06	0.21	3.98	1.53
		赤壁市	309	1.62	0.16	1.61	1.11	0.10	1.62	1.06	1.19	1.28	1.53	1.70	1.96	2.11	2.30	0.40	1.87	1.61
	随州市	随县	5656	1.47	0.24	1.45	1.18	0.16	1.46	0.43	0.86	1.01	1.32	1.61	1.98	2.23	3.29	0.39	1.49	1.46
		曾都区	356	1.54	0.22	1.53	1.15	0.14	1.51	1.08	1.15	1.18	1.38	1.67	2.06	2.16	2.39	0.84	0.84	1.54
		广水市	657	1.37	0.22	1.35	1.18	0.16	1.38	0.81	0.83	0.94	1.20	1.51	1.83	1.96	1.99	0.01	−0.28	1.37
	恩施州	恩施市	20 748	1.49	0.23	1.47	1.18	0.16	1.50	0.27	0.80	0.98	1.36	1.64	1.91	2.10	3.28	−0.27	1.35	1.49
		宣恩县	11 191	1.46	0.24	1.44	1.18	0.16	1.47	0.47	0.80	0.97	1.32	1.61	1.91	2.11	5.85	0.54	11.52	1.46
		建始县	10 711	1.50	0.21	1.49	1.16	0.14	1.51	0.50	0.86	1.04	1.39	1.63	1.88	2.13	3.48	−0.06	3.27	1.51
		利川市	19 338	1.51	0.22	1.49	1.15	0.14	1.49	0.34	0.92	1.12	1.37	1.63	1.94	2.21	4.78	0.97	8.39	1.50
		鹤峰县	6164	1.49	0.25	1.47	1.20	0.17	1.50	0.34	0.68	0.90	1.37	1.63	2.01	2.35	3.33	0.06	3.19	1.50
		来凤县	6509	1.56	0.23	1.55	1.16	0.15	1.57	0.59	0.98	1.11	1.41	1.71	2.00	2.16	3.67	0.19	1.74	1.56
		咸丰县	8734	1.55	0.33	1.52	1.24	0.21	1.58	0.35	0.72	0.91	1.37	1.74	2.12	2.66	6.16	1.20	13.16	1.54
		巴东县	11 621	1.48	0.19	1.47	1.15	0.13	1.49	0.48	0.87	1.05	1.37	1.60	1.83	2.01	2.71	−0.32	1.54	1.48

注：Ge的地球化学参数中，N 单位为件，$\overline{X}$、S、X_g、S_g、X_{me}、X_{min}、$X_{0.5\%}$、$X_{2.5\%}$、$X_{25\%}$、$X_{75\%}$、$X_{97.5\%}$、$X_{99.5\%}$、X_{max}、X' 单位为 mg/kg，CV、β_s、β_k 为无量纲。

表 2.9.10　表层土壤 Hg 地球化学参数表

单元名称		样本数	算术平均值	算术标准差	几何平均值	几何标准差	变异系数	中位值	最小值	累积频率分位值						最大值	偏度系数	峰度系数	背景值
		N	$\bar{X}$	S	X_g	S_g	CV	X_{me}	X_{min}	$X_{0.5\%}$	$X_{2.5\%}$	$X_{25\%}$	$X_{75\%}$	$X_{97.5\%}$	$X_{99.5\%}$	X_{max}	β_s	β_k	X'
全省		242 948	88.2	301.2	70.9	1.8	3.41	69.0	2.0	17.0	24.6	48.3	102.0	220.0	463.0	87 645.0	169.24	39 958.76	74.9
土壤类型	红壤	3783	105.6	490.5	76.9	1.7	4.64	76.0	7.0	17.0	27.0	57.0	102.0	229.0	622.0	20 662.0	33.52	1 225.41	77.3
	黄壤	17 857	110.3	142.4	93.8	1.7	1.29	96.0	4.0	19.1	31.0	69.0	127.9	268.7	500.3	13 067.5	51.60	4 150.27	97.6
	黄棕壤	69 303	112.3	397.3	87.9	1.8	3.54	95.1	6.3	17.6	25.0	62.0	125.5	268.4	617.4	61 100.0	94.11	11 724.37	94.1
	黄褐土	1428	151.3	2 333.1	55.8	2.1	15.42	48.0	11.0	17.0	22.0	35.0	75.0	300.0	1 625.0	87 645.0	37.03	1 388.78	51.5
	棕壤	8885	141.7	93.3	133.0	1.4	0.66	130.0	14.0	40.0	74.5	110.0	156.2	270.0	452.1	6 941.2	44.89	3 186.58	132.4
	暗棕壤	478	98.2	55.4	87.8	1.6	0.56	91.0	15.0	20.6	28.0	72.0	110.0	191.9	420.0	620.0	3.93	25.78	91.6
	石灰土	9394	98.1	344.9	76.9	1.8	3.52	78.0	7.0	18.0	27.0	55.4	101.0	250.0	650.0	24 600.0	57.39	3 724.38	77.8
	紫色土	6755	57.7	59.0	47.6	1.8	1.02	46.2	5.0	12.8	17.0	32.4	66.9	149.0	365.0	2 514.2	15.50	499.06	49.6
	草甸土	554	104.6	57.4	90.1	1.7	0.55	94.0	20.0	30.0	35.0	56.0	140.0	230.0	282.6	410.0	1.05	1.65	102.2
	潮土	45 774	57.9	71.2	51.3	1.5	1.23	51.0	8.0	16.4	22.7	40.3	63.6	126.0	270.0	6 702.6	41.62	2 832.71	51.5
	沼泽土	392	98.0	59.6	84.7	1.7	0.61	75.0	31.0	31.2	38.3	57.0	119.6	254.0	344.4	357.2	1.71	3.12	92.1
	水稻土	78 334	72.6	74.3	63.2	1.6	1.02	61.9	4.0	18.9	26.0	48.0	81.0	174.3	340.0	5 459.0	24.20	1 060.42	63.5
土地利用类型	耕地	191 941	85.5	238.0	69.9	1.7	2.79	67.9	4.0	18.0	25.0	43.0	100.0	210.0	420.0	61 100.0	151.68	32 129.06	73.6
	园地	14 180	100.2	120.8	82.1	1.8	1.21	85.4	8.6	17.5	25.0	56.2	120.0	253.9	540.0	7 737.0	28.52	1 428.41	87.9
	林地	20 390	100.5	326.8	73.6	2.0	3.25	73.3	2.0	15.0	21.6	45.1	117.0	280.0	671.2	26 821.2	60.36	4 377.98	79.9
	草地	1947	103.5	123.5	83.9	1.9	1.19	91.8	9.0	15.8	22.3	53.8	133.8	240.0	346.0	4 513.8	24.81	851.09	95.8
	建设用地	2492	130.0	612.0	78.4	2.1	4.71	72.0	8.9	16.0	22.0	49.6	112.0	400.0	1 539.0	20 662.0	26.14	763.26	75.5
	水域	8499	81.5	954.1	62.2	1.6	11.71	61.0	4.0	17.0	26.0	49.0	78.0	147.0	437.0	87 645.0	91.00	8 350.79	62.8
	未利用地	3499	96.6	135.6	76.2	1.9	1.40	76.0	8.2	14.0	21.7	49.0	120.0	260.0	470.1	6 450.0	30.89	1 390.18	84.1
地质背景	第四系	108 245	67.1	291.8	57.5	1.6	4.35	56.0	8.0	18.0	24.7	44.0	72.7	150.0	320.0	87 645.0	255.98	75 313.37	57.5
	新近系	151	49.9	24.9	45.0	1.6	0.50	44.0	16.0	16.0	20.0	33.0	58.0	110.0	149.0	169.0	1.86	5.02	45.3
	古近系	1436	63.4	87.2	51.5	1.7	1.38	48.0	4.0	13.0	22.0	36.0	68.8	169.0	515.0	2 243.0	15.15	316.93	52.1
	白垩系	11 433	60.9	63.6	49.7	1.8	1.04	48.0	5.0	12.4	17.0	33.1	70.0	176.1	380.0	2 514.2	13.89	400.94	51.3
	侏罗系	4284	63.7	56.3	52.5	1.8	0.88	54.2	7.0	12.1	17.0	33.4	80.6	159.5	270.0	1 481.1	11.06	225.02	57.9
	三叠系	43 820	104.6	194.9	92.7	1.6	1.86	99.9	6.5	20.9	30.5	76.0	120.0	200.0	350.0	32 900.0	121.47	18 960.08	97.4
	二叠系	16 951	148.7	100.2	134.1	1.6	0.67	137.8	12.3	29.8	48.2	108.2	170.0	320.0	540.0	6 941.2	25.26	1 419.38	137.7
	石炭系	1097	153.0	825.6	111.3	1.7	5.40	114.9	12.0	24.1	36.1	88.0	140.0	281.0	610.0	26 821.2	31.06	997.40	114.1

续表 2.9.10

单元名称		样本数	算术平均值	算术标准差	几何平均值	几何标准差	变异系数	中位值	最小值	累积频率分位值						最大值	偏度系数	峰度系数	背景值
		N	$\bar{X}$	S	X_g	S_g	CV	X_{me}	X_{min}	$X_{0.5\%}$	$X_{2.5\%}$	$X_{25\%}$	$X_{75\%}$	$X_{97.5\%}$	$X_{99.5\%}$	X_{max}	β_s	β_k	X'
地质背景	泥盆系	2447	123.1	71.9	110.5	1.6	0.58	112.5	9.0	24.3	36.0	86.0	147.0	250.0	372.0	1 490.0	7.90	122.26	116.5
	志留系	20 610	86.1	117.6	73.2	1.7	1.37	73.4	9.0	21.0	27.0	53.0	100.0	198.8	360.0	8 629.0	38.36	2 144.22	76.6
	奥陶系	11 151	104.7	123.3	91.0	1.6	1.18	93.0	9.0	23.0	33.0	70.0	120.0	236.3	530.0	8 550.0	37.61	2 210.70	93.2
	寒武系	9043	171.8	957.2	104.2	2.1	5.57	102.8	7.0	21.4	30.2	65.5	147.8	510.0	1 900.0	61 100.0	44.08	2 431.94	103.1
	震旦系	3237	104.5	356.0	74.9	1.9	3.41	68.0	13.0	19.0	27.1	49.4	100.0	400.0	910.0	19 180.9	47.79	2 549.58	74.1
	南华系	2316	57.2	57.5	46.2	1.8	1.00	43.3	7.0	13.0	17.7	32.0	60.4	195.0	413.9	897.3	5.91	51.37	44.4
	青白口系—震旦系	308	49.0	31.5	42.3	1.7	0.64	42.0	9.0	10.0	14.9	30.8	56.0	138.0	197.0	237.0	2.79	10.70	42.9
	青白口系	3132	63.0	42.1	55.7	1.6	0.67	54.2	13.0	17.5	23.1	41.5	72.9	152.0	248.0	754.0	6.49	78.66	56.5
	中元古界	25	64.7	36.6	54.7	1.9	0.57	62.0	11.5	11.5	11.5	38.0	74.0	110.0	180.0	180.0	1.25	2.83	59.9
	滹沱系—太古宇	282	51.5	35.1	45.5	1.6	0.68	46.0	6.3	6.3	15.0	36.0	59.0	112.0	222.0	475.0	6.96	76.70	46.1
	侵入岩	2558	56.6	114.6	45.1	1.8	2.03	44.0	2.0	10.0	16.0	32.0	61.7	153.8	300.0	3 891.0	28.56	933.53	46.0
	脉岩	14	51.9	24.2	45.9	1.7	0.47	56.0	15.9	15.9	15.9	32.0	63.0	100.0	100.0	100.0	0.28	−0.14	51.9
	变质岩	408	54.1	69.6	43.6	1.8	1.29	43.5	8.6	12.4	15.6	30.9	60.0	149.6	290.0	1 166.2	11.55	169.75	44.6
成土母质	第四系沉积物	104 667	66.0	282.0	57.1	1.6	4.27	56.0	8.0	18.0	24.7	44.0	72.0	147.4	310.0	87 645.0	286.84	88 848.83	57.1
	碎屑岩风化物	42 690	75.0	156.8	60.8	1.8	2.09	60.0	4.0	14.0	20.0	40.6	89.0	200.0	380.0	26 821.2	123.24	20 142.40	64.6
	碎屑岩风化物(黑色岩系)	3691	115.3	352.3	96.6	1.6	3.06	98.0	8.3	25.0	38.0	78.0	120.0	220.0	500.0	15 807.0	38.46	1 578.87	98.1
	碳酸盐岩风化物	50 129	117.8	402.8	99.7	1.6	3.42	101.3	7.0	24.8	35.6	81.0	125.7	240.0	540.0	61 100.0	96.27	12 171.71	101.4
	碳酸盐岩风化物(黑色岩系)	18 045	165.8	443.1	139.0	1.6	2.67	140.0	9.5	30.6	51.1	110.0	176.3	360.0	720.0	45 418.5	67.63	6 245.38	139.9
	变质岩风化物	21 149	85.9	114.0	69.6	1.8	1.33	68.9	6.3	17.0	24.3	49.0	96.2	225.9	648.1	4 918.0	18.43	545.31	71.4
	火山岩风化物	177	77.3	58.7	64.4	1.8	0.76	60.8	21.9	21.9	23.8	42.6	85.1	251.9	370.7	403.9	2.86	10.19	61.4
	侵入岩风化物	2399	56.2	118.0	44.4	1.8	2.10	43.6	2.0	9.5	15.9	31.0	61.0	158.0	370.0	3 891.0	27.92	887.92	45.4
地形地貌	平原	112 999	65.8	287.1	56.1	1.6	4.36	55.0	8.0	17.1	24.0	43.0	71.0	150.0	317.0	87 645.0	257.78	77 016.85	56.3
	洪湖湖区	389	62.8	16.7	60.6	1.3	0.27	62.0	18.0	31.0	36.0	51.0	73.0	97.0	120.0	140.0	0.68	1.37	61.9
	丘陵低山	33 920	75.6	200.4	59.5	1.8	2.65	58.0	2.0	14.7	21.0	41.1	81.0	219.0	548.0	24 600.0	83.35	9 126.50	59.6
	中山	2737	77.3	86.2	61.1	1.9	1.11	62.0	4.0	14.0	19.0	40.0	88.0	240.0	630.0	1 380.0	7.76	85.57	63.4
	高山	92 903	120.5	346.9	100.9	1.7	2.88	103.4	6.5	20.0	31.5	78.7	131.9	267.5	555.9	61 100.0	105.91	15 055.58	104.4

续表 2.9.10

单元名称			样本数	算术平均值	算术标准差	几何平均值	几何标准差	变异系数	中位值	最小值	累积频率分位值						最大值	偏度系数	峰度系数	背景值
			N	$\bar{X}$	S	X_g	S_g	CV	X_{me}	X_{min}	$X_{0.5\%}$	$X_{2.5\%}$	$X_{25\%}$	$X_{75\%}$	$X_{97.5\%}$	$X_{99.5\%}$	X_{max}	β_s	β_k	X'
行政市（州）	武汉市		4109	87.1	118.0	71.3	1.7	1.35	66.0	2.0	19.0	30.0	53.0	90.0	250.0	638.0	3 680.0	14.86	328.46	68.4
	襄阳市		7131	84.9	1 050.4	55.2	1.8	12.37	53.0	4.0	15.0	21.0	39.0	73.0	202.0	661.6	87 645.0	81.35	6 775.03	54.4
	宜昌市		1479	95.1	655.4	62.3	1.8	6.89	61.0	4.0	12.0	20.0	44.0	83.7	226.0	555.9	24 600.0	35.74	1 327.03	61.8
	黄石市		881	101.4	156.5	83.5	1.7	1.54	79.0	20.0	26.0	36.0	61.0	106.0	271.0	595.0	4 149.0	20.31	511.35	81.6
	十堰市		4162	95.8	186.5	58.5	2.3	1.95	49.2	5.0	13.0	18.2	34.3	78.9	514.6	1 086.1	6 190.6	12.70	314.13	47.5
	荆州市		18 052	70.1	74.2	64.4	1.4	1.06	64.0	12.7	23.1	33.0	52.5	78.0	131.9	260.0	6 702.6	52.20	3 987.69	64.5
	荆门市		53 487	66.7	106.4	56.5	1.7	1.59	55.0	5.0	16.0	22.0	41.0	76.0	170.0	340.0	19 180.9	114.25	19 641.77	57.8
	鄂州市		403	81.8	57.2	72.6	1.5	0.70	68.0	28.0	28.0	36.0	55.0	91.0	197.0	421.0	722.0	5.65	48.00	70.8
	孝感市		5895	70.4	125.1	56.1	1.8	1.78	55.2	7.4	13.4	19.7	40.0	74.2	190.7	534.7	5 464.9	27.34	1 023.58	55.6
	黄冈市		4247	81.5	104.1	69.1	1.7	1.28	68.4	6.0	15.0	27.0	51.0	91.0	205.1	435.3	3 891.0	24.45	826.30	69.7
	咸宁市		2420	118.2	601.9	87.4	1.5	5.09	83.0	17.0	36.0	47.0	70.0	102.0	200.0	697.0	20 662.0	28.13	841.83	84.3
	随州市		6669	58.9	48.2	51.3	1.6	0.82	51.0	6.3	15.1	20.1	38.0	67.0	146.0	248.0	1 600.0	13.73	345.62	52.1
	恩施州		95 016	119.4	343.3	99.7	1.7	2.88	102.0	6.5	19.8	30.1	77.2	130.8	266.4	560.0	61 100.0	106.85	15 348.80	103.5
	仙桃市		13 430	61.8	70.5	56.4	1.4	1.14	56.0	9.0	21.8	30.0	46.4	67.0	114.3	207.5	3 129.0	28.21	982.76	56.2
	天门市		10 105	51.5	35.8	47.1	1.5	0.70	48.0	12.1	16.6	21.4	37.5	58.9	102.0	179.0	1 812.5	21.89	860.01	47.9
	潜江市		15 462	54.2	33.7	50.0	1.4	0.62	49.9	9.0	18.8	24.8	41.0	60.0	110.0	210.0	1 607.0	14.96	455.48	49.8
行政县（市、区）	武汉市	武汉市区	744	133.0	193.5	100.2	1.8	1.46	89.0	28.0	31.0	44.0	71.0	120.0	488.0	1 240.0	2 618.0	7.44	71.63	91.1
		蔡甸区	2305	68.6	52.8	62.2	1.5	0.77	59.0	19.0	26.0	33.0	50.0	72.0	157.0	305.0	1 363.0	12.81	252.31	59.3
		黄陂区	573	92.0	160.9	71.4	1.9	1.75	76.0	7.0	10.0	16.0	48.0	105.0	226.0	423.0	3 680.0	19.57	434.42	77.6
		东西湖区	125	110.9	182.6	84.2	1.7	1.65	80.0	34.0	34.0	37.0	61.0	97.0	269.0	1 417.0	1 539.0	6.99	50.95	79.8
		新洲区	362	95.4	65.4	79.9	1.8	0.69	78.0	2.0	12.0	24.0	58.0	109.0	290.0	400.0	580.0	2.77	12.09	79.9
	襄阳市	襄阳市区	912	60.6	105.5	46.7	1.8	1.74	42.0	13.0	16.0	22.0	32.0	61.0	202.0	477.0	2 466.9	15.25	312.49	44.9
		枣阳市	816	49.2	40.0	42.5	1.6	0.81	40.0	10.0	14.0	19.0	32.0	53.0	135.0	317.0	487.0	5.98	48.91	42.2
		老河口市	265	559.6	5 407.1	89.3	3.2	9.66	62.0	18.0	18.0	25.0	42.0	125.0	2 698.0	6 596.0	87 645.0	15.95	257.70	61.1
		宜城市	2618	60.5	70.4	52.4	1.6	1.16	52.0	9.0	14.0	20.0	40.0	69.0	138.0	337.0	1 997.0	18.49	441.86	53.5
		谷城县	222	77.2	297.1	47.2	1.9	3.85	41.8	12.0	12.0	20.0	33.5	57.0	229.0	717.0	4 381.0	13.94	201.90	42.1
		南漳县	2298	81.1	134.4	66.0	1.7	1.66	64.6	4.0	18.4	23.4	48.2	88.2	214.4	606.0	4 867.8	25.06	804.81	67.1

续表 2.9.10

单元名称			样本数	算术平均值	算术标准差	几何平均值	几何标准差	变异系数	中位值	最小值	累积频率分位值						最大值	偏度系数	峰度系数	背景值
			N	$\bar{X}$	S	X_g	S_g	CV	X_{me}	X_{min}	$X_{0.5\%}$	$X_{2.5\%}$	$X_{25\%}$	$X_{75\%}$	$X_{97.5\%}$	$X_{99.5\%}$	X_{max}	β_s	β_k	X'
行政县(市、区)	宜昌市	宜昌市辖区	233	199.7	1 642.1	55.5	2.5	8.22	55.0	4.0	4.0	14.0	32.0	80.0	365.0	5 222.0	24 600.0	14.39	212.98	53.3
		宜都市	75	86.5	51.1	76.3	1.6	0.59	72.0	28.0	28.0	29.0	57.0	98.0	226.0	301.0	301.0	2.38	6.95	74.1
		枝江市	375	63.7	53.4	57.3	1.5	0.84	56.0	17.0	20.0	27.0	45.0	71.0	127.0	225.0	948.0	12.54	202.68	56.8
		当阳市	284	61.4	50.2	52.9	1.6	0.82	50.0	21.0	21.0	27.0	38.0	63.0	199.0	390.0	490.0	4.83	29.73	50.0
		秭归县	478	89.6	91.6	72.9	1.8	1.02	75.0	6.0	7.0	20.0	53.1	96.0	246.9	650.0	1 380.0	8.00	93.21	73.7
		长阳土家族自治县	34	103.0	48.3	95.3	1.5	0.47	94.5	36.0	36.0	36.0	76.9	110.2	171.6	318.0	318.0	2.83	11.51	96.5
	黄石市	黄石市区	47	268.3	596.5	156.5	2.3	2.22	125.0	32.0	32.0	32.0	105.0	214.0	777.0	4 149.0	4 149.0	6.25	41.18	162.6
		大冶市	382	101.1	87.4	85.0	1.7	0.86	78.5	22.0	26.0	35.0	62.0	108.0	271.0	595.0	1 040.0	5.51	44.28	83.4
		阳新县	452	84.3	43.1	77.0	1.5	0.51	76.0	20.0	25.0	37.0	59.0	100.0	178.0	283.0	502.0	3.71	26.40	79.0
	十堰市	茅箭区	63	53.0	64.4	40.7	1.9	1.22	35.0	16.5	16.5	16.9	27.6	55.8	127.1	500.0	500.0	5.66	38.20	40.0
		郧阳区	118	66.6	221.0	38.7	2.0	3.32	33.4	13.3	13.3	15.0	25.7	44.5	196.9	310.0	2 402.5	10.28	109.24	33.1
		丹江口市	570	63.1	96.2	41.2	2.1	1.53	34.0	5.0	7.0	16.5	27.0	51.7	419.0	584.0	662.0	3.95	15.97	35.0
		竹溪县	1404	166.3	278.5	99.4	2.5	1.68	78.7	16.3	20.8	26.8	50.4	175.8	860.7	1 252.4	6 190.6	9.72	171.22	84.6
		竹山县	2007	58.8	83.7	46.2	1.8	1.42	44.6	8.5	12.9	17.2	33.2	58.3	180.7	531.3	1 606.9	10.77	153.29	43.7
	荆州市	荆州市区	374	114.9	166.2	83.2	1.9	1.45	72.5	23.0	24.0	34.0	57.0	98.0	548.0	1 055.0	1 737.0	5.82	41.89	71.5
		洪湖市	12 640	68.8	70.5	64.0	1.4	1.03	64.0	12.7	21.8	34.0	52.0	78.0	124.6	235.0	6 702.6	71.01	6 373.90	64.5
		监利市	3493	65.4	82.1	59.3	1.4	1.26	59.2	14.2	22.8	29.5	49.3	70.0	121.2	251.5	3 373.5	30.41	1 106.92	59.1
		石首市	345	80.2	32.9	76.1	1.3	0.41	74.0	36.0	41.0	46.0	64.0	87.0	155.0	240.0	423.0	4.77	38.53	74.8
		松滋市	373	74.2	27.4	70.6	1.3	0.37	67.0	36.0	37.0	44.0	57.0	84.0	138.0	184.0	328.0	3.25	21.40	70.5
		江陵县	270	78.4	29.4	74.2	1.4	0.38	72.0	32.0	32.0	41.0	60.0	89.0	149.0	210.0	304.0	2.67	14.14	74.8
		公安县	557	85.6	36.1	81.6	1.3	0.42	80.0	29.0	39.0	50.0	68.0	95.0	149.0	187.0	680.0	8.85	134.80	81.4
	荆门市	荆门市区	282	61.9	29.7	56.6	1.5	0.48	55.0	19.0	19.0	28.0	44.0	72.0	141.0	200.0	267.0	2.40	10.00	57.1
		沙洋县	12 991	71.5	62.4	61.7	1.6	0.87	62.0	8.9	17.1	23.0	46.0	82.0	170.0	370.0	2 130.0	13.06	313.20	63.6
		钟祥市	23 454	61.9	145.6	51.8	1.7	2.35	50.1	7.0	15.0	21.0	38.0	66.9	163.0	329.0	19 180.9	100.58	12 773.68	51.5
		京山市	14 877	70.6	52.7	60.8	1.7	0.75	60.0	5.0	16.0	23.0	43.0	84.0	177.8	312.0	2 060.0	9.94	252.55	63.0
		屈家岭管理区	1883	61.5	91.6	48.5	1.8	1.49	45.8	12.6	14.6	19.7	32.3	66.1	178.1	658.4	2 683.9	15.90	384.04	47.3
	孝感市	孝南区	245	78.6	31.8	73.0	1.5	0.40	73.0	24.0	24.0	37.0	55.0	96.0	165.0	203.0	210.0	1.26	2.21	75.5
		孝昌县	298	75.0	147.1	59.3	1.6	1.96	56.0	20.0	20.0	29.0	45.0	73.0	169.0	1 251.0	2 243.0	12.61	173.31	55.9
		云梦县	152	75.3	60.8	66.9	1.5	0.81	64.0	30.0	30.0	35.0	54.0	76.0	165.0	421.0	635.0	6.65	54.18	63.4

续表 2.9.10

单元名称			样本数	算术平均值	算术标准差	几何平均值	几何标准差	变异系数	中位值	最小值	累积频率分位值						最大值	偏度系数	峰度系数	背景值
			N	$\overline{X}$	S	X_g	S_g	CV	X_{me}	X_{min}	$X_{0.5\%}$	$X_{2.5\%}$	$X_{25\%}$	$X_{75\%}$	$X_{97.5\%}$	$X_{99.5\%}$	X_{max}	β_s	β_k	X'
行政县（市、区）	孝感市	大悟县	114	41.6	30.2	34.5	1.8	0.73	32.2	7.4	7.4	11.3	24.0	47.0	134.8	165.0	184.0	2.40	7.10	32.3
		安陆市	4394	70.6	138.3	54.5	1.8	1.96	52.9	8.2	13.1	18.7	37.5	73.0	208.3	609.7	5 464.9	26.09	903.92	53.5
		汉川市	415	64.9	27.6	60.8	1.4	0.42	60.0	20.0	21.0	32.0	50.0	72.0	142.0	210.0	244.0	2.74	11.35	60.4
		应城市	277	72.5	39.5	65.8	1.5	0.54	64.0	26.0	26.0	33.0	50.0	80.0	176.0	284.0	370.0	3.30	16.36	64.0
	黄冈市	黄冈市区	82	71.8	39.4	65.6	1.5	0.55	63.5	20.0	20.0	34.0	53.0	82.0	146.0	339.0	339.0	4.18	25.74	63.9
		武穴市	2491	90.2	74.7	78.4	1.6	0.83	77.0	9.0	19.1	31.9	59.9	98.9	231.5	499.1	1 607.4	9.00	131.03	77.9
		麻城市	204	72.8	42.9	62.6	1.8	0.59	61.5	6.0	6.0	13.0	49.0	89.0	193.0	257.0	330.0	2.30	8.85	67.2
		团风县	219	57.0	38.8	49.3	1.7	0.68	50.0	6.0	6.0	13.0	37.0	67.0	133.0	236.0	440.0	5.21	44.95	51.9
		黄梅县	361	74.3	32.1	69.4	1.4	0.43	67.0	16.0	26.0	37.0	57.0	82.0	170.0	219.0	308.0	2.86	12.90	68.1
		蕲春县	349	84.6	291.8	55.5	1.8	3.45	53.0	16.0	18.0	24.0	41.0	68.0	187.0	820.0	3 891.0	12.42	158.29	54.4
		浠水县	450	60.1	35.1	54.2	1.5	0.58	50.0	14.0	15.0	27.0	42.0	68.0	137.0	263.0	394.0	4.09	26.96	53.7
		罗田县	60	46.7	22.7	42.6	1.5	0.49	40.5	22.0	22.0	22.0	32.0	52.0	105.0	144.0	144.0	1.91	5.02	41.0
		红安县	31	68.7	28.4	64.3	1.4	0.41	60.0	36.0	36.0	36.0	53.0	68.0	141.0	144.0	144.0	1.59	1.73	68.7
	咸宁市	咸安区	222	101.0	33.2	96.1	1.4	0.33	97.5	38.0	38.0	57.0	79.0	117.0	184.0	224.0	277.0	1.35	3.89	97.6
		嘉鱼县	1889	124.7	680.9	86.5	1.6	5.46	82.0	17.0	34.0	47.0	70.0	101.0	207.0	792.0	20 662.0	24.87	657.32	82.6
		赤壁市	309	90.9	32.7	86.6	1.3	0.36	84.0	36.0	38.0	49.0	73.0	99.0	167.0	231.0	354.0	2.96	15.95	85.1
	随州市	随县	5656	61.0	50.9	53.3	1.6	0.83	53.0	7.6	15.9	21.0	39.9	69.0	150.0	260.0	1 600.0	13.58	325.10	53.9
		曾都区	356	58.5	31.5	52.8	1.5	0.54	52.5	17.6	19.0	21.7	40.0	66.0	149.0	202.0	280.0	2.92	13.07	53.0
		广水市	657	40.4	19.0	37.0	1.5	0.47	37.0	6.3	9.5	15.9	28.9	47.0	84.6	146.1	154.0	2.32	9.26	37.6
	恩施州	恩施市	20 748	115.3	100.6	103.0	1.6	0.87	108.0	7.0	22.0	34.0	84.5	130.0	242.0	431.0	8 550.0	40.70	2 861.88	106.2
		宣恩县	11 191	137.6	472.4	114.1	1.7	3.43	119.8	11.0	26.0	38.7	89.0	150.0	285.1	570.7	45 418.5	81.16	7 587.36	118.6
		建始县	10 711	113.9	68.2	102.6	1.6	0.60	100.0	6.5	21.0	37.0	83.0	130.0	256.3	450.0	2 040.0	7.60	125.99	103.8
		利川市	19 338	102.4	161.9	86.4	1.8	1.58	97.3	8.3	16.0	23.4	62.3	124.5	211.1	329.7	13 067.5	50.22	3 253.43	94.6
		鹤峰县	6164	140.6	111.1	123.9	1.6	0.79	120.0	16.0	41.0	58.0	97.1	146.4	410.0	840.0	1 940.0	6.73	65.26	119.5
		来凤县	6509	112.2	131.7	95.4	1.7	1.17	95.8	9.0	22.0	35.0	67.0	130.0	280.0	450.3	7 737.0	36.50	1 925.39	99.4
		咸丰县	8734	167.1	934.1	108.8	1.9	5.59	110.0	11.0	21.0	30.0	75.0	150.0	400.0	1 427.7	61 100.0	43.30	2 392.11	112.4
		巴东县	11 621	99.3	87.0	86.9	1.6	0.88	87.1	9.0	20.0	29.0	72.0	110.0	240.0	530.0	3 820.0	17.29	556.81	86.7

注：Hg 的地球化学参数中，N 单位为件，$\overline{X}$、S、X_g、S_g、X_{me}、X_{min}、$X_{0.5\%}$、$X_{2.5\%}$、$X_{25\%}$、$X_{75\%}$、$X_{97.5\%}$、$X_{99.5\%}$、X_{max}、X' 单位为 μg/kg，CV、β_s、β_k 为无量纲。

表 2.9.11　表层土壤 I 地球化学参数表

单元名称		样本数	算术平均值	算术标准差	几何平均值	几何标准差	变异系数	中位值	最小值	累积频率分位值						最大值	偏度系数	峰度系数	背景值
		N	$\bar{X}$	S	X_g	S_g	CV	X_{me}	X_{min}	$X_{0.5\%}$	$X_{2.5\%}$	$X_{25\%}$	$X_{75\%}$	$X_{97.5\%}$	$X_{99.5\%}$	X_{max}	β_s	β_k	X'
全省		235 330	2.4	3.5	1.8	2.0	1.46	1.7	0.02	0.4	0.6	1.1	3.0	8.1	11.3	1 390.0	267.89	106 393.59	1.9
土壤类型	红壤	3783	1.9	1.3	1.6	1.8	0.68	1.6	0.2	0.4	0.6	1.0	2.5	5.4	7.0	23.6	2.72	22.39	1.8
	黄壤	17 488	2.6	2.0	2.0	2.1	0.74	2.3	0.02	0.3	0.5	1.1	3.6	7.6	10.8	19.7	1.70	5.16	2.4
	黄棕壤	67 864	3.3	2.3	2.6	2.1	0.69	3.0	0.1	0.4	0.6	1.5	4.4	8.9	12.0	43.2	1.42	4.36	3.1
	黄褐土	1428	2.3	1.3	2.0	1.7	0.58	2.1	0.2	0.4	0.6	1.4	2.7	5.8	8.2	14.9	2.38	11.33	2.1
	棕壤	8152	6.8	2.8	6.2	1.6	0.41	6.6	0.2	0.6	1.9	4.8	8.5	12.9	15.3	31.1	0.58	1.05	6.7
	暗棕壤	478	3.1	1.9	2.5	2.1	0.60	3.2	0.1	0.4	0.5	1.3	4.2	7.0	9.4	12.1	0.71	1.01	3.0
	石灰土	8932	2.8	1.4	2.4	1.7	0.50	2.7	0.1	0.5	0.7	1.8	3.5	6.2	8.3	16.9	1.36	4.87	2.7
	紫色土	6504	1.6	1.2	1.2	1.9	0.79	1.2	0.1	0.3	0.4	0.8	1.9	5.1	7.7	10.9	2.54	8.95	1.3
	草甸土	551	4.3	3.9	2.7	2.6	0.91	2.1	0.4	0.4	0.6	1.2	7.1	13.4	15.2	16.6	0.99	−0.13	4.3
	潮土	43 305	1.5	0.7	1.4	1.5	0.49	1.4	0.2	0.4	0.6	1.1	1.8	3.6	5.4	13.3	3.12	20.17	1.4
	沼泽土	392	3.8	3.3	2.6	2.3	0.87	2.1	0.3	0.4	0.7	1.3	5.9	11.8	13.2	13.8	1.22	0.42	3.7
	水稻土	76 442	1.6	5.1	1.3	1.6	3.28	1.3	0.04	0.4	0.5	1.0	1.8	3.9	5.6	1 390.0	263.74	71 774.16	1.4
土地利用类型	耕地	186 041	2.3	1.9	1.8	2.0	0.83	1.6	0.04	0.4	0.6	1.1	2.9	7.8	10.7	43.2	2.27	7.76	1.9
	园地	13 557	2.7	2.2	2.0	2.2	0.81	2.0	0.02	0.3	0.5	1.1	3.7	8.4	12.1	23.6	1.89	5.32	2.4
	林地	19 593	3.1	2.4	2.4	2.1	0.78	2.4	0.1	0.4	0.6	1.4	3.9	9.7	13.4	27.0	1.96	5.50	2.6
	草地	1933	4.2	3.3	2.9	2.5	0.78	3.3	0.2	0.3	0.4	1.4	6.2	12.1	14.2	16.8	0.98	0.28	4.1
	建设用地	2486	2.0	1.5	1.6	1.7	0.75	1.6	0.2	0.3	0.6	1.2	2.2	5.6	10.8	15.7	3.78	21.93	1.6
	水域	8303	1.6	0.8	1.5	1.6	0.51	1.5	0.2	0.4	0.6	1.1	2.0	3.7	5.7	12.2	2.54	14.26	1.5
	未利用地	3417	3.0	2.7	2.1	2.4	0.89	2.0	0.04	0.3	0.4	1.1	4.2	10.5	13.9	19.7	1.76	3.69	2.6
地质背景	第四系	104 524	1.6	0.8	1.4	1.6	0.51	1.4	0.1	0.5	0.6	1.1	1.8	3.8	5.2	18.5	2.50	13.85	1.4
	新近系	151	2.3	1.3	2.0	1.7	0.57	2.0	0.8	0.8	0.9	1.4	2.8	6.3	7.2	7.5	1.58	2.73	2.0
	古近系	1409	1.6	0.8	1.4	1.6	0.54	1.4	0.3	0.5	0.7	1.0	1.9	3.6	5.8	8.4	2.54	11.81	1.6
	白垩系	11 187	1.8	1.3	1.5	1.8	0.68	1.5	0.1	0.4	0.5	1.0	2.3	4.8	6.3	43.2	5.08	118.12	1.7
	侏罗系	4259	1.3	1.6	0.9	2.2	1.25	0.8	0.1	0.2	0.3	0.5	1.3	6.3	11.2	15.3	3.92	19.08	0.8
	三叠系	42 667	3.9	2.3	3.1	2.0	0.61	3.5	0.2	0.5	0.7	2.2	4.9	9.7	12.2	19.5	1.13	1.74	3.7
	二叠系	16 111	4.3	2.7	3.5	2.0	0.62	3.7	0.2	0.5	0.8	2.4	5.6	10.9	13.7	19.5	1.15	1.57	4.0
	石炭系	1014	3.8	2.4	3.1	1.9	0.63	3.3	0.3	0.4	0.7	2.1	4.8	10.0	12.8	16.8	1.43	2.87	3.5

续表 2.9.11

单元名称		样本数	算术平均值	算术标准差	几何平均值	几何标准差	变异系数	中位值	最小值	累积频率分位值						最大值	偏度系数	峰度系数	背景值
		N	$\bar{X}$	S	X_g	S_g	CV	X_{me}	X_{min}	$X_{0.5\%}$	$X_{2.5\%}$	$X_{25\%}$	$X_{75\%}$	$X_{97.5\%}$	$X_{99.5\%}$	X_{max}	β_s	β_k	X'
地质背景	泥盆系	2285	4.0	3.0	3.0	2.2	0.76	3.3	0.1	0.4	0.6	1.6	5.4	12.1	14.7	21.9	1.39	2.11	3.6
	志留系	20 287	2.4	10.0	1.7	2.2	4.16	1.6	0.04	0.3	0.5	1.0	3.0	8.2	12.2	1 390.0	133.18	18 543.97	1.9
	奥陶系	10 931	2.7	2.2	2.0	2.3	0.81	2.1	0.02	0.3	0.5	1.0	3.7	8.2	11.8	18.1	1.65	3.83	2.4
	寒武系	8528	3.3	2.5	2.5	2.2	0.75	2.7	0.2	0.4	0.6	1.4	4.5	9.3	12.6	27.0	1.61	4.88	3.1
	震旦系	3131	2.2	1.7	1.7	2.0	0.81	1.7	0.3	0.5	0.6	0.9	2.8	7.1	11.0	17.4	2.59	10.20	1.8
	南华系	2312	1.2	0.8	1.0	1.7	0.63	1.0	0.1	0.2	0.4	0.8	1.4	3.2	4.8	9.0	3.42	21.61	1.1
	青白口系—震旦系	308	0.9	0.4	0.9	1.5	0.40	0.9	0.3	0.4	0.4	0.7	1.1	1.9	2.3	2.5	1.36	2.62	0.9
	青白口系	3132	1.5	1.2	1.2	1.9	0.79	1.0	0.2	0.3	0.4	0.7	1.8	4.5	6.5	10.2	2.10	5.79	1.2
	中元古界	25	1.7	0.7	1.6	1.5	0.42	1.6	0.6	0.6	0.6	1.2	2.1	3.1	3.7	3.7	1.11	1.56	1.7
	滹沱系—太古宇	282	0.9	0.3	0.8	1.3	0.30	0.9	0.4	0.4	0.5	0.7	1.0	1.5	2.2	3.2	3.40	24.10	0.8
	侵入岩	2515	1.2	0.8	1.1	1.6	0.64	1.0	0.3	0.4	0.5	0.8	1.4	3.4	5.2	8.4	3.18	15.24	1.0
	脉岩	14	1.1	0.5	1.0	1.5	0.44	1.0	0.5	0.5	0.5	0.8	1.3	2.3	2.3	2.3	1.32	2.06	1.1
	变质岩	258	1.3	1.0	1.1	1.8	0.75	1.0	0.3	0.3	0.4	0.7	1.5	4.0	6.9	8.0	3.16	14.79	1.1
成土母质	第四系沉积物	101 053	1.6	0.8	1.4	1.5	0.49	1.4	0.1	0.5	0.6	1.1	1.8	3.6	5.0	15.7	2.46	12.96	1.4
	碎屑岩风化物	42 002	2.0	1.9	1.5	2.1	0.90	1.4	0.1	0.3	0.4	0.9	2.5	7.3	11.5	43.2	3.07	18.21	1.7
	碎屑岩风化物(黑色岩系)	3384	3.0	2.7	2.1	2.3	0.89	2.2	0.1	0.4	0.5	1.0	4.2	10.8	14.6	17.1	1.85	4.26	2.6
	碳酸盐岩风化物	48 426	3.9	2.3	3.2	2.0	0.60	3.6	0.02	0.5	0.7	2.3	5.0	9.6	12.1	27.0	1.09	1.82	3.7
	碳酸盐岩风化物(黑色岩系)	17 537	4.3	2.7	3.5	2.0	0.62	3.7	0.2	0.6	0.8	2.5	5.6	11.0	13.8	22.9	1.24	2.19	4.1
	变质岩风化物	20 421	2.0	9.9	1.5	2.1	4.90	1.3	0.04	0.3	0.4	0.8	2.5	6.9	10.7	1 390.0	136.18	19 146.58	1.6
	火山岩风化物	177	1.7	0.9	1.6	1.5	0.50	1.5	0.6	0.6	0.8	1.2	2.0	3.3	5.0	8.4	3.46	21.70	1.6
	侵入岩风化物	2329	1.2	0.7	1.0	1.6	0.58	1.0	0.3	0.4	0.5	0.8	1.3	2.9	4.6	7.4	3.16	16.12	1.0
地形地貌	平原	109 260	1.6	0.9	1.5	1.6	0.53	1.4	0.1	0.5	0.6	1.1	1.9	4.1	5.5	13.3	2.30	9.25	1.5
	洪湖湖区	389	1.6	0.9	1.4	1.6	0.56	1.4	0.3	0.4	0.5	1.1	1.9	3.8	5.9	7.9	2.54	10.94	1.5
	丘陵低山	32 326	1.7	7.8	1.4	1.8	4.66	1.3	0.1	0.4	0.5	0.9	2.1	4.5	7.0	1 390.0	173.81	30 896.77	1.5
	中山	2737	2.2	1.2	1.9	1.8	0.57	2.0	0.3	0.4	0.5	1.3	2.8	5.1	6.6	16.9	1.87	11.07	2.1
	高山	90 618	3.6	2.6	2.7	2.3	0.71	3.2	0.02	0.3	0.5	1.5	4.8	10.0	12.9	31.1	1.25	2.30	3.4

续表 2.9.11

单元名称			样本数	算术平均值	算术标准差	几何平均值	几何标准差	变异系数	中位值	最小值	累积频率分位值						最大值	偏度系数	峰度系数	背景值
			N	$\bar{X}$	S	X_g	S_g	CV	X_{me}	X_{min}	$X_{0.5\%}$	$X_{2.5\%}$	$X_{25\%}$	$X_{75\%}$	$X_{97.5\%}$	$X_{99.5\%}$	X_{max}	β_s	β_k	X'
行政市（州）	武汉市		4109	1.6	0.7	1.4	1.6	0.47	1.5	0.1	0.2	0.5	1.1	1.9	3.5	4.5	10.3	1.67	7.92	1.5
	襄阳市		6372	1.9	1.0	1.7	1.6	0.51	1.7	0.3	0.5	0.6	1.2	2.5	4.1	5.7	12.2	1.59	6.66	1.8
	宜昌市		1479	1.7	1.0	1.5	1.7	0.55	1.5	0.4	0.5	0.6	1.1	2.2	4.1	5.7	8.0	1.55	3.35	1.7
	黄石市		881	1.7	0.6	1.6	1.4	0.37	1.6	0.5	0.7	0.9	1.3	2.0	3.4	4.4	4.7	1.33	2.55	1.6
	十堰市		3927	1.7	1.2	1.4	1.7	0.70	1.5	0.2	0.4	0.5	1.0	2.1	3.9	6.1	43.2	12.74	407.41	1.6
	荆州市		17 689	1.4	0.6	1.3	1.4	0.39	1.3	0.2	0.4	0.7	1.1	1.7	2.8	3.6	7.9	1.70	7.01	1.4
	荆门市		52 160	1.8	1.2	1.5	1.7	0.64	1.5	0.1	0.5	0.6	1.0	2.2	4.8	6.5	17.4	2.03	7.03	1.6
	鄂州市		403	1.4	0.5	1.4	1.3	0.34	1.4	0.6	0.7	0.9	1.1	1.7	2.6	3.6	5.1	2.35	10.87	1.4
	孝感市		5645	1.4	0.7	1.3	1.5	0.51	1.2	0.2	0.5	0.6	0.9	1.6	3.4	4.3	7.4	2.07	6.73	1.3
	黄冈市		3947	1.7	1.3	1.4	1.8	0.79	1.2	0.3	0.4	0.6	0.9	2.1	5.0	7.9	18.5	3.31	20.85	1.4
	咸宁市		2420	2.6	28.2	1.6	1.9	11.04	1.5	0.4	0.5	0.6	1.0	2.5	5.9	7.3	1 390.0	49.02	2 408.53	1.8
	随州市		6337	1.1	0.7	1.0	1.6	0.59	0.9	0.2	0.4	0.4	0.7	1.3	2.9	4.2	8.1	2.62	11.89	1.0
	恩施州		92 731	3.6	2.5	2.7	2.2	0.71	3.2	0.02	0.3	0.5	1.5	4.8	10.0	12.9	31.1	1.28	2.38	3.3
	仙桃市		12 226	1.5	0.5	1.4	1.4	0.34	1.4	0.1	0.5	0.7	1.1	1.7	2.7	3.4	6.8	1.41	5.79	1.4
	天门市		9542	1.5	0.6	1.4	1.5	0.41	1.4	0.3	0.5	0.6	1.0	1.8	2.8	3.6	13.2	2.00	19.55	1.4
	潜江市		15 462	1.6	0.6	1.5	1.5	0.39	1.5	0.2	0.5	0.7	1.2	1.9	3.0	4.0	12.2	2.21	18.41	1.5
行政县（市、区）	武汉市	武汉市区	744	1.7	0.9	1.5	1.6	0.54	1.5	0.2	0.4	0.6	1.1	2.1	3.9	5.3	10.3	2.17	10.83	1.7
		蔡甸区	2305	1.8	0.7	1.7	1.4	0.37	1.6	0.3	0.6	0.9	1.3	2.0	3.5	4.5	6.3	1.67	5.01	1.7
		黄陂区	573	1.0	0.6	0.8	1.9	0.58	0.9	0.1	0.1	0.2	0.6	1.3	2.3	3.1	4.7	1.35	4.02	1.0
		东西湖区	125	1.6	0.3	1.6	1.2	0.22	1.6	0.8	0.8	0.9	1.3	1.8	2.4	2.4	2.5	0.28	−0.20	1.6
		新洲区	362	1.2	0.4	1.1	1.4	0.38	1.1	0.4	0.4	0.5	0.8	1.4	2.2	2.6	3.4	1.09	1.94	1.1
	襄阳市	襄阳市区	912	1.9	0.7	1.7	1.5	0.36	1.8	0.3	0.4	0.8	1.3	2.4	3.3	3.5	3.7	0.30	−0.54	1.9
		枣阳市	816	2.0	0.7	1.9	1.4	0.34	1.9	0.5	0.8	1.0	1.5	2.5	3.4	3.9	4.1	0.52	−0.46	2.0
		老河口市	265	2.0	0.6	1.9	1.5	0.31	2.0	0.3	0.3	0.7	1.6	2.5	3.1	3.7	3.8	−0.17	−0.17	2.0
		宜城市	2299	1.5	0.7	1.4	1.6	0.49	1.3	0.3	0.4	0.6	1.0	1.8	3.4	4.6	8.1	2.01	7.90	1.4
		谷城县	222	1.3	0.4	1.2	1.4	0.33	1.2	0.3	0.3	0.6	1.0	1.5	2.3	2.7	2.7	0.78	1.06	1.3
		南漳县	1858	2.5	1.2	2.1	1.7	0.50	2.5	0.5	0.6	0.7	1.5	3.2	4.9	6.9	12.2	1.18	5.11	2.4

续表 2.9.11

单元名称			样本数	算术平均值	算术标准差	几何平均值	几何标准差	变异系数	中位值	最小值	累积频率分位值						最大值	偏度系数	峰度系数	背景值
			N	$\bar{X}$	S	X_g	S_g	CV	X_{me}	X_{min}	$X_{0.5\%}$	$X_{2.5\%}$	$X_{25\%}$	$X_{75\%}$	$X_{97.5\%}$	$X_{99.5\%}$	X_{max}	β_s	β_k	X'
行政县（市、区）	宜昌市	宜昌市辖区	233	1.5	0.8	1.3	1.7	0.53	1.3	0.5	0.5	0.5	0.9	2.0	3.4	3.9	4.3	1.02	0.43	1.5
		宜都市	75	1.4	0.4	1.3	1.4	0.31	1.3	0.7	0.7	0.8	1.1	1.7	2.2	2.5	2.5	0.41	−0.79	1.4
		枝江市	375	1.5	0.8	1.4	1.5	0.51	1.3	0.5	0.6	0.6	1.0	1.7	3.8	4.8	5.1	2.14	5.59	1.3
		当阳市	284	1.6	0.7	1.5	1.4	0.42	1.4	0.6	0.6	0.8	1.2	1.7	3.5	3.9	4.0	1.52	2.04	1.5
		秭归县	478	2.1	1.1	1.8	1.8	0.54	2.0	0.4	0.5	0.5	1.2	2.7	4.4	5.9	8.0	0.98	1.75	2.0
		长阳土家族自治县	34	3.3	1.4	3.0	1.6	0.42	3.2	1.0	1.0	1.0	2.3	4.1	6.1	6.2	6.2	0.43	−0.33	3.3
	黄石市	黄石市区	47	2.0	0.7	1.9	1.4	0.35	1.9	0.5	0.5	0.5	1.6	2.2	3.9	4.0	4.0	0.97	1.57	2.0
		大冶市	382	1.6	0.6	1.5	1.4	0.36	1.5	0.6	0.7	0.9	1.2	1.9	3.2	3.6	4.7	1.39	3.09	1.6
		阳新县	452	1.7	0.7	1.6	1.4	0.39	1.6	0.6	0.7	0.8	1.3	2.0	3.4	4.4	4.7	1.29	2.33	1.7
	十堰市	茅箭区	63	0.9	0.3	0.9	1.4	0.33	0.9	0.3	0.3	0.4	0.7	1.1	1.6	1.9	1.9	0.76	0.80	0.9
		郧阳区	118	1.6	0.8	1.4	1.6	0.48	1.5	0.4	0.4	0.5	1.0	2.0	3.5	4.1	4.3	1.09	1.33	1.5
		丹江口市	570	1.5	0.8	1.3	1.6	0.56	1.3	0.4	0.4	0.5	1.0	1.9	3.1	3.6	12.1	4.32	46.30	1.4
		竹溪县	1169	2.1	1.1	1.9	1.6	0.53	1.8	0.3	0.4	0.7	1.4	2.5	4.9	7.5	13.4	2.77	15.26	1.9
		竹山县	2007	1.5	1.3	1.3	1.7	0.83	1.3	0.2	0.4	0.5	0.9	1.9	3.7	5.0	43.2	18.53	595.01	1.4
	荆州市	荆州市区	374	1.5	0.7	1.4	1.5	0.44	1.4	0.5	0.7	0.8	1.1	1.8	3.2	3.8	6.6	2.16	8.82	1.4
		洪湖市	12 277	1.4	0.6	1.3	1.5	0.40	1.3	0.2	0.4	0.6	1.1	1.7	2.8	3.8	6.5	1.63	6.15	1.4
		监利市	3493	1.5	0.5	1.4	1.4	0.36	1.4	0.5	0.6	0.8	1.1	1.7	2.7	3.4	7.9	1.80	9.45	1.4
		石首市	345	1.3	0.3	1.3	1.3	0.25	1.3	0.7	0.7	0.9	1.1	1.5	2.0	2.8	3.3	1.63	5.25	1.3
		松滋市	373	1.2	0.4	1.2	1.4	0.34	1.1	0.6	0.6	0.7	0.9	1.5	2.3	2.5	3.0	1.03	1.23	1.2
		江陵县	270	1.1	0.3	1.1	1.3	0.26	1.1	0.6	0.6	0.8	1.0	1.3	1.8	2.1	2.5	1.33	2.18	1.1
		公安县	557	1.5	0.5	1.4	1.3	0.31	1.4	0.5	0.6	0.8	1.2	1.7	2.6	3.4	4.1	1.47	4.54	1.4
	荆门市	荆门市区	282	1.5	0.6	1.5	1.4	0.36	1.4	0.6	0.6	0.8	1.2	1.7	3.0	3.4	4.2	1.33	2.47	1.5
		沙洋县	12 991	1.6	1.1	1.4	1.7	0.65	1.3	0.2	0.5	0.6	0.9	1.9	4.7	6.1	12.2	2.03	5.06	1.3
		钟祥市	22 451	1.9	1.1	1.6	1.7	0.59	1.6	0.1	0.5	0.6	1.2	2.2	4.7	6.7	17.4	2.40	11.77	1.7
		京山市	14 553	1.7	1.2	1.4	1.8	0.69	1.3	0.2	0.5	0.6	0.9	2.3	4.7	6.6	11.4	1.79	4.48	1.6
		屈家岭管理区	1883	2.4	1.5	2.0	1.9	0.64	1.8	0.3	0.5	0.7	1.2	3.5	5.8	6.9	8.0	0.94	−0.09	2.4
	孝感市	孝南区	245	1.2	0.4	1.1	1.4	0.32	1.1	0.4	0.4	0.6	0.9	1.3	2.1	2.5	2.8	1.13	1.70	1.1
		孝昌县	298	1.2	0.4	1.1	1.5	0.35	1.2	0.2	0.2	0.5	0.9	1.5	2.2	2.5	2.5	0.52	0.26	1.2
		云梦县	152	1.2	0.3	1.1	1.3	0.27	1.1	0.7	0.7	0.7	1.0	1.3	1.9	2.1	3.0	1.88	6.51	1.1

续表 2.9.11

单元名称			样本数	算术平均值	算术标准差	几何平均值	几何标准差	变异系数	中位值	最小值	累积频率分位值						最大值	偏度系数	峰度系数	背景值
			N	$\overline{X}$	S	X_g	S_g	CV	X_{me}	X_{min}	$X_{0.5\%}$	$X_{2.5\%}$	$X_{25\%}$	$X_{75\%}$	$X_{97.5\%}$	$X_{99.5\%}$	X_{max}	β_s	β_k	X'
行政县（市、区）	孝感市	大悟县	114	1.0	0.4	0.9	1.4	0.36	0.9	0.4	0.4	0.4	0.8	1.1	1.8	2.0	2.5	1.38	2.95	0.9
		安陆市	4144	1.4	0.8	1.3	1.6	0.55	1.2	0.3	0.5	0.6	0.9	1.7	3.6	4.4	7.4	1.96	5.53	1.3
		汉川市	415	1.5	0.4	1.4	1.3	0.29	1.4	0.3	0.4	0.8	1.2	1.7	2.5	3.0	3.4	0.91	2.19	1.4
		应城市	277	1.5	0.5	1.4	1.4	0.34	1.4	0.6	0.6	0.8	1.1	1.8	2.7	3.3	3.6	1.13	1.83	1.4
	黄冈市	黄冈市区	82	1.2	0.3	1.1	1.3	0.26	1.2	0.6	0.6	0.6	1.0	1.3	1.8	2.4	2.4	0.92	2.58	1.2
		武穴市	2191	2.3	1.5	1.9	1.8	0.69	1.8	0.3	0.4	0.7	1.2	2.9	6.0	9.3	18.5	2.77	15.71	2.1
		麻城市	204	1.0	0.3	1.0	1.3	0.27	1.0	0.6	0.6	0.6	0.8	1.1	1.7	2.0	2.2	1.51	3.88	1.0
		团风县	219	0.9	0.3	0.9	1.3	0.28	0.9	0.4	0.4	0.5	0.7	1.1	1.5	1.7	1.8	0.52	0.29	0.9
		黄梅县	361	1.2	0.4	1.1	1.4	0.36	1.1	0.4	0.5	0.6	0.9	1.4	2.3	2.7	3.3	1.38	2.96	1.1
		蕲春县	349	1.0	0.3	1.0	1.3	0.33	0.9	0.5	0.5	0.6	0.8	1.1	1.9	2.3	2.9	1.83	5.42	1.0
		浠水县	450	0.9	0.2	0.8	1.3	0.28	0.8	0.4	0.4	0.5	0.7	1.0	1.3	1.5	3.4	2.92	27.51	0.8
		罗田县	60	0.9	0.2	0.8	1.2	0.20	0.8	0.5	0.5	0.6	0.7	1.0	1.3	1.5	1.5	1.04	2.63	0.8
		红安县	31	0.9	0.2	0.9	1.3	0.26	0.9	0.5	0.5	0.5	0.7	1.0	1.3	1.5	1.5	0.56	0.53	0.9
	咸宁市	咸安区	222	1.7	0.8	1.6	1.5	0.45	1.6	0.7	0.7	0.8	1.1	2.0	3.7	4.0	4.7	1.26	1.56	1.6
		嘉鱼县	1889	2.1	1.5	1.6	1.9	0.73	1.5	0.4	0.5	0.6	1.0	2.8	6.0	7.6	10.0	1.59	2.76	1.8
		赤壁市	309	6.2	79.0	1.6	1.7	12.69	1.6	0.7	0.7	0.8	1.2	2.2	3.5	5.1	1 390.0	17.58	308.95	1.7
	随州市	随县	5324	1.1	0.7	1.0	1.6	0.60	0.9	0.2	0.4	0.5	0.7	1.4	3.0	4.3	8.1	2.50	10.73	1.0
		曾都区	356	1.0	0.4	0.9	1.5	0.41	0.9	0.3	0.4	0.4	0.7	1.2	1.9	2.3	3.3	1.42	4.27	0.9
		广水市	657	1.0	0.4	0.9	1.4	0.43	0.9	0.3	0.4	0.5	0.7	1.1	1.9	2.7	4.9	3.20	20.94	0.9
	恩施州	恩施市	20 212	3.7	2.3	3.0	2.0	0.62	3.4	0.1	0.5	0.7	1.9	4.8	9.2	11.6	31.1	1.10	2.65	3.5
		宣恩县	10 151	3.7	2.8	2.7	2.3	0.75	3.2	0.02	0.3	0.5	1.4	5.0	10.6	14.0	27.0	1.31	2.50	3.5
		建始县	10 711	3.6	1.9	3.1	1.9	0.54	3.4	0.2	0.4	0.6	2.4	4.5	8.5	11.3	21.9	1.32	4.18	3.4
		利川市	19 338	3.7	3.0	2.5	2.7	0.82	3.0	0.1	0.3	0.4	1.1	5.6	10.7	13.1	19.5	0.93	0.29	3.6
		鹤峰县	5933	5.5	3.2	4.4	2.1	0.58	5.1	0.1	0.5	0.7	3.2	7.3	12.8	15.5	22.9	0.73	0.59	5.3
		来凤县	6031	2.8	2.5	2.0	2.4	0.88	1.9	0.04	0.3	0.4	1.0	3.9	9.0	12.7	19.7	1.76	4.13	2.5
		咸丰县	8734	2.8	2.4	2.0	2.4	0.86	2.0	0.2	0.3	0.4	1.0	4.0	8.9	12.9	21.4	1.72	4.31	2.5
		巴东县	11 621	3.0	1.4	2.7	1.6	0.46	2.9	0.3	0.5	0.8	2.1	3.7	6.3	8.4	16.9	1.21	4.00	2.9

注：I 的地球化学参数中，N 单位为件，$\overline{X}$、S、X_g、S_g、X_{me}、X_{min}、$X_{0.5\%}$、$X_{2.5\%}$、$X_{25\%}$、$X_{75\%}$、$X_{97.5\%}$、$X_{99.5\%}$、X_{max}、X' 单位为 mg/kg，CV、β_s、β_k 为无量纲。

表 2.9.12　表层土壤 Mn 地球化学参数表

单元名称		样本数	算术平均值	算术标准差	几何平均值	几何标准差	变异系数	中位值	最小值	累积频率分位值						最大值	偏度系数	峰度系数	背景值
		N	$\bar{X}$	S	X_g	S_g	CV	X_{me}	X_{min}	$X_{0.5\%}$	$X_{2.5\%}$	$X_{25\%}$	$X_{75\%}$	$X_{97.5\%}$	$X_{99.5\%}$	X_{max}	β_s	β_k	X'
全省		235 042	824	446	722	2	0.54	763	18	136	211	561	1000	1837	2586	34 230	4.58	170.61	784
土壤类型	红壤	3783	722	603	607	2	0.83	620	51	120	187	421	892	1667	2869	14 729	9.44	155.78	660
	黄壤	17 488	824	595	638	2	0.72	706	45	101	148	360	1126	2327	3172	9605	1.85	8.16	758
	黄棕壤	67 724	980	563	826	2	0.57	936	18	120	190	591	1290	2135	2979	34 230	5.03	202.35	946
	黄褐土	1428	759	324	699	2	0.43	738	69	111	212	624	864	1479	2375	3873	3.01	20.60	720
	棕壤	8152	1264	427	1184	1	0.34	1265	63	205	407	1020	1497	2095	2539	8315	1.52	18.73	1250
	暗棕壤	478	1030	546	853	2	0.53	1051	89	91	198	555	1413	2020	2715	3062	0.29	−0.29	1019
	石灰土	8893	963	464	868	2	0.48	921	51	192	279	689	1172	1894	3115	7590	2.99	25.29	924
	紫色土	6504	670	307	605	2	0.46	640	91	149	211	466	810	1423	1767	4665	1.70	9.60	640
	草甸土	551	981	312	932	1	0.32	933	126	334	459	773	1137	1673	2096	2236	0.86	1.45	965
	潮土	43 305	795	172	777	1	0.22	780	87	379	520	673	903	1126	1337	4174	1.44	14.29	790
	沼泽土	392	943	408	873	1	0.43	868	213	264	446	670	1074	1894	2152	4562	2.49	15.46	900
	水稻土	76 333	657	283	599	2	0.43	654	47	159	221	460	819	1201	1682	14 584	3.33	94.83	642
土地利用类型	耕地	185 864	820	418	724	2	0.51	760	18	153	221	566	991	1805	2481	9761	1.97	12.99	784
	园地	13 549	746	565	577	2	0.76	640	45	82	131	325	990	2135	3019	14 584	3.23	38.67	676
	林地	19 490	909	593	793	2	0.65	830	40	140	240	596	1122	1988	3164	34 230	13.78	586.30	856
	草地	1933	937	513	791	2	0.55	881	61	106	174	579	1220	2192	2802	3526	1.01	1.84	898
	建设用地	2486	793	326	737	1	0.41	755	76	159	283	621	903	1572	2201	5039	3.11	26.96	753
	水域	8303	802	322	758	1	0.40	787	66	195	339	652	925	1282	1749	10 630	9.07	192.33	783
	未利用地	3417	884	572	715	2	0.65	782	49	99	156	487	1147	2288	3141	5134	1.58	4.69	830
地质背景	第四系	104 524	734	249	694	1	0.34	734	72	209	269	606	872	1160	1493	14 729	5.76	210.51	725
	新近系	151	731	344	683	1	0.47	702	276	276	362	562	844	1118	1319	4029	5.92	55.78	709
	古近系	1409	621	225	582	1	0.36	606	52	136	251	480	750	1040	1380	3887	2.62	31.90	604
	白垩系	11 187	637	319	563	2	0.50	609	40	117	173	404	816	1331	1798	7712	2.33	28.75	618
	侏罗系	4259	540	233	489	2	0.43	529	52	103	163	383	666	1064	1481	2352	1.08	3.59	525
	三叠系	42 665	1109	468	990	2	0.42	1138	45	162	254	784	1406	2004	2498	9605	0.61	6.08	1099
	二叠系	16 070	980	541	839	2	0.55	961	49	135	191	636	1246	2023	3136	15 615	3.42	51.93	944
	石炭系	1013	874	388	780	2	0.44	876	102	145	199	614	1100	1669	2189	4443	1.15	7.41	854

续表 2.9.12

单元名称		样本数	算术平均值	算术标准差	几何平均值	几何标准差	变异系数	中位值	最小值	累积频率分位值						最大值	偏度系数	峰度系数	背景值
		N	$\bar{X}$	S	X_g	S_g	CV	X_{me}	X_{min}	$X_{0.5\%}$	$X_{2.5\%}$	$X_{25\%}$	$X_{75\%}$	$X_{97.5\%}$	$X_{99.5\%}$	X_{max}	β_s	β_k	X'
地质背景	泥盆系	2277	770	466	634	2	0.61	740	81	123	159	409	1049	1642	2676	5529	2.09	14.38	746
	志留系	20 051	691	455	572	2	0.66	621	47	125	176	350	926	1652	2604	15 806	4.05	76.13	651
	奥陶系	10 931	950	834	639	3	0.88	667	18	72	109	297	1372	2923	3873	7926	1.53	3.39	898
	寒武系	8528	942	538	800	2	0.57	866	49	161	219	553	1230	2155	3067	7129	1.61	7.02	905
	震旦系	3131	747	798	622	2	1.07	676	51	89	177	426	932	1694	3268	34 230	26.05	1 021.30	685
	南华系	2312	770	366	713	1	0.47	723	139	238	334	557	905	1482	2139	8760	6.62	112.78	736
	青白口系—震旦系	308	624	295	576	1	0.47	580	171	174	256	455	732	1090	2298	2920	3.82	25.47	601
	青白口系	3132	655	406	576	2	0.62	568	43	184	236	400	821	1532	2112	8623	5.87	87.16	610
	中元古界	25	992	314	942	1	0.32	983	440	440	440	733	1200	1455	1789	1789	0.35	0.49	992
	滹沱系—太古宇	282	597	172	572	1	0.29	573	248	248	298	474	710	942	1073	1281	0.54	0.36	594
	侵入岩	2515	698	430	608	2	0.62	587	125	184	241	433	831	1759	2735	5222	2.94	16.87	625
	脉岩	14	657	358	565	2	0.54	617	198	198	198	356	823	1396	1396	1396	0.71	−0.09	657
	变质岩	258	911	459	805	2	0.50	830	200	200	267	598	1160	1993	2898	3061	1.37	3.37	871
成土母质	第四系沉积物	101 053	734	235	696	1	0.32	736	40	212	274	610	870	1134	1416	14 729	4.94	203.73	727
	碎屑岩风化物	41 821	662	403	574	2	0.61	620	45	123	177	401	847	1446	2067	34 230	16.20	1 180.94	635
	碎屑岩风化物(黑色岩系)	3384	1005	888	671	3	0.88	732	49	75	98	329	1419	3029	4095	11 130	1.91	8.60	959
	碳酸盐岩风化物	48 403	1146	532	1011	2	0.46	1153	45	165	253	806	1433	2238	3073	14 584	1.55	16.63	1117
	碳酸盐岩风化物(黑色岩系)	17 509	1007	545	864	2	0.54	983	49	138	197	659	1285	2075	2996	15 615	3.06	45.56	974
	变质岩风化物	20 365	650	439	536	2	0.68	579	18	96	149	343	846	1564	2579	15 806	4.52	86.87	611
	火山岩风化物	177	1293	756	1092	2	0.58	1143	243	243	328	718	1704	3328	3462	5222	1.41	3.80	1221
	侵入岩风化物	2329	649	329	581	2	0.51	568	125	182	235	427	779	1471	2103	3165	1.74	5.23	597
地形地貌	平原	109 260	731	250	690	1	0.34	733	69	211	269	601	871	1145	1454	14 729	5.76	205.82	722
	洪湖湖区	389	800	227	771	1	0.28	764	328	356	442	642	921	1301	1474	2096	1.24	3.63	787
	丘陵低山	32 037	700	454	617	2	0.65	640	40	152	227	445	871	1532	2267	34 230	18.34	1 060.04	660
	中山	2737	871	458	789	2	0.53	813	123	177	253	651	1000	1708	3629	6944	4.46	36.75	820
	高山	90 619	980	566	803	2	0.58	965	18	109	168	537	1324	2183	2991	9761	1.22	6.45	951

续表 2.9.12

单元名称			样本数	算术平均值	算术标准差	几何平均值	几何标准差	变异系数	中位值	最小值	累积频率分位值						最大值	偏度系数	峰度系数	背景值
			N	$\bar{X}$	S	X_g	S_g	CV	X_{me}	X_{min}	$X_{0.5\%}$	$X_{2.5\%}$	$X_{25\%}$	$X_{75\%}$	$X_{97.5\%}$	$X_{99.5\%}$	X_{max}	β_s	β_k	X'
行政市（州）	武汉市		4109	727	233	686	1	0.32	737	159	231	297	557	885	1180	1385	2040	0.18	0.19	724
	襄阳市		6372	769	219	736	1	0.29	765	155	255	338	643	896	1182	1493	3530	0.86	7.35	762
	宜昌市		1479	754	303	702	1	0.40	695	142	219	335	561	863	1424	2102	2602	1.68	5.09	727
	黄石市		881	751	357	696	1	0.48	697	218	242	342	559	854	1557	2473	4673	4.24	33.95	700
	十堰市		3927	985	486	900	2	0.49	904	106	232	365	715	1154	2012	3190	8760	4.24	43.66	932
	荆州市		17 689	770	183	748	1	0.24	761	163	342	442	647	881	1138	1339	3827	0.95	8.53	765
	荆门市		51 871	660	353	593	2	0.53	653	47	180	224	425	846	1234	1787	34 230	21.05	1 713.40	642
	鄂州市		403	611	211	573	1	0.34	591	150	151	228	465	752	1014	1227	1284	0.38	−0.14	606
	孝感市		5645	667	292	625	1	0.44	639	51	224	301	506	789	1151	1681	7590	7.29	125.25	647
	黄冈市		3947	636	465	562	2	0.73	577	40	120	192	436	742	1365	2491	15 615	13.56	342.73	588
	咸宁市		2420	754	684	636	2	0.91	701	69	163	219	432	935	1394	4906	14 729	9.98	146.57	693
	随州市		6337	661	318	601	2	0.48	599	43	203	267	445	801	1406	1983	4403	2.38	14.00	629
	恩施州		92 732	977	565	802	2	0.58	957	18	110	169	541	1318	2181	3005	9761	1.28	6.81	947
	仙桃市		12 226	817	171	800	1	0.21	805	337	464	538	697	920	1172	1386	4562	1.51	19.86	811
	天门市		9542	765	159	750	1	0.21	739	236	418	537	642	871	1094	1205	2735	0.94	4.50	763
	潜江市		15 462	768	156	753	1	0.20	752	179	417	501	661	864	1088	1223	3236	1.10	8.96	765
行政县（市、区）	武汉市	武汉市区	744	623	209	589	1	0.34	616	187	240	284	465	761	1060	1250	1910	0.71	1.64	617
		蔡甸区	2305	810	210	779	1	0.26	818	159	259	355	692	946	1226	1402	1764	−0.06	0.57	808
		黄陂区	573	593	221	555	1	0.37	560	213	216	265	436	719	1090	1410	2040	1.23	3.69	583
		东西湖区	125	807	150	792	1	0.19	810	438	438	492	714	900	1110	1160	1420	0.23	1.79	802
		新洲区	362	597	211	558	1	0.35	590	177	192	241	439	722	1040	1170	1200	0.39	−0.15	597
	襄阳市	襄阳市区	912	736	161	722	1	0.22	717	349	452	509	649	797	1089	1380	2200	2.94	19.13	717
		枣阳市	816	784	188	763	1	0.24	772	239	366	469	670	867	1180	1584	1923	1.11	3.76	773
		老河口市	265	765	174	752	1	0.23	738	450	450	560	686	827	1032	1187	2881	7.00	83.07	752
		宜城市	2299	719	208	685	1	0.29	742	184	244	297	589	858	1111	1314	2024	0.04	0.84	715
		谷城县	222	792	159	777	1	0.20	767	281	281	549	700	881	1120	1384	1608	0.94	3.69	782
		南漳县	1858	837	259	791	1	0.31	875	155	245	316	674	1008	1266	1557	3530	0.57	7.12	831

续表 2.9.12

单元名称			样本数	算术平均值	算术标准差	几何平均值	几何标准差	变异系数	中位值	最小值	累积频率分位值						最大值	偏度系数	峰度系数	背景值
			N	$\bar{X}$	S	X_g	S_g	CV	X_{me}	X_{min}	$X_{0.5\%}$	$X_{2.5\%}$	$X_{25\%}$	$X_{75\%}$	$X_{97.5\%}$	$X_{99.5\%}$	X_{max}	β_s	β_k	X'
行政县（市、区）	宜昌市	宜昌市辖区	233	704	246	663	1	0.35	690	167	167	280	541	828	1238	1700	1789	1.00	2.41	689
		宜都市	75	624	163	602	1	0.26	619	249	249	311	481	747	912	932	932	−0.002 7	−0.77	624
		枝江市	375	645	176	617	1	0.27	663	142	167	275	535	775	945	1026	1081	−0.30	−0.31	645
		当阳市	284	605	124	592	1	0.20	604	258	258	371	513	687	837	871	875	0.004 6	−0.46	605
		秭归县	478	940	366	875	1	0.39	886	205	306	405	674	1156	1903	2395	2585	1.15	2.26	894
		长阳土家族自治县	34	1206	357	1157	1	0.30	1206	439	439	439	1029	1312	1922	2602	2602	1.62	6.95	1163
	黄石市	黄石市区	47	977	531	877	2	0.54	806	354	354	354	685	976	2473	2869	2869	2.00	4.17	867
		大冶市	382	694	325	637	1	0.47	631	218	221	301	486	791	1508	2214	2774	2.33	8.71	646
		阳新县	452	775	349	731	1	0.45	724	242	322	382	608	870	1327	2351	4673	6.23	61.84	737
	十堰市	茅箭区	63	899	178	883	1	0.20	883	571	571	607	772	968	1295	1490	1490	0.98	1.68	889
		郧阳区	118	906	170	890	1	0.19	894	477	477	589	802	1004	1271	1282	1393	0.36	0.32	906
		丹江口市	570	861	217	835	1	0.25	832	318	421	493	725	979	1372	1584	1980	0.85	1.73	849
		竹溪县	1169	1153	590	1031	2	0.51	1079	127	203	326	795	1409	2455	3503	8760	3.32	29.19	1085
		竹山县	2007	930	468	850	2	0.50	868	106	270	360	662	1070	1869	2708	7712	4.78	51.87	881
	荆州市	荆州市区	374	661	141	645	1	0.21	667	294	332	378	557	753	921	1021	1270	0.18	0.38	659
		洪湖市	12 277	793	189	771	1	0.24	784	309	395	460	664	907	1167	1375	3827	1.18	10.13	786
		监利市	3493	725	143	711	1	0.20	716	342	404	468	623	814	1020	1141	1474	0.42	0.52	722
		石首市	345	757	171	733	1	0.23	779	280	321	339	682	861	1011	1131	1363	−0.63	0.97	753
		松滋市	373	604	228	554	2	0.38	626	163	165	195	402	787	961	1031	1079	−0.12	−1.18	604
		江陵县	270	699	106	691	1	0.15	684	468	468	518	625	770	923	971	997	0.31	−0.39	699
		公安县	557	766	169	744	1	0.22	799	280	289	355	673	879	1008	1083	1317	−0.68	0.55	765
	荆门市	荆门市区	282	651	263	622	1	0.40	629	278	278	340	526	738	968	1437	4029	7.73	97.28	634
		沙洋县	12 991	583	329	513	2	0.56	527	119	183	214	342	761	1212	1849	7798	3.90	48.27	559
		钟祥市	22 451	722	359	672	1	0.50	728	125	217	268	552	887	1166	1597	34 230	40.27	3 517.24	709
		京山市	14 404	620	350	542	2	0.57	580	47	137	204	362	803	1323	1921	14 584	6.32	191.03	596
		屈家岭管理区	1883	768	261	726	1	0.34	735	111	234	324	610	907	1331	1931	3146	1.52	7.39	748
	孝感市	孝南区	245	660	223	625	1	0.34	639	269	269	320	486	778	1140	1575	1662	1.03	2.12	649
		孝昌县	298	636	215	608	1	0.34	611	242	242	314	518	740	1019	1229	2911	4.15	41.03	624
		云梦县	152	690	129	677	1	0.19	686	354	354	406	608	769	955	1025	1042	0.04	0.36	690

续表 2.9.12

单元名称			样本数	算术平均值	算术标准差	几何平均值	几何标准差	变异系数	中位值	最小值	累积频率分位值						最大值	偏度系数	峰度系数	背景值
			N	$\bar{X}$	S	X_g	S_g	CV	X_{me}	X_{min}	$X_{0.5\%}$	$X_{2.5\%}$	$X_{25\%}$	$X_{75\%}$	$X_{97.5\%}$	$X_{99.5\%}$	X_{max}	β_s	β_k	X'
行政县（市、区）	孝感市	大悟县	114	639	359	571	2	0.56	600	201	201	232	443	750	1129	2298	2920	3.27	17.19	595
		安陆市	4144	658	316	612	1	0.48	620	51	209	296	490	770	1192	1728	7590	7.72	124.77	631
		汉川市	415	797	148	780	1	0.19	812	210	286	415	719	889	1054	1139	1359	−0.60	1.56	804
		应城市	277	652	184	625	1	0.28	643	231	231	327	507	779	992	1097	1272	0.21	−0.39	649
	黄冈市	黄冈市区	82	654	200	620	1	0.31	690	227	227	247	502	776	1003	1102	1102	−0.04	−0.53	654
		武穴市	2191	698	596	590	2	0.85	612	40	93	165	436	840	1593	3041	15 615	11.32	223.47	630
		麻城市	204	459	145	438	1	0.32	450	207	207	246	349	530	787	868	1171	1.05	2.35	454
		团风县	219	565	184	537	1	0.33	528	253	253	279	433	666	1022	1112	1202	0.90	0.76	554
		黄梅县	361	559	181	525	1	0.32	581	153	162	191	422	681	882	963	1209	−0.06	−0.24	557
		蕲春县	349	548	188	517	1	0.34	534	184	186	231	411	658	910	1235	1595	0.93	2.95	541
		浠水县	450	579	166	556	1	0.29	568	180	182	267	474	688	852	1021	2137	1.84	16.40	572
		罗田县	60	642	135	628	1	0.21	615	381	381	413	548	720	933	994	994	0.50	−0.17	642
		红安县	31	594	153	573	1	0.26	617	294	294	294	479	689	802	821	821	−0.39	−0.84	594
	咸宁市	咸安区	222	606	215	564	1	0.36	589	203	203	255	413	772	975	1137	1145	0.13	−0.91	606
		嘉鱼县	1889	789	760	652	2	0.96	740	69	161	216	428	988	1533	5957	14 729	9.20	121.13	716
		赤壁市	309	645	257	596	2	0.40	601	160	161	258	456	798	1243	1425	1575	0.85	0.77	629
	随州市	随县	5324	665	333	599	2	0.50	599	43	199	262	434	815	1447	2034	4403	2.36	13.31	630
		曾都区	356	707	215	677	1	0.30	656	315	327	400	537	843	1215	1276	1360	0.72	−0.13	705
		广水市	657	606	221	572	1	0.36	566	178	206	285	469	698	1160	1371	2816	2.40	16.05	582
	恩施州	恩施市	20 212	1050	574	879	2	0.55	1034	45	129	188	633	1378	2296	3090	8315	1.22	6.64	1020
		宣恩县	10 152	923	593	726	2	0.64	869	59	122	160	417	1291	2252	3115	5581	1.12	3.03	888
		建始县	10 711	1074	477	958	2	0.44	1081	49	164	235	788	1339	1933	2826	9605	1.87	20.15	1051
		利川市	19 338	898	513	734	2	0.57	810	18	91	152	473	1293	1937	2316	5932	0.60	0.50	891
		鹤峰县	5933	1134	602	962	2	0.53	1123	99	156	208	728	1445	2495	3427	6211	1.22	5.01	1094
		来凤县	6031	811	725	575	2	0.89	553	49	95	137	298	1100	2666	3447	7255	2.01	6.41	680
		咸丰县	8734	756	590	567	2	0.78	607	55	82	130	299	1034	2178	2926	9761	2.22	14.13	702
		巴东县	11 621	1116	427	1035	2	0.38	1112	123	203	357	860	1326	1974	2875	6944	1.98	15.23	1085

注：Mn 的地球化学参数中，N 单位为件，$\bar{X}$、S、X_g、S_g、X_{me}、X_{min}、$X_{0.5\%}$、$X_{2.5\%}$、$X_{25\%}$、$X_{75\%}$、$X_{97.5\%}$、$X_{99.5\%}$、X_{max}、X' 单位为 mg/kg，CV、β_s、β_k 为无量纲。

表 2.9.13　表层土壤 Mo 地球化学参数表

单元名称		样本数	算术平均值	算术标准差	几何平均值	几何标准差	变异系数	中位值	最小值	累积频率分位值						最大值	偏度系数	峰度系数	背景值
		N	$\bar{X}$	S	X_g	S_g	CV	X_{me}	X_{min}	$X_{0.5\%}$	$X_{2.5\%}$	$X_{25\%}$	$X_{75\%}$	$X_{97.5\%}$	$X_{99.5\%}$	X_{max}	β_s	β_k	X'
全省		242 948	1.66	4.78	1.05	2.01	2.89	0.95	0.04	0.32	0.40	0.70	1.31	7.94	26.01	664.00	33.43	2 830.19	0.94
土壤类型	红壤	3783	1.37	2.99	0.99	1.83	2.18	0.90	0.12	0.30	0.40	0.71	1.22	4.61	18.90	69.93	13.57	237.93	0.92
	黄壤	17 857	2.12	5.84	1.17	2.33	2.76	1.04	0.17	0.29	0.35	0.67	1.61	11.66	35.51	159.27	13.09	240.98	1.03
	黄棕壤	69 303	2.43	6.93	1.32	2.35	2.86	1.10	0.10	0.31	0.41	0.78	1.73	14.34	37.85	664.00	28.75	1 965.99	1.07
	黄褐土	1428	1.02	2.47	0.70	1.80	2.43	0.61	0.22	0.32	0.37	0.52	0.76	4.51	17.76	51.64	11.59	176.77	0.61
	棕壤	8885	4.07	10.46	2.03	2.53	2.57	1.48	0.29	0.43	0.72	1.10	2.68	27.00	60.14	370.25	12.97	296.30	1.41
	暗棕壤	478	2.03	4.30	1.19	2.22	2.12	1.03	0.25	0.29	0.39	0.81	1.40	13.90	34.06	48.00	6.62	53.38	0.99
	石灰土	9394	2.19	4.73	1.36	2.14	2.16	1.12	0.11	0.38	0.52	0.87	1.66	11.95	27.03	193.53	14.48	393.42	1.08
	紫色土	6755	0.84	0.94	0.71	1.67	1.12	0.68	0.17	0.26	0.30	0.51	0.92	2.30	5.65	44.11	19.41	716.63	0.70
	草甸土	554	1.66	2.56	1.26	1.76	1.54	1.16	0.41	0.47	0.62	0.92	1.44	6.22	21.70	26.84	6.86	53.06	1.14
	潮土	45 774	1.03	0.46	0.98	1.36	0.45	0.98	0.23	0.43	0.52	0.81	1.21	1.66	2.19	43.03	24.36	1 647.87	1.01
	沼泽土	392	2.88	6.49	1.44	2.33	2.25	1.15	0.37	0.43	0.62	0.97	1.44	26.51	42.04	48.37	4.55	22.25	1.14
	水稻土	78 334	0.98	1.50	0.83	1.61	1.53	0.78	0.04	0.32	0.39	0.62	1.05	2.62	7.22	163.21	40.74	3 052.24	0.82
土地利用类型	耕地	191 941	1.56	4.19	1.03	1.94	2.69	0.94	0.04	0.32	0.41	0.70	1.28	6.92	24.05	370.25	22.19	968.96	0.93
	园地	14 180	1.92	4.15	1.13	2.28	2.16	0.96	0.18	0.30	0.37	0.67	1.46	11.46	24.10	159.27	11.86	260.87	0.93
	林地	20 390	2.53	9.20	1.26	2.44	3.64	1.02	0.15	0.29	0.40	0.73	1.62	15.54	41.10	664.00	34.43	2 031.69	0.99
	草地	1947	2.12	5.56	1.17	2.28	2.63	1.06	0.17	0.28	0.34	0.73	1.53	11.76	43.18	106.10	9.35	115.56	1.04
	建设用地	2492	1.50	3.88	1.04	1.83	2.58	0.97	0.11	0.30	0.44	0.75	1.26	5.37	24.20	120.32	16.76	406.02	0.96
	水域	8499	1.08	0.74	0.99	1.46	0.68	0.98	0.17	0.37	0.49	0.79	1.22	2.10	4.32	26.81	13.64	315.47	1.00
	未利用地	3499	2.08	4.79	1.17	2.39	2.30	1.04	0.25	0.29	0.35	0.64	1.68	11.00	32.60	101.00	10.02	142.24	1.01
地质背景	第四系	108 245	0.95	0.71	0.88	1.44	0.75	0.88	0.17	0.36	0.44	0.69	1.12	1.65	2.51	120.00	64.03	8 376.84	0.91
	新近系	151	0.83	0.43	0.77	1.39	0.52	0.71	0.45	0.45	0.51	0.63	0.83	1.79	3.12	4.14	4.61	28.23	0.71
	古近系	1436	1.31	2.53	0.85	1.99	1.93	0.72	0.28	0.35	0.41	0.58	0.94	7.68	16.69	45.82	7.71	88.85	0.72
	白垩系	11 433	1.12	1.66	0.88	1.74	1.48	0.77	0.12	0.32	0.42	0.65	1.00	4.64	9.67	56.80	13.23	293.56	0.77
	侏罗系	4284	0.59	0.38	0.52	1.58	0.64	0.48	0.12	0.23	0.26	0.38	0.69	1.41	2.29	9.26	5.84	83.48	0.53
	三叠系	43 820	1.86	5.03	1.22	1.94	2.71	1.10	0.10	0.37	0.47	0.87	1.44	8.59	30.48	370.25	21.79	958.06	1.08
	二叠系	16 951	5.67	11.40	2.88	2.75	2.01	2.24	0.27	0.48	0.69	1.39	5.09	32.50	76.19	316.00	7.95	109.28	2.21
	石炭系	1097	2.22	3.26	1.63	1.94	1.47	1.47	0.32	0.43	0.58	1.07	2.17	8.99	21.80	59.30	8.83	114.40	1.51

续表 2.9.13

单元名称		样本数	算术平均值	算术标准差	几何平均值	几何标准差	变异系数	中位值	最小值	累积频率分位值						最大值	偏度系数	峰度系数	背景值
		N	$\bar{X}$	S	X_g	S_g	CV	X_{me}	X_{min}	$X_{0.5\%}$	$X_{2.5\%}$	$X_{25\%}$	$X_{75\%}$	$X_{97.5\%}$	$X_{99.5\%}$	X_{max}	β_s	β_k	X'
地质背景	泥盆系	2447	1.55	2.02	1.23	1.76	1.30	1.17	0.29	0.37	0.48	0.87	1.57	5.09	10.84	42.47	9.81	137.93	1.19
	志留系	20 610	1.15	2.20	0.83	1.89	1.91	0.74	0.22	0.30	0.35	0.56	1.06	4.89	12.28	107.10	18.04	575.49	0.76
	奥陶系	11 151	2.55	8.23	1.37	2.50	3.23	1.16	0.11	0.31	0.38	0.73	1.99	14.05	32.67	664.00	49.68	3 781.63	1.11
	寒武系	9043	3.04	8.58	1.78	2.29	2.82	1.43	0.21	0.46	0.60	1.03	2.44	16.13	37.26	555.84	34.99	1 998.39	1.39
	震旦系	3237	2.22	5.63	1.25	2.35	2.54	0.96	0.15	0.35	0.44	0.69	1.94	11.18	31.89	175.10	14.96	348.09	0.98
	南华系	2316	1.27	3.80	0.78	2.02	2.99	0.67	0.04	0.22	0.32	0.53	0.93	5.82	18.08	97.13	15.83	323.13	0.67
	青白口系—震旦系	308	0.64	0.35	0.58	1.49	0.55	0.56	0.23	0.24	0.29	0.46	0.71	1.42	2.37	3.54	4.18	26.56	0.58
	青白口系	3132	0.94	2.04	0.73	1.81	2.17	0.68	0.18	0.25	0.30	0.48	0.96	3.13	6.50	100.00	37.54	1 778.17	0.70
	中元古界	25	1.37	1.67	0.94	2.21	1.22	0.84	0.20	0.20	0.20	0.68	1.19	5.05	7.89	7.89	3.15	10.53	0.92
	滹沱系—太古宇	282	0.66	0.27	0.62	1.40	0.41	0.61	0.20	0.20	0.35	0.51	0.75	1.26	2.36	2.78	3.19	18.84	0.63
	侵入岩	2558	1.18	2.60	0.79	1.98	2.21	0.67	0.17	0.24	0.32	0.52	0.99	4.91	16.26	66.31	13.13	242.40	0.68
	脉岩	14	0.88	0.53	0.77	1.70	0.60	0.73	0.36	0.36	0.36	0.57	0.96	2.04	2.04	2.04	1.48	1.45	0.88
	变质岩	408	2.18	3.98	1.39	2.25	1.83	1.23	0.30	0.32	0.39	0.81	2.17	10.25	20.21	63.06	10.01	138.88	1.28
成土母质	第四系沉积物	104 667	0.93	0.43	0.87	1.42	0.46	0.88	0.17	0.36	0.44	0.69	1.12	1.61	2.06	40.31	22.57	1 444.58	0.91
	碎屑岩风化物	42 690	1.02	1.50	0.80	1.77	1.47	0.73	0.12	0.27	0.34	0.57	0.99	3.65	9.37	57.50	12.93	266.05	0.74
	碎屑岩风化物(黑色岩系)	3691	2.20	2.97	1.46	2.23	1.35	1.22	0.28	0.38	0.48	0.84	2.09	10.59	17.50	57.74	5.35	53.94	1.17
	碳酸盐岩风化物	50 129	1.99	4.93	1.37	1.92	2.48	1.19	0.10	0.42	0.57	0.95	1.63	9.17	25.80	664.00	55.36	6 623.79	1.18
	碳酸盐岩风化物(黑色岩系)	18 045	6.08	12.56	2.97	2.82	2.07	2.27	0.20	0.52	0.73	1.38	5.32	35.62	81.62	370.25	8.17	120.53	2.19
	变质岩风化物	21 149	1.88	6.36	1.00	2.37	3.38	0.80	0.04	0.28	0.34	0.57	1.31	10.80	29.07	555.84	39.44	2 891.80	0.78
	火山岩风化物	177	4.88	6.87	2.63	2.87	1.41	2.11	0.36	0.36	0.50	1.12	5.48	21.38	38.65	47.43	3.20	13.17	2.44
	侵入岩风化物	2399	1.09	2.33	0.77	1.89	2.14	0.68	0.17	0.23	0.33	0.53	0.95	4.24	13.34	66.31	15.82	354.07	0.69
地形地貌	平原	112 999	0.94	0.88	0.87	1.43	0.94	0.86	0.17	0.37	0.45	0.68	1.10	1.63	2.47	193.53	117.40	22 440.92	0.90
	洪湖湖区	389	0.78	0.20	0.76	1.29	0.25	0.76	0.36	0.36	0.46	0.64	0.91	1.22	1.46	1.56	0.62	0.80	0.77
	丘陵低山	33 920	1.89	5.50	1.08	2.28	2.90	0.86	0.04	0.30	0.38	0.64	1.42	10.28	27.01	555.84	39.39	3 249.51	0.84
	中山	2737	1.22	3.01	0.92	1.71	2.46	0.86	0.11	0.23	0.42	0.68	1.13	3.07	12.30	87.01	17.23	368.82	0.88
	高山	92 903	2.46	6.79	1.33	2.38	2.76	1.14	0.10	0.29	0.37	0.81	1.76	14.60	39.24	664.00	22.07	1 280.81	1.11

续表 2.9.13

单元名称			样本数 N	算术平均值 $\bar{X}$	算术标准差 S	几何平均值 X_g	几何标准差 S_g	变异系数 CV	中位值 X_{me}	最小值 X_{min}	累积频率分位值						最大值 X_{max}	偏度系数 β_s	峰度系数 β_k	背景值 X'
											$X_{0.5\%}$	$X_{2.5\%}$	$X_{25\%}$	$X_{75\%}$	$X_{97.5\%}$	$X_{99.5\%}$				
行政市（州）		武汉市	4109	1.02	0.46	0.93	1.56	0.45	0.97	0.04	0.23	0.35	0.70	1.29	1.94	2.33	10.88	3.47	55.75	1.00
		襄阳市	7131	1.06	2.20	0.85	1.67	2.07	0.80	0.22	0.35	0.40	0.60	1.13	2.48	9.70	111.28	29.56	1 236.34	0.85
		宜昌市	1479	1.01	0.95	0.84	1.73	0.94	0.81	0.17	0.20	0.28	0.63	1.06	2.98	7.30	16.30	6.89	73.33	0.81
		黄石市	881	1.81	4.52	1.33	1.82	2.50	1.18	0.32	0.36	0.51	0.93	1.71	5.43	16.13	120.32	21.50	544.70	1.22
		十堰市	4162	5.38	13.61	2.57	2.93	2.53	2.18	0.21	0.47	0.59	1.05	5.16	32.05	66.17	555.84	19.71	680.27	2.47
		荆州市	18 052	0.89	0.28	0.85	1.35	0.32	0.85	0.23	0.40	0.48	0.69	1.03	1.54	2.00	4.02	1.44	5.44	0.87
		荆门市	53 487	1.04	1.76	0.85	1.65	1.70	0.78	0.15	0.34	0.41	0.62	1.08	3.06	8.58	193.53	42.30	3 420.57	0.84
		鄂州市	403	0.96	0.93	0.87	1.42	0.97	0.86	0.43	0.46	0.50	0.72	1.00	1.95	3.21	17.79	15.21	269.78	0.86
		孝感市	5895	1.33	2.27	0.91	1.94	1.71	0.76	0.23	0.37	0.44	0.61	1.05	7.76	16.59	40.89	6.67	60.65	0.78
		黄冈市	4247	1.16	1.76	0.89	1.81	1.52	0.82	0.21	0.31	0.38	0.60	1.17	3.86	11.45	44.49	11.62	192.08	0.83
		咸宁市	2420	1.05	1.65	0.92	1.47	1.57	0.86	0.24	0.43	0.56	0.74	1.03	2.34	7.00	57.74	24.33	736.33	0.87
		随州市	6669	1.26	2.06	0.84	2.11	1.63	0.69	0.18	0.27	0.33	0.51	1.14	6.66	14.72	38.17	6.75	66.72	0.70
		恩施州	95 016	2.43	6.73	1.31	2.37	2.77	1.13	0.10	0.30	0.37	0.80	1.74	14.41	38.90	664.00	22.23	1 301.46	1.10
		仙桃市	13 430	1.00	0.28	0.96	1.33	0.28	0.97	0.30	0.46	0.54	0.79	1.18	1.58	1.81	4.26	0.71	2.15	0.99
		天门市	10 105	1.00	0.24	0.97	1.26	0.24	0.95	0.30	0.53	0.63	0.82	1.15	1.51	1.66	3.48	0.78	1.73	0.99
		潜江市	15 462	0.98	0.28	0.95	1.32	0.28	0.95	0.33	0.46	0.54	0.79	1.15	1.57	1.83	6.85	1.77	20.35	0.98
行政县（市，区）	武汉市	武汉市区	744	0.90	0.34	0.85	1.34	0.38	0.82	0.30	0.44	0.52	0.71	1.00	1.64	2.32	5.32	4.76	45.26	0.84
		蔡甸区	2305	1.21	0.44	1.15	1.41	0.37	1.20	0.39	0.43	0.53	0.95	1.44	2.02	2.36	10.88	5.26	101.51	1.20
		黄陂区	573	0.65	0.37	0.58	1.61	0.57	0.60	0.04	0.21	0.22	0.44	0.79	1.56	2.36	3.87	3.76	25.30	0.60
		东西湖区	125	1.10	0.26	1.07	1.29	0.24	1.12	0.51	0.51	0.61	0.92	1.29	1.56	1.59	1.63	−0.08	−0.64	1.10
		新洲区	362	0.63	0.19	0.60	1.36	0.31	0.61	0.22	0.23	0.30	0.49	0.72	1.05	1.16	1.38	0.68	0.55	0.62
	襄阳市	襄阳市区	912	0.67	0.27	0.63	1.40	0.40	0.60	0.22	0.31	0.37	0.50	0.74	1.34	1.67	3.23	2.63	14.39	0.62
		枣阳市	816	0.63	0.27	0.60	1.34	0.43	0.59	0.30	0.32	0.37	0.51	0.69	1.26	1.89	4.83	7.02	85.39	0.59
		老河口市	265	0.74	0.26	0.71	1.33	0.35	0.67	0.40	0.40	0.48	0.58	0.80	1.42	1.83	2.29	2.32	7.27	0.68
		宜城市	2618	0.96	0.66	0.87	1.51	0.69	0.93	0.29	0.34	0.40	0.63	1.20	1.70	2.40	28.11	26.84	1 085.70	0.93
		谷城县	222	0.87	0.22	0.85	1.28	0.26	0.83	0.34	0.34	0.53	0.73	0.97	1.43	1.60	1.79	1.16	1.85	0.85
		南漳县	2298	1.54	3.75	1.06	1.88	2.44	0.97	0.31	0.38	0.47	0.72	1.27	7.17	17.94	111.28	17.96	442.09	0.95

续表 2.9.13

单元名称			样本数	算术平均值	算术标准差	几何平均值	几何标准差	变异系数	中位值	最小值	累积频率分位值						最大值	偏度系数	峰度系数	背景值
			N	$\bar{X}$	S	X_g	S_g	CV	X_{me}	X_{min}	$X_{0.5\%}$	$X_{2.5\%}$	$X_{25\%}$	$X_{75\%}$	$X_{97.5\%}$	$X_{99.5\%}$	X_{max}	β_s	β_k	X'
行政县（市、区）	宜昌市	宜昌市辖区	233	0.99	1.11	0.74	2.02	1.12	0.73	0.17	0.17	0.20	0.46	1.04	3.56	7.58	10.47	4.69	29.93	0.70
		宜都市	75	1.04	0.34	0.99	1.35	0.32	1.02	0.47	0.47	0.48	0.83	1.10	1.84	2.49	2.49	1.60	4.65	0.99
		枝江市	375	0.80	0.19	0.78	1.26	0.24	0.81	0.39	0.39	0.43	0.68	0.89	1.17	1.31	2.36	1.60	11.87	0.79
		当阳市	284	0.70	0.17	0.68	1.26	0.24	0.66	0.39	0.39	0.43	0.59	0.79	1.10	1.26	1.55	1.13	2.12	0.69
		秭归县	478	1.31	1.35	0.99	2.02	1.03	1.04	0.20	0.20	0.24	0.66	1.47	4.29	9.30	16.30	5.26	41.71	1.04
		长阳土家族自治县	34	1.56	1.17	1.34	1.65	0.75	1.15	0.72	0.72	0.72	0.96	1.68	3.79	6.90	6.90	3.29	13.20	1.23
	黄石市	黄石市区	47	3.66	6.28	2.22	2.33	1.71	2.00	0.70	0.70	0.70	1.10	3.28	19.22	40.31	40.31	4.85	26.53	2.00
		大冶市	382	2.03	6.24	1.46	1.78	3.07	1.27	0.53	0.58	0.71	1.00	1.89	5.16	9.92	120.32	18.03	341.53	1.36
		阳新县	452	1.42	1.55	1.17	1.71	1.09	1.09	0.32	0.34	0.45	0.86	1.41	4.21	12.65	16.13	6.32	47.63	1.15
	十堰市	茅箭区	63	1.04	0.40	0.98	1.41	0.38	0.95	0.53	0.53	0.56	0.76	1.20	1.98	2.47	2.47	1.48	2.56	0.98
		郧阳区	118	1.02	0.46	0.96	1.38	0.46	0.90	0.56	0.56	0.61	0.76	1.13	1.74	3.63	3.90	3.93	20.42	0.95
		丹江口市	570	1.09	0.78	0.95	1.58	0.71	0.84	0.39	0.43	0.50	0.72	1.11	3.13	6.40	6.80	3.95	20.49	0.84
		竹溪县	1404	9.38	21.66	3.94	3.54	2.31	3.56	0.21	0.45	0.57	1.35	10.68	44.92	104.30	555.84	13.79	303.22	4.60
		竹山县	2007	4.19	6.04	2.75	2.33	1.44	2.66	0.38	0.56	0.72	1.41	4.87	16.65	45.79	79.94	6.33	54.63	3.01
	荆州市	荆州市区	374	0.70	0.20	0.68	1.29	0.28	0.68	0.37	0.38	0.42	0.56	0.81	1.13	1.39	2.32	2.08	11.65	0.69
		洪湖市	12 640	0.91	0.30	0.87	1.37	0.33	0.87	0.23	0.41	0.48	0.69	1.07	1.61	2.08	4.02	1.39	4.85	0.89
		监利市	3493	0.85	0.23	0.82	1.30	0.27	0.82	0.28	0.41	0.48	0.68	0.99	1.32	1.65	2.72	0.94	2.88	0.84
		石首市	345	0.84	0.13	0.83	1.17	0.15	0.85	0.48	0.50	0.56	0.77	0.93	1.08	1.15	1.26	−0.18	0.32	0.84
		松滋市	373	0.84	0.20	0.82	1.28	0.24	0.85	0.25	0.27	0.41	0.73	0.95	1.11	1.32	2.75	2.00	22.52	0.84
		江陵县	270	0.71	0.17	0.69	1.26	0.24	0.68	0.37	0.37	0.44	0.59	0.82	1.08	1.32	1.47	0.89	1.47	0.70
		公安县	557	0.86	0.16	0.85	1.22	0.19	0.87	0.44	0.49	0.52	0.76	0.97	1.16	1.22	1.37	−0.11	−0.29	0.86
	荆门市	荆门市区	282	0.81	0.30	0.77	1.34	0.37	0.77	0.41	0.41	0.49	0.61	0.89	1.33	2.15	3.66	4.07	31.28	0.77
		沙洋县	12 991	0.71	0.28	0.67	1.41	0.39	0.65	0.24	0.32	0.37	0.53	0.80	1.43	1.67	4.58	2.35	14.07	0.67
		钟祥市	23 454	1.02	0.66	0.93	1.49	0.65	0.89	0.17	0.39	0.48	0.70	1.23	1.88	4.91	29.75	10.40	242.34	0.96
		京山市	14 877	1.36	3.16	0.92	1.96	2.33	0.77	0.15	0.34	0.41	0.61	1.07	6.23	16.26	193.53	25.60	1 167.97	0.75
		屈家岭管理区	1883	0.89	0.47	0.85	1.34	0.53	0.83	0.34	0.42	0.52	0.71	0.97	1.55	2.93	11.80	12.10	223.37	0.84
	孝感市	孝南区	245	0.68	0.22	0.66	1.31	0.32	0.63	0.37	0.37	0.42	0.55	0.74	1.33	1.45	1.90	1.95	5.23	0.63
		孝昌县	298	0.58	0.18	0.56	1.28	0.31	0.55	0.24	0.24	0.33	0.49	0.63	1.00	1.72	2.37	4.52	36.70	0.56
		云梦县	152	0.60	0.11	0.59	1.20	0.19	0.59	0.38	0.38	0.40	0.53	0.67	0.90	0.93	0.95	0.73	0.91	0.60

续表 2.9.13

单元名称			样本数	算术平均值	算术标准差	几何平均值	几何标准差	变异系数	中位值	最小值	累积频率分位值						最大值	偏度系数	峰度系数	背景值
			N	$\overline{X}$	S	X_g	S_g	CV	X_{me}	X_{min}	$X_{0.5\%}$	$X_{2.5\%}$	$X_{25\%}$	$X_{75\%}$	$X_{97.5\%}$	$X_{99.5\%}$	X_{max}	β_s	β_k	X'
行政县（市、区）	孝感市	大悟县	114	0.78	0.64	0.64	1.74	0.82	0.56	0.23	0.23	0.30	0.46	0.78	3.08	3.42	3.54	2.76	7.81	0.54
		安陆市	4394	1.51	2.60	0.98	2.06	1.72	0.79	0.25	0.41	0.47	0.64	1.11	9.13	17.87	40.89	5.78	45.28	0.78
		汉川市	415	1.06	0.24	1.03	1.27	0.23	1.04	0.42	0.47	0.60	0.90	1.23	1.51	1.82	1.88	0.33	0.48	1.05
		应城市	277	0.85	0.41	0.79	1.41	0.48	0.74	0.40	0.40	0.48	0.64	0.91	1.86	3.74	4.14	3.94	24.37	0.76
	黄冈市	黄冈市区	82	0.76	0.46	0.71	1.35	0.61	0.71	0.41	0.41	0.41	0.62	0.81	1.07	4.65	4.65	7.60	64.37	0.70
		武穴市	2491	1.50	2.23	1.12	1.87	1.49	1.02	0.24	0.32	0.41	0.77	1.46	5.17	15.45	44.49	9.40	122.13	1.04
		麻城市	204	0.53	0.18	0.51	1.28	0.33	0.50	0.30	0.30	0.34	0.44	0.59	0.84	1.26	2.26	5.21	45.82	0.51
		团风县	219	0.66	0.39	0.61	1.41	0.59	0.61	0.21	0.21	0.30	0.50	0.75	1.10	1.50	5.55	9.36	116.49	0.63
		黄梅县	361	0.69	0.18	0.66	1.29	0.27	0.67	0.34	0.35	0.39	0.57	0.79	1.09	1.50	1.63	1.19	3.64	0.67
		蕲春县	349	0.80	0.40	0.73	1.47	0.50	0.71	0.29	0.31	0.38	0.57	0.90	1.74	2.34	4.91	4.23	34.42	0.74
		浠水县	450	0.69	0.31	0.65	1.41	0.46	0.63	0.24	0.27	0.34	0.52	0.77	1.32	2.48	4.17	4.67	39.63	0.65
		罗田县	60	0.64	0.17	0.62	1.29	0.26	0.63	0.35	0.35	0.36	0.50	0.73	1.09	1.11	1.11	0.78	0.57	0.64
		红安县	31	0.49	0.13	0.48	1.28	0.26	0.46	0.32	0.32	0.32	0.40	0.55	0.80	0.84	0.84	1.11	1.06	0.48
	咸宁市	咸安区	222	0.93	0.29	0.88	1.37	0.32	0.89	0.36	0.36	0.43	0.76	1.05	1.68	1.89	2.06	1.02	1.86	0.89
		嘉鱼县	1889	1.08	1.86	0.92	1.50	1.72	0.86	0.24	0.47	0.57	0.74	1.02	2.68	8.80	57.74	21.84	587.34	0.87
		赤壁市	309	0.95	0.42	0.90	1.35	0.44	0.88	0.46	0.51	0.56	0.73	1.05	1.65	2.54	5.92	6.42	67.37	0.88
	随州市	随县	5656	1.37	2.21	0.88	2.19	1.62	0.73	0.18	0.27	0.32	0.51	1.24	7.30	15.64	38.17	6.28	57.68	0.74
		曾都区	356	0.83	0.71	0.72	1.61	0.86	0.67	0.30	0.32	0.37	0.50	0.92	2.24	3.71	10.91	8.75	114.10	0.71
		广水市	657	0.60	0.27	0.57	1.31	0.46	0.55	0.29	0.33	0.36	0.48	0.65	1.04	1.59	5.90	12.04	223.48	0.56
	恩施州	恩施市	20 748	3.78	10.05	1.70	2.71	2.66	1.29	0.10	0.34	0.45	0.94	2.32	26.84	65.25	370.25	10.68	209.49	1.23
		宣恩县	11 191	2.58	8.75	1.31	2.45	3.40	1.13	0.21	0.32	0.38	0.76	1.69	17.63	40.84	664.00	41.53	2 940.84	1.07
		建始县	10 711	3.10	7.16	1.65	2.44	2.31	1.24	0.25	0.39	0.52	0.94	2.26	17.60	46.20	179.00	9.31	130.42	1.21
		利川市	19 338	1.56	3.88	1.01	2.11	2.49	0.99	0.12	0.26	0.32	0.61	1.41	7.60	20.01	274.51	30.15	1 686.19	0.98
		鹤峰县	6164	2.07	5.33	1.32	2.02	2.58	1.16	0.25	0.36	0.48	0.90	1.59	10.40	29.90	188.00	18.28	519.35	1.14
		来凤县	6509	1.40	2.33	0.98	2.07	1.66	0.90	0.24	0.29	0.34	0.57	1.43	5.54	13.96	101.00	16.60	558.26	0.93
		咸丰县	8734	1.85	3.10	1.19	2.28	1.67	1.14	0.22	0.29	0.35	0.64	1.79	8.88	17.50	101.00	10.31	199.75	1.12
		巴东县	11 621	1.91	3.54	1.32	1.98	1.85	1.12	0.11	0.42	0.53	0.88	1.67	8.67	22.45	141.00	13.42	326.09	1.11

注：Mo 的地球化学参数中，N 单位为件，$\overline{X}$、S、X_g、S_g、X_{me}、X_{min}、$X_{0.5\%}$、$X_{2.5\%}$、$X_{25\%}$、$X_{75\%}$、$X_{97.5\%}$、$X_{99.5\%}$、X_{max}、X' 单位为 mg/kg，CV、β_s、β_k 为无量纲。

表 2.9.14　表层土壤 N 地球化学参数表

单元名称		样本数	算术平均值	算术标准差	几何平均值	几何标准差	变异系数	中位值	最小值	累积频率分位值						最大值	偏度系数	峰度系数	背景值
		N	$\bar{X}$	S	X_g	S_g	CV	X_{me}	X_{min}	$X_{0.5\%}$	$X_{2.5\%}$	$X_{25\%}$	$X_{75\%}$	$X_{97.5\%}$	$X_{99.5\%}$	X_{max}	β_s	β_k	X'
全省		242 947	1668	671	1544	1	0.40	1582	43	395	640	1234	1995	3217	4309	31 510	1.98	24.92	1615
土壤类型	红壤	3783	1352	448	1278	1	0.33	1320	86	298	592	1080	1570	2305	3061	7270	1.67	12.39	1323
	黄壤	17 857	1620	570	1525	1	0.35	1548	76	360	696	1266	1890	2908	3953	7610	1.60	7.99	1576
	黄棕壤	69 303	1766	690	1647	1	0.39	1675	72	451	717	1337	2070	3366	4755	14 005	1.96	10.86	1701
	黄褐土	1428	1443	474	1369	1	0.33	1394	134	341	676	1143	1652	2549	3549	4943	1.43	5.71	1402
	棕壤	8885	2319	825	2188	1	0.36	2204	132	685	1043	1808	2678	4214	5642	12 626	1.88	10.61	2250
	暗棕壤	478	1705	657	1616	1	0.39	1598	407	622	820	1367	1859	3063	5409	8585	3.83	29.84	1625
	石灰土	9394	1852	736	1729	1	0.40	1733	95	507	808	1400	2152	3586	5149	14 974	2.48	19.04	1773
	紫色土	6755	1342	494	1248	1	0.37	1292	52	292	493	1019	1627	2430	2913	6975	0.88	3.80	1325
	草甸土	554	1960	1053	1700	2	0.54	1744	400	437	629	1133	2640	4471	5258	6665	1.00	0.86	1904
	潮土	45 774	1354	505	1262	1	0.37	1304	58	318	535	1020	1622	2523	3173	11 163	1.24	8.52	1324
	沼泽土	392	2472	1146	2201	2	0.46	2361	557	655	781	1527	3219	4831	5228	7179	0.57	−0.09	2451
	水稻土	78 333	1722	646	1605	1	0.38	1659	43	428	673	1290	2070	3185	3992	31 510	2.23	61.30	1684
土地利用类型	耕地	191 940	1656	625	1545	1	0.38	1582	43	431	667	1245	1980	3065	3923	31 510	1.98	35.92	1615
	园地	14 180	1702	654	1584	1	0.38	1620	101	439	673	1265	2039	3211	4397	8959	1.34	5.01	1656
	林地	20 390	1778	919	1581	2	0.52	1612	61	333	568	1183	2132	4157	5850	12 626	2.00	7.87	1654
	草地	1947	1801	860	1597	2	0.48	1713	119	255	437	1256	2232	3796	4978	9263	1.42	5.87	1741
	建设用地	2492	1382	644	1233	2	0.47	1301	52	169	357	976	1700	2912	3910	6607	1.38	4.87	1328
	水域	8499	1735	891	1522	2	0.51	1550	100	270	473	1120	2173	3940	4900	8450	1.21	2.18	1664
	未利用地	3499	1544	639	1423	2	0.41	1441	89	272	557	1153	1821	3115	4162	9408	1.80	10.01	1477
地质背景	第四系	108 244	1538	609	1424	2	0.40	1465	43	361	586	1133	1851	2942	3763	31 510	2.26	59.42	1498
	新近系	151	1479	450	1411	1	0.30	1428	583	583	713	1176	1726	2484	2787	2874	0.56	0.35	1461
	古近系	1436	1431	546	1350	1	0.38	1337	200	383	711	1123	1610	2707	4306	6675	2.63	14.01	1352
	白垩系	11 433	1491	576	1374	2	0.39	1443	52	294	518	1077	1863	2662	3191	11 554	1.06	9.84	1472
	侏罗系	4284	1314	678	1160	2	0.52	1175	59	246	390	836	1666	2879	3474	14 005	2.46	29.60	1277
	三叠系	43 820	1746	603	1656	1	0.35	1660	72	604	872	1365	2017	3143	4264	14 974	2.23	17.12	1690
	二叠系	16 951	2041	842	1893	1	0.41	1893	123	568	865	1500	2403	4094	5781	12 626	1.93	8.55	1947
	石炭系	1097	2002	796	1860	1	0.40	1915	223	489	744	1510	2356	3747	6101	6720	1.75	6.91	1925

续表 2.9.14

单元名称		样本数	算术平均值	算术标准差	几何平均值	几何标准差	变异系数	中位值	最小值	累积频率分位值						最大值	偏度系数	峰度系数	背景值
		N	$\overline{X}$	S	X_g	S_g	CV	X_{me}	X_{min}	$X_{0.5\%}$	$X_{2.5\%}$	$X_{25\%}$	$X_{75\%}$	$X_{97.5\%}$	$X_{99.5\%}$	X_{max}	β_s	β_k	X'
地质背景	泥盆系	2447	2044	832	1895	1	0.41	1913	104	410	882	1526	2387	4106	5504	10 501	2.00	9.74	1943
	志留系	20 610	1829	642	1723	1	0.35	1756	124	529	823	1396	2163	3303	4274	8998	1.26	4.80	1787
	奥陶系	11 151	1873	602	1785	1	0.32	1803	101	662	928	1481	2170	3224	4199	9700	1.57	8.17	1831
	寒武系	9043	1814	709	1693	1	0.39	1696	104	524	775	1360	2139	3491	4889	8981	1.78	7.67	1747
	震旦系	3237	2290	1006	2091	2	0.44	2128	273	534	842	1598	2799	4638	6100	11 045	1.50	5.44	2146
	南华系	2316	1210	453	1137	1	0.37	1178	100	334	506	952	1400	2251	3121	6814	2.72	21.05	1164
	青白口系—震旦系	308	1048	323	996	1	0.31	1020	200	315	400	840	1215	1700	1917	2680	0.60	1.88	1043
	青白口系	3132	1702	639	1586	1	0.38	1636	159	434	634	1321	2000	3160	4327	6540	1.33	4.90	1647
	中元古界	25	1418	501	1319	2	0.35	1353	460	460	460	987	1768	2181	2324	2324	−0.11	−0.86	1418
	滹沱系—太古宇	282	1142	282	1100	1	0.25	1170	102	102	486	990	1320	1760	1983	2190	−0.13	1.43	1136
	侵入岩	2558	1275	552	1178	1	0.43	1190	160	281	482	950	1470	2539	3673	7161	2.78	18.62	1212
	脉岩	14	1187	503	1108	1	0.42	1060	606	606	606	944	1282	2580	2580	2580	1.75	3.89	1187
	变质岩	408	1657	964	1432	2	0.58	1359	265	475	605	964	1950	3943	4655	6125	1.34	1.36	1631
成土母质	第四系沉积物	104 666	1533	609	1419	2	0.40	1458	43	360	584	1130	1843	2941	3763	31 510	2.30	61.22	1492
	碎屑岩风化物	42 690	1597	643	1473	2	0.40	1519	52	342	579	1169	1944	3011	3984	14 005	1.57	10.38	1558
	碎屑岩风化物(黑色岩系)	3691	1841	584	1751	1	0.32	1779	104	561	856	1477	2147	3112	4035	7791	1.39	7.35	1805
	碳酸盐岩风化物	50 129	1824	672	1721	1	0.37	1713	72	596	870	1410	2093	3433	4792	14 974	2.26	13.97	1747
	碳酸盐岩风化物(黑色岩系)	18 045	2036	837	1890	1	0.41	1885	100	556	869	1502	2398	4047	5680	12 626	1.96	9.09	1947
	变质岩风化物	21 149	1796	664	1677	1	0.37	1727	100	490	742	1330	2165	3286	4200	8981	1.14	4.17	1759
	火山岩风化物	177	1557	760	1433	1	0.49	1410	378	378	500	1150	1783	3149	5283	7091	3.52	19.85	1438
	侵入岩风化物	2399	1237	488	1149	1	0.39	1170	160	270	460	944	1426	2430	3421	5438	1.67	6.80	1186
地形地貌	平原	112 998	1538	607	1425	1	0.39	1461	43	368	592	1136	1850	2924	3763	31 510	2.34	59.21	1497
	洪湖湖区	389	1777	866	1582	2	0.49	1592	408	422	562	1177	2274	3750	4696	6210	1.11	1.92	1736
	丘陵低山	33 920	1700	756	1549	2	0.44	1590	100	392	612	1188	2069	3490	4838	11 045	1.66	6.95	1615
	中山	2737	1390	444	1320	1	0.32	1356	240	290	650	1115	1618	2345	3025	5165	1.30	6.45	1362
	高山	92 903	1824	682	1709	1	0.37	1728	52	472	775	1396	2132	3396	4628	14 974	1.89	11.60	1764

续表 2.9.14

单元名称			样本数	算术平均值	算术标准差	几何平均值	几何标准差	变异系数	中位值	最小值	累积频率分位值						最大值	偏度系数	峰度系数	背景值
			N	$\bar{X}$	S	X_g	S_g	CV	X_{me}	X_{min}	$X_{0.5\%}$	$X_{2.5\%}$	$X_{25\%}$	$X_{75\%}$	$X_{97.5\%}$	$X_{99.5\%}$	X_{max}	β_s	β_k	X'
行政市（州）	武汉市		4109	1477	634	1368	1	0.43	1400	100	300	590	1116	1700	2980	4342	13 300	3.58	39.52	1397
	襄阳市		7131	1538	571	1437	1	0.37	1464	134	324	648	1160	1835	2778	3556	8043	1.53	8.22	1504
	宜昌市		1479	1315	421	1240	1	0.32	1290	240	270	470	1050	1553	2220	2588	3847	0.46	1.65	1302
	黄石市		881	1284	386	1229	1	0.30	1240	290	460	660	1020	1480	2160	2870	3590	1.12	3.35	1267
	十堰市		4162	1488	812	1328	2	0.55	1307	128	383	536	988	1762	3662	5405	8998	2.63	12.09	1344
	荆州市		18 051	1791	776	1627	2	0.43	1662	43	376	637	1229	2245	3627	4407	7002	0.91	1.18	1749
	荆门市		53 487	1610	634	1497	1	0.39	1552	58	384	612	1211	1923	2957	4272	31 510	3.56	101.25	1562
	鄂州市		403	1435	481	1372	1	0.34	1410	570	620	730	1150	1620	2550	3130	6080	3.18	24.01	1382
	孝感市		5895	1412	548	1312	1	0.39	1358	89	349	549	1050	1703	2599	3280	11 554	2.05	23.30	1387
	黄冈市		4247	1270	552	1166	2	0.43	1199	100	213	469	948	1464	2858	3678	4968	1.81	5.86	1188
	咸宁市		2420	1556	550	1462	1	0.35	1497	100	426	631	1230	1810	2878	3647	6010	1.22	4.77	1515
	随州市		6669	1656	692	1522	2	0.42	1529	102	411	642	1178	2014	3358	4150	7017	1.18	2.73	1602
	恩施州		95 016	1814	680	1699	1	0.37	1717	52	472	775	1386	2121	3385	4610	14 974	1.90	11.58	1754
	仙桃市		13 430	1658	616	1546	1	0.37	1563	155	437	693	1216	2025	3055	3682	5187	0.82	1.09	1631
	天门市		10 105	1388	553	1277	2	0.40	1324	126	375	537	962	1742	2591	3073	5313	0.65	0.53	1375
	潜江市		15 462	1466	579	1357	2	0.40	1380	126	318	551	1085	1768	2798	3477	11 163	1.55	12.17	1430
行政县（市、区）	武汉市	武汉市区	744	1418	846	1274	2	0.60	1300	100	300	400	1030	1600	2970	5940	13 300	5.98	64.10	1313
		蔡甸区	2305	1625	605	1528	1	0.37	1531	100	500	727	1264	1832	3289	4342	5203	1.78	5.52	1534
		黄陂区	573	1184	360	1115	1	0.30	1200	100	200	400	1000	1400	1800	2100	3400	0.02	2.33	1184
		东西湖区	125	1434	365	1387	1	0.25	1400	800	800	800	1200	1700	2100	2200	2400	0.22	−0.71	1434
		新洲区	362	1140	335	1080	1	0.29	1200	200	200	500	900	1400	1700	1900	1900	−0.26	−0.21	1140
	襄阳市	襄阳市区	912	1241	323	1192	1	0.26	1250	294	327	545	1048	1449	1827	2051	2598	−0.07	0.68	1237
		枣阳市	816	1413	339	1369	1	0.24	1413	361	504	765	1195	1628	2131	2390	2698	0.13	0.62	1410
		老河口市	265	1268	309	1219	1	0.24	1261	143	143	703	1110	1424	1933	2080	2695	−0.01	3.19	1273
		宜城市	2618	1354	429	1276	1	0.32	1351	134	249	543	1046	1647	2198	2476	4155	0.22	0.76	1349
		谷城县	222	1187	333	1129	1	0.28	1194	134	134	447	993	1377	1922	2089	2160	0.01	1.06	1192
		南漳县	2298	1976	638	1882	1	0.32	1933	437	694	942	1592	2292	3280	4873	8043	1.76	9.90	1930

续表 2.9.14

单元名称			样本数	算术平均值	算术标准差	几何平均值	几何标准差	变异系数	中位值	最小值	累积频率分位值						最大值	偏度系数	峰度系数	背景值
			N	$\bar{X}$	S	X_g	S_g	CV	X_{me}	X_{min}	$X_{0.5\%}$	$X_{2.5\%}$	$X_{25\%}$	$X_{75\%}$	$X_{97.5\%}$	$X_{99.5\%}$	X_{max}	β_s	β_k	X'
行政县（市、区）	宜昌市	宜昌市辖区	233	1037	398	947	2	0.38	1020	240	240	270	790	1290	1800	2220	2240	0.16	0.02	1027
		宜都市	75	1345	278	1316	1	0.21	1330	640	640	830	1170	1470	1890	2110	2110	0.36	0.69	1345
		枝江市	375	1249	255	1221	1	0.20	1240	590	600	670	1090	1430	1710	1770	2420	0.02	0.62	1246
		当阳市	284	1299	255	1274	1	0.20	1280	570	570	840	1120	1470	1810	1910	2100	0.19	−0.25	1296
		秭归县	478	1465	518	1355	2	0.35	1471	240	260	420	1110	1826	2413	2960	3847	0.14	0.67	1453
		长阳土家族自治县	34	1899	454	1843	1	0.24	1882	917	917	917	1656	2050	2617	3004	3004	0.09	0.46	1899
	黄石市	黄石市区	47	1176	395	1108	1	0.34	1130	290	290	290	880	1370	2030	2150	2150	0.55	0.45	1176
		大冶市	382	1363	383	1317	1	0.28	1290	580	720	840	1110	1530	2220	2900	3350	1.51	3.95	1335
		阳新县	452	1228	377	1172	1	0.31	1180	400	440	600	960	1450	2090	2300	3590	0.96	3.22	1215
	十堰市	茅箭区	63	890	270	848	1	0.30	916	399	399	424	687	1022	1305	1799	1799	0.45	0.83	875
		郧阳区	118	952	347	893	1	0.36	898	293	293	376	731	1132	1868	2112	2192	1.05	1.82	914
		丹江口市	570	1145	417	1075	1	0.36	1086	334	373	488	853	1356	2203	2566	3554	1.13	2.91	1109
		竹溪县	1404	1967	1059	1737	2	0.54	1729	301	417	629	1282	2344	4774	6814	8998	1.90	5.98	1834
		竹山县	2007	1300	515	1214	1	0.40	1239	128	383	549	969	1552	2298	3473	7868	2.61	20.81	1271
	荆州市	荆州市区	374	1451	414	1398	1	0.29	1390	320	540	830	1200	1610	2500	3210	3540	1.52	4.45	1404
		洪湖市	12 639	1788	820	1605	2	0.46	1648	132	337	590	1182	2259	3748	4535	7002	0.94	1.11	1745
		监利市	3493	1954	717	1815	1	0.37	1912	43	518	798	1383	2450	3441	3985	6210	0.45	0.17	1943
		石首市	345	1478	465	1395	1	0.31	1510	260	410	560	1160	1790	2340	2860	3170	0.08	0.19	1465
		松滋市	373	1479	340	1439	1	0.23	1460	470	620	800	1250	1720	2210	2370	2540	0.20	0.15	1476
		江陵县	270	1511	473	1436	1	0.31	1460	560	560	740	1130	1820	2420	2920	2960	0.43	−0.33	1500
		公安县	557	1612	389	1563	1	0.24	1610	520	590	910	1330	1840	2460	2610	2930	0.24	0.15	1607
	荆门市	荆门市区	282	1596	1812	1477	1	1.14	1470	790	790	900	1310	1640	2190	2560	31 510	16.13	267.15	1482
		沙洋县	12 991	1524	489	1432	1	0.32	1547	110	344	554	1184	1872	2417	2734	4658	−0.01	0.06	1520
		钟祥市	23 454	1538	564	1440	1	0.37	1485	58	379	612	1182	1827	2740	3555	11 045	1.74	12.45	1505
		京山市	14 877	1838	752	1702	1	0.41	1750	158	487	711	1355	2174	3679	5085	10 501	1.78	8.11	1740
		屈家岭管理区	1883	1211	412	1139	1	0.34	1180	262	351	508	935	1429	2120	2492	4180	0.72	1.76	1196
	孝感市	孝南区	245	1355	308	1317	1	0.23	1350	610	610	720	1130	1620	1870	1930	2010	−0.21	−0.69	1355
		孝昌县	298	1182	255	1153	1	0.22	1170	440	440	700	1010	1360	1640	1930	2240	0.19	0.71	1178
		云梦县	152	1297	346	1251	1	0.27	1230	570	570	720	1050	1540	1920	2030	2440	0.43	−0.12	1289

续表 2.9.14

单元名称			样本数	算术平均值	算术标准差	几何平均值	几何标准差	变异系数	中位值	最小值	累积频率分位值						最大值	偏度系数	峰度系数	背景值
			N	$\overline{X}$	S	X_g	S_g	CV	X_{me}	X_{min}	$X_{0.5\%}$	$X_{2.5\%}$	$X_{25\%}$	$X_{75\%}$	$X_{97.5\%}$	$X_{99.5\%}$	X_{max}	β_s	β_k	X'
行政县（市、区）	孝感市	大悟县	114	945	327	883	1	0.35	929	167	167	328	707	1136	1600	1889	1917	0.37	0.46	945
		安陆市	4394	1432	593	1317	2	0.41	1371	89	341	528	1030	1750	2683	3393	11 554	2.07	22.21	1406
		汉川市	415	1501	426	1439	1	0.28	1450	330	380	790	1200	1780	2400	2890	3060	0.49	0.53	1488
		应城市	277	1517	297	1487	1	0.20	1510	610	610	950	1330	1700	2030	2570	2650	0.30	1.34	1508
	黄冈市	黄冈市区	82	1106	264	1072	1	0.24	1100	550	550	580	950	1270	1650	1720	1720	0.03	−0.002 6	1106
		武穴市	2491	1336	666	1187	2	0.50	1230	100	152	419	910	1578	3203	3942	4968	1.50	3.36	1228
		麻城市	204	1084	332	1029	1	0.31	1050	310	310	480	850	1300	1740	1810	1950	0.17	−0.51	1084
		团风县	219	1108	282	1066	1	0.25	1130	270	270	460	930	1300	1610	1710	1750	−0.35	0.003 4	1108
		黄梅县	361	1289	396	1226	1	0.31	1270	400	440	560	1020	1510	2150	2430	2900	0.46	0.59	1278
		蕲春县	349	1160	266	1129	1	0.23	1140	330	540	680	990	1310	1690	1820	2520	0.50	1.71	1158
		浠水县	450	1204	234	1180	1	0.19	1200	500	550	740	1050	1350	1690	1840	2190	0.18	0.89	1201
		罗田县	60	1097	268	1062	1	0.24	1105	500	500	610	860	1290	1530	1630	1630	−0.14	−0.71	1097
		红安县	31	1165	210	1145	1	0.18	1130	790	790	790	1020	1360	1460	1470	1470	−0.17	−1.04	1165
	咸宁市	咸安区	222	1434	464	1372	1	0.32	1370	550	550	760	1150	1610	2580	3280	4460	2.12	9.20	1360
		嘉鱼县	1889	1585	574	1482	1	0.36	1520	100	401	603	1251	1869	2951	3651	6010	1.12	4.33	1546
		赤壁市	309	1468	423	1410	1	0.29	1450	600	630	730	1220	1670	2460	2840	4010	1.14	4.55	1431
	随州市	随县	5656	1741	700	1607	2	0.40	1638	159	443	656	1250	2106	3441	4226	7017	1.09	2.60	1691
		曾都区	356	1351	424	1295	1	0.31	1303	605	608	691	1094	1488	2579	3006	3448	1.62	4.43	1280
		广水市	657	1085	323	1037	1	0.30	1076	102	288	486	899	1252	1648	2265	3882	1.90	14.92	1072
	恩施州	恩施市	20 748	1814	719	1690	1	0.40	1689	52	451	791	1364	2121	3538	5104	9700	1.95	8.82	1740
		宣恩县	11 191	2038	813	1897	1	0.40	1900	266	532	797	1541	2373	4010	5504	12 626	1.85	8.74	1953
		建始县	10 711	1924	692	1809	1	0.36	1817	100	460	857	1496	2229	3518	4575	10 463	1.89	11.33	1868
		利川市	19 338	1684	630	1567	1	0.37	1632	59	353	613	1286	2021	3052	3836	14 005	1.67	15.84	1651
		鹤峰县	6164	2078	707	1970	1	0.34	1966	385	775	1043	1595	2437	3740	4949	7287	1.38	4.35	2023
		来凤县	6509	1646	535	1570	1	0.33	1579	249	597	854	1299	1912	2818	3678	8134	1.98	12.40	1608
		咸丰县	8734	1720	545	1640	1	0.32	1646	268	613	869	1358	1994	2971	3708	7791	1.34	5.57	1682
		巴东县	11 621	1735	563	1653	1	0.32	1672	223	607	860	1380	2013	2956	3821	14 974	2.42	32.01	1698

注：N 的地球化学参数中，N 单位为件，$\overline{X}$、S、X_g、S_g、X_{me}、X_{min}、$X_{0.5\%}$、$X_{2.5\%}$、$X_{25\%}$、$X_{75\%}$、$X_{97.5\%}$、$X_{99.5\%}$、X_{max}、X' 单位为 mg/kg，CV、β_s、β_k 为无量纲。

表 2.9.15　表层土壤 Ni 地球化学参数表

单元名称		样本数	算术平均值	算术标准差	几何平均值	几何标准差	变异系数	中位值	最小值	累积频率分位值						最大值	偏度系数	峰度系数	背景值
		N	$\bar{X}$	S	X_g	S_g	CV	X_{me}	X_{min}	$X_{0.5\%}$	$X_{2.5\%}$	$X_{25\%}$	$X_{75\%}$	$X_{97.5\%}$	$X_{99.5\%}$	X_{max}	β_s	β_k	X'
全省		242 948	38.9	17.4	36.7	1.4	0.45	36.6	0.3	12.3	19.3	30.3	44.5	66.9	121.1	2 461.2	18.32	1 712.58	37.3
土壤类型	红壤	3783	31.6	14.8	29.2	1.5	0.47	29.6	2.8	5.7	10.9	24.9	35.8	60.2	97.9	316.0	5.81	79.98	30.0
	黄壤	17 857	37.6	19.0	34.9	1.4	0.50	35.4	4.2	7.7	16.7	29.1	41.7	73.6	139.0	584.3	8.36	146.38	35.2
	黄棕壤	69 303	40.4	24.2	37.3	1.4	0.60	36.7	0.3	11.0	18.9	30.9	43.7	89.0	170.0	2 461.2	21.24	1 574.45	36.7
	黄褐土	1428	36.9	8.9	36.0	1.2	0.24	36.4	13.6	19.0	22.5	32.5	39.7	53.7	81.5	126.4	3.23	21.92	35.9
	棕壤	8885	46.4	21.0	43.9	1.4	0.45	42.6	8.1	20.0	27.5	36.9	49.4	96.1	167.0	495.6	6.72	86.11	42.5
	暗棕壤	478	39.9	15.7	38.1	1.3	0.39	37.1	19.4	21.0	24.3	32.1	42.6	77.1	147.8	203.0	4.73	35.15	36.9
	石灰土	9394	44.0	16.9	41.8	1.4	0.38	41.1	6.5	19.1	24.4	34.5	49.7	79.6	132.8	368.6	4.27	39.72	42.0
	紫色土	6755	33.1	9.8	32.1	1.3	0.30	32.8	4.3	12.2	18.8	28.9	36.5	48.8	67.3	370.3	10.60	284.22	32.6
	草甸土	554	42.5	11.0	41.3	1.3	0.26	41.2	20.5	21.1	25.9	35.4	48.6	61.4	73.1	171.0	3.11	33.11	42.0
	潮土	45 774	39.1	10.1	37.9	1.3	0.26	38.1	7.8	19.2	23.6	31.4	46.2	58.2	62.3	372.8	2.18	55.70	39.1
	沼泽土	392	50.7	15.5	48.7	1.3	0.31	49.8	20.0	21.0	24.4	42.8	56.0	100.0	118.1	141.6	2.08	8.73	48.2
	水稻土	78 334	37.0	12.3	35.2	1.4	0.33	35.3	2.7	13.3	18.4	28.8	44.2	59.3	77.2	436.6	2.82	42.29	36.6
土地利用类型	耕地	191 941	38.2	14.5	36.4	1.4	0.38	36.2	0.4	14.4	20.2	30.1	43.9	62.5	108.1	575.1	6.17	105.62	37.0
	园地	14 180	37.3	16.8	35.1	1.4	0.45	35.4	0.3	9.8	17.5	29.5	41.9	69.3	120.7	584.3	8.35	158.60	35.4
	林地	20 390	43.2	34.8	38.0	1.6	0.81	38.1	1.0	7.7	12.9	30.9	47.1	107.6	216.8	2 461.2	21.79	1 217.69	37.9
	草地	1947	40.1	16.2	37.5	1.4	0.40	38.4	5.7	10.0	15.0	31.8	45.9	71.7	112.6	227.3	3.45	26.75	38.5
	建设用地	2492	37.6	15.0	35.3	1.4	0.40	35.8	4.1	6.8	16.9	29.4	42.8	71.6	113.1	230.9	3.89	32.57	35.9
	水域	8499	44.8	11.6	43.2	1.3	0.26	46.1	6.1	15.2	22.7	36.4	53.9	61.6	66.3	316.0	1.29	34.63	44.8
	未利用地	3499	41.3	17.8	38.6	1.4	0.43	38.5	5.3	10.7	19.1	32.5	45.6	87.6	138.9	245.8	3.87	26.61	38.5
地质背景	第四系	108 245	38.1	10.9	36.6	1.3	0.29	36.8	6.2	16.3	20.5	29.9	45.8	58.5	62.9	455.7	2.00	46.37	38.0
	新近系	151	37.6	5.7	37.2	1.2	0.15	37.9	21.7	21.7	26.5	34.1	41.2	46.1	50.5	64.9	0.36	3.04	37.4
	古近系	1436	33.6	13.6	31.3	1.5	0.40	32.0	5.5	9.2	12.9	26.2	37.6	67.9	100.4	136.6	2.04	8.23	33.6
	白垩系	11 433	33.8	12.9	31.7	1.5	0.38	33.3	3.0	5.9	11.0	28.2	38.4	57.3	96.7	370.3	5.25	82.23	32.9
	侏罗系	4284	30.7	6.7	29.9	1.3	0.22	30.4	8.5	13.8	17.9	26.4	34.8	44.5	51.5	74.2	0.39	1.43	30.5
	三叠系	43 820	38.6	13.6	37.0	1.3	0.35	36.4	2.8	17.0	22.8	31.2	43.3	65.0	103.2	495.6	5.98	93.76	37.2
	二叠系	16 951	47.1	29.3	42.2	1.5	0.62	39.5	4.2	17.9	21.6	32.0	51.8	122.0	200.0	584.3	4.91	47.09	40.4
	石炭系	1097	37.9	14.9	36.0	1.4	0.39	34.8	6.1	12.6	21.5	29.6	41.9	74.0	112.0	194.4	3.78	26.34	35.5

续表 2.9.15

单元名称		样本数	算术平均值	算术标准差	几何平均值	几何标准差	变异系数	中位值	最小值	累积频率分位值						最大值	偏度系数	峰度系数	背景值
		N	$\bar{X}$	S	X_g	S_g	CV	X_{me}	X_{min}	$X_{0.5\%}$	$X_{2.5\%}$	$X_{25\%}$	$X_{75\%}$	$X_{97.5\%}$	$X_{99.5\%}$	X_{max}	β_s	β_k	X'
地质背景	泥盆系	2447	33.5	12.3	31.9	1.4	0.37	32.3	4.5	11.1	16.9	27.1	37.4	59.6	106.5	192.7	3.91	31.12	32.1
	志留系	20 610	38.2	21.9	36.7	1.3	0.57	37.1	1.2	16.2	22.4	32.2	41.8	57.6	111.2	2 461.2	68.44	7 344.96	36.8
	奥陶系	11 151	42.4	18.2	40.4	1.3	0.43	40.1	4.1	18.9	23.8	34.7	45.9	75.5	151.0	396.6	7.37	92.51	40.0
	寒武系	9043	44.6	30.0	40.6	1.5	0.67	38.2	4.5	18.5	23.3	32.0	47.5	110.0	195.2	993.5	10.18	210.78	38.7
	震旦系	3237	47.4	26.1	43.5	1.5	0.55	43.8	1.0	12.5	20.9	35.6	51.2	103.6	206.1	431.5	5.72	54.22	43.0
	南华系	2316	33.5	25.4	28.5	1.7	0.76	27.6	5.0	7.6	11.0	20.0	39.4	90.6	209.2	317.5	4.73	34.46	29.3
	青白口系—震旦系	308	21.9	11.7	19.6	1.6	0.53	19.4	3.3	5.4	7.1	15.3	26.0	51.9	69.8	96.8	2.39	8.93	19.8
	青白口系	3132	32.5	14.6	29.4	1.6	0.45	31.7	0.4	6.4	9.9	23.9	39.1	63.4	94.5	165.8	1.99	11.56	31.3
	中元古界	25	67.1	50.4	56.7	1.7	0.75	48.1	20.9	20.9	20.9	42.2	58.8	216.6	220.0	220.0	2.43	5.44	50.7
	滹沱系—太古宇	282	35.7	25.5	31.5	1.6	0.71	31.2	7.3	7.3	12.4	24.8	41.6	71.9	214.7	298.0	6.11	52.29	32.4
	侵入岩	2558	37.7	38.0	28.2	2.1	1.01	28.0	0.3	5.1	8.0	17.0	43.2	140.7	238.9	580.3	4.55	35.73	28.1
	脉岩	14	27.0	18.5	22.0	1.9	0.69	23.1	7.9	7.9	7.9	12.2	33.8	74.1	74.1	74.1	1.39	1.98	27.0
	变质岩	408	41.5	25.6	35.5	1.8	0.62	38.6	5.7	6.6	10.7	23.0	53.1	93.7	151.5	302.8	3.37	27.33	39.8
成土母质	第四系沉积物	104 667	38.2	10.9	36.7	1.3	0.28	37.0	7.2	16.4	20.5	30.0	46.0	58.5	62.5	580.3	2.40	82.14	38.1
	碎屑岩风化物	42 690	33.9	16.7	32.3	1.4	0.49	33.1	1.0	8.1	15.6	28.3	38.1	54.2	89.3	2 461.2	74.20	10 517.72	33.0
	碎屑岩风化物(黑色岩系)	3691	44.5	25.5	41.0	1.4	0.57	40.5	4.5	13.2	21.7	33.7	48.3	97.1	207.5	396.6	6.42	60.81	40.6
	碳酸盐岩风化物	50 129	40.4	14.9	38.5	1.3	0.37	38.1	3.8	17.4	23.4	32.0	45.6	70.3	111.9	575.1	6.49	124.49	38.7
	碳酸盐岩风化物(黑色岩系)	18 045	47.9	29.8	42.8	1.5	0.62	39.7	5.1	18.1	21.9	32.3	52.3	127.0	206.8	584.3	4.46	36.91	40.6
	变质岩风化物	21 149	39.9	25.2	36.6	1.5	0.63	37.5	0.3	10.6	15.9	31.6	43.0	82.2	186.9	993.5	11.49	255.57	36.5
	火山岩风化物	177	55.4	41.2	41.9	2.2	0.74	45.5	7.5	7.5	9.8	22.2	77.9	166.2	183.7	220.9	1.32	1.78	50.9
	侵入岩风化物	2399	36.8	37.4	27.5	2.1	1.02	26.9	2.7	5.2	8.0	16.6	41.3	142.8	243.8	429.7	4.15	26.06	27.2
地形地貌	平原	112 999	38.2	13.2	36.7	1.3	0.34	36.9	3.3	16.5	20.8	30.1	45.5	58.5	63.5	2 461.2	56.59	10 180.48	38.0
	洪湖湖区	389	44.8	8.4	43.9	1.2	0.19	45.8	16.1	22.8	28.4	38.4	51.6	57.8	59.4	62.9	−0.36	−0.43	44.8
	丘陵低山	33 920	40.7	26.6	36.2	1.6	0.65	36.5	0.3	8.8	13.4	28.9	45.8	97.0	189.4	993.5	7.67	137.62	36.5
	中山	2737	40.5	22.6	38.3	1.3	0.56	38.3	5.9	13.6	20.5	33.9	43.4	62.3	133.0	580.3	14.01	271.02	38.6
	高山	92 903	39.0	17.4	36.8	1.4	0.45	36.2	2.8	12.2	20.7	30.8	43.0	76.5	133.7	584.3	6.78	102.71	36.5

续表 2.9.15

单元名称		样本数 N	算术平均值 $\bar{X}$	算术标准差 S	几何平均值 X_g	几何标准差 S_g	变异系数 CV	中位值 X_{me}	最小值 X_{min}	累积频率分位值						最大值 X_{max}	偏度系数 β_s	峰度系数 β_k	背景值 X'
										$X_{0.5\%}$	$X_{2.5\%}$	$X_{25\%}$	$X_{75\%}$	$X_{97.5\%}$	$X_{99.5\%}$				
行政市(州)	武汉市	4109	39.7	14.0	36.9	1.5	0.35	39.4	5.0	9.9	14.7	28.0	52.0	61.8	64.1	117.2	0.02	−0.70	39.7
	襄阳市	7131	38.5	11.2	37.1	1.3	0.29	37.0	8.0	15.8	21.4	31.6	43.5	64.4	81.6	215.5	2.18	16.82	37.6
	宜昌市	1479	33.9	25.5	31.3	1.4	0.75	31.4	5.9	9.0	15.2	26.9	37.2	52.1	191.0	580.3	13.59	234.62	31.7
	黄石市	881	30.0	10.7	28.5	1.4	0.36	28.5	10.9	12.7	15.2	23.0	35.5	52.5	70.1	111.3	2.12	10.93	29.3
	十堰市	4162	60.3	54.2	48.5	1.9	0.90	45.0	1.2	8.8	14.7	35.6	64.4	199.2	324.8	993.5	5.22	51.35	46.2
	荆州市	18 052	43.6	9.3	42.6	1.3	0.21	44.1	9.7	22.3	26.2	36.6	51.0	59.4	62.4	142.9	−0.08	0.09	43.6
	荆门市	53 487	35.6	15.2	34.1	1.3	0.43	34.2	0.3	15.8	19.6	28.6	40.8	57.2	79.7	2 461.2	77.33	12 145.08	34.8
	鄂州市	403	30.0	10.3	28.1	1.4	0.34	28.4	9.6	9.8	11.6	23.6	36.6	50.1	52.3	66.8	0.38	−0.28	29.9
	孝感市	5895	34.6	17.8	31.9	1.5	0.51	30.8	3.3	10.7	16.2	25.8	38.3	71.1	127.4	370.3	5.93	73.59	32.0
	黄冈市	4247	34.0	18.7	30.2	1.6	0.55	30.3	4.8	7.9	11.5	22.0	41.6	79.6	115.2	298.0	2.90	20.17	31.7
	咸宁市	2420	34.6	12.7	33.0	1.3	0.37	31.3	7.2	15.9	20.3	27.0	39.8	57.0	72.1	316.0	6.38	111.67	33.9
	随州市	6669	37.7	27.7	31.6	1.8	0.73	33.2	0.4	6.2	9.7	21.8	46.1	98.6	198.3	396.6	4.61	37.72	33.5
	恩施州	95 016	39.0	17.3	36.8	1.4	0.44	36.3	2.8	12.4	20.7	30.9	43.0	76.0	133.0	584.3	6.79	103.36	36.6
	仙桃市	13 430	42.4	9.6	41.3	1.3	0.23	42.2	16.0	22.8	26.0	34.9	49.8	59.7	63.0	178.1	0.28	2.16	42.4
	天门市	10 105	37.8	10.7	36.3	1.3	0.28	35.2	11.8	21.0	23.3	29.1	45.4	59.3	63.6	145.7	0.75	0.75	37.7
	潜江市	15 462	40.5	10.1	39.4	1.3	0.25	39.7	7.9	21.9	25.2	32.9	47.6	58.1	61.8	372.8	4.84	151.67	40.4
行政县(市、区) 武汉市	武汉市区	744	32.9	8.0	32.0	1.3	0.24	30.8	10.5	16.3	21.8	27.1	37.8	51.1	55.5	60.9	0.82	0.27	32.8
	蔡甸区	2305	47.4	11.2	45.9	1.3	0.24	49.4	12.8	19.7	24.3	39.3	56.3	62.7	64.3	117.2	−0.37	0.46	47.3
	黄陂区	573	24.1	10.1	22.2	1.5	0.42	23.3	5.0	5.5	8.6	17.6	28.2	47.0	65.9	77.7	1.21	3.08	23.4
	东西湖区	125	44.4	9.7	43.3	1.3	0.22	44.8	24.9	24.9	26.3	36.7	51.7	61.4	62.3	63.8	−0.07	−0.86	44.4
	新洲区	362	27.9	9.9	26.5	1.4	0.35	25.8	9.9	10.3	14.0	21.4	31.6	51.4	63.2	79.2	1.37	2.75	27.4
行政县(市、区) 襄阳市	襄阳市区	912	33.1	5.3	32.7	1.2	0.16	33.4	19.1	20.3	21.4	29.8	36.9	42.0	46.1	66.5	−0.002 6	1.38	33.1
	枣阳市	816	36.4	13.3	34.7	1.4	0.36	35.9	8.2	12.8	16.5	30.8	39.5	66.0	119.0	152.6	3.65	22.08	34.5
	老河口市	265	34.9	5.3	34.5	1.2	0.15	35.2	13.6	13.6	24.2	31.6	38.0	45.8	47.6	49.9	−0.57	1.78	35.2
	宜城市	2618	36.9	8.0	36.1	1.3	0.22	37.0	8.0	17.5	21.8	31.7	42.1	51.3	62.5	111.1	0.72	5.31	36.8
	谷城县	222	31.5	15.1	28.9	1.5	0.48	27.4	13.4	13.4	14.7	22.9	35.2	71.8	96.9	118.3	2.30	7.46	28.2
	南漳县	2298	44.4	12.8	42.7	1.3	0.29	43.4	13.2	21.1	25.8	34.3	52.0	69.2	84.4	215.5	1.87	16.66	43.9

续表 2.9.15

单元名称			样本数	算术平均值	算术标准差	几何平均值	几何标准差	变异系数	中位值	最小值	累积频率分位值						最大值	偏度系数	峰度系数	背景值
			N	$\bar{X}$	S	X_g	S_g	CV	X_{me}	X_{min}	$X_{0.5\%}$	$X_{2.5\%}$	$X_{25\%}$	$X_{75\%}$	$X_{97.5\%}$	$X_{99.5\%}$	X_{max}	β_s	β_k	X'
行政县（市、区）	宜昌市	宜昌市辖区	233	39.3	61.3	27.9	2.0	1.56	27.9	5.9	5.9	7.1	19.4	35.0	216.6	429.7	580.3	5.98	40.89	26.7
		宜都市	75	29.1	5.0	28.6	1.2	0.17	29.1	17.1	17.1	17.3	26.2	32.3	38.7	40.3	40.3	−0.13	0.08	29.1
		枝江市	375	31.6	7.3	30.8	1.3	0.23	30.9	12.7	13.2	18.0	27.0	35.5	47.4	50.9	56.5	0.44	0.42	31.6
		当阳市	284	29.6	4.6	29.3	1.2	0.16	29.7	18.2	18.2	20.2	26.6	32.8	38.4	41.3	46.2	0.12	0.15	29.6
		秭归县	478	35.9	9.2	34.7	1.3	0.26	35.9	9.9	13.3	18.8	30.2	40.8	56.1	72.8	99.5	1.16	6.01	35.3
		长阳土家族自治县	34	38.6	5.5	38.2	1.2	0.14	38.6	24.8	24.8	24.8	35.3	40.7	50.9	52.3	52.3	0.26	1.24	38.6
	黄石市	黄石市区	47	36.4	16.5	33.5	1.5	0.45	34.7	16.1	16.1	16.1	24.6	41.5	70.1	110.7	110.7	2.24	8.25	34.7
		大冶市	382	28.1	9.0	26.8	1.4	0.32	26.0	11.3	12.7	14.4	22.2	32.5	50.2	62.5	65.4	1.02	1.40	27.7
		阳新县	452	31.0	10.9	29.4	1.4	0.35	29.7	10.9	12.0	15.9	23.9	36.0	54.9	95.9	111.3	2.29	12.29	30.3
	十堰市	茅箭区	63	26.6	13.0	24.0	1.6	0.49	23.2	8.4	8.4	11.3	17.0	31.7	51.6	81.4	81.4	1.54	3.74	25.7
		郧阳区	118	38.9	14.7	36.7	1.4	0.38	36.9	13.4	13.4	18.3	31.9	42.6	82.5	100.6	104.4	2.11	6.45	36.2
		丹江口市	570	34.3	14.9	31.1	1.6	0.43	32.5	7.4	8.8	11.9	22.7	42.9	67.0	81.7	101.3	0.78	0.68	33.8
		竹溪县	1404	87.2	76.0	67.8	2.0	0.87	66.1	1.2	5.9	15.6	42.2	105.6	259.2	459.2	993.5	4.12	30.89	74.5
		竹山县	2007	51.1	33.6	45.3	1.6	0.66	44.1	5.3	10.6	17.3	37.2	53.1	141.0	261.8	354.0	4.29	24.74	43.4
	荆州市	荆州市区	374	33.6	6.8	33.0	1.2	0.20	32.5	18.2	19.0	22.2	28.7	38.1	48.1	51.5	55.6	0.45	−0.16	33.6
		洪湖市	12 640	45.2	9.2	44.2	1.2	0.20	46.0	15.3	23.7	27.3	38.3	52.6	60.1	63.0	92.5	−0.25	−0.67	45.2
		监利市	3493	40.8	8.3	40.0	1.2	0.20	41.2	17.4	22.6	25.5	34.7	46.9	55.1	57.7	142.9	0.51	6.23	40.8
		石首市	345	41.9	7.2	41.2	1.2	0.17	42.8	12.5	15.8	26.9	37.4	47.3	53.8	56.5	59.3	−0.56	0.57	42.1
		松滋市	373	33.9	9.1	32.6	1.3	0.27	31.9	9.7	9.9	16.6	27.8	41.0	52.2	55.2	58.5	0.26	−0.21	33.9
		江陵县	270	39.9	7.7	39.1	1.2	0.19	40.8	19.4	19.4	24.3	34.4	45.4	52.7	54.9	55.9	−0.30	−0.56	39.9
		公安县	557	41.9	8.3	41.0	1.2	0.20	43.0	20.4	23.9	25.8	36.2	48.3	55.1	57.3	58.3	−0.31	−0.76	41.9
	荆门市	荆门市区	282	33.6	4.7	33.3	1.1	0.14	33.7	21.5	21.5	25.4	30.6	35.9	43.5	56.8	64.9	1.38	7.87	33.4
		沙洋县	12 991	31.0	8.1	30.0	1.3	0.26	29.9	8.9	15.5	18.0	25.4	35.3	50.2	56.0	135.0	1.01	3.67	30.7
		钟祥市	23 454	37.6	9.0	36.6	1.3	0.24	37.2	6.6	17.6	22.4	31.8	42.7	55.5	60.5	389.0	3.96	121.93	37.5
		京山市	14 877	36.7	24.6	34.5	1.4	0.67	33.6	0.3	14.3	19.2	28.1	41.5	71.1	107.6	2 461.2	65.42	6 390.55	34.5
		屈家岭管理区	1883	33.0	8.7	32.0	1.3	0.26	31.6	14.6	17.4	20.2	27.5	37.2	51.5	69.7	133.7	2.11	13.72	32.3
	孝感市	孝南区	245	30.4	9.1	29.3	1.3	0.30	27.1	15.4	15.4	19.5	24.5	33.8	53.7	59.4	60.2	1.38	1.26	29.7
		孝昌县	298	27.7	28.9	23.2	1.6	1.04	22.1	3.3	3.3	10.6	18.0	26.4	100.2	261.3	313.8	6.47	50.70	22.1
		云梦县	152	28.3	6.7	27.6	1.3	0.23	27.1	15.0	15.0	19.4	23.4	32.3	43.4	49.3	51.8	1.02	1.27	27.8

续表 2.9.15

单元名称			样本数	算术平均值	算术标准差	几何平均值	几何标准差	变异系数	中位值	最小值	累积频率分位值						最大值	偏度系数	峰度系数	背景值
			N	$\bar{X}$	S	X_g	S_g	CV	X_{me}	X_{min}	$X_{0.5\%}$	$X_{2.5\%}$	$X_{25\%}$	$X_{75\%}$	$X_{97.5\%}$	$X_{99.5\%}$	X_{max}	β_s	β_k	X'
行政县（市、区）	孝感市	大悟县	114	19.0	9.0	17.2	1.6	0.47	17.9	5.6	5.6	5.7	13.4	22.8	38.2	50.0	60.4	1.64	4.81	18.1
		安陆市	4394	35.3	18.1	32.7	1.4	0.51	31.2	7.8	14.6	17.6	26.4	37.9	77.5	127.4	370.3	5.82	70.64	31.7
		汉川市	415	42.4	9.3	41.4	1.3	0.22	42.7	20.9	21.1	25.8	35.2	49.2	60.7	64.7	66.1	0.09	−0.59	42.4
		应城市	277	32.1	8.3	31.2	1.3	0.26	29.1	22.2	22.2	23.0	26.7	33.5	56.6	60.0	62.0	1.67	2.18	29.1
	黄冈市	黄冈市区	82	34.5	9.1	33.3	1.3	0.26	33.9	12.9	12.9	17.6	28.1	39.8	51.5	69.7	69.7	0.67	1.85	34.1
		武穴市	2491	36.7	19.4	32.9	1.6	0.53	31.6	4.8	12.1	14.9	23.4	45.9	85.0	122.0	210.4	2.34	10.53	34.1
		麻城市	204	18.0	9.5	16.3	1.5	0.53	15.9	5.5	5.5	7.6	11.9	20.2	47.0	55.3	78.7	2.68	10.70	15.9
		团风县	219	33.4	12.8	31.3	1.4	0.38	31.0	15.1	15.1	16.1	24.3	39.8	68.9	88.8	91.9	1.40	3.48	32.2
		黄梅县	361	30.2	11.4	27.7	1.6	0.38	31.7	7.0	8.9	11.5	18.6	38.8	48.4	51.5	57.9	−0.13	−1.09	30.2
		蕲春县	349	33.2	27.0	27.1	1.8	0.81	27.6	5.2	5.6	8.2	18.1	38.9	97.4	142.4	298.0	4.46	33.04	28.0
		浠水县	450	32.3	14.4	29.4	1.6	0.45	30.1	5.1	5.2	10.2	23.0	39.1	61.8	95.2	145.6	1.91	9.82	31.1
		罗田县	60	29.2	9.2	28.0	1.3	0.31	27.9	11.8	11.8	14.6	24.4	32.3	62.6	66.7	66.7	1.89	6.39	28.0
		红安县	31	16.7	4.6	16.2	1.3	0.27	16.2	8.1	8.1	8.1	14.2	18.3	22.7	34.5	34.5	1.79	6.67	16.2
	咸宁市	咸安区	222	28.6	8.0	27.6	1.3	0.28	26.9	15.0	15.0	17.6	23.7	30.8	52.5	56.8	56.9	1.64	3.10	26.8
		嘉鱼县	1889	35.9	13.5	34.2	1.3	0.38	32.5	7.2	15.7	21.2	28.1	41.9	57.5	81.2	316.0	6.56	109.69	35.1
		赤壁市	309	30.5	7.2	29.8	1.2	0.24	29.2	16.1	17.1	19.9	26.0	32.4	49.8	53.4	57.3	1.37	1.95	28.9
	随州市	随县	5656	38.4	26.7	32.6	1.8	0.69	34.8	0.4	6.2	9.7	23.6	46.9	94.9	191.8	396.6	4.71	41.12	34.8
		曾都区	356	41.6	30.7	34.3	1.8	0.74	31.3	5.3	10.1	13.2	22.9	50.6	140.1	166.9	238.8	2.52	8.51	34.6
		广水市	657	29.5	32.7	23.2	1.8	1.11	21.1	3.3	5.5	9.3	16.3	30.0	108.6	265.4	350.6	5.57	39.71	21.7
	恩施州	恩施市	20 748	41.2	22.7	37.7	1.5	0.55	37.0	2.8	7.3	17.9	30.7	45.2	96.4	171.7	575.1	5.82	68.39	37.3
		宣恩县	11 191	39.6	18.9	37.1	1.4	0.48	36.2	6.0	13.2	20.3	31.0	43.0	87.6	148.6	584.3	6.37	93.43	36.3
		建始县	10 711	41.0	21.5	38.0	1.4	0.52	36.9	3.2	8.0	21.6	31.5	44.0	89.6	162.0	537.0	6.87	91.79	37.3
		利川市	19 338	35.6	11.4	34.3	1.3	0.32	34.2	5.7	14.8	20.3	29.6	40.1	57.1	83.8	379.8	6.19	110.84	34.6
		鹤峰县	6164	40.5	14.5	38.9	1.3	0.36	38.3	8.4	19.5	24.1	32.6	45.7	68.7	114.8	383.0	6.23	91.34	38.9
		来凤县	6509	38.2	10.9	36.8	1.3	0.28	37.6	5.9	16.7	20.8	31.9	42.6	62.0	84.6	170.0	2.35	16.73	37.2
		咸丰县	8734	36.7	13.1	35.2	1.3	0.36	35.2	8.5	17.3	21.0	29.6	41.7	61.0	95.3	470.0	8.99	216.60	35.4
		巴东县	11 621	39.9	14.0	38.3	1.3	0.35	37.6	11.4	18.3	23.7	32.7	43.6	69.9	123.6	281.1	4.49	39.30	38.0

注：Ni 的地球化学参数中，N 单位为件，$\bar{X}$、S、X_g、S_g、X_{me}、X_{min}、$X_{0.5\%}$、$X_{2.5\%}$、$X_{25\%}$、$X_{75\%}$、$X_{97.5\%}$、$X_{99.5\%}$、X_{max}、X' 单位为 mg/kg，CV、β_s、β_k 为无量纲。

表 2.9.16　表层土壤 P 地球化学参数表

单元名称		样本数	算术平均值	算术标准差	几何平均值	几何标准差	变异系数	中位值	最小值	累积频率分位值						最大值	偏度系数	峰度系数	背景值
		N	$\bar{X}$	S	X_g	S_g	CV	X_{me}	X_{min}	$X_{0.5\%}$	$X_{2.5\%}$	$X_{25\%}$	$X_{75\%}$	$X_{97.5\%}$	$X_{99.5\%}$	X_{max}	β_s	β_k	X'
全省		242 948	793	517	723	2	0.65	739	59	219	308	564	928	1609	2477	71 716	29.57	2 378.27	745
土壤类型	红壤	3783	664	745	602	1	1.12	592	78	191	289	478	756	1305	1952	39 040	39.81	1 942.06	616
	黄壤	17 857	699	326	642	2	0.47	644	75	169	274	500	836	1410	1924	12 760	5.84	139.89	668
	黄棕壤	69 303	796	655	708	2	0.82	711	73	204	281	535	934	1736	2891	71 716	32.65	2 485.24	733
	黄褐土	1428	655	508	607	1	0.78	600	165	221	284	508	716	1219	1725	16 159	22.00	632.59	608
	棕壤	8885	1046	418	968	2	0.40	996	141	247	373	775	1274	1962	2398	12 443	3.00	63.16	1028
	暗棕壤	478	746	290	701	1	0.39	697	209	231	364	565	849	1449	1996	2895	2.30	10.75	712
	石灰土	9394	815	1015	686	2	1.25	662	137	218	289	518	856	2003	6381	30 370	14.15	282.23	674
	紫色土	6755	587	251	545	1	0.43	546	64	182	257	432	686	1179	1601	6587	3.77	55.64	558
	草甸土	554	898	359	839	1	0.40	781	210	324	482	653	1035	1791	2114	2588	1.49	2.51	871
	潮土	45 774	909	302	871	1	0.33	872	59	269	480	754	1010	1582	2280	17 807	6.82	240.55	877
	沼泽土	392	859	360	799	1	0.42	730	216	270	454	624	994	1828	2216	2353	1.55	2.29	796
	水稻土	78 334	739	405	685	1	0.55	695	65	241	324	544	863	1418	2219	44 093	26.22	2 028.96	701
土地利用类型	耕地	191 941	804	468	741	1	0.58	758	59	246	338	585	938	1562	2302	39 040	21.88	1 120.11	762
	园地	14 180	738	562	656	2	0.76	652	82	195	270	494	857	1641	2771	18 559	14.57	364.28	673
	林地	20 390	748	855	635	2	1.14	637	75	169	225	454	870	1938	3271	71 716	40.32	2 783.25	653
	草地	1947	653	331	582	2	0.51	583	129	178	219	429	798	1498	2087	2737	1.61	4.06	615
	建设用地	2492	892	506	787	2	0.57	810	88	163	248	597	1047	2094	3607	8072	3.43	26.43	816
	水域	8499	809	405	745	1	0.50	722	128	246	356	596	904	1795	2774	10 605	5.31	73.05	734
	未利用地	3499	666	538	585	2	0.81	573	82	169	246	436	760	1607	2724	17 883	14.49	379.86	591
地质背景	第四系	108 245	819	366	771	1	0.45	792	79	259	365	641	943	1478	2218	44 093	24.30	2 135.01	787
	新近系	151	601	204	567	1	0.34	580	211	211	251	454	707	1013	1200	1397	0.71	1.00	591
	古近系	1436	640	260	603	1	0.41	588	178	244	313	496	725	1240	1912	3793	3.65	28.00	606
	白垩系	11 433	571	291	523	2	0.51	523	64	147	226	411	672	1174	1782	8694	6.85	129.54	539
	侏罗系	4284	604	308	546	2	0.51	534	107	171	239	414	703	1421	2209	3055	2.37	9.00	551
	三叠系	43 820	770	309	716	1	0.40	722	73	232	328	562	921	1495	1897	13 779	3.05	77.47	746
	二叠系	16 951	833	380	755	2	0.46	771	59	192	276	577	1019	1721	2216	8072	1.87	14.53	803
	石炭系	1097	802	372	726	2	0.46	743	136	178	253	557	974	1649	2163	3908	1.74	7.39	772

续表 2.9.16

单元名称		样本数	算术平均值	算术标准差	几何平均值	几何标准差	变异系数	中位值	最小值	累积频率分位值						最大值	偏度系数	峰度系数	背景值
		N	$\bar{X}$	S	X_g	S_g	CV	X_{me}	X_{min}	$X_{0.5\%}$	$X_{2.5\%}$	$X_{25\%}$	$X_{75\%}$	$X_{97.5\%}$	$X_{99.5\%}$	X_{max}	β_s	β_k	X'
地质背景	泥盆系	2447	838	389	757	2	0.46	766	129	181	265	572	1028	1771	2190	4374	1.51	6.04	810
	志留系	20 610	703	361	638	2	0.51	624	89	213	282	480	832	1578	2220	15 050	5.26	132.78	654
	奥陶系	11 151	736	330	678	1	0.45	667	116	243	318	523	865	1533	2156	7348	2.78	24.63	697
	寒武系	9043	908	913	783	2	1.01	783	132	206	280	585	1033	2109	4202	39 040	19.71	617.15	799
	震旦系	3237	1353	1652	1031	2	1.22	990	105	218	321	681	1446	4925	11 791	27 290	7.28	77.61	1018
	南华系	2316	760	1628	635	2	2.14	600	128	223	305	475	786	2028	3569	71 716	36.73	1 568.00	612
	青白口系—震旦系	308	642	365	580	2	0.57	568	135	198	291	435	723	1408	2147	3506	3.84	23.45	570
	青白口系	3132	634	407	556	2	0.64	530	99	166	233	409	718	1705	2697	4787	3.65	21.83	547
	中元古界	25	1042	565	921	2	0.54	748	451	451	451	608	1394	2270	2528	2528	1.23	0.92	1042
	滹沱系—太古宇	282	854	294	809	1	0.34	805	268	268	445	663	970	1614	1916	2318	1.25	2.59	827
	侵入岩	2558	861	583	742	2	0.68	716	137	220	299	522	986	2320	4177	6732	3.60	22.19	739
	脉岩	14	849	676	720	2	0.80	712	291	291	291	586	842	3105	3105	3105	3.23	11.44	676
	变质岩	408	983	687	783	2	0.70	797	97	99	199	482	1295	2678	3539	4785	1.64	4.02	915
成土母质	第四系沉积物	104 667	824	364	778	1	0.44	797	79	264	374	649	945	1477	2218	44 093	25.31	2 253.03	792
	碎屑岩风化物	42 690	642	361	581	2	0.56	570	64	179	255	445	747	1451	2112	15 050	8.89	238.90	591
	碎屑岩风化物(黑色岩系)	3691	719	346	653	2	0.48	634	92	208	287	493	850	1640	2156	3941	1.84	5.94	672
	碳酸盐岩风化物	50 129	857	742	763	2	0.87	763	121	225	319	589	979	1769	3563	36 248	18.04	535.18	783
	碳酸盐岩风化物(黑色岩系)	18 045	851	547	768	2	0.64	784	59	193	281	587	1032	1751	2294	39 040	30.21	1 849.00	816
	变质岩风化物	21 149	736	414	662	2	0.56	643	89	215	295	497	856	1736	2718	13 846	4.86	72.84	670
	火山岩风化物	177	1154	771	941	2	0.67	909	190	190	319	557	1584	2974	3876	4076	1.26	1.33	1108
	侵入岩风化物	2399	941	1693	762	2	1.80	729	137	240	301	531	1006	2607	5410	71 716	32.15	1 293.37	749
地形地貌	平原	112 999	801	441	748	1	0.55	776	59	238	331	613	931	1461	2220	71 716	52.78	6 995.75	768
	洪湖湖区	389	779	305	735	1	0.39	688	296	301	465	588	848	1655	2038	2514	2.17	6.20	702
	丘陵低山	33 920	757	555	656	2	0.73	631	64	199	266	476	864	2033	3406	17 335	7.77	140.02	654
	中山	2737	699	1443	565	2	2.07	543	128	198	282	438	671	1439	6140	39 040	17.10	348.31	548
	高山	92 903	800	536	725	2	0.67	728	65	209	311	558	945	1622	2238	36 248	20.75	885.20	755

续表 2.9.16

单元名称			样本数	算术平均值	算术标准差	几何平均值	几何标准差	变异系数	中位值	最小值	累积频率分位值						最大值	偏度系数	峰度系数	背景值
			N	$\bar{X}$	S	X_g	S_g	CV	X_{me}	X_{min}	$X_{0.5\%}$	$X_{2.5\%}$	$X_{25\%}$	$X_{75\%}$	$X_{97.5\%}$	$X_{99.5\%}$	X_{max}	β_s	β_k	X'
行政市（州）	武汉市		4109	721	281	682	1	0.39	678	128	268	371	567	806	1394	2017	5366	3.97	36.71	682
	襄阳市		7131	720	528	663	1	0.73	654	165	243	320	530	833	1334	2180	24 352	23.47	835.06	680
	宜昌市		1479	719	277	677	1	0.38	669	175	222	375	538	840	1338	2277	3059	2.41	11.85	689
	黄石市		881	686	212	658	1	0.31	642	232	291	400	542	784	1221	1604	1742	1.40	3.06	663
	十堰市		4162	896	687	740	2	0.77	690	97	184	276	482	1070	2607	3879	13 846	4.61	55.12	746
	荆州市		18 052	855	287	821	1	0.34	822	197	415	499	695	950	1506	2219	8230	5.26	79.75	818
	荆门市		53 487	737	596	659	2	0.81	671	59	205	269	492	879	1585	2769	71 716	45.11	4 425.97	683
	鄂州市		403	737	242	702	1	0.33	702	327	328	387	579	850	1352	1663	1946	1.36	3.04	709
	孝感市		5895	627	300	576	1	0.48	565	135	207	265	450	733	1359	1984	4554	3.40	25.24	583
	黄冈市		4247	763	349	701	2	0.46	718	79	193	292	549	911	1535	2117	8072	4.05	56.01	729
	咸宁市		2420	621	258	580	1	0.42	572	142	230	289	461	738	1200	1666	5169	3.78	45.67	595
	随州市		6669	794	598	674	2	0.75	628	99	184	270	472	919	2254	3898	14 323	5.26	62.28	670
	恩施州		95 016	797	584	720	2	0.73	721	65	208	309	552	940	1622	2270	39 040	23.08	987.62	749
	仙桃市		13 430	853	264	826	1	0.31	817	339	461	542	711	936	1406	2158	10 605	7.32	173.63	820
	天门市		10 105	946	255	917	1	0.27	919	199	469	562	791	1058	1522	2070	4449	2.29	15.86	922
	潜江市		15 462	878	297	846	1	0.34	837	225	461	547	724	960	1546	2371	11 200	6.96	139.64	836
行政县（市、区）	武汉市	武汉市区	744	651	303	604	1	0.46	554	264	313	354	470	746	1438	1886	3902	3.22	20.95	604
		蔡甸区	2305	775	267	745	1	0.34	717	248	364	487	638	836	1442	2200	3629	4.02	27.76	731
		黄陂区	573	565	193	536	1	0.34	533	128	149	248	456	637	1013	1373	1903	1.88	8.52	545
		东西湖区	125	841	235	815	1	0.28	786	436	436	519	702	907	1538	1801	2017	2.30	7.66	801
		新洲区	362	722	325	686	1	0.45	676	331	334	399	567	791	1218	1744	5366	8.56	115.79	689
	襄阳市	襄阳市区	912	670	227	640	1	0.34	617	232	275	386	530	752	1214	1624	2540	2.50	12.38	636
		枣阳市	816	656	245	626	1	0.37	621	203	261	352	534	731	1120	1593	4744	6.72	98.00	628
		老河口市	265	636	175	617	1	0.28	602	321	321	409	535	690	1200	1630	1642	2.53	9.94	607
		宜城市	2618	809	765	720	2	0.95	748	169	244	306	539	961	1517	2744	24 352	18.68	474.62	748
		谷城县	222	695	258	656	1	0.37	624	316	316	357	528	806	1396	1583	2044	1.70	4.14	652
		南漳县	2298	674	364	631	1	0.54	637	165	213	289	522	774	1243	1806	13 779	20.80	729.37	643

续表 2.9.16

单元名称			样本数	算术平均值	算术标准差	几何平均值	几何标准差	变异系数	中位值	最小值	累积频率分位值						最大值	偏度系数	峰度系数	背景值
			N	$\bar{X}$	S	X_g	S_g	CV	X_{me}	X_{min}	$X_{0.5\%}$	$X_{2.5\%}$	$X_{25\%}$	$X_{75\%}$	$X_{97.5\%}$	$X_{99.5\%}$	X_{max}	β_s	β_k	X'
行政县（市、区）	宜昌市	宜昌市辖区	233	757	382	688	2	0.50	686	218	218	299	529	876	1469	2684	3059	2.64	11.10	718
		宜都市	75	758	246	727	1	0.32	695	354	354	481	597	821	1461	1684	1684	1.88	3.87	692
		枝江市	375	699	251	659	1	0.36	618	194	196	385	511	877	1264	1359	2277	1.24	3.54	695
		当阳市	284	667	198	643	1	0.30	635	245	245	392	535	752	1088	1912	1951	2.28	11.09	650
		秭归县	478	735	278	694	1	0.38	689	175	272	380	557	837	1338	2294	2610	2.35	10.07	701
		长阳土家族自治县	34	813	227	781	1	0.28	794	394	394	394	679	944	1241	1297	1297	0.18	−0.25	813
	黄石市	黄石市区	47	932	300	888	1	0.32	882	541	541	541	701	1098	1607	1742	1742	0.89	0.28	932
		大冶市	382	677	179	655	1	0.26	659	291	337	385	557	774	1036	1188	1617	0.97	2.25	670
		阳新县	452	668	211	640	1	0.32	614	232	254	400	529	758	1237	1500	1608	1.47	2.91	642
	十堰市	茅箭区	63	831	254	795	1	0.31	807	444	444	481	634	946	1358	1497	1497	0.75	0.02	831
		郧阳区	118	727	231	694	1	0.32	697	321	321	369	569	829	1287	1380	1453	1.04	0.83	721
		丹江口市	570	756	346	698	1	0.46	675	271	317	366	529	854	1803	2199	3044	2.40	8.74	697
		竹溪县	1404	1187	840	963	2	0.71	1005	150	195	264	591	1564	3055	4474	13 846	3.62	39.13	1111
		竹山县	2007	743	596	627	2	0.80	573	97	169	266	440	851	2208	3737	12 443	6.15	83.34	608
	荆州市	荆州市区	374	768	320	714	1	0.42	720	335	340	376	521	958	1426	2189	2730	1.90	7.51	740
		洪湖市	12 640	868	308	831	1	0.35	819	292	433	515	692	961	1609	2337	7987	4.57	56.05	821
		监利市	3493	839	228	820	1	0.27	833	310	449	535	725	933	1183	1533	8230	12.28	352.23	827
		石首市	345	821	158	805	1	0.19	830	317	392	496	723	925	1099	1203	1300	−0.31	0.22	822
		松滋市	373	687	187	661	1	0.27	648	197	285	413	527	854	1033	1077	1104	0.26	−1.04	687
		江陵县	270	875	141	864	1	0.16	866	599	599	646	779	944	1212	1394	1542	0.99	2.14	864
		公安县	557	836	226	808	1	0.27	861	270	377	453	727	942	1193	1573	3059	2.41	21.45	823
	荆门市	荆门市区	282	732	239	701	1	0.33	695	269	269	432	578	822	1337	1989	2061	2.16	8.04	696
		沙洋县	12 991	671	256	629	1	0.38	656	130	193	265	514	804	1159	1714	7157	3.27	47.59	656
		钟祥市	23 454	811	780	723	2	0.96	754	100	232	302	542	947	1711	3124	71 716	44.49	3 412.21	745
		京山市	14 877	689	480	602	2	0.70	572	64	195	248	437	812	1700	3005	17 238	7.68	150.80	619
		屈家岭管理区	1883	638	300	574	2	0.47	586	59	186	230	408	826	1295	1720	3311	1.38	5.40	623
	孝感市	孝南区	245	655	163	638	1	0.25	634	315	315	444	537	725	1068	1504	1541	1.93	6.83	636
		孝昌县	298	638	226	609	1	0.35	573	233	233	386	515	673	1253	1733	2147	2.68	10.47	584
		云梦县	152	703	205	675	1	0.29	668	377	377	411	538	836	1147	1384	1606	1.02	2.09	692

续表 2.9.16

单元名称			样本数	算术平均值	算术标准差	几何平均值	几何标准差	变异系数	中位值	最小值	累积频率分位值						最大值	偏度系数	峰度系数	背景值
			N	$\bar{X}$	S	X_g	S_g	CV	X_{me}	X_{min}	$X_{0.5\%}$	$X_{2.5\%}$	$X_{25\%}$	$X_{75\%}$	$X_{97.5\%}$	$X_{99.5\%}$	X_{max}	β_s	β_k	X'
行政县（市、区）	孝感市	大悟县	114	585	356	526	2	0.61	525	135	135	234	390	681	1152	1318	3506	5.14	39.87	546
		安陆市	4394	606	320	550	2	0.53	534	145	202	254	423	691	1445	2047	4554	3.59	25.18	549
		汉川市	415	803	165	788	1	0.21	786	480	483	535	699	868	1200	1414	1898	1.65	6.73	786
		应城市	277	642	202	614	1	0.31	596	231	231	361	500	743	1161	1455	1746	1.50	3.98	609
	黄冈市	黄冈市区	82	929	255	896	1	0.27	882	490	490	552	736	1109	1489	1552	1552	0.59	−0.33	929
		武穴市	2491	718	379	649	2	0.53	667	79	172	259	491	848	1542	2209	8072	5.08	69.15	674
		麻城市	204	709	216	679	1	0.30	691	289	289	349	558	818	1158	1339	1952	1.34	4.88	697
		团风县	219	902	281	863	1	0.31	851	454	454	470	703	1024	1642	1828	1829	1.04	1.09	875
		黄梅县	361	797	255	756	1	0.32	757	267	286	331	610	970	1261	1419	2265	0.69	2.14	793
		蕲春县	349	786	338	727	1	0.43	732	246	274	364	549	950	1612	2455	2763	1.88	6.68	746
		浠水县	450	885	290	844	1	0.33	845	277	323	438	713	991	1602	2227	2680	1.65	5.69	854
		罗田县	60	917	241	891	1	0.26	884	583	583	590	761	996	1501	2010	2010	1.93	6.48	888
		红安县	31	590	88	583	1	0.15	605	376	376	376	542	627	716	787	787	−0.33	0.46	590
	咸宁市	咸安区	222	572	137	557	1	0.24	556	259	259	340	488	648	859	1181	1355	1.43	5.73	562
		嘉鱼县	1889	627	279	580	1	0.45	571	142	211	277	444	759	1229	1733	5169	3.70	42.23	603
		赤壁市	309	622	177	601	1	0.28	581	262	322	388	501	695	1037	1360	1600	1.68	4.80	607
	随州市	随县	5656	819	632	688	2	0.77	644	99	178	262	472	964	2319	4120	14 323	5.10	57.75	692
		曾都区	356	753	363	688	2	0.48	638	192	270	357	515	857	1640	2259	2936	2.02	5.97	685
		广水市	657	599	275	557	1	0.46	545	137	198	291	445	678	1451	1907	3105	3.40	19.23	553
	恩施州	恩施市	20 748	835	343	772	1	0.41	779	78	209	335	609	998	1656	2131	7416	1.71	11.06	807
		宣恩县	11 191	763	336	697	2	0.44	708	108	187	275	538	921	1568	2066	5405	1.64	7.50	733
		建始县	10 711	855	358	786	2	0.42	802	65	169	292	625	1023	1679	2157	6441	2.02	16.16	827
		利川市	19 338	758	325	697	2	0.43	699	107	224	307	531	918	1549	2031	4399	1.47	4.80	730
		鹤峰县	6164	1138	1636	899	2	1.44	872	146	247	347	650	1169	3423	11 791	36 248	10.20	142.61	896
		来凤县	6509	651	308	599	1	0.47	580	82	216	296	460	767	1388	1934	7348	3.92	48.38	611
		咸丰县	8734	726	279	679	1	0.38	681	99	224	315	542	857	1396	1814	3766	1.61	6.67	701
		巴东县	11 621	728	741	659	1	1.02	650	128	223	317	513	833	1421	2032	39 040	29.60	1 175.79	674

注：P 的地球化学参数中，N 单位为件，$\bar{X}$、S、X_g、S_g、X_{me}、X_{min}、$X_{0.5\%}$、$X_{2.5\%}$、$X_{25\%}$、$X_{75\%}$、$X_{97.5\%}$、$X_{99.5\%}$、X_{max}、X' 单位为 mg/kg，CV、β_s、β_k 为无量纲。

表 2.9.17 表层土壤 Pb 地球化学参数表

单元名称		样本数	算术平均值	算术标准差	几何平均值	几何标准差	变异系数	中位值	最小值	累积频率分位值						最大值	偏度系数	峰度系数	背景值
		N	$\bar{X}$	S	X_g	S_g	CV	X_{me}	X_{min}	$X_{0.5\%}$	$X_{2.5\%}$	$X_{25\%}$	$X_{75\%}$	$X_{97.5\%}$	$X_{99.5\%}$	X_{max}	β_s	β_k	X'
全省		242 948	31.0	27.7	29.7	1.3	0.89	30.0	2.2	15.1	18.3	25.9	33.9	48.1	76.7	7 837.8	148.84	33 922.15	29.8
土壤类型	红壤	3783	35.7	54.7	31.9	1.4	1.53	31.1	8.4	14.1	18.5	27.8	35.0	67.2	212.4	2 675.0	33.11	1 469.81	30.9
	黄壤	17 857	34.0	17.0	32.4	1.3	0.50	32.2	6.4	14.1	18.7	28.2	36.7	61.1	90.3	978.0	25.12	1 150.82	32.1
	黄棕壤	69 303	33.8	43.8	31.9	1.3	1.30	32.0	2.2	12.6	18.7	28.1	36.1	54.4	99.5	7 837.8	117.45	18 085.43	31.9
	黄褐土	1428	29.8	6.3	29.3	1.2	0.21	28.9	11.1	16.9	21.9	26.9	31.3	42.3	65.7	121.0	5.20	54.13	29.0
	棕壤	8885	35.8	8.0	35.3	1.2	0.22	35.3	15.0	20.3	25.0	32.4	38.6	48.3	57.1	454.5	20.09	933.95	35.5
	暗棕壤	478	33.3	8.6	32.6	1.2	0.26	32.7	14.1	14.7	19.6	29.4	35.8	47.5	78.6	147.7	5.79	69.25	32.7
	石灰土	9394	33.3	19.5	32.0	1.3	0.59	32.2	6.4	13.0	20.3	28.9	35.5	48.4	86.9	1 090.0	30.12	1 312.96	32.1
	紫色土	6755	28.6	10.8	27.7	1.3	0.38	27.4	7.7	15.2	18.3	24.3	30.8	44.0	68.3	426.1	17.62	549.40	27.6
	草甸土	554	32.8	7.5	31.9	1.3	0.23	32.9	16.4	17.2	20.5	27.8	37.1	49.0	60.2	70.5	0.82	2.39	32.2
	潮土	45 774	26.5	8.6	25.8	1.2	0.33	25.8	7.3	16.0	17.4	22.1	29.8	38.4	52.3	520.5	22.27	1 012.76	26.0
	沼泽土	392	33.0	5.8	32.4	1.2	0.18	32.5	11.4	16.8	21.1	29.1	36.9	43.6	49.1	52.0	0.01	0.38	33.0
	水稻土	78 334	29.8	17.1	29.0	1.2	0.58	29.4	5.5	16.2	19.2	26.2	32.3	41.5	61.6	3 648.5	135.24	26 524.40	29.1
土地利用类型	耕地	191 941	30.6	19.4	29.5	1.3	0.63	29.8	5.5	16.0	18.6	25.8	33.6	46.3	70.8	5 234.0	140.45	31 948.44	29.6
	园地	14 180	32.0	12.4	30.7	1.3	0.39	30.8	2.3	13.6	17.8	26.9	35.1	53.5	81.8	523.0	12.82	362.51	30.7
	林地	20 390	33.8	70.9	30.5	1.4	2.10	30.8	2.2	10.5	16.2	25.7	35.3	59.3	132.9	7 837.8	77.31	7 679.88	30.3
	草地	1947	33.7	11.4	32.4	1.3	0.34	33.0	6.5	14.5	18.1	27.8	37.6	53.8	75.8	313.0	8.66	191.39	32.7
	建设用地	2492	34.5	44.6	30.7	1.4	1.29	29.8	5.4	12.6	17.9	25.4	34.5	72.0	230.1	1 717.0	24.69	841.78	29.4
	水域	8499	31.2	11.9	30.3	1.3	0.38	30.5	8.3	15.7	19.1	26.9	34.2	46.3	64.8	520.5	19.33	645.78	30.3
	未利用地	3499	33.1	26.8	31.0	1.4	0.81	31.1	6.3	12.2	16.6	27.1	35.6	55.9	103.0	978.0	25.38	811.00	31.0
地质背景	第四系	108 245	28.3	10.1	27.6	1.2	0.36	28.2	6.8	16.4	18.1	24.3	31.4	39.5	53.3	1 717.0	57.61	7 788.54	27.8
	新近系	151	30.1	4.3	29.9	1.1	0.14	29.8	19.0	19.0	23.0	28.2	31.9	37.4	39.9	65.5	3.57	28.84	29.8
	古近系	1436	28.5	5.4	28.1	1.2	0.19	28.1	10.7	16.6	20.0	25.8	30.3	39.1	54.1	93.9	3.45	28.73	28.5
	白垩系	11 433	28.4	6.5	27.8	1.2	0.23	28.8	5.9	13.4	16.9	25.3	31.2	39.2	54.7	159.0	3.63	51.11	28.1
	侏罗系	4284	26.8	8.0	26.3	1.2	0.30	26.0	10.2	16.1	19.1	23.6	28.8	37.1	52.6	332.9	18.39	590.60	26.3
	三叠系	43 820	34.4	25.6	33.5	1.2	0.74	33.7	6.1	17.6	22.0	30.5	37.1	47.2	69.1	3 648.5	97.68	12 091.32	33.6
	二叠系	16 951	34.6	81.6	32.0	1.3	2.36	31.8	5.4	18.0	21.2	28.1	35.5	50.4	104.5	7 837.8	72.27	6 077.61	31.7
	石炭系	1097	32.9	12.6	31.8	1.3	0.38	31.5	11.3	15.4	21.2	28.1	35.1	48.6	82.1	243.7	10.02	140.01	31.6

续表 2.9.17

单元名称		样本数	算术平均值	算术标准差	几何平均值	几何标准差	变异系数	中位值	最小值	累积频率分位值						最大值	偏度系数	峰度系数	背景值
		N	$\bar{X}$	S	X_g	S_g	CV	X_{me}	X_{min}	$X_{0.5\%}$	$X_{2.5\%}$	$X_{25\%}$	$X_{75\%}$	$X_{97.5\%}$	$X_{99.5\%}$	X_{max}	β_s	β_k	X'
地质背景	泥盆系	2447	32.4	8.4	31.5	1.2	0.26	31.5	9.0	15.8	20.6	28.0	35.5	48.9	71.5	162.7	4.46	46.91	31.5
	志留系	20 610	32.2	19.2	31.3	1.2	0.60	31.1	6.6	15.3	21.5	28.4	34.3	47.3	67.3	1 721.0	62.74	4 825.78	31.3
	奥陶系	11 151	37.4	18.4	35.6	1.3	0.49	34.0	2.3	15.6	23.1	29.9	41.1	69.2	93.5	926.0	22.85	976.60	35.1
	寒武系	9043	38.2	35.6	34.2	1.5	0.93	33.0	6.4	12.0	18.2	27.2	40.7	88.3	216.0	1 776.6	20.46	759.21	33.4
	震旦系	3237	33.2	29.8	28.8	1.6	0.90	28.0	2.2	9.4	13.9	22.1	33.5	97.0	221.7	530.2	7.66	83.79	27.1
	南华系	2316	24.7	11.2	23.6	1.3	0.45	23.6	5.7	9.6	13.9	20.4	27.0	41.8	60.4	307.4	12.65	256.51	23.6
	青白口系—震旦系	308	27.9	11.1	26.5	1.3	0.40	25.4	12.6	15.4	17.3	22.3	29.6	57.3	79.3	107.3	3.41	16.03	25.4
	青白口系	3132	26.9	7.6	25.9	1.3	0.28	25.9	4.3	10.4	14.9	21.7	31.3	42.2	58.8	104.6	1.49	7.69	26.4
	中元古界	25	23.8	6.5	22.7	1.4	0.28	23.6	6.9	6.9	6.9	20.9	27.6	32.5	37.9	37.9	−0.59	1.43	23.8
	滹沱系—太古宇	282	26.1	5.8	25.3	1.3	0.22	25.7	6.4	6.4	14.3	22.3	29.9	38.2	44.5	50.9	0.17	1.56	26.1
	侵入岩	2558	29.0	22.2	26.4	1.5	0.76	27.5	4.7	7.2	10.6	21.8	32.3	52.0	116.8	564.6	13.85	263.43	26.8
	脉岩	14	27.5	8.1	26.3	1.4	0.29	26.6	11.7	11.7	11.7	22.7	33.0	42.9	42.9	42.9	0.005	0.19	27.5
	变质岩	408	20.9	5.3	20.2	1.3	0.25	20.9	6.3	7.5	10.3	17.6	23.7	30.8	35.1	38.5	0.17	0.28	20.8
成土母质	第四系沉积物	104 667	28.2	9.8	27.6	1.2	0.35	28.1	7.3	16.4	18.1	24.2	31.4	39.5	53.1	1 717.0	61.51	8 914.16	27.8
	碎屑岩风化物	42 690	29.7	25.0	28.6	1.3	0.84	29.0	4.3	13.4	17.7	25.5	32.3	44.0	66.6	3 648.5	94.19	11 737.20	28.8
	碎屑岩风化物(黑色岩系)	3691	39.3	19.2	36.7	1.4	0.49	35.0	5.9	10.6	16.9	30.2	44.0	74.6	89.9	696.4	13.19	395.91	37.8
	碳酸盐岩风化物	50 129	36.2	20.4	34.7	1.3	0.56	34.4	5.4	16.3	21.0	31.1	38.3	57.8	113.0	1 776.6	29.87	1 674.79	34.4
	碳酸盐岩风化物(黑色岩系)	18 045	34.8	79.1	32.2	1.3	2.27	31.9	8.0	17.6	21.0	28.1	35.9	52.8	111.6	7 837.8	74.30	6 450.82	31.8
	变质岩风化物	21 149	30.4	9.5	29.5	1.3	0.31	30.0	2.2	11.9	17.4	26.5	33.3	46.7	66.2	443.0	11.32	322.05	29.7
	火山岩风化物	177	29.6	18.2	26.6	1.5	0.62	25.7	11.5	11.5	11.9	20.5	33.8	64.9	148.7	170.3	4.61	29.89	26.7
	侵入岩风化物	2399	29.2	22.5	26.6	1.5	0.77	27.5	4.7	8.0	10.6	22.4	32.2	52.3	116.8	564.6	13.89	261.14	26.9
地形地貌	平原	112 999	28.4	8.1	27.7	1.2	0.29	28.4	7.3	16.4	18.2	24.5	31.5	39.2	51.2	909.0	26.76	1 915.29	28.0
	洪湖湖区	389	29.6	4.7	29.2	1.2	0.16	29.9	16.4	16.5	20.3	26.0	33.0	37.7	39.4	42.9	−0.21	−0.35	29.6
	丘陵低山	33 920	30.7	37.3	28.4	1.4	1.21	28.7	2.2	10.4	15.6	24.2	32.5	52.5	119.1	3 648.5	51.27	3 844.61	28.2
	中山	2737	31.0	12.1	29.9	1.3	0.39	30.2	6.4	11.1	18.5	26.6	33.7	47.2	73.5	405.0	15.02	389.49	30.0
	高山	92 903	34.4	37.3	32.9	1.3	1.08	32.9	2.3	16.1	20.6	29.0	37.0	54.8	86.9	7 837.8	139.81	25 455.70	32.8

续表 2.9.17

单元名称			样本数	算术平均值	算术标准差	几何平均值	几何标准差	变异系数	中位值	最小值	累积频率分位值						最大值	偏度系数	峰度系数	背景值
			N	$\bar{X}$	S	X_g	S_g	CV	X_{me}	X_{min}	$X_{0.5\%}$	$X_{2.5\%}$	$X_{25\%}$	$X_{75\%}$	$X_{97.5\%}$	$X_{99.5\%}$	X_{max}	β_s	β_k	X'
行政市（州）	武汉市		4109	32.1	12.9	31.2	1.2	0.40	31.3	11.4	17.1	20.5	28.1	34.5	46.9	74.4	461.0	19.67	570.63	31.1
	襄阳市		7131	29.0	9.2	28.4	1.2	0.32	28.2	10.5	16.2	19.3	25.5	31.5	40.7	52.0	519.7	27.85	1 315.68	28.6
	宜昌市		1479	30.6	35.5	28.4	1.4	1.16	29.2	6.4	8.4	14.6	25.6	32.1	45.3	78.1	1 090.0	24.99	681.68	28.8
	黄石市		881	58.8	134.8	41.3	1.8	2.29	35.0	15.5	20.9	24.1	30.2	44.2	232.1	886.0	2 675.0	12.33	197.17	34.3
	十堰市		4162	25.6	10.1	24.2	1.4	0.40	25.1	4.8	8.0	10.8	20.7	29.2	44.3	70.7	297.4	7.46	149.83	24.6
	荆州市		18 052	30.4	6.3	29.9	1.2	0.21	30.3	11.1	18.1	20.4	26.7	33.7	40.9	53.3	252.1	6.62	181.40	30.1
	荆门市		53 487	29.7	12.0	28.7	1.3	0.40	29.3	2.2	16.0	18.4	25.8	32.0	42.7	75.1	909.0	21.87	953.32	28.7
	鄂州市		403	35.8	17.1	34.2	1.3	0.48	32.6	20.3	21.6	24.5	29.8	36.4	61.5	137.0	263.0	8.21	90.20	32.7
	孝感市		5895	28.5	12.3	27.7	1.2	0.43	27.9	8.6	15.8	19.2	24.8	30.4	40.8	71.2	657.8	28.71	1 276.24	27.5
	黄冈市		4247	35.7	76.4	31.1	1.4	2.14	30.1	5.4	15.7	19.4	26.3	34.7	61.2	185.3	3 648.5	32.35	1 315.88	30.3
	咸宁市		2420	33.6	10.7	32.9	1.2	0.32	32.8	14.4	21.4	24.5	29.8	35.8	45.3	64.6	341.8	17.25	417.65	32.9
	随州市		6669	24.5	9.3	23.6	1.3	0.38	23.5	4.3	9.1	13.7	20.7	27.3	37.6	55.8	317.8	14.84	412.46	23.8
	恩施州		95 016	34.3	36.9	32.9	1.3	1.07	32.8	2.3	16.1	20.7	28.9	36.9	54.6	86.6	7 837.8	141.69	26 127.62	32.7
	仙桃市		13 430	27.5	4.8	27.1	1.2	0.18	27.5	13.8	17.1	19.1	24.2	30.7	35.9	38.9	184.8	3.00	86.18	27.4
	天门市		10 105	24.8	5.5	24.2	1.2	0.22	24.1	14.1	15.8	16.8	20.1	29.1	34.9	37.3	82.4	0.53	0.88	24.7
	潜江市		15 462	26.3	6.2	25.8	1.2	0.23	26.1	11.8	16.3	18.2	22.8	29.3	34.6	42.2	331.0	14.74	575.79	26.0
行政县（市、区）	武汉市	武汉市区	744	38.1	25.7	35.8	1.3	0.67	33.8	17.5	23.3	26.1	30.1	39.4	70.1	132.9	461.0	12.10	180.65	34.5
		蔡甸区	2305	31.0	4.9	30.6	1.2	0.16	31.1	11.4	18.9	21.8	28.1	33.9	39.2	43.9	97.9	1.63	19.65	30.9
		黄陂区	573	29.4	12.8	28.1	1.3	0.44	28.6	12.0	13.0	16.7	23.9	33.6	43.6	79.3	269.2	12.03	217.17	28.4
		东西湖区	125	32.3	5.7	31.8	1.2	0.18	31.9	20.1	20.1	22.5	28.4	35.5	45.5	47.4	48.1	0.47	0.34	32.3
		新洲区	362	31.6	5.4	31.2	1.2	0.17	31.3	17.7	19.0	22.1	27.9	34.7	44.1	50.7	51.6	0.64	1.11	31.3
	襄阳市	襄阳市区	912	27.4	4.6	27.1	1.2	0.17	27.0	16.1	16.8	19.4	25.3	29.0	37.4	48.5	80.4	3.67	33.14	27.0
		枣阳市	816	28.1	5.9	27.5	1.2	0.21	27.9	11.1	11.6	17.0	25.3	30.3	40.1	53.1	76.8	1.97	13.62	27.7
		老河口市	265	33.1	35.0	30.3	1.3	1.06	29.3	14.4	14.4	21.5	27.4	31.6	46.3	298.2	519.7	11.98	155.06	29.2
		宜城市	2618	26.7	4.1	26.4	1.2	0.15	26.9	15.6	16.3	18.6	24.0	29.2	34.6	40.3	57.6	0.49	3.05	26.5
		谷城县	222	27.1	6.2	26.5	1.2	0.23	26.5	10.5	10.5	17.7	23.5	29.6	40.9	55.8	56.5	1.54	5.57	26.6
		南漳县	2298	32.3	7.5	31.7	1.2	0.23	32.0	15.4	20.8	23.0	28.2	35.5	42.6	53.2	262.9	13.60	396.34	31.9

续表 2.9.17

单元名称			样本数	算术平均值	算术标准差	几何平均值	几何标准差	变异系数	中位值	最小值	累积频率分位值						最大值	偏度系数	峰度系数	背景值
			N	$\bar{X}$	S	X_g	S_g	CV	X_{me}	X_{min}	$X_{0.5\%}$	$X_{2.5\%}$	$X_{25\%}$	$X_{75\%}$	$X_{97.5\%}$	$X_{99.5\%}$	X_{max}	β_s	β_k	X'
行政县（市、区）	宜昌市	宜昌市辖区	233	36.1	88.3	25.7	1.8	2.45	24.8	6.4	6.4	9.2	19.6	31.7	71.1	796.3	1 090.0	10.25	111.08	25.2
		宜都市	75	31.3	4.8	30.9	1.2	0.15	30.8	20.7	20.7	21.6	28.5	33.5	41.7	43.8	43.8	0.31	0.16	31.3
		枝江市	375	30.3	5.4	30.0	1.2	0.18	30.1	18.6	20.8	22.3	28.0	32.0	37.8	57.7	86.8	5.04	43.89	29.8
		当阳市	284	27.9	3.6	27.7	1.1	0.13	28.2	19.7	19.7	20.9	25.5	30.1	33.5	43.1	49.5	0.83	4.90	27.7
		秭归县	478	29.4	7.6	28.3	1.3	0.26	29.5	6.4	8.3	12.9	24.5	33.6	45.0	52.1	78.9	0.58	3.97	29.2
		长阳土家族自治县	34	33.3	7.3	32.7	1.2	0.22	32.0	25.4	25.4	25.4	29.5	33.8	52.3	62.8	62.8	2.77	8.64	31.3
	黄石市	黄石市区	47	251.8	464.5	121.5	2.9	1.84	94.6	24.4	24.4	24.4	55.6	195.7	1 717.0	2 675.0	2 675.0	3.98	17.72	79.7
		大冶市	382	55.3	75.4	44.0	1.7	1.36	37.5	23.0	23.3	25.6	32.5	49.3	172.5	514.1	958.4	7.78	74.05	38.6
		阳新县	452	41.7	66.9	35.0	1.5	1.60	32.1	15.5	18.2	23.1	29.0	37.6	89.2	433.9	1 185.0	12.85	198.86	32.2
	十堰市	茅箭区	63	26.9	19.8	24.5	1.4	0.74	22.3	16.2	16.2	16.6	20.3	27.0	41.4	172.5	172.5	6.66	49.11	24.2
		郧阳区	118	22.6	4.5	22.2	1.2	0.20	22.6	13.1	13.1	15.3	19.5	25.1	30.7	33.1	38.9	0.53	0.62	22.5
		丹江口市	570	24.6	7.7	23.8	1.3	0.31	23.4	10.5	13.5	15.3	20.4	26.8	43.9	48.1	114.8	4.44	40.66	23.2
		竹溪县	1404	26.9	14.0	24.6	1.5	0.52	25.9	4.8	7.0	10.0	20.4	30.5	56.2	81.5	297.4	6.95	109.78	25.1
		竹山县	2007	25.0	6.7	24.1	1.3	0.27	25.6	5.7	8.6	11.5	21.3	29.1	35.1	45.2	84.9	1.20	11.54	24.8
	荆州市	荆州市区	374	30.6	5.6	30.3	1.2	0.18	29.7	18.3	21.7	23.5	27.8	31.9	45.1	54.6	85.4	3.85	27.74	29.6
		洪湖市	12 640	30.4	6.2	29.9	1.2	0.20	30.3	11.1	17.7	20.1	26.4	34.0	41.1	54.0	252.1	4.67	137.96	30.2
		监利市	3493	29.8	6.5	29.4	1.2	0.22	30.1	17.1	18.8	20.3	26.3	33.1	38.4	45.4	213.3	10.70	276.38	29.6
		石首市	345	33.3	6.7	32.8	1.2	0.20	31.7	21.2	21.4	23.8	29.8	35.0	52.0	58.7	75.8	2.10	7.18	32.0
		松滋市	373	29.7	9.3	29.2	1.2	0.31	29.3	18.1	18.9	22.7	27.7	30.8	34.8	39.6	199.7	16.43	300.49	29.2
		江陵县	270	30.3	4.5	30.0	1.2	0.15	30.5	20.5	20.5	22.6	27.1	33.1	38.3	47.4	47.8	0.47	0.99	30.1
		公安县	557	31.5	3.9	31.3	1.1	0.12	31.1	19.5	22.7	25.3	29.2	33.4	40.9	49.9	51.4	1.28	4.67	31.1
	荆门市	荆门市区	282	31.9	8.8	31.4	1.2	0.27	31.0	22.8	22.8	24.6	28.9	33.2	41.2	65.5	157.7	10.88	151.63	31.0
		沙洋县	12 991	30.1	9.9	29.5	1.2	0.33	29.8	13.1	17.5	19.9	27.2	32.2	40.3	57.1	581.7	25.31	1 065.07	29.5
		钟祥市	23 454	28.1	9.5	27.3	1.2	0.34	28.1	7.3	15.9	17.8	24.2	30.9	39.5	57.2	909.0	39.84	3 275.55	27.5
		京山市	14 877	31.8	16.1	30.3	1.3	0.51	30.3	2.2	14.7	19.4	27.2	33.3	51.0	123.2	530.2	12.72	250.58	29.9
		屈家岭管理区	1883	28.8	7.2	28.0	1.3	0.25	28.8	8.0	16.0	17.6	24.7	32.4	41.4	51.6	158.7	4.01	62.04	28.5
	孝感市	孝南区	245	28.5	3.8	28.2	1.1	0.13	28.1	20.5	20.5	23.6	26.6	29.4	37.6	51.5	55.9	3.26	17.88	28.0
		孝昌县	298	27.9	6.6	27.4	1.2	0.24	27.1	17.5	17.5	20.6	25.2	29.4	39.6	57.3	107.3	6.47	70.54	26.9
		云梦县	152	25.7	2.9	25.6	1.1	0.11	25.7	18.9	18.9	20.6	23.6	27.7	30.6	35.3	36.2	0.43	0.79	25.6

续表 2.9.17

单元名称			样本数	算术平均值	算术标准差	几何平均值	几何标准差	变异系数	中位值	最小值	累积频率分位值						最大值	偏度系数	峰度系数	背景值
			N	$\bar{X}$	S	X_g	S_g	CV	X_{me}	X_{min}	$X_{0.5\%}$	$X_{2.5\%}$	$X_{25\%}$	$X_{75\%}$	$X_{97.5\%}$	$X_{99.5\%}$	X_{max}	β_s	β_k	X'
行政县(市、区)	孝感市	大悟县	114	27.6	10.1	26.3	1.3	0.36	26.1	12.6	12.6	16.0	22.6	29.7	61.0	66.4	75.4	2.69	8.67	25.4
		安陆市	4394	28.7	13.9	27.8	1.3	0.48	28.1	8.6	15.3	19.0	24.6	30.7	43.3	73.5	657.8	26.49	1 044.23	27.6
		汉川市	415	27.1	3.4	26.9	1.1	0.12	27.1	17.7	18.1	20.6	24.7	29.8	33.0	34.4	35.6	−0.15	−0.50	27.1
		应城市	277	28.8	4.4	28.5	1.1	0.15	28.4	21.8	21.8	23.4	26.7	30.2	34.0	41.7	85.8	7.91	100.35	28.5
	黄冈市	黄冈市区	82	31.8	5.8	31.3	1.2	0.18	31.5	21.3	21.3	21.9	29.0	33.9	41.9	58.0	58.0	1.57	5.71	31.2
		武穴市	2491	39.9	97.8	33.4	1.5	2.45	31.9	5.4	16.4	20.7	28.1	37.1	77.7	331.6	3 648.5	26.05	830.76	32.1
		麻城市	204	26.3	6.0	25.7	1.2	0.23	26.4	13.7	13.7	16.1	22.2	29.7	37.9	42.3	70.7	2.01	13.61	26.0
		团风县	219	29.4	7.1	28.6	1.2	0.24	29.3	15.7	15.7	18.8	24.2	33.0	48.5	63.1	64.0	1.62	5.53	28.6
		黄梅县	361	30.4	8.2	29.7	1.2	0.27	29.5	19.4	19.7	21.5	26.0	33.5	41.5	59.4	141.8	7.55	96.55	29.7
		蕲春县	349	32.9	35.2	30.0	1.4	1.07	29.4	13.6	15.6	18.1	25.8	33.2	50.2	95.8	564.6	12.86	178.31	29.3
		浠水县	450	28.8	29.2	26.6	1.3	1.01	26.4	13.3	14.2	17.3	23.0	29.5	43.5	77.0	520.5	14.50	224.44	26.2
		罗田县	60	25.1	3.8	24.8	1.2	0.15	25.2	16.3	16.3	18.5	22.3	27.3	32.2	35.1	35.1	0.23	−0.11	25.1
		红安县	31	23.2	2.6	23.1	1.1	0.11	22.9	18.8	18.8	18.8	21.7	24.9	28.3	29.0	29.0	0.35	−0.15	23.2
	咸宁市	咸安区	222	30.0	4.0	29.7	1.1	0.13	29.3	17.2	17.2	23.5	27.5	31.8	37.4	43.8	57.5	1.96	10.83	29.7
		嘉鱼县	1889	34.1	11.8	33.4	1.2	0.35	33.1	14.4	20.7	24.1	30.3	36.2	45.9	67.0	341.8	16.47	363.33	33.3
		赤壁市	309	33.3	5.4	33.0	1.2	0.16	32.8	23.0	24.7	25.8	30.2	35.5	42.8	53.8	82.3	3.25	24.27	32.9
	随州市	随县	5656	24.1	7.6	23.3	1.3	0.31	23.2	4.3	8.7	13.2	20.5	27.1	37.3	52.7	298.0	10.18	312.40	23.6
		曾都区	356	24.5	16.5	23.3	1.3	0.67	23.3	12.5	13.1	15.8	20.5	25.7	36.2	52.9	317.8	16.03	284.34	22.9
		广水市	657	27.6	15.0	26.3	1.3	0.54	26.0	11.8	14.8	16.7	23.1	29.6	49.7	94.7	307.4	12.76	213.22	25.9
	恩施州	恩施市	20 748	33.7	9.4	32.7	1.3	0.28	33.5	7.7	15.1	19.2	29.4	37.1	49.2	71.7	455.7	10.22	335.72	33.0
		宣恩县	11 191	40.1	101.3	35.5	1.4	2.53	34.6	10.6	17.4	20.9	30.1	39.4	79.7	203.4	7 837.8	57.13	3 867.18	34.1
		建始县	10 711	32.7	7.8	32.1	1.2	0.24	32.7	8.6	15.5	21.1	29.7	35.3	43.2	57.6	454.5	18.59	874.76	32.4
		利川市	19 338	32.5	9.4	31.5	1.3	0.29	31.8	8.8	16.7	20.3	27.1	36.4	48.4	62.8	426.1	9.86	275.24	31.9
		鹤峰县	6164	37.3	18.9	35.6	1.3	0.51	36.1	6.4	11.2	19.9	31.2	40.5	61.7	100.0	926.0	24.42	970.52	35.8
		来凤县	6509	38.0	18.1	36.2	1.3	0.48	34.1	14.1	18.7	22.6	30.0	41.5	72.2	86.2	978.0	24.33	1 161.43	35.0
		咸丰县	8734	33.2	12.1	32.1	1.3	0.37	31.4	2.3	17.3	21.2	28.3	35.8	52.8	78.6	450.0	14.50	395.70	31.9
		巴东县	11 621	32.0	18.1	31.3	1.2	0.56	31.6	10.1	18.6	22.6	28.8	34.1	43.1	62.0	1 775.0	79.12	7 508.34	31.3

注：Pb的地球化学参数中，N 单位为件，$\bar{X}$、S、X_g、S_g、X_{me}、X_{min}、$X_{0.5\%}$、$X_{2.5\%}$、$X_{25\%}$、$X_{75\%}$、$X_{97.5\%}$、$X_{99.5\%}$、X_{max}、X'单位为 mg/kg，CV、β_s、β_k 为无量纲。

表 2.9.18 表层土壤 S 地球化学参数表

单元名称		样本数	算术平均值	算术标准差	几何平均值	几何标准差	变异系数	中位值	最小值	累积频率分位值						最大值	偏度系数	峰度系数	背景值
		N	$\bar{X}$	S	X_g	S_g	CV	X_{me}	X_{min}	$X_{0.5\%}$	$X_{2.5\%}$	$X_{25\%}$	$X_{75\%}$	$X_{97.5\%}$	$X_{99.5\%}$	X_{max}	β_s	β_k	X'
全省		235 042	292	253	259	2	0.87	256	1	74	107	195	342	647	1164	48 860	61.43	9 005.87	267
土壤类型	红壤	3783	288	248	255	2	0.86	251	39	70	115	206	311	630	1682	5577	11.00	169.39	253
	黄壤	17 488	269	189	242	2	0.70	241	2	70	102	190	309	586	886	11 311	20.66	896.38	247
	黄棕壤	67 724	298	356	264	2	1.19	261	9	76	111	204	338	658	1217	48 860	71.35	7 907.83	269
	黄褐土	1428	239	188	219	1	0.79	215	29	83	113	173	270	461	606	5674	20.16	540.21	224
	棕壤	8152	389	214	356	2	0.55	352	1	99	164	283	449	798	1262	7043	9.44	202.81	363
	暗棕壤	478	247	121	226	2	0.49	217	8	41	111	182	278	534	726	1565	3.85	31.43	224
	石灰土	8893	281	208	254	2	0.74	252	37	79	111	201	317	601	1008	7962	16.67	474.21	256
	紫色土	6504	229	151	201	2	0.66	202	12	52	74	145	286	494	714	5010	10.20	239.79	217
	草甸土	551	323	205	277	2	0.64	265	90	92	112	181	418	792	1306	2082	2.64	13.46	298
	潮土	43 305	228	143	209	1	0.63	205	7	69	98	167	256	484	793	9819	18.84	892.94	209
	沼泽土	392	526	404	419	2	0.77	389	77	99	126	269	613	1635	2204	2449	2.00	4.43	401
	水稻土	76 333	324	204	289	2	0.63	294	10	79	115	219	381	705	1282	9940	10.14	271.27	299
土地利用类型	耕地	185 864	289	186	261	2	0.65	259	1	76	111	198	343	611	961	36 202	46.21	7 651.51	270
	园地	13 549	271	211	243	2	0.78	242	9	73	103	187	315	570	1086	14 788	28.46	1 704.13	250
	林地	19 490	293	541	248	2	1.84	246	20	71	99	184	326	656	1531	48 860	54.46	4 140.05	253
	草地	1933	292	293	248	2	1.00	257	33	49	75	190	334	635	1050	7181	14.30	278.14	266
	建设用地	2486	315	487	248	2	1.54	249	12	39	71	181	334	872	2426	12 483	14.82	285.36	252
	水域	8303	406	398	308	2	0.98	281	27	66	97	190	462	1440	2624	6398	3.98	26.63	296
	未利用地	3417	245	190	211	2	0.78	206	2	56	84	151	287	587	1245	3755	7.80	105.00	218
地质背景	第四系	104 524	281	194	250	2	0.69	243	7	74	106	186	334	628	1174	12 483	12.73	441.99	258
	新近系	151	259	116	235	2	0.45	226	76	76	92	176	323	520	556	717	0.97	0.99	256
	古近系	1409	255	98	239	1	0.38	237	32	77	116	192	296	492	644	914	1.79	6.51	255
	白垩系	11 187	269	155	240	2	0.58	243	12	69	90	174	337	557	823	6600	9.79	306.07	257
	侏罗系	4259	250	581	204	2	2.32	209	31	45	61	141	301	594	915	36 202	56.08	3 453.20	223
	三叠系	42 665	289	161	265	1	0.56	261	12	84	122	210	329	612	964	7962	12.42	423.49	267
	二叠系	16 070	371	258	327	2	0.69	318	1	85	142	244	424	922	1692	7094	7.60	119.07	330
	石炭系	1013	357	227	321	2	0.64	314	59	89	146	248	405	789	1366	3552	6.95	80.70	324

续表 2.9.18

单元名称		样本数	算术平均值	算术标准差	几何平均值	几何标准差	变异系数	中位值	最小值	累积频率分位值						最大值	偏度系数	峰度系数	背景值
		N	$\bar{X}$	S	X_g	S_g	CV	X_{me}	X_{min}	$X_{0.5\%}$	$X_{2.5\%}$	$X_{25\%}$	$X_{75\%}$	$X_{97.5\%}$	$X_{99.5\%}$	X_{max}	β_s	β_k	X'
地质背景	泥盆系	2277	349	177	316	2	0.51	314	8	90	137	241	421	715	1026	2838	3.87	38.47	332
	志留系	20 051	290	161	259	2	0.56	264	2	73	102	194	349	631	990	6139	6.78	156.67	273
	奥陶系	10 931	292	375	260	2	1.29	257	31	83	113	200	336	608	957	31 456	57.27	4 459.11	268
	寒武系	8528	326	398	281	2	1.22	274	53	91	121	213	356	742	2284	14 788	18.56	500.56	282
	震旦系	3131	376	1016	308	2	2.70	305	52	86	124	232	397	815	1810	48 860	38.96	1 745.42	310
	南华系	2312	238	200	214	2	0.84	215	32	73	97	167	271	444	1083	5398	14.88	309.05	219
	青白口系—震旦系	308	195	62	185	1	0.32	190	64	64	88	155	230	334	380	505	0.72	1.83	192
	青白口系	3132	290	210	263	1	0.73	273	64	84	108	211	334	488	1640	5830	12.27	229.37	273
	中元古界	25	234	72	223	1	0.31	227	113	113	113	182	280	363	367	367	0.23	−0.75	234
	滹沱系—太古宇	282	234	74	222	1	0.32	240	43	43	94	190	271	401	440	826	1.82	14.26	230
	侵入岩	2515	237	146	215	2	0.61	220	30	58	90	166	278	488	789	3504	9.50	164.97	221
	脉岩	14	279	155	250	2	0.56	250	125	125	125	178	336	741	741	741	2.20	6.07	279
	变质岩	258	212	102	192	2	0.48	177	73	73	93	135	274	476	543	567	1.14	0.79	207
成土母质	第四系沉积物	101 053	281	194	249	2	0.69	242	7	74	105	186	333	630	1174	12 483	12.79	453.14	257
	碎屑岩风化物	41 821	277	240	245	2	0.86	250	2	61	89	180	337	616	956	36 202	82.84	12 108.65	259
	碎屑岩风化物(黑色岩系)	3384	301	217	270	2	0.72	265	64	89	119	208	344	625	1276	6600	12.76	285.35	277
	碳酸盐岩风化物	48 403	299	341	273	1	1.14	267	17	97	135	218	336	603	1000	48 860	85.77	10 514.39	275
	碳酸盐岩风化物(黑色岩系)	17 509	368	261	324	2	0.71	315	1	84	141	243	419	910	1666	7094	7.87	120.69	327
	变质岩风化物	20 365	296	279	259	2	0.94	260	12	78	104	191	345	647	1271	12 820	20.44	681.81	269
	火山岩风化物	177	301	313	252	2	1.04	243	76	76	105	191	303	829	1799	3504	7.21	66.02	236
	侵入岩风化物	2329	237	156	214	2	0.66	217	30	55	89	166	275	497	901	3738	9.70	164.91	219
地形地貌	平原	109 260	278	183	247	2	0.66	241	7	74	104	185	331	611	1115	9940	11.19	346.08	256
	洪湖湖区	389	482	510	346	2	1.06	346	74	76	92	189	567	1613	3387	4711	3.90	22.31	371
	丘陵低山	32 037	298	422	258	2	1.42	262	30	76	103	193	342	623	1420	48 860	59.74	5 926.73	267
	中山	2737	197	93	183	1	0.47	183	49	71	92	145	225	387	645	2075	5.74	79.50	185
	高山	90 619	309	247	277	2	0.80	273	1	72	114	215	355	687	1155	36 202	60.79	7 842.29	282

续表 2.9.18

单元名称			样本数	算术平均值	算术标准差	几何平均值	几何标准差	变异系数	中位值	最小值	累积频率分位值						最大值	偏度系数	峰度系数	背景值
			N	$\bar{X}$	S	X_g	S_g	CV	X_{me}	X_{min}	$X_{0.5\%}$	$X_{2.5\%}$	$X_{25\%}$	$X_{75\%}$	$X_{97.5\%}$	$X_{99.5\%}$	X_{max}	β_s	β_k	X'
行政市（州）	武汉市		4109	301	253	258	2	0.84	240	35	92	118	188	330	970	1650	6398	7.23	106.94	249
	襄阳市		6372	242	136	224	1	0.56	224	29	80	106	176	287	449	619	5674	16.28	518.69	232
	宜昌市		1479	266	132	242	2	0.50	247	50	72	93	187	316	539	748	2320	4.75	56.00	254
	黄石市		881	423	684	328	2	1.62	295	80	128	166	238	383	1401	3988	12 483	10.55	146.03	297
	十堰市		3927	291	515	217	2	1.77	200	52	71	87	144	290	943	3352	12 820	12.84	229.91	211
	荆州市		17 689	322	248	274	2	0.77	265	49	81	108	191	379	882	1701	6148	5.65	59.93	278
	荆门市		51 871	290	298	260	2	1.03	263	7	73	104	195	354	581	894	48 860	96.97	14 407.00	275
	鄂州市		403	376	344	321	2	0.92	305	106	108	142	244	388	989	2503	4267	6.48	55.29	312
	孝感市		5645	256	153	235	1	0.60	239	41	70	101	184	307	469	706	6600	17.84	619.67	246
	黄冈市		3947	262	214	236	2	0.81	237	52	74	109	188	290	570	1146	7094	16.54	420.49	236
	咸宁市		2420	327	248	290	2	0.76	279	68	104	137	226	353	1007	1545	5224	8.10	113.32	282
	随州市		6337	265	178	244	1	0.67	254	30	76	105	192	315	474	718	8260	24.68	937.43	255
	恩施州		92 732	306	245	274	2	0.80	270	1	72	112	212	352	683	1148	36 202	60.90	7 919.85	280
	仙桃市		12 226	273	142	247	2	0.52	235	34	88	115	182	332	595	884	3607	3.57	40.36	258
	天门市		9542	223	100	206	1	0.45	209	18	59	89	162	264	446	608	2720	4.27	65.93	214
	潜江市		15 462	273	223	241	2	0.82	233	10	70	100	181	320	604	1110	9940	17.74	592.88	249
行政县（市、区）	武汉市	武汉市区	744	414	406	334	2	0.98	295	92	110	147	227	420	1320	2300	6398	6.44	72.01	291
		蔡甸区	2305	282	221	243	2	0.78	220	67	103	122	179	303	938	1635	2449	4.58	27.58	228
		黄陂区	573	265	103	243	2	0.39	260	35	64	92	190	330	460	580	760	0.55	1.18	261
		东西湖区	125	272	113	254	1	0.41	260	127	127	140	190	310	530	610	925	2.25	8.90	257
		新洲区	362	264	150	243	1	0.57	250	110	110	112	190	310	460	650	2480	9.20	132.42	253
	襄阳市	襄阳市区	912	216	122	203	1	0.57	202	29	68	111	168	244	372	441	3279	17.50	433.54	209
		枣阳市	816	227	123	216	1	0.54	218	85	92	124	182	258	353	436	3284	18.77	463.39	221
		老河口市	265	210	118	198	1	0.56	194	81	81	119	170	230	355	433	1895	11.19	158.20	198
		宜城市	2299	229	148	209	2	0.65	208	59	76	95	159	279	437	602	5674	22.10	800.02	221
		谷城县	222	207	61	198	1	0.29	203	88	88	107	165	237	342	430	452	0.96	1.87	202
		南漳县	1858	286	131	267	1	0.46	272	72	87	124	220	329	531	676	2958	8.20	144.68	274

续表 2.9.18

单元名称			样本数	算术平均值	算术标准差	几何平均值	几何标准差	变异系数	中位值	最小值	累积频率分位值						最大值	偏度系数	峰度系数	背景值
			N	$\bar{X}$	S	X_g	S_g	CV	X_{me}	X_{min}	$X_{0.5\%}$	$X_{2.5\%}$	$X_{25\%}$	$X_{75\%}$	$X_{97.5\%}$	$X_{99.5\%}$	X_{max}	β_s	β_k	X'
行政县（市、区）	宜昌市	宜昌市辖区	233	224	147	198	2	0.66	207	50	50	82	149	257	459	942	1739	5.71	51.46	204
		宜都市	75	345	162	311	2	0.47	315	111	111	119	223	427	679	970	970	1.08	1.83	337
		枝江市	375	282	99	266	1	0.35	271	100	112	129	205	333	525	566	663	0.82	0.57	281
		当阳市	284	278	86	264	1	0.31	275	108	108	141	207	343	448	497	539	0.39	−0.50	277
		秭归县	478	251	155	224	2	0.62	233	57	58	83	168	293	518	787	2320	6.56	75.43	233
		长阳土家族自治县	34	314	103	298	1	0.33	292	121	121	121	244	382	542	571	571	0.63	0.29	314
	黄石市	黄石市区	47	867	1824	505	2	2.10	434	80	80	80	294	655	3329	12 483	12 483	5.92	37.68	451
		大冶市	382	492	756	367	2	1.54	321	144	176	193	265	426	2426	5577	7962	6.68	52.78	321
		阳新县	452	319	235	285	2	0.73	268	98	105	153	225	331	987	1347	3552	7.38	84.40	272
	十堰市	茅箭区	63	213	77	200	1	0.36	207	78	78	90	157	263	360	451	451	0.81	0.82	209
		郧阳区	118	166	86	151	2	0.52	145	77	77	82	112	186	364	478	660	2.59	10.00	149
		丹江口市	570	204	106	185	2	0.52	179	60	74	87	141	236	419	627	1186	3.42	23.00	194
		竹溪县	1169	398	709	262	2	1.78	233	61	71	87	168	339	2121	5064	10 072	6.92	62.32	232
		竹山县	2007	263	461	208	2	1.75	191	52	67	89	138	290	701	1706	12 820	19.70	489.14	213
	荆州市	荆州市区	374	293	146	269	1	0.50	261	75	87	140	212	329	719	1136	1257	3.16	14.05	264
		洪湖市	12 277	323	283	264	2	0.88	242	49	76	102	179	368	1017	2050	6148	5.07	45.16	260
		监利市	3493	323	143	301	1	0.44	314	76	110	144	226	395	564	754	4711	9.31	257.20	316
		石首市	345	313	107	293	1	0.34	312	79	96	127	233	388	522	629	674	0.32	0.04	309
		松滋市	373	344	122	323	1	0.35	331	114	131	154	250	423	594	698	842	0.66	0.43	339
		江陵县	270	259	91	245	1	0.35	247	75	75	126	191	309	454	585	587	0.87	0.79	255
		公安县	557	331	125	312	1	0.38	316	89	97	162	250	391	554	882	1504	2.72	18.35	321
	荆门市	荆门市区	282	349	151	331	1	0.43	337	53	53	175	287	400	523	766	2310	7.98	101.66	336
		沙洋县	12 991	304	152	277	2	0.50	301	18	57	96	212	376	566	807	9819	19.55	1 178.97	297
		钟祥市	22 451	268	157	242	2	0.58	235	7	75	103	184	317	585	900	6170	8.33	192.74	250
		京山市	14 404	321	508	285	2	1.58	292	47	84	118	216	378	608	1066	48 860	69.59	6 128.71	298
		屈家岭管理区	1883	210	79	198	1	0.38	198	37	67	93	163	239	401	544	841	1.76	7.06	203
	孝感市	孝南区	245	266	79	255	1	0.30	261	107	107	136	213	314	410	568	730	1.21	4.79	262
		孝昌县	298	214	44	210	1	0.21	212	101	101	130	184	237	309	347	371	0.40	0.55	213
		云梦县	152	239	75	229	1	0.31	223	107	107	131	184	271	414	419	520	1.08	0.97	237

续表 2.9.18

单元名称			样本数	算术平均值	算术标准差	几何平均值	几何标准差	变异系数	中位值	最小值	累积频率分位值						最大值	偏度系数	峰度系数	背景值
			N	$\overline{X}$	S	X_g	S_g	CV	X_{me}	X_{min}	$X_{0.5\%}$	$X_{2.5\%}$	$X_{25\%}$	$X_{75\%}$	$X_{97.5\%}$	$X_{99.5\%}$	X_{max}	β_s	β_k	X'
行政县（市、区）	孝感市	大悟县	114	173	63	163	1	0.37	168	41	41	60	136	200	298	338	505	1.48	5.91	169
		安陆市	4144	256	165	234	2	0.64	243	44	68	95	180	311	464	606	6600	18.88	620.29	248
		汉川市	415	262	119	243	1	0.45	236	54	62	123	190	304	587	795	1446	3.59	26.08	246
		应城市	277	323	163	299	1	0.50	290	146	146	170	232	362	717	1441	1499	4.00	22.96	291
	黄冈市	黄冈市区	82	230	85	217	1	0.37	216	105	105	117	177	278	361	693	693	2.14	9.43	224
		武穴市	2191	278	277	240	2	1.00	236	52	65	100	186	299	708	1439	7094	13.47	263.54	235
		麻城市	204	212	70	200	1	0.33	201	68	68	80	160	259	369	387	411	0.45	−0.19	212
		团风县	219	230	65	220	1	0.28	226	85	85	99	186	274	355	389	423	0.11	−0.14	230
		黄梅县	361	256	85	242	1	0.33	249	74	78	115	195	300	462	514	558	0.71	0.67	252
		蕲春县	349	246	77	235	1	0.31	238	85	110	120	193	282	405	554	666	1.33	4.22	240
		浠水县	450	254	79	246	1	0.31	247	90	109	145	217	279	405	826	958	4.05	31.00	246
		罗田县	60	229	63	220	1	0.27	232	106	106	111	178	278	343	353	353	−0.09	−0.89	229
		红安县	31	257	53	252	1	0.21	258	158	158	158	229	287	363	369	369	0.20	0.25	257
	咸宁市	咸安区	222	328	200	297	1	0.61	287	123	123	170	231	348	1036	1540	1545	3.80	16.47	284
		嘉鱼县	1889	326	261	287	2	0.80	273	68	102	129	220	355	985	1682	5224	8.36	115.58	280
		赤壁市	309	333	190	306	1	0.57	296	130	143	171	250	350	901	1068	2282	5.21	40.59	297
	随州市	随县	5324	272	156	251	1	0.57	262	30	78	107	198	325	486	732	5988	18.28	596.36	263
		曾都区	356	275	431	244	1	1.57	248	93	107	130	208	289	420	541	8260	17.99	333.83	247
		广水市	657	205	65	195	1	0.32	199	43	59	89	162	247	334	418	472	0.51	0.64	204
	恩施州	恩施市	20 212	280	125	259	1	0.45	256	8	76	120	206	326	566	807	3239	3.87	47.70	265
		宣恩县	10 152	324	147	298	2	0.45	298	56	91	128	235	385	661	937	3412	3.32	37.47	310
		建始县	10 711	322	177	294	2	0.55	281	46	96	143	228	366	728	1121	4597	6.33	98.07	294
		利川市	19 338	323	336	280	2	1.04	284	1	52	87	214	379	755	1199	36 202	65.18	6 732.41	293
		鹤峰县	5933	305	131	285	1	0.43	285	52	89	133	227	360	566	726	4613	7.99	217.38	295
		来凤县	6031	274	265	240	2	0.97	243	2	68	99	179	316	588	1104	11 311	20.46	659.85	248
		咸丰县	8734	375	443	316	2	1.18	306	54	84	115	228	418	1053	1894	31 456	41.16	2 775.55	315
		巴东县	11 621	255	115	238	1	0.45	237	48	87	115	192	292	512	823	2397	4.60	49.84	240

注：S 的地球化学参数中，N 单位为件，$\overline{X}$、S、X_g、S_g、X_{me}、X_{min}、$X_{0.5\%}$、$X_{2.5\%}$、$X_{25\%}$、$X_{75\%}$、$X_{97.5\%}$、$X_{99.5\%}$、X_{max}、X' 单位为 mg/kg，CV、β_s、β_k 为无量纲。

表 2.9.19 表层土壤 Se 地球化学参数表

单元名称		样本数	算术平均值	算术标准差	几何平均值	几何标准差	变异系数	中位值	最小值	累积频率分位值						最大值	偏度系数	峰度系数	背景值
		N	$\bar{X}$	S	X_g	S_g	CV	X_{me}	X_{min}	$X_{0.5\%}$	$X_{2.5\%}$	$X_{25\%}$	$X_{75\%}$	$X_{97.5\%}$	$X_{99.5\%}$	X_{max}	β_s	β_k	X'
全省		242 899	0.50	0.99	0.37	1.86	1.96	0.34	0.01	0.10	0.15	0.25	0.47	1.84	5.65	86.59	21.92	976.47	0.34
土壤类型	红壤	3783	0.43	0.60	0.34	1.79	1.39	0.30	0.05	0.11	0.14	0.25	0.42	1.45	3.19	20.28	15.75	405.35	0.30
	黄壤	17 857	0.76	1.77	0.52	2.00	2.32	0.47	0.03	0.11	0.19	0.34	0.70	3.09	9.51	86.59	20.82	688.33	0.48
	黄棕壤	69 303	0.68	1.34	0.45	2.08	1.97	0.42	0.01	0.11	0.15	0.28	0.63	3.17	8.25	73.45	14.07	382.00	0.43
	黄褐土	1428	0.32	0.56	0.25	1.72	1.74	0.21	0.07	0.09	0.13	0.18	0.29	0.92	3.43	11.08	12.32	190.22	0.21
	棕壤	8885	1.13	1.60	0.80	2.04	1.42	0.71	0.05	0.18	0.26	0.51	1.09	5.07	10.14	47.11	8.54	138.96	0.71
	暗棕壤	478	0.76	0.95	0.57	1.92	1.26	0.51	0.07	0.16	0.19	0.41	0.70	3.19	7.72	10.17	5.42	37.66	0.52
	石灰土	9394	0.52	0.97	0.36	1.95	1.86	0.31	0.04	0.10	0.14	0.24	0.45	2.31	6.32	26.40	11.22	192.39	0.31
	紫色土	6755	0.30	0.26	0.25	1.75	0.87	0.24	0.03	0.06	0.08	0.18	0.35	0.80	1.52	10.00	12.07	346.49	0.25
	草甸土	554	0.60	0.93	0.48	1.77	1.55	0.43	0.15	0.19	0.21	0.30	0.70	1.61	2.61	19.90	16.75	339.94	0.49
	潮土	45 725	0.34	0.12	0.33	1.34	0.34	0.34	0.05	0.12	0.17	0.28	0.40	0.52	0.66	10.80	19.75	1 492.01	0.34
	沼泽土	392	0.81	1.18	0.56	2.04	1.46	0.47	0.14	0.15	0.22	0.37	0.72	4.73	7.51	12.02	4.83	29.89	0.50
	水稻土	78 334	0.33	0.32	0.29	1.50	0.98	0.28	0.01	0.10	0.14	0.23	0.37	0.69	1.49	25.00	30.69	1 628.72	0.29
土地利用类型	耕地	191 897	0.48	0.90	0.36	1.82	1.88	0.33	0.01	0.10	0.15	0.25	0.45	1.75	5.39	72.10	20.53	840.93	0.33
	园地	14 180	0.67	1.14	0.49	1.94	1.71	0.45	0.01	0.12	0.17	0.32	0.69	2.28	6.84	52.61	17.13	533.85	0.48
	林地	20 389	0.61	1.42	0.39	2.13	2.32	0.34	0.04	0.10	0.13	0.24	0.55	2.78	8.06	73.45	16.85	517.18	0.36
	草地	1947	0.68	2.24	0.43	2.16	3.31	0.40	0.02	0.06	0.10	0.27	0.66	2.36	9.43	86.59	30.16	1 123.03	0.45
	建设用地	2492	0.44	1.02	0.33	1.82	2.29	0.32	0.03	0.07	0.11	0.24	0.42	1.37	4.18	35.87	23.32	704.95	0.32
	水域	8495	0.36	0.22	0.33	1.51	0.60	0.34	0.02	0.10	0.14	0.26	0.42	0.72	1.35	7.05	11.76	280.19	0.34
	未利用地	3499	0.61	1.26	0.43	1.96	2.07	0.39	0.05	0.10	0.15	0.28	0.58	2.39	8.62	32.80	13.45	248.13	0.41
地质背景	第四系	108 196	0.32	0.18	0.31	1.39	0.54	0.31	0.04	0.12	0.16	0.25	0.38	0.54	0.77	29.20	56.24	7 447.29	0.31
	新近系	151	0.24	0.07	0.23	1.34	0.31	0.24	0.08	0.08	0.10	0.21	0.26	0.36	0.64	0.69	2.35	12.92	0.24
	古近系	1436	0.25	0.17	0.23	1.47	0.68	0.21	0.07	0.11	0.14	0.18	0.26	0.65	1.04	2.91	7.31	83.98	0.25
	白垩系	11 433	0.31	0.40	0.26	1.62	1.28	0.24	0.03	0.09	0.13	0.20	0.29	0.99	2.31	14.00	14.85	351.63	0.24
	侏罗系	4284	0.26	0.20	0.21	1.93	0.78	0.19	0.02	0.05	0.07	0.13	0.33	0.81	1.12	2.80	2.65	13.59	0.22
	三叠系	43 820	0.62	1.12	0.46	1.88	1.81	0.43	0.04	0.12	0.17	0.31	0.63	2.20	5.91	86.59	28.65	1 546.52	0.45
	二叠系	16 951	1.52	2.41	0.94	2.38	1.59	0.80	0.08	0.18	0.25	0.52	1.47	7.67	15.38	64.20	7.02	91.06	0.79
	石炭系	1097	0.75	1.09	0.60	1.82	1.44	0.57	0.12	0.14	0.21	0.41	0.81	2.32	5.52	28.80	17.04	409.32	0.58

续表 2.9.19

单元名称		样本数	算术平均值	算术标准差	几何平均值	几何标准差	变异系数	中位值	最小值	累积频率分位值						最大值	偏度系数	峰度系数	背景值
		N	$\bar{X}$	S	X_g	S_g	CV	X_{me}	X_{min}	$X_{0.5\%}$	$X_{2.5\%}$	$X_{25\%}$	$X_{75\%}$	$X_{97.5\%}$	$X_{99.5\%}$	X_{max}	β_s	β_k	X'
地质背景	泥盆系	2447	0.66	0.57	0.56	1.72	0.86	0.56	0.09	0.16	0.20	0.40	0.74	1.83	3.93	11.00	7.43	93.39	0.56
	志留系	20 610	0.44	0.51	0.36	1.71	1.17	0.34	0.06	0.13	0.17	0.24	0.49	1.21	2.64	20.35	17.59	512.30	0.36
	奥陶系	11 151	0.63	1.25	0.46	1.85	1.99	0.42	0.04	0.14	0.19	0.32	0.59	2.34	7.46	52.61	17.31	496.22	0.43
	寒武系	9043	0.63	1.50	0.46	1.84	2.38	0.43	0.02	0.13	0.19	0.32	0.57	2.27	6.73	73.45	23.14	820.73	0.43
	震旦系	3237	0.57	1.07	0.40	1.98	1.89	0.34	0.01	0.11	0.15	0.26	0.54	2.24	6.91	29.70	13.02	256.02	0.36
	南华系	2316	0.30	0.73	0.22	1.75	2.38	0.19	0.02	0.08	0.12	0.16	0.24	1.20	4.67	16.32	13.28	221.82	0.19
	青白口系—震旦系	308	0.18	0.06	0.17	1.33	0.34	0.17	0.08	0.08	0.11	0.14	0.21	0.34	0.39	0.60	2.63	12.59	0.17
	青白口系	3132	0.28	0.28	0.25	1.44	1.02	0.23	0.07	0.10	0.14	0.21	0.28	0.63	1.30	11.46	23.93	838.30	0.24
	中元古界	25	0.27	0.12	0.25	1.45	0.43	0.24	0.12	0.12	0.12	0.20	0.31	0.46	0.68	0.68	2.07	5.94	0.25
	滹沱系—太古宇	282	0.17	0.05	0.16	1.28	0.29	0.16	0.07	0.07	0.10	0.14	0.18	0.27	0.44	0.50	2.66	13.11	0.16
	侵入岩	2558	0.25	0.27	0.21	1.64	1.07	0.19	0.03	0.08	0.11	0.16	0.26	0.80	1.85	6.41	9.96	156.45	0.20
	脉岩	14	0.22	0.08	0.21	1.41	0.35	0.22	0.12	0.12	0.12	0.18	0.25	0.41	0.41	0.41	0.97	1.77	0.22
	变质岩	408	0.51	1.50	0.33	1.92	2.96	0.29	0.09	0.10	0.14	0.22	0.47	1.79	4.41	21.86	12.98	177.22	0.33
成土母质	第四系沉积物	104 618	0.32	0.12	0.31	1.38	0.38	0.31	0.04	0.12	0.16	0.25	0.38	0.53	0.70	10.80	15.06	843.72	0.32
	碎屑岩风化物	42 690	0.37	0.40	0.30	1.79	1.09	0.27	0.02	0.07	0.11	0.21	0.42	1.13	2.30	13.20	11.19	221.10	0.30
	碎屑岩风化物(黑色岩系)	3691	0.55	0.59	0.48	1.62	1.07	0.46	0.09	0.14	0.18	0.36	0.61	1.38	2.15	26.80	26.86	1 105.74	0.48
	碳酸盐岩风化物	50 129	0.61	1.02	0.47	1.82	1.68	0.44	0.01	0.14	0.19	0.32	0.62	2.03	5.37	86.59	27.71	1 533.51	0.45
	碳酸盐岩风化物(黑色岩系)	18 045	1.58	2.58	0.95	2.44	1.63	0.80	0.06	0.17	0.25	0.51	1.53	8.00	15.90	72.10	7.53	108.25	0.79
	变质岩风化物	21 149	0.50	1.14	0.36	1.89	2.30	0.32	0.02	0.11	0.14	0.23	0.50	1.59	5.62	73.45	25.74	1 110.18	0.35
	火山岩风化物	177	0.59	0.76	0.41	2.11	1.29	0.34	0.08	0.08	0.16	0.23	0.54	3.49	4.11	6.08	4.15	21.14	0.34
	侵入岩风化物	2399	0.25	0.29	0.21	1.65	1.16	0.19	0.03	0.08	0.11	0.15	0.25	0.79	1.98	6.41	10.36	154.68	0.19
地形地貌	平原	112 950	0.32	0.18	0.30	1.40	0.57	0.30	0.04	0.11	0.15	0.24	0.38	0.53	0.74	25.00	49.06	4 846.27	0.31
	洪湖湖区	389	0.31	0.12	0.29	1.50	0.38	0.30	0.08	0.09	0.11	0.23	0.37	0.59	0.72	0.83	0.83	1.36	0.30
	丘陵低山	33 920	0.41	0.98	0.30	1.83	2.40	0.26	0.01	0.10	0.13	0.21	0.36	1.55	4.66	73.45	27.04	1 301.47	0.26
	中山	2737	0.25	0.35	0.21	1.58	1.39	0.21	0.03	0.07	0.10	0.16	0.27	0.59	2.09	10.84	16.81	388.33	0.21
	高山	92 903	0.77	1.42	0.53	2.06	1.85	0.48	0.02	0.09	0.16	0.34	0.71	3.45	8.84	86.59	15.12	465.05	0.49

续表 2.9.19

单元名称			样本数	算术平均值	算术标准差	几何平均值	几何标准差	变异系数	中位值	最小值	累积频率分位值						最大值	偏度系数	峰度系数	背景值
			N	$\bar{X}$	S	X_g	S_g	CV	X_{me}	X_{min}	$X_{0.5\%}$	$X_{2.5\%}$	$X_{25\%}$	$X_{75\%}$	$X_{97.5\%}$	$X_{99.5\%}$	X_{max}	β_s	β_k	X'
行政市（州）	武汉市		4109	0.35	0.26	0.31	1.54	0.75	0.32	0.02	0.10	0.14	0.24	0.41	0.72	1.07	10.80	21.32	738.12	0.33
	襄阳市		7131	0.30	0.21	0.28	1.48	0.69	0.27	0.07	0.11	0.14	0.21	0.35	0.60	1.29	7.64	13.32	328.60	0.28
	宜昌市		1479	0.29	0.19	0.26	1.56	0.64	0.26	0.03	0.06	0.10	0.21	0.32	0.67	1.44	3.01	5.94	57.49	0.26
	黄石市		881	0.46	0.43	0.38	1.71	0.92	0.33	0.12	0.14	0.18	0.27	0.47	1.76	2.81	4.28	4.50	27.26	0.35
	十堰市		4162	0.99	2.51	0.50	2.63	2.53	0.39	0.07	0.10	0.14	0.24	0.82	6.03	16.32	73.45	11.86	231.58	0.39
	荆州市		18 052	0.34	0.11	0.33	1.38	0.31	0.33	0.05	0.11	0.16	0.27	0.40	0.57	0.69	1.91	1.18	8.67	0.34
	荆门市		53 438	0.30	0.26	0.27	1.46	0.87	0.26	0.01	0.10	0.14	0.22	0.34	0.58	1.28	26.40	35.65	2 529.92	0.28
	鄂州市		403	0.33	0.26	0.30	1.44	0.77	0.28	0.15	0.15	0.18	0.25	0.34	0.68	2.59	3.34	8.27	82.86	0.29
	孝感市		5895	0.31	0.52	0.26	1.61	1.67	0.24	0.05	0.10	0.14	0.20	0.29	1.01	2.37	25.00	27.31	1 091.28	0.24
	黄冈市		4247	0.32	0.36	0.26	1.71	1.13	0.25	0.07	0.09	0.12	0.18	0.35	0.88	2.41	7.80	10.44	158.67	0.26
	咸宁市		2420	0.35	0.17	0.33	1.34	0.48	0.32	0.09	0.15	0.21	0.28	0.37	0.66	1.19	4.56	10.84	214.23	0.32
	随州市		6669	0.31	0.50	0.25	1.67	1.63	0.22	0.07	0.11	0.13	0.18	0.30	0.91	1.96	20.42	23.87	777.44	0.22
	恩施州		95 016	0.75	1.41	0.52	2.07	1.87	0.47	0.02	0.09	0.15	0.33	0.70	3.41	8.73	86.59	15.23	472.63	0.48
	仙桃市		13 430	0.34	0.08	0.33	1.29	0.24	0.35	0.09	0.15	0.19	0.29	0.40	0.51	0.58	1.35	0.37	2.71	0.34
	天门市		10 105	0.33	0.10	0.32	1.28	0.30	0.33	0.10	0.16	0.19	0.27	0.38	0.46	0.53	6.06	21.02	1 122.22	0.33
	潜江市		15 462	0.33	0.10	0.32	1.33	0.30	0.33	0.04	0.12	0.16	0.27	0.39	0.50	0.60	4.04	6.07	173.58	0.33
行政县（市、区）	武汉市	武汉市区	744	0.37	0.50	0.31	1.64	1.37	0.28	0.10	0.13	0.16	0.22	0.39	0.97	1.64	10.80	15.38	289.89	0.30
		蔡甸区	2305	0.39	0.17	0.37	1.38	0.43	0.36	0.09	0.16	0.20	0.30	0.44	0.71	0.88	4.46	9.55	194.73	0.38
		黄陂区	573	0.22	0.09	0.21	1.47	0.40	0.20	0.02	0.06	0.10	0.16	0.26	0.42	0.48	1.07	2.14	13.91	0.22
		东西湖区	125	0.40	0.10	0.39	1.28	0.26	0.38	0.20	0.20	0.24	0.33	0.44	0.63	0.75	0.83	1.26	2.71	0.39
		新洲区	362	0.23	0.09	0.22	1.37	0.39	0.22	0.08	0.09	0.12	0.18	0.27	0.37	0.60	1.22	4.98	46.95	0.22
	襄阳市	襄阳市区	912	0.22	0.08	0.21	1.36	0.36	0.21	0.08	0.09	0.13	0.18	0.25	0.43	0.57	0.87	2.33	9.84	0.21
		枣阳市	816	0.20	0.08	0.19	1.31	0.38	0.19	0.07	0.09	0.11	0.17	0.22	0.36	0.58	1.25	6.15	63.26	0.19
		老河口市	265	0.24	0.13	0.23	1.38	0.53	0.21	0.11	0.11	0.15	0.18	0.25	0.48	0.91	1.61	6.24	56.06	0.21
		宜城市	2618	0.32	0.12	0.30	1.39	0.38	0.31	0.08	0.12	0.15	0.25	0.38	0.51	0.64	2.25	5.07	67.11	0.32
		谷城县	222	0.27	0.07	0.26	1.28	0.27	0.26	0.13	0.13	0.16	0.22	0.29	0.44	0.50	0.66	1.47	4.57	0.26
		南漳县	2298	0.36	0.32	0.32	1.50	0.89	0.31	0.10	0.13	0.18	0.26	0.37	1.05	2.20	7.64	10.75	177.59	0.30

续表 2.9.19

单元名称			样本数	算术平均值	算术标准差	几何平均值	几何标准差	变异系数	中位值	最小值	累积频率分位值						最大值	偏度系数	峰度系数	背景值
			N	$\bar{X}$	S	X_g	S_g	CV	X_{me}	X_{min}	$X_{0.5\%}$	$X_{2.5\%}$	$X_{25\%}$	$X_{75\%}$	$X_{97.5\%}$	$X_{99.5\%}$	X_{max}	β_s	β_k	X'
行政县（市、区）	宜昌市	宜昌市辖区	233	0.25	0.16	0.22	1.65	0.65	0.22	0.03	0.03	0.07	0.17	0.30	0.65	1.02	1.84	4.87	39.77	0.22
		宜都市	75	0.37	0.13	0.35	1.36	0.35	0.35	0.18	0.18	0.19	0.29	0.41	0.79	0.90	0.90	2.15	6.47	0.35
		枝江市	375	0.29	0.06	0.28	1.23	0.21	0.29	0.12	0.14	0.17	0.25	0.32	0.40	0.50	0.63	0.94	4.57	0.29
		当阳市	284	0.24	0.04	0.23	1.19	0.17	0.23	0.10	0.10	0.16	0.21	0.26	0.32	0.40	0.40	0.60	1.92	0.24
		秭归县	478	0.32	0.27	0.26	1.82	0.85	0.26	0.04	0.06	0.09	0.19	0.36	1.06	1.81	3.01	4.44	29.50	0.26
		长阳土家族自治县	34	0.42	0.28	0.36	1.61	0.68	0.35	0.15	0.15	0.15	0.27	0.45	1.02	1.71	1.71	3.34	13.66	0.36
	黄石市	黄石市区	47	1.08	0.94	0.79	2.20	0.87	0.71	0.12	0.12	0.12	0.48	1.19	4.08	4.28	4.28	1.87	3.52	0.94
		大冶市	382	0.48	0.41	0.40	1.70	0.86	0.36	0.14	0.16	0.19	0.28	0.53	1.61	2.56	4.22	4.44	28.04	0.39
		阳新县	452	0.38	0.27	0.34	1.55	0.71	0.32	0.14	0.14	0.18	0.26	0.40	1.26	1.99	2.22	4.13	20.03	0.32
	十堰市	茅箭区	63	0.23	0.09	0.21	1.44	0.40	0.21	0.10	0.10	0.10	0.17	0.25	0.46	0.52	0.52	1.36	1.52	0.23
		郧阳区	118	0.21	0.10	0.20	1.45	0.49	0.18	0.07	0.07	0.11	0.15	0.23	0.44	0.60	0.89	3.30	16.53	0.19
		丹江口市	570	0.28	0.18	0.25	1.54	0.62	0.24	0.08	0.09	0.11	0.20	0.31	0.73	0.94	2.51	5.13	49.02	0.24
		竹溪县	1404	1.47	3.39	0.71	2.86	2.31	0.55	0.08	0.10	0.17	0.32	1.35	7.47	21.42	73.45	10.77	178.47	0.58
		竹山县	2007	0.93	2.17	0.51	2.45	2.32	0.42	0.08	0.12	0.16	0.26	0.82	4.61	16.32	35.87	8.55	95.45	0.47
	荆州市	荆州市区	374	0.30	0.10	0.29	1.32	0.34	0.28	0.13	0.16	0.18	0.24	0.32	0.69	0.76	0.84	2.48	7.90	0.28
		洪湖市	12 640	0.34	0.11	0.32	1.41	0.33	0.33	0.05	0.10	0.14	0.26	0.40	0.58	0.70	1.71	1.09	6.23	0.33
		监利市	3493	0.38	0.09	0.37	1.27	0.23	0.38	0.11	0.17	0.22	0.32	0.43	0.55	0.64	1.36	0.80	6.18	0.38
		石首市	345	0.32	0.06	0.32	1.20	0.17	0.32	0.14	0.18	0.22	0.28	0.36	0.43	0.47	0.62	0.40	1.99	0.32
		松滋市	373	0.31	0.10	0.30	1.23	0.33	0.29	0.13	0.18	0.22	0.26	0.34	0.45	0.57	1.91	10.59	161.49	0.30
		江陵县	270	0.31	0.06	0.30	1.23	0.21	0.30	0.17	0.17	0.20	0.26	0.34	0.46	0.50	0.53	0.59	0.47	0.31
		公安县	557	0.33	0.05	0.33	1.17	0.16	0.33	0.14	0.20	0.24	0.30	0.36	0.44	0.53	0.62	0.66	2.94	0.33
	荆门市	荆门市区	282	0.28	0.18	0.27	1.35	0.63	0.26	0.09	0.09	0.17	0.23	0.30	0.50	1.45	2.77	10.70	139.84	0.26
		沙洋县	12 991	0.26	0.07	0.25	1.32	0.28	0.24	0.05	0.09	0.14	0.22	0.28	0.44	0.51	0.84	1.24	3.50	0.25
		钟祥市	23 405	0.31	0.14	0.29	1.44	0.46	0.28	0.05	0.11	0.15	0.22	0.38	0.53	0.82	10.10	17.09	1 048.09	0.30
		京山市	14 877	0.33	0.45	0.28	1.58	1.35	0.26	0.01	0.11	0.15	0.22	0.32	1.00	2.43	26.40	24.00	1 016.36	0.26
		屈家岭管理区	1883	0.29	0.14	0.27	1.35	0.49	0.27	0.09	0.10	0.15	0.23	0.32	0.46	0.88	4.47	15.84	421.22	0.28
	孝感市	孝南区	245	0.25	0.07	0.24	1.27	0.26	0.24	0.13	0.13	0.16	0.20	0.28	0.42	0.47	0.52	1.27	1.68	0.25
		孝昌县	298	0.20	0.05	0.20	1.23	0.23	0.20	0.10	0.10	0.13	0.18	0.22	0.30	0.36	0.58	2.33	15.13	0.20
		云梦县	152	0.22	0.04	0.22	1.16	0.16	0.22	0.14	0.14	0.18	0.20	0.24	0.31	0.33	0.38	1.18	2.36	0.22

续表 2.9.19

单元名称			样本数	算术平均值	算术标准差	几何平均值	几何标准差	变异系数	中位值	最小值	累积频率分位值						最大值	偏度系数	峰度系数	背景值
			N	$\bar{X}$	S	X_g	S_g	CV	X_{me}	X_{min}	$X_{0.5\%}$	$X_{2.5\%}$	$X_{25\%}$	$X_{75\%}$	$X_{97.5\%}$	$X_{99.5\%}$	X_{max}	β_s	β_k	X'
行政县（市、区）	孝感市	大悟县	114	0.17	0.06	0.16	1.32	0.36	0.16	0.08	0.08	0.11	0.14	0.19	0.32	0.35	0.60	3.67	21.26	0.16
		安陆市	4394	0.33	0.60	0.26	1.68	1.82	0.24	0.05	0.10	0.14	0.20	0.28	1.22	2.51	25.00	23.88	828.22	0.23
		汉川市	415	0.34	0.08	0.33	1.25	0.24	0.33	0.18	0.19	0.22	0.29	0.38	0.53	0.64	0.90	1.87	8.71	0.34
		应城市	277	0.27	0.09	0.26	1.30	0.33	0.24	0.17	0.17	0.18	0.22	0.29	0.53	0.69	0.88	2.79	11.57	0.26
	黄冈市	黄冈市区	82	0.23	0.05	0.22	1.26	0.23	0.22	0.11	0.11	0.12	0.19	0.25	0.33	0.44	0.44	0.83	2.57	0.22
		武穴市	2491	0.40	0.45	0.33	1.69	1.11	0.31	0.08	0.09	0.15	0.24	0.43	1.14	3.26	7.80	8.81	107.25	0.33
		麻城市	204	0.16	0.04	0.16	1.25	0.22	0.16	0.07	0.07	0.10	0.14	0.18	0.23	0.30	0.32	0.77	2.61	0.16
		团风县	219	0.16	0.05	0.16	1.34	0.33	0.15	0.07	0.07	0.10	0.13	0.19	0.32	0.38	0.39	1.64	3.20	0.16
		黄梅县	361	0.26	0.07	0.25	1.32	0.29	0.24	0.09	0.11	0.15	0.21	0.30	0.41	0.53	0.65	1.23	3.31	0.25
		蕲春县	349	0.22	0.12	0.20	1.44	0.55	0.19	0.08	0.08	0.12	0.16	0.23	0.50	0.92	1.20	4.83	31.72	0.19
		浠水县	450	0.18	0.07	0.17	1.32	0.38	0.16	0.09	0.10	0.12	0.15	0.19	0.35	0.62	0.79	4.36	29.76	0.17
		罗田县	60	0.14	0.03	0.14	1.20	0.19	0.14	0.09	0.09	0.09	0.12	0.15	0.18	0.25	0.25	1.10	4.44	0.14
		红安县	31	0.15	0.02	0.15	1.15	0.15	0.15	0.11	0.11	0.11	0.13	0.16	0.20	0.20	0.20	0.77	0.14	0.15
	咸宁市	咸安区	222	0.30	0.09	0.29	1.27	0.29	0.28	0.14	0.14	0.21	0.25	0.32	0.50	0.73	0.91	2.84	13.65	0.28
		嘉鱼县	1889	0.35	0.18	0.33	1.36	0.52	0.32	0.09	0.15	0.21	0.28	0.37	0.69	1.27	4.56	10.41	188.10	0.32
		赤壁市	309	0.35	0.08	0.35	1.23	0.22	0.34	0.18	0.22	0.25	0.30	0.39	0.54	0.66	0.73	1.36	3.36	0.35
	随州市	随县	5656	0.33	0.54	0.27	1.69	1.64	0.23	0.07	0.11	0.14	0.19	0.33	0.98	2.14	20.42	22.37	675.61	0.24
		曾都区	356	0.22	0.12	0.20	1.41	0.56	0.19	0.07	0.11	0.13	0.17	0.22	0.44	0.82	1.41	5.69	45.33	0.19
		广水市	657	0.17	0.05	0.17	1.24	0.30	0.17	0.07	0.09	0.12	0.15	0.18	0.27	0.37	0.93	7.51	92.85	0.16
	恩施州	恩施市	20 748	1.10	2.07	0.73	2.11	1.87	0.62	0.03	0.16	0.25	0.46	0.98	5.45	11.64	86.59	13.63	343.13	0.63
		宣恩县	11 191	0.85	1.47	0.60	1.96	1.73	0.53	0.06	0.17	0.23	0.40	0.74	4.01	9.51	44.00	10.37	178.08	0.53
		建始县	10 711	0.94	1.80	0.59	2.19	1.92	0.49	0.08	0.15	0.21	0.36	0.80	4.76	11.60	64.20	10.60	213.49	0.49
		利川市	19 338	0.57	0.74	0.43	2.04	1.29	0.44	0.02	0.06	0.10	0.30	0.67	1.71	4.15	47.11	19.75	903.97	0.47
		鹤峰县	6164	0.68	1.02	0.53	1.76	1.50	0.49	0.10	0.17	0.23	0.37	0.65	2.54	7.16	26.90	10.85	177.72	0.50
		来凤县	6509	0.46	0.41	0.41	1.54	0.88	0.40	0.06	0.16	0.21	0.31	0.50	1.08	2.77	11.90	11.59	212.99	0.40
		咸丰县	8734	0.56	0.62	0.45	1.75	1.12	0.43	0.05	0.14	0.18	0.32	0.59	1.82	4.35	14.50	8.73	118.60	0.44
		巴东县	11 621	0.52	1.11	0.35	2.01	2.13	0.30	0.04	0.10	0.13	0.23	0.42	2.44	7.57	25.86	10.61	153.44	0.29

注：Se 的地球化学参数中，N 单位为件，$\bar{X}$、S、X_g、S_g、X_{me}、X_{min}、$X_{0.5\%}$、$X_{2.5\%}$、$X_{25\%}$、$X_{75\%}$、$X_{97.5\%}$、$X_{99.5\%}$、X_{max}、X' 单位为 mg/kg，CV、β_s、β_k 为无量纲。

表 2.9.20 表层土壤 Sr 地球化学参数表

	单元名称	样本数 N	算术平均值 $\bar{X}$	算术标准差 S	几何平均值 X_g	几何标准差 S_g	变异系数 CV	中位值 X_{me}	最小值 X_{min}	累积频率分位值 $X_{0.5\%}$	$X_{2.5\%}$	$X_{25\%}$	$X_{75\%}$	$X_{97.5\%}$	$X_{99.5\%}$	最大值 X_{max}	偏度系数 β_s	峰度系数 β_k	背景值 X'
	全省	165 507	101	67	89	2	0.66	89	10	29	38	64	123	225	479	2782	6.69	106.88	93
土壤类型	红壤	3458	112	128	82	2	1.15	65	16	31	39	54	97	516	760	1412	3.49	15.00	63
	黄壤	13 622	65	48	58	2	0.74	54	16	25	31	45	69	168	345	1755	9.13	179.39	55
	黄棕壤	44 673	86	76	73	2	0.88	68	10	26	34	54	89	273	569	2354	6.47	75.06	69
	黄褐土	1274	100	37	95	1	0.37	101	26	31	42	90	109	181	274	715	5.50	71.58	96
	棕壤	5000	85	49	80	1	0.57	77	23	38	46	65	93	156	321	1219	9.91	154.74	79
	暗棕壤	280	78	67	69	1	0.86	67	30	30	35	56	83	129	686	787	7.90	72.59	69
	石灰土	6043	82	65	74	1	0.79	72	14	28	37	59	88	192	421	2782	16.56	535.14	73
	紫色土	3896	82	37	76	1	0.45	76	16	30	38	59	92	183	261	610	2.74	17.01	75
	草甸土	407	112	40	106	1	0.35	108	44	53	59	85	134	183	210	500	2.62	21.83	111
	潮土	34 409	135	33	131	1	0.25	132	10	62	78	113	152	212	244	678	1.10	6.05	133
	沼泽土	387	93	23	90	1	0.25	93	45	46	52	76	106	146	165	202	0.68	1.71	91
	水稻土	52 051	106	63	97	1	0.59	94	10	37	47	79	119	225	475	2391	8.35	153.25	97
土地利用类型	耕地	125 055	103	60	93	2	0.58	93	10	32	40	69	126	212	412	2782	7.18	141.97	97
	园地	9413	61	37	56	1	0.61	53	13	22	29	44	66	160	258	858	5.95	70.84	53
	林地	17 874	108	109	85	2	1.01	75	13	26	36	58	109	442	729	2354	4.76	38.10	77
	草地	1438	78	57	70	2	0.74	68	16	28	34	56	82	201	329	1052	8.22	104.15	67
	建设用地	1844	132	82	117	2	0.62	120	18	34	50	88	151	333	671	969	4.12	25.37	119
	水域	6875	112	40	106	1	0.36	105	10	43	56	91	125	192	312	864	4.66	52.91	107
	未利用地	3008	76	68	65	2	0.90	59	14	26	35	48	82	195	484	1755	9.87	164.90	62
地质背景	第四系	78 913	118	40	112	1	0.34	113	10	46	58	91	138	202	253	1565	3.07	48.15	115
	新近系	69	99	30	97	1	0.30	94	67	67	77	85	103	138	312	312	5.45	37.18	94
	古近系	1436	103	53	93	2	0.51	87	21	29	40	74	116	250	355	469	2.43	8.82	93
	白垩系	5353	84	33	79	1	0.40	80	19	32	42	67	94	154	248	716	4.84	53.12	80
	侏罗系	1607	103	50	93	2	0.48	89	24	37	44	66	129	219	283	450	1.51	3.78	100
	三叠系	24 090	80	46	74	1	0.58	72	18	34	42	60	88	152	283	2782	17.58	708.22	74
	二叠系	11 695	85	73	74	2	0.86	68	20	31	39	57	85	261	538	1755	7.11	81.02	68
	石炭系	831	80	41	74	1	0.52	71	27	32	43	61	84	181	336	556	5.29	42.56	71

续表 2.9.20

单元名称		样本数	算术平均值	算术标准差	几何平均值	几何标准差	变异系数	中位值	最小值	累积频率分位值						最大值	偏度系数	峰度系数	背景值
		N	$\bar{X}$	S	X_g	S_g	CV	X_{me}	X_{min}	$X_{0.5\%}$	$X_{2.5\%}$	$X_{25\%}$	$X_{75\%}$	$X_{97.5\%}$	$X_{99.5\%}$	X_{max}	β_s	β_k	X'
地质背景	泥盆系	1562	73	33	68	1	0.45	66	26	31	39	56	80	149	244	525	4.93	42.84	66
	志留系	13 915	63	49	57	1	0.78	54	13	25	33	46	65	140	398	1422	10.18	159.26	55
	奥陶系	7352	53	52	47	1	0.99	44	16	21	27	38	53	122	383	2354	16.83	557.80	45
	寒武系	7531	80	73	69	2	0.91	63	19	28	35	51	85	257	522	1976	8.14	121.92	65
	震旦系	2603	92	79	78	2	0.86	73	14	24	33	58	95	310	572	1242	5.40	43.52	73
	南华系	2313	137	63	126	2	0.46	122	30	38	58	96	164	289	392	777	2.23	11.21	130
	青白口系—震旦系	308	160	85	143	2	0.53	150	34	38	53	105	191	355	577	750	2.51	11.52	149
	青白口系	2783	103	65	90	2	0.63	80	11	26	40	65	122	276	399	835	2.99	16.23	89
	中元古界	21	112	71	95	2	0.64	83	40	40	40	58	145	263	282	282	1.36	0.94	112
	滹沱系—太古宇	282	436	236	383	2	0.54	393	65	65	124	275	536	1047	1561	1562	1.65	4.33	412
	侵入岩	2465	323	231	251	2	0.72	279	21	42	57	149	441	833	1393	2391	1.95	8.36	304
	脉岩	14	270	277	178	3	1.02	174	43	43	43	89	291	981	981	981	1.81	2.84	270
	变质岩	364	118	58	106	2	0.50	108	31	31	45	79	136	262	365	450	1.88	5.51	109
成土母质	第四系沉积物	76 820	119	39	113	1	0.33	114	10	47	61	92	139	202	249	1565	3.02	49.88	116
	碎屑岩风化物	24 622	80	49	71	2	0.62	68	11	28	36	53	88	203	330	1976	6.26	120.15	69
	碎屑岩风化物(黑色岩系)	2804	65	84	50	2	1.29	44	17	22	26	37	56	360	488	1671	6.71	76.74	44
	碳酸盐岩风化物	30 892	81	54	73	1	0.67	71	17	29	37	58	88	179	399	2354	9.62	201.40	72
	碳酸盐岩风化物(黑色岩系)	12 366	81	67	72	2	0.82	66	20	33	40	56	83	224	481	1755	8.80	128.96	66
	变质岩风化物	15 538	85	87	68	2	1.03	59	13	24	31	47	89	304	639	1562	5.58	48.16	61
	火山岩风化物	172	141	89	124	2	0.63	118	45	45	56	86	163	335	598	771	3.33	17.69	125
	侵入岩风化物	2292	340	232	270	2	0.68	298	29	42	64	164	455	860	1480	2391	1.94	8.45	322
地形地貌	平原	78 139	117	37	112	1	0.32	112	10	48	60	90	138	199	233	1565	2.65	52.13	115
	洪湖湖区	224	120	18	119	1	0.15	117	85	85	94	108	129	163	187	194	1.23	2.34	118
	丘陵低山	28 618	117	113	94	2	0.97	82	11	29	41	65	118	449	740	2391	4.79	39.56	83
	中山	218	181	118	147	2	0.65	149	34	34	51	82	262	433	528	777	1.25	2.28	176
	高山	58 308	72	52	65	2	0.72	62	13	26	33	50	79	166	352	2782	11.88	327.98	63

续表 2.9.20

单元名称		样本数 N	算术平均值 $\bar{X}$	算术标准差 S	几何平均值 X_g	几何标准差 S_g	变异系数 CV	中位值 X_{me}	最小值 X_{min}	累积频率分位值						最大值 X_{max}	偏度系数 β_s	峰度系数 β_k	背景值 X'
										$X_{0.5\%}$	$X_{2.5\%}$	$X_{25\%}$	$X_{75\%}$	$X_{97.5\%}$	$X_{99.5\%}$				
行政市(州)	武汉市	4109	109	67	100	1	0.61	97	10	44	52	82	117	255	502	1180	7.36	79.98	98
	襄阳市	7131	105	52	98	1	0.49	98	16	37	53	80	115	210	358	902	6.51	72.65	98
	宜昌市	1479	109	70	96	2	0.64	86	38	46	53	70	119	336	464	528	2.81	9.21	88
	黄石市	881	132	101	106	2	0.77	94	37	39	46	64	161	398	554	767	2.12	5.69	110
	十堰市	4162	128	113	107	2	0.88	98	19	35	47	78	131	486	743	1976	4.74	36.31	98
	荆州市	9139	116	22	114	1	0.19	116	50	64	75	102	131	160	179	250	0.28	0.58	116
	荆门市	35813	99	39	93	1	0.40	88	18	36	47	75	119	189	227	1565	4.01	85.04	96
	鄂州市	403	119	126	98	2	1.06	90	40	42	47	76	114	576	928	1113	5.06	28.21	92
	孝感市	3422	107	55	99	1	0.52	92	21	31	47	80	118	241	391	1287	5.42	73.83	96
	黄冈市	4247	192	206	131	2	1.07	112	14	32	41	67	241	731	1174	2391	2.99	14.63	101
	咸宁市	2420	71	36	66	1	0.51	61	16	34	41	53	80	141	173	760	8.95	141.92	65
	随州市	6669	157	119	127	2	0.76	118	11	29	44	80	188	494	700	1242	2.30	7.12	125
	恩施州	57902	72	51	64	2	0.72	62	13	26	33	50	79	164	346	2782	12.02	334.17	63
	仙桃市	12053	125	25	123	1	0.20	121	61	80	86	106	140	184	210	365	0.86	1.46	124
	天门市	10105	142	35	138	1	0.25	139	51	77	88	114	164	217	234	380	0.50	-0.03	142
	潜江市	5572	136	27	134	1	0.20	133	68	82	95	117	152	191	219	469	1.76	14.14	135
行政县(市、区) 武汉市	武汉市区	744	84	40	77	1	0.47	70	34	39	46	57	97	181	256	287	1.74	3.35	81
	蔡甸区	2305	103	19	101	1	0.19	100	10	59	70	90	113	147	161	190	0.56	1.11	102
	黄陂区	573	116	56	106	2	0.48	98	10	36	54	79	137	267	297	396	1.50	2.28	108
	东西湖区	125	99	19	98	1	0.20	93	63	63	72	84	115	137	146	170	0.87	0.31	99
	新洲区	362	189	178	145	2	0.94	127	10	56	64	85	218	813	1000	1180	2.86	9.06	146
襄阳市	襄阳市区	912	118	32	114	1	0.27	108	70	76	85	100	119	211	247	280	2.12	4.88	106
	枣阳市	816	143	115	123	2	0.80	109	41	54	66	96	135	514	795	902	3.99	18.09	105
	老河口市	265	113	29	110	1	0.26	105	76	76	82	100	111	204	236	241	2.45	6.16	103
	宜城市	2618	111	32	107	1	0.28	104	27	42	63	90	131	191	240	373	1.40	4.50	108
	谷城县	222	127	38	122	1	0.30	117	58	58	81	104	140	211	239	408	2.55	13.35	121
	南漳县	2298	76	18	74	1	0.24	76	16	29	43	65	85	112	150	266	1.50	11.32	75

· 253 ·

续表 2.9.20

单元名称			样本数	算术平均值	算术标准差	几何平均值	几何标准差	变异系数	中位值	最小值	累积频率分位值						最大值	偏度系数	峰度系数	背景值
			N	$\bar{X}$	S	X_g	S_g	CV	X_{me}	X_{min}	$X_{0.5\%}$	$X_{2.5\%}$	$X_{25\%}$	$X_{75\%}$	$X_{97.5\%}$	$X_{99.5\%}$	X_{max}	β_s	β_k	X'
行政县（市、区）	宜昌市	宜昌市辖区	233	156	120	123	2	0.77	102	44	44	56	72	204	480	528	528	1.42	0.94	153
		宜都市	75	95	35	90	1	0.37	90	51	51	55	71	107	160	257	257	2.04	6.28	92
		枝江市	375	93	32	88	1	0.34	81	50	51	56	66	129	151	160	166	0.56	−1.24	93
		当阳市	284	88	13	87	1	0.15	86	59	59	67	80	96	119	132	136	0.77	1.08	87
		秭归县	478	114	71	98	2	0.62	84	38	41	49	67	134	291	398	453	1.70	2.60	109
		长阳土家族自治县	34	105	92	88	2	0.88	86	43	43	43	65	93	444	464	464	3.48	11.79	79
	黄石市	黄石市区	47	262	122	239	2	0.47	228	104	104	104	177	299	566	642	642	1.36	1.69	254
		大冶市	382	133	96	113	2	0.72	103	42	43	49	78	149	375	516	767	2.70	10.26	108
		阳新县	452	116	93	93	2	0.80	73	37	38	44	56	136	379	472	540	1.93	3.62	101
	十堰市	茅箭区	63	117	26	114	1	0.22	117	59	59	68	98	133	164	176	176	0.05	−0.47	117
		郧阳区	118	114	24	111	1	0.21	111	62	62	72	98	126	170	175	193	0.61	0.52	113
		丹江口市	570	123	51	117	1	0.42	113	47	55	71	97	137	207	352	729	5.70	54.45	118
		竹溪县	1404	167	170	123	2	1.01	101	19	27	42	75	182	673	901	1976	3.16	15.83	105
		竹山县	2007	104	62	94	1	0.59	91	33	39	48	74	112	261	484	730	4.47	28.74	91
	荆州市	荆州市区	374	113	27	110	1	0.24	102	72	75	78	93	132	167	222	250	1.34	2.92	111
		洪湖市	6440	116	20	114	1	0.17	113	66	79	85	101	127	160	180	236	0.73	0.79	115
		监利市	780	122	15	121	1	0.12	120	91	93	98	112	132	157	166	175	0.55	0.14	122
		石首市	345	129	25	126	1	0.20	134	62	62	70	119	147	164	174	191	−0.78	−0.004 3	129
		松滋市	373	94	33	88	1	0.35	74	50	52	60	66	131	148	163	176	0.56	−1.38	94
		江陵县	270	134	16	133	1	0.12	133	96	96	107	123	147	164	169	186	0.20	−0.46	134
		公安县	557	120	22	118	1	0.19	124	61	69	75	106	136	153	169	175	−0.49	−0.45	120
	荆门市	荆门市区	282	96	19	94	1	0.20	92	52	52	69	84	102	145	204	213	2.35	9.73	93
		沙洋县	12 991	94	27	91	1	0.29	86	38	58	66	80	94	172	209	969	4.82	90.82	84
		钟祥市	15 043	115	42	107	1	0.36	114	18	34	46	85	142	201	227	1565	3.12	96.65	114
		京山市	7597	77	39	72	1	0.50	71	20	30	40	61	83	160	272	1085	8.32	131.32	71
	孝感市	孝南区	245	109	43	102	1	0.40	92	60	60	65	78	127	221	237	237	1.36	0.96	109
		孝昌县	298	119	45	112	1	0.38	105	34	34	68	86	142	237	261	305	1.32	1.49	115
		云梦县	152	152	61	140	1	0.40	132	76	76	85	97	199	275	307	313	0.72	−0.67	152

续表 2.9.20

单元名称			样本数	算术平均值	算术标准差	几何平均值	几何标准差	变异系数	中位值	最小值	累积频率分位值						最大值	偏度系数	峰度系数	背景值
			N	$\bar{X}$	S	X_g	S_g	CV	X_{me}	X_{min}	$X_{0.5\%}$	$X_{2.5\%}$	$X_{25\%}$	$X_{75\%}$	$X_{97.5\%}$	$X_{99.5\%}$	X_{max}	β_s	β_k	X'
行政县（市、区）	孝感市	大悟县	114	192	114	164	2	0.59	168	38	38	53	113	219	483	515	552	1.38	1.53	189
		安陆市	1921	96	53	88	1	0.55	86	21	29	39	74	101	217	326	1287	8.67	154.40	85
		汉川市	415	121	27	118	1	0.22	116	56	66	80	101	134	179	193	279	1.24	3.77	120
		应城市	277	97	31	94	1	0.31	89	67	67	71	83	99	196	273	312	3.81	17.94	89
	黄冈市	黄冈市区	82	216	161	180	2	0.75	152	76	76	84	125	260	769	905	905	2.38	6.40	193
		武穴市	2491	107	106	85	2	0.99	75	14	27	38	57	111	442	708	1654	4.53	32.32	79
		麻城市	204	201	106	176	2	0.53	184	52	52	69	124	255	446	660	685	1.49	3.90	191
		团风县	219	498	406	377	2	0.82	365	91	91	116	201	665	1562	2150	2391	1.87	4.13	413
		黄梅县	361	126	52	117	1	0.41	125	47	49	56	89	148	269	347	518	2.14	10.60	118
		蕲春县	349	296	162	251	2	0.55	284	47	50	66	169	391	662	860	1076	1.00	2.01	283
		浠水县	450	456	225	404	2	0.49	428	65	65	129	307	562	987	1412	1689	1.36	3.80	438
		罗田县	60	408	117	391	1	0.29	390	170	170	194	335	481	640	652	652	0.26	−0.45	408
		红安县	31	141	43	135	1	0.31	136	52	52	52	110	167	218	243	243	0.47	−0.02	141
	咸宁市	咸安区	222	55	14	54	1	0.26	52	31	31	40	46	61	84	116	171	3.29	20.69	53
		嘉鱼县	1889	74	40	69	1	0.53	63	16	34	42	55	86	144	202	760	8.71	127.77	69
		赤壁市	309	63	20	61	1	0.31	57	31	32	44	52	66	123	145	156	2.17	5.41	58
	随州市	随县	5656	151	121	121	2	0.80	109	11	28	43	76	177	508	708	1242	2.40	7.48	117
		曾都区	356	172	84	154	2	0.49	157	52	53	64	113	205	409	488	523	1.41	2.62	160
		广水市	657	194	111	170	2	0.57	162	46	51	77	118	230	477	600	981	1.98	6.16	179
	恩施州	恩施市	13 503	85	63	75	2	0.74	71	19	31	38	57	92	221	474	1704	7.45	97.93	74
		宣恩县	8944	65	38	60	1	0.58	60	16	24	31	49	72	125	229	1112	11.89	246.90	60
		建始县	2392	96	80	83	2	0.83	80	19	25	35	62	105	269	556	1671	7.59	96.35	82
		利川市	7987	75	32	70	1	0.43	68	20	33	40	57	83	165	214	883	4.62	65.53	68
		鹤峰县	6164	69	52	61	2	0.76	59	13	21	29	47	75	185	397	920	6.34	57.94	60
		来凤县	6509	51	34	48	1	0.67	47	17	24	30	40	55	92	190	1755	25.53	1 080.15	47
		咸丰县	8734	58	36	55	1	0.62	54	16	28	33	46	64	108	192	2354	33.32	1 917.15	54
		巴东县	3669	88	70	80	1	0.80	79	16	31	39	63	99	189	403	2782	19.27	629.39	80

注：Sr 的地球化学参数中，N 单位为件，$\bar{X}$、S、X_g、S_g、X_{me}、X_{min}、$X_{0.5\%}$、$X_{2.5\%}$、$X_{25\%}$、$X_{75\%}$、$X_{97.5\%}$、$X_{99.5\%}$、X_{max}、X' 单位为 mg/kg，CV、β_s、β_k 为无量纲。

表 2.9.21　表层土壤 V 地球化学参数表

单元名称		样本数	算术平均值	算术标准差	几何平均值	几何标准差	变异系数	中位值	最小值	累积频率分位值						最大值	偏度系数	峰度系数	背景值
		N	$\bar{X}$	S	X_g	S_g	CV	X_{me}	X_{min}	$X_{0.5\%}$	$X_{2.5\%}$	$X_{25\%}$	$X_{75\%}$	$X_{97.5\%}$	$X_{99.5\%}$	X_{max}	β_s	β_k	X'
全省		136 533	118	59	113	1	0.50	110	12	48	70	98	127	206	428	3825	14.21	412.62	112
土壤类型	红壤	2568	103	41	98	1	0.40	101	17	24	39	89	113	155	269	1250	11.81	280.29	101
	黄壤	11 841	117	63	109	1	0.54	108	12	30	57	96	122	240	488	1898	9.25	151.36	108
	黄棕壤	40 606	127	82	118	1	0.64	114	15	49	68	101	129	295	582	3825	11.91	271.25	113
	黄褐土	1191	108	41	104	1	0.38	100	51	69	77	93	109	173	384	639	7.14	68.34	100
	棕壤	5572	148	93	137	1	0.63	127	31	78	94	116	144	362	688	2402	9.29	152.36	127
	暗棕壤	444	129	70	121	1	0.55	114	66	75	83	104	128	287	686	789	6.14	46.84	114
	石灰土	4376	125	54	119	1	0.44	115	22	69	85	104	130	235	435	1078	8.26	104.01	115
	紫色土	4603	104	23	101	1	0.22	104	18	38	60	90	118	146	182	430	0.95	11.52	103
	草甸土	192	144	47	139	1	0.33	134	85	85	94	123	147	253	361	558	4.72	34.11	133
	潮土	19 531	116	25	114	1	0.22	112	35	67	83	101	129	160	171	1135	11.48	384.52	116
	沼泽土	47	297	504	180	2	1.70	147	96	96	96	137	159	1933	1934	1934	3.07	7.75	145
	水稻土	45 552	110	31	107	1	0.28	105	19	53	70	93	124	164	213	2115	11.19	524.27	109
土地利用类型	耕地	108 953	117	55	112	1	0.47	110	15	54	72	97	126	194	408	3825	15.28	520.00	111
	园地	7716	121	65	113	1	0.54	113	19	34	59	100	127	242	454	1898	10.47	181.65	112
	林地	10 799	122	76	112	1	0.63	111	15	35	52	97	127	266	529	1882	9.82	162.48	109
	草地	1170	122	65	114	1	0.53	115	36	38	55	98	131	262	504	1052	6.99	73.60	113
	建设用地	1879	114	56	109	1	0.49	109	12	32	65	96	125	165	339	1610	15.69	361.99	110
	水域	3837	128	65	124	1	0.51	126	24	63	78	105	147	174	227	1934	22.13	607.15	126
	未利用地	2179	131	98	119	1	0.75	113	34	40	70	100	128	332	782	2021	9.15	123.32	112
地质背景	第四系	55 697	113	30	110	1	0.26	108	25	65	75	96	128	162	174	1934	19.37	1 063.15	112
	新近系	151	105	11	105	1	0.10	105	71	71	82	99	111	131	140	148	0.35	2.45	105
	古近系	1174	96	23	94	1	0.24	96	33	45	59	85	106	142	201	316	2.37	17.17	96
	白垩系	7212	101	37	96	1	0.36	101	12	23	34	90	111	177	293	741	4.76	51.99	100
	侏罗系	4193	92	20	90	1	0.22	90	36	47	58	80	101	141	160	231	0.91	2.20	91
	三叠系	31 602	121	48	117	1	0.40	116	21	59	82	105	129	178	350	2814	20.16	777.25	117
	二叠系	9166	172	126	150	2	0.74	133	31	71	83	111	178	517	864	2402	5.09	45.71	134
	石炭系	599	124	61	118	1	0.49	113	49	60	78	100	129	240	463	1015	7.82	90.26	113

续表 2.9.21

单元名称		样本数 N	算术平均值 $\bar{X}$	算术标准差 S	几何平均值 X_g	几何标准差 S_g	变异系数 CV	中位值 X_{me}	最小值 X_{min}	累积频率分位值						最大值 X_{max}	偏度系数 β_s	峰度系数 β_k	背景值 X'
										$X_{0.5\%}$	$X_{2.5\%}$	$X_{25\%}$	$X_{75\%}$	$X_{97.5\%}$	$X_{99.5\%}$				
地质背景	泥盆系	1207	112	41	108	1	0.36	107	36	48	66	94	120	194	384	623	5.34	44.90	106
	志留系	11702	112	29	109	1	0.26	109	16	65	78	99	119	158	281	985	7.82	131.67	108
	奥陶系	6094	132	101	122	1	0.77	115	34	68	81	104	130	322	684	3825	14.60	380.63	115
	寒武系	2532	139	136	122	2	0.97	110	27	65	80	100	127	396	1020	2021	8.22	84.63	109
	震旦系	177	190	219	145	2	1.15	117	22	22	65	105	162	840	1332	1742	4.20	20.92	114
	南华系	2153	115	71	104	2	0.61	99	24	39	51	78	130	269	447	1391	6.93	96.80	104
	青白口系—震旦系	308	86	26	82	1	0.30	84	28	29	40	70	101	141	165	193	0.65	1.24	85
	青白口系	103	147	54	138	1	0.37	132	39	39	72	107	180	263	284	309	0.79	0.13	147
	中元古界	25	168	42	162	1	0.25	168	69	69	69	127	192	230	248	248	−0.42	−0.04	168
	滹沱系—太古宇	282	101	24	98	1	0.24	100	42	42	53	85	117	148	171	191	0.24	0.42	100
	侵入岩	1928	90	38	83	1	0.42	86	15	27	37	64	107	177	235	510	2.35	15.55	86
	脉岩	14	113	51	101	2	0.45	110	33	33	33	76	158	201	201	201	0.15	−0.82	113
	变质岩	214	164	166	134	2	1.01	132	21	21	48	91	192	345	949	2115	8.26	91.78	131
成土母质	第四系沉积物	54765	113	29	110	1	0.26	108	33	65	75	96	128	161	172	1934	20.61	1175.37	112
	碎屑岩风化物	27933	107	37	103	1	0.35	104	12	32	57	92	117	174	299	1020	7.10	109.87	104
	碎屑岩风化物(黑色岩系)	1633	121	40	117	1	0.33	116	25	62	79	103	128	202	294	1003	8.92	158.42	115
	碳酸盐岩风化物	29243	122	51	118	1	0.42	115	17	68	84	104	129	191	400	2814	16.32	546.09	116
	碳酸盐岩风化物(黑色岩系)	9699	178	143	154	2	0.80	136	22	70	84	113	182	545	976	3825	6.57	86.83	137
	变质岩风化物	11274	118	77	111	1	0.65	110	16	47	63	97	123	228	434	2115	14.01	272.66	108
	火山岩风化物	54	100	40	92	1	0.40	91	45	45	45	69	130	193	198	198	0.66	−0.24	100
	侵入岩风化物	1931	90	37	83	1	0.42	86	15	26	37	64	107	173	235	510	2.35	16.02	86
地形地貌	平原	62354	112	28	110	1	0.25	108	22	64	75	96	125	161	174	1934	20.00	1172.98	112
	洪湖湖区	100	143	20	142	1	0.14	146	80	80	92	130	158	172	178	178	−0.82	0.59	144
	丘陵低山	11668	119	86	107	1	0.72	104	15	39	52	89	123	279	542	2115	10.48	171.48	103
	中山	2716	120	48	116	1	0.40	116	31	52	72	106	127	170	302	1250	13.18	238.17	116
	高山	59695	125	74	117	1	0.59	114	12	40	69	101	129	276	553	3825	11.68	286.58	113

续表 2.9.21

单元名称			样本数	算术平均值	算术标准差	几何平均值	几何标准差	变异系数	中位值	最小值	累积频率分位值						最大值	偏度系数	峰度系数	背景值
			N	$\bar{X}$	S	X_g	S_g	CV	X_{me}	X_{min}	$X_{0.5\%}$	$X_{2.5\%}$	$X_{25\%}$	$X_{75\%}$	$X_{97.5\%}$	$X_{99.5\%}$	X_{max}	β_s	β_k	X'
行政市（州）	武汉市		2155	108	28	105	1	0.26	103	24	41	58	91	125	167	181	348	0.72	2.97	108
	襄阳市		2960	100	22	99	1	0.22	99	48	57	70	90	106	146	213	456	4.89	54.01	98
	宜昌市		1479	100	23	98	1	0.23	99	22	35	59	88	112	147	200	270	1.25	6.93	99
	黄石市		881	106	19	104	1	0.18	104	45	61	74	93	115	150	171	203	0.79	1.81	105
	十堰市		2758	172	155	145	2	0.90	135	21	46	60	110	183	462	1322	2115	6.46	57.36	138
	荆州市		8676	126	23	124	1	0.18	127	37	75	85	109	143	166	174	190	−0.15	−0.59	126
	荆门市		29 210	105	22	104	1	0.21	103	22	63	73	93	114	150	165	1135	9.74	385.64	104
	鄂州市		403	104	24	101	1	0.23	99	47	48	60	88	117	158	165	169	0.55	−0.02	104
	孝感市		4313	102	26	99	1	0.25	96	18	43	68	88	108	163	210	476	3.18	25.72	98
	黄冈市		2059	94	26	91	1	0.27	93	27	33	49	78	109	144	172	352	1.18	8.01	93
	咸宁市		779	112	19	110	1	0.17	108	60	74	83	100	122	155	162	171	0.69	0.15	112
	随州市		2380	103	51	94	2	0.50	90	15	31	43	71	119	245	302	626	2.11	8.13	93
	恩施州		61 809	125	73	117	1	0.59	114	12	42	69	101	129	273	551	3825	11.74	288.34	113
	仙桃市		2017	128	87	123	1	0.68	123	72	87	92	109	137	165	178	1934	18.39	370.46	124
	天门市		4262	107	15	106	1	0.14	104	64	79	86	98	113	148	167	177	1.41	2.84	105
	潜江市		10 392	125	21	123	1	0.17	123	49	84	91	108	141	165	174	197	0.24	−0.73	125
行政县（市、区）	武汉市	武汉市区	744	110	19	108	1	0.18	105	37	73	82	96	122	155	163	168	0.75	0.33	110
		蔡甸区	351	123	25	121	1	0.21	122	67	79	87	101	143	169	177	186	0.31	−0.96	123
		黄陂区	573	97	31	92	1	0.32	94	24	29	43	78	111	161	214	348	1.56	8.77	95
		东西湖区	125	141	23	139	1	0.16	140	98	98	100	124	159	181	182	188	0.01	−0.94	141
		新洲区	362	96	23	94	1	0.24	92	42	48	58	82	107	150	166	180	0.83	0.89	96
	襄阳市	襄阳市区	912	97	12	96	1	0.12	97	65	68	74	89	103	122	132	170	0.54	2.35	96
		枣阳市	816	104	28	101	1	0.27	100	49	51	61	91	108	197	239	272	2.50	9.39	99
		老河口市	265	99	21	98	1	0.21	97	67	67	79	92	104	120	235	365	9.03	107.92	98
		宜城市	523	104	21	103	1	0.20	104	62	63	76	94	112	139	154	420	7.05	105.08	103
		谷城县	222	98	35	94	1	0.36	91	48	48	58	80	105	172	213	456	5.31	48.48	92
		南漳县	222	97	12	96	1	0.12	97	68	68	75	90	103	125	134	142	0.61	1.55	96

续表 2.9.21

单元名称			样本数	算术平均值	算术标准差	几何平均值	几何标准差	变异系数	中位值	最小值	累积频率分位值						最大值	偏度系数	峰度系数	背景值
			N	$\bar{X}$	S	X_g	S_g	CV	X_{me}	X_{min}	$X_{0.5\%}$	$X_{2.5\%}$	$X_{25\%}$	$X_{75\%}$	$X_{97.5\%}$	$X_{99.5\%}$	X_{max}	β_s	β_k	X'
行政县（市、区）	宜昌市	宜昌市辖区	233	95	33	90	1	0.34	94	22	22	34	76	111	165	194	235	0.75	1.57	94
		宜都市	75	96	13	95	1	0.14	97	60	60	60	90	105	117	123	123	−0.73	0.98	96
		枝江市	375	100	16	98	1	0.16	98	46	51	65	92	108	135	140	145	0.02	0.82	100
		当阳市	284	89	13	88	1	0.15	90	56	56	61	80	97	112	115	120	−0.35	−0.24	89
		秭归县	478	110	25	107	1	0.23	110	35	48	72	94	120	159	243	270	1.91	9.54	108
		长阳土家族自治县	34	114	15	113	1	0.13	113	85	85	85	105	122	142	167	167	1.05	3.20	113
	黄石市	黄石市区	47	111	22	109	1	0.20	111	74	74	74	99	123	164	176	176	0.84	1.18	110
		大冶市	382	105	20	103	1	0.19	103	45	52	72	92	115	150	163	203	0.80	1.90	104
		阳新县	452	105	18	104	1	0.17	104	58	61	75	95	114	145	165	195	0.76	1.78	104
	十堰市	茅箭区	63	89	31	84	1	0.35	78	44	44	47	62	111	145	156	156	0.63	−0.73	89
		郧阳区	118	124	43	118	1	0.35	114	69	69	72	99	139	204	221	430	3.31	20.14	120
		丹江口市	570	117	52	108	1	0.44	106	35	39	49	84	138	232	320	510	2.26	10.59	112
		竹山县	2007	193	174	163	2	0.90	146	21	51	77	120	201	578	1539	2115	5.88	45.69	152
	荆州市	荆州市区	374	102	17	100	1	0.17	99	72	75	76	89	113	139	156	163	0.74	0.31	101
		洪湖市	3264	132	23	130	1	0.18	135	63	77	85	116	150	171	177	186	−0.34	−0.64	132
		监利市	3493	126	19	125	1	0.15	127	80	85	92	112	141	161	171	190	−0.02	−0.69	126
		石首市	345	123	18	122	1	0.14	124	44	60	88	113	136	151	154	157	−0.66	0.79	123
		松滋市	373	103	23	101	1	0.22	97	37	39	61	89	120	156	159	161	0.36	0.11	103
		江陵县	270	114	19	113	1	0.17	114	74	74	78	100	128	149	155	159	−0.03	−0.69	114
		公安县	557	126	22	125	1	0.17	129	73	83	86	110	143	163	168	173	−0.25	−0.77	126
	荆门市	荆门市区	282	97	10	97	1	0.10	98	67	67	80	92	103	115	131	146	0.25	2.44	97
		沙洋县	12 991	101	19	100	1	0.19	99	33	63	72	89	110	148	159	357	1.90	15.86	100
		钟祥市	12 234	107	22	105	1	0.21	106	22	62	74	97	115	145	161	1135	19.19	821.56	106
		京山市	2077	103	21	102	1	0.20	104	38	55	69	91	114	140	166	564	5.55	115.03	103
		屈家岭管理区	1766	125	19	124	1	0.15	125	82	85	92	110	140	159	168	181	0.06	−0.84	125
	孝感市	孝南区	245	97	24	94	1	0.25	90	56	56	68	82	99	161	188	214	1.85	3.93	90
		孝昌县	298	86	18	84	1	0.21	86	30	30	51	75	95	130	143	165	0.55	1.95	86
		云梦县	152	92	14	91	1	0.15	91	63	63	70	82	99	127	135	138	0.82	1.00	91

续表 2.9.21

单元名称			样本数	算术平均值	算术标准差	几何平均值	几何标准差	变异系数	中位值	最小值	累积频率分位值						最大值	偏度系数	峰度系数	背景值
			N	$\overline{X}$	S	X_g	S_g	CV	X_{me}	X_{min}	$X_{0.5\%}$	$X_{2.5\%}$	$X_{25\%}$	$X_{75\%}$	$X_{97.5\%}$	$X_{99.5\%}$	X_{max}	β_s	β_k	X'
行政县（市、区）	孝感市	大悟县	114	82	33	74	2	0.40	83	18	18	21	55	105	147	158	179	0.23	−0.21	82
		安陆市	2812	100	24	98	1	0.24	96	36	64	76	89	105	152	255	476	5.43	52.65	97
		汉川市	415	131	24	129	1	0.18	131	80	80	89	113	148	178	187	189	0.17	−0.66	131
		应城市	277	102	21	101	1	0.21	95	75	75	80	89	105	163	177	184	1.79	2.77	95
	黄冈市	黄冈市区	82	107	21	105	1	0.19	103	64	64	72	91	121	147	162	162	0.35	−0.46	107
		武穴市	303	102	35	97	1	0.34	97	39	43	52	81	115	172	270	352	2.61	13.21	98
		麻城市	204	71	17	69	1	0.24	70	33	33	44	60	80	116	134	146	1.06	2.33	69
		团风县	219	98	23	95	1	0.23	92	49	49	65	83	109	154	166	214	1.20	2.83	97
		黄梅县	361	94	22	91	1	0.23	94	36	39	50	81	108	134	149	154	−0.08	−0.19	94
		蕲春县	349	93	27	89	1	0.28	94	28	28	41	77	111	143	161	191	0.04	0.13	93
		浠水县	450	97	21	94	1	0.22	98	27	27	52	84	111	138	148	168	−0.29	0.64	97
		罗田县	60	92	13	91	1	0.15	92	67	67	71	80	100	119	128	128	0.36	−0.38	92
		红安县	31	79	16	78	1	0.21	77	49	49	49	68	88	107	108	108	0.03	−0.79	79
	咸宁市	咸安区	222	104	17	103	1	0.17	101	60	60	78	93	111	144	154	161	0.83	0.69	104
		嘉鱼县	248	121	19	120	1	0.16	118	77	77	90	107	136	158	170	171	0.37	−0.62	121
		赤壁市	309	110	16	109	1	0.15	107	68	78	86	100	117	152	161	168	1.03	1.39	109
	随州市	随县	1367	104	51	94	2	0.49	93	22	29	42	73	119	242	299	626	2.32	11.45	94
		曾都区	356	127	61	116	2	0.48	106	50	52	59	83	149	287	359	382	1.47	2.03	121
		广水市	657	90	40	83	1	0.45	80	15	35	46	66	99	204	245	286	1.89	3.92	79
	恩施州	恩施市	15 938	134	99	120	1	0.74	116	12	28	58	102	132	368	695	3825	10.37	220.57	115
		宣恩县	4957	120	75	112	1	0.63	109	24	42	64	99	122	238	531	2448	14.24	341.94	109
		建始县	8979	137	87	126	1	0.63	116	16	46	83	105	135	359	728	1794	6.26	58.93	116
		利川市	19 338	116	44	112	1	0.38	114	33	52	66	98	128	178	315	2402	18.08	791.60	112
		鹤峰县	11	283	331	203	2	1.17	147	83	83	83	140	177	1235	1235	1235	2.84	8.45	283
		来凤县	3732	110	31	107	1	0.28	106	27	59	73	95	118	190	267	700	4.86	55.57	106
		咸丰县	319	114	27	111	1	0.24	109	61	72	77	101	121	196	253	272	2.64	10.71	110
		巴东县	8535	126	60	121	1	0.48	116	43	67	84	105	130	245	431	1898	10.70	192.61	116

注：V 的地球化学参数中，N 单位为件，$\overline{X}$、S、X_g、S_g、X_{me}、X_{min}、$X_{0.5\%}$、$X_{2.5\%}$、$X_{25\%}$、$X_{75\%}$、$X_{97.5\%}$、$X_{99.5\%}$、X_{max}、X'单位为 mg/kg，CV、β_s、β_k 为无量纲。

表 2.9.22 表层土壤 Zn 地球化学参数表

单元名称		样本数 N	算术平均值 $\bar{X}$	算术标准差 S	几何平均值 X_g	几何标准差 S_g	变异系数 CV	中位值 X_{me}	最小值 X_{min}	累积频率分位值						最大值 X_{max}	偏度系数 β_s	峰度系数 β_k	背景值 X'
										$X_{0.5\%}$	$X_{2.5\%}$	$X_{25\%}$	$X_{75\%}$	$X_{97.5\%}$	$X_{99.5\%}$				
全省		242 899	93	77	88	1	0.82	90	2	38	47	74	107	151	239	18 120	128.76	23 705.94	90
土壤类型	红壤	3783	86	52	80	1	0.61	79	2	20	42	68	93	154	352	1590	13.85	313.23	80
	黄壤	17 857	96	165	90	1	1.73	92	11	28	48	79	104	146	239	18 120	89.49	8 920.77	92
	黄棕壤	69 303	99	105	93	1	1.05	93	2	44	54	78	108	182	323	14 169	85.66	9 668.18	92
	黄褐土	1428	74	19	72	1	0.26	69	40	42	51	62	81	121	156	213	1.98	6.98	73
	棕壤	8885	112	33	109	1	0.29	109	19	60	75	97	121	172	261	1446	11.98	371.78	108
	暗棕壤	478	97	23	95	1	0.24	94	53	58	63	84	107	152	201	302	3.02	19.51	94
	石灰土	9394	99	44	95	1	0.44	94	22	47	59	82	107	169	301	2141	18.48	674.32	93
	紫色土	6755	83	22	81	1	0.27	83	11	37	50	72	92	118	169	834	9.15	255.42	82
	草甸土	554	107	21	105	1	0.20	106	59	63	71	93	119	146	174	289	1.83	12.16	106
	潮土	45 725	95	27	93	1	0.28	94	23	46	57	80	110	133	155	1580	16.80	814.97	95
	沼泽土	392	115	22	113	1	0.19	113	64	65	77	102	127	168	193	238	1.12	3.98	113
	水稻土	78 334	85	34	80	1	0.41	81	13	37	43	62	104	135	177	2546	18.95	1 148.66	83
土地利用类型	耕地	191 897	91	79	87	1	0.87	89	2	39	47	72	106	143	208	18 120	145.66	26 652.84	89
	园地	14 180	93	32	90	1	0.34	91	2	34	49	77	105	158	213	1089	6.83	137.19	90
	林地	20 389	105	86	95	1	0.82	94	10	37	51	77	111	229	508	3401	15.70	389.25	93
	草地	1947	99	124	93	1	1.25	95	18	31	47	80	110	156	239	5407	40.06	1 707.66	94
	建设用地	2492	101	74	93	1	0.73	94	9	25	48	77	111	194	409	2180	15.52	354.69	93
	水域	8495	103	33	100	1	0.32	107	24	42	52	87	120	143	174	1580	17.63	724.98	103
	未利用地	3499	102	58	97	1	0.57	96	27	39	55	84	110	178	351	2335	20.15	666.64	96
地质背景	第四系	108 196	89	29	85	1	0.33	89	19	38	44	69	108	133	153	2180	10.44	526.58	88
	新近系	151	69	11	69	1	0.16	68	44	44	51	63	73	88	105	144	2.26	12.56	69
	古近系	1436	72	25	69	1	0.34	67	26	32	39	57	82	127	165	398	2.95	25.14	72
	白垩系	11 433	74	33	69	1	0.45	68	10	21	34	60	80	141	239	1089	8.50	166.62	69
	侏罗系	4284	82	19	80	1	0.23	81	19	39	47	70	92	120	146	384	1.87	21.56	81
	三叠系	43 820	97	90	94	1	0.93	93	2	49	62	83	106	141	197	14 169	128.05	18 463.22	94
	二叠系	16 951	105	167	98	1	1.59	96	15	47	57	81	115	196	286	18 120	89.74	8 981.92	97
	石炭系	1097	93	26	90	1	0.29	90	28	41	55	79	101	145	212	458	4.31	44.54	90

续表 2.9.22

单元名称		样本数	算术平均值	算术标准差	几何平均值	几何标准差	变异系数	中位值	最小值	累积频率分位值						最大值	偏度系数	峰度系数	背景值
		N	$\bar{X}$	S	X_g	S_g	CV	X_{me}	X_{min}	$X_{0.5\%}$	$X_{2.5\%}$	$X_{25\%}$	$X_{75\%}$	$X_{97.5\%}$	$X_{99.5\%}$	X_{max}	β_s	β_k	X'
地质背景	泥盆系	2447	88	22	86	1	0.25	88	22	34	51	76	99	129	174	489	3.30	47.37	87
	志留系	20 610	94	111	89	1	1.19	92	15	46	55	76	105	139	204	11 721	85.55	8 241.82	90
	奥陶系	11 151	104	85	100	1	0.82	101	2	50	62	89	112	149	220	5533	51.86	3 110.72	100
	寒武系	9043	114	92	103	1	0.80	98	22	46	56	82	119	277	620	2765	12.05	242.92	98
	震旦系	3237	134	95	118	2	0.71	119	10	40	54	83	157	353	592	2141	6.97	95.49	119
	南华系	2316	89	51	84	1	0.57	79	34	42	51	69	96	176	380	951	8.92	115.80	81
	青白口系—震旦系	308	74	23	72	1	0.31	71	35	38	46	62	82	120	183	292	3.98	30.51	71
	青白口系	3132	84	30	81	1	0.36	77	28	46	55	67	93	157	230	645	5.23	64.32	79
	中元古界	25	109	21	107	1	0.19	108	67	67	67	94	115	146	156	156	0.55	0.09	109
	滹沱系—太古宇	282	78	13	77	1	0.16	77	52	52	57	70	86	109	124	124	0.74	0.82	78
	侵入岩	2558	91	43	85	1	0.47	79	20	42	51	68	98	197	312	718	3.84	28.89	79
	脉岩	14	85	27	81	1	0.32	86	48	48	48	67	98	155	155	155	1.01	2.17	85
	变质岩	408	119	42	112	1	0.35	108	60	62	68	86	148	192	325	373	1.50	5.51	117
成土母质	第四系沉积物	104 618	89	29	85	1	0.33	89	19	38	44	69	108	133	151	2180	10.66	555.55	89
	碎屑岩风化物	42 690	84	107	79	1	1.28	80	2	30	46	66	95	133	196	18 120	136.87	21 389.78	81
	碎屑岩风化物(黑色岩系)	3691	101	27	98	1	0.26	101	21	41	57	87	114	149	192	542	4.08	54.67	100
	碳酸盐岩风化物	50 129	103	95	98	1	0.92	96	16	49	61	84	111	172	302	14 169	101.72	13 479.54	97
	碳酸盐岩风化物(黑色岩系)	18 045	104	44	98	1	0.43	97	23	46	56	81	116	201	302	1626	7.79	168.08	98
	变质岩风化物	21 149	100	128	93	1	1.28	92	2	46	56	78	106	173	410	11 721	60.35	4 785.62	91
	火山岩风化物	177	162	71	147	2	0.44	160	54	54	62	107	197	337	417	459	0.96	1.78	158
	侵入岩风化物	2399	88	39	83	1	0.44	78	20	40	50	67	97	176	261	718	4.95	53.84	80
地形地貌	平原	112 950	87	28	83	1	0.32	86	16	38	45	66	107	132	148	2180	9.30	528.21	87
	洪湖湖区	389	99	17	98	1	0.17	101	52	53	65	87	112	126	153	163	−0.03	0.32	99
	丘陵低山	33 920	99	76	89	1	0.77	84	10	40	50	69	107	225	460	2765	13.40	313.69	87
	中山	2737	96	38	93	1	0.40	93	31	46	60	83	102	137	257	1217	15.55	364.53	92
	高山	92 903	99	111	94	1	1.12	95	2	37	58	83	108	154	228	18 120	110.54	14 316.57	95

续表 2.9.22

单元名称			样本数	算术平均值	算术标准差	几何平均值	几何标准差	变异系数	中位值	最小值	累积频率分位值						最大值	偏度系数	峰度系数	背景值
			N	$\bar{X}$	S	X_g	S_g	CV	X_{me}	X_{min}	$X_{0.5\%}$	$X_{2.5\%}$	$X_{25\%}$	$X_{75\%}$	$X_{97.5\%}$	$X_{99.5\%}$	X_{max}	β_s	β_k	X'
行政市（州）	武汉市		4109	97	56	91	1	0.58	97	27	41	49	68	121	144	185	2180	21.46	683.78	95
	襄阳市		7131	85	24	82	1	0.28	83	39	45	52	69	99	124	149	836	7.12	183.36	84
	宜昌市		1479	81	39	76	1	0.48	79	24	35	44	60	96	127	174	1016	13.40	288.97	78
	黄石市		881	114	113	97	2	0.99	89	45	48	55	75	110	361	874	1590	7.55	74.07	89
	十堰市		4162	148	141	128	2	0.95	116	34	57	71	94	155	421	937	2765	8.97	119.23	120
	荆州市		18 052	103	20	101	1	0.20	105	29	51	63	90	116	134	151	889	3.67	133.44	102
	荆门市		53 438	77	35	72	1	0.46	70	10	36	41	58	89	140	227	2467	12.49	531.42	74
	鄂州市		403	89	37	84	1	0.42	81	39	43	53	66	103	154	284	454	4.84	39.41	85
	孝感市		5895	75	36	70	1	0.48	66	30	40	45	58	82	158	239	1554	14.06	495.49	69
	黄冈市		4247	86	79	78	1	0.91	76	17	32	41	61	96	176	368	2546	17.92	439.04	78
	咸宁市		2420	87	23	85	1	0.26	81	24	48	58	72	99	133	168	352	2.05	12.92	86
	随州市		6669	95	50	88	1	0.53	82	20	43	52	69	110	180	292	1424	9.09	169.11	91
	恩施州		95 016	98	109	94	1	1.11	95	2	38	58	83	108	154	228	18 120	111.57	14 602.64	95
	仙桃市		13 430	103	22	101	1	0.22	103	42	62	69	89	117	136	150	1309	15.07	742.95	103
	天门市		10 105	93	22	90	1	0.24	90	33	50	58	75	110	135	144	273	0.47	0.22	93
	潜江市		15 462	96	19	94	1	0.20	95	19	54	65	83	109	129	146	546	2.53	41.40	96
行政县（市、区）	武汉市	武汉市区	744	93	117	81	1	1.26	72	39	46	53	62	101	172	454	2180	13.45	206.06	80
		蔡甸区	2305	109	24	106	1	0.22	113	43	50	57	94	127	143	155	280	−0.39	1.04	109
		黄陂区	573	69	23	67	1	0.33	64	34	35	44	56	76	120	168	292	3.33	21.82	66
		东西湖区	125	109	29	105	1	0.26	109	56	56	58	83	127	167	194	200	0.32	0.34	108
		新洲区	362	69	21	66	1	0.30	64	27	35	40	55	76	121	132	141	1.07	0.92	68
	襄阳市	襄阳市区	912	70	18	68	1	0.25	66	39	42	50	59	75	113	139	270	3.62	28.00	67
		枣阳市	816	73	22	71	1	0.30	68	42	47	54	63	76	117	139	537	12.13	244.15	69
		老河口市	265	73	15	72	1	0.20	71	41	41	51	65	78	104	162	169	2.46	12.29	71
		宜城市	2618	84	20	81	1	0.24	83	39	43	50	69	98	120	135	244	0.73	3.50	83
		谷城县	222	81	15	80	1	0.19	80	39	39	53	72	88	111	143	162	1.20	5.24	81
		南漳县	2298	98	25	96	1	0.25	97	41	58	68	87	107	130	167	836	14.49	389.02	97

续表 2.9.22

单元名称			样本数	算术平均值	算术标准差	几何平均值	几何标准差	变异系数	中位值	最小值	累积频率分位值						最大值	偏度系数	峰度系数	背景值
			N	$\bar{X}$	S	X_g	S_g	CV	X_{me}	X_{min}	$X_{0.5\%}$	$X_{2.5\%}$	$X_{25\%}$	$X_{75\%}$	$X_{97.5\%}$	$X_{99.5\%}$	X_{max}	β_s	β_k	X'
行政县（市、区）	宜昌市	宜昌市辖区	233	90	82	79	2	0.91	82	29	29	37	62	99	156	762	1016	8.86	91.03	80
		宜都市	75	79	14	78	1	0.18	79	50	50	53	69	87	107	112	112	0.18	−0.18	79
		枝江市	375	71	22	68	1	0.31	64	24	29	41	56	89	117	128	191	1.09	2.25	71
		当阳市	284	62	11	61	1	0.18	60	39	39	46	54	66	92	96	98	1.00	0.73	62
		秭归县	478	94	21	92	1	0.23	93	31	43	57	82	103	132	164	320	2.78	27.20	93
		长阳土家族自治县	34	99	10	98	1	0.10	99	77	77	77	92	107	119	120	120	0.03	−0.14	99
	黄石市	黄石市区	47	296	300	218	2	1.01	179	71	71	71	123	318	1314	1590	1590	2.83	9.10	188
		大冶市	382	116	106	101	2	0.91	92	47	49	57	77	121	317	874	1339	7.34	69.13	94
		阳新县	452	92	48	87	1	0.52	84	45	47	54	72	102	172	479	632	7.14	68.91	85
	十堰市	茅箭区	63	107	23	104	1	0.22	99	79	79	79	91	115	168	194	194	1.71	3.21	101
		郧阳区	118	95	22	93	1	0.23	91	54	54	67	82	105	137	155	242	2.79	15.69	94
		丹江口市	570	98	26	95	1	0.26	92	54	57	66	81	107	174	183	187	1.47	2.09	93
		竹溪县	1404	208	219	168	2	1.05	152	34	57	77	116	211	738	1737	2765	6.10	50.95	154
		竹山县	2007	125	56	118	1	0.45	112	48	57	72	95	138	254	416	980	4.91	46.22	116
	荆州市	荆州市区	374	78	27	73	1	0.35	73	40	42	44	54	96	139	178	222	1.13	2.26	76
		洪湖市	12 640	104	20	103	1	0.19	106	34	59	68	91	118	135	151	889	5.31	203.17	104
		监利市	3493	103	17	101	1	0.17	105	59	64	71	91	114	130	143	473	2.82	60.12	103
		石首市	345	104	22	102	1	0.21	105	54	59	66	90	117	150	167	191	0.33	0.49	104
		松滋市	373	79	24	76	1	0.31	69	29	30	46	63	95	124	126	302	2.38	18.26	78
		江陵县	270	96	16	95	1	0.17	98	56	56	64	85	109	120	143	146	−0.24	−0.26	96
		公安县	557	99	22	96	1	0.23	104	38	49	53	86	115	131	152	155	−0.57	−0.40	99
	荆门市	荆门市区	282	69	21	67	1	0.31	67	40	40	48	57	76	110	168	302	5.52	53.32	67
		沙洋县	12 991	60	20	58	1	0.33	55	20	34	37	48	65	113	125	411	2.66	22.22	55
		钟祥市	23 405	83	27	80	1	0.32	78	16	42	50	65	97	128	155	1508	12.08	533.64	82
		京山市	14 877	84	52	77	1	0.62	72	10	37	44	60	90	190	370	2467	11.54	362.89	73
		屈家岭管理区	1883	71	17	69	1	0.24	67	33	44	48	59	79	111	125	188	1.34	3.52	69
	孝感市	孝南区	245	66	22	63	1	0.33	57	39	39	43	51	75	121	136	195	1.85	5.08	63
		孝昌县	298	57	15	55	1	0.26	52	32	32	39	47	62	92	124	126	1.77	4.02	55
		云梦县	152	63	14	61	1	0.23	60	39	39	41	51	72	96	100	101	0.59	−0.18	63

续表 2.9.22

单元名称			样本数	算术平均值	算术标准差	几何平均值	几何标准差	变异系数	中位值	最小值	累积频率分位值						最大值	偏度系数	峰度系数	背景值
			N	$\overline{X}$	S	X_g	S_g	CV	X_{me}	X_{min}	$X_{0.5\%}$	$X_{2.5\%}$	$X_{25\%}$	$X_{75\%}$	$X_{97.5\%}$	$X_{99.5\%}$	X_{max}	β_s	β_k	X'
行政县（市、区）	孝感市	大悟县	114	75	21	73	1	0.27	72	32	32	46	64	84	118	133	200	2.25	11.18	73
		安陆市	4394	75	39	71	1	0.52	66	30	41	47	59	79	165	252	1554	14.90	490.47	67
		汉川市	415	100	23	98	1	0.23	99	41	48	58	87	112	136	210	251	1.59	9.49	99
		应城市	277	67	21	64	1	0.31	59	44	44	46	53	71	129	134	135	1.64	1.91	58
	黄冈市	黄冈市区	82	87	21	85	1	0.24	84	40	40	51	73	100	127	148	148	0.58	−0.10	87
		武穴市	2491	93	97	81	2	1.05	76	17	34	43	60	104	218	472	2546	15.05	304.41	81
		麻城市	204	55	15	53	1	0.27	52	26	26	30	44	65	89	92	110	0.69	0.42	54
		团风县	219	82	20	79	1	0.25	80	39	39	47	68	89	135	167	169	1.26	3.29	80
		黄梅县	361	80	24	76	1	0.31	80	28	34	38	59	98	122	148	169	0.25	−0.22	79
		蕲春县	349	77	18	75	1	0.23	75	37	40	47	63	87	115	133	137	0.53	0.40	76
		浠水县	450	83	65	79	1	0.79	78	39	42	52	70	89	123	178	1410	18.70	378.31	79
		罗田县	60	85	12	84	1	0.14	86	63	63	64	76	91	109	113	113	0.21	−0.25	85
		红安县	31	67	9	67	1	0.14	67	50	50	50	59	73	81	88	88	0.05	−0.57	67
	咸宁市	咸安区	222	75	17	73	1	0.23	70	48	48	52	64	81	117	135	138	1.28	1.54	74
		嘉鱼县	1889	89	23	87	1	0.26	82	24	48	60	73	103	135	171	352	1.96	12.59	88
		赤壁市	309	83	20	81	1	0.24	78	50	56	59	71	88	127	149	271	3.50	25.54	81
	随州市	随县	5656	99	53	92	1	0.54	86	21	46	54	70	115	187	312	1424	8.94	157.95	94
		曾都区	356	85	25	81	1	0.29	79	43	45	51	65	101	142	161	175	0.87	0.55	83
		广水市	657	71	18	69	1	0.25	69	20	37	44	60	78	118	142	183	1.47	4.30	68
	恩施州	恩施市	20 748	100	31	96	1	0.31	97	2	26	50	84	112	167	241	1137	4.50	82.12	98
		宣恩县	11 191	102	54	97	1	0.53	97	18	38	58	85	110	175	284	3401	30.99	1 617.63	97
		建始县	10 711	96	28	93	1	0.29	93	13	29	59	82	105	155	243	651	4.00	41.20	93
		利川市	19 338	98	230	91	1	2.35	91	16	42	56	80	105	140	186	18 120	58.43	3 685.35	92
		鹤峰县	6164	108	32	104	1	0.30	105	29	51	63	90	119	174	251	599	4.25	43.92	104
		来凤县	6509	99	75	96	1	0.76	97	23	47	61	83	108	138	174	5407	58.87	3 991.61	97
		咸丰县	8734	92	24	90	1	0.26	92	2	47	58	79	104	129	178	892	8.90	242.36	91
		巴东县	11 621	95	27	93	1	0.28	92	28	53	65	83	103	141	204	1163	11.99	338.73	92

注：Zn 的地球化学参数中，N 单位为件，$\overline{X}$、S、X_g、S_g、X_{me}、X_{min}、$X_{0.5\%}$、$X_{2.5\%}$、$X_{25\%}$、$X_{75\%}$、$X_{97.5\%}$、$X_{99.5\%}$、X_{max}、X' 单位为 mg/kg，CV、β_s、β_k 为无量纲。

表 2.9.23　表层土壤 SiO_2 地球化学参数表

单元名称		样本数	算术平均值	算术标准差	几何平均值	几何标准差	变异系数	中位值	最小值	累积频率分位值						最大值	偏度系数	峰度系数	背景值
		N	$\bar{X}$	S	X_g	S_g	CV	X_{me}	X_{min}	$X_{0.5\%}$	$X_{2.5\%}$	$X_{25\%}$	$X_{75\%}$	$X_{97.5\%}$	$X_{99.5\%}$	X_{max}	β_s	β_k	X'
全省		234 993	65.18	6.01	64.89	1.10	0.09	65.24	2.63	45.95	54.61	61.40	68.93	76.76	81.00	90.99	−0.48	3.18	65.30
土壤类型	红壤	3783	69.06	6.19	68.78	1.10	0.09	69.59	33.99	51.58	56.29	65.55	73.15	81.03	85.55	90.45	−0.33	0.81	69.12
	黄壤	17 488	68.66	5.53	68.43	1.09	0.08	68.34	22.99	53.29	58.17	65.28	71.96	80.44	83.92	90.99	−0.04	1.71	68.70
	黄棕壤	67 724	66.24	5.93	65.95	1.10	0.09	66.37	11.91	43.67	53.28	63.24	69.67	77.57	81.96	89.81	−0.83	4.34	66.52
	黄褐土	1428	65.81	3.91	65.69	1.06	0.06	65.31	43.76	50.53	59.44	63.77	67.39	75.28	79.34	85.47	0.29	4.42	65.57
	棕壤	8152	64.11	4.15	63.97	1.07	0.06	63.93	37.90	54.06	56.91	61.28	66.72	72.94	76.87	84.67	0.17	1.42	64.06
	暗棕壤	478	67.22	3.96	67.11	1.06	0.06	67.28	51.64	52.75	58.44	64.80	69.84	74.71	79.58	81.65	−0.26	1.38	67.23
	石灰土	8893	63.35	7.05	62.91	1.13	0.11	63.69	9.73	36.01	49.00	59.17	68.14	75.50	80.63	87.94	−0.78	3.05	63.67
	紫色土	6504	65.89	4.68	65.72	1.08	0.07	66.01	33.26	50.19	55.69	63.48	68.56	74.88	79.97	88.18	−0.39	3.01	65.97
	草甸土	551	62.10	3.69	61.99	1.06	0.06	62.11	47.90	53.01	54.75	59.65	64.40	69.44	73.00	75.45	0.08	0.65	62.02
	潮土	43 256	62.57	4.36	62.40	1.08	0.07	62.53	2.63	53.28	55.48	59.52	65.38	71.12	74.85	85.86	−0.61	7.36	62.55
	沼泽土	392	59.67	4.21	59.53	1.07	0.07	59.05	49.41	50.89	52.28	56.78	62.49	67.93	70.64	72.01	0.32	−0.35	59.67
	水稻土	76 333	65.04	6.39	64.70	1.11	0.10	65.20	13.23	44.10	54.55	60.53	69.48	76.50	79.44	89.05	−0.60	2.79	65.21
土地利用类型	耕地	185 820	65.41	5.77	65.14	1.10	0.09	65.37	2.63	49.17	55.52	61.66	69.05	76.61	80.55	90.99	−0.40	3.09	65.48
	园地	13 549	67.33	6.01	67.04	1.10	0.09	67.13	21.65	45.92	54.87	64.18	70.74	79.44	83.60	89.04	−0.70	4.70	67.53
	林地	19 489	63.72	7.05	63.27	1.13	0.11	64.37	9.73	35.95	47.91	60.20	67.90	76.10	81.58	89.81	−0.98	3.89	64.12
	草地	1933	64.60	6.12	64.30	1.10	0.09	64.45	21.86	46.70	53.63	60.93	68.09	77.85	83.46	89.14	0.004	2.58	64.50
	建设用地	2486	64.17	6.12	63.84	1.11	0.10	63.90	15.02	44.91	53.83	60.38	67.66	76.25	81.54	87.13	−0.56	5.62	64.25
	水域	8299	60.48	5.29	60.25	1.09	0.09	59.33	21.99	50.38	52.99	56.59	63.61	73.07	76.37	84.75	0.71	0.86	60.37
	未利用地	3417	65.62	6.48	65.27	1.11	0.10	65.73	24.30	41.42	52.09	62.27	69.17	78.65	83.39	87.87	−0.66	4.20	65.79
地质背景	第四系	104 475	63.91	5.92	63.62	1.10	0.09	63.57	2.63	50.63	54.98	59.71	67.59	75.75	78.39	86.61	−0.35	3.36	64.03
	新近系	151	64.34	4.06	64.21	1.07	0.06	64.38	47.46	47.46	53.74	62.83	66.55	71.17	74.46	76.01	−1.02	3.76	64.78
	古近系	1409	66.37	4.50	66.21	1.07	0.07	66.73	49.43	51.90	55.99	63.80	69.14	74.58	76.64	85.83	−0.36	1.08	66.37
	白垩系	11 187	67.52	5.59	67.27	1.09	0.08	67.13	16.77	50.46	56.86	64.32	70.48	80.74	84.98	90.45	−0.09	4.46	67.33
	侏罗系	4259	66.45	3.79	66.34	1.06	0.06	66.11	29.43	55.26	59.88	64.07	68.61	74.64	78.34	83.51	0.01	3.66	66.41
	三叠系	42 665	65.90	5.19	65.69	1.09	0.08	66.09	13.23	49.85	55.67	62.68	69.30	75.52	79.89	90.99	−0.44	2.63	65.98
	二叠系	16 070	69.88	6.20	69.60	1.10	0.09	69.73	14.10	52.38	58.24	65.75	74.10	81.81	84.72	89.81	−0.23	1.43	69.98
	石炭系	1013	67.65	5.81	67.39	1.09	0.09	68.01	34.12	45.78	54.67	64.22	71.22	78.13	81.55	87.94	−0.71	2.62	67.95

续表 2.9.23

单元名称		样本数	算术平均值	算术标准差	几何平均值	几何标准差	变异系数	中位值	最小值	累积频率分位值						最大值	偏度系数	峰度系数	背景值
		N	$\bar{X}$	S	X_g	S_g	CV	X_{me}	X_{min}	$X_{0.5\%}$	$X_{2.5\%}$	$X_{25\%}$	$X_{75\%}$	$X_{97.5\%}$	$X_{99.5\%}$	X_{max}	β_s	β_k	X'
地质背景	泥盆系	2277	67.97	5.48	67.75	1.09	0.08	67.65	32.76	51.21	57.34	64.42	71.60	78.94	83.15	89.14	−0.05	1.20	68.02
	志留系	20 051	66.80	4.51	66.64	1.07	0.07	66.75	31.29	48.40	57.24	64.50	69.26	75.51	79.13	88.92	−0.76	4.86	67.00
	奥陶系	10 931	65.56	5.06	65.35	1.08	0.08	65.60	23.75	46.27	55.66	62.75	68.54	75.44	79.16	86.35	−0.52	3.32	65.70
	寒武系	8528	63.63	6.90	63.19	1.13	0.11	64.53	16.80	29.57	47.73	60.46	67.95	74.26	77.86	87.93	−1.58	5.93	64.26
	震旦系	3131	59.92	7.54	59.37	1.15	0.13	60.21	9.73	31.53	43.48	55.34	64.94	73.02	76.31	86.38	−0.79	2.89	60.28
	南华系	2312	62.51	6.06	62.19	1.11	0.10	63.36	23.15	43.39	48.79	59.51	66.33	72.80	76.11	83.28	−0.75	1.44	62.70
	青白口系—震旦系	308	65.38	4.48	65.22	1.07	0.07	65.53	51.43	52.79	56.21	62.65	67.93	74.70	76.08	76.57	−0.13	0.29	65.42
	青白口系	3132	64.99	6.40	64.65	1.11	0.10	66.35	27.68	43.79	49.09	61.83	69.27	74.46	77.44	81.51	−1.03	1.39	65.40
	中元古界	25	59.95	5.92	59.67	1.10	0.10	58.80	51.58	51.58	51.58	54.33	63.80	70.39	71.24	71.24	0.42	−0.94	59.95
	滹沱系—太古宇	282	59.75	3.31	59.66	1.06	0.06	59.34	51.32	51.32	54.47	57.63	61.62	67.00	69.34	69.58	0.53	0.32	59.75
	侵入岩	2515	60.94	6.62	60.54	1.12	0.11	61.77	33.80	38.99	43.18	57.96	65.40	70.96	73.85	78.90	−1.01	1.52	61.83
	脉岩	14	61.57	7.11	61.17	1.13	0.12	63.46	46.04	46.04	46.04	56.26	67.94	69.35	69.35	69.35	−0.83	−0.07	61.57
	变质岩	258	60.08	5.85	59.79	1.11	0.10	60.72	44.35	44.35	47.93	56.32	64.73	70.26	71.46	71.74	−0.34	−0.49	60.08
成土母质	第四系沉积物	101 004	63.76	5.85	63.47	1.10	0.09	63.40	2.63	51.18	55.00	59.63	67.31	75.64	78.30	86.38	−0.35	3.61	63.87
	碎屑岩风化物	41 821	66.81	5.42	66.58	1.09	0.08	66.76	23.15	47.15	55.25	63.97	69.88	77.35	82.77	90.45	−0.56	3.88	66.96
	碎屑岩风化物(黑色岩系)	3384	65.12	6.45	64.78	1.11	0.10	65.42	37.50	43.24	48.53	61.58	69.34	76.41	80.64	86.48	−0.64	1.41	65.60
	碳酸盐岩风化物	48 403	65.30	5.63	65.04	1.10	0.09	65.72	9.73	46.25	53.51	62.03	69.08	74.88	78.56	90.99	−0.83	3.57	65.50
	碳酸盐岩风化物(黑色岩系)	17 509	69.46	6.42	69.15	1.10	0.09	69.21	13.23	51.35	57.85	65.07	73.87	81.81	84.67	89.81	−0.21	1.29	69.56
	变质岩风化物	20 365	65.53	5.45	65.26	1.10	0.08	66.02	11.91	42.96	52.92	63.30	68.55	74.79	78.55	89.14	−1.54	8.09	65.95
	火山岩风化物	177	57.05	10.32	56.09	1.21	0.18	57.38	35.61	35.61	37.13	49.02	64.10	75.40	76.00	77.21	−0.02	−0.77	57.05
	侵入岩风化物	2329	61.11	6.16	60.77	1.12	0.10	61.84	32.09	39.55	43.76	58.20	65.26	70.29	73.11	78.90	−1.08	1.82	61.88
地形地貌	平原	109 211	63.99	5.81	63.71	1.10	0.09	63.78	2.63	50.78	55.04	59.91	67.59	75.52	78.29	89.14	−0.41	3.60	64.11
	洪湖湖区	389	59.37	4.47	59.20	1.08	0.08	59.27	45.38	48.03	50.49	56.29	62.98	66.51	68.26	70.11	−0.24	−0.52	59.41
	丘陵低山	32 037	63.82	7.08	63.38	1.13	0.11	64.74	9.73	38.46	47.90	59.95	68.39	75.66	78.98	88.92	−0.99	2.99	64.24
	中山	2737	63.50	5.64	63.21	1.10	0.09	64.13	24.33	40.30	50.36	60.65	67.04	72.87	76.08	81.08	−1.36	5.18	63.97
	高山	90 619	67.19	5.24	66.99	1.08	0.08	66.94	18.51	52.91	57.61	63.91	70.22	78.71	82.98	90.99	0.10	1.80	67.13

续表 2.9.23

单元名称			样本数	算术平均值	算术标准差	几何平均值	几何标准差	变异系数	中位值	最小值	累积频率分位值						最大值	偏度系数	峰度系数	背景值
			N	$\bar{X}$	S	X_g	S_g	CV	X_{me}	X_{min}	$X_{0.5\%}$	$X_{2.5\%}$	$X_{25\%}$	$X_{75\%}$	$X_{97.5\%}$	$X_{99.5\%}$	X_{max}	β_s	β_k	X'
行政市（州）	武汉市		4109	64.93	6.74	64.59	1.11	0.10	63.41	47.28	52.89	55.48	59.16	71.04	77.19	78.73	89.03	0.36	−1.08	64.93
	襄阳市		6372	63.88	4.70	63.70	1.08	0.07	64.34	25.06	48.39	53.67	61.32	66.76	72.56	75.12	78.74	−0.63	1.95	64.02
	宜昌市		1479	65.37	5.55	65.11	1.10	0.08	66.45	23.55	47.46	53.62	62.10	69.19	74.13	76.70	81.93	−1.15	4.54	65.54
	黄石市		881	67.87	5.14	67.66	1.08	0.08	68.45	43.22	51.07	56.40	64.89	71.60	76.09	78.04	79.22	−0.74	1.00	68.10
	十堰市		3927	59.24	8.05	58.57	1.17	0.14	60.97	21.65	25.98	39.55	55.70	64.82	69.56	71.87	75.90	−1.49	3.06	60.02
	荆州市		17 689	60.08	5.47	59.77	1.11	0.09	59.94	25.40	27.52	52.90	57.32	63.21	69.13	71.71	81.66	−2.20	12.62	60.45
	荆门市		51 822	66.30	5.78	66.03	1.10	0.09	66.38	2.63	48.56	55.31	62.78	70.29	76.64	79.34	89.14	−0.55	2.43	66.44
	鄂州市		403	66.48	5.21	66.27	1.08	0.08	67.32	51.01	53.36	57.02	62.28	70.28	75.34	77.77	78.60	−0.26	−0.63	66.48
	孝感市		5645	66.70	8.13	66.06	1.16	0.12	68.63	31.44	32.89	34.32	64.32	71.60	76.16	78.26	88.18	−2.24	6.51	67.91
	黄冈市		3947	66.30	7.42	65.84	1.13	0.11	66.05	13.23	48.44	54.05	60.68	72.22	78.85	82.18	88.92	−0.48	2.41	66.44
	咸宁市		2420	68.37	6.22	68.07	1.10	0.09	69.96	42.23	51.82	55.12	64.05	73.02	77.10	79.35	84.75	−0.67	−0.33	68.40
	随州市		6337	61.81	6.56	61.43	1.12	0.11	62.90	16.77	42.43	47.02	57.65	66.80	71.55	74.05	81.51	−0.74	0.78	61.94
	恩施州		92 732	67.10	5.28	66.89	1.08	0.08	66.86	18.51	52.40	57.42	63.83	70.15	78.62	82.93	90.99	0.05	1.98	67.06
	仙桃市		12 226	61.72	3.71	61.61	1.06	0.06	61.49	51.66	54.46	55.49	58.76	64.53	68.97	70.51	77.67	0.22	−0.67	61.71
	天门市		9542	63.53	4.12	63.39	1.07	0.06	63.78	50.13	54.53	55.61	60.56	66.39	71.12	73.34	78.86	−0.05	−0.48	63.52
	潜江市		15 462	61.65	3.62	61.54	1.06	0.06	61.71	20.02	54.15	55.35	58.89	64.25	68.33	70.99	78.77	−0.12	2.47	61.63
行政县（市、区）	武汉市	武汉市区	744	69.48	6.94	69.12	1.11	0.10	72.02	52.99	53.86	56.26	63.53	75.16	78.46	79.74	89.03	−0.53	−0.96	69.48
		蔡甸区	2305	61.77	5.25	61.56	1.09	0.09	60.34	47.60	52.49	55.04	58.04	64.04	75.05	77.89	84.01	1.11	0.86	61.60
		黄陂区	573	69.74	4.98	69.55	1.08	0.07	70.69	47.28	51.81	58.56	67.00	73.39	76.62	78.17	83.28	−0.95	1.14	69.95
		东西湖区	125	61.79	4.70	61.62	1.08	0.08	61.03	54.92	54.92	54.96	57.99	64.04	71.88	72.29	73.50	0.69	−0.35	61.79
		新洲区	362	69.19	5.52	68.96	1.08	0.08	70.17	55.51	55.87	58.30	64.76	73.88	77.03	78.19	79.58	−0.38	−0.88	69.19
	襄阳市	襄阳市区	912	66.52	2.84	66.46	1.04	0.04	66.18	58.50	59.67	61.58	64.55	68.20	72.94	74.89	76.48	0.50	0.47	66.44
		枣阳市	816	63.13	4.23	62.98	1.07	0.07	63.81	43.76	47.38	51.49	61.88	65.67	69.30	71.01	74.37	−1.30	2.43	63.66
		老河口市	265	65.06	2.80	65.00	1.04	0.04	65.14	53.06	53.06	58.72	63.83	66.47	69.60	74.70	75.83	−0.39	2.93	65.07
		宜城市	2299	65.41	3.86	65.29	1.06	0.06	65.00	46.43	57.33	58.87	62.78	67.75	73.88	75.76	78.74	0.31	0.32	65.41
		谷城县	222	65.14	4.10	65.00	1.07	0.06	65.73	43.27	43.27	55.32	63.51	67.33	71.73	76.16	77.56	−1.00	4.04	65.34
		南漳县	1858	60.70	5.04	60.48	1.09	0.08	60.59	25.06	43.53	51.45	57.22	64.27	70.04	73.09	77.55	−0.39	1.92	60.82

续表 2.9.23

单元名称			样本数	算术平均值	算术标准差	几何平均值	几何标准差	变异系数	中位值	最小值	累积频率分位值						最大值	偏度系数	峰度系数	背景值
			N	$\bar{X}$	S	X_g	S_g	CV	X_{me}	X_{min}	$X_{0.5\%}$	$X_{2.5\%}$	$X_{25\%}$	$X_{75\%}$	$X_{97.5\%}$	$X_{99.5\%}$	X_{max}	β_s	β_k	X'
行政县（市、区）	宜昌市	宜昌市辖区	233	63.45	6.40	63.08	1.12	0.10	63.78	23.75	23.75	51.44	59.19	67.86	73.34	75.52	77.13	−1.24	5.64	63.72
		宜都市	75	65.02	3.83	64.91	1.06	0.06	64.95	56.76	56.76	58.27	61.31	67.95	71.17	72.81	72.81	−0.06	−0.92	65.02
		枝江市	375	65.85	5.85	65.59	1.09	0.09	67.74	50.10	52.48	55.55	60.38	69.97	75.43	79.63	81.93	−0.28	−0.73	65.85
		当阳市	284	67.26	3.13	67.19	1.05	0.05	67.16	58.81	58.81	60.75	65.34	69.26	73.68	75.24	75.26	−0.001	−0.02	67.26
		秭归县	478	64.72	5.92	64.41	1.11	0.09	65.87	23.55	39.55	51.46	61.32	68.75	73.80	76.03	76.53	−1.44	5.48	65.06
		长阳土家族自治县	34	67.31	3.55	67.22	1.06	0.05	68.42	55.79	55.79	55.79	65.29	69.61	71.41	72.08	72.08	−1.38	2.27	67.66
	黄石市	黄石市区	47	62.79	5.60	62.54	1.09	0.09	62.87	51.07	51.07	51.07	59.54	66.32	73.47	76.90	76.90	0.14	−0.01	62.79
		大冶市	382	67.50	4.82	67.32	1.08	0.07	67.91	46.04	51.58	56.83	64.52	71.09	75.40	77.37	78.26	−0.64	0.89	67.68
		阳新县	452	68.70	5.02	68.51	1.08	0.07	69.42	43.22	47.65	57.30	65.38	72.26	76.37	78.13	79.22	−0.95	1.86	68.97
	十堰市	茅箭区	63	62.30	3.00	62.22	1.05	0.05	62.96	52.92	52.92	53.56	60.32	64.40	66.23	66.46	66.46	−1.07	1.31	62.72
		郧阳区	118	58.07	5.37	57.81	1.10	0.09	58.60	41.65	41.65	45.05	55.25	62.11	65.61	66.35	68.87	−0.71	0.26	58.21
		丹江口市	570	59.69	5.38	59.44	1.10	0.09	60.29	39.21	43.84	48.78	55.43	64.01	68.10	69.23	71.59	−0.37	−0.35	59.78
		竹溪县	1169	56.47	8.92	55.70	1.19	0.16	58.37	21.77	34.21	38.46	50.09	63.38	69.70	71.56	74.36	−0.60	−0.37	56.56
		竹山县	2007	60.69	7.95	59.99	1.18	0.13	62.47	21.65	23.99	30.45	58.18	65.54	70.04	72.73	75.90	−2.27	7.08	62.01
	荆州市	荆州市区	374	64.74	5.59	64.50	1.09	0.09	65.39	47.73	49.78	54.82	60.12	69.70	73.16	73.95	74.29	−0.25	−0.98	64.79
		洪湖市	12 277	60.22	3.67	60.11	1.06	0.06	59.84	39.50	52.11	53.96	57.53	62.79	67.49	69.29	78.80	0.29	−0.17	60.20
		监利市	3493	59.24	9.06	58.26	1.22	0.15	60.73	25.40	26.23	27.51	57.54	64.12	69.15	70.64	72.88	−2.42	6.02	61.41
		石首市	345	57.42	4.51	57.25	1.08	0.08	55.92	49.73	50.70	52.05	54.35	58.73	68.35	69.60	69.82	1.22	0.56	57.42
		松滋市	373	64.44	6.95	64.05	1.12	0.11	67.67	52.02	52.02	53.18	57.09	69.57	75.71	81.34	81.66	−0.19	−1.11	64.44
		江陵县	270	59.26	3.09	59.18	1.05	0.05	59.23	52.13	52.13	53.95	56.82	61.47	65.32	67.40	67.47	0.29	−0.50	59.26
		公安县	557	58.21	5.41	57.97	1.09	0.09	56.35	50.67	50.72	51.77	54 36	60.15	70.53	71.11	75.41	1.08	0.07	58.18
	荆门市	荆门市区	282	64.23	3.48	64.13	1.06	0.05	64.50	49.54	49.54	56.05	62.38	66.55	69.84	71.22	72.44	−0.94	2.28	64.46
		沙洋县	12 991	68.76	4.98	68.57	1.08	0.07	69.30	21.99	56.18	57.95	65.44	72.34	76.99	78.82	85.86	−0.51	0.70	68.78
		钟祥市	22 402	64.18	4.67	63.99	1.08	0.07	64.43	2.63	51.35	55.99	61.18	67.01	73.47	77.17	84.12	−0.50	4.75	64.21
		京山市	14 404	67.04	6.74	66.66	1.12	0.10	67.85	9.73	43.85	51.85	63.55	71.69	77.76	80.66	89.14	−1.01	2.79	67.35
		屈家岭管理区	1883	68.89	5.50	68.66	1.09	0.08	68.04	23.72	50.53	59.29	65.38	72.95	79.18	81.98	83.33	−0.42	3.09	69.06
	孝感市	孝南区	245	68.04	4.42	67.89	1.07	0.06	69.51	55.84	55.84	58.19	64.92	71.50	73.43	74.85	75.00	−0.88	−0.18	68.04
		孝昌县	298	68.54	4.22	68.40	1.07	0.06	69.63	51.43	51.43	57.57	66.82	71.54	73.87	74.41	74.46	−1.28	1.54	68.78
		云梦县	152	68.11	3.44	68.02	1.05	0.05	67.94	59.53	59.53	60.71	65.90	70.48	74.46	74.78	75.13	−0.12	−0.34	68.11

续表 2.9.23

单元名称			样本数	算术平均值	算术标准差	几何平均值	几何标准差	变异系数	中位值	最小值	累积频率分位值						最大值	偏度系数	峰度系数	背景值
			N	$\bar{X}$	S	X_g	S_g	CV	X_{me}	X_{min}	$X_{0.5\%}$	$X_{2.5\%}$	$X_{25\%}$	$X_{75\%}$	$X_{97.5\%}$	$X_{99.5\%}$	X_{max}	β_s	β_k	X'
行政县（市、区）	孝感市	大悟县	114	65.07	4.37	64.92	1.07	0.07	65.38	52.79	52.79	54.18	62.06	67.96	72.62	73.35	76.08	−0.41	0.34	65.07
		安陆市	4144	67.15	8.81	66.38	1.18	0.13	69.22	31.44	32.82	33.92	65.61	72.07	76.73	78.90	88.18	−2.45	6.70	69.27
		汉川市	415	59.37	3.96	59.24	1.07	0.07	59.08	51.16	51.28	53.06	56.86	61.05	70.94	73.48	75.86	1.06	2.17	58.94
		应城市	277	67.54	4.30	67.39	1.07	0.06	68.95	53.99	53.99	56.29	66.17	70.37	72.56	73.23	74.46	−1.37	1.14	67.77
	黄冈市	黄冈市区	82	62.22	4.33	62.07	1.07	0.07	61.66	54.93	54.93	54.98	59.00	65.62	70.37	71.61	71.61	0.28	−0.88	62.22
		武穴市	2191	68.86	7.77	68.32	1.14	0.11	69.86	13.23	34.92	52.22	64.43	74.57	79.89	83.31	88.92	−1.40	5.64	69.17
		麻城市	204	68.46	4.09	68.33	1.06	0.06	68.85	56.35	56.35	58.38	65.71	71.39	75.11	76.32	76.64	−0.55	0.11	68.46
		团风县	219	61.31	4.15	61.17	1.07	0.07	60.86	51.98	51.98	54.02	58.57	63.36	71.49	73.18	74.03	0.65	0.58	61.25
		黄梅县	361	66.51	5.58	66.28	1.09	0.08	64.97	55.90	57.61	58.62	62.10	70.90	77.26	77.95	78.30	0.52	−0.91	66.51
		蕲春县	349	62.04	5.23	61.82	1.09	0.08	61.12	49.36	51.77	54.11	58.38	65.48	73.65	75.01	76.87	0.52	−0.27	62.04
		浠水县	450	60.05	3.83	59.94	1.06	0.06	59.55	51.32	52.26	54.59	57.54	61.62	71.28	73.93	75.08	1.25	2.43	59.55
		罗田县	60	59.72	2.33	59.68	1.04	0.04	59.52	54.04	54.04	54.23	58.57	61.18	63.88	65.28	65.28	−0.24	0.27	59.72
		红安县	31	66.02	3.39	65.93	1.05	0.05	65.27	60.90	60.90	60.90	63.80	67.40	71.66	74.60	74.60	0.73	0.08	66.02
	咸宁市	咸安区	222	71.58	4.74	71.41	1.07	0.07	72.71	51.94	51.94	58.61	70.05	74.65	77.66	77.96	78.05	−1.51	2.74	72.13
		嘉鱼县	1889	67.96	6.47	67.64	1.10	0.10	69.62	42.23	51.43	54.91	62.62	73.01	77.10	79.61	84.75	−0.54	−0.58	67.98
		赤壁市	309	68.54	4.76	68.36	1.08	0.07	69.74	51.82	53.96	55.99	67.16	71.50	75.16	75.93	76.99	−1.24	1.20	68.78
	随州市	随县	5324	61.62	6.65	61.24	1.12	0.11	62.68	16.77	41.93	46.42	57.44	66.73	71.53	74.13	81.51	−0.73	0.84	61.75
		曾都区	356	61.00	6.75	60.62	1.12	0.11	61.12	44.30	44.53	48.24	55.59	67.10	71.24	72.21	72.62	−0.20	−1.03	61.00
		广水市	657	63.76	5.25	63.53	1.09	0.08	64.70	42.43	47.38	49.70	61.72	67.20	71.82	73.69	78.90	−1.03	1.31	63.92
	恩施州	恩施市	20 212	67.45	5.57	67.22	1.09	0.08	67.05	32.95	53.24	57.75	63.78	70.79	80.01	84.45	90.45	0.33	0.94	67.33
		宣恩县	10 152	67.47	5.06	67.28	1.08	0.08	67.23	22.99	53.60	58.28	64.30	70.28	78.99	82.64	86.69	0.17	1.69	67.40
		建始县	10 711	68.26	4.83	68.09	1.07	0.07	68.16	40.28	54.56	59.06	65.28	71.15	78.37	82.15	90.99	0.05	1.24	68.25
		利川市	19 338	65.70	4.42	65.55	1.07	0.07	65.53	29.43	52.75	57.39	62.99	68.31	75.00	79.62	86.62	0.02	2.26	65.65
		鹤峰县	5933	64.26	4.88	64.07	1.08	0.08	64.32	29.93	49.38	55.59	61.16	67.30	73.75	77.54	84.48	−0.37	2.98	64.34
		来凤县	6031	67.44	4.95	67.26	1.08	0.07	67.29	45.50	55.42	57.67	64.39	70.30	77.98	81.59	86.62	0.20	0.36	67.39
		咸丰县	8734	69.05	5.67	68.82	1.09	0.08	68.16	26.25	54.35	59.71	65.34	72.11	81.84	84.82	88.77	0.28	1.63	69.06
		巴东县	11 621	67.27	5.55	67.02	1.09	0.08	67.62	18.51	45.86	55.64	64.30	70.70	77.15	80.20	89.30	−0.99	4.57	67.54

注：SiO_2 的地球化学参数中，N 单位为件，$\bar{X}$、S、X_g、S_g、X_{me}、X_{min}、$X_{0.5\%}$、$X_{2.5\%}$、$X_{25\%}$、$X_{75\%}$、$X_{97.5\%}$、$X_{99.5\%}$、X_{max}、X' 单位为%，CV、β_s、β_k 为无量纲。

表 2.9.24　表层土壤 Al_2O_3 地球化学参数表

	单元名称	样本数 N	算术平均值 $\bar{X}$	算术标准差 S	几何平均值 X_g	几何标准差 S_g	变异系数 CV	中位值 X_{me}	最小值 X_{min}	累积频率分位值							最大值 X_{max}	偏度系数 β_s	峰度系数 β_k	背景值 X'
										$X_{0.5\%}$	$X_{2.5\%}$	$X_{25\%}$	$X_{75\%}$	$X_{97.5\%}$	$X_{99.5\%}$					
	全省	206 026	13.88	2.22	13.69	1.19	0.16	13.95	2.80	7.30	9.23	12.45	15.40	17.96	19.22	25.70	−0.23	0.41	13.91
土壤类型	红壤	2665	13.53	2.35	13.31	1.20	0.17	13.44	5.03	6.81	8.61	11.55	15.19	17.83	19.92	25.70	0.04	0.83	13.53
	黄壤	17 185	13.58	2.47	13.33	1.22	0.18	13.89	3.76	6.63	8.00	12.05	15.37	17.70	19.10	22.80	−0.47	0.11	13.60
	黄棕壤	63 435	13.85	2.26	13.65	1.19	0.16	14.00	3.54	7.20	8.80	12.50	15.37	17.90	19.90	24.50	−0.29	0.74	13.87
	黄褐土	1428	14.18	1.58	14.08	1.13	0.11	14.30	6.95	8.30	10.22	13.46	15.10	16.92	17.98	19.47	−0.86	2.38	14.30
	棕壤	8129	14.40	1.91	14.26	1.15	0.13	14.60	4.10	8.23	10.02	13.34	15.70	17.59	18.70	22.47	−0.62	1.14	14.47
	暗棕壤	478	14.02	1.99	13.86	1.17	0.14	14.07	4.66	7.57	8.95	12.94	15.40	17.50	18.72	21.52	−0.54	1.70	14.11
	石灰土	8289	14.34	2.45	14.11	1.20	0.17	14.40	3.80	6.80	9.05	12.78	15.96	18.92	20.47	23.78	−0.27	0.65	14.39
	紫色土	6321	14.25	1.71	14.15	1.14	0.12	14.40	5.37	8.91	10.56	13.23	15.40	17.20	18.20	22.00	−0.48	1.00	14.29
	草甸土	304	14.85	1.73	14.74	1.13	0.12	15.20	9.32	9.74	10.54	14.00	16.04	17.50	18.48	18.74	−0.75	0.46	14.89
	潮土	31 274	13.78	2.01	13.63	1.16	0.15	13.66	4.30	9.20	10.16	12.33	15.18	17.79	18.69	23.28	0.16	−0.21	13.78
	沼泽土	197	15.63	1.50	15.56	1.10	0.10	15.90	11.29	11.29	12.44	14.55	16.71	18.18	18.65	18.78	−0.45	−0.20	15.63
	水稻土	66 310	13.87	2.25	13.68	1.19	0.16	13.89	2.80	7.52	9.50	12.34	15.44	18.09	18.90	25.05	−0.14	0.06	13.90
土地利用类型	耕地	162 771	13.76	2.17	13.58	1.18	0.16	13.80	2.80	7.40	9.30	12.35	15.28	17.79	18.87	25.05	−0.23	0.27	13.79
	园地	12 879	14.06	2.43	13.83	1.21	0.17	14.40	3.76	6.72	8.33	12.62	15.78	17.97	19.80	24.10	−0.58	0.58	14.11
	林地	17 487	14.26	2.27	14.07	1.19	0.16	14.31	4.20	7.21	9.37	12.98	15.63	18.80	21.13	25.70	−0.13	1.33	14.29
	草地	1895	14.60	2.38	14.39	1.20	0.16	14.84	5.17	7.05	9.00	13.31	16.04	18.87	21.06	22.14	−0.48	0.87	14.66
	建设用地	2216	13.86	2.11	13.69	1.18	0.15	13.80	3.54	6.89	9.39	12.60	15.13	17.95	19.90	23.00	−0.12	1.79	13.89
	水域	5630	15.13	2.19	14.96	1.17	0.15	15.30	4.60	9.00	10.68	13.56	16.86	18.68	19.19	21.08	−0.39	−0.25	15.16
	未利用地	3148	14.35	2.56	14.09	1.22	0.18	14.70	4.66	6.57	8.35	12.94	15.97	19.00	21.70	23.40	−0.44	1.05	14.38
地质背景	第四系	82 910	13.79	2.23	13.61	1.18	0.16	13.70	4.10	8.00	9.70	12.20	15.40	18.03	18.80	25.05	−0.0013	−0.17	13.82
	新近系	151	14.47	1.36	14.41	1.10	0.09	14.70	10.44	10.44	10.80	13.63	15.28	17.00	17.30	17.50	−0.50	0.54	14.47
	古近系	1257	13.52	1.38	13.45	1.11	0.10	13.56	8.90	9.88	10.78	12.61	14.40	16.06	17.47	20.97	0.13	1.11	13.52
	白垩系	9878	13.35	2.05	13.18	1.18	0.15	13.50	2.80	6.97	8.68	12.10	14.70	17.10	18.28	22.57	−0.42	0.82	13.40
	侏罗系	4234	14.79	1.52	14.71	1.11	0.10	14.90	7.60	9.98	11.30	14.00	15.80	17.55	18.60	20.20	−0.50	1.07	14.84
	三叠系	41 774	14.06	1.89	13.93	1.15	0.13	14.04	4.40	8.66	10.37	12.81	15.30	17.73	19.37	24.32	0.01	0.74	14.07
	二叠系	15 138	12.14	2.73	11.82	1.26	0.22	12.10	3.54	6.10	7.21	10.10	14.07	17.43	19.60	24.18	0.19	−0.18	12.10
	石炭系	931	13.12	2.51	12.87	1.22	0.19	13.13	4.88	6.53	8.00	11.54	14.67	18.26	20.29	21.14	0.05	0.39	13.10

续表 2.9.24

	单元名称	样本数 N	算术平均值 $\bar{X}$	算术标准差 S	几何平均值 X_g	几何标准差 S_g	变异系数 CV	中位值 X_{me}	最小值 X_{min}	累积频率分位值						最大值 X_{max}	偏度系数 β_s	峰度系数 β_k	背景值 X'
										$X_{0.5\%}$	$X_{2.5\%}$	$X_{25\%}$	$X_{75\%}$	$X_{97.5\%}$	$X_{99.5\%}$				
地质背景	泥盆系	2144	13.22	2.69	12.93	1.25	0.20	13.46	4.31	5.90	7.78	11.34	15.10	18.16	19.76	22.80	−0.22	−0.05	13.26
	志留系	19 650	14.51	1.90	14.37	1.15	0.13	14.70	4.22	8.40	10.34	13.43	15.74	17.70	20.18	23.78	−0.37	1.52	14.53
	奥陶系	10 743	15.13	2.02	14.98	1.15	0.13	15.37	5.53	8.50	10.51	13.97	16.50	18.68	19.80	23.78	−0.58	0.97	15.20
	寒武系	7420	13.95	2.05	13.79	1.17	0.15	13.90	4.50	7.92	10.04	12.60	15.27	18.00	19.80	23.70	0.04	0.99	13.96
	震旦系	1435	13.14	2.73	12.80	1.28	0.21	13.40	3.50	4.70	6.40	11.80	14.92	17.77	19.62	21.60	−0.66	0.86	13.23
	南华系	2312	14.40	1.41	14.34	1.10	0.10	14.32	8.08	9.99	12.05	13.52	15.13	17.41	19.50	24.40	0.60	3.65	14.38
	青白口系—震旦系	308	13.55	1.11	13.50	1.09	0.08	13.52	9.75	10.97	11.26	12.86	14.13	16.30	16.92	17.43	0.40	1.39	13.47
	青白口系	2707	14.15	1.90	14.02	1.14	0.13	13.99	6.70	9.62	10.83	12.99	15.13	18.66	21.25	24.20	0.82	2.43	14.02
	中元古界	25	14.75	1.99	14.62	1.15	0.13	14.97	11.14	11.14	11.14	12.98	16.16	17.75	19.07	19.07	0.13	−0.54	14.75
	滹沱系—太古宇	282	15.42	1.09	15.38	1.07	0.07	15.52	11.78	11.78	12.91	14.87	16.15	17.32	18.64	18.73	−0.50	0.80	15.42
	侵入岩	2455	14.75	1.68	14.66	1.12	0.11	14.75	8.79	10.15	11.41	13.71	15.78	17.98	21.08	25.70	0.42	2.64	14.70
	脉岩	14	15.20	1.80	15.10	1.13	0.12	14.95	11.33	11.33	11.33	14.02	16.42	18.39	18.39	18.39	−0.29	0.40	15.20
	变质岩	258	15.60	2.15	15.47	1.14	0.14	15.20	11.60	11.60	12.40	14.10	16.40	21.10	22.80	24.50	1.15	1.58	15.51
成土母质	第四系沉积物	80 666	13.83	2.23	13.64	1.18	0.16	13.72	4.24	8.00	9.70	12.25	15.43	18.06	18.80	25.05	−0.02	−0.18	13.85
	碎屑岩风化物	39 416	14.01	2.05	13.84	1.17	0.15	14.20	2.80	7.61	9.48	12.77	15.40	17.52	19.48	24.40	−0.38	0.96	14.05
	碎屑岩风化物(黑色岩系)	2889	15.11	2.21	14.92	1.18	0.15	15.30	5.18	7.47	9.70	13.90	16.53	18.90	20.25	23.78	−0.70	1.51	15.24
	碳酸盐岩风化物	44 682	13.97	2.04	13.82	1.16	0.15	13.90	3.50	7.86	10.02	12.69	15.25	18.10	19.81	24.20	0.03	1.07	13.98
	碳酸盐岩风化物(黑色岩系)	16 574	12.37	2.75	12.05	1.26	0.22	12.40	4.10	6.20	7.30	10.30	14.40	17.48	19.56	24.32	0.08	−0.34	12.35
	变质岩风化物	19 394	14.61	1.82	14.49	1.14	0.12	14.77	4.68	8.49	10.55	13.58	15.80	17.70	19.30	24.50	−0.51	1.57	14.67
	火山岩风化物	177	13.96	1.87	13.84	1.14	0.13	13.95	9.51	9.51	10.48	12.48	15.24	17.52	17.97	18.87	0.10	−0.48	13.96
	侵入岩风化物	2227	14.74	1.62	14.65	1.12	0.11	14.76	8.52	9.90	11.41	13.74	15.74	17.75	19.96	25.70	0.32	3.22	14.72
地形地貌	平原	88 494	13.87	2.19	13.69	1.18	0.16	13.80	4.24	8.00	9.82	12.30	15.40	18.02	18.86	24.10	−0.03	−0.08	13.89
	洪湖湖区	361	15.01	1.70	14.91	1.12	0.11	15.10	8.90	10.00	11.50	13.80	16.25	18.20	18.50	18.74	−0.27	−0.07	15.06
	丘陵低山	26 134	14.07	2.22	13.89	1.18	0.16	14.05	3.50	8.04	9.70	12.73	15.32	18.83	21.30	25.70	0.22	1.35	14.02
	中山	2737	15.04	1.82	14.92	1.14	0.12	15.10	5.50	8.79	11.10	13.97	16.20	18.44	19.60	21.88	−0.45	1.43	15.09
	高山	88 300	13.79	2.26	13.59	1.20	0.16	14.00	2.80	6.97	8.59	12.49	15.40	17.55	18.97	23.60	−0.53	0.50	13.84

续表 2.9.24

单元名称			样本数	算术平均值	算术标准差	几何平均值	几何标准差	变异系数	中位值	最小值	累积频率分位值						最大值	偏度系数	峰度系数	背景值
			N	$\bar{X}$	S	X_g	S_g	CV	X_{me}	X_{min}	$X_{0.5\%}$	$X_{2.5\%}$	$X_{25\%}$	$X_{75\%}$	$X_{97.5\%}$	$X_{99.5\%}$	X_{max}	β_s	β_k	X'
行政市（州）		武汉市	2155	13.55	1.94	13.41	1.16	0.14	13.28	4.24	9.28	10.52	12.10	14.83	17.68	18.47	19.02	0.35	0.04	13.56
		襄阳市	6372	14.49	1.79	14.38	1.13	0.12	14.45	8.06	9.70	10.91	13.38	15.55	18.34	19.57	23.42	0.16	0.57	14.48
		宜昌市	1479	13.47	1.70	13.36	1.14	0.13	13.41	5.53	7.92	9.88	12.49	14.45	16.82	17.96	21.89	−0.06	1.35	13.50
		黄石市	881	13.75	2.11	13.59	1.16	0.15	13.53	8.67	9.21	10.29	12.15	15.08	18.53	19.92	21.55	0.56	0.27	13.70
		十堰市	3927	14.79	2.32	14.60	1.17	0.16	14.70	5.44	8.08	10.33	13.42	15.90	20.30	22.40	24.50	0.37	1.48	14.71
		荆州市	15 523	14.78	2.15	14.61	1.17	0.15	14.90	6.49	7.53	10.40	13.30	16.40	18.41	19.00	20.54	−0.47	0.27	14.85
		荆门市	44 986	13.36	2.10	13.19	1.17	0.16	13.30	3.50	8.09	9.50	11.91	14.78	17.55	19.40	24.20	0.18	0.47	13.34
		鄂州市	403	13.89	1.97	13.76	1.15	0.14	13.66	9.28	9.42	10.30	12.59	15.09	18.85	19.42	19.59	0.51	0.29	13.89
		孝感市	5645	12.72	2.04	12.53	1.20	0.16	12.71	5.21	5.66	6.23	11.72	13.86	16.65	17.84	20.80	−0.69	2.58	12.92
		黄冈市	3947	13.71	2.81	13.41	1.24	0.21	13.83	3.54	7.58	8.83	11.56	15.64	19.58	22.21	25.70	0.24	0.33	13.63
		咸宁市	779	13.28	1.88	13.16	1.15	0.14	13.00	9.82	9.96	10.38	11.98	14.27	17.82	19.20	19.49	0.86	0.65	13.18
		随州市	4015	14.12	1.26	14.06	1.09	0.09	14.04	9.71	11.13	11.89	13.29	14.81	16.90	18.76	23.40	0.73	2.40	14.06
		恩施州	90 413	13.83	2.26	13.62	1.20	0.16	14.06	2.80	7.00	8.60	12.50	15.40	17.60	19.00	23.60	−0.54	0.51	13.88
		仙桃市	7586	14.56	1.87	14.44	1.14	0.13	14.52	9.39	10.44	11.17	13.14	16.00	18.04	18.58	19.51	0.04	−0.73	14.56
		天门市	7523	13.59	2.33	13.40	1.19	0.17	13.26	8.94	9.52	9.98	11.70	15.30	18.28	18.67	19.31	0.39	−0.79	13.59
		潜江市	10 392	14.91	2.00	14.78	1.15	0.13	14.91	4.30	10.40	11.20	13.40	16.50	18.30	18.90	20.20	−0.12	−0.73	14.92
行政县（市、区）	武汉市	武汉市区	744	12.97	1.94	12.83	1.16	0.15	12.60	4.31	9.22	10.20	11.59	14.10	17.44	18.08	18.90	0.59	0.46	12.97
		蔡甸区	351	14.38	1.96	14.24	1.15	0.14	14.34	8.90	8.93	11.24	12.59	16.01	17.67	18.25	18.62	−0.03	−0.89	14.38
		黄陂区	573	13.47	1.46	13.39	1.11	0.11	13.41	8.44	9.82	10.97	12.36	14.39	16.82	17.45	18.00	0.35	0.18	13.46
		东西湖区	125	16.07	1.70	15.98	1.11	0.11	16.02	12.24	12.24	12.58	14.72	17.47	18.76	18.87	19.02	−0.22	−0.88	16.07
		新洲区	362	13.19	1.70	13.08	1.15	0.13	12.99	4.24	9.28	10.61	11.97	14.46	16.79	17.20	18.52	0.04	1.48	13.20
	襄阳市	襄阳市区	912	13.66	1.23	13.61	1.10	0.09	13.82	9.20	9.44	10.79	12.98	14.51	15.62	16.04	17.12	−0.66	0.64	13.70
		枣阳市	816	14.55	1.17	14.50	1.08	0.08	14.59	10.67	11.37	12.25	13.79	15.32	16.82	17.85	18.94	−0.000 3	0.37	14.54
		老河口市	265	13.80	1.23	13.74	1.10	0.09	14.04	8.06	8.06	10.49	13.32	14.48	15.48	15.77	16.17	−1.74	4.64	13.99
		宜城市	2299	13.97	1.65	13.87	1.13	0.12	14.11	8.74	9.65	10.45	12.86	15.19	16.72	17.50	18.96	−0.32	−0.26	13.97
		谷城县	222	13.62	1.44	13.54	1.12	0.11	13.82	8.72	8.72	10.15	12.94	14.52	15.75	16.21	16.52	−0.90	0.98	13.69
		南漳县	1858	15.73	1.87	15.61	1.13	0.12	15.69	9.22	11.09	12.10	14.39	17.07	19.31	20.36	23.42	0.03	−0.07	15.72

续表 2.9.24

单元名称			样本数	算术平均值	算术标准差	几何平均值	几何标准差	变异系数	中位值	最小值	累积频率分位值						最大值	偏度系数	峰度系数	背景值
			N	$\bar{X}$	S	X_g	S_g	CV	X_{me}	X_{min}	$X_{0.5\%}$	$X_{2.5\%}$	$X_{25\%}$	$X_{75\%}$	$X_{97.5\%}$	$X_{99.5\%}$	X_{max}	β_s	β_k	X'
行政县（市、区）	宜昌市	宜昌市辖区	233	13.82	2.25	13.62	1.19	0.16	13.74	5.53	5.53	8.79	12.44	15.37	17.75	19.11	21.89	−0.15	1.13	13.82
		宜都市	75	13.10	1.07	13.06	1.09	0.08	13.14	9.95	9.95	11.33	12.38	13.65	15.17	16.06	16.06	0.19	0.67	13.10
		枝江市	375	12.91	1.25	12.85	1.11	0.10	12.94	7.37	7.81	10.30	12.30	13.64	15.20	15.81	17.06	−0.57	2.25	12.97
		当阳市	284	12.86	1.41	12.78	1.12	0.11	13.03	9.05	9.05	9.81	11.98	13.84	15.31	16.06	16.07	−0.41	−0.10	12.86
		秭归县	478	14.15	1.68	14.04	1.13	0.12	14.24	7.56	7.85	10.37	13.23	15.22	17.35	17.96	18.22	−0.54	1.28	14.24
		长阳土家族自治县	34	13.66	1.12	13.62	1.09	0.08	13.53	10.99	10.99	10.99	12.98	14.36	15.99	16.57	16.57	0.39	0.93	13.66
	黄石市	黄石市区	47	14.24	1.94	14.10	1.15	0.14	14.41	9.52	9.52	9.52	13.09	15.14	17.77	19.02	19.02	−0.31	0.89	14.24
		大冶市	382	14.01	2.13	13.85	1.16	0.15	13.82	9.21	9.51	10.59	12.32	15.40	18.63	19.60	21.36	0.49	−0.04	13.97
		阳新县	452	13.47	2.09	13.31	1.16	0.15	13.20	8.67	8.79	9.94	12.02	14.65	18.45	19.92	21.55	0.72	0.75	13.42
	十堰市	茅箭区	63	14.76	1.27	14.71	1.09	0.09	14.70	12.43	12.43	12.66	13.87	15.28	16.88	19.59	19.59	0.92	2.07	14.69
		郧阳区	118	15.13	1.43	15.06	1.10	0.09	15.41	11.66	11.66	11.84	14.28	16.17	17.86	18.17	18.19	−0.42	−0.03	15.13
		丹江口市	570	14.78	1.48	14.70	1.11	0.10	14.71	9.51	10.99	11.92	13.90	15.55	17.92	18.13	21.92	0.33	1.12	14.76
		竹溪县	1169	13.93	1.91	13.79	1.15	0.14	14.02	8.08	9.31	10.27	12.59	15.18	17.73	19.08	20.17	0.05	−0.04	13.91
		竹山县	2007	15.27	2.64	15.03	1.20	0.17	15.10	5.44	7.72	9.53	13.70	16.50	21.30	22.90	24.50	0.22	1.09	15.25
	荆州市	荆州市区	374	13.15	1.42	13.07	1.11	0.11	13.02	9.19	10.27	10.83	12.10	14.19	16.12	16.64	17.57	0.37	−0.31	13.13
		洪湖市	10 111	15.06	2.05	14.91	1.15	0.14	15.28	6.61	9.70	11.00	13.60	16.67	18.47	19.00	20.54	−0.35	−0.48	15.07
		监利市	3493	14.68	2.45	14.44	1.21	0.17	14.90	6.49	6.81	7.75	13.40	16.40	18.60	19.10	19.70	−0.96	1.31	15.12
		石首市	345	13.68	1.14	13.63	1.09	0.08	13.75	8.47	10.22	11.28	13.03	14.46	15.72	16.03	17.54	−0.47	1.20	13.71
		松滋市	373	12.71	1.61	12.61	1.14	0.13	12.60	6.59	6.81	9.40	11.96	13.50	16.65	16.82	16.85	−0.17	1.86	12.78
		江陵县	270	13.65	1.60	13.56	1.13	0.12	13.75	9.24	9.24	10.54	12.53	14.84	16.42	16.98	17.74	−0.17	−0.48	13.65
		公安县	557	13.97	1.46	13.90	1.11	0.10	13.97	9.60	10.24	11.40	12.94	14.98	16.75	17.16	17.42	−0.07	−0.41	13.97
	荆门市	荆门市区	282	14.00	1.10	13.96	1.08	0.08	14.02	10.56	10.56	11.89	13.38	14.70	16.05	17.89	19.09	0.30	1.98	13.98
		沙洋县	12 991	13.01	1.89	12.87	1.16	0.15	12.80	5.60	8.90	9.70	11.70	14.20	17.00	18.10	21.40	0.34	0.01	12.99
		钟祥市	19 148	14.04	1.91	13.91	1.15	0.14	14.14	4.70	8.87	10.20	12.80	15.30	17.60	19.16	23.78	−0.13	0.61	14.04
		京山市	10 822	12.72	2.35	12.50	1.20	0.18	12.53	3.50	7.24	8.50	11.20	13.92	18.30	20.78	24.20	0.62	1.32	12.61
		屈家岭管理区	1883	12.91	2.00	12.76	1.17	0.16	12.80	6.80	7.90	9.30	11.50	14.20	17.00	19.20	24.10	0.37	0.86	12.87
	孝感市	孝南区	245	13.04	1.53	12.95	1.12	0.12	12.62	10.08	10.08	11.04	11.93	13.81	16.48	17.56	17.68	0.91	0.23	13.00
		孝昌县	298	12.71	1.04	12.67	1.08	0.08	12.62	10.73	10.73	10.88	12.00	13.33	14.94	16.25	17.13	0.70	1.04	12.68
		云梦县	152	12.63	1.16	12.58	1.09	0.09	12.56	9.98	9.98	10.56	11.86	13.21	15.28	15.95	16.28	0.54	0.60	12.60

续表 2.9.24

单元名称			样本数	算术平均值	算术标准差	几何平均值	几何标准差	变异系数	中位值	最小值	累积频率分位值						最大值	偏度系数	峰度系数	背景值
			N	$\bar{X}$	S	X_g	S_g	CV	X_{me}	X_{min}	$X_{0.5\%}$	$X_{2.5\%}$	$X_{25\%}$	$X_{75\%}$	$X_{97.5\%}$	$X_{99.5\%}$	X_{max}	β_s	β_k	X'
行政县（市、区）	孝感市	大悟县	114	13.44	1.19	13.39	1.09	0.09	13.46	10.38	10.38	11.14	12.63	14.11	16.23	16.54	16.87	0.39	0.58	13.44
		安陆市	4144	12.44	2.09	12.23	1.22	0.17	12.53	5.21	5.61	5.99	11.47	13.66	16.05	17.81	20.80	−0.88	2.62	12.70
		汉川市	415	15.08	1.46	15.01	1.10	0.10	15.19	10.55	11.05	12.14	13.98	16.20	17.56	18.17	18.39	−0.28	−0.42	15.09
		应城市	277	12.92	1.56	12.83	1.12	0.12	12.46	10.55	10.55	10.90	11.92	13.35	16.83	17.88	18.51	1.42	1.62	12.81
	黄冈市	黄冈市区	82	14.49	1.40	14.42	1.10	0.10	14.30	11.96	11.96	12.18	13.48	15.30	18.02	18.32	18.32	0.67	0.41	14.49
		武穴市	2191	12.99	3.22	12.61	1.27	0.25	12.43	3.54	6.59	8.29	10.53	14.86	20.65	22.64	25.05	0.75	0.38	12.88
		麻城市	204	12.77	1.30	12.71	1.11	0.10	12.66	9.88	9.88	10.34	11.73	13.65	15.41	15.59	15.88	0.29	−0.47	12.77
		团风县	219	14.88	1.10	14.84	1.08	0.07	15.13	11.09	11.09	12.20	14.48	15.62	16.45	17.05	18.64	−0.90	1.46	14.93
		黄梅县	361	13.46	1.95	13.32	1.16	0.14	13.40	9.20	9.28	9.80	12.11	14.82	16.83	19.64	20.56	0.21	0.15	13.41
		蕲春县	349	15.34	1.89	15.22	1.13	0.12	15.46	9.97	10.21	11.55	14.48	16.18	19.23	22.67	25.70	0.89	5.60	15.25
		浠水县	450	15.53	1.23	15.48	1.09	0.08	15.82	10.23	10.54	12.01	15.10	16.33	17.14	17.48	17.74	−1.48	2.71	15.71
		罗田县	60	15.73	0.76	15.71	1.05	0.05	15.64	13.65	13.65	14.06	15.28	16.23	17.56	17.95	17.95	0.07	1.45	15.73
		红安县	31	14.18	1.11	14.14	1.08	0.08	14.44	11.69	11.69	11.69	13.16	14.81	16.07	16.47	16.47	−0.22	−0.23	14.18
	咸宁市	咸安区	222	12.72	1.99	12.58	1.16	0.16	12.27	9.82	9.82	10.01	11.32	13.43	17.26	19.28	19.38	1.18	1.23	12.55
		嘉鱼县	248	13.49	1.71	13.39	1.13	0.13	13.39	9.96	9.96	10.60	12.14	14.70	17.25	17.82	17.92	0.37	−0.34	13.49
		赤壁市	309	13.51	1.85	13.40	1.14	0.14	13.10	10.35	10.38	10.80	12.22	14.34	18.73	19.20	19.49	1.17	1.27	13.30
	随州市	随县	3002	14.24	1.25	14.19	1.09	0.09	14.16	9.71	11.14	12.06	13.41	14.96	17.01	18.92	23.40	0.73	2.63	14.19
		曾都区	356	14.06	1.36	14.00	1.10	0.10	13.97	11.25	11.30	11.87	13.08	14.87	17.34	19.10	19.64	0.79	1.40	13.98
		广水市	657	13.57	1.06	13.53	1.08	0.08	13.54	10.00	10.95	11.52	12.92	14.20	15.83	17.58	19.06	0.58	2.53	13.53
	恩施州	恩施市	18 076	13.66	2.35	13.43	1.21	0.17	13.93	3.76	6.74	8.14	12.28	15.32	17.57	19.02	21.66	−0.56	0.41	13.70
		宣恩县	10 152	13.84	2.29	13.63	1.20	0.17	14.10	4.31	7.10	8.60	12.55	15.41	17.66	19.10	22.72	−0.55	0.49	13.88
		建始县	10 528	13.27	2.06	13.10	1.18	0.16	13.37	2.80	7.16	8.68	12.07	14.61	16.94	18.64	21.83	−0.32	0.72	13.31
		利川市	19 338	14.32	1.76	14.21	1.14	0.12	14.50	4.60	8.90	10.41	13.22	15.50	17.30	18.40	22.80	−0.49	0.75	14.36
		鹤峰县	5933	14.33	2.38	14.09	1.21	0.17	14.62	4.42	6.20	8.30	13.10	16.00	17.97	18.95	23.60	−0.92	1.33	14.51
		来凤县	6031	14.38	2.34	14.17	1.20	0.16	14.72	4.74	7.09	8.90	13.05	15.95	18.45	19.56	21.78	−0.63	0.57	14.45
		咸丰县	8734	13.52	2.75	13.20	1.25	0.20	14.00	5.00	6.50	7.70	11.70	15.70	17.60	19.10	22.50	−0.50	−0.40	13.52
		巴东县	11 621	13.44	2.19	13.25	1.19	0.16	13.46	4.10	7.52	8.85	12.10	14.89	17.60	19.15	21.97	−0.10	0.32	13.44

注：Al_2O_3 的地球化学参数中，N 单位为件，$\overline{X}$、S、X_g、S_g、X_{me}、X_{min}、$X_{0.5\%}$、$X_{2.5\%}$、$X_{25\%}$、$X_{75\%}$、$X_{97.5\%}$、$X_{99.5\%}$、X_{max}、X' 单位为%，CV、β_s、β_k 为无量纲。

表 2.9.25　表层土壤 TFe_2O_3 地球化学参数表

单元名称		样本数	算术平均值	算术标准差	几何平均值	几何标准差	变异系数	中位值	最小值	累积频率分位值						最大值	偏度系数	峰度系数	背景值
		N	$\bar{X}$	S	X_g	S_g	CV	X_{me}	X_{min}	$X_{0.5\%}$	$X_{2.5\%}$	$X_{25\%}$	$X_{75\%}$	$X_{97.5\%}$	$X_{99.5\%}$	X_{max}	β_s	β_k	X'
全省		242 899	5.81	1.36	5.65	1.27	0.23	5.70	0.48	2.60	3.48	4.92	6.58	8.41	11.10	28.45	1.13	7.16	5.75
土壤类型	红壤	3783	5.27	1.30	5.07	1.35	0.25	5.22	0.48	1.09	2.49	4.57	5.98	7.84	9.38	13.92	0.17	2.75	5.30
	黄壤	17 857	5.33	1.25	5.17	1.31	0.23	5.35	0.71	1.46	2.82	4.60	6.09	7.78	8.93	13.99	0.03	1.54	5.34
	黄棕壤	69 303	5.92	1.53	5.75	1.28	0.26	5.79	0.77	2.62	3.45	5.04	6.57	9.60	13.06	28.45	1.99	12.28	5.76
	黄褐土	1428	5.55	0.97	5.47	1.18	0.18	5.53	2.49	3.03	3.68	5.07	5.97	7.48	9.51	18.48	2.59	27.60	5.49
	棕壤	8885	6.61	1.12	6.51	1.20	0.17	6.68	1.26	3.44	4.37	5.91	7.30	8.62	9.67	23.11	0.52	8.59	6.61
	暗棕壤	478	5.83	1.09	5.73	1.21	0.19	5.89	2.74	2.87	3.82	5.09	6.42	7.89	9.21	13.21	0.73	4.27	5.81
	石灰土	9394	6.20	1.29	6.07	1.23	0.21	6.10	1.43	2.99	3.95	5.39	6.90	9.00	11.16	18.44	0.87	3.66	6.14
	紫色土	6755	5.50	1.00	5.40	1.22	0.18	5.53	0.93	2.26	3.42	4.95	6.08	7.29	8.59	13.81	0.14	4.17	5.51
	草甸土	554	6.56	1.07	6.47	1.18	0.16	6.63	2.69	4.33	4.55	5.77	7.40	8.41	9.18	9.67	−0.11	−0.33	6.57
	潮土	45 725	5.81	1.15	5.69	1.22	0.20	5.68	1.31	3.51	4.00	4.89	6.65	8.04	8.45	18.00	0.45	1.04	5.80
	沼泽土	392	7.29	1.05	7.21	1.16	0.14	7.34	4.34	4.37	5.15	6.63	8.02	9.08	9.81	11.77	−0.13	0.55	7.27
	水稻土	78 334	5.72	1.33	5.57	1.27	0.23	5.61	0.66	2.69	3.40	4.81	6.55	8.28	10.26	18.08	0.64	1.99	5.68
土地利用类型	耕地	191 897	5.75	1.26	5.61	1.25	0.22	5.66	0.48	2.74	3.54	4.90	6.52	8.17	9.95	28.45	0.72	3.75	5.71
	园地	14 180	5.61	1.54	5.41	1.31	0.27	5.51	0.83	1.90	2.99	4.74	6.29	9.40	12.35	18.28	1.47	6.31	5.46
	林地	20 389	6.12	1.81	5.88	1.33	0.30	5.91	0.82	2.22	3.15	5.11	6.83	11.00	14.25	27.88	1.61	6.31	5.89
	草地	1947	6.04	1.40	5.86	1.29	0.23	6.09	1.12	1.88	3.15	5.17	6.84	8.75	10.37	15.39	0.21	2.32	6.04
	建设用地	2492	5.67	1.30	5.51	1.30	0.23	5.60	0.71	1.23	3.37	4.87	6.41	8.22	10.29	15.28	0.49	3.63	5.66
	水域	8495	6.66	1.45	6.51	1.24	0.22	6.78	1.94	3.36	4.12	5.71	7.61	8.73	10.06	27.97	2.71	37.95	6.63
	未利用地	3499	5.95	1.54	5.77	1.28	0.26	5.82	1.54	2.50	3.50	5.07	6.63	9.59	13.37	17.86	1.75	8.31	5.81
地质背景	第四系	108 196	5.78	1.24	5.65	1.24	0.22	5.66	1.01	3.04	3.68	4.85	6.67	8.12	8.70	27.97	0.79	7.40	5.77
	新近系	151	5.88	0.70	5.83	1.14	0.12	5.96	3.42	3.42	4.23	5.40	6.36	7.01	7.25	7.30	−0.66	0.93	5.92
	古近系	1436	5.20	1.04	5.10	1.23	0.20	5.21	2.14	2.49	3.16	4.59	5.76	7.54	8.63	10.44	0.43	1.57	5.20
	白垩系	11 433	5.30	1.30	5.10	1.36	0.25	5.42	0.64	1.11	1.94	4.76	5.99	7.55	10.09	16.16	−0.05	4.63	5.39
	侏罗系	4284	4.95	0.96	4.85	1.23	0.19	4.96	1.17	2.16	2.96	4.39	5.50	6.73	8.17	12.22	0.47	3.99	4.94
	三叠系	43 820	6.10	1.12	5.99	1.22	0.18	6.07	0.48	2.79	4.00	5.37	6.81	8.32	9.28	15.28	0.08	1.11	6.11
	二叠系	16 951	5.45	1.36	5.28	1.29	0.25	5.36	0.77	2.55	3.16	4.51	6.28	8.22	9.70	28.45	0.99	7.35	5.40
	石炭系	1097	5.51	1.24	5.37	1.26	0.22	5.44	0.95	2.45	3.34	4.65	6.25	8.32	9.10	11.52	0.50	1.27	5.49

续表 2.9.25

单元名称		样本数	算术平均值	算术标准差	几何平均值	几何标准差	变异系数	中位值	最小值	累积频率分位值						最大值	偏度系数	峰度系数	背景值
		N	$\bar{X}$	S	X_g	S_g	CV	X_{me}	X_{min}	$X_{0.5\%}$	$X_{2.5\%}$	$X_{25\%}$	$X_{75\%}$	$X_{97.5\%}$	$X_{99.5\%}$	X_{max}	β_s	β_k	X'
地质背景	泥盆系	2447	5.30	1.34	5.12	1.31	0.25	5.27	0.85	1.99	2.87	4.40	6.13	7.94	9.39	13.99	0.67	3.38	5.26
	志留系	20 610	5.62	1.14	5.52	1.22	0.20	5.61	0.80	2.85	3.61	4.98	6.19	7.58	11.43	23.11	1.93	15.02	5.56
	奥陶系	11 151	5.85	1.30	5.71	1.25	0.22	5.80	0.77	2.94	3.54	5.03	6.54	8.43	11.11	27.88	1.35	11.19	5.78
	寒武系	9043	6.10	1.55	5.94	1.26	0.25	5.87	0.93	3.18	3.92	5.20	6.65	10.18	13.97	18.92	2.11	8.60	5.89
	震旦系	3237	7.53	2.25	7.20	1.36	0.30	6.97	1.28	2.77	3.96	5.86	9.27	12.03	13.44	16.19	0.47	−0.36	7.51
	南华系	2316	5.98	2.15	5.66	1.38	0.36	5.46	1.68	2.47	3.33	4.54	6.78	11.71	14.52	17.86	1.61	3.58	5.68
	青白口系—震旦系	308	4.60	1.11	4.47	1.28	0.24	4.50	2.09	2.29	2.62	3.83	5.27	7.08	7.64	8.51	0.52	0.38	4.57
	青白口系	3132	6.08	2.10	5.76	1.38	0.35	5.68	2.16	2.59	3.14	4.71	6.88	11.65	13.56	17.00	1.26	1.94	5.78
	中元古界	25	7.88	1.83	7.65	1.30	0.23	8.58	4.17	4.17	4.17	6.10	8.97	10.01	10.93	10.93	−0.55	−0.67	7.88
	滹沱系—太古宇	282	6.09	1.33	5.93	1.27	0.22	6.08	2.54	2.54	3.23	5.30	6.98	8.49	9.24	9.52	−0.16	−0.03	6.09
	侵入岩	2558	6.09	2.88	5.52	1.55	0.47	5.57	1.54	1.90	2.51	4.14	6.99	14.35	16.13	19.46	1.46	2.31	5.43
	脉岩	14	5.74	2.26	5.28	1.55	0.39	5.39	2.44	2.44	2.44	4.11	8.09	8.98	8.98	8.98	0.04	−1.30	5.74
	变质岩	408	7.81	2.98	7.25	1.48	0.38	7.19	2.60	3.09	3.38	5.16	10.33	13.56	15.83	17.60	0.45	−0.57	7.77
成土母质	第四系沉积物	104 618	5.78	1.23	5.65	1.24	0.21	5.67	1.31	3.04	3.68	4.85	6.68	8.10	8.58	27.97	0.73	7.45	5.78
	碎屑岩风化物	42 690	5.47	1.31	5.31	1.30	0.24	5.48	0.48	1.54	2.92	4.78	6.13	8.00	11.36	23.11	1.18	8.97	5.43
	碎屑岩风化物(黑色岩系)	3691	6.09	1.77	5.85	1.33	0.29	5.91	0.93	2.46	3.30	5.03	6.90	11.18	13.28	18.44	1.32	3.98	5.87
	碳酸盐岩风化物	50 129	6.24	1.32	6.11	1.23	0.21	6.12	0.77	3.15	4.06	5.37	6.96	9.31	11.32	27.88	0.96	4.01	6.15
	碳酸盐岩风化物(黑色岩系)	18 045	5.50	1.36	5.34	1.28	0.25	5.44	0.86	2.58	3.16	4.56	6.36	8.19	9.74	28.45	0.94	7.09	5.46
	变质岩风化物	21 149	5.72	1.46	5.56	1.26	0.26	5.60	0.80	2.86	3.52	4.90	6.25	9.53	13.13	18.92	2.12	9.60	5.53
	火山岩风化物	177	7.98	3.29	7.34	1.52	0.41	7.17	2.82	2.82	3.06	5.65	10.44	15.35	17.41	17.75	0.74	−0.06	7.98
	侵入岩风化物	2399	5.93	2.81	5.38	1.54	0.47	5.47	1.54	1.90	2.49	3.98	6.83	14.33	15.76	19.46	1.52	2.60	5.32
地形地貌	平原	112 950	5.78	1.22	5.65	1.24	0.21	5.67	1.31	3.04	3.70	4.87	6.63	8.10	8.65	27.97	0.75	7.49	5.77
	洪湖湖区	389	6.27	1.11	6.16	1.21	0.18	6.37	2.54	3.52	4.00	5.39	7.18	7.96	8.18	8.31	−0.38	−0.61	6.28
	丘陵低山	33 920	6.17	1.95	5.91	1.34	0.32	5.82	0.77	2.61	3.32	5.01	6.83	11.54	14.33	19.46	1.58	4.04	5.86
	中山	2737	5.94	1.10	5.84	1.22	0.18	5.97	1.56	2.70	3.61	5.34	6.55	8.13	9.72	12.57	0.15	2.41	5.94
	高山	92 903	5.70	1.23	5.56	1.27	0.22	5.69	0.48	2.06	3.28	4.94	6.47	8.09	9.16	28.45	0.25	4.47	5.70

续表 2.9.25

单元名称			样本数	算术平均值	算术标准差	几何平均值	几何标准差	变异系数	中位值	最小值	累积频率分位值						最大值	偏度系数	峰度系数	背景值
			N	$\bar{X}$	S	X_g	S_g	CV	X_{me}	X_{min}	$X_{0.5\%}$	$X_{2.5\%}$	$X_{25\%}$	$X_{75\%}$	$X_{97.5\%}$	$X_{99.5\%}$	X_{max}	β_s	β_k	X'
行政市（州）	武汉市		4109	6.10	1.48	5.91	1.30	0.24	6.14	1.68	2.57	3.52	4.85	7.39	8.44	8.88	15.47	−0.02	−0.47	6.09
	襄阳市		7131	5.78	1.14	5.67	1.21	0.20	5.62	2.42	3.42	3.90	5.05	6.32	8.53	9.87	18.48	1.23	5.06	5.70
	宜昌市		1479	5.35	1.04	5.25	1.22	0.19	5.37	1.94	2.47	3.30	4.79	5.87	7.43	9.69	12.57	0.83	4.85	5.30
	黄石市		881	5.61	1.18	5.50	1.22	0.21	5.45	3.06	3.27	3.70	4.90	6.15	8.19	11.08	13.92	1.55	5.93	5.51
	十堰市		4162	7.07	2.62	6.68	1.38	0.37	6.33	1.51	3.34	3.90	5.51	7.54	14.64	16.24	19.46	1.66	2.60	6.27
	荆州市		18 052	6.33	1.17	6.22	1.22	0.18	6.42	2.07	3.49	4.12	5.46	7.26	8.27	8.66	11.29	−0.23	−0.64	6.34
	荆门市		53 438	5.62	1.32	5.48	1.25	0.24	5.52	1.28	2.84	3.43	4.78	6.27	8.40	11.21	27.97	1.81	14.75	5.52
	鄂州市		403	5.49	1.29	5.35	1.26	0.24	5.23	2.50	2.70	3.18	4.71	6.20	8.30	10.03	11.56	0.80	1.50	5.44
	孝感市		5895	5.29	1.36	5.13	1.27	0.26	5.15	1.54	2.42	3.01	4.52	5.81	8.59	11.57	18.44	1.79	7.88	5.15
	黄冈市		4247	5.54	1.39	5.37	1.30	0.25	5.45	0.77	2.45	3.06	4.57	6.40	8.52	9.91	11.84	0.47	0.68	5.51
	咸宁市		2420	5.71	1.15	5.60	1.22	0.20	5.45	1.98	3.34	3.99	4.89	6.36	8.21	9.62	11.22	0.80	0.91	5.67
	随州市		6669	6.36	2.45	5.92	1.46	0.39	5.82	1.55	2.35	2.93	4.54	7.72	12.14	13.59	18.92	0.87	0.42	6.29
	恩施州		95 016	5.71	1.23	5.56	1.27	0.21	5.70	0.48	2.07	3.28	4.95	6.47	8.09	9.16	28.45	0.24	4.42	5.71
	仙桃市		13 430	6.18	1.20	6.06	1.21	0.19	6.14	2.60	3.76	4.16	5.25	7.08	8.28	8.80	18.08	0.81	6.16	6.17
	天门市		10 105	5.63	1.23	5.50	1.24	0.22	5.33	2.79	3.65	3.97	4.61	6.53	8.11	8.37	9.10	0.58	−0.77	5.63
	潜江市		15 462	5.91	1.09	5.81	1.21	0.19	5.83	1.31	3.81	4.16	5.02	6.77	7.96	8.43	12.46	0.22	−0.71	5.91
行政县（市、区）	武汉市	武汉市区	744	5.34	1.18	5.22	1.23	0.22	4.97	1.98	3.38	3.84	4.47	6.10	8.12	8.59	9.82	0.88	0.18	5.33
		蔡甸区	2305	6.74	1.20	6.62	1.22	0.18	6.98	2.01	3.47	4.14	5.91	7.71	8.46	8.73	9.02	−0.63	−0.36	6.74
		黄陂区	573	5.02	1.48	4.82	1.33	0.29	4.81	1.68	2.05	2.50	4.21	5.67	8.20	11.07	15.47	1.41	6.06	4.92
		东西湖区	125	7.14	1.24	7.03	1.19	0.17	7.04	4.92	4.92	5.06	6.13	8.18	9.31	9.36	9.61	0.06	−1.05	7.14
		新洲区	362	4.90	1.11	4.79	1.24	0.23	4.73	2.43	2.47	3.10	4.20	5.24	7.71	8.18	8.77	0.93	0.93	4.87
	襄阳市	襄阳市区	912	5.14	0.64	5.09	1.14	0.12	5.22	3.18	3.52	3.72	4.75	5.61	6.14	6.45	6.60	−0.48	−0.24	5.14
		枣阳市	816	5.87	1.37	5.73	1.24	0.23	5.68	2.49	3.01	3.54	5.15	6.19	10.14	11.71	12.16	1.64	4.56	5.61
		老河口市	265	5.30	0.97	5.24	1.15	0.18	5.36	2.62	2.62	4.17	4.94	5.57	6.11	6.81	18.48	9.22	128.27	5.28
		宜城市	2618	5.53	0.82	5.47	1.16	0.15	5.55	2.42	3.48	3.92	4.95	6.09	7.00	7.40	13.78	0.40	4.49	5.53
		谷城县	222	5.27	1.39	5.12	1.26	0.26	5.01	2.66	2.66	3.46	4.42	5.78	8.54	9.62	15.27	2.38	12.09	5.06
		南漳县	2298	6.38	1.22	6.27	1.21	0.19	6.28	2.85	3.77	4.32	5.43	7.24	9.01	9.61	12.19	0.42	−0.02	6.37

续表 2.9.25

单元名称			样本数	算术平均值	算术标准差	几何平均值	几何标准差	变异系数	中位值	最小值	累积频率分位值						最大值	偏度系数	峰度系数	背景值
			N	$\bar{X}$	S	X_g	S_g	CV	X_{me}	X_{min}	$X_{0.5\%}$	$X_{2.5\%}$	$X_{25\%}$	$X_{75\%}$	$X_{97.5\%}$	$X_{99.5\%}$	X_{max}	β_s	β_k	X'
行政县（市、区）	宜昌市	宜昌市辖区	233	5.39	1.73	5.13	1.38	0.32	5.25	1.94	1.94	2.58	4.23	6.24	9.66	10.53	12.10	0.86	1.03	5.34
		宜都市	75	5.12	0.66	5.07	1.15	0.13	5.26	3.19	3.19	3.35	4.77	5.47	6.06	6.99	6.99	−0.71	1.59	5.12
		枝江市	375	5.34	0.80	5.27	1.18	0.15	5.39	1.98	2.47	3.45	4.97	5.80	6.80	7.13	7.49	−0.71	1.75	5.38
		当阳市	284	4.95	0.76	4.89	1.18	0.15	5.04	3.03	3.03	3.40	4.44	5.48	6.21	6.62	6.76	−0.36	−0.32	4.95
		秭归县	478	5.59	0.90	5.52	1.17	0.16	5.58	2.53	3.15	3.97	5.03	6.07	7.36	8.27	12.57	1.23	8.13	5.58
		长阳土家族自治县	34	5.72	0.57	5.70	1.11	0.10	5.66	4.42	4.42	4.42	5.36	6.19	6.70	6.85	6.85	0.12	−0.27	5.72
	黄石市	黄石市区	47	6.43	1.55	6.26	1.26	0.24	6.36	4.10	4.10	4.10	5.28	7.09	10.19	11.76	11.76	1.12	2.06	6.31
		大冶市	382	5.69	1.19	5.58	1.22	0.21	5.46	3.06	3.27	3.81	4.94	6.27	8.05	9.98	13.92	1.67	7.19	5.60
		阳新县	452	5.46	1.08	5.36	1.21	0.20	5.39	3.19	3.27	3.54	4.81	5.98	7.80	10.91	11.33	1.41	5.38	5.39
	十堰市	茅箭区	63	5.33	1.34	5.18	1.27	0.25	5.00	3.65	3.65	3.67	4.18	6.13	7.97	9.41	9.41	0.91	0.52	5.21
		郧阳区	118	6.58	1.62	6.41	1.25	0.25	6.30	4.04	4.04	4.35	5.61	7.41	10.96	12.42	12.95	1.41	2.99	6.39
		丹江口市	570	6.08	1.78	5.85	1.31	0.29	5.74	2.93	3.25	3.61	4.87	6.96	10.40	11.99	15.97	1.42	3.84	5.97
		竹溪县	1404	7.87	3.33	7.28	1.47	0.42	6.58	2.53	3.34	3.94	5.53	9.57	15.43	16.98	19.46	1.06	0.06	7.84
		竹山县	2007	6.86	2.12	6.60	1.30	0.31	6.36	1.51	3.32	4.16	5.73	7.20	13.27	15.85	17.86	2.00	4.96	6.29
	荆州市	荆州市区	374	5.42	0.75	5.37	1.15	0.14	5.41	3.87	3.91	4.08	4.85	5.94	6.88	7.51	7.92	0.27	−0.22	5.41
		洪湖市	12 640	6.45	1.16	6.34	1.21	0.18	6.56	2.07	3.61	4.19	5.58	7.39	8.29	8.72	11.29	−0.29	−0.66	6.45
		监利市	3493	6.18	1.17	6.06	1.22	0.19	6.24	3.00	3.29	3.88	5.29	7.09	8.28	8.61	9.03	−0.16	−0.65	6.18
		石首市	345	6.25	0.83	6.19	1.16	0.13	6.30	2.60	3.42	4.37	5.80	6.86	7.57	7.74	7.81	−0.76	0.92	6.27
		松滋市	373	5.23	1.12	5.10	1.26	0.21	4.98	2.09	2.21	2.56	4.54	6.01	7.45	7.70	8.76	0.07	0.16	5.22
		江陵县	270	5.80	0.83	5.73	1.16	0.14	5.85	3.70	3.70	4.11	5.19	6.43	7.15	7.44	7.49	−0.28	−0.65	5.80
		公安县	557	6.30	0.95	6.23	1.17	0.15	6.46	3.70	4.09	4.39	5.65	7.04	7.80	8.03	8.16	−0.43	−0.61	6.30
	荆门市	荆门市区	282	5.46	0.57	5.43	1.11	0.10	5.48	3.55	3.55	4.25	5.12	5.80	6.62	7.06	7.64	−0.11	1.26	5.47
		沙洋县	12 991	5.11	1.19	4.99	1.24	0.23	5.06	1.60	2.75	3.20	4.36	5.81	7.19	7.90	27.97	4.27	73.10	5.09
		钟祥市	23 405	5.75	1.01	5.66	1.20	0.18	5.73	1.62	3.16	3.91	5.06	6.36	7.85	8.31	14.50	0.36	1.71	5.75
		京山市	14 877	5.89	1.69	5.68	1.31	0.29	5.62	1.28	2.73	3.36	4.84	6.52	10.56	12.43	18.28	1.46	3.68	5.63
		屈家岭管理区	1883	5.53	1.07	5.43	1.21	0.19	5.39	1.43	3.17	3.64	4.76	6.23	7.80	8.91	11.44	0.51	0.72	5.50
	孝感市	孝南区	245	4.98	1.30	4.85	1.25	0.26	4.56	2.91	2.91	3.47	4.20	5.31	8.03	10.70	12.80	2.21	7.32	4.76
		孝昌县	298	4.55	0.95	4.45	1.23	0.21	4.40	2.09	2.09	2.84	3.96	4.98	6.67	7.85	8.53	0.87	1.55	4.50
		云梦县	152	4.70	0.84	4.63	1.19	0.18	4.60	3.08	3.08	3.28	4.07	5.17	6.58	7.42	7.50	0.76	0.74	4.66

续表 2.9.25

单元名称			样本数	算术平均值	算术标准差	几何平均值	几何标准差	变异系数	中位值	最小值	累积频率分位值						最大值	偏度系数	峰度系数	背景值
			N	$\overline{X}$	S	X_g	S_g	CV	X_{me}	X_{min}	$X_{0.5\%}$	$X_{2.5\%}$	$X_{25\%}$	$X_{75\%}$	$X_{97.5\%}$	$X_{99.5\%}$	X_{max}	β_s	β_k	X'
行政县（市、区）	孝感市	大悟县	114	4.16	1.35	3.92	1.43	0.32	4.20	1.54	1.54	1.71	3.26	4.87	6.99	7.15	7.64	0.16	−0.25	4.16
		安陆市	4394	5.32	1.38	5.17	1.27	0.26	5.21	1.88	2.49	3.02	4.62	5.77	9.38	11.87	18.44	2.11	9.62	5.13
		汉川市	415	6.25	1.07	6.16	1.19	0.17	6.24	3.38	4.01	4.36	5.40	7.09	8.11	8.77	8.80	0.02	−0.76	6.25
		应城市	277	5.19	1.03	5.09	1.20	0.20	4.88	3.42	3.42	3.87	4.50	5.45	7.81	8.18	8.69	1.26	0.95	5.17
	黄冈市	黄冈市区	82	5.76	1.08	5.67	1.20	0.19	5.72	3.37	3.37	3.88	4.94	6.37	8.20	9.68	9.68	0.80	1.71	5.68
		武穴市	2491	5.62	1.42	5.44	1.29	0.25	5.43	0.77	2.71	3.40	4.58	6.47	8.76	10.21	11.80	0.68	0.87	5.57
		麻城市	204	3.97	1.05	3.85	1.28	0.26	3.82	2.14	2.14	2.40	3.26	4.45	6.68	8.68	9.24	1.57	4.62	3.83
		团风县	219	5.66	1.08	5.56	1.21	0.19	5.53	3.23	3.23	3.85	4.88	6.25	8.09	9.14	9.54	0.71	0.72	5.62
		黄梅县	361	5.16	1.12	5.03	1.26	0.22	5.13	1.94	2.53	2.93	4.45	5.96	7.01	7.84	8.88	−0.11	−0.17	5.15
		蕲春县	349	5.65	1.58	5.42	1.35	0.28	5.60	1.90	2.20	2.64	4.54	6.75	8.55	9.74	11.84	0.25	0.28	5.62
		浠水县	450	6.03	1.12	5.91	1.23	0.19	6.05	2.09	2.45	3.51	5.44	6.77	8.24	8.63	9.52	−0.34	0.68	6.05
		罗田县	60	5.82	0.89	5.76	1.16	0.15	5.71	4.30	4.30	4.48	5.22	6.22	8.56	8.57	8.57	0.95	1.58	5.72
		红安县	31	4.49	0.88	4.40	1.23	0.20	4.57	2.83	2.83	2.83	3.67	5.15	5.71	6.00	6.00	−0.21	−0.81	4.49
	咸宁市	咸安区	222	5.33	0.96	5.25	1.18	0.18	5.12	3.42	3.42	3.94	4.71	5.66	7.64	8.46	8.75	1.14	1.45	5.25
		嘉鱼县	1889	5.76	1.19	5.64	1.23	0.21	5.51	1.98	3.16	3.97	4.90	6.54	8.18	9.91	11.22	0.72	0.78	5.73
		赤壁市	309	5.63	0.98	5.55	1.18	0.17	5.45	3.58	3.75	4.28	4.98	5.98	8.24	8.63	9.24	1.13	1.35	5.53
	随州市	随县	5656	6.51	2.46	6.07	1.45	0.38	6.00	1.64	2.35	2.96	4.72	7.88	12.33	13.74	18.92	0.84	0.41	6.46
		曾都区	356	6.57	2.29	6.19	1.41	0.35	6.03	3.00	3.26	3.69	4.64	8.23	11.52	12.14	12.72	0.61	−0.67	6.57
		广水市	657	4.95	1.94	4.65	1.41	0.39	4.43	1.55	2.16	2.62	3.69	5.52	10.14	12.03	13.39	1.63	2.77	4.49
	恩施州	恩施市	20 748	5.74	1.36	5.55	1.32	0.24	5.76	0.48	1.36	2.89	4.92	6.63	8.23	9.25	23.11	−0.10	2.37	5.78
		宣恩县	11 191	5.66	1.28	5.50	1.27	0.23	5.67	1.07	2.15	3.09	4.88	6.45	8.04	9.23	27.88	0.65	9.82	5.65
		建始县	10 711	5.67	1.17	5.53	1.28	0.21	5.68	0.77	1.43	3.30	5.00	6.36	7.91	8.99	19.26	−0.01	4.02	5.70
		利川市	19 338	5.74	1.14	5.61	1.24	0.20	5.74	0.91	2.43	3.37	5.06	6.45	7.97	8.96	14.57	0.02	1.51	5.74
		鹤峰县	6164	6.30	1.23	6.17	1.22	0.20	6.21	2.16	3.31	3.96	5.46	7.15	8.66	9.59	13.99	0.27	0.69	6.28
		来凤县	6509	5.55	1.12	5.43	1.23	0.20	5.50	1.35	2.88	3.44	4.79	6.24	7.96	8.77	12.84	0.30	0.73	5.53
		咸丰县	8734	5.37	1.18	5.24	1.25	0.22	5.39	1.26	2.62	3.15	4.61	6.12	7.55	8.77	28.45	1.12	17.81	5.34
		巴东县	11 621	5.71	1.08	5.61	1.21	0.19	5.67	1.56	3.06	3.70	5.00	6.39	7.90	8.99	17.80	0.49	2.66	5.69

注：TF_2O_3 的地球化学参数中，N 单位为件，$\overline{X}$、S、X_g、S_g、X_{me}、X_{min}、$X_{0.5\%}$、$X_{2.5\%}$、$X_{25\%}$、$X_{75\%}$、$X_{97.5\%}$、$X_{99.5\%}$、X_{max}、X' 单位为%，CV、β_s、β_k 为无量纲。

表 2.9.26 表层土壤 MgO 地球化学参数表

单元名称		样本数	算术平均值	算术标准差	几何平均值	几何标准差	变异系数	中位值	最小值	累积频率分位值						最大值	偏度系数	峰度系数	背景值
		N	$\bar{X}$	S	X_g	S_g	CV	X_{me}	X_{min}	$X_{0.5\%}$	$X_{2.5\%}$	$X_{25\%}$	$X_{75\%}$	$X_{97.5\%}$	$X_{99.5\%}$	X_{max}	β_s	β_k	X'
全省		242 899	1.76	1.12	1.55	1.63	0.64	1.62	0.15	0.47	0.62	1.09	2.16	3.99	8.80	21.73	4.87	41.22	1.61
土壤类型	红壤	3783	1.20	0.95	1.00	1.72	0.79	0.88	0.17	0.28	0.43	0.70	1.37	3.66	7.07	11.24	4.13	26.11	1.03
	黄壤	17 857	1.61	1.44	1.35	1.68	0.90	1.30	0.18	0.42	0.59	0.98	1.69	5.86	11.00	21.73	5.12	34.96	1.29
	黄棕壤	69 303	1.74	1.48	1.46	1.69	0.85	1.37	0.16	0.46	0.62	1.07	1.80	6.12	10.96	21.10	4.60	28.68	1.37
	黄褐土	1428	1.34	0.57	1.27	1.33	0.42	1.25	0.54	0.59	0.74	1.10	1.42	2.39	4.99	9.58	6.64	71.65	1.25
	棕壤	8885	1.90	1.36	1.69	1.52	0.71	1.62	0.22	0.66	0.91	1.35	1.94	6.08	10.57	19.20	5.02	32.50	1.60
	暗棕壤	478	1.75	1.63	1.48	1.63	0.93	1.39	0.41	0.53	0.75	1.11	1.75	7.84	11.80	15.10	4.83	27.07	1.40
	石灰土	9394	1.94	1.54	1.63	1.70	0.80	1.53	0.18	0.52	0.70	1.17	2.06	6.44	11.12	17.67	3.91	20.64	1.53
	紫色土	6755	1.85	0.89	1.68	1.54	0.48	1.69	0.30	0.53	0.78	1.25	2.21	4.10	5.61	14.56	2.58	17.56	1.74
	草甸土	554	2.08	0.95	1.95	1.39	0.46	2.06	0.62	0.80	1.02	1.71	2.27	3.34	7.98	10.48	4.92	34.10	1.96
	潮土	45 725	2.12	0.42	2.06	1.28	0.20	2.16	0.27	0.67	0.91	1.96	2.39	2.71	2.95	7.85	−0.78	7.24	2.19
	沼泽土	392	1.92	0.45	1.86	1.30	0.23	2.06	0.59	0.92	1.02	1.55	2.26	2.54	2.67	2.76	−0.62	−0.69	1.92
	水稻土	78 334	1.58	0.77	1.41	1.62	0.49	1.52	0.15	0.46	0.57	0.93	2.14	2.72	4.09	17.38	2.49	27.04	1.55
土地利用类型	耕地	191 897	1.74	1.06	1.54	1.62	0.61	1.64	0.15	0.48	0.62	1.08	2.16	3.66	8.32	20.02	4.83	42.29	1.61
	园地	14 180	1.67	1.42	1.41	1.68	0.85	1.39	0.20	0.43	0.59	1.01	1.85	5.48	11.13	21.10	5.29	38.71	1.39
	林地	20 389	1.85	1.47	1.55	1.73	0.79	1.48	0.16	0.41	0.58	1.11	2.05	6.04	10.27	19.44	4.10	24.94	1.51
	草地	1947	1.70	1.19	1.48	1.64	0.70	1.48	0.23	0.35	0.56	1.13	1.87	5.13	8.47	13.94	4.30	26.50	1.45
	建设用地	2492	1.73	0.88	1.56	1.59	0.51	1.77	0.19	0.35	0.62	1.10	2.17	3.19	5.97	14.67	4.13	42.01	1.65
	水域	8495	2.04	0.62	1.92	1.46	0.30	2.17	0.19	0.54	0.70	1.82	2.42	2.91	3.32	9.90	0.38	11.47	2.03
	未利用地	3499	1.87	1.48	1.61	1.65	0.79	1.61	0.20	0.46	0.62	1.22	2.05	6.04	11.29	21.73	5.19	38.75	1.57
地质背景	第四系	108 196	1.81	0.65	1.66	1.57	0.36	2.02	0.19	0.47	0.60	1.20	2.29	2.67	2.89	10.34	−0.36	0.94	1.81
	新近系	151	1.27	0.35	1.23	1.29	0.27	1.23	0.58	0.58	0.75	1.11	1.36	2.18	2.67	2.86	1.78	5.59	1.19
	古近系	1436	1.23	0.46	1.15	1.42	0.38	1.14	0.30	0.44	0.60	0.91	1.45	2.34	3.06	5.53	1.66	6.96	1.23
	白垩系	11 433	1.26	0.61	1.17	1.47	0.48	1.14	0.17	0.32	0.53	0.94	1.44	2.56	3.92	15.82	6.03	90.90	1.18
	侏罗系	4284	1.44	0.52	1.34	1.47	0.36	1.39	0.28	0.40	0.56	1.06	1.80	2.49	2.84	4.89	0.59	1.06	1.43
	三叠系	43 820	1.60	0.84	1.45	1.51	0.52	1.43	0.17	0.52	0.70	1.11	1.83	3.70	5.65	16.50	3.98	34.23	1.45
	二叠系	16 951	2.18	2.50	1.52	2.13	1.14	1.28	0.22	0.44	0.54	0.92	1.96	10.23	14.11	21.73	2.83	8.82	1.19
	石炭系	1097	2.36	2.33	1.75	2.03	0.99	1.43	0.27	0.47	0.64	1.06	2.57	9.30	14.29	16.95	2.69	8.76	1.42

续表 2.9.26

单元名称		样本数	算术平均值	算术标准差	几何平均值	几何标准差	变异系数	中位值	最小值	累积频率分位值						最大值	偏度系数	峰度系数	背景值
		N	$\bar{X}$	S	X_g	S_g	CV	X_{me}	X_{min}	$X_{0.5\%}$	$X_{2.5\%}$	$X_{25\%}$	$X_{75\%}$	$X_{97.5\%}$	$X_{99.5\%}$	X_{max}	β_s	β_k	X'
地质背景	泥盆系	2447	2.39	2.75	1.61	2.22	1.15	1.29	0.30	0.38	0.53	0.96	2.18	10.31	15.05	21.10	2.59	7.36	1.18
	志留系	20 610	1.53	1.00	1.38	1.51	0.65	1.37	0.21	0.47	0.65	1.09	1.70	3.75	8.35	17.32	5.74	47.20	1.37
	奥陶系	11 151	1.54	0.77	1.44	1.41	0.50	1.43	0.18	0.58	0.76	1.17	1.73	2.98	6.47	14.79	5.83	55.74	1.44
	寒武系	9043	2.22	1.51	1.91	1.68	0.68	1.74	0.22	0.65	0.83	1.32	2.62	6.17	10.30	18.97	3.33	18.97	1.91
	震旦系	3237	2.54	2.19	2.02	1.88	0.86	1.94	0.37	0.58	0.77	1.27	2.88	9.50	13.79	19.44	3.02	11.63	1.95
	南华系	2316	1.57	0.90	1.41	1.55	0.57	1.35	0.28	0.48	0.68	1.04	1.87	3.49	6.10	13.86	4.45	39.56	1.44
	青白口系—震旦系	308	1.28	0.64	1.16	1.54	0.50	1.09	0.35	0.47	0.56	0.87	1.49	3.21	3.85	4.48	1.88	4.36	1.15
	青白口系	3132	1.41	0.77	1.28	1.52	0.54	1.21	0.18	0.52	0.67	0.95	1.65	3.30	4.98	13.59	3.89	33.68	1.28
	中元古界	25	2.55	1.34	2.28	1.60	0.53	2.13	1.09	1.09	1.09	1.57	2.96	5.04	6.64	6.64	1.53	2.48	2.38
	滹沱系—太古宇	282	1.92	0.67	1.81	1.42	0.35	1.85	0.45	0.45	0.79	1.53	2.18	3.50	4.89	5.18	1.34	4.24	1.85
	侵入岩	2558	1.84	1.29	1.52	1.82	0.70	1.48	0.16	0.38	0.54	0.99	2.21	5.70	7.55	9.90	2.14	5.87	1.55
	脉岩	14	1.60	1.35	1.25	1.99	0.84	1.14	0.45	0.45	0.45	0.68	1.91	5.44	5.44	5.44	2.09	4.65	1.60
	变质岩	408	1.86	0.68	1.75	1.41	0.37	1.76	0.55	0.68	0.89	1.39	2.16	3.47	4.20	6.01	1.40	4.00	1.82
成土母质	第四系沉积物	104 618	1.83	0.64	1.68	1.56	0.35	2.03	0.19	0.47	0.60	1.26	2.30	2.67	2.86	15.58	−0.42	2.34	1.82
	碎屑岩风化物	42 690	1.63	1.19	1.41	1.66	0.73	1.34	0.15	0.40	0.59	1.01	1.87	4.57	8.93	21.10	4.58	33.53	1.40
	碎屑岩风化物(黑色岩系)	3691	1.61	1.26	1.40	1.57	0.78	1.33	0.39	0.54	0.70	1.08	1.65	5.05	9.47	15.97	5.01	33.08	1.32
	碳酸盐岩风化物	50 129	1.62	1.09	1.45	1.54	0.67	1.39	0.27	0.57	0.72	1.10	1.77	4.30	8.43	18.19	5.24	42.42	1.40
	碳酸盐岩风化物(黑色岩系)	18 045	2.13	2.40	1.51	2.08	1.13	1.30	0.22	0.45	0.53	0.93	1.96	9.98	14.15	21.73	3.03	10.39	1.23
	变质岩风化物	21 149	1.65	1.01	1.48	1.52	0.61	1.44	0.18	0.52	0.72	1.16	1.83	3.96	7.93	20.02	5.32	47.51	1.47
	火山岩风化物	177	2.61	1.81	2.01	2.14	0.69	2.17	0.42	0.42	0.46	1.19	3.69	7.17	8.10	8.53	1.02	0.55	1.98
	侵入岩风化物	2399	1.83	1.35	1.50	1.84	0.74	1.46	0.16	0.35	0.53	0.96	2.19	5.67	8.34	14.04	2.77	12.44	1.53
地形地貌	平原	112 950	1.77	0.65	1.62	1.57	0.37	1.99	0.19	0.51	0.62	1.11	2.28	2.66	2.88	15.58	−0.05	3.68	1.77
	洪湖湖区	389	2.24	0.36	2.22	1.17	0.16	2.22	1.44	1.45	1.64	1.98	2.48	2.97	3.04	3.11	0.26	−0.52	2.24
	丘陵低山	33 920	1.64	1.18	1.40	1.69	0.72	1.35	0.16	0.40	0.52	1.01	1.88	4.64	8.23	19.44	4.34	32.43	1.41
	中山	2737	2.11	1.13	1.88	1.59	0.54	1.83	0.34	0.57	0.75	1.42	2.46	4.99	7.25	13.65	2.66	13.70	1.93
	高山	92 903	1.76	1.48	1.49	1.67	0.84	1.42	0.15	0.47	0.64	1.11	1.84	6.18	11.10	21.73	4.67	29.00	1.41

续表 2.9.26

单元名称			样本数	算术平均值	算术标准差	几何平均值	几何标准差	变异系数	中位值	最小值	累积频率分位值						最大值	偏度系数	峰度系数	背景值
			N	$\bar{X}$	S	X_g	S_g	CV	X_{me}	X_{min}	$X_{0.5\%}$	$X_{2.5\%}$	$X_{25\%}$	$X_{75\%}$	$X_{97.5\%}$	$X_{99.5\%}$	X_{max}	β_s	β_k	X'
行政市（州）	武汉市		4109	1.72	0.73	1.54	1.65	0.42	2.01	0.28	0.50	0.62	0.92	2.35	2.65	3.13	5.08	−0.20	−1.32	1.72
	襄阳市		7131	1.63	0.63	1.54	1.39	0.38	1.49	0.37	0.72	0.85	1.22	1.94	2.78	4.08	13.99	3.70	42.70	1.59
	宜昌市		1479	1.61	1.00	1.42	1.61	0.62	1.38	0.43	0.55	0.68	0.95	1.94	4.18	6.64	14.76	3.76	29.09	1.45
	黄石市		881	0.97	0.47	0.90	1.47	0.48	0.86	0.31	0.42	0.49	0.68	1.12	2.12	3.55	4.43	2.85	13.21	0.91
	十堰市		4162	2.38	1.52	2.09	1.61	0.64	1.86	0.47	0.82	1.00	1.50	2.62	6.86	9.31	18.97	2.74	11.17	1.92
	荆州市		18 052	2.19	0.39	2.14	1.24	0.18	2.22	0.42	0.77	1.00	2.00	2.43	2.81	3.08	3.62	−1.06	2.63	2.23
	荆门市		53 438	1.42	0.86	1.25	1.63	0.61	1.14	0.18	0.47	0.57	0.86	1.98	2.73	5.21	19.44	4.72	54.77	1.37
	鄂州市		403	1.19	0.60	1.06	1.61	0.51	0.99	0.42	0.42	0.48	0.75	1.53	2.48	2.77	3.12	0.95	−0.17	1.18
	孝感市		5895	1.28	0.61	1.17	1.51	0.48	1.08	0.31	0.48	0.59	0.88	1.49	2.87	3.96	5.44	1.89	5.03	1.21
	黄冈市		4247	1.24	0.84	1.03	1.82	0.68	1.00	0.20	0.31	0.39	0.61	1.75	2.83	4.52	12.91	3.45	32.19	1.19
	咸宁市		2420	1.19	0.84	1.01	1.71	0.70	0.85	0.19	0.37	0.48	0.69	1.46	2.72	5.13	12.28	3.57	27.51	1.13
	随州市		6669	1.77	1.09	1.54	1.67	0.62	1.42	0.16	0.51	0.67	1.04	2.26	4.37	6.47	15.82	3.01	20.04	1.64
	恩施州		95 016	1.77	1.47	1.50	1.67	0.83	1.43	0.15	0.47	0.64	1.11	1.85	6.14	11.06	21.73	4.64	28.85	1.42
	仙桃市		13 430	2.12	0.31	2.10	1.14	0.15	2.12	1.05	1.41	1.59	1.93	2.31	2.61	2.72	8.03	4.81	84.16	2.12
	天门市		10 105	2.11	0.33	2.08	1.22	0.16	2.11	0.45	0.69	1.20	1.96	2.32	2.64	2.72	3.53	−1.31	4.04	2.15
	潜江市		15 462	2.11	0.29	2.09	1.17	0.14	2.12	0.51	0.97	1.51	1.94	2.30	2.61	2.72	3.73	−0.71	2.12	2.12
行政县（市、区）	武汉市	武汉市区	744	1.23	0.71	1.06	1.66	0.58	0.87	0.33	0.46	0.58	0.73	1.71	3.02	3.25	3.55	1.22	0.28	1.22
		蔡甸区	2305	2.09	0.53	1.99	1.42	0.25	2.27	0.42	0.60	0.74	2.02	2.42	2.62	2.74	3.09	−1.51	1.11	2.09
		黄陂区	573	1.10	0.53	1.01	1.48	0.48	0.92	0.28	0.38	0.53	0.78	1.23	2.54	3.26	3.88	2.09	5.37	0.96
		东西湖区	125	1.95	0.53	1.86	1.39	0.27	2.10	0.73	0.73	0.86	1.51	2.38	2.60	2.63	2.63	−0.74	−0.77	1.95
		新洲区	362	1.29	0.67	1.16	1.58	0.52	1.06	0.36	0.54	0.59	0.79	1.65	2.92	3.87	5.08	1.65	3.94	1.24
	襄阳市	襄阳市区	912	1.31	0.31	1.27	1.25	0.24	1.24	0.72	0.74	0.86	1.11	1.41	2.17	2.40	2.56	1.36	2.11	1.25
		枣阳市	816	1.39	0.63	1.30	1.39	0.46	1.21	0.59	0.69	0.79	1.08	1.41	3.57	4.39	6.43	3.30	14.20	1.20
		老河口市	265	1.37	0.28	1.35	1.19	0.21	1.33	0.92	0.92	1.02	1.22	1.45	1.97	2.80	3.55	2.99	16.70	1.34
		宜城市	2618	1.74	0.65	1.63	1.46	0.37	1.70	0.37	0.64	0.79	1.20	2.29	2.73	2.91	10.79	1.50	15.72	1.73
		谷城县	222	1.58	0.63	1.49	1.38	0.40	1.39	0.67	0.67	0.89	1.21	1.82	2.87	3.42	7.05	3.55	24.57	1.51
		南漳县	2298	1.75	0.64	1.68	1.29	0.37	1.64	0.61	0.90	1.12	1.44	1.88	3.05	4.98	13.99	6.92	91.04	1.64

续表 2.9.26

单元名称			样本数	算术平均值	算术标准差	几何平均值	几何标准差	变异系数	中位值	最小值	累积频率分位值						最大值	偏度系数	峰度系数	背景值
			N	$\bar{X}$	S	X_g	S_g	CV	X_{me}	X_{min}	$X_{0.5\%}$	$X_{2.5\%}$	$X_{25\%}$	$X_{75\%}$	$X_{97.5\%}$	$X_{99.5\%}$	X_{max}	β_s	β_k	X'
行政县（市、区）	宜昌市	宜昌市辖区	233	2.01	1.37	1.67	1.80	0.68	1.52	0.53	0.53	0.67	1.05	2.69	6.02	7.39	8.28	1.80	3.71	1.77
		宜都市	75	1.33	0.44	1.26	1.40	0.33	1.32	0.69	0.69	0.71	0.93	1.60	2.26	2.30	2.30	0.37	−0.83	1.33
		枝江市	375	1.36	0.73	1.19	1.66	0.54	0.93	0.43	0.45	0.59	0.80	2.23	2.63	2.87	3.38	0.71	−1.18	1.36
		当阳市	284	1.16	0.31	1.12	1.29	0.27	1.06	0.66	0.66	0.74	0.94	1.33	1.85	1.90	2.25	0.95	0.10	1.15
		秭归县	478	1.94	1.13	1.76	1.49	0.59	1.63	0.67	0.71	0.89	1.38	2.13	4.97	7.25	14.76	4.93	41.02	1.67
		长阳土家族自治县	34	1.60	0.41	1.56	1.26	0.26	1.55	1.01	1.01	1.01	1.31	1.76	2.84	2.90	2.90	1.61	3.58	1.53
	黄石市	黄石市区	47	1.19	0.72	1.03	1.68	0.61	0.99	0.31	0.31	0.31	0.74	1.48	3.06	4.20	4.20	2.15	6.14	1.08
		大冶市	382	0.87	0.35	0.82	1.40	0.41	0.80	0.39	0.42	0.47	0.63	1.01	1.64	2.76	3.55	2.88	15.20	0.82
		阳新县	452	1.04	0.50	0.96	1.47	0.48	0.89	0.45	0.46	0.52	0.72	1.22	2.25	3.62	4.43	2.67	11.65	0.96
	十堰市	茅箭区	63	1.63	0.57	1.54	1.39	0.35	1.44	0.87	0.87	0.91	1.16	1.87	2.96	3.19	3.19	0.97	0.17	1.63
		郧阳区	118	2.32	0.80	2.20	1.38	0.35	2.21	1.08	1.08	1.22	1.82	2.72	3.98	4.30	6.38	1.46	4.61	2.28
		丹江口市	570	2.07	0.99	1.88	1.54	0.48	1.87	0.74	0.75	0.87	1.38	2.56	4.69	5.94	8.99	1.92	6.89	1.94
		竹溪县	1404	3.24	2.04	2.75	1.75	0.63	2.48	0.76	0.94	1.17	1.74	4.27	8.13	11.64	18.97	1.74	4.70	3.06
		竹山县	2007	1.90	0.87	1.78	1.40	0.46	1.70	0.47	0.79	1.04	1.46	2.06	3.97	6.95	11.80	3.99	25.08	1.73
	荆州市	荆州市区	374	1.48	0.67	1.33	1.58	0.45	1.26	0.64	0.65	0.70	0.87	2.09	2.74	2.87	2.99	0.44	−1.27	1.48
		洪湖市	12 640	2.25	0.28	2.24	1.14	0.12	2.27	0.60	1.49	1.69	2.07	2.44	2.78	3.03	3.45	−0.17	1.01	2.25
		监利市	3493	2.05	0.34	2.02	1.19	0.16	2.05	0.84	1.15	1.28	1.87	2.24	2.78	3.04	3.62	0.06	0.97	2.05
		石首市	345	2.42	0.65	2.29	1.43	0.27	2.64	0.59	0.74	0.86	2.30	2.79	3.22	3.34	3.38	−1.24	0.46	2.42
		松滋市	373	1.50	0.78	1.31	1.69	0.52	1.04	0.42	0.44	0.61	0.85	2.45	2.67	2.73	2.83	0.43	−1.61	1.50
		江陵县	270	2.20	0.25	2.18	1.12	0.12	2.17	1.71	1.71	1.80	2.02	2.34	2.82	3.07	3.23	0.91	1.28	2.19
		公安县	557	2.22	0.65	2.09	1.48	0.29	2.54	0.66	0.75	0.81	2.01	2.66	2.84	3.11	3.22	−1.19	−0.08	2.22
	荆门市	荆门市区	282	1.27	0.32	1.23	1.28	0.25	1.22	0.71	0.71	0.84	1.03	1.47	1.99	2.38	2.44	0.81	0.53	1.26
		沙洋县	12 991	1.06	0.58	0.95	1.54	0.55	0.85	0.23	0.46	0.52	0.72	1.06	2.54	2.70	15.58	2.89	33.11	1.05
		钟祥市	23 405	1.70	0.80	1.56	1.51	0.47	1.52	0.32	0.61	0.75	1.12	2.27	2.72	4.36	18.19	4.77	64.18	1.67
		京山市	14 877	1.33	1.02	1.15	1.63	0.77	1.04	0.18	0.44	0.54	0.83	1.50	3.49	7.44	19.44	5.79	56.41	1.15
		屈家岭管理区	1883	1.21	0.56	1.09	1.57	0.46	0.97	0.36	0.45	0.55	0.77	1.84	2.29	2.47	2.87	0.64	−1.08	1.21
	孝感市	孝南区	245	1.01	0.45	0.93	1.47	0.45	0.80	0.56	0.56	0.58	0.68	1.26	2.28	2.39	2.54	1.42	1.41	0.94
		孝昌县	298	1.07	0.59	0.97	1.51	0.55	0.86	0.45	0.45	0.58	0.74	1.09	2.86	3.85	4.48	2.55	7.82	0.83
		云梦县	152	1.09	0.34	1.03	1.40	0.31	1.16	0.52	0.52	0.56	0.77	1.34	1.77	1.87	1.89	0.06	−0.83	1.09

续表 2.9.26

单元名称			样本数	算术平均值	算术标准差	几何平均值	几何标准差	变异系数	中位值	最小值	累积频率分位值						最大值	偏度系数	峰度系数	背景值
			N	$\overline{X}$	S	X_g	S_g	CV	X_{me}	X_{min}	$X_{0.5\%}$	$X_{2.5\%}$	$X_{25\%}$	$X_{75\%}$	$X_{97.5\%}$	$X_{99.5\%}$	X_{max}	β_s	β_k	X'
行政县（市、区）	孝感市	大悟县	114	1.16	0.54	1.05	1.57	0.46	1.09	0.34	0.34	0.42	0.80	1.37	2.49	2.61	3.86	1.62	5.21	1.09
		安陆市	4394	1.26	0.60	1.16	1.47	0.48	1.08	0.31	0.48	0.60	0.91	1.41	3.04	4.01	5.44	2.33	7.26	1.12
		汉川市	415	1.97	0.42	1.91	1.31	0.21	2.05	0.56	0.64	0.78	1.84	2.24	2.50	2.54	2.66	−1.34	1.61	2.07
		应城市	277	1.08	0.47	1.00	1.45	0.44	0.85	0.58	0.58	0.64	0.76	1.23	2.31	2.47	2.48	1.41	0.81	1.08
	黄冈市	黄冈市区	82	1.85	0.59	1.74	1.43	0.32	1.94	0.74	0.74	0.78	1.28	2.30	2.70	2.91	2.91	−0.22	−1.14	1.85
		武穴市	2491	0.99	0.82	0.83	1.75	0.82	0.74	0.20	0.29	0.37	0.54	1.18	2.54	5.04	12.91	5.89	63.31	0.89
		麻城市	204	0.98	0.43	0.91	1.46	0.44	0.85	0.40	0.40	0.49	0.69	1.16	2.26	2.60	3.22	1.94	5.39	0.87
		团风县	219	1.83	0.63	1.72	1.42	0.34	1.77	0.58	0.58	0.78	1.41	2.08	3.27	3.74	4.36	0.73	0.88	1.80
		黄梅县	361	1.49	0.76	1.25	1.89	0.51	1.74	0.29	0.30	0.41	0.68	2.14	2.55	2.66	2.72	−0.15	−1.59	1.49
		蕲春县	349	1.58	0.91	1.36	1.73	0.58	1.53	0.26	0.31	0.45	0.93	1.96	3.56	4.89	9.11	2.66	15.86	1.48
		浠水县	450	1.80	0.59	1.69	1.47	0.33	1.79	0.29	0.39	0.58	1.46	2.15	3.04	3.89	4.81	0.46	2.16	1.77
		罗田县	60	1.82	0.36	1.78	1.20	0.20	1.76	1.24	1.24	1.24	1.58	2.03	2.61	3.27	3.27	1.22	3.51	1.79
		红安县	31	1.04	0.33	0.99	1.38	0.32	1.00	0.51	0.51	0.51	0.83	1.23	1.69	1.93	1.93	0.74	0.52	1.04
	咸宁市	咸安区	222	0.77	0.33	0.72	1.43	0.42	0.67	0.35	0.35	0.41	0.58	0.81	1.73	1.85	2.17	1.76	2.96	0.69
		嘉鱼县	1889	1.28	0.90	1.08	1.74	0.70	0.88	0.19	0.36	0.50	0.72	1.86	2.81	5.36	12.28	3.39	24.89	1.21
		赤壁市	309	0.97	0.51	0.89	1.48	0.53	0.80	0.38	0.46	0.52	0.68	1.08	2.27	2.52	5.13	3.22	17.13	0.85
	随州市	随县	5656	1.83	1.12	1.59	1.67	0.61	1.49	0.29	0.50	0.69	1.08	2.32	4.47	6.85	15.82	3.03	20.02	1.69
		曾都区	356	1.73	0.87	1.54	1.61	0.50	1.45	0.66	0.70	0.77	1.01	2.35	3.69	4.46	5.39	1.03	0.80	1.69
		广水市	657	1.29	0.74	1.16	1.55	0.57	1.06	0.16	0.45	0.62	0.86	1.45	3.16	4.42	8.35	3.52	22.43	1.12
	恩施州	恩施市	20 748	1.72	1.48	1.44	1.71	0.86	1.38	0.15	0.37	0.60	1.04	1.79	6.37	10.77	21.10	4.40	25.75	1.36
		宣恩县	11 191	1.89	1.86	1.53	1.74	0.99	1.39	0.35	0.54	0.68	1.10	1.81	8.35	12.86	20.32	4.15	20.46	1.37
		建始县	10 711	1.67	1.34	1.45	1.60	0.80	1.38	0.22	0.54	0.69	1.11	1.72	5.48	10.59	17.11	4.94	31.56	1.37
		利川市	19 338	1.69	0.98	1.52	1.55	0.58	1.48	0.17	0.47	0.70	1.16	1.92	4.13	7.01	17.28	4.03	29.03	1.51
		鹤峰县	6164	2.19	2.08	1.78	1.73	0.95	1.60	0.37	0.71	0.88	1.28	2.04	9.30	13.86	20.02	3.80	16.54	1.56
		来凤县	6509	1.50	1.17	1.34	1.49	0.78	1.34	0.31	0.53	0.67	1.07	1.64	3.09	10.37	21.73	7.70	78.32	1.34
		咸丰县	8734	2.04	1.94	1.58	1.94	0.95	1.57	0.22	0.44	0.53	0.99	2.18	8.20	12.63	19.19	3.47	15.65	1.50
		巴东县	11 621	1.70	1.08	1.51	1.57	0.63	1.44	0.27	0.54	0.72	1.15	1.86	4.62	7.90	14.25	3.97	24.64	1.45

注：MgO 的地球化学参数中，N 单位为件，$\overline{X}$、S、X_g、S_g、X_{me}、X_{min}、$X_{0.5\%}$、$X_{2.5\%}$、$X_{25\%}$、$X_{75\%}$、$X_{97.5\%}$、$X_{99.5\%}$、X_{max}、X' 单位为%，CV、β_s、β_k 为无量纲。

表 2.9.27　表层土壤 CaO 地球化学参数表

单元名称		样本数	算术平均值	算术标准差	几何平均值	几何标准差	变异系数	中位值	最小值	累积频率分位值						最大值	偏度系数	峰度系数	背景值
		N	$\bar{X}$	S	X_g	S_g	CV	X_{me}	X_{min}	$X_{0.5\%}$	$X_{2.5\%}$	$X_{25\%}$	$X_{75\%}$	$X_{97.5\%}$	$X_{99.5\%}$	X_{max}	β_s	β_k	X'
全省		242 899	1.23	1.38	0.80	2.56	1.12	0.73	0.01	0.09	0.13	0.42	1.73	4.18	7.77	49.41	5.73	82.73	1.06
土壤类型	红壤	3783	0.89	1.45	0.50	2.64	1.63	0.41	0.01	0.05	0.10	0.26	0.87	4.30	9.83	24.99	6.19	62.56	0.37
	黄壤	17 857	0.56	1.17	0.33	2.38	2.10	0.31	0.01	0.06	0.08	0.18	0.51	3.05	7.51	33.23	10.12	162.14	0.32
	黄棕壤	69 303	0.75	1.31	0.48	2.26	1.75	0.46	0.01	0.09	0.12	0.29	0.70	3.69	8.34	49.41	9.43	154.43	0.45
	黄褐土	1428	0.94	0.66	0.77	2.01	0.71	0.89	0.07	0.08	0.13	0.73	1.04	2.60	5.10	7.50	3.91	25.79	0.83
	棕壤	8885	0.54	0.64	0.45	1.68	1.18	0.45	0.04	0.11	0.18	0.33	0.60	1.39	3.86	18.70	13.43	261.18	0.46
	暗棕壤	478	0.63	1.08	0.41	2.17	1.71	0.40	0.08	0.10	0.12	0.26	0.60	3.03	7.76	13.76	6.93	62.17	0.40
	石灰土	9394	1.76	2.74	1.00	2.60	1.56	0.84	0.04	0.14	0.22	0.53	1.61	9.61	17.01	38.86	4.52	30.03	0.78
	紫色土	6755	1.00	1.52	0.61	2.45	1.52	0.58	0.03	0.09	0.13	0.34	0.94	5.54	10.28	20.66	4.93	33.54	0.57
	草甸土	554	1.51	1.31	1.01	2.55	0.87	1.20	0.13	0.15	0.20	0.43	2.25	5.00	5.72	9.27	1.46	2.89	1.33
	潮土	45 725	2.25	1.02	2.03	1.62	0.45	2.21	0.07	0.36	0.55	1.61	2.75	4.51	5.87	43.54	5.91	193.77	2.17
	沼泽土	392	1.27	0.78	1.01	2.10	0.61	1.24	0.05	0.15	0.21	0.59	1.64	3.11	3.69	4.18	0.82	0.64	1.24
	水稻土	78 334	1.28	1.09	0.98	2.09	0.85	0.97	0.03	0.12	0.22	0.58	1.68	3.77	6.12	39.63	4.70	71.24	1.15
土地利用类型	耕地	191 897	1.24	1.24	0.85	2.43	1.00	0.76	0.01	0.11	0.16	0.45	1.80	3.85	6.59	43.54	4.68	65.54	1.12
	园地	14 180	0.52	1.15	0.30	2.40	2.19	0.26	0.01	0.06	0.08	0.16	0.45	2.76	7.20	26.84	9.99	146.86	0.27
	林地	20 389	1.36	2.10	0.79	2.68	1.54	0.71	0.01	0.08	0.14	0.41	1.42	6.79	13.84	39.63	5.56	49.23	0.71
	草地	1947	0.89	1.66	0.53	2.46	1.87	0.49	0.04	0.07	0.11	0.30	0.86	4.71	8.99	31.48	8.76	114.64	0.51
	建设用地	2492	2.05	2.53	1.42	2.41	1.23	1.67	0.06	0.12	0.24	0.74	2.65	5.72	16.07	49.41	8.96	123.35	1.75
	水域	8495	1.92	1.48	1.53	2.01	0.77	1.53	0.04	0.14	0.31	1.09	2.32	5.90	7.46	41.90	4.95	83.70	1.60
	未利用地	3499	0.82	1.50	0.41	2.99	1.83	0.38	0.01	0.04	0.07	0.18	0.73	4.32	10.04	30.41	6.55	72.82	0.34
地质背景	第四系	108 196	1.74	1.09	1.42	1.97	0.63	1.59	0.01	0.19	0.36	0.88	2.40	4.09	5.64	43.54	3.66	88.55	1.67
	新近系	151	1.43	2.33	0.94	2.03	1.62	0.78	0.40	0.40	0.46	0.64	0.96	8.30	12.83	16.83	4.28	19.97	0.75
	古近系	1436	1.14	1.11	0.90	1.86	0.97	0.81	0.06	0.19	0.33	0.61	1.20	4.19	7.84	11.58	4.20	24.14	0.82
	白垩系	11 433	0.96	1.25	0.70	2.02	1.30	0.63	0.04	0.10	0.19	0.49	0.86	4.42	8.35	22.57	5.77	49.74	0.61
	侏罗系	4284	0.70	0.81	0.51	2.06	1.16	0.51	0.04	0.11	0.15	0.31	0.81	2.93	5.92	11.70	5.17	37.46	0.54
	三叠系	43 820	0.81	1.50	0.54	2.10	1.86	0.49	0.03	0.11	0.16	0.35	0.72	4.00	10.57	40.09	9.20	127.52	0.49
	二叠系	16 951	0.64	1.28	0.43	2.04	2.01	0.40	0.01	0.09	0.14	0.28	0.60	2.76	8.30	49.41	13.44	297.39	0.41
	石炭系	1097	0.86	1.58	0.55	2.18	1.83	0.48	0.11	0.12	0.17	0.33	0.74	4.88	11.61	21.53	7.01	65.03	0.47

续表 2.9.27

单元名称		样本数	算术平均值	算术标准差	几何平均值	几何标准差	变异系数	中位值	最小值	累积频率分位值						最大值	偏度系数	峰度系数	背景值
		N	$\bar{X}$	S	X_g	S_g	CV	X_{me}	X_{min}	$X_{0.5\%}$	$X_{2.5\%}$	$X_{25\%}$	$X_{75\%}$	$X_{97.5\%}$	$X_{99.5\%}$	X_{max}	β_s	β_k	X'
地质背景	泥盆系	2447	0.56	1.15	0.38	2.06	2.05	0.34	0.08	0.09	0.12	0.23	0.52	2.45	6.97	31.77	13.42	275.22	0.35
	志留系	20 610	0.52	1.05	0.32	2.29	2.02	0.31	0.01	0.06	0.09	0.18	0.51	2.54	7.63	34.20	10.39	177.61	0.33
	奥陶系	11 151	0.49	1.05	0.29	2.32	2.12	0.26	0.01	0.06	0.08	0.16	0.46	2.67	6.48	33.73	10.92	202.03	0.29
	寒武系	9043	1.21	2.01	0.66	2.66	1.66	0.54	0.04	0.11	0.16	0.33	1.06	6.79	13.34	30.41	4.96	37.47	0.53
	震旦系	3237	1.79	2.66	1.02	2.70	1.48	0.91	0.03	0.08	0.15	0.56	1.65	10.47	16.65	27.82	3.88	19.59	0.84
	南华系	2316	1.65	1.37	1.30	1.98	0.83	1.24	0.07	0.22	0.38	0.79	2.07	4.86	7.40	28.09	4.95	66.97	1.44
	青白口系—震旦系	308	1.43	1.03	1.16	1.93	0.72	1.21	0.14	0.17	0.28	0.75	1.78	3.87	5.34	8.05	2.44	9.90	1.09
	青白口系	3132	1.10	1.38	0.79	2.06	1.26	0.68	0.09	0.16	0.26	0.48	1.13	4.19	8.53	22.60	6.04	57.12	0.70
	中元古界	25	1.95	1.38	1.56	2.00	0.71	1.72	0.46	0.46	0.46	0.84	2.40	3.93	6.32	6.32	1.49	2.79	1.77
	滹沱系—太古宇	282	2.41	0.71	2.30	1.40	0.30	2.47	0.63	0.63	0.98	1.98	2.80	3.78	4.72	5.44	0.30	1.53	2.37
	侵入岩	2558	2.07	1.57	1.61	2.08	0.76	1.68	0.10	0.21	0.37	1.00	2.63	6.67	8.41	11.84	1.88	4.58	1.75
	脉岩	14	1.91	1.61	1.30	2.60	0.84	1.32	0.29	0.29	0.29	0.47	3.28	5.19	5.19	5.19	0.87	−0.43	1.91
	变质岩	408	1.18	0.90	0.95	1.88	0.77	0.89	0.18	0.21	0.34	0.63	1.37	3.70	4.93	5.74	2.08	4.72	0.91
成土母质	第四系沉积物	104 618	1.77	1.06	1.46	1.93	0.60	1.63	0.01	0.21	0.39	0.96	2.42	4.09	5.56	43.54	3.33	83.06	1.70
	碎屑岩风化物	42 690	0.81	1.31	0.51	2.36	1.61	0.50	0.02	0.08	0.11	0.29	0.76	4.23	8.84	26.31	6.44	61.84	0.48
	碎屑岩风化物(黑色岩系)	3691	0.60	1.21	0.32	2.53	2.01	0.29	0.03	0.06	0.08	0.17	0.48	4.61	7.88	16.76	5.76	44.52	0.29
	碳酸盐岩风化物	50 129	0.88	1.58	0.58	2.14	1.80	0.52	0.03	0.12	0.18	0.36	0.77	4.62	10.91	49.41	8.74	122.93	0.52
	碳酸盐岩风化物(黑色岩系)	18 045	0.65	1.34	0.43	2.04	2.06	0.39	0.05	0.11	0.15	0.28	0.59	2.84	9.46	38.11	11.16	181.28	0.41
	变质岩风化物	21 149	0.79	1.44	0.41	2.84	1.82	0.38	0.01	0.06	0.09	0.18	0.77	4.18	8.49	34.20	7.49	96.82	0.39
	火山岩风化物	177	1.56	1.37	1.05	2.50	0.88	0.98	0.13	0.13	0.22	0.48	2.32	5.05	5.97	6.06	1.22	0.88	1.46
	侵入岩风化物	2399	2.17	1.72	1.69	2.03	0.80	1.74	0.19	0.27	0.41	1.05	2.65	6.91	9.29	28.09	3.16	25.41	1.78
地形地貌	平原	112 950	1.68	1.11	1.36	1.98	0.66	1.52	0.01	0.22	0.37	0.77	2.35	4.03	5.64	43.54	4.21	98.91	1.61
	洪湖湖区	389	2.81	1.59	2.44	1.69	0.57	2.55	0.84	0.95	1.04	1.57	3.59	7.07	8.61	11.89	1.72	4.81	2.61
	丘陵低山	33 920	1.41	1.88	0.92	2.34	1.33	0.81	0.03	0.12	0.22	0.52	1.48	6.33	12.11	49.41	5.59	59.79	0.80
	中山	2737	1.49	2.88	0.68	2.99	1.93	0.53	0.07	0.12	0.15	0.31	1.15	9.88	18.04	33.73	4.81	31.04	0.49
	高山	92 903	0.61	1.14	0.40	2.17	1.88	0.39	0.01	0.07	0.11	0.25	0.59	2.73	8.10	38.86	10.38	166.33	0.40

续表 2.9.27

单元名称			样本数	算术平均值	算术标准差	几何平均值	几何标准差	变异系数	中位值	最小值	累积频率分位值						最大值	偏度系数	峰度系数	背景值
			N	$\bar{X}$	S	X_g	S_g	CV	X_{me}	X_{min}	$X_{0.5\%}$	$X_{2.5\%}$	$X_{25\%}$	$X_{75\%}$	$X_{97.5\%}$	$X_{99.5\%}$	X_{max}	β_s	β_k	X'
行政市（州）	武汉市		4109	1.33	1.01	1.04	2.02	0.76	1.14	0.11	0.18	0.23	0.63	1.60	4.40	5.81	11.77	2.47	9.92	1.13
	襄阳市		7131	1.52	1.18	1.24	1.83	0.78	1.05	0.05	0.26	0.44	0.84	2.01	3.87	7.75	20.96	4.14	37.22	1.40
	宜昌市		1479	2.04	2.19	1.30	2.55	1.08	1.05	0.20	0.25	0.32	0.61	3.06	7.66	13.08	24.14	3.02	17.22	1.75
	黄石市		881	1.25	1.39	0.86	2.28	1.11	0.77	0.12	0.16	0.23	0.46	1.54	4.63	7.63	18.41	4.36	35.32	0.92
	十堰市		4162	1.96	2.34	1.22	2.55	1.20	1.04	0.11	0.20	0.31	0.57	2.41	8.03	13.80	29.66	3.24	17.22	1.13
	荆州市		18 052	2.24	1.26	1.94	1.71	0.56	1.81	0.25	0.39	0.75	1.30	2.97	5.28	6.41	19.50	1.38	3.67	2.17
	荆门市		53 438	1.29	1.39	0.92	2.16	1.07	0.70	0.03	0.20	0.30	0.53	1.97	3.62	8.26	41.90	5.90	80.68	1.17
	鄂州市		403	1.16	1.06	0.85	2.16	0.91	0.77	0.14	0.19	0.24	0.48	1.50	4.25	5.28	5.87	2.02	4.16	0.88
	孝感市		5895	1.20	1.16	0.95	1.85	0.96	0.80	0.08	0.28	0.42	0.61	1.35	4.83	7.70	17.09	4.11	25.68	0.89
	黄冈市		4247	1.52	2.18	0.90	2.87	1.43	0.89	0.03	0.07	0.12	0.40	2.26	4.75	12.27	49.41	9.70	152.63	1.31
	咸宁市		2420	0.89	1.36	0.48	2.79	1.52	0.37	0.01	0.05	0.09	0.25	0.84	4.90	7.88	16.76	3.89	22.72	0.34
	随州市		6669	1.53	1.44	1.17	1.99	0.94	1.06	0.09	0.18	0.36	0.75	1.71	5.61	8.06	22.57	3.75	26.36	1.10
	恩施州		95 016	0.62	1.21	0.40	2.19	1.95	0.39	0.01	0.07	0.11	0.25	0.59	2.85	8.57	38.86	10.30	159.50	0.40
	仙桃市		13 430	1.76	0.56	1.67	1.36	0.32	1.63	0.65	0.88	1.00	1.32	2.11	3.03	3.55	6.91	1.08	2.27	1.73
	天门市		10 105	2.18	0.69	2.06	1.43	0.32	2.22	0.15	0.52	0.87	1.71	2.65	3.38	4.18	10.65	0.57	5.18	2.17
	潜江市		15 462	2.00	0.86	1.89	1.40	0.43	1.93	0.37	0.71	1.02	1.49	2.42	3.29	4.28	43.54	18.90	845.32	1.96
行政县（市、区）	武汉市	武汉市区	744	1.25	1.57	0.68	2.84	1.26	0.47	0.16	0.17	0.18	0.30	1.46	5.72	6.27	9.09	1.91	2.90	0.42
		蔡甸区	2305	1.40	0.77	1.25	1.60	0.55	1.23	0.12	0.31	0.43	1.04	1.60	3.26	5.40	11.77	3.53	26.30	1.28
		黄陂区	573	1.13	0.94	0.88	1.99	0.83	0.73	0.11	0.22	0.33	0.51	1.49	3.82	4.75	5.53	1.88	3.54	0.88
		东西湖区	125	1.21	0.53	1.11	1.53	0.44	1.06	0.37	0.37	0.52	0.79	1.61	2.29	2.39	2.84	0.80	−0.27	1.10
		新洲区	362	1.37	1.07	1.05	2.08	0.78	1.11	0.27	0.29	0.35	0.51	1.85	4.56	5.64	5.88	1.68	3.33	1.19
	襄阳市	襄阳市区	912	1.24	0.68	1.12	1.50	0.55	0.97	0.56	0.62	0.70	0.87	1.23	3.39	3.97	4.66	2.34	5.10	0.97
		枣阳市	816	1.36	1.01	1.16	1.66	0.74	1.01	0.28	0.44	0.56	0.85	1.44	4.54	7.17	8.07	3.17	12.53	1.04
		老河口市	265	1.45	1.05	1.24	1.66	0.72	0.98	0.73	0.73	0.76	0.89	1.60	4.02	6.62	8.17	2.78	10.27	0.95
		宜城市	2618	1.78	0.98	1.50	1.83	0.55	1.67	0.14	0.25	0.50	0.88	2.66	3.42	4.03	9.59	0.73	1.91	1.76
		谷城县	222	1.68	1.15	1.44	1.72	0.68	1.26	0.35	0.35	0.62	0.98	2.09	3.90	6.71	10.80	3.19	18.51	1.59
		南漳县	2298	1.37	1.50	1.06	1.91	1.09	0.96	0.05	0.22	0.33	0.74	1.37	5.14	10.85	20.96	5.37	42.36	0.95

续表 2.9.27

单元名称			样本数	算术平均值	算术标准差	几何平均值	几何标准差	变异系数	中位值	最小值	累积频率分位值						最大值	偏度系数	峰度系数	背景值
			N	$\bar{X}$	S	X_g	S_g	CV	X_{me}	X_{min}	$X_{0.5\%}$	$X_{2.5\%}$	$X_{25\%}$	$X_{75\%}$	$X_{97.5\%}$	$X_{99.5\%}$	X_{max}	β_s	β_k	X'
行政县（市、区）	宜昌市	宜昌市辖区	233	2.74	2.46	1.96	2.37	0.90	2.34	0.31	0.31	0.39	1.00	3.68	7.79	13.71	24.14	3.67	25.71	2.44
		宜都市	75	2.54	2.21	1.71	2.56	0.87	1.87	0.33	0.33	0.40	0.69	3.83	6.86	11.40	11.40	1.37	2.36	2.42
		枝江市	375	1.87	1.80	1.12	2.77	0.96	0.71	0.26	0.30	0.31	0.46	3.81	5.37	6.18	6.48	0.79	−1.04	1.87
		当阳市	284	1.43	1.07	1.13	1.92	0.75	0.83	0.46	0.46	0.56	0.66	2.03	3.84	4.77	5.01	1.26	0.38	1.40
		秭归县	478	2.16	2.67	1.29	2.68	1.23	1.09	0.20	0.20	0.29	0.58	2.72	9.52	15.34	22.79	2.97	12.52	1.39
		长阳土家族自治县	34	1.25	2.09	0.76	2.24	1.66	0.64	0.31	0.31	0.31	0.45	0.84	4.38	11.61	11.61	4.14	19.16	0.61
	黄石市	黄石市区	47	2.79	1.96	2.14	2.18	0.70	2.26	0.51	0.51	0.51	1.14	3.96	5.93	9.83	9.83	1.16	1.97	2.63
		大冶市	382	1.06	1.13	0.76	2.16	1.06	0.67	0.12	0.17	0.23	0.43	1.26	4.18	6.16	12.62	4.31	32.15	0.81
		阳新县	452	1.24	1.41	0.86	2.26	1.14	0.82	0.13	0.15	0.22	0.47	1.49	4.43	7.50	18.41	5.31	50.66	0.92
	十堰市	茅箭区	63	1.90	0.85	1.72	1.57	0.45	1.77	0.44	0.44	0.80	1.19	2.33	3.87	4.73	4.73	1.06	1.54	1.81
		郧阳区	118	3.88	2.87	3.09	1.96	0.74	2.95	0.42	0.42	0.99	1.96	5.13	9.69	15.56	15.76	1.96	4.98	2.96
		丹江口市	570	3.01	2.34	2.31	2.10	0.78	2.29	0.37	0.41	0.56	1.31	4.01	9.60	12.83	16.83	1.86	4.92	2.70
		竹溪县	1404	2.42	2.97	1.33	2.99	1.23	1.21	0.11	0.15	0.24	0.51	3.27	9.29	17.12	29.66	2.85	13.19	2.02
		竹山县	2007	1.23	1.39	0.89	2.04	1.14	0.75	0.11	0.26	0.34	0.53	1.30	4.93	7.77	19.23	4.61	34.93	0.79
	荆州市	荆州市区	374	2.16	1.89	1.55	2.24	0.87	1.18	0.48	0.52	0.56	0.75	3.54	6.17	11.05	13.48	1.74	4.97	2.04
		洪湖市	12 640	2.23	1.17	1.98	1.61	0.52	1.83	0.35	0.85	0.97	1.33	2.95	5.01	6.21	19.50	1.49	5.35	2.16
		监利市	3493	1.86	0.91	1.71	1.48	0.49	1.56	0.72	0.93	1.02	1.26	2.15	4.46	6.06	8.55	2.15	5.91	1.64
		石首市	345	4.10	1.84	3.31	2.26	0.45	4.57	0.27	0.28	0.37	3.37	5.32	6.84	7.21	7.56	−0.74	−0.32	4.10
		松滋市	373	1.95	1.91	1.10	2.98	0.98	0.59	0.25	0.32	0.33	0.41	4.16	5.20	6.21	6.39	0.67	−1.31	1.95
		江陵县	270	3.27	1.34	2.99	1.55	0.41	3.17	1.14	1.14	1.28	2.09	4.26	6.04	6.53	6.79	0.35	−0.68	3.27
		公安县	557	3.33	1.60	2.67	2.21	0.48	3.69	0.26	0.35	0.41	2.29	4.52	5.65	6.29	7.03	−0.55	−0.73	3.33
	荆门市	荆门市区	282	1.56	1.52	1.23	1.82	0.98	0.95	0.56	0.56	0.66	0.81	1.66	5.73	11.05	11.90	3.84	18.74	0.95
		沙洋县	12 991	0.93	0.88	0.76	1.76	0.94	0.62	0.16	0.34	0.42	0.55	0.75	3.02	3.53	41.90	10.86	406.47	0.60
		钟祥市	23 405	1.62	1.30	1.22	2.17	0.80	1.10	0.09	0.22	0.33	0.62	2.58	3.62	6.84	28.09	3.65	40.56	1.55
		京山市	14 877	1.08	1.69	0.72	2.14	1.56	0.58	0.03	0.16	0.25	0.45	0.96	5.47	12.11	32.58	6.53	65.33	0.56
		屈家岭管理区	1883	1.26	1.61	0.87	2.25	1.28	0.65	0.15	0.24	0.29	0.46	1.97	3.52	8.67	38.11	9.83	176.87	1.16
	孝感市	孝南区	245	0.81	0.42	0.72	1.61	0.52	0.63	0.34	0.34	0.37	0.48	1.10	1.83	1.96	2.47	1.14	0.73	0.8
		孝昌县	298	1.04	0.86	0.87	1.74	0.83	0.77	0.28	0.28	0.40	0.57	1.21	2.98	7.55	8.05	4.29	27.01	0.88
		云梦县	152	1.01	0.37	0.94	1.47	0.36	1.03	0.47	0.47	0.51	0.64	1.31	1.62	1.79	2.04	0.23	−1.01	1.01

续表 2.9.27

单元名称			样本数	算术平均值	算术标准差	几何平均值	几何标准差	变异系数	中位值	最小值	累积频率分位值						最大值	偏度系数	峰度系数	背景值
			N	$\overline{X}$	S	X_g	S_g	CV	X_{me}	X_{min}	$X_{0.5\%}$	$X_{2.5\%}$	$X_{25\%}$	$X_{75\%}$	$X_{97.5\%}$	$X_{99.5\%}$	X_{max}	β_s	β_k	X'
行政县(市、区)	孝感市	大悟县	114	1.48	0.88	1.20	2.07	0.59	1.38	0.17	0.17	0.22	0.93	1.89	3.26	4.09	4.81	0.87	1.31	1.43
		安陆市	4394	1.21	1.28	0.93	1.88	1.05	0.77	0.08	0.28	0.43	0.61	1.25	5.32	8.04	17.09	4.01	22.75	0.83
		汉川市	415	1.69	0.60	1.58	1.48	0.36	1.60	0.34	0.39	0.54	1.30	2.08	2.95	3.67	4.13	0.60	0.97	1.66
		应城市	277	0.84	0.50	0.75	1.57	0.60	0.62	0.39	0.39	0.45	0.53	1.01	2.16	3.33	3.80	2.49	8.40	0.76
	黄冈市	黄冈市区	82	2.39	1.41	1.97	1.94	0.59	2.17	0.46	0.46	0.51	1.26	3.60	5.41	6.11	6.11	0.60	−0.50	1.97
		武穴市	2491	1.18	2.64	0.59	2.87	2.23	0.51	0.03	0.06	0.10	0.29	1.05	5.07	17.77	49.41	9.62	125.74	0.47
		麻城市	204	1.18	0.59	1.04	1.68	0.50	1.10	0.32	0.32	0.41	0.66	1.52	2.46	3.42	3.59	0.93	1.36	1.15
		团风县	219	2.51	1.14	2.27	1.59	0.45	2.39	0.56	0.56	0.73	1.82	2.92	6.07	6.32	6.40	1.30	2.62	2.31
		黄梅县	361	1.80	1.36	1.25	2.52	0.76	1.31	0.15	0.16	0.21	0.58	2.90	4.71	5.05	5.51	0.62	−0.84	1.80
		蕲春县	349	1.73	0.96	1.41	2.02	0.56	1.73	0.19	0.20	0.27	0.86	2.40	3.65	5.09	5.20	0.53	0.39	1.68
		浠水县	450	2.40	0.83	2.23	1.53	0.34	2.42	0.28	0.33	0.53	1.98	2.78	4.53	5.61	5.88	0.58	2.72	2.32
		罗田县	60	2.51	0.41	2.48	1.18	0.16	2.46	1.59	1.59	1.61	2.26	2.69	3.54	3.59	3.59	0.41	0.62	2.51
		红安县	31	1.32	0.58	1.21	1.56	0.44	1.25	0.46	0.46	0.46	0.84	1.54	2.57	2.59	2.59	0.77	−0.20	1.32
	咸宁市	咸安区	222	0.50	0.62	0.35	2.12	1.24	0.29	0.04	0.04	0.11	0.22	0.49	1.76	4.46	5.80	4.87	32.15	0.28
		嘉鱼县	1889	0.96	1.46	0.49	2.92	1.53	0.37	0.01	0.04	0.09	0.24	0.98	5.21	9.17	16.76	3.72	20.61	0.33
		赤壁市	309	0.80	1.03	0.51	2.38	1.29	0.43	0.06	0.07	0.13	0.28	0.75	3.98	6.05	6.70	3.13	11.28	0.41
	随州市	随县	5656	1.51	1.49	1.13	2.02	0.99	1.01	0.09	0.18	0.34	0.72	1.64	5.81	8.23	22.57	3.87	26.84	1.02
		曾都区	356	1.91	1.27	1.55	1.91	0.66	1.45	0.37	0.40	0.45	0.94	2.67	4.75	5.76	6.89	1.23	1.11	1.85
		广水市	657	1.54	0.94	1.34	1.67	0.61	1.25	0.29	0.33	0.56	0.95	1.84	4.30	5.61	7.02	2.05	5.40	1.36
	恩施州	恩施市	20 748	0.62	1.05	0.43	2.04	1.70	0.41	0.03	0.10	0.13	0.27	0.60	2.62	7.31	27.68	9.46	131.71	0.41
		宣恩县	11 191	0.50	0.93	0.36	2.03	1.86	0.35	0.03	0.07	0.10	0.23	0.53	1.82	5.42	33.23	15.12	347.10	0.36
		建始县	10 711	0.63	0.96	0.47	1.90	1.52	0.45	0.04	0.11	0.16	0.32	0.64	2.35	6.62	24.73	9.96	141.61	0.46
		利川市	19 338	0.63	1.12	0.43	2.11	1.77	0.41	0.04	0.10	0.12	0.26	0.61	2.91	7.97	34.20	9.52	142.92	0.42
		鹤峰县	6164	0.61	1.29	0.36	2.25	2.12	0.34	0.04	0.07	0.10	0.22	0.51	3.87	9.86	21.04	7.14	63.77	0.34
		来凤县	6509	0.38	0.75	0.24	2.25	1.99	0.22	0.01	0.04	0.07	0.14	0.39	1.41	5.63	15.53	9.35	117.94	0.25
		咸丰县	8734	0.43	1.04	0.27	2.17	2.41	0.24	0.04	0.07	0.08	0.16	0.40	1.96	7.35	30.41	13.24	266.61	0.26
		巴东县	11 621	0.99	2.01	0.61	2.19	2.03	0.55	0.07	0.13	0.19	0.38	0.79	5.92	14.38	38.86	7.74	81.50	0.54

注:CaO 的地球化学参数中,N 单位为件,$\overline{X}$、S、X_g、S_g、X_{me}、X_{min}、$X_{0.5\%}$、$X_{2.5\%}$、$X_{25\%}$、$X_{75\%}$、$X_{97.5\%}$、$X_{99.5\%}$、X_{max}、X'单位为%,CV、β_s、β_k 为无量纲。

表 2.9.28 表层土壤 Na_2O 地球化学参数表

单元名称		样本数	算术平均值	算术标准差	几何平均值	几何标准差	变异系数	中位值	最小值	累积频率分位值						最大值	偏度系数	峰度系数	背景值
		N	$\bar{X}$	S	X_g	S_g	CV	X_{me}	X_{min}	$X_{0.5\%}$	$X_{2.5\%}$	$X_{25\%}$	$X_{75\%}$	$X_{97.5\%}$	$X_{99.5\%}$	X_{max}	β_s	β_k	X'
全省		234 993	0.90	0.61	0.70	2.08	0.68	0.76	0.02	0.12	0.17	0.39	1.24	2.21	2.97	5.50	1.05	1.09	0.87
土壤类型	红壤	3783	0.61	0.66	0.43	2.15	1.08	0.37	0.05	0.09	0.14	0.26	0.59	2.77	3.21	4.10	2.40	5.17	0.36
	黄壤	17 488	0.34	0.25	0.29	1.62	0.75	0.28	0.04	0.10	0.13	0.21	0.39	0.83	1.67	4.31	6.85	76.30	0.30
	黄棕壤	67 724	0.58	0.53	0.46	1.90	0.91	0.43	0.03	0.11	0.16	0.30	0.64	2.34	3.28	5.50	3.12	11.96	0.44
	黄褐土	1428	1.00	0.40	0.89	1.70	0.40	1.11	0.13	0.18	0.25	0.76	1.24	1.62	2.35	4.26	0.15	3.41	0.99
	棕壤	8152	0.50	0.16	0.48	1.40	0.32	0.50	0.05	0.15	0.22	0.39	0.60	0.83	0.98	2.10	1.11	6.59	0.50
	暗棕壤	478	0.43	0.20	0.40	1.47	0.46	0.40	0.10	0.12	0.20	0.32	0.48	1.01	1.42	2.17	2.92	15.57	0.39
	石灰土	8893	0.50	0.28	0.44	1.63	0.57	0.45	0.05	0.11	0.17	0.32	0.60	1.17	1.88	4.68	3.53	28.23	0.46
	紫色土	6504	0.81	0.58	0.63	2.06	0.71	0.59	0.09	0.13	0.18	0.35	1.15	2.17	2.61	3.97	1.12	0.82	0.78
	草甸土	551	0.96	0.51	0.83	1.75	0.53	0.85	0.16	0.20	0.31	0.52	1.40	2.04	2.13	2.20	0.56	−0.91	0.96
	潮土	43 256	1.50	0.46	1.42	1.43	0.31	1.51	0.07	0.38	0.66	1.14	1.88	2.23	2.38	4.00	−0.09	−0.52	1.50
	沼泽土	392	0.80	0.38	0.72	1.62	0.47	0.74	0.18	0.23	0.25	0.51	1.00	1.76	2.02	2.11	0.96	0.86	0.78
	水稻土	76 333	1.06	0.51	0.94	1.71	0.48	1.00	0.02	0.16	0.24	0.76	1.29	2.21	2.92	5.25	0.98	2.01	1.03
土地利用类型	耕地	185 820	0.93	0.59	0.75	2.02	0.63	0.85	0.02	0.14	0.19	0.42	1.30	2.17	2.69	5.50	0.78	0.14	0.92
	园地	13 549	0.45	0.42	0.35	1.87	0.94	0.32	0.06	0.10	0.13	0.23	0.48	1.85	2.68	4.94	3.64	17.78	0.33
	林地	19 489	0.84	0.81	0.58	2.29	0.96	0.51	0.03	0.09	0.14	0.32	0.98	3.09	3.82	5.25	1.80	2.73	0.48
	草地	1933	0.60	0.51	0.48	1.92	0.85	0.46	0.06	0.09	0.14	0.32	0.64	2.18	3.07	3.52	2.62	7.74	0.45
	建设用地	2486	1.06	0.63	0.85	2.09	0.59	0.98	0.03	0.08	0.15	0.56	1.45	2.49	3.21	3.69	0.76	0.57	1.03
	水域	8299	1.04	0.46	0.95	1.58	0.44	0.95	0.07	0.20	0.33	0.74	1.27	2.10	2.74	4.39	1.26	3.35	1.02
	未利用地	3417	0.59	0.52	0.44	2.09	0.88	0.41	0.04	0.09	0.13	0.26	0.73	2.04	2.82	4.42	2.37	7.86	0.45
地质背景	第四系	104 475	1.27	0.48	1.17	1.56	0.38	1.19	0.04	0.19	0.38	0.93	1.62	2.19	2.36	4.26	0.32	−0.21	1.27
	新近系	151	0.84	0.20	0.81	1.35	0.23	0.88	0.14	0.14	0.34	0.74	0.98	1.15	1.16	1.49	−0.66	1.34	0.85
	古近系	1409	1.09	0.58	0.93	1.82	0.53	0.98	0.07	0.13	0.22	0.70	1.40	2.49	3.02	3.46	0.93	0.92	1.09
	白垩系	11 187	0.88	0.41	0.78	1.75	0.47	0.87	0.03	0.11	0.17	0.65	1.06	1.97	2.44	4.03	1.05	3.16	0.84
	侏罗系	4259	1.03	0.59	0.85	1.92	0.57	0.97	0.07	0.14	0.24	0.51	1.43	2.23	2.79	3.97	0.65	0.19	1.02
	三叠系	42 665	0.43	0.17	0.40	1.50	0.40	0.40	0.03	0.13	0.17	0.30	0.54	0.80	0.97	2.63	1.08	4.05	0.43
	二叠系	16 070	0.35	0.16	0.32	1.54	0.45	0.32	0.02	0.10	0.14	0.23	0.44	0.72	0.90	1.86	1.30	3.94	0.34
	石炭系	1013	0.38	0.16	0.35	1.49	0.43	0.35	0.05	0.11	0.17	0.27	0.45	0.76	1.11	1.74	2.14	10.11	0.36

续表 2.9.28

单元名称		样本数	算术平均值	算术标准差	几何平均值	几何标准差	变异系数	中位值	最小值	累积频率分位值						最大值	偏度系数	峰度系数	背景值
		N	$\bar{X}$	S	X_g	S_g	CV	X_{me}	X_{min}	$X_{0.5\%}$	$X_{2.5\%}$	$X_{25\%}$	$X_{75\%}$	$X_{97.5\%}$	$X_{99.5\%}$	X_{max}	β_s	β_k	X'
地质背景	泥盆系	2277	0.36	0.17	0.33	1.51	0.49	0.32	0.07	0.11	0.15	0.25	0.42	0.83	1.20	1.99	2.72	13.88	0.33
	志留系	20 051	0.48	0.30	0.41	1.73	0.63	0.41	0.04	0.10	0.15	0.27	0.62	1.03	2.06	4.47	3.29	23.65	0.45
	奥陶系	10 931	0.40	0.24	0.35	1.64	0.59	0.35	0.04	0.10	0.14	0.25	0.49	0.89	1.78	3.04	3.35	21.36	0.37
	寒武系	8528	0.53	0.43	0.42	1.91	0.81	0.37	0.06	0.11	0.15	0.26	0.65	1.70	2.56	5.00	2.56	9.89	0.44
	震旦系	3131	0.77	0.48	0.63	1.91	0.62	0.64	0.06	0.09	0.16	0.42	1.02	1.87	2.50	4.45	1.38	3.46	0.74
	南华系	2312	2.08	0.72	1.92	1.55	0.35	2.11	0.13	0.33	0.57	1.64	2.56	3.44	3.90	4.45	−0.10	−0.06	2.07
	青白口系—震旦系	308	2.46	0.72	2.32	1.49	0.29	2.53	0.21	0.27	0.77	2.09	2.89	3.71	3.93	4.34	−0.52	0.63	2.48
	青白口系	3132	1.31	0.99	0.95	2.35	0.75	0.91	0.04	0.10	0.18	0.49	2.10	3.39	4.09	5.50	0.80	−0.28	1.30
	中元古界	25	0.98	0.69	0.82	1.78	0.70	0.67	0.36	0.36	0.36	0.53	1.10	2.63	2.81	2.81	1.65	1.80	0.98
	滹沱系—太古宇	282	2.53	0.59	2.44	1.33	0.24	2.63	0.51	0.51	1.14	2.19	2.90	3.50	3.85	3.91	−0.64	0.47	2.55
	侵入岩	2515	2.26	0.96	1.95	1.90	0.43	2.41	0.08	0.17	0.31	1.63	2.91	4.07	4.45	5.08	−0.29	−0.33	2.26
	脉岩	14	1.95	0.97	1.54	2.39	0.50	1.99	0.21	0.21	0.21	1.44	2.70	3.41	3.41	3.41	−0.56	−0.43	1.95
	变质岩	258	1.73	0.58	1.61	1.49	0.33	1.73	0.29	0.29	0.54	1.31	2.13	2.89	3.16	3.25	0.003 7	−0.25	1.73
成土母质	第四系沉积物	101 004	1.29	0.47	1.19	1.53	0.37	1.20	0.03	0.20	0.44	0.94	1.64	2.19	2.35	4.26	0.34	−0.22	1.29
	碎屑岩风化物	41 821	0.71	0.53	0.56	1.99	0.75	0.55	0.04	0.11	0.16	0.33	0.92	2.16	2.98	5.50	1.96	5.61	0.61
	碎屑岩风化物(黑色岩系)	3384	0.42	0.36	0.34	1.77	0.86	0.33	0.06	0.10	0.13	0.24	0.45	1.67	2.37	3.77	3.69	16.99	0.34
	碳酸盐岩风化物	48 403	0.48	0.29	0.42	1.63	0.61	0.42	0.03	0.12	0.17	0.31	0.57	1.21	2.19	4.50	3.64	22.98	0.43
	碳酸盐岩风化物(黑色岩系)	17 509	0.36	0.19	0.32	1.56	0.52	0.32	0.02	0.11	0.14	0.23	0.44	0.74	1.07	4.68	4.28	53.32	0.34
	变质岩风化物	20 365	0.74	0.72	0.53	2.18	0.97	0.48	0.04	0.11	0.15	0.30	0.78	2.86	3.45	5.25	2.05	3.72	0.46
	火山岩风化物	177	1.75	0.95	1.48	1.85	0.54	1.60	0.22	0.22	0.43	0.93	2.44	3.73	4.29	4.37	0.52	−0.58	1.75
	侵入岩风化物	2329	2.32	0.89	2.09	1.67	0.38	2.45	0.14	0.26	0.50	1.71	2.91	4.07	4.44	5.08	−0.17	−0.29	2.31
地形地貌	平原	109 211	1.25	0.48	1.15	1.54	0.38	1.15	0.05	0.24	0.42	0.90	1.60	2.18	2.35	4.45	0.41	−0.30	1.25
	洪湖湖区	389	1.10	0.30	1.06	1.31	0.27	1.04	0.61	0.64	0.68	0.84	1.36	1.64	1.76	1.89	0.31	−1.12	1.10
	丘陵低山	32 037	1.06	0.79	0.81	2.13	0.74	0.82	0.03	0.10	0.17	0.51	1.35	3.08	3.79	5.50	1.39	1.66	0.99
	中山	2737	0.52	0.48	0.43	1.74	0.92	0.42	0.09	0.14	0.18	0.30	0.56	2.13	3.46	4.27	4.36	22.60	0.42
	高山	90 619	0.42	0.25	0.37	1.62	0.60	0.36	0.02	0.11	0.15	0.27	0.50	1.04	1.84	3.97	3.39	19.87	0.38

续表 2.9.28

单元名称			样本数 N	算术平均值 $\bar{X}$	算术标准差 S	几何平均值 X_g	几何标准差 S_g	变异系数 CV	中位值 X_{me}	最小值 X_{min}	累积频率分位值						最大值 X_{max}	偏度系数 β_s	峰度系数 β_k	背景值 X'
											$X_{0.5\%}$	$X_{2.5\%}$	$X_{25\%}$	$X_{75\%}$	$X_{97.5\%}$	$X_{99.5\%}$				
行政市（州）		武汉市	4109	1.20	0.68	1.04	1.69	0.57	1.02	0.13	0.25	0.33	0.78	1.39	3.23	3.75	4.45	1.71	3.24	1.03
		襄阳市	6372	1.21	0.53	1.08	1.63	0.44	1.18	0.09	0.23	0.35	0.86	1.47	2.27	3.02	4.42	0.80	2.04	1.18
		宜昌市	1479	0.86	0.70	0.71	1.78	0.81	0.67	0.12	0.19	0.29	0.48	0.88	3.21	4.17	4.68	2.70	7.76	0.65
		黄石市	881	0.57	0.47	0.44	1.98	0.83	0.38	0.12	0.14	0.17	0.26	0.69	1.87	2.38	2.72	1.81	2.89	0.38
		十堰市	3927	1.31	0.77	1.11	1.80	0.59	1.02	0.08	0.18	0.33	0.77	1.79	3.14	3.77	4.54	1.09	0.62	1.28
		荆州市	17 689	1.11	0.33	1.06	1.34	0.30	1.05	0.14	0.50	0.59	0.86	1.32	1.85	2.09	2.42	0.64	0.08	1.10
		荆门市	51 822	1.02	0.47	0.91	1.67	0.46	0.96	0.06	0.16	0.27	0.70	1.21	2.10	2.25	4.45	0.73	0.34	1.01
		鄂州市	403	0.85	0.57	0.72	1.74	0.67	0.75	0.16	0.19	0.25	0.56	0.96	2.64	3.69	4.10	2.61	8.74	0.71
		孝感市	5645	1.15	0.54	1.05	1.56	0.47	0.99	0.08	0.22	0.45	0.82	1.35	2.56	3.31	4.34	1.62	3.49	1.08
		黄冈市	3947	1.21	1.05	0.71	3.14	0.87	0.86	0.03	0.06	0.09	0.24	2.11	3.28	3.70	4.35	0.64	−0.96	1.21
		咸宁市	2420	0.45	0.26	0.38	1.76	0.58	0.37	0.05	0.08	0.12	0.26	0.56	1.10	1.32	1.44	1.22	1.05	0.43
		随州市	6337	1.75	0.88	1.49	1.87	0.50	1.69	0.08	0.15	0.32	1.04	2.40	3.54	4.36	5.50	0.42	−0.22	1.74
		恩施州	92 732	0.42	0.25	0.37	1.62	0.59	0.36	0.02	0.11	0.15	0.27	0.50	1.02	1.81	3.97	3.26	18.54	0.38
		仙桃市	12 226	1.46	0.40	1.40	1.34	0.27	1.46	0.50	0.64	0.74	1.14	1.76	2.18	2.30	2.55	0.03	−0.84	1.46
		天门市	9542	1.66	0.46	1.58	1.37	0.27	1.75	0.11	0.68	0.79	1.25	2.05	2.27	2.36	2.66	−0.47	−0.98	1.66
		潜江市	15 462	1.50	0.41	1.44	1.35	0.27	1.50	0.11	0.65	0.75	1.17	1.83	2.20	2.30	3.69	−0.05	−0.87	1.50
行政县（市、区）	武汉市	武汉市区	744	0.66	0.32	0.59	1.63	0.48	0.59	0.16	0.19	0.25	0.40	0.84	1.40	1.58	1.67	0.82	−0.01	0.66
		蔡甸区	2305	1.09	0.33	1.04	1.36	0.31	1.04	0.13	0.44	0.59	0.84	1.30	1.84	2.05	2.23	0.63	0.01	1.09
		黄陂区	573	1.96	0.93	1.73	1.68	0.47	1.85	0.36	0.62	0.68	1.12	2.70	3.77	4.09	4.45	0.34	−1.01	1.96
		东西湖区	125	1.00	0.31	0.96	1.35	0.31	0.94	0.51	0.51	0.57	0.76	1.16	1.70	1.72	1.84	0.74	−0.19	1.00
		新洲区	362	1.79	0.96	1.55	1.73	0.54	1.44	0.48	0.50	0.62	0.98	2.77	3.63	3.96	4.37	0.61	−1.00	1.79
	襄阳市	襄阳市区	912	1.34	0.32	1.31	1.25	0.24	1.27	0.62	0.74	0.89	1.11	1.43	2.10	2.28	2.45	1.07	0.84	1.33
		枣阳市	816	1.49	0.62	1.39	1.43	0.41	1.28	0.44	0.47	0.74	1.11	1.73	3.32	4.11	4.42	1.94	4.83	1.39
		老河口市	265	1.21	0.29	1.18	1.29	0.24	1.24	0.49	0.49	0.63	1.06	1.32	1.92	2.02	2.03	0.38	1.05	1.21
		宜城市	2299	1.31	0.39	1.25	1.38	0.30	1.26	0.09	0.41	0.58	1.05	1.55	2.08	2.28	3.07	0.37	0.09	1.31
		谷城县	222	1.91	0.51	1.84	1.32	0.26	1.90	0.78	0.78	1.06	1.55	2.25	2.96	3.20	3.23	0.20	−0.41	1.91
		南漳县	1858	0.79	0.46	0.69	1.70	0.58	0.64	0.09	0.16	0.26	0.48	0.94	2.04	2.30	2.77	1.44	1.52	0.66

· 293 ·

续表 2.9.28

单元名称			样本数	算术平均值	算术标准差	几何平均值	几何标准差	变异系数	中位值	最小值	累积频率分位值						最大值	偏度系数	峰度系数	背景值
			N	$\bar{X}$	S	X_g	S_g	CV	X_{me}	X_{min}	$X_{0.5\%}$	$X_{2.5\%}$	$X_{25\%}$	$X_{75\%}$	$X_{97.5\%}$	$X_{99.5\%}$	X_{max}	β_s	β_k	X'
行政县（市、区）	宜昌市	宜昌市辖区	233	1.32	1.23	0.87	2.48	0.94	0.73	0.12	0.12	0.18	0.43	1.96	4.18	4.50	4.68	1.21	0.10	1.32
		宜都市	75	0.55	0.21	0.52	1.47	0.37	0.51	0.19	0.19	0.21	0.41	0.69	0.96	0.97	0.97	0.40	−0.79	0.55
		枝江市	375	0.72	0.25	0.68	1.45	0.34	0.74	0.22	0.28	0.32	0.50	0.92	1.18	1.22	1.30	0.13	−1.02	0.72
		当阳市	284	0.74	0.13	0.72	1.19	0.17	0.74	0.42	0.42	0.49	0.65	0.81	1.00	1.10	1.29	0.37	0.94	0.73
		秭归县	478	0.90	0.75	0.69	1.94	0.84	0.55	0.20	0.20	0.30	0.43	1.04	2.92	3.35	3.68	1.67	1.75	0.50
		长阳土家族自治县	34	0.62	0.16	0.59	1.32	0.25	0.61	0.30	0.30	0.30	0.48	0.74	0.85	0.86	0.86	−0.22	−0.93	0.62
	黄石市	黄石市区	47	0.67	0.44	0.54	1.92	0.65	0.46	0.20	0.20	0.20	0.28	0.98	1.63	1.87	1.87	0.94	−0.04	0.67
		大冶市	382	0.57	0.45	0.46	1.86	0.79	0.42	0.14	0.15	0.18	0.30	0.63	1.91	2.44	2.63	2.14	4.55	0.41
		阳新县	452	0.56	0.50	0.42	2.08	0.88	0.33	0.12	0.12	0.16	0.23	0.71	1.87	2.31	2.72	1.68	2.17	0.44
	十堰市	茅箭区	63	2.79	0.34	2.77	1.14	0.12	2.81	1.94	1.94	2.10	2.57	3.03	3.26	3.43	3.43	−0.35	−0.48	2.79
		郧阳区	118	1.53	0.72	1.33	1.80	0.47	1.40	0.19	0.19	0.29	0.90	2.09	2.76	3.02	3.11	0.10	−1.01	1.53
		丹江口市	570	1.91	0.83	1.69	1.74	0.43	2.12	0.14	0.40	0.51	1.10	2.54	3.36	3.59	3.86	−0.23	−1.07	1.91
		竹溪县	1169	1.39	0.85	1.15	1.90	0.61	1.12	0.08	0.14	0.27	0.77	1.85	3.56	4.23	4.54	1.12	0.92	1.33
		竹山县	2007	1.03	0.50	0.92	1.61	0.49	0.90	0.10	0.20	0.32	0.72	1.19	2.37	2.89	4.13	1.44	2.75	0.97
	荆州市	荆州市区	374	0.96	0.15	0.94	1.18	0.16	0.96	0.53	0.55	0.63	0.87	1.04	1.29	1.43	1.46	0.15	0.96	0.95
		洪湖市	12 277	1.14	0.34	1.09	1.35	0.30	1.10	0.25	0.54	0.60	0.87	1.38	1.92	2.13	2.42	0.56	−0.15	1.14
		监利市	3493	1.10	0.28	1.07	1.28	0.25	1.06	0.49	0.61	0.69	0.89	1.29	1.70	1.82	1.96	0.52	−0.44	1.10
		石首市	345	0.92	0.13	0.91	1.16	0.14	0.91	0.44	0.53	0.61	0.84	0.99	1.19	1.25	1.31	−0.06	0.87	0.92
		松滋市	373	0.72	0.22	0.68	1.38	0.31	0.65	0.14	0.26	0.40	0.52	0.91	1.11	1.16	1.26	0.33	−1.04	0.72
		江陵县	270	1.07	0.17	1.06	1.17	0.16	1.07	0.72	0.72	0.77	0.94	1.18	1.41	1.46	1.50	0.21	−0.58	1.07
		公安县	557	0.87	0.13	0.86	1.17	0.15	0.86	0.34	0.43	0.64	0.79	0.94	1.15	1.25	1.29	0.09	1.23	0.87
	荆门市	荆门市区	282	0.90	0.23	0.87	1.31	0.26	0.86	0.22	0.22	0.46	0.77	1.00	1.44	1.53	1.60	0.58	0.90	0.90
		沙洋县	12 991	1.08	0.31	1.04	1.31	0.29	1.03	0.09	0.41	0.63	0.91	1.16	2.00	2.17	2.37	1.44	2.77	1.01
		钟祥市	22 402	1.16	0.49	1.05	1.60	0.42	1.05	0.08	0.21	0.36	0.81	1.49	2.16	2.27	4.45	0.49	−0.47	1.16
		京山市	14 404	0.77	0.44	0.66	1.77	0.57	0.69	0.06	0.12	0.19	0.47	0.95	1.99	2.30	3.91	1.46	2.99	0.69
		屈家岭管理区	1883	0.84	0.47	0.72	1.74	0.56	0.67	0.09	0.15	0.25	0.50	1.12	1.84	1.93	1.98	0.93	−0.39	0.84
	孝感市	孝南区	245	1.15	0.46	1.07	1.43	0.40	1.01	0.50	0.50	0.60	0.84	1.31	2.41	2.71	3.09	1.47	2.09	1.06
		孝昌县	298	1.57	0.66	1.45	1.47	0.42	1.36	0.52	0.52	0.81	1.06	1.92	3.19	3.86	3.88	1.17	0.87	1.54
		云梦县	152	1.51	0.52	1.43	1.38	0.34	1.31	0.75	0.75	0.91	1.09	1.86	2.55	2.99	3.07	0.89	−0.11	1.50

续表 2.9.28

单元名称			样本数	算术平均值	算术标准差	几何平均值	几何标准差	变异系数	中位值	最小值	累积频率分位值						最大值	偏度系数	峰度系数	背景值
			N	$\bar{X}$	S	X_g	S_g	CV	X_{me}	X_{min}	$X_{0.5\%}$	$X_{2.5\%}$	$X_{25\%}$	$X_{75\%}$	$X_{97.5\%}$	$X_{99.5\%}$	X_{max}	β_s	β_k	X'
行政县(市、区)	孝感市	大悟县	114	2.87	0.55	2.82	1.22	0.19	2.84	1.39	1.39	1.78	2.48	3.22	3.86	4.27	4.34	0.14	−0.05	2.87
		安陆市	4144	1.08	0.46	0.99	1.54	0.43	0.96	0.08	0.18	0.38	0.80	1.26	2.26	2.61	3.77	1.17	1.63	1.05
		汉川市	415	1.10	0.33	1.06	1.34	0.30	1.04	0.37	0.50	0.64	0.86	1.30	1.83	2.20	2.69	0.95	1.11	1.09
		应城市	277	0.89	0.23	0.87	1.25	0.25	0.89	0.49	0.49	0.57	0.76	0.99	1.29	2.35	2.40	2.73	15.07	0.87
	黄冈市	黄冈市区	82	1.27	0.68	1.14	1.57	0.53	1.07	0.40	0.40	0.52	0.83	1.46	3.24	3.60	3.60	1.73	2.70	1.09
		武穴市	2191	0.56	0.64	0.34	2.57	1.15	0.27	0.03	0.05	0.08	0.13	0.64	2.48	3.06	3.80	2.11	4.41	0.28
		麻城市	204	2.14	0.81	1.96	1.56	0.38	2.19	0.70	0.70	0.74	1.43	2.77	3.47	3.71	3.80	−0.06	−1.04	2.14
		团风县	219	2.43	0.86	2.24	1.56	0.35	2.63	0.66	0.66	0.72	1.84	3.06	3.85	4.03	4.35	−0.45	−0.70	2.43
		黄梅县	361	1.14	0.46	1.03	1.66	0.41	1.18	0.14	0.21	0.26	0.75	1.45	2.20	2.41	2.82	0.18	0.20	1.14
		蕲春县	349	2.06	0.80	1.83	1.76	0.39	2.22	0.17	0.18	0.33	1.51	2.66	3.30	3.50	3.74	−0.50	−0.54	2.06
		浠水县	450	2.44	0.66	2.31	1.44	0.27	2.63	0.30	0.45	0.96	2.14	2.88	3.33	3.46	3.85	−0.96	0.30	2.46
		罗田县	60	2.90	0.31	2.88	1.12	0.11	2.89	1.97	1.97	2.31	2.67	3.07	3.56	3.62	3.62	−0.05	0.65	2.90
		红安县	31	2.73	0.51	2.68	1.23	0.19	2.78	1.53	1.53	1.53	2.47	3.03	3.54	3.62	3.62	−0.48	−0.15	2.73
	咸宁市	咸安区	222	0.23	0.09	0.22	1.40	0.37	0.21	0.07	0.07	0.12	0.18	0.25	0.46	0.54	0.59	1.64	3.15	0.21
		嘉鱼县	1889	0.49	0.26	0.43	1.73	0.54	0.41	0.05	0.08	0.13	0.32	0.63	1.13	1.33	1.44	1.06	0.65	0.48
		赤壁市	309	0.33	0.18	0.29	1.60	0.56	0.27	0.08	0.08	0.12	0.22	0.37	0.90	1.00	1.14	1.92	3.80	0.28
	随州市	随县	5324	1.67	0.90	1.40	1.92	0.54	1.51	0.08	0.14	0.29	0.95	2.33	3.57	4.40	5.50	0.60	−0.03	1.64
		曾都区	356	1.88	0.51	1.80	1.34	0.27	1.87	0.61	0.65	0.86	1.55	2.20	2.87	3.36	3.61	0.26	0.50	1.86
		广水市	657	2.39	0.58	2.31	1.31	0.24	2.43	0.56	0.86	1.21	2.00	2.78	3.54	3.86	4.29	−0.12	−0.01	2.39
	恩施州	恩施市	20 212	0.38	0.16	0.35	1.49	0.43	0.35	0.05	0.13	0.17	0.27	0.46	0.76	1.06	2.43	1.63	5.74	0.37
		宣恩县	10 152	0.31	0.14	0.29	1.49	0.45	0.28	0.06	0.11	0.14	0.22	0.37	0.67	0.98	1.50	2.19	8.81	0.30
		建始县	10 711	0.44	0.16	0.41	1.47	0.36	0.43	0.02	0.13	0.18	0.32	0.55	0.77	0.88	1.57	0.45	0.23	0.44
		利川市	19 338	0.54	0.39	0.45	1.72	0.73	0.42	0.07	0.14	0.18	0.32	0.57	1.76	2.23	3.97	2.55	7.73	0.41
		鹤峰县	5933	0.37	0.22	0.33	1.55	0.61	0.32	0.05	0.10	0.15	0.25	0.42	0.84	1.68	3.48	4.99	41.72	0.33
		来凤县	6031	0.31	0.16	0.27	1.64	0.53	0.27	0.04	0.09	0.11	0.19	0.39	0.71	0.97	1.49	1.56	3.96	0.30
		咸丰县	8734	0.33	0.17	0.30	1.58	0.52	0.28	0.06	0.11	0.14	0.22	0.39	0.81	0.96	2.24	1.70	4.14	0.30
		巴东县	11 621	0.49	0.17	0.46	1.46	0.36	0.48	0.05	0.14	0.19	0.36	0.60	0.83	1.03	2.22	0.81	3.31	0.48

注：Na_2O 的地球化学参数中，N 单位为件，$\overline{X}$、S、X_g、S_g、X_{me}、X_{min}、$X_{0.5\%}$、$X_{2.5\%}$、$X_{25\%}$、$X_{75\%}$、$X_{97.5\%}$、$X_{99.5\%}$、X_{max}、X' 单位为%，CV、β_s、β_k 为无量纲。

表 2.9.29 表层土壤 K_2O 地球化学参数表

单元名称		样本数	算术平均值	算术标准差	几何平均值	几何标准差	变异系数	中位值	最小值	累积频率分位值						最大值	偏度系数	峰度系数	背景值
		N	$\bar{X}$	S	X_g	S_g	CV	X_{me}	X_{min}	$X_{0.5\%}$	$X_{2.5\%}$	$X_{25\%}$	$X_{75\%}$	$X_{97.5\%}$	$X_{99.5\%}$	X_{max}	β_s	β_k	X'
全省		242 948	2.41	0.62	2.33	1.32	0.25	2.42	0.08	0.88	1.24	1.98	2.83	3.68	4.19	8.20	0.21	0.66	2.40
土壤类型	红壤	3783	2.11	0.58	2.03	1.32	0.28	1.95	0.27	0.75	1.17	1.73	2.44	3.51	4.00	5.24	0.86	1.13	2.08
	黄壤	17 857	2.49	0.80	2.34	1.44	0.32	2.50	0.33	0.74	0.99	1.90	3.08	3.92	4.32	6.80	−0.01	−0.45	2.48
	黄棕壤	69 303	2.39	0.73	2.27	1.39	0.31	2.33	0.16	0.76	1.06	1.91	2.85	3.93	4.46	7.94	0.39	0.43	2.38
	黄褐土	1428	2.28	0.53	2.22	1.25	0.23	2.18	0.78	0.97	1.37	2.00	2.38	3.82	4.10	4.46	1.34	2.84	2.16
	棕壤	8885	2.32	0.57	2.24	1.30	0.25	2.32	0.34	0.93	1.25	1.93	2.68	3.50	4.02	4.92	0.22	0.35	2.31
	暗棕壤	478	2.51	0.72	2.39	1.38	0.29	2.35	0.24	0.60	1.12	2.05	2.98	3.92	4.37	4.45	0.25	−0.09	2.51
	石灰土	9394	2.49	0.64	2.40	1.33	0.26	2.48	0.18	0.80	1.20	2.10	2.84	3.89	4.65	6.01	0.40	1.65	2.47
	紫色土	6755	2.50	0.56	2.44	1.25	0.22	2.46	0.70	1.32	1.59	2.08	2.85	3.77	4.26	5.78	0.57	0.58	2.48
	草甸土	554	2.45	0.42	2.41	1.21	0.17	2.47	1.14	1.19	1.45	2.23	2.76	3.16	3.30	3.61	−0.54	0.36	2.46
	潮土	45 774	2.59	0.38	2.56	1.17	0.15	2.62	0.42	1.55	1.82	2.33	2.89	3.22	3.34	8.08	−0.27	0.79	2.60
	沼泽土	392	2.73	0.41	2.70	1.17	0.15	2.78	1.60	1.61	1.88	2.52	2.99	3.58	3.93	4.32	−0.16	0.92	2.72
	水稻土	78 334	2.32	0.54	2.26	1.27	0.23	2.31	0.08	1.15	1.43	1.87	2.75	3.27	3.79	8.20	0.21	−0.11	2.32
土地利用类型	耕地	191 941	2.39	0.59	2.32	1.30	0.25	2.40	0.17	0.93	1.28	1.97	2.80	3.58	4.09	8.08	0.19	0.57	2.39
	园地	14 180	2.49	0.81	2.34	1.45	0.32	2.46	0.08	0.69	1.00	1.90	3.07	4.02	4.40	6.34	0.11	−0.40	2.49
	林地	20 390	2.40	0.70	2.30	1.37	0.29	2.37	0.18	0.72	1.10	1.94	2.81	3.87	4.64	8.20	0.48	1.35	2.38
	草地	1947	2.48	0.70	2.37	1.36	0.28	2.46	0.58	0.81	1.13	2.02	2.90	3.95	4.47	5.46	0.24	0.30	2.47
	建设用地	2492	2.36	0.50	2.31	1.26	0.21	2.37	0.51	0.89	1.38	2.03	2.70	3.29	3.81	6.15	0.16	1.82	2.36
	水域	8499	2.64	0.46	2.60	1.22	0.17	2.73	0.51	1.30	1.62	2.38	2.98	3.34	3.53	4.98	−0.73	0.32	2.65
	未利用地	3499	2.66	0.80	2.51	1.43	0.30	2.68	0.24	0.71	1.03	2.14	3.21	4.14	4.45	7.13	−0.10	−0.004 5	2.65
地质背景	第四系	108 245	2.43	0.49	2.37	1.24	0.20	2.49	0.08	1.29	1.50	2.04	2.82	3.19	3.33	8.08	−0.28	−0.52	2.43
	新近系	151	2.13	0.22	2.11	1.11	0.11	2.14	1.53	1.53	1.62	2.01	2.27	2.57	2.78	2.93	−0.03	1.14	2.12
	古近系	1436	2.25	0.48	2.20	1.21	0.21	2.16	0.99	1.42	1.59	1.95	2.40	3.44	4.65	5.26	2.00	6.89	2.25
	白垩系	11 433	2.11	0.41	2.07	1.22	0.20	2.04	0.36	1.03	1.39	1.86	2.30	3.13	3.63	4.98	0.91	2.68	2.08
	侏罗系	4284	2.43	0.48	2.38	1.24	0.20	2.46	0.63	1.19	1.45	2.11	2.75	3.35	3.70	4.59	−0.09	0.11	2.43
	三叠系	43 820	2.50	0.56	2.44	1.26	0.22	2.46	0.27	1.03	1.46	2.14	2.83	3.71	4.24	6.17	0.38	1.03	2.49
	二叠系	16 951	1.76	0.60	1.66	1.41	0.34	1.67	0.19	0.63	0.83	1.32	2.11	3.11	3.73	6.80	0.79	0.98	1.73
	石炭系	1097	1.94	0.59	1.85	1.37	0.30	1.90	0.40	0.55	0.92	1.56	2.22	3.20	4.37	4.72	0.79	1.85	1.91

续表 2.9.29

单元名称		样本数	算术平均值	算术标准差	几何平均值	几何标准差	变异系数	中位值	最小值	累积频率分位值						最大值	偏度系数	峰度系数	背景值
		N	$\bar{X}$	S	X_g	S_g	CV	X_{me}	X_{min}	$X_{0.5\%}$	$X_{2.5\%}$	$X_{25\%}$	$X_{75\%}$	$X_{97.5\%}$	$X_{99.5\%}$	X_{max}	β_s	β_k	X'
地质背景	泥盆系	2447	1.93	0.63	1.83	1.41	0.33	1.88	0.24	0.63	0.88	1.49	2.30	3.38	3.78	5.55	0.62	0.63	1.92
	志留系	20 610	2.66	0.69	2.57	1.32	0.26	2.65	0.34	1.02	1.39	2.13	3.19	3.91	4.20	7.94	0.03	−0.43	2.66
	奥陶系	11 151	2.97	0.75	2.86	1.34	0.25	3.00	0.46	0.92	1.34	2.49	3.53	4.25	4.72	8.20	−0.22	0.36	2.97
	寒武系	9043	2.66	0.75	2.55	1.34	0.28	2.58	0.34	0.87	1.34	2.17	3.07	4.39	5.26	7.13	0.70	1.58	2.62
	震旦系	3237	2.14	0.59	2.06	1.35	0.28	2.07	0.17	0.55	1.02	1.81	2.39	3.54	4.47	6.54	1.03	4.10	2.10
	南华系	2316	2.20	0.59	2.12	1.32	0.27	2.16	0.36	0.70	1.11	1.84	2.51	3.44	4.61	5.76	0.85	3.63	2.17
	青白口系—震旦系	308	2.25	0.59	2.18	1.28	0.26	2.19	0.91	1.15	1.35	1.84	2.51	3.68	4.28	5.48	1.30	3.68	2.21
	青白口系	3132	2.15	0.57	2.07	1.35	0.26	2.10	0.18	0.58	0.97	1.87	2.40	3.48	4.23	6.22	0.80	4.45	2.12
	中元古界	25	2.06	0.53	1.97	1.40	0.26	2.10	0.60	0.60	0.60	1.81	2.35	2.93	3.04	3.04	−0.70	1.48	2.06
	滹沱系—太古宇	282	2.36	0.47	2.31	1.24	0.20	2.37	0.84	0.84	1.28	2.06	2.67	3.26	3.68	3.99	−0.09	0.75	2.36
	侵入岩	2558	2.44	0.74	2.31	1.42	0.30	2.44	0.16	0.59	1.00	1.97	2.93	3.86	4.44	5.61	0.08	0.21	2.44
	脉岩	14	2.46	0.61	2.39	1.28	0.25	2.48	1.53	1.53	1.53	1.95	2.67	3.84	3.84	3.84	0.77	0.94	2.46
	变质岩	408	2.30	0.69	2.19	1.36	0.30	2.16	0.55	0.82	1.06	1.81	2.75	3.84	4.13	5.72	0.70	1.07	2.29
成土母质	第四系沉积物	104 667	2.44	0.48	2.39	1.24	0.20	2.51	0.08	1.31	1.51	2.06	2.83	3.19	3.32	8.08	−0.33	−0.58	2.44
	碎屑岩风化物	42 690	2.35	0.64	2.26	1.33	0.27	2.23	0.18	0.87	1.24	1.91	2.74	3.76	4.18	6.02	0.55	0.33	2.34
	碎屑岩风化物(黑色岩系)	3691	2.70	0.77	2.57	1.39	0.29	2.72	0.50	0.80	1.09	2.20	3.24	4.11	4.59	5.35	−0.11	−0.23	2.70
	碳酸盐岩风化物	50 129	2.49	0.59	2.42	1.28	0.24	2.43	0.17	1.02	1.46	2.10	2.82	3.82	4.45	8.20	0.68	2.06	2.47
	碳酸盐岩风化物(黑色岩系)	18 045	1.83	0.69	1.70	1.45	0.38	1.70	0.19	0.61	0.83	1.33	2.20	3.49	4.33	6.15	1.07	1.85	1.78
	变质岩风化物	21 149	2.68	0.74	2.57	1.35	0.27	2.64	0.16	0.86	1.29	2.15	3.23	4.04	4.42	7.94	0.11	−0.06	2.68
	火山岩风化物	177	2.40	0.79	2.26	1.43	0.33	2.33	0.67	0.67	1.04	1.79	3.01	3.83	4.37	4.89	0.27	−0.30	2.38
	侵入岩风化物	2399	2.49	0.73	2.37	1.38	0.29	2.46	0.50	0.72	1.07	2.03	2.95	3.91	4.65	5.76	0.21	0.55	2.47
地形地貌	平原	112 999	2.42	0.49	2.36	1.24	0.20	2.47	0.08	1.35	1.53	2.02	2.81	3.20	3.35	8.08	−0.15	−0.46	2.42
	洪湖湖区	389	2.68	0.29	2.66	1.12	0.11	2.71	1.86	1.91	2.15	2.43	2.90	3.17	3.20	3.27	−0.22	−0.70	2.68
	丘陵低山	33 920	2.27	0.61	2.19	1.32	0.27	2.20	0.16	0.79	1.20	1.89	2.60	3.67	4.45	8.20	0.83	2.53	2.24
	中山	2737	2.77	0.61	2.69	1.27	0.22	2.76	0.49	1.11	1.50	2.40	3.16	4.01	4.37	6.01	0.01	0.73	2.77
	高山	92 903	2.45	0.74	2.33	1.40	0.30	2.43	0.19	0.78	1.06	1.97	2.93	3.92	4.36	7.94	0.17	0.06	2.44

续表 2.9.29

单元名称		样本数 N	算术平均值 $\bar{X}$	算术标准差 S	几何平均值 X_g	几何标准差 S_g	变异系数 CV	中位值 X_{me}	最小值 X_{min}	累积频率分位值						最大值 X_{max}	偏度系数 β_s	峰度系数 β_k	背景值 X'
										$X_{0.5\%}$	$X_{2.5\%}$	$X_{25\%}$	$X_{75\%}$	$X_{97.5\%}$	$X_{99.5\%}$				
行政市（州）	武汉市	4109	2.40	0.62	2.32	1.32	0.26	2.56	0.55	1.04	1.36	1.80	2.96	3.24	3.33	5.48	−0.27	−1.08	2.40
	襄阳市	7131	2.48	0.42	2.44	1.19	0.17	2.44	0.63	1.46	1.76	2.18	2.76	3.33	3.89	5.76	0.61	2.36	2.47
	宜昌市	1479	2.22	0.47	2.17	1.24	0.21	2.13	0.60	1.10	1.47	1.87	2.54	3.23	3.61	5.43	0.64	1.50	2.22
	黄石市	881	2.12	0.44	2.07	1.23	0.21	2.05	0.95	1.16	1.46	1.77	2.40	3.08	3.25	3.61	0.53	−0.28	2.11
	十堰市	4162	2.53	0.81	2.39	1.43	0.32	2.49	0.34	0.67	0.98	2.02	3.03	4.20	4.89	7.08	0.33	0.66	2.51
	荆州市	18 052	2.68	0.32	2.66	1.13	0.12	2.71	1.56	1.76	1.97	2.47	2.92	3.24	3.39	4.03	−0.39	0.04	2.68
	荆门市	53 487	2.19	0.53	2.13	1.27	0.24	2.07	0.08	1.16	1.44	1.79	2.54	3.27	3.96	8.20	0.93	2.23	2.17
	鄂州市	403	2.20	0.46	2.16	1.23	0.21	2.13	1.20	1.27	1.44	1.88	2.51	3.11	3.54	3.55	0.48	−0.20	2.20
	孝感市	5895	2.05	0.39	2.02	1.19	0.19	1.96	0.59	1.30	1.52	1.82	2.16	3.06	3.56	5.63	1.62	4.85	1.99
	黄冈市	4247	2.06	0.57	1.98	1.33	0.27	2.07	0.33	0.86	1.11	1.61	2.46	3.19	3.85	5.24	0.39	0.47	2.04
	咸宁市	2420	2.06	0.47	2.01	1.25	0.23	1.91	0.51	1.03	1.39	1.75	2.31	3.09	3.23	4.09	0.83	0.26	2.06
	随州市	6669	2.16	0.53	2.09	1.31	0.24	2.13	0.18	0.67	1.08	1.88	2.42	3.38	3.83	5.97	0.41	2.01	2.15
	恩施州	95 016	2.46	0.74	2.34	1.39	0.30	2.44	0.19	0.78	1.06	1.98	2.94	3.92	4.36	7.94	0.16	0.05	2.45
	仙桃市	13 430	2.68	0.29	2.67	1.12	0.11	2.70	0.85	1.90	2.08	2.48	2.90	3.19	3.28	3.46	−0.42	0.48	2.69
	天门市	10 105	2.55	0.41	2.51	1.18	0.16	2.54	1.41	1.66	1.82	2.22	2.88	3.26	3.36	3.56	0.003 5	−0.91	2.55
	潜江市	15 462	2.65	0.31	2.63	1.13	0.12	2.67	0.42	1.80	2.03	2.43	2.89	3.16	3.24	3.39	−0.37	−0.07	2.65
行政县（市、区）	武汉市 武汉市区	744	1.90	0.49	1.84	1.28	0.26	1.72	0.68	1.03	1.26	1.56	2.22	3.06	3.21	3.30	0.89	0.05	1.90
	蔡甸区	2305	2.74	0.43	2.70	1.20	0.16	2.89	1.01	1.54	1.70	2.58	3.05	3.26	3.33	3.43	−1.16	0.49	2.75
	黄陂区	573	1.85	0.54	1.78	1.30	0.29	1.70	0.55	0.84	1.03	1.54	2.03	3.13	4.15	5.48	1.76	6.03	1.79
	东西湖区	125	2.62	0.46	2.57	1.21	0.18	2.74	1.62	1.62	1.68	2.29	3.01	3.20	3.21	3.25	−0.69	−0.77	2.62
	新洲区	362	2.09	0.48	2.04	1.25	0.23	2.03	1.15	1.31	1.42	1.66	2.46	3.08	3.26	3.31	0.47	−0.74	2.09
	襄阳市 襄阳市区	912	2.21	0.22	2.20	1.10	0.10	2.20	1.69	1.72	1.81	2.06	2.34	2.68	2.85	3.03	0.43	0.32	2.20
	枣阳市	816	2.15	0.35	2.12	1.19	0.16	2.14	0.63	0.83	1.41	1.99	2.29	3.02	3.24	3.41	0.09	3.08	2.13
	老河口市	265	2.21	0.18	2.20	1.10	0.08	2.22	1.04	1.04	1.83	2.10	2.33	2.51	2.56	2.59	−1.24	5.42	2.22
	宜城市	2618	2.49	0.41	2.45	1.18	0.17	2.47	1.41	1.57	1.72	2.21	2.78	3.19	3.62	5.76	0.65	3.65	2.48
	谷城县	222	2.34	0.33	2.32	1.16	0.14	2.35	1.20	1.20	1.66	2.15	2.54	2.97	3.18	3.47	0.01	0.80	2.34
	南漳县	2298	2.74	0.38	2.71	1.15	0.14	2.70	1.10	1.72	2.13	2.50	2.93	3.59	4.22	5.40	0.83	3.20	2.72

续表 2.9.29

单元名称			样本数	算术平均值	算术标准差	几何平均值	几何标准差	变异系数	中位值	最小值	累积频率分位值						最大值	偏度系数	峰度系数	背景值
			N	$\bar{X}$	S	X_g	S_g	CV	X_{me}	X_{min}	$X_{0.5\%}$	$X_{2.5\%}$	$X_{25\%}$	$X_{75\%}$	$X_{97.5\%}$	$X_{99.5\%}$	X_{max}	β_s	β_k	X'
行政县（市、区）	宜昌市	宜昌市辖区	233	2.05	0.48	1.99	1.29	0.24	1.99	0.60	0.60	1.10	1.79	2.27	3.18	3.55	3.61	0.49	1.45	2.03
		宜都市	75	2.06	0.22	2.05	1.11	0.10	2.07	1.69	1.69	1.71	1.88	2.23	2.42	2.49	2.49	0.10	−1.14	2.06
		枝江市	375	2.06	0.35	2.03	1.18	0.17	1.91	1.41	1.44	1.56	1.81	2.35	2.80	2.93	2.98	0.69	−0.61	2.06
		当阳市	284	2.10	0.27	2.09	1.13	0.13	2.03	1.64	1.64	1.69	1.92	2.23	2.77	2.85	2.94	0.92	0.39	2.10
		秭归县	478	2.51	0.53	2.45	1.26	0.21	2.58	0.99	1.10	1.34	2.16	2.83	3.50	3.79	5.43	−0.01	1.72	2.51
		长阳土家族自治县	34	2.46	0.40	2.42	1.18	0.16	2.47	1.75	1.75	1.75	2.30	2.71	3.07	3.16	3.16	−0.13	−0.80	2.46
	黄石市	黄石市区	47	2.06	0.38	2.02	1.24	0.19	2.14	0.95	0.95	0.95	1.81	2.28	2.61	2.63	2.63	−0.81	0.66	2.06
		大冶市	382	2.02	0.41	1.98	1.22	0.20	1.92	1.24	1.29	1.42	1.69	2.28	2.90	3.19	3.22	0.73	−0.15	2.02
		阳新县	452	2.20	0.45	2.16	1.23	0.21	2.15	1.15	1.16	1.49	1.83	2.52	3.13	3.35	3.61	0.44	−0.45	2.20
	十堰市	茅箭区	63	2.79	0.55	2.74	1.20	0.20	2.79	1.56	1.56	1.69	2.55	2.93	3.80	5.47	5.47	1.78	8.70	2.75
		郧阳区	118	2.45	0.43	2.41	1.20	0.18	2.45	1.38	1.38	1.42	2.17	2.76	3.26	3.41	3.44	−0.09	−0.05	2.45
		丹江口市	570	2.50	0.49	2.45	1.24	0.20	2.47	0.50	1.10	1.40	2.23	2.76	3.54	3.72	3.80	0.01	0.74	2.51
		竹溪县	1404	2.39	0.93	2.20	1.53	0.39	2.37	0.41	0.63	0.85	1.67	3.00	4.45	5.53	7.08	0.57	0.72	2.35
		竹山县	2007	2.63	0.79	2.50	1.40	0.30	2.53	0.34	0.66	1.15	2.08	3.18	4.22	4.59	5.76	0.20	−0.03	2.63
	荆州市	荆州市区	374	2.19	0.37	2.16	1.18	0.17	2.13	1.58	1.61	1.69	1.85	2.51	2.88	3.00	3.22	0.36	−1.09	2.19
		洪湖市	12 640	2.73	0.31	2.71	1.12	0.11	2.75	1.57	1.99	2.12	2.50	2.96	3.27	3.43	3.65	−0.20	−0.46	2.73
		监利市	3493	2.68	0.24	2.67	1.09	0.09	2.69	1.90	2.00	2.19	2.52	2.85	3.10	3.19	3.59	−0.28	−0.11	2.68
		石首市	345	2.50	0.28	2.48	1.12	0.11	2.52	1.76	1.82	1.98	2.32	2.67	2.96	3.07	4.03	0.35	2.37	2.49
		松滋市	373	2.17	0.37	2.14	1.18	0.17	2.00	1.56	1.58	1.63	1.88	2.46	2.95	3.05	3.10	0.55	−0.76	2.17
		江陵县	270	2.56	0.25	2.54	1.11	0.10	2.58	2.01	2.01	2.08	2.34	2.74	2.97	3.05	3.07	−0.16	−0.91	2.56
		公安县	557	2.51	0.37	2.48	1.17	0.15	2.57	1.60	1.66	1.76	2.31	2.78	3.12	3.22	3.26	−0.49	−0.47	2.51
	荆门市	荆门市区	282	2.24	0.35	2.21	1.17	0.16	2.22	1.55	1.55	1.70	1.94	2.50	2.94	3.04	3.25	0.33	−0.78	2.24
		沙洋县	12 991	1.90	0.41	1.86	1.22	0.22	1.79	0.44	1.28	1.40	1.64	2.00	3.04	3.18	4.98	1.42	1.79	1.78
		钟祥市	23 454	2.44	0.49	2.39	1.22	0.20	2.39	0.48	1.46	1.65	2.06	2.80	3.33	3.90	8.20	0.67	2.69	2.43
		京山市	14 877	2.08	0.55	2.01	1.29	0.26	1.95	0.08	0.83	1.33	1.74	2.31	3.46	4.41	6.54	1.56	5.31	2.02
		屈家岭管理区	1883	2.10	0.40	2.06	1.21	0.19	2.01	0.66	1.15	1.48	1.80	2.40	2.95	3.10	3.44	0.45	−0.30	2.10
	孝感市	孝南区	245	1.96	0.32	1.94	1.16	0.16	1.85	1.42	1.42	1.59	1.72	2.16	2.84	2.99	3.02	1.27	1.33	1.92
		孝昌县	298	1.95	0.44	1.91	1.22	0.22	1.84	0.91	0.91	1.43	1.70	2.07	3.20	4.19	4.28	2.04	6.21	1.86
		云梦县	152	1.93	0.19	1.92	1.10	0.10	1.94	1.56	1.56	1.58	1.81	2.04	2.29	2.42	2.44	0.004	−0.09	1.93

续表 2.9.29

单元名称			样本数	算术平均值	算术标准差	几何平均值	几何标准差	变异系数	中位值	最小值	累积频率分位值						最大值	偏度系数	峰度系数	背景值
			N	$\bar{X}$	S	X_g	S_g	CV	X_{me}	X_{min}	$X_{0.5\%}$	$X_{2.5\%}$	$X_{25\%}$	$X_{75\%}$	$X_{97.5\%}$	$X_{99.5\%}$	X_{max}	β_s	β_k	X'
行政县（市、区）	孝感市	大悟县	114	2.41	0.69	2.32	1.33	0.29	2.25	1.15	1.15	1.42	1.87	2.93	3.80	3.92	3.98	0.55	−0.68	2.41
		安陆市	4394	2.00	0.33	1.98	1.17	0.17	1.96	0.59	1.31	1.50	1.83	2.11	2.86	3.45	5.63	2.02	10.12	1.95
		汉川市	415	2.64	0.35	2.61	1.15	0.13	2.66	1.58	1.59	1.79	2.45	2.88	3.16	3.25	3.34	−0.69	0.28	2.64
		应城市	277	1.97	0.33	1.95	1.16	0.17	1.86	1.53	1.53	1.63	1.78	2.01	3.03	3.19	3.20	1.97	3.48	1.85
	黄冈市	黄冈市区	82	2.36	0.31	2.34	1.14	0.13	2.42	1.65	1.65	1.70	2.11	2.59	2.88	3.17	3.17	−0.13	−0.47	2.36
		武穴市	2491	1.84	0.53	1.77	1.33	0.29	1.76	0.33	0.78	1.05	1.44	2.19	2.99	3.63	4.23	0.68	0.47	1.83
		麻城市	204	2.24	0.36	2.21	1.18	0.16	2.26	1.28	1.28	1.66	1.98	2.48	2.99	3.04	3.31	0.11	−0.21	2.24
		团风县	219	2.49	0.34	2.46	1.15	0.13	2.49	1.27	1.27	1.78	2.28	2.72	3.10	3.31	3.55	−0.17	0.69	2.49
		黄梅县	361	2.37	0.52	2.31	1.26	0.22	2.45	1.29	1.29	1.39	2.08	2.63	3.41	4.15	4.35	0.23	1.16	2.35
		蕲春县	349	2.41	0.65	2.33	1.30	0.27	2.29	0.67	1.01	1.45	2.00	2.69	3.99	4.39	5.24	0.99	1.52	2.38
		浠水县	450	2.37	0.37	2.34	1.17	0.16	2.38	1.41	1.43	1.60	2.12	2.59	3.05	3.68	4.14	0.47	1.73	2.35
		罗田县	60	2.40	0.33	2.38	1.15	0.14	2.35	1.86	1.86	1.86	2.19	2.59	3.29	3.32	3.32	0.61	0.23	2.40
		红安县	31	2.04	0.22	2.03	1.11	0.11	2.04	1.65	1.65	1.65	1.88	2.20	2.44	2.44	2.44	0.18	−0.86	2.04
	咸宁市	咸安区	222	1.87	0.34	1.84	1.19	0.18	1.78	1.34	1.34	1.39	1.63	2.09	2.68	2.86	3.04	1.10	0.82	1.87
		嘉鱼县	1889	2.08	0.49	2.03	1.26	0.24	1.92	0.51	0.95	1.35	1.76	2.41	3.11	3.25	4.09	0.75	0.08	2.08
		赤壁市	309	2.06	0.38	2.03	1.19	0.18	1.92	1.36	1.44	1.61	1.79	2.28	2.97	3.15	3.27	1.05	0.25	2.06
	随州市	随县	5656	2.15	0.53	2.08	1.31	0.24	2.12	0.18	0.64	1.06	1.88	2.40	3.38	3.87	5.97	0.41	2.25	2.14
		曾都区	356	2.09	0.36	2.05	1.19	0.17	2.10	1.25	1.26	1.34	1.84	2.33	2.75	3.22	3.56	0.25	0.90	2.07
		广水市	657	2.29	0.59	2.21	1.33	0.26	2.24	0.69	0.70	1.06	1.91	2.64	3.50	3.74	4.39	0.19	0.33	2.29
	恩施州	恩施市	20 748	2.33	0.71	2.22	1.40	0.30	2.34	0.24	0.75	1.00	1.86	2.79	3.75	4.29	6.34	0.17	0.15	2.33
		宣恩县	11 191	2.43	0.79	2.30	1.43	0.32	2.42	0.40	0.75	1.00	1.89	2.96	3.96	4.69	6.15	0.22	0.03	2.42
		建始县	10 711	2.18	0.61	2.09	1.35	0.28	2.16	0.26	0.76	1.04	1.81	2.51	3.55	4.01	6.80	0.42	1.15	2.16
		利川市	19 338	2.66	0.67	2.57	1.31	0.25	2.65	0.27	1.07	1.39	2.18	3.09	4.00	4.47	7.94	0.24	0.45	2.65
		鹤峰县	6164	2.45	0.68	2.34	1.38	0.28	2.46	0.19	0.67	1.02	2.02	2.88	3.77	4.26	5.67	−0.02	0.47	2.44
		来凤县	6509	2.76	0.74	2.65	1.37	0.27	2.82	0.40	0.87	1.18	2.29	3.33	4.02	4.29	5.16	−0.35	−0.29	2.76
		咸丰县	8734	2.57	0.96	2.36	1.55	0.37	2.65	0.43	0.72	0.93	1.74	3.34	4.14	4.50	5.60	−0.11	−0.98	2.57
		巴东县	11 621	2.38	0.60	2.30	1.32	0.25	2.38	0.46	0.88	1.18	2.05	2.73	3.63	4.14	6.01	0.13	0.53	2.37

注：K_2O 的地球化学参数中，N 单位为件，$\bar{X}$、S、X_g、S_g、X_{me}、X_{min}、$X_{0.5\%}$、$X_{2.5\%}$、$X_{25\%}$、$X_{75\%}$、$X_{97.5\%}$、$X_{99.5\%}$、X_{max}、X' 单位为%，CV、β_s、β_k 为无量纲。

表 2.9.30 表层土壤 Corg 地球化学参数表

单元名称		样本数 N	算术平均值 $\bar{X}$	算术标准差 S	几何平均值 X_g	几何标准差 S_g	变异系数 CV	中位值 X_{me}	最小值 X_{min}	累积频率分位值 $X_{0.5\%}$	$X_{2.5\%}$	$X_{25\%}$	$X_{75\%}$	$X_{97.5\%}$	$X_{99.5\%}$	最大值 X_{max}	偏度系数 β_s	峰度系数 β_k	背景值 X'
全省		242 898	1.62	0.77	1.46	1.60	0.48	1.50	0.01	0.29	0.52	1.12	1.96	3.47	4.82	21.60	2.10	13.83	1.54
土壤类型	红壤	3783	1.31	0.48	1.22	1.52	0.37	1.28	0.02	0.17	0.49	1.01	1.54	2.38	3.20	5.23	1.20	5.18	1.27
	黄壤	17 857	1.50	0.64	1.38	1.53	0.42	1.40	0.02	0.27	0.55	1.10	1.77	2.98	4.14	11.95	2.18	15.13	1.43
	黄棕壤	69 303	1.71	0.80	1.56	1.56	0.46	1.60	0.02	0.30	0.58	1.24	2.02	3.54	5.32	21.60	2.73	22.20	1.63
	黄褐土	1428	1.37	0.54	1.27	1.49	0.40	1.29	0.13	0.24	0.55	1.04	1.60	2.63	3.85	5.08	1.60	5.62	1.32
	棕壤	8885	2.23	0.96	2.05	1.52	0.43	2.05	0.08	0.46	0.84	1.65	2.64	4.56	6.50	17.27	2.26	14.55	2.12
	暗棕壤	478	1.50	0.56	1.41	1.44	0.37	1.41	0.23	0.40	0.64	1.17	1.70	2.99	3.54	4.39	1.27	2.79	1.44
	石灰土	9394	1.73	0.87	1.57	1.56	0.50	1.59	0.08	0.35	0.61	1.24	2.02	3.75	6.42	18.04	3.48	28.97	1.62
	紫色土	6755	1.26	0.55	1.13	1.62	0.44	1.18	0.03	0.17	0.38	0.87	1.57	2.51	3.15	5.65	0.97	2.50	1.23
	草甸土	554	1.99	1.33	1.65	1.84	0.67	1.60	0.39	0.40	0.52	1.05	2.50	5.46	7.31	9.10	1.63	3.11	1.79
	潮土	45 725	1.25	0.54	1.14	1.55	0.44	1.16	0.05	0.26	0.44	0.90	1.50	2.59	3.36	8.97	1.49	5.81	1.20
	沼泽土	392	2.47	1.35	2.12	1.76	0.55	2.18	0.50	0.51	0.69	1.44	3.23	5.72	6.74	7.31	0.99	0.63	2.10
	水稻土	78 333	1.74	0.77	1.58	1.58	0.44	1.64	0.01	0.33	0.57	1.22	2.11	3.62	4.62	12.34	1.30	4.33	1.68
土地利用类型	耕地	191 896	1.61	0.71	1.46	1.57	0.44	1.51	0.01	0.34	0.55	1.13	1.96	3.33	4.33	21.60	1.60	9.72	1.55
	园地	14 180	1.60	0.75	1.45	1.59	0.47	1.48	0.06	0.32	0.53	1.11	1.95	3.40	4.69	9.69	1.78	7.88	1.53
	林地	20 389	1.77	1.14	1.51	1.77	0.64	1.53	0.03	0.21	0.44	1.12	2.07	4.89	7.39	18.04	2.88	15.48	1.57
	草地	1947	1.72	0.94	1.48	1.82	0.55	1.60	0.10	0.18	0.30	1.12	2.15	3.89	5.50	10.66	1.92	10.14	1.64
	建设用地	2492	1.36	0.72	1.16	1.87	0.53	1.28	0.02	0.09	0.21	0.91	1.71	2.90	3.85	10.05	2.02	14.14	1.31
	水域	8495	1.62	0.94	1.38	1.79	0.58	1.41	0.05	0.19	0.39	1.00	1.99	4.05	5.61	10.10	1.70	4.74	1.49
	未利用地	3499	1.46	0.78	1.28	1.67	0.53	1.30	0.10	0.19	0.42	0.97	1.76	3.41	5.14	8.95	2.22	9.97	1.35
地质背景	第四系	108 196	1.48	0.68	1.34	1.60	0.46	1.37	0.03	0.28	0.49	1.02	1.83	3.15	4.11	10.32	1.37	4.29	1.42
	新近系	151	1.43	0.52	1.34	1.47	0.36	1.39	0.46	0.46	0.52	1.10	1.73	2.53	2.88	3.28	0.61	0.62	1.42
	古近系	1436	1.40	0.63	1.30	1.44	0.45	1.30	0.24	0.41	0.61	1.06	1.61	2.62	5.28	9.01	4.21	32.56	1.40
	白垩系	11 432	1.72	0.87	1.50	1.76	0.50	1.63	0.02	0.19	0.43	1.08	2.18	3.72	4.74	8.77	0.98	1.99	1.68
	侏罗系	4284	1.29	0.78	1.10	1.80	0.61	1.16	0.03	0.16	0.30	0.77	1.63	3.01	4.03	21.60	5.20	108.99	1.23
	三叠系	43 820	1.64	0.67	1.52	1.47	0.41	1.54	0.02	0.42	0.69	1.23	1.91	3.19	4.54	18.04	2.82	25.57	1.57
	二叠系	16 951	1.97	0.89	1.79	1.56	0.45	1.82	0.08	0.35	0.69	1.40	2.32	4.11	5.72	17.27	2.12	12.79	1.87
	石炭系	1097	2.06	1.02	1.85	1.62	0.49	1.91	0.17	0.22	0.55	1.46	2.43	4.28	7.71	10.38	2.46	12.27	1.95

续表 2.9.30

单元名称		样本数	算术平均值	算术标准差	几何平均值	几何标准差	变异系数	中位值	最小值	累积频率分位值						最大值	偏度系数	峰度系数	背景值
		N	$\bar{X}$	S	X_g	S_g	CV	X_{me}	X_{min}	$X_{0.5\%}$	$X_{2.5\%}$	$X_{25\%}$	$X_{75\%}$	$X_{97.5\%}$	$X_{99.5\%}$	X_{max}	β_s	β_k	X'
地质背景	泥盆系	2447	2.18	1.14	1.95	1.61	0.52	1.94	0.08	0.33	0.75	1.50	2.62	5.04	7.71	15.19	2.83	16.74	2.01
	志留系	20 610	1.87	0.90	1.68	1.61	0.48	1.71	0.06	0.34	0.62	1.27	2.25	4.03	5.53	12.39	1.74	6.97	1.78
	奥陶系	11 151	1.73	0.72	1.60	1.50	0.42	1.62	0.04	0.41	0.67	1.26	2.05	3.48	4.92	8.04	1.78	7.22	1.65
	寒武系	9043	1.73	0.86	1.56	1.58	0.50	1.59	0.05	0.31	0.58	1.23	2.02	3.77	6.11	13.20	2.90	17.81	1.61
	震旦系	3237	1.95	1.08	1.75	1.58	0.55	1.77	0.12	0.41	0.66	1.37	2.20	4.50	8.23	14.52	3.60	23.03	1.42
	南华系	2316	1.19	0.49	1.10	1.51	0.41	1.16	0.10	0.23	0.40	0.89	1.42	2.19	3.38	6.75	2.70	20.99	1.15
	青白口系—震旦系	308	1.12	0.42	1.05	1.45	0.38	1.08	0.21	0.26	0.41	0.90	1.29	1.98	2.57	4.80	2.52	18.58	1.10
	青白口系	3132	1.65	0.71	1.52	1.54	0.43	1.58	0.13	0.30	0.53	1.25	1.95	3.34	5.09	10.51	2.32	14.92	1.58
	中元古界	25	1.48	0.54	1.38	1.50	0.37	1.50	0.50	0.50	0.50	1.07	1.75	2.31	2.86	2.86	0.41	0.58	1.48
	滹沱系—太古宇	282	1.23	0.36	1.16	1.42	0.30	1.25	0.12	0.12	0.45	1.03	1.41	1.97	2.68	3.21	0.62	4.12	1.21
	侵入岩	2558	1.37	0.71	1.24	1.59	0.52	1.25	0.06	0.19	0.45	0.98	1.57	3.17	4.65	10.96	3.64	30.78	1.26
	脉岩	14	1.24	0.53	1.16	1.44	0.43	1.11	0.67	0.67	0.67	1.03	1.32	2.78	2.78	2.78	2.08	5.22	1.24
	变质岩	408	1.20	0.54	1.07	1.63	0.45	1.13	0.14	0.17	0.41	0.75	1.57	2.39	2.75	2.98	0.57	−0.15	1.19
成土母质	第四系沉积物	104 618	1.48	0.68	1.33	1.60	0.46	1.36	0.03	0.28	0.48	1.01	1.82	3.16	4.14	10.10	1.39	4.23	1.42
	碎屑岩风化物	42 689	1.67	0.85	1.47	1.69	0.51	1.53	0.01	0.24	0.48	1.09	2.06	3.64	5.03	21.60	2.09	15.96	1.59
	碎屑岩风化物(黑色岩系)	3691	1.73	0.74	1.59	1.51	0.43	1.62	0.05	0.37	0.64	1.26	2.03	3.51	5.14	8.20	1.98	8.81	1.65
	碳酸盐岩风化物	50 129	1.69	0.73	1.57	1.48	0.43	1.59	0.02	0.40	0.68	1.28	1.96	3.36	5.25	18.04	3.25	27.65	1.61
	碳酸盐岩风化物(黑色岩系)	18 045	1.94	0.89	1.77	1.56	0.46	1.79	0.03	0.36	0.68	1.39	2.29	4.07	5.66	17.27	2.20	13.56	1.85
	变质岩风化物	21 149	1.78	0.86	1.60	1.60	0.49	1.63	0.08	0.36	0.59	1.21	2.13	3.87	5.41	13.20	1.90	8.49	1.68
	火山岩风化物	177	1.67	1.11	1.47	1.64	0.66	1.46	0.20	0.20	0.44	1.13	1.83	4.02	7.05	10.96	4.66	31.86	1.49
	侵入岩风化物	2399	1.34	0.62	1.21	1.58	0.46	1.24	0.06	0.18	0.43	0.97	1.54	2.98	4.26	7.21	2.15	9.45	1.25
地形地貌	平原	112 950	1.53	0.73	1.37	1.61	0.48	1.39	0.05	0.29	0.49	1.03	1.88	3.33	4.37	12.34	1.55	5.72	1.45
	洪湖湖区	389	1.70	1.00	1.44	1.80	0.59	1.46	0.25	0.30	0.42	0.97	2.23	3.94	5.39	7.37	1.40	3.28	1.63
	丘陵低山	33 919	1.62	0.86	1.44	1.66	0.53	1.51	0.02	0.24	0.47	1.09	1.96	3.65	5.65	18.04	2.82	20.42	1.52
	中山	2737	1.27	0.53	1.17	1.53	0.41	1.21	0.06	0.17	0.45	0.95	1.50	2.48	3.31	6.52	2.06	11.90	1.22
	高山	92 903	1.74	0.78	1.59	1.55	0.45	1.62	0.01	0.35	0.62	1.26	2.06	3.58	5.10	21.60	2.34	17.65	1.66

续表 2.9.30

单元名称			样本数 N	算术平均值 $\bar{X}$	算术标准差 S	几何平均值 X_g	几何标准差 S_g	变异系数 CV	中位值 X_{me}	最小值 X_{min}	累积频率分位值						最大值 X_{max}	偏度系数 β_s	峰度系数 β_k	背景值 X'
											$X_{0.5\%}$	$X_{2.5\%}$	$X_{25\%}$	$X_{75\%}$	$X_{97.5\%}$	$X_{99.5\%}$				
行政市（州）	武汉市		4109	1.45	0.63	1.35	1.47	0.43	1.36	0.10	0.37	0.60	1.10	1.65	3.03	4.74	10.10	2.92	18.95	1.36
	襄阳市		7131	1.45	0.68	1.32	1.57	0.47	1.36	0.10	0.22	0.51	1.04	1.76	2.86	3.96	18.04	4.08	63.64	1.40
	宜昌市		1479	1.27	0.47	1.17	1.56	0.37	1.24	0.06	0.13	0.38	0.98	1.52	2.26	2.91	4.14	0.78	2.96	1.25
	黄石市		881	1.34	0.49	1.25	1.43	0.37	1.28	0.18	0.37	0.57	1.01	1.54	2.52	3.27	5.04	1.69	7.16	1.29
	十堰市		4161	1.33	0.95	1.12	1.75	0.71	1.11	0.08	0.23	0.38	0.79	1.58	3.80	6.47	13.20	3.92	27.08	1.16
	荆州市		18 052	1.67	0.82	1.48	1.65	0.49	1.50	0.12	0.31	0.53	1.07	2.11	3.63	4.77	8.45	1.23	2.71	1.61
	荆门市		53 438	1.70	0.84	1.52	1.64	0.49	1.58	0.05	0.28	0.51	1.15	2.07	3.76	5.17	14.52	2.00	10.39	1.61
	鄂州市		403	1.42	0.50	1.35	1.38	0.35	1.40	0.46	0.47	0.62	1.13	1.63	2.58	2.96	6.85	3.60	34.28	1.37
	孝感市		5895	1.69	0.75	1.52	1.62	0.44	1.56	0.10	0.26	0.53	1.14	2.12	3.40	3.96	6.42	0.80	0.79	1.67
	黄冈市		4247	1.20	0.56	1.07	1.66	0.47	1.15	0.02	0.13	0.31	0.87	1.42	2.62	3.65	6.27	1.88	8.44	1.13
	咸宁市		2420	1.49	0.58	1.37	1.53	0.39	1.44	0.11	0.27	0.49	1.15	1.77	2.85	3.75	6.60	1.29	5.94	1.45
	随州市		6669	1.55	0.63	1.44	1.49	0.41	1.48	0.12	0.32	0.61	1.15	1.85	2.87	4.40	11.21	2.57	22.18	1.50
	恩施州		95 016	1.73	0.78	1.58	1.55	0.45	1.61	0.01	0.34	0.62	1.25	2.05	3.57	5.09	21.60	2.34	17.57	1.65
	仙桃市		13 430	1.53	0.66	1.40	1.53	0.43	1.39	0.07	0.37	0.59	1.06	1.90	3.07	3.90	6.36	1.19	2.71	1.48
	天门市		10 105	1.22	0.54	1.10	1.58	0.44	1.14	0.06	0.28	0.43	0.82	1.54	2.43	3.00	4.65	0.88	1.25	1.19
	潜江市		15 462	1.33	0.58	1.21	1.57	0.44	1.24	0.05	0.24	0.45	0.94	1.63	2.74	3.64	8.97	1.48	6.33	1.28
行政县（市，区）	武汉市	武汉市区	744	1.56	0.77	1.42	1.54	0.49	1.43	0.25	0.39	0.58	1.11	1.83	3.40	5.20	10.10	3.36	25.29	1.46
		蔡甸区	2305	1.49	0.66	1.38	1.45	0.44	1.36	0.23	0.49	0.66	1.11	1.67	3.41	4.95	6.74	2.61	11.05	1.36
		黄陂区	573	1.33	0.41	1.25	1.52	0.31	1.39	0.10	0.21	0.37	1.10	1.61	1.99	2.16	2.64	−0.54	0.22	1.34
		东西湖区	125	1.39	0.36	1.35	1.30	0.26	1.34	0.66	0.66	0.77	1.11	1.62	2.17	2.26	2.86	0.69	1.21	1.38
		新洲区	362	1.23	0.34	1.18	1.35	0.28	1.25	0.42	0.46	0.60	0.96	1.46	1.87	1.94	2.37	0.07	−0.38	1.23
	襄阳市	襄阳市区	912	1.17	0.37	1.10	1.47	0.32	1.17	0.13	0.18	0.44	0.95	1.40	1.93	2.18	2.98	0.27	1.32	1.17
		枣阳市	816	1.36	0.36	1.31	1.34	0.27	1.36	0.22	0.37	0.66	1.12	1.58	2.14	2.52	3.29	0.48	2.10	1.35
		老河口市	265	1.17	0.33	1.12	1.37	0.28	1.15	0.18	0.18	0.57	0.99	1.34	1.85	2.26	2.81	0.63	3.16	1.16
		宜城市	2618	1.24	0.48	1.13	1.56	0.39	1.20	0.10	0.17	0.41	0.89	1.55	2.18	2.54	4.46	0.60	1.69	1.23
		谷城县	222	1.11	0.37	1.04	1.45	0.34	1.10	0.15	0.15	0.44	0.89	1.29	2.02	2.38	2.73	0.84	2.30	1.08
		南漳县	2298	1.91	0.85	1.77	1.48	0.44	1.83	0.21	0.45	0.75	1.47	2.21	3.51	6.20	18.04	5.00	68.21	1.83

续表 2.9.30

单元名称			样本数	算术平均值	算术标准差	几何平均值	几何标准差	变异系数	中位值	最小值	累积频率分位值						最大值	偏度系数	峰度系数	背景值
			N	$\bar{X}$	S	X_g	S_g	CV	X_{me}	X_{min}	$X_{0.5\%}$	$X_{2.5\%}$	$X_{25\%}$	$X_{75\%}$	$X_{97.5\%}$	$X_{99.5\%}$	X_{max}	β_s	β_k	X'
行政县（市、区）	宜昌市	宜昌市辖区	233	1.01	0.44	0.88	1.86	0.43	1.00	0.06	0.06	0.11	0.72	1.26	1.95	2.19	2.88	0.37	1.31	1.00
		宜都市	75	1.34	0.30	1.30	1.26	0.22	1.32	0.69	0.69	0.74	1.16	1.49	1.96	2.00	2.00	0.27	−0.14	1.34
		枝江市	375	1.20	0.29	1.17	1.29	0.24	1.19	0.52	0.52	0.62	0.99	1.41	1.75	1.82	2.32	0.18	−0.09	1.20
		当阳市	284	1.26	0.30	1.22	1.28	0.24	1.24	0.56	0.56	0.75	1.04	1.50	1.87	1.91	2.06	0.09	−0.69	1.26
		秭归县	478	1.41	0.60	1.26	1.69	0.42	1.41	0.13	0.14	0.29	1.04	1.77	2.76	3.82	4.14	0.61	1.61	1.39
		长阳土家族自治县	34	1.78	0.48	1.71	1.36	0.27	1.74	0.59	0.59	0.59	1.54	2.00	2.69	2.76	2.76	−0.07	0.58	1.78
	黄石市	黄石市区	47	1.58	0.84	1.38	1.74	0.53	1.34	0.18	0.18	0.18	1.11	2.01	3.35	5.04	5.04	1.73	5.32	1.50
		大冶市	382	1.45	0.47	1.39	1.34	0.33	1.38	0.57	0.65	0.81	1.16	1.63	2.72	3.17	4.34	1.66	4.94	1.39
		阳新县	452	1.21	0.42	1.14	1.42	0.35	1.16	0.27	0.33	0.53	0.93	1.45	2.09	2.48	4.20	1.20	5.42	1.19
	十堰市	茅箭区	63	0.90	0.44	0.81	1.61	0.49	0.85	0.24	0.24	0.32	0.59	1.06	1.95	2.65	2.65	1.42	3.30	0.88
		郧阳区	118	0.83	0.35	0.76	1.57	0.42	0.79	0.17	0.17	0.26	0.61	0.96	1.72	1.83	1.85	0.83	0.80	0.83
		丹江口市	570	1.03	0.40	0.95	1.49	0.39	0.98	0.21	0.30	0.42	0.75	1.24	2.05	2.47	3.34	1.11	2.80	0.99
		竹溪县	1404	1.87	1.28	1.57	1.80	0.69	1.58	0.20	0.23	0.39	1.16	2.15	5.27	8.33	13.20	3.07	15.48	1.60
		竹山县	2006	1.08	0.59	0.96	1.60	0.55	0.95	0.08	0.21	0.39	0.71	1.32	2.20	3.80	9.40	3.91	35.27	1.03
	荆州市	荆州市区	374	1.40	0.43	1.34	1.37	0.30	1.35	0.19	0.42	0.71	1.13	1.60	2.54	2.80	3.08	0.94	1.88	1.37
		洪湖市	12 640	1.66	0.89	1.45	1.72	0.53	1.46	0.12	0.27	0.48	1.01	2.12	3.79	5.05	8.45	1.28	2.56	1.59
		监利市	3493	1.82	0.72	1.67	1.53	0.40	1.77	0.34	0.50	0.69	1.23	2.31	3.31	3.84	7.37	0.55	0.73	1.81
		石首市	345	1.38	0.42	1.31	1.41	0.30	1.39	0.20	0.42	0.61	1.06	1.68	2.12	2.32	2.87	0.05	−0.24	1.37
		松滋市	373	1.41	0.38	1.35	1.35	0.27	1.39	0.32	0.46	0.67	1.15	1.66	2.24	2.39	2.63	0.12	0.08	1.40
		江陵县	270	1.39	0.45	1.32	1.38	0.32	1.35	0.47	0.47	0.70	1.04	1.65	2.35	2.90	3.33	0.84	1.28	1.36
		公安县	557	1.49	0.38	1.44	1.32	0.25	1.48	0.26	0.50	0.85	1.23	1.72	2.23	2.61	2.96	0.27	0.61	1.48
	荆门市	荆门市区	282	1.53	0.33	1.49	1.29	0.21	1.52	0.12	0.12	0.96	1.34	1.72	2.21	2.68	2.68	0.35	2.31	1.52
		沙洋县	12 991	1.52	0.56	1.40	1.58	0.37	1.55	0.05	0.22	0.45	1.11	1.93	2.56	2.92	4.06	−0.01	−0.34	1.52
		钟祥市	23 405	1.83	0.96	1.61	1.68	0.53	1.61	0.06	0.32	0.55	1.16	2.29	4.14	5.36	14.52	1.62	6.06	1.75
		京山市	14 877	1.73	0.82	1.57	1.57	0.47	1.65	0.06	0.31	0.57	1.24	2.06	3.50	6.06	12.47	2.84	19.01	1.64
		屈家岭管理区	1883	1.03	0.42	0.95	1.52	0.41	0.98	0.22	0.27	0.35	0.76	1.24	1.98	2.34	5.16	1.27	5.75	1.01
	孝感市	孝南区	245	1.34	0.40	1.27	1.37	0.30	1.35	0.39	0.39	0.56	1.07	1.58	1.98	2.71	3.92	1.09	6.40	1.31
		孝昌县	298	1.19	0.30	1.16	1.30	0.25	1.18	0.41	0.41	0.66	1.00	1.40	1.80	2.02	2.58	0.41	1.24	1.19
		云梦县	152	1.24	0.38	1.18	1.38	0.31	1.21	0.51	0.51	0.62	0.98	1.46	2.05	2.18	2.30	0.41	−0.21	1.24

续表 2.9.30

单元名称			样本数	算术平均值	算术标准差	几何平均值	几何标准差	变异系数	中位值	最小值	累积频率分位值						最大值	偏度系数	峰度系数	背景值
			N	$\bar{X}$	S	X_g	S_g	CV	X_{me}	X_{min}	$X_{0.5\%}$	$X_{2.5\%}$	$X_{25\%}$	$X_{75\%}$	$X_{97.5\%}$	$X_{99.5\%}$	X_{max}	β_s	β_k	X'
行政县（市、区）	孝感市	大悟县	114	1.06	0.43	0.97	1.55	0.41	1.01	0.18	0.18	0.35	0.75	1.28	2.08	2.32	2.38	0.79	0.92	1.02
		安陆市	4394	1.81	0.80	1.62	1.67	0.44	1.73	0.10	0.24	0.49	1.21	2.32	3.50	4.05	6.42	0.54	0.30	1.80
		汉川市	415	1.37	0.42	1.30	1.39	0.31	1.29	0.23	0.27	0.68	1.05	1.65	2.21	2.85	2.91	0.61	0.66	1.34
		应城市	277	1.53	0.37	1.49	1.28	0.24	1.52	0.55	0.55	0.88	1.26	1.77	2.23	2.90	3.03	0.58	1.26	1.52
	黄冈市	黄冈市区	82	1.12	0.30	1.08	1.32	0.27	1.12	0.51	0.51	0.60	0.94	1.26	1.83	1.96	1.96	0.51	0.51	1.12
		武穴市	2491	1.19	0.67	1.02	1.83	0.57	1.09	0.02	0.10	0.24	0.77	1.44	3.05	4.29	6.27	1.84	6.26	1.09
		麻城市	204	1.12	0.38	1.04	1.47	0.34	1.10	0.24	0.24	0.40	0.82	1.42	1.78	2.01	2.13	0.10	−0.63	1.12
		团风县	219	1.15	0.31	1.10	1.37	0.27	1.18	0.31	0.31	0.45	0.96	1.37	1.66	1.90	1.96	−0.36	−0.05	1.15
		黄梅县	361	1.22	0.42	1.15	1.43	0.35	1.17	0.29	0.31	0.50	0.96	1.46	2.18	2.76	3.19	0.90	2.11	1.20
		蕲春县	349	1.19	0.30	1.15	1.32	0.25	1.17	0.14	0.47	0.64	1.00	1.37	1.79	2.04	2.54	0.32	1.15	1.19
		浠水县	450	1.30	0.29	1.27	1.27	0.23	1.30	0.39	0.45	0.73	1.12	1.46	1.86	2.26	3.21	0.77	4.72	1.29
		罗田县	60	1.20	0.35	1.15	1.36	0.29	1.20	0.51	0.51	0.57	0.97	1.44	1.78	2.44	2.44	0.56	1.27	1.18
		红安县	31	1.14	0.21	1.12	1.21	0.19	1.12	0.75	0.75	0.75	1.01	1.29	1.44	1.67	1.67	0.24	−0.02	1.14
	咸宁市	咸安区	222	1.41	0.47	1.33	1.40	0.33	1.39	0.40	0.40	0.60	1.10	1.66	2.30	3.44	3.95	1.22	4.68	1.38
		嘉鱼县	1889	1.50	0.61	1.38	1.56	0.40	1.44	0.11	0.25	0.45	1.15	1.80	2.91	3.76	6.60	1.30	5.80	1.46
		赤壁市	309	1.44	0.47	1.36	1.44	0.32	1.46	0.29	0.32	0.53	1.17	1.68	2.36	2.92	3.81	0.58	2.41	1.42
	随州市	随县	5656	1.61	0.64	1.50	1.48	0.40	1.55	0.13	0.34	0.62	1.22	1.92	2.94	4.40	11.21	2.61	23.06	1.56
		曾都区	356	1.28	0.34	1.24	1.32	0.27	1.27	0.49	0.50	0.67	1.09	1.47	1.95	2.57	2.90	0.79	2.80	1.26
		广水市	657	1.13	0.43	1.06	1.42	0.38	1.08	0.12	0.22	0.51	0.90	1.29	1.93	3.19	5.14	3.81	31.63	1.09
	恩施州	恩施市	20 748	1.63	0.70	1.49	1.53	0.43	1.50	0.01	0.35	0.62	1.18	1.94	3.30	4.62	15.19	2.10	14.11	1.56
		宣恩县	11 191	1.94	0.95	1.75	1.59	0.49	1.76	0.12	0.36	0.61	1.37	2.27	4.35	6.36	11.95	2.20	9.85	1.81
		建始县	10 711	1.88	0.79	1.73	1.54	0.42	1.74	0.03	0.32	0.69	1.40	2.19	3.76	5.14	17.27	2.32	20.84	1.81
		利川市	19 338	1.61	0.72	1.47	1.57	0.44	1.52	0.03	0.28	0.52	1.17	1.94	3.25	4.29	21.60	2.93	42.53	1.55
		鹤峰县	6164	2.14	0.88	1.98	1.48	0.41	1.98	0.17	0.52	0.87	1.58	2.51	4.18	6.32	9.36	1.94	8.43	2.05
		来凤县	6509	1.53	0.67	1.41	1.49	0.44	1.42	0.09	0.38	0.65	1.12	1.79	3.04	4.46	10.95	3.13	25.44	1.45
		咸丰县	8734	1.79	0.79	1.64	1.52	0.44	1.67	0.08	0.43	0.68	1.29	2.10	3.66	5.49	11.05	2.22	11.48	1.70
		巴东县	11 621	1.64	0.61	1.53	1.47	0.37	1.56	0.10	0.38	0.66	1.25	1.92	3.10	4.06	7.25	1.37	5.18	1.58

注：Corg 的地球化学参数中，N 单位为件，$\bar{X}$、S、X_g、S_g、X_{me}、X_{min}、$X_{0.5\%}$、$X_{2.5\%}$、$X_{25\%}$、$X_{75\%}$、$X_{97.5\%}$、$X_{99.5\%}$、X_{max}、X' 单位为%，CV、β_s、β_k 为无量纲。

表 2.9.31　表层土壤 pH 地球化学参数表

单元名称		样本数	算术平均值	算术标准差	几何平均值	几何标准差	变异系数	中位值	最小值	累积频率分位值						最大值	偏度系数	峰度系数	背景值
		N	$\bar{X}$	S	X_g	S_g	CV	X_{me}	X_{min}	$X_{0.5\%}$	$X_{2.5\%}$	$X_{25\%}$	$X_{75\%}$	$X_{97.5\%}$	$X_{99.5\%}$	X_{max}	β_s	β_k	X'
全省		242 945						6.53	0.70	4.25	4.53	5.49	7.84	8.28	8.42	10.59			
土壤类型	红壤	3783						5.81	3.81	4.29	4.57	5.25	6.90	8.19	8.35	8.81			
	黄壤	17 857						5.42	3.36	4.07	4.33	4.93	6.44	8.13	8.33	9.13			
	黄棕壤	69 302						5.69	2.36	4.17	4.41	5.08	6.58	8.10	8.28	9.58			
	黄褐土	1427						6.46	3.78	4.12	4.52	5.78	7.13	8.07	8.26	8.37			
	棕壤	8885						5.43	3.50	4.18	4.41	4.94	6.15	7.83	8.16	8.47			
	暗棕壤	478						5.51	4.17	4.18	4.38	4.96	6.47	8.10	8.30	8.41			
	石灰土	9394						7.11	3.56	4.42	4.80	6.08	7.93	8.32	8.46	9.08			
	紫色土	6755						6.21	3.43	4.20	4.47	5.28	7.50	8.32	8.52	9.12			
	草甸土	554						7.41	4.10	4.13	4.38	5.29	8.12	8.34	8.44	8.76			
	潮土	45 774						7.98	2.73	4.77	5.36	7.74	8.13	8.36	8.50	9.59			
	沼泽土	392						7.30	3.71	4.09	4.54	6.14	7.73	8.22	8.29	8.34			
	水稻土	78 333						6.78	0.70	4.48	4.86	5.89	7.83	8.28	8.41	10.59			
土地利用类型	耕地	191 939						6.62	2.35	4.34	4.60	5.57	7.88	8.28	8.40	10.59			
	园地	14 179						5.13	3.42	3.89	4.15	4.70	5.92	8.12	8.35	8.70			
	林地	20 390						6.30	3.44	4.39	4.65	5.49	7.34	8.25	8.43	9.08			
	草地	1947						5.87	3.77	4.26	4.50	5.18	7.09	8.26	8.48	8.84			
	建设用地	2492						7.72	3.65	4.54	5.01	6.73	8.05	8.41	8.68	8.99			
	水域	8499						7.74	0.70	4.51	5.20	6.97	8.05	8.36	8.54	9.12			
	未利用地	3499						5.71	3.71	4.37	4.58	5.12	6.80	8.25	8.49	8.76			
地质背景	第四系	108 245						7.76	0.70	4.65	5.10	6.55	8.05	8.33	8.46	10.59			
	新近系	151						6.47	4.62	4.62	4.84	5.82	7.09	8.08	8.33	8.39			
	古近系	1436						6.53	4.03	4.57	5.02	5.89	7.35	8.15	8.26	8.41			
	白垩系	11 433						6.28	3.99	4.42	4.70	5.58	7.14	8.26	8.47	9.14			
	侏罗系	4284						5.34	2.36	4.22	4.41	4.93	6.13	8.27	8.49	9.12			
	三叠系	43 819						6.02	3.43	4.26	4.52	5.30	7.00	8.19	8.35	9.13			
	二叠系	16 951						5.49	3.50	4.17	4.41	4.98	6.39	8.07	8.26	9.58			
	石炭系	1097						5.80	4.06	4.24	4.46	5.16	6.87	8.14	8.32	8.74			

续表 2.9.31

单元名称		样本数	算术平均值	算术标准差	几何平均值	几何标准差	变异系数	中位值	最小值	累积频率分位值						最大值	偏度系数	峰度系数	背景值
		N	$\bar{X}$	S	X_g	S_g	CV	X_{me}	X_{min}	$X_{0.5\%}$	$X_{2.5\%}$	$X_{25\%}$	$X_{75\%}$	$X_{97.5\%}$	$X_{99.5\%}$	X_{max}	β_s	β_k	X'
地质背景	泥盆系	2447						5.29	3.70	4.17	4.35	4.86	6.15	8.08	8.30	8.88			
	志留系	20 608						5.35	3.36	4.13	4.36	4.93	6.08	8.01	8.27	8.83			
	奥陶系	11 151						5.22	3.42	3.95	4.20	4.78	6.05	8.04	8.27	9.01			
	寒武系	9043						6.30	3.07	4.33	4.54	5.43	7.38	8.20	8.33	8.69			
	震旦系	3237						6.60	3.64	4.19	4.55	5.64	7.71	8.27	8.39	8.52			
	南华系	2316						6.05	3.44	4.60	4.90	5.61	6.66	7.99	8.27	8.51			
	青白口系—震旦系	308						5.72	4.80	4.80	4.97	5.40	6.23	7.47	7.78	8.12			
	青白口系	3132						5.88	3.73	4.40	4.69	5.43	6.56	8.13	8.35	8.93			
	中元古界	25						6.92	5.30	5.30	5.30	6.12	7.40	7.74	8.00	8.00			
	滹沱系—太古宇	282						5.76	4.72	4.72	5.05	5.43	6.21	7.07	7.91	8.13			
	侵入岩	2558						5.84	4.00	4.50	4.91	5.45	6.42	7.92	8.37	9.04			
	脉岩	14						5.91	4.72	4.72	4.72	5.59	6.80	7.76	7.76	7.76			
	变质岩	408						5.78	4.40	4.61	4.89	5.41	6.17	7.67	8.07	8.10			
成土母质	第四系沉积物	104 667						7.78	0.70	4.70	5.15	6.63	8.06	8.33	8.46	10.59			
	碎屑岩风化物	42 688						5.80	2.36	4.19	4.44	5.15	6.74	8.22	8.42	9.14			
	碎屑岩风化物(黑色岩系)	3691						5.31	3.07	3.98	4.23	4.84	6.16	7.97	8.23	8.81			
	碳酸盐岩风化物	50 128						6.06	3.56	4.28	4.53	5.34	7.01	8.17	8.32	9.05			
	碳酸盐岩风化物(黑色岩系)	18 045						5.51	3.50	4.20	4.42	4.99	6.40	8.08	8.26	9.58			
	变质岩风化物	21 149						5.46	3.42	4.06	4.30	4.94	6.35	8.11	8.32	8.88			
	火山岩风化物	177						6.03	4.27	4.27	4.65	5.51	6.56	7.72	7.90	8.20			
	侵入岩风化物	2399						5.84	4.36	4.60	4.95	5.46	6.45	7.88	8.39	9.04			
地形地貌	平原	112 999						7.70	2.35	4.66	5.07	6.40	8.04	8.32	8.45	10.59			
	洪湖湖区	389						7.98	5.65	5.99	6.73	7.69	8.18	8.46	8.51	8.53			
	丘陵低山	33 920						6.37	0.70	4.45	4.79	5.64	7.36	8.24	8.40	9.05			
	中山	2737						6.47	4.23	4.53	4.74	5.47	7.87	8.40	8.76	9.12			
	高山	92 900						5.54	2.36	4.12	4.37	4.98	6.48	8.10	8.30	9.58			

续表 2.9.31

单元名称			样本数 N	算术平均值 $\bar{X}$	算术标准差 S	几何平均值 X_g	几何标准差 S_g	变异系数 CV	中位值 X_{me}	最小值 X_{min}	累积频率分位值						最大值 X_{max}	偏度系数 β_s	峰度系数 β_k	背景值 X'
											$X_{0.5\%}$	$X_{2.5\%}$	$X_{25\%}$	$X_{75\%}$	$X_{97.5\%}$	$X_{99.5\%}$				
行政市（州）		武汉市	4109						6.70	4.01	4.56	4.90	5.70	7.80	8.25	8.33	8.90			
		襄阳市	7131						7.19	4.33	4.83	5.25	6.42	7.94	8.28	8.42	8.83			
		宜昌市	1479						6.98	4.41	4.68	4.99	5.92	7.74	8.40	8.98	9.12			
		黄石市	881						6.95	4.15	4.88	5.12	6.16	7.62	8.13	8.28	8.46			
		十堰市	4162						6.25	4.19	4.54	4.86	5.60	7.31	8.24	8.40	8.89			
		荆州市	18 052						7.87	4.15	5.14	5.80	7.28	8.09	8.36	8.48	8.88			
		荆门市	53 487						6.52	3.64	4.53	4.86	5.73	7.86	8.26	8.39	9.59			
		鄂州市	403						6.83	4.62	4.83	5.10	5.90	7.68	8.22	8.29	8.37			
		孝感市	5895						6.50	2.35	4.53	4.86	5.94	7.39	8.26	8.49	8.84			
		黄冈市	4247						6.00	0.70	4.30	4.54	5.38	7.25	8.29	8.43	8.84			
		咸宁市	2420						5.89	3.70	4.28	4.55	5.30	7.34	8.25	8.37	8.81			
		随州市	6669						6.06	3.07	4.59	4.96	5.59	6.65	7.99	8.18	8.41			
		恩施州	95 013						5.55	2.36	4.13	4.37	4.99	6.51	8.13	8.32	9.58			
		仙桃市	13 430						7.88	2.73	4.99	5.66	7.26	8.10	8.33	8.43	8.90			
		天门市	10 105						7.98	4.50	5.35	6.38	7.79	8.11	8.31	8.40	8.99			
		潜江市	15 462						7.96	4.20	5.30	6.29	7.70	8.12	8.40	8.55	10.59			
行政县（市，区）	武汉市	武汉市区	744						6.50	4.90	5.07	5.23	5.80	7.60	8.20	8.40	8.90			
		蔡甸区	2305						7.34	4.01	4.43	4.90	6.18	7.96	8.26	8.33	8.80			
		黄陂区	573						5.60	4.40	4.60	4.80	5.30	6.10	8.00	8.20	8.40			
		东西湖区	125						7.00	5.50	5.50	5.60	6.50	7.60	7.90	8.00	8.10			
		新洲区	362						5.70	4.60	4.60	4.90	5.40	6.40	8.20	8.30	8.60			
	襄阳市	襄阳市区	912						6.83	4.95	5.08	5.41	6.27	7.50	8.28	8.47	8.83			
		枣阳市	816						6.43	4.91	4.99	5.27	5.98	6.98	7.78	8.07	8.18			
		老河口市	265						6.61	4.98	4.98	5.22	6.02	7.53	8.19	8.41	8.58			
		宜城市	2618						7.86	4.36	5.24	5.65	6.98	8.10	8.33	8.47	8.65			
		谷城县	222						6.87	4.92	4.92	5.21	6.23	7.50	8.26	8.43	8.68			
		南漳县	2298						7.18	4.33	4.61	5.04	6.35	7.86	8.21	8.28	8.40			

续表 2.9.31

单元名称			样本数	算术平均值	算术标准差	几何平均值	几何标准差	变异系数	中位值	最小值	累积频率分位值						最大值	偏度系数	峰度系数	背景值
			N	$\bar{X}$	S	X_g	S_g	CV	X_{me}	X_{min}	$X_{0.5\%}$	$X_{2.5\%}$	$X_{25\%}$	$X_{75\%}$	$X_{97.5\%}$	$X_{99.5\%}$	X_{max}	β_s	β_k	X'
行政县（市、区）	宜昌市	宜昌市辖区	233						7.37	4.61	4.61	5.08	6.12	7.79	8.95	9.04	9.05			
		宜都市	75						7.49	5.20	5.20	5.27	6.66	7.73	8.01	8.26	8.26			
		枝江市	375						6.29	4.50	4.83	5.03	5.67	7.74	8.01	8.11	8.29			
		当阳市	284						6.74	5.22	5.22	5.48	6.04	7.68	8.05	8.13	8.24			
		秭归县	478						7.04	4.41	4.50	4.88	5.95	7.84	8.47	8.98	9.12			
		长阳土家族自治县	34						6.06	4.75	4.75	4.75	5.29	7.31	7.74	8.03	8.03			
	黄石市	黄石市区	47						7.82	5.61	5.61	5.61	7.60	8.03	8.34	8.46	8.46			
		大冶市	382						6.65	4.67	4.86	5.09	5.82	7.48	7.99	8.20	8.28			
		阳新县	452						7.06	4.15	4.88	5.10	6.35	7.67	8.13	8.23	8.34			
	十堰市	茅箭区	63						7.62	5.35	5.35	5.75	6.90	7.90	8.31	8.43	8.43			
		郧阳区	118						7.93	5.35	5.35	5.69	7.20	8.22	8.46	8.47	8.50			
		丹江口市	570						7.51	4.45	4.83	5.15	6.64	8.01	8.31	8.39	8.48			
		竹溪县	1404						6.20	4.19	4.37	4.67	5.58	7.05	8.18	8.32	8.47			
		竹山县	2007						5.93	4.35	4.61	4.91	5.49	6.70	8.15	8.30	8.89			
	荆州市	荆州市区	374						7.31	5.50	5.54	5.80	6.35	7.84	8.04	8.11	8.46			
		洪湖市	12 640						7.92	4.15	5.53	6.08	7.41	8.15	8.38	8.50	8.88			
		监利市	3493						7.69	4.63	5.28	5.90	6.90	7.96	8.27	8.38	8.50			
		石首市	345						7.97	4.78	4.78	4.93	7.87	8.10	8.31	8.39	8.76			
		松滋市	373						6.36	4.80	4.82	4.93	5.45	7.81	8.14	8.19	8.25			
		江陵县	270						7.90	6.44	6.44	7.20	7.80	7.98	8.14	8.22	8.26			
		公安县	557						7.90	5.04	5.11	5.32	7.75	8.00	8.17	8.22	8.32			
	荆门市	荆门市区	282						7.08	5.25	5.25	5.50	6.39	7.64	8.07	8.16	8.28			
		沙洋县	12 991						6.06	4.09	4.72	5.01	5.60	6.84	8.22	8.33	8.69			
		钟祥市	23 454						7.40	4.10	4.60	4.90	6.01	7.99	8.27	8.41	9.59			
		京山市	14 877						6.34	3.64	4.42	4.74	5.66	7.33	8.24	8.41	8.93			
		屈家岭管理区	1883						6.53	3.87	4.45	4.63	5.45	7.90	8.32	8.44	8.76			
	孝感市	孝南区	245						5.98	2.35	2.35	5.14	5.60	6.46	7.91	8.10	8.25			
		孝昌县	298						6.00	4.87	4.87	5.12	5.62	6.36	7.67	7.94	8.12			
		云梦县	152						6.04	5.07	5.07	5.30	5.75	6.41	7.37	7.66	7.67			

续表 2.9.31

单元名称			样本数	算术平均值	算术标准差	几何平均值	几何标准差	变异系数	中位值	最小值	累积频率分位值						最大值	偏度系数	峰度系数	背景值
			N	$\bar{X}$	S	X_g	S_g	CV	X_{me}	X_{min}	$X_{0.5\%}$	$X_{2.5\%}$	$X_{25\%}$	$X_{75\%}$	$X_{97.5\%}$	$X_{99.5\%}$	X_{max}	β_s	β_k	X'
行政县（市、区）	孝感市	大悟县	114						5.55	4.79	4.79	4.92	5.23	6.05	6.79	6.91	6.95			
		安陆市	4394						6.55	4.03	4.48	4.79	5.99	7.32	8.29	8.52	8.84			
		汉川市	415						7.92	5.20	5.22	5.87	7.57	8.08	8.29	8.39	8.59			
		应城市	277						6.42	5.05	5.05	5.52	6.02	7.28	8.03	8.13	8.20			
	黄冈市	黄冈市区	82						7.61	5.26	5.26	5.40	6.15	8.24	8.44	8.51	8.51			
		武穴市	2491						6.20	3.64	4.25	4.46	5.25	7.57	8.30	8.44	8.84			
		麻城市	204						5.65	4.80	4.80	4.97	5.35	5.99	7.31	8.21	8.32			
		团风县	219						5.80	4.54	4.54	4.90	5.46	6.57	8.33	8.50	8.55			
		黄梅县	361						7.43	4.69	4.72	4.95	6.01	8.02	8.26	8.35	8.38			
		蕲春县	349						5.78	4.68	4.69	4.97	5.41	6.17	7.67	8.10	8.12			
		浠水县	450						5.69	0.70	4.75	5.08	5.42	6.20	8.23	8.34	8.42			
		罗田县	60						5.76	4.89	4.89	4.94	5.31	6.02	6.90	7.35	7.35			
		红安县	31						5.81	4.88	4.88	4.88	5.21	6.10	6.90	7.06	7.06			
	咸宁市	咸安区	222						5.98	4.58	4.58	4.78	5.45	6.83	8.01	8.06	8.06			
		嘉鱼县	1889						5.83	3.70	4.25	4.50	5.24	7.41	8.26	8.39	8.81			
		赤壁市	309						6.30	4.51	4.59	4.84	5.54	7.31	7.99	8.06	8.14			
	随州市	随县	5656						6.06	3.07	4.54	4.93	5.57	6.70	8.02	8.20	8.41			
		曾都区	356						6.28	4.90	5.06	5.35	5.91	6.83	7.54	7.81	8.00			
		广水市	657						5.85	4.46	4.80	5.06	5.55	6.29	7.26	7.65	7.96			
	恩施州	恩施市	20 747						5.61	3.42	4.11	4.36	5.01	6.62	8.12	8.28	9.14			
		宣恩县	11 191						5.55	3.47	4.13	4.38	5.00	6.39	7.99	8.22	8.47			
		建始县	10 711						5.64	3.57	4.19	4.42	5.06	6.58	8.10	8.30	9.13			
		利川市	19 338						5.47	2.36	4.09	4.32	4.93	6.41	8.14	8.35	8.90			
		鹤峰县	6164						5.39	3.36	4.08	4.33	4.88	6.23	7.98	8.20	8.46			
		来凤县	6509						5.23	3.82	4.23	4.43	4.89	5.94	7.93	8.24	8.75			
		咸丰县	8732						5.25	3.57	4.01	4.31	4.85	6.02	8.01	8.25	8.70			
		巴东县	11 621						6.16	3.65	4.31	4.58	5.38	7.19	8.28	8.42	9.58			

注：pH 的地球化学参数中，N 单位为件，其他参数均为无量纲。